iOS和tvOS 2D
游戏开发教程

[美] raywenderlich.com教程开发组　著

李军　左嘉　译

人民邮电出版社

北京

图书在版编目（CIP）数据

iOS和tvOS 2D游戏开发教程 / 美国
raywenderlich.com教程开发组著；李军，左嘉译. --
北京：人民邮电出版社，2017.3
ISBN 978-7-115-44296-3

Ⅰ. ①i… Ⅱ. ①美… ②李… ③左… Ⅲ. ①游戏程
序－程序设计－教材 Ⅳ. ①TP317.6

中国版本图书馆CIP数据核字(2017)第007548号

◆ 著　　　　[美] raywenderlich.com 教程开发组
　译　　　　李 军 左 嘉
　责任编辑　陈冀康
　责任印制　焦志炜

◆ 人民邮电出版社出版发行　　北京市丰台区成寿寺路 11 号
　邮编 100164　电子邮件 315@ptpress.com.cn
　网址 http://www.ptpress.com.cn
　三河市海波印务有限公司印刷

◆ 开本：787×1092　1/16
　印张：35
　字数：1124 千字　　　　　　2017 年 3 月第 1 版
　印数：1 – 2 000 册　　　　　2017 年 3 月河北第 1 次印刷
　著作权合同登记号　图字：01-2016-1435 号

定价：109.00 元
读者服务热线：(010)81055410　印装质量热线：(010)81055316
反盗版热线：(010)81055315

内 容 提 要

　　Sprite Kit 是 Apple 内建的框架，专门用于开发 iOS 的 2D 游戏。tvOS 是 Apple TV 所使用的操作系统平台，可以将 App 和游戏等呈现到大屏幕的 TV 上。本书详细介绍了如何使用 Apple 内建的 2D 游戏框架 Sprite Kit 和 Swift 语言来开发 iOS 和 tVOS 游戏。

　　全书分为 6 个部分共 29 章。每个部分针对一类技术主题，并且通过一款生动的游戏的开发贯穿其中。当学习完每个部分的时候，读者通过一款游戏的关卡或功能的逐步完成和完善，不知不觉掌握了作者所要介绍的技术主题。

　　第一部分包括第 1～7 章，涵盖了用 Sprite Kit 进行 2D 游戏开发的基础知识，分别介绍了角色、手动移动、动作、场景、相机、标签等主题，并且初步认识了 tvOS。这部分将开发一款叫做 Zombie Conga 的僵尸游戏，并将其迁移到 tvOS 上。第二部分包括第 8～13 章，主要介绍场景编辑器、游戏开发的物理知识、裁剪、视频和形状节点以及中级 tvOS 知识。这部分将开发一款叫做 Cat Nap 的谜题游戏，并将其迁移到 tvOS 上。第三部分关注给游戏添加特效，包括第 14～17 章，将开发一款叫做 Drop Charge 的游戏，并通过状态机、粒子系统、声影效果、动画等众多技术来点亮这款游戏。第四部分包括第 18～20 章，主要关注 iOS 9 引入的 GameplayKit 技术。这部分会开发一款 Dino Defense 塔防攻击游戏，并通过实体—组件系统、寻路算法和代理、目标和行为等技术，实现游戏中的恐龙的寻路和移动行为。第五部分包括第 21～24 章，涉及贴图地图、程序式关卡生成、GameplayKit 随机性和游戏控制器等高级话题。这部分将开发一款叫做 Delve 的地牢探险游戏，并应用各章所介绍的技术。第六部分包括第 24～29 章，涉及和游戏相关的其他技术，包括向游戏中添加 Game Center 排行榜和成就、使用 ReplayKit 录制游戏视频并进行分享、把 iAd 加入到游戏中，以及程序员如何实现游戏美工。这部分将打造一款叫做 Circuit Racer 的赛车游戏中，并加入各章所介绍的技术。

　　本书内容详尽、生动有趣，通过丰富、完整的游戏案例，帮助读者学习和掌握最新的游戏开发技术。本书适合对 iOS 和 tvOS 上的游戏开发感兴趣的初学者阅读参考。

献　　辞

献给我的妻子和家人，他们使得我能够做想做的事情。

—— Mike Berg

献给家庭生活中真正重要的那些人。给我的妈妈 Barbara、姐姐 Kimberly、朋友 Kelli、女儿 Meghan 和 Brynne，还有我的 6 个孙子孙女儿。感谢你们的爱和支持。还要献给我已经去世的父亲，我想念您！

—— Michael Briscoe

献给我美丽的妻子 Batul，还有我的父母。感谢你们对我的支持和信任。

—— Kauserali Hafizji

献给我的家人和爱人，你们总是支持我的雄心壮志。

—— Neil North

献给 Caroline、Nina 和 Lucy，感谢你们给我不断的鼓励和支持。

—— Toby Stephens

献给总是支持和理解我的妻子 Agata，还有我的家人。我非常爱你们。

—— Rod Strougo

献给我的父母，你们曾经如此的支持我和爱我。献给 Mirjam。

—— Marin Todorov

献给 raywenderlich.com 的编辑、作者和译者。团队工作使得你们的梦想更大。

—— Ray Wenderlich

作者简介

Mike Berg 是一位全职的游戏美术师，他很高兴和来自全世界的独立游戏开发者一起工作。当他没有处理像素色彩的时候，他喜欢美食、花时间和家人在一起，以及玩游戏并感受快乐。可以通过 www.weheartgames.com 找到他的作品。

Michael Briscoe 是一位有着 30 多年经验的独立的软件开发者。他所选择的平台包括 Apple 的所有产品，从 Macintosh 到 iPhone、iPad 和 Apple TV。他的专长是开发娱乐性软件，例如游戏和模拟器。可以访问他的 Web 站点 skyrocketsoftware.wordpress.com。

Kauserali Hafizji 是一位开发者。他是一位热衷编写代码的程序员，甚至在周末的时候，他也在编程。一本好书，泡个澡，再吃上一顿大餐，对他来说就可以过一个很好的周末了。你可以通过@Ali_hafizji 在 Twitter 上找到他。

Neil North 是一位资源管理员、软件开发者和业务自动化专家，他很喜欢开发独立的游戏、从事音频工程，以及帮助其他人实现有创意的目标。他还教授 iOS 游戏和 App 开发，并且在 Udemy 和 CartoonSmart 上都开设了课程。Neil 居住在澳大利亚，你可以访问他的网站 apptlycreative.com。

Toby Stephens 有 20 多年的软件开发经验，并且目前是伦敦的 inplaymaker 移动开发总监。Toby 热衷于游戏编程。他还会编写乐曲，并且喜欢烘焙面包。可以通过@TJShae 在 Twitter 上联系他，也可以访问他的网站: tjshae.com。

Rod Strougo 从 Apple II 开始了自己的物理和游戏之旅，开始用 Basic 编写游戏。Rod 的职业生涯有过转型，他花了 15 年的时间为 IBM 和 AT&T 编写软件。在那些日子里，他始终保持着在游戏开发和教学方面的热忱，并且在 Big Nerd Ranch 等处提供 iOS 培训。他最初来自巴西的 Rio de Janeiro，现在和妻子和儿子一起居住在亚特兰大。

　　　　Marin Todorov 是一位独立的 iOS 开发者和作者。他 20 多年前开始在 Apple II 上进行开发，并且一直持续到今天。除了编写代码，Marin 还喜欢写博客、写书、教学和演讲。他有时候会花时间为开源项目编写代码。他居住在 Santiago。可以访问他的 Web 站点 www.underplot.com。

　　　　Ray Wenderlich 是一位 iPhone 应用开发者，也是 Razeware LLC 的创始人。Ray 对于开发 App 和教授其他人开发 App 都充满了热情。他和他的教程团队已经编写了很多 iOS 开发教程，参见 www.raywenderlich.com 。

　　你可能没有注意到本书的所有作者都男的。这很遗憾，但不是故意为之。如果你是一位从事 iOS 开发的女性，并且有兴趣加入我们的教程团队来编写游戏主题的教程的话，我们求之不得。

编辑简介

　　　　Tammy Coron 是这本图书的技术编辑。她是一位作家、音乐家、美术家和软件工程师。作为一名独立的创意专业人士，Tammy 将自己的时间花在开发软件、写作、绘图和提醒其他人"不可能的事情只不过颇费些时日"。她还是 Roundabout: Creative Chaos 播客的主持人。

　　　　Bradley C. Phillips 是本书的编辑。他是第一位加入 raywenderlich.com 的编辑，并且他担任过期刊编辑，之前负责管理纽约的一家调查公司的智能部门。现在，Bradley 是一名自由职业者并且从事自己的项目。如果你的博客、图书或者其他产品需要一位专业的、有经验的编辑的话，请联系他。

　　　　Ray Wenderlich 是本书的最后把关编辑。他是一位 iPhone 应用开发者，也是 Razeware LLC 的创始人。Ray 对于开发 App 和教授其他人开发 App 都充满了热情。他和他的教程团队已经编写了很多 iOS 开发教程，参见 www.raywenderlich.com。

美术师简介

Mike Berg 创作了本书中的大多数游戏所需的美工。Mike Berg 是一位全职的游戏美术师，他很高兴和来自全世界的独立游戏开发者一起工作。当他没有处理像素色彩的时候，他喜欢美食、花时间和家人在一起，以及玩游戏并感受快乐。可以通过 www.weheartgames.com 找到他的作品。

Vinnie Prabhu 创建了本书中涉及的游戏的所有音乐和声音。Vinnie 是北维吉尼亚州的一位音乐作曲家，也是软件工程师，他从事音乐会、戏剧和视频游戏的音乐工作。他也是音乐和视频游戏粉丝的社群 OverClocked ReMix 的一位成员。你可以通过 @palpablevt 在 Twitter 上联系他。

Vicki Wenderlich 创作了本书中的大多数插图，以及游戏 Drop Charge 的美工。Vicki 数年前爱上了数字艺术图像，并且从那时候起开始从事 App 美工和数字图像工作。她很喜欢帮助人们实现梦想，并且为开发者制作 App 美工。可以访问她的网站：gameartguppy.com。

前　　言

在本书中，我们将学习如何使用 Apple 内建的 2D 游戏框架 Sprite Kit 和 Swift 语言来开发 iOS 和 tVOS 游戏。那么，问题来了：

- 为什么要使用 Sprite Kit 呢？Sprite Kit 是 Apple 内建的框架，专门用于开发 iOS 的 2D 游戏。它易于学习，特别是如果你已经有了一些 Swift 或 iOS 经验的话。
- 为什么选择 iOS 呢？对于游戏开发者来说，没有更好的平台了。开发工具设计精良，并且易于学习，App Store 使得把游戏发布给广大的受众非常简单，而且开发者能够从中得到回报。
- 为什么选择 tvOS 呢？Apple 公司发布 Apple TV 不久，并且能够让开发者为 Apple TV 编写他们自己的程序。对于 Sprite Kit 来说，很好的一点在于，它是跨平台的，可以用于 iOS、OS X 和 tvOS。如果你能够让自己的游戏在 iOS 上运行，那么，让其在其他的平台上运行也特别简单。并且，让游戏在大屏幕上运行是特别令人激动的事情。
- 为什么使用 Swift？Swift 是一种很容易入门的编程语言，特别是，如果你是 iOS 平台的初学者的话。此外，我们相信 Swift 是通向 iOS 开发的未来的道路，因此，把本书当做是尽早学习 Swift 的一个机会吧。
- 为什么是 2D 游戏？2D 游戏更容易开发，而且和 3D 游戏一样令人印象深刻。美工工作要简单很多，并且编程会更快，不需要太多的数学知识。所有这些，都使得开发者能够更多地关注游戏开发技能。

如果你是初学者，开发 2D 游戏绝对是最佳的入门方式。

如果你是高级开发者，开发 2D 游戏还是会比开发 3D 游戏快很多。既然并不一定能够通过 3D 游戏赚到更多的钱，为什么不选择更容易胜出的方式呢？此外，一些人（例如我）更喜欢 2D 游戏。

那么，剩下的事情就很自然了，有了 iOS、tvOS、2D 游戏和 Sprite Kit，你就做出了最佳的选择。

本书写作初衷

两年前，我编写了一本名为《iOS Games by Tutorials》的图书，介绍了如何使用 Sprite Kit 开发 2D 游戏。一年后，我发布了这本书完全升级到 Swift 的第 2 版，并为已有的电子书读者免费更新。

在今年的 WWDC 上，Apple 发布了一组叫做 GameplayKit 的、新的 API。这一组 API 使得我们很容易将寻路算法、AI 和其他很酷的功能添加到游戏中。

然后，还有"房间里的大象"——tvOS，现在，它使得我们能够开发在起居室里玩的游戏。

这些更新都很重要，以至于无法仅仅对《iOS Games by Tutorials》进行更新来完全涵盖这些内容，因此，我决定完全重新写一本书。这就是你手里的这本书。

如果你曾经阅读过《iOS Games by Tutorials》的话，你可能会问，本书中有什么新的内容呢？这里按照本书中包含的游戏来简单介绍一下。

- Zombie Conga：第 1～4 章大部分内容和《iOS Games by Tutorials》是相同的。第 5 章是全新的，介绍了 iOS 9 中新引入的 SKCamera 类。我们还在第 6 章中介绍了标签。添加了新的第 7 章，介绍如何将这款游戏迁移到 tvOS 上。
- Cat Nap：这些章进行了重新编写，以利用 iOS 9 中的 Sprite Kit 场景编辑器的新功能。第 12 章完全重写了，更加有效地介绍了相关的主题。最后，我们添加了新的、关于一些更高级的 tvOS 迁移技术的一章，即第 13 章。

- Drop Charge：这是一个全新的游戏，也涉及全新的几章（第 14～17 章）。在这些章中，我们将回顾本书前面的一些内容，并学习有关 GameplayKit 状态机、粒子系统和果汁的相关内容。
- Dino Defense：这是本书中的第 2 个新游戏，也涉及全新的一些章（第 18～20 章）。在这些章中，我们将深入到 GameplayKit 中，学习其实体—组件系统、寻路算法和代理、目标和行为功能。
- Delve：这是本书中第 3 个全新的游戏以及一些全新的章（第 21～24 章）。在这些章中，我们将深入到贴图地图游戏、程序式关卡和 GameplayKit 随机化等较为高级的话题。
- CircuitRacer：第 24 章和第 25 章基本上和《iOS Games by Tutorials》中的内容相同。此外，还有两个全新的章，分别介绍了新的 ReplayKit API（第 27 章）和加入 iAd（第 28 章）。

正如你所看到的，这些就是主要的更新。如果你之前阅读过这本书，并且时间有限，最好的办法是关注那些新的游戏，或者你最感兴趣的章节。

本书简介

这本书有点与众不同。在 raywenderlich.com 上，我们的目标是让本书成为你所阅读过的关于游戏编程的最好的图书。

已经有很多关于游戏编程的图书了，并且其中的很多图书都是相当不错的，因此，这是一个崇高的目标。为了实现这一目标，我们做了如下的一些设计。

- 从开发游戏中学习：所有的图书都会教授高级概念并展示代码片段，但是，很多图书都留待读者自己来组合一个完整的、功能完备的游戏。在本书中，你将通过开发 5 个不同类型的、真的很有趣的游戏来学习。我们希望你能够重用这些游戏的技术和代码，来开发你自己的游戏。
- 从挑战中学习：本书的每一章的末尾都包含了一些挑战，这些挑战设计来帮助实践所学的知识。按照教程学习是一回事，应用所学的知识是另外一回事。本书中的挑战启动了训练的步伐，并且推动你通过自己解决问题来巩固知识（当然，我们也提供一些解答）。你最好是尝试自己完成这些挑战。
- 关注打磨：开发一款很好的游戏的关键是要进行打磨，也就是添加大量经过细致思考的细节，使得你的游戏与众不同。为此，我们拿出了实际行动，并且投入了一流的美术师和声音设计师，为本书中的游戏创建了资源。我们还编写了有关使用特效来打磨游戏的一章，这也可以称为给游戏加点"果汁"，相信你会喜欢这一章。
- 高质量的教程：我们的站点因为提供高质量的编程教程而知名，并且我们在本书的对应教程中花费了很多的时间和精力，以使得这个教程的品质配得上其价格（如果还没有达到物超所值的话）。每一章都经过了严格的、多个步骤的编辑过程，这使得每一章都要写好几次。我们已经尽全力保证每一章都包含很好的技术内容，而同时又很有趣并且易于学习。

当你阅读完本书后，如果你认为我们已经成功地满足了这些目标，请让我们知道。你可以随时给我们发 E-mail:ray@raywenderlich.com。

我们希望你喜欢这本书，并且我们已经迫不及待地想要看看你会开发出什么样的游戏了。

iOS 游戏开发的历史回顾

正如你将会看到的，使用 Sprite Kit 开发 iOS 游戏是很容易的，但是，并非总是这样的。在 iOS 早期的日子里，你开发游戏的唯一的选择就是 OpenGL ES，它（和 Metal）是该平台上可用的最底层的图形 API。OpenGL ES 特别难以学习，并且它是很多游戏开发初学者的一个巨大障碍。

此后不久，第三方的开发者基于 OpenGL 发布了一些游戏开发框架，其中最流行的是 Cocos2D，实际上，我们还编写过一本关于 Cocos2D 的图书。App Store 排行榜上的很多游戏都是使用 Cocos2D 开发的，并且很多开发者表示 Cocos2D 是他们进入游戏开发领域的起点。

Cocos2D 是一个很好的框架，但是，它并不是为 Apple 而编写的，也没有得到 Apple 的有力支持。为此，当 iOS 的新版本发布的时候，或者当系统中加入其他的 Apple API 的时候，常常会出现问题。

为了解决这个问题，Apple 发布 iOS 7 的时候带有一个新的、用于制作 2D 游戏的框架，这就是 Sprite Kit。其 API 和 Cocos2D 非常相似，精灵、动作和场景的类型都和开发者所熟知和喜爱的 Cocos2D 类似，因此，较旧的框架的粉丝肯定可以快速上手。Sprite Kit 还拥有一些额外的功能，例如，支持播放视频、制作形状和应用特殊图像效果。

Sprite Kit API 设计精良并且易于使用，特别适合于初学者。更好的是，你可以放心地使用，因为它得到了 Apple 的完全的支持，并且针对 iOS 上的 2D 游戏进行了很大程度的优化。

从现在开始，如果你想要开发在 iOS、tvOS 或 MacOS X 上运行的 2D 游戏的话，我们明确地推荐你使用 Sprite Kit 而不是其他的游戏开发框架。只有一个例外情况，那就是如果你想要开发跨平台的游戏（例如支持 Android 和 Windows 等）。Sprite Kit 只是 Apple 的 API，因此，要将你的游戏从 Sprite Kit 迁移到其他的平台上，你所面临的挑战可比使用 Unity 这样的其他框架大得多。

如果你想要让事情简单化，并且只支持 Apple 平台，Sprite Kit 就是合适的选择。那么，让我们带你快速学习和掌握 Sprite Kit 吧。

需要做的准备

要学习本书中的教程，你需要具备以下条件：

- 运行 OS X Mountain Lion 或更高版本的 OS 的一台 Mac 计算机。这样，你就可以安装所需的开发工具 Xcode 的最新版本了。
- Xcode 7.3 或更高版本。Xcode 是 iOS 的主要开发工具。本书需要使用 Xcode 7.3 或更高版本。可以从 Apple 开发者站点下载 Xcode 的最新版本：https://developer.apple.com/xcode/ download/。
- 运行 iOS 9 或更高版本的一个 iPhone 或 iPod Touch，并且还要有付费的 iOS 开发账号（这是可选的）。

对于本书中的大多数章节，可以在 Xcode 自带的 iOS 9 模拟器上运行代码。然而，本书后面有一些章，需要在设备上进行测试。还要注意，Sprite Kit 在设备上比在模拟器上表现得更好，因此，当在模拟器中运行游戏的时候，帧速率似乎比预期得要慢。

- 一台新的 Apple TV（可选的）。你并不需要一台新的 Apple TV，因为你还是可以使用 Apple TV 模拟器，但是，用真实的遥控器进行测试肯定是很方便的，在大屏幕上玩游戏多爽啊！

如果你还没有安装最新版本的 Xcode，确保先安装它，然后再继续阅读本书。

本书的目标读者

本书针对从初级到高级 iOS 开发者。如果你是本书的目标读者，那么，你将会从本书中学到很多知识。

本书确实需要一些 Swift 的基础知识。如果你不了解 Swift，也可以继续阅读本书，因为所有的介绍都是按部就班的。然而，很可能由于你的知识缺乏而导致对一些部分无法理解。在开始阅读本书之前，最好是先上我们的 Swift 初学者系列课程，www.raywenderlich.com/store，这个课程介绍了 Swift 开发的基础知识。

如何阅读本书

阅读本书有两种方式，这取决于你是 iOS 游戏开发的完全初学者，还是具备其他 2D 游戏框架知识的高级开发者。

如果你是一位完全初学者，阅读本书的最好的方式是从头到尾连续阅读。我们安排章节的时候，是按照最符合逻辑的方式进行的，从介绍性的内容开始，到一次一个层级地构建开发技能。

如果你是一位高级开发者，已经具备了 2D 游戏框架的知识，你可能会很容易就掌握了 Sprite Kit，因为你会很熟悉核心的概念和语法。建议你跳过前面的章节，并专注于后面的、较为高级的章节，或者是你特别感兴趣的章节。

本书内容概览

本书分为 5 个部分，从最基础的主题逐渐进入高级的主题。在每个部分中，我们都将从头创建一个完整的小游戏。本书最后还包括一些额外的章节，我们相信你会喜欢这些内容。让我们来依次看看各个部分的内容：

第一部分　基础知识

这一部分介绍了使用 Sprite Kit 开发 2D 游戏的基础知识。这些都是最重要的技术，几乎会在你所开发的每一款游戏中用到。学习完这个部分，你就为自己开发简单游戏做好了准备。

在整个这个部分中，我们将创建一款叫做 Zombie Conga 的、真正的游戏，其中，你将扮演一个无忧无虑的僵尸，它只是想举办舞会，如图 1 所示。

这个部分一共包括 7 章，我们将在这部分分步骤地构建这款游戏。

图 1

第 1 章　精灵。首先，我们将第 1 个精灵添加到游戏中，这就是背景和僵尸。

第 2 章　手动移动。我们将让僵尸跟随你的触摸在屏幕上移动，并且完成 2D 向量数学基础知识的课程。

第 3 章　动作。我们将给游戏添加小猫和疯狂的猫女士，以及一些基本的碰撞检测和游戏设置。

第 4 章　场景。我们将给游戏添加一个主菜单，以及获胜和失败场景。

第 5 章　相机。我们将让游戏从左向右滚动，并且最后，还要添加其自己的康茄舞队。

第 6 章　标签。我们将添加标签，以显示僵尸的生命值以及他的康茄舞队中的小猫的数目。

第 7 章　初识 tvOS。我们将让 Zombie Conga 在 tvOS 上运行，只需要一些简单的步骤就可以做到这一点。

第二部分　物理和节点

在本部分中，我们将学习如何使用 Sprite Kit 所包含的、内建的物理引擎，来创建类似《愤怒的小鸟》和《割绳子》游戏中的逼真的移动。我们还将学习如何使用特殊类型的节点，以允许在游戏中播放视频或创建形状。

在此过程中，我们将创建一个叫做 Cat Nap 的物理谜题游戏，其中你扮演一只小猫，它在经过了漫长的一天后只想要上床睡觉，如图 2 所示。

这个部分一共包括 5 章，我们将在这部分中分步骤地构建这款游戏。

图 2

第 8 章　场景编辑器。我们首先创建了游戏的第一个关卡。最终，我们更好地了解了 Xcode 的关卡设计器，也更好地了解了场景编辑器。

第 9 章　物理基础。在本章中，我们打算开一个小差，学习一些为游戏创建物理模拟效果的基础知识。我们还将学习如何在 Xcode playground 中制作游戏原型。

第 10 章　中级物理。我们将学习基于物理的碰撞检测，并且为 Sprite Kit 节点创建定制类。

第 11 章　高级物理。我们将给这款游戏再添加两个关卡，并在此过程中学习交互性实体、实体之间的接合以及组合实体等。

第 12 章　裁剪、视频和形状节点。我们将给 Cat Nap 添加一种新的木头块，在此过程中，将学习一些其他类型的节点，这些节点允许我们做一些惊人的事情，如播放视频、裁剪图像以及创建动态形状。

第 13 章　中级 tvOS。在这部分的最后这一章中，我们将把 Cat Nap 迁移到 tvOS 上。我们打算从这款完全开发好的游戏开始，并且为其添加 tvOS 的支持，以便玩家能够坐在沙发上、使用遥控器轻松地玩这款游戏。

第三部分　果汁

在这部分中，我们将学习如何给一款较好的游戏添加大量的特殊效果和体验（即所谓的果汁），将其变成一款伟大的游戏。

在此过程中，我们将创建一款叫做 Drop Charge 的游戏。游戏中，你是一位太空英雄，肩负着炸毁外星人的太空飞船的任务，并且要在飞船爆炸之前逃生。为了做到这一点，你必须从一个平台跳到另一个平台，一路上收集特殊的激励。但是要小心，不要跌入滚烫的岩浆之中，如图 3 所示。

这个部分一共包括 4 章，我们将在这部分中分步骤地构建这款游戏。

图 3

第 14 章　开发 Drop Charge。我们将使用场景编辑器和代码将基本的游戏逻辑组合起来，发挥出在前面各章中所学的 Sprite Kit 技术的强大威力。

第 15 章　状态机。我们将学习什么是状态机以及如何使用它们。

第 16 章　粒子系统。我们将学习如何使用例子系统来创建惊人的特殊效果。

第 17 章　点亮游戏。设法给游戏添加音乐、声音和动画，更多的粒子系统和其他特殊效果，让你体验到掌握这些技术细节的好处。

第四部分　GameplayKit

在这个部分中，我们将学习如何使用 iOS 9 的、新的 GameplayKit 来改进游戏的架构和可重用性，并且还要添加寻路算法和基本的游戏 AI。

在此过程中，我们将创建一款叫做 Dino Defense 的、有趣的塔防攻击游戏。游戏中，你要构建起完美的防御，以保护你的村庄免遭愤怒的恐龙的攻击，如图 4 所示。

这个部分一共包括 3 章，我们将在其中分步骤地构建这款游戏。

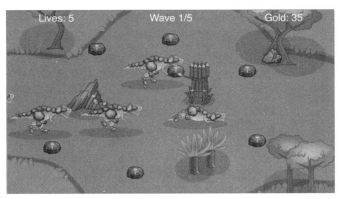

图 4

第 18 章　实体—组件系统。我们将学习使用 GameplayKit 所提供的、新的 GKEntity 和 GKComponent 对象来建模游戏对象所需的所有知识，并且，我们还将使用所学的知识来实现第一个恐龙和塔防。

第 19 章　寻路算法。我们将使用 GameplayKit 的寻路功能让恐龙在场景中移动，并且避开障碍物和塔防。

第 20 章　代理、目标和行为。　最后，我们将给游戏添加另一只恐龙，它将使用 GKAgent、GKGoal 和 GKBehavior 对象，以一种更有组织的替代寻路方式在场景中移动。

第五部分　高级话题

在本部分中，我们将深入到一些较为高级的话题，例如程序式关卡生成、GameplayKit 随机性和游戏控制器等。

在此过程中，我们将构建一款叫做 Delve 的、基于贴图的地牢探险游戏，其中，你将尝试引导矿工通过一个岩石构成的、充满地下生物的地牢，如图 5 所示。

这个部分一共包括 4 章，我们将在这部分中分步骤地构建这款游戏。

图 5

第 21 章　贴图地图游戏。我们将学习构建贴图地图关卡的技术，包括如何创建一个功能完整的贴图地图游戏。

第 22 章　随机性。利用新的 GameplayKit 类 GKRandom，来生成游戏世界。

第 23 章　程序式关卡。去除掉关卡生成的一些随机性，使得这个过程更具可预测性，但是仍然保持未知的惊险性。

第 24 章　游戏控制器。这个游戏特别适合使用一个外部的游戏控制器，我们将添加一个 tvOS 目标，并且探讨如何使用 Apple TV 遥控器作为游戏控制器。

第六部分　额外章节

本书并不是到此为止，在此基础上，我们还提供了一些额外的章节。

在这些章节中，你将学习 Sprite Kit 之外的一些 API，当你开发 iOS 游戏的时候，了解这些 API 是很有帮助的。特别是，你将要学习如何向游戏中添加 Game Center 排行榜和成就，使用新的 iOS 9 ReplayKit API，以及给游戏添加 iAds。

在此过程中，我们将把这些 API 加入到一款叫做 Circuit Racer 的、自上向下滚动的（top-down）赛车游戏中，你在其中扮演一个优秀的赛车手，驾驶汽车去挑战世界纪录，如图 6 所示。只要不撞到赛道上的围栏，就不会有问题。

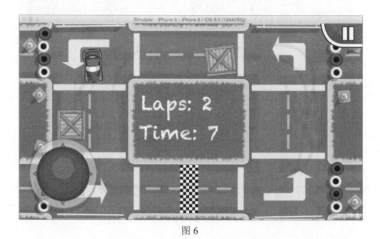

图 6

第 25 章　Game Center 成就。在游戏中打开 Game Center，并且当用户完成某些任务的时候给他颁发成就。

第 26 章　Game Center 排行榜。为游戏设置各种排行榜和数据，并且报告玩家的得分。

第 27 章　ReplayKit。你将学习如何允许玩家使用 ReplayKit 录制游戏视频并进行分享。

第 28 章　iAd。我们将学习如何把 iAd 加入到游戏中，以便能够有一个不错的收入来源。

第 29 章　写给程序员的 2D 美工知识。如果你喜欢这些小游戏中的美工图片，并且想要了解如何雇佣一位美术师，或者想要自己制作一些美工，那么，应该阅读本章。本章指导你使用 Illustrator 绘制一只可爱的小猫。

图书源代码和论坛

本书的每一章都带有完整的源代码。其中的一些章节，还有一个初始工程或者其他所需的资源，在阅读本书的时候，你肯定会需要这些内容。

我们为本书建立了一个论坛 raywenderlich.com/forums。这是提出和本书相关的问题或者与 Sprite Kit 开发游戏相关的问题的好地方，也可以在这里提交你所发现的勘误。

致谢

感谢很多人为本书的编写过程提供帮助。

- 感谢我们的家人：你们忍受了我们整夜地工作，以完成本书的写作。

- Apple 的每一个人：感谢你们开发了这一款令人惊讶的 2D 游戏框架，以及其他有助于游戏开发的 API，感谢你们持续地激发我们改进自己的 App 和技能，感谢你们使得众多的开发者能够拥有自己梦想的工作！特别感谢 Apple TV 开发工具包。
- 感谢 Ricardo Quesada：Ricardo 是 Cocos2D 的主要开发者，这个框架使得我们之中的很多人投身到游戏开发中。Sprite Kit 似乎从 Cocos2D 中得到了很多灵感，因此 Ricardo 也应该得到感激！
- 最重要的，感谢 raywenderlich.com 的读者和你。感谢你们访问我们的网站并购买这本书。你的持续阅读和支持，使得这一切成为可能！

目　　录

第一部分　基 础 知 识

第二部分　物理和节点

第三部分　果　汁

第四部分　GameplayKit

第五部分　高级话题

第一部分 基础知识

这个部分将介绍使用 Sprite Kit 制作 2D 游戏的基础知识。这是一些最重要的技术，几乎在你所制作的每一款游戏中都会用到。当你学习完这个部分，就能够自己制作简单的游戏了。

在整个这一部分中，我们将创建一款名为 Zombie Conga 的游戏，你负责在游戏中扮演无忧无虑的僵尸，而僵尸只是想参加舞会。

第 1 章　精灵

Ray Wenderlich 撰写

既然你已经知道了什么是 Sprite Kit 以及为什么要使用它，现在我们来自己尝试一下。我们将要构建的第一款小游戏叫做 Zombie Conga，其完成后的样子如图 1-1 所示。

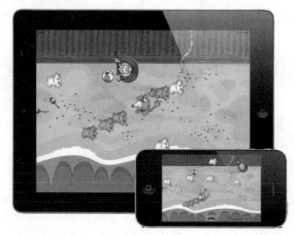

图 1-1

在 Zombie Conga 中，你负责扮演无忧无虑的、只是想参加舞会的僵尸。好在，僵尸所占据的海边小镇有足够多的小猫。你只需要咬住这些小猫，它们就会加入到僵尸的舞队中来。

不过要小心疯狂的猫女士！这些身穿红色的衣服的老太太，对于想要偷走她们心爱的小猫的任何人都会毫不客气，并且会拼尽全力让僵尸平静下来——让它们永久地平静下来。

我们将在接下来的 7 章中构建这款游戏。

第 1 章　精灵。你已经开始阅读本章了。我们将开始给游戏添加精灵，主要是一个背景以及僵尸。

第 2 章　手动移动。我们将让僵尸跟随对屏幕的触摸而移动，并且我们会在本章快速学习基本的 2D 向量数学。

第 3 章　动作。把小猫和疯狂的猫女士添加到游戏中，并且添加了基本的碰撞检测和游戏设置。

第 4 章　场景。我们将给游戏添加一个主菜单，还添加了获胜或失败的画面。

第 5 章　相机。我们将让游戏从左向右滚动，并且最终添加其自己的康茄舞队。

第 6 章　标签。我们将添加一个标签来显示僵尸的生命值，以及它所吃到的小猫的数目。

第 7 章　初识 tvOS。我们将让 Zombie Conga 游戏在 tvOS 上运行，而这只需要几个简单的步骤就可以做到。

让我们开始开发这个游戏吧！

1.1　开始

启动 Xcode 并且从主菜单中选择 File\New\Project...。选择 iOS\Application\Game 模板，并且点击 Next

按钮，如图 1-2 所示。

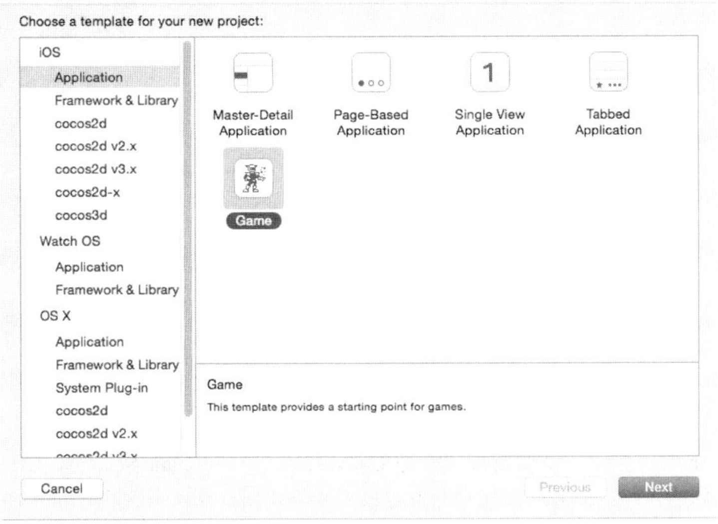

图 1-2

在 Product Name 字段中输入 ZombieConga，在 Language 栏选择 Swift，在 Game Technology 栏选择 SpriteKit，在 Devices 栏选择 Universal，然后点击 Next 按钮，如图 1-3 所示。

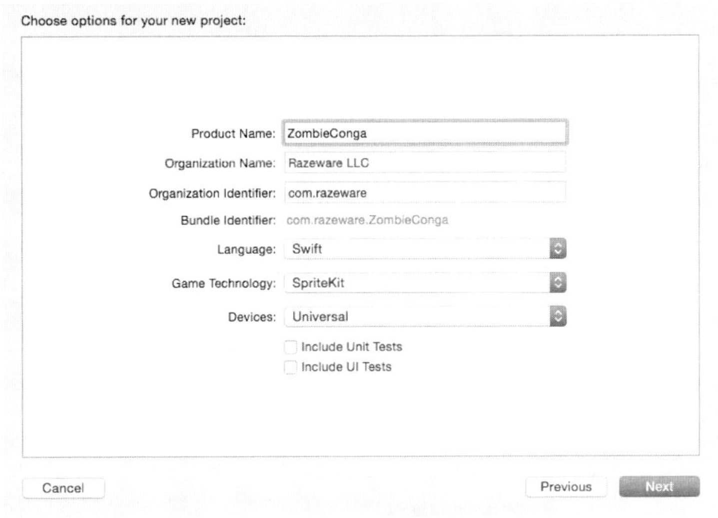

图 1-3

选择想要将工程保存在硬盘上的什么位置，并且点击 Create 按钮。此时，Xcode 将会生成一个简单的 Sprite Kit 初始工程。

看一下所生成的 Sprite Kit 工程。在 Xcode 的工具栏上，选择 iPhone 6 并点击 Play 按钮，如图 1-4 所示。

在一个简短的开始屏幕之后，可以看到一个标签显示"Hello, World!"。当在该屏幕上点击的时候，会出现一个旋转的飞船，如图 1-5 所示。

在 Sprite Kit 中，有一个叫做场景的对象，它可以控制你的 App 的每一个"界面"。场景是 Sprite Kit 的 SKScene 类的一个子类。

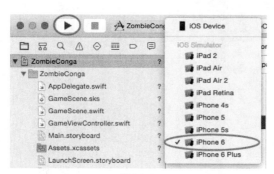

图 1-4

图 1-5

现在，这个 App 只有一个单个的场景，就是 GameScene。打开 GameScene.swift，你将会看到显示这个标签和旋转的飞船的代码。理解这些代码并不是很重要，我们打算完全删除它，并且一步一步地来构建自己的游戏。

现在，删除 GameScene.swift 中的所有内容，并且用如下的代码替代。

```
import SpriteKit

class GameScene: SKScene {
  override func didMoveToView(view: SKView) {
    backgroundColor = SKColor.blackColor()
  }
}
```

didMoveToView()是 Sprite Kit 在向你展示一个场景之前所调用的方法，这个方法是对场景的内容进行一些初始设置的好地方。在这里，我们直接将背景颜色设置为黑色。

Zombie Conga 设计为以横向模式运行，因此，要为 App 进行这一设置。从工程导航器中选择 ZombieConga 工程，然后选择 ZombieConga Target。点击 General 标签页，并且确保只有 Landscape Left 和 Landscape Right 选项选中，如图 1-6 所示。

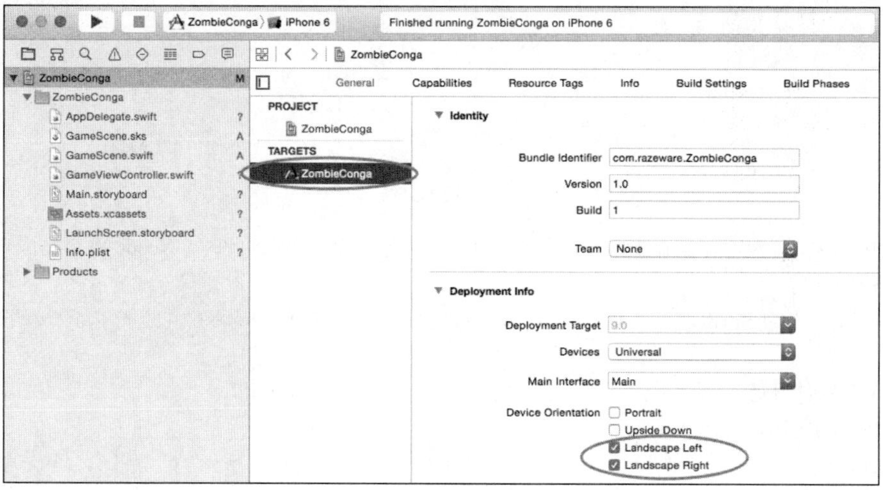

图 1-6

还需要进行一些修改。打开 Info.plist 并找到 Supported interface orientations (iPad)条目。删除在这里所看到的 Portrait (bottom home button)和 Portrait (top home button)条目，而只保留横向模式的相关选项，如图1-7 所示。

图 1-7

Sprite Kit 模板自动创建了一个名为 GameScene.sks 的文件。可以使用 Xcode 内建的场景编辑器来编辑这个文件，以可视化地布局游戏场景。请将这个场景编辑器当做是 Sprite Kit 的一个简单的 Interface Builder。

我们将在本书第 7 章中介绍场景编辑器，但是我们不会在 Zombie Conga 游戏中用到它，因为对于这款游戏来说，通过编程来创建精灵要更为容易和直接。

因此，按下 Control 键并点击 GameScene.sks，选择 Delete，然后选择 Move to Trash。由于不再使用这个文件了，还必须相应地修改模板代码。

打开 GameViewController.swift，并且用如下的内容替换它。

```
import UIKit
import SpriteKit

class GameViewController: UIViewController {
  override func viewDidLoad() {
    super.viewDidLoad()
    let scene =
      GameScene(size:CGSize(width: 2048, height: 1536))
    let skView = self.view as! SKView
    skView.showsFPS = true
    skView.showsNodeCount = true
    skView.ignoresSiblingOrder = true
    scene.scaleMode = .AspectFill
    skView.presentScene(scene)
  }
  override func prefersStatusBarHidden() -> Bool {
    return true
  }
}
```

之前，视图控制器从 GameScene.sks 加载场景，但是现在，它通过在 GameScene 上调用一个初始化程序来创建场景。

注意，当创建该场景的时候，通过直接编码为 2048×1536 的大小，并且将缩放模式设置为 AspectFill。

现在，很适合介绍一下如何将这款游戏设计为一个通用 App。

1.1.1 通用 App 支持

注　意

本小节是可选的内容，适合那些特别感兴趣的读者。如果你只想要尽可能快地编写代码，可以跳到下一个小节阅读。

我们在本书中的所有游戏都是作为通用的 App 而设计的，这意味着它们在 iPhone 和 iPad 上都能运行。

本书中的这款游戏的场景已经设置为 2048×1536，或者说是横屏模式（和竖屏模式相反），其缩放模式设置为 AspectFill。AspectFill 让 Sprite Kit 缩放场景的内容以填充整个屏幕，即便 Sprite Kit 在这么做的时候可能需要裁切一部分内容。

这会导致场景似乎显示于 iPad Retina 上，而 iPad Retina 的分辨率是 2048×1536，但是，在 iPhone 上会进行缩放/裁剪以适应手机较小的屏幕以及不同的高宽比。

如下的几个例子，展示了本书中的游戏在不同的设备上的横屏模式显示的样子，包括从最小高宽比到最大的高宽比，如图 1-8 所示。

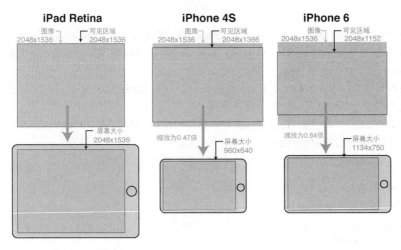

图 1-8

- iPad Retina [4:3 或 1.33]：显示很适合 2048×1536 的屏幕大小。
- iPad Non-Retina [4:3 或 1.33]：AspectFill 将把一个 2048×1536 的可见区域缩放到 0.5，以适应 1024×768 的屏幕。
- iPhone 4S [3:2 或 1.5]：AspectFill 将把一个 2048×1536 的可见区域缩放到 0.47，以适应 960×640 的屏幕。
- iPhone 5 [16:9 或 1.77]：AspectFill 将把一个 2048×1152 的可见区域缩放到 0.56，以适应 1136×640 的屏幕。
- iPhone 6 [16:9 或 1.77]：AspectFill 将把一个 2048×1152 的可见区域缩放到 0.64，以适应 1334×750 的屏幕。
- iPhone 6 [16:9 或 1.77]：AspectFill 将把一个 2048×1152 的可见区域缩放到 0.93，以适应 1920×1080 的屏幕。

由于 AspectFill 会针对 iPhone 从顶部和底部裁剪场景，我们把本书中的游戏设置为拥有一个主要的"游戏区域"，从而保证其在所有的设备上都可见。基本上，游戏将会在横屏模式的顶部/底部或者竖屏模式的左边/右边拥有 192 个像素的边距，你应该避免将基本内容放置到这个边距之中。在本书稍后，我们将向你可视化地展示这一点。

注意，你只需要为此指定一组美工图片就可以工作，图片适合于最大的屏幕尺寸 2048×1536 就可以了。在 iPad Retina 之外的其他设备上，这些图片将会缩小。

> **注　意**
>
> 这种方法的缺点是，图片会比某些设备实际所需的大小还要大，例如对于 iPhone 4s 这样的设备，这会造成材质内存和空间的浪费。这种方法的优点是，游戏在所有设备上都显示的更好且更容易显示，并且能很好地工作。
>
> 这种方法的一个替代方案是，针对每种设备和缩放比例来添加不同的图像（例如，iPad@1x、iPad @2x、iPhone@2x、iPhone @3x），这要借助 Apple 的强大的资源目录来实现。然而，在编写本书的时候，Sprite Kit 并不能在所有情况下根据各种设备和缩放从资源目录加载正确的图像，因此，我们现在仍然使用简单的做法。

1.1.2 添加图像

接下来，我们需要给工程添加游戏图像。

在 Xcode 中，打开 Assets.xcassets，选择 Spaceship 条目并且按下删除键以删除它，遗憾的是，我们这个游戏并不是关于太空僵尸的游戏！现在，只有 AppIcon 还保留着，如图 1-9 所示。

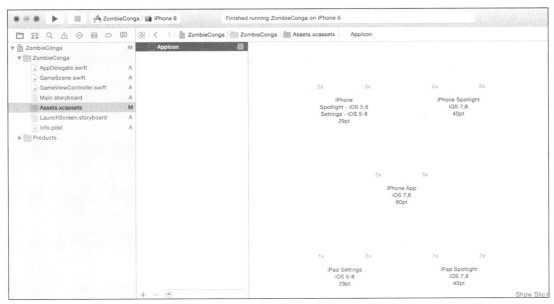

图 1-9

选中 AppIcon 之后，从 starter\resources\icons 中将合适的图标拖放到每一组之中，如图 1-10 所示。

然后，将 starter\resources\images 中的所有文件拖放到左边的边栏中，如图 1-11 所示。

通过将图像包含到资源目录中，Xcode 将会在后台建立材质图册以包含这些图像，并且在游戏中使用它们，这会自动地提高性能。

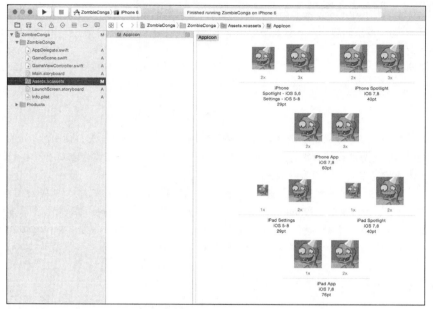

图 1-10

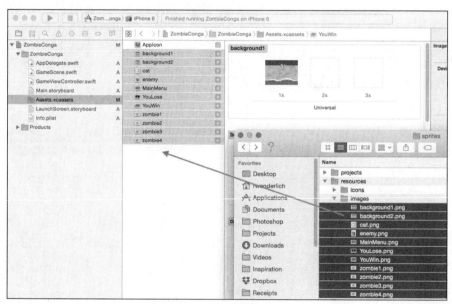

图 1-11

1.1.3 启动界面

注 意

本小节是可选内容，因为它对游戏的运行不会有任何的影响，这只是为游戏"锦上添花"。
如果你想要直接进行编码，可以跳到下一个小节阅读。

让游戏迈上正轨之前，还有最后一件事情要做，就是配置启动界面。

启动界面是当你的 App 初次加载的时候，iOS 所显示的内容，它通常会显示几秒钟的时间。启动界面使得玩家一开始就能够快速对你的 App 有印象，当然，至少它不是黑色的屏幕。对于 Zombie Conga 来说，我们将显示带有游戏名称的一个启动界面。

你的 App 实际上已经有了一个启动界面。你之前启动 App 的时候，可能已经注意到了有一个简短的、空白的白色界面，那就是启动界面。

在 iOS 中，App 有一个特殊的启动界面文件，它基本上就是一个故事板，在这个工程中就是 LaunchScreen. storyboard 文件；可以配置它从而在 App 加载的时候在屏幕上显示一些内容。和只是显示一幅图像的老办法相比，这种方法的优点是，你可以使用 Auto Layout 来更精细地控制这个界面在不同的设备上的样子。

让我们来尝试一下。打开 LaunchScreen.storyboard。将会看到如图 1-12 所示的内容。

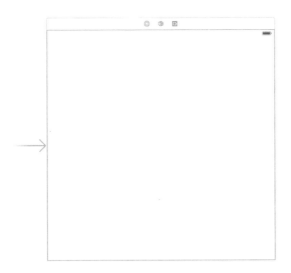

图 1-12

在右边栏的 Object Library 中，拖动一个图像视图到视图之中，并且重新调整其大小以填充整个区域，如图 1-13 所示。

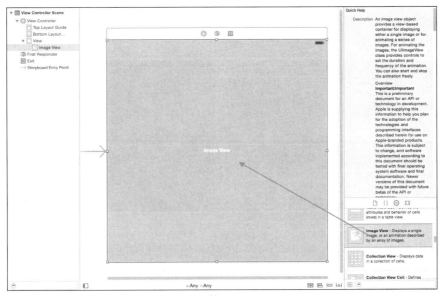

图 1-13

接下来，需要设置这个图像视图，以便它总是和其包含视图
具有相同的宽度和高度。要做到这一点，确保选中了图像视图，
然后点击右下方的 Pin 按钮（它看上去就像是一架战斗机）。在
Add New Constraints 窗口中，点击 4 条红色的线条，以便图像视
图锁定到每一个边上。确保 Constrain to margins 没有选中，并且
所有的值都设置为 0，然后点击 Add 4 Constraints 按钮，如图 1-14
所示。

保持图像视图仍然是选中的，确保选择了 Attributes 检视器，这是
右边的第 4 个标签页。将 Image 设置为 MainMenu，并且将 View Mode
设置为 Aspect Fill，如图 1-15 所示。

图 1-14

图 1-15

再次编译并运行 App。这一次，你会看到简短的 Zombie Conga 启动界面，如图 1-16 所示。
很快，接下来就是一个空白的、黑色界面，如图 1-17 所示。

图 1-16

图 1-17

这看上去可能还不太像样子，但是现在，有了一个起点，我们可以在此基础上构建第一个 Sprite Kit
游戏。

让我们继续下一个任务，这也可能是在制作游戏的时候最重要和最常见的任务之一，即在屏幕上显示
图像。

1.2 显示精灵

在制作 2D 游戏的时候，通常要将表示游戏的各种要素的图像放置到屏幕上，如英雄、敌人、子弹等，如图 1-18 所示。这些图像中的每一个，都叫做精灵（sprite）。

精灵

背景　　僵尸　　小猫1　　小猫2　　猫女士

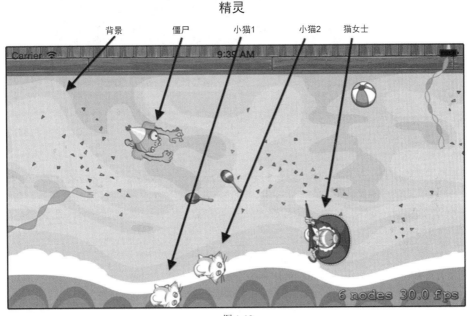

图 1-18

Sprite Kit 有一个叫做 SKSpriteNode 的特殊的类，它使得创建和使用精灵更为容易。我们就是使用这个类来为游戏添加所有的精灵的。让我们来尝试一下。

1.2.1 创建精灵

打开 GameScene.swift，给 didMoveToView() 添加如下的一行，就放在设置了背景颜色之后：

```
let background = SKSpriteNode(imageNamed: "background1")
```

不需要传入该图像的扩展名，Sprite Kit 将自动为你确定它。

编译并运行，现在先忽略警告。好了，你认为这很简单吧，但是现在，你还是会看到一个空白的界面，怎么会这样呢？

1.2.2 把精灵加到场景

这确实很简单。因为在你把精灵作为场景的一个子节点或者场景的一个后代节点添加之前，精灵是不会显示在屏幕上的。

要做到这一点，在上面的那一行代码之后，添加如下这行代码：

```
addChild(background)
```

我们稍后将学习节点和场景。现在，再次编译并运行，你将会看到背景的一部分出现在屏幕的左下方，如图 1-19 所示。

图 1-19

显然，这还不是我们想要的样子。要让背景处于正确的位置，必须要设置其位置。

1.2.3 定位精灵

默认情况下，Sprite Kit 将精灵放置在 (0, 0)，这在 Sprite Kit 中表示屏幕左下方的位置。注意，iOS 中的坐标系统和 UIKit 的坐标系统不同，在 iOS 中，(0, 0) 表示左上方。

尝试设置 position 属性，从而将背景放置到其他的某个位置。添加如下的一行代码，放在调用 addChild(background) 之前：

```
background.position = CGPoint(x: size.width/2, y: size.height/2)
```

这里，我们将背景设置到了屏幕的中央。即便是这样一行简单的代码，也有重要的 4 点需要了解：

1. position 属性的类型是 CGPoint，这是一个简单的结构体，包含了 x 和 y 部分。

2. 可以很容易地使用如下所示的初始化程序来创建一个 CGPoint。

```
struct CGPoint {
  var x: CGFloat
  var y: CGFloat
}
```

3. 既然在一个 SKScene 子类中编写这段代码，任何时候，都可以使用 size 属性来访问场景的大小。size 属性的类型是 CGSize，这是和 CGPoint 一样的一个简单结构体，包含了 width 和 height 部分。

```
struct CGSize {
  var width: CGFloat
  var height: CGFloat
}
```

4. 一个精灵的位置在其父节点的坐标空间之中，在这个例子中，其父节点就是场景本身。我们将在第 5 章中更详细地介绍这一点。

编译并运行，现在，背景完全可见了，如图 1-20 所示。

注 意

你可能注意到了，在 iPhone 设备上，是无法看到整个背景的，其顶部和底部的一部分重叠了。这是因为这款游戏设计为在 iPad 和 iPhone 上都可以工作，正如本章前面的 1.1.1 小节"通用 App 支持"所介绍的那样。

图 1-20

1.2.4 设置精灵的锚点

设置背景精灵的位置，意味着把精灵的中心点设置为该位置。这就说明了为什么在此之前我们只能够看到背景的上半部分。在我们设置精灵的位置之前，其默认位置在(0, 0)，这会将精灵的中心放置在屏幕的左下角，因此，我们只能够看到精灵的上半部分。

可以通过设置精灵的锚点来改变这一行为。把锚点当做是"精灵中的一个点，通过这个点将精灵固定在一个特定的位置"。图 1-21 展示了放置在屏幕中心的精灵，但是它们使用了不同的锚点。

图 1-21

要看看这是如何工作的，找到将背景位置设置为屏幕中心的那一行代码，并且用如下的代码替换它。

```
background.anchorPoint = CGPoint.zero
background.position = CGPoint.zero
```

CGPoint.zero 是的(0, 0)一种方便的简写。这里，我们将精灵的锚点设置为(0, 0)，以便将其精灵的左下角固定到所设置的位置，也就是(0, 0)。

编译并运行，现在图像仍然在正确的位置，如图 1-22 所示。

图 1-22

这之所以有效，是因为我们将背景图像的左下角固定到了场景的左下角。

这里，为了学习的目的，我们修改了背景的锚点。然而，通常可以将锚点保留为其默认值(0.5, 0.5)，除非你有特定的需求，要让精灵围绕一个特定的点旋转，我们将在下一小节给出这样的一个例子。

因此，简而言之，当设置精灵的位置的时候，默认情况下，你将设置精灵的中心点的位置。

1.2.5　旋转精灵

要旋转一个精灵，直接设置其 zRotation 属性。在调用 addChild()之前，添加如下的这行代码，从而尝试一下旋转背景精灵。

```
background.zRotation = CGFloat(M_PI) / 8
```

旋转值以弧度为单位，这是用来度量角的一个单位。这个示例将精灵旋转 π / 8 个弧度，这等于 22.5°。还要注意将 M_PI（这是一个 Double 类型）转换为一个 CGFloat。之所以要这么做，是因为 zRotation 需要一个 CGFloat，而 Swift 不会像其他的语言那样，自动地在这些类型之间转换。

注　意

我发现用角度来考虑旋转比用弧度要容易，不知道你怎么看。在本书稍后，我们将创建一个辅助程序，来实现角度和弧度之间的转换。

编译并运行，查看一下旋转后的背景精灵，如图 1-23 所示。

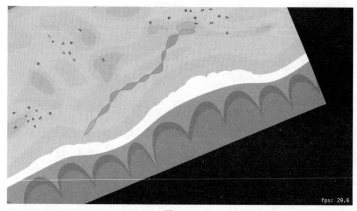

图 1-23

这展示了重要的一点，精灵是围绕其锚点旋转的。由于我们将背景精灵的锚点设置为(0, 0)，背景将围绕着其左下角旋转。

注　意

记住，在 iPhone 上，图像的左下角实际上在屏幕之外。如果不确定为什么这样，请参考本章前面的 1.1.1 小节"通用 App 支持"。

尝试一下围绕着精灵的中心点来旋转精灵。将设置精灵位置和锚点的代码行，替换为如下的代码行：

```
background.position = CGPoint(x: size.width/2, y: size.height/2)
background.anchorPoint = CGPoint(x: 0.5, y: 0.5) // default
```

编译并运行，这一次，背景将会围绕其中心点旋转，如图 1-24 所示。

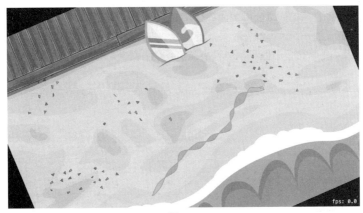

图 1-24

了解了这些知识点就很好了。但是对于 Zombie Conga, 我们并不想要一个旋转后的背景, 所以, 注释掉如下这行代码:

```
// background.zRotation = CGFloat(M_PI) / 8
```

如果对于在游戏中什么时候需要修改锚点还心存疑惑, 假想一下我们要创建这样一个角色, 其身体是由不同的精灵组成的, 而每个精灵分别表示脑袋、身体、左胳膊、右胳膊、左腿到右腿, 等等, 如图 1-25 所示。

如果需要绕着这个角色的关节来旋转它的身体的各个部分, 那么对于每一个精灵, 都必须要修改其锚点。

再一次强调, 通常应该保持锚点为默认位置, 除非你有特殊的需求, 就像图 1-25 中所给出的例子那样。

图 1-25

1.2.6 获取精灵的大小

有时候, 当操作精灵的时候, 我们想要知道它有多大。精灵的大小默认为图像的大小。在 Sprite Kit 中, 表示图像的类叫做材质。

在 addChild() 调用的后面, 添加如下的代码行, 以获取背景的大小并将其打印到控制台:

```
let mySize = background.size
print("Size: \(mySize)")
```

编译并运行, 在控制台的输出中, 应该会看到如下所示的内容:

```
Size: (2048.0, 1536.0)
```

有时候, 通过编程 (就像上面那样) 而不是使用直接编码的数字来获取精灵的大小, 这是很有用的。你的代码将会健壮很多, 并且更易于修改。

1.2.7 精灵和节点

在前面, 我们学习了如何让精灵出现在屏幕上, 这需要将其作为场景的一个子节点或者一个后代节点添加。本小节将更深入地介绍节点的概念。

在 Sprite Kit 中, 屏幕上所显示的一切内容, 都派生自一个叫做 SKNode 的类。场景类 (SKScene) 和精灵类 (SKSpriteNode) 都派生自 SKNode, 如图 1-26 所示。

SKSpriteNode 的很多功能都是继承自 SKNode 的。例如, position 和 zRotation 属性都是派生自 SKNode

的，而并非 SKSpriteNode 自己所特有的。这意味着，你可以对场景本身或者派生自 SKNode 的任何对象做相同的事情，就像能够设置一个精灵的位置或旋转精灵一样。

可以将出现在屏幕上的一切内容综合起来，看做是节点组成的一幅图，这通常称之为场景图。例如，假设 Zombie Conga 游戏中只有一个僵尸、两只小猫和一个猫女士，其场景图如图 1-27 所示。

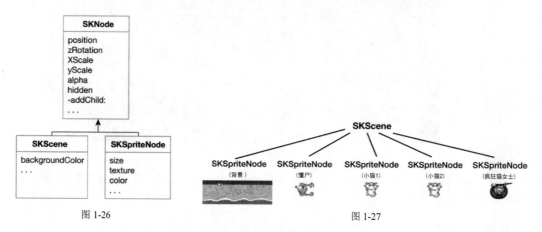

图 1-26　　　　　　　　　　　　　　　　　　　图 1-27

我们将在第 5 章中更详细地了解节点以及能对节点做的事情。现在，我们将把精灵作为场景的直接子节点添加。

1.2.8　节点和 z 位置

每个节点都有一个名为 zPosition 的属性，它的默认值为 0。每个节点都会按照其子节点的 z 位置，从低到高依次绘制其子节点。

在本章前面，我们给 GameViewController.swift 添加了如下这一行：

```
skView.ignoresSiblingOrder = true
```

- 如果 ignoresSiblingOrder 为 true，对于拥有相同的 zPosition 属性的每一个子节点，Sprite Kit 将不保证按照何种顺序来绘制它们。
- 如果 ignoresSiblingOrder 为 false，对于拥有相同的 zPosition 属性的每一个子节点，Sprite Kit 将按照它们添加到父节点的顺序来绘制它们。

通常，将这个属性设置为 true 是较好的做法，因为这允许 Sprite Kit 在幕后进行性能优化，以使得你的游戏运行得更快。

然而，如果不小心的话，将这个属性设置为 true 也可能会引发问题。例如，如果把和背景拥有相同的 zPosition 的一个僵尸添加到了场景中（如果还是把僵尸和背景的 zPositon 都保留为默认的 0 的话，就可能会发生这种情况），Sprite Kit 可能会把背景绘制于僵尸之上，这会盖住了僵尸而让玩家看不到它。并且如果僵尸很吓人的话，想象一下看不到它的情况。

为了避免这种情况，我们将背景的 zPosition 设置为-1。通过这种方式，Sprite Kit 将会先绘制它，然后再绘制添加到场景中的任何其他内容（这些内容的默认的 zPosition 为 0）。

```
background.zPosition = -1
```

1.2.9　最后修整

本章的内容到此为止了。正如你所看到的，只需要三四行代码就可以把精灵添加到场景中。步骤如下：

1. 创建精灵。
2. 放置精灵。

3．可选地设置 zPosition。

4．把精灵添加到场景图中。

现在，我们来把僵尸添加到场景中，以测试一下新学的知识。

1.3 挑战

自行练习所学习过的知识，这对你来说是很重要的，因此，本书的每一章末尾都会按照从易到难的顺序，给出 1 到 3 个挑战。

我强烈建议你尝试一下所有的挑战，因为尽管按照这个按部就班的教程也可以学到东西，但通过自己解决问题，则可以学到更多的知识。此外，每一章都将从前一章的挑战所完成的地方开始继续，因此，你将会连续地学习。

如果你遇到困难，可以在本章的资源中找到解决方案，但是，要从本书中获得尽可能大的收获，在查看解决方案之前，请尽自己最大的努力去尝试。

挑战 1：添加僵尸

现在，我们游戏有了一个漂亮的背景，但是，"明星"还没有出场。作为第一个挑战，为僵尸打开大门吧！

提示：

- 在 GameScene 中，添加一个名为 zombie 的 SKSpriteNode 类型的常量属性。使用名为 zombie1 的图像来初始化它。
- 在 didMoveToView()中，把这个僵尸放置到(400, 400)。
- 还是在 didMoveToView()中，把这个僵尸添加到场景中。如果操作正确，你会看到僵尸出现在屏幕上了，如图 1-28 所示。

图 1-28

在 iPad Air 2 模拟器上运行游戏，以证实它能够在该设备上工作，只不过似乎有一个稍大一点的可视区域，如图 1-29 所示。

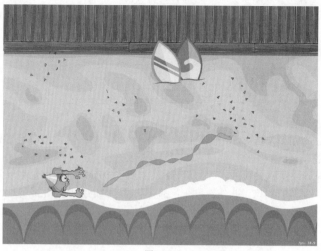

图 1-29

挑战 2：进一步的文档

本章介绍了要开发游戏所需要了解的与精灵和节点相关的所有知识。

然而，知道在遇到问题或困难的时候应该到哪里去查找更多的信息，将会是比较好的。我强烈推荐你查看 Apple 的 *SKNode Class Reference* 和 *SKSpriteNode Class Reference*，这两个文档介绍了我们在 Sprite Kit 中最常用到的两个类，并且，基本熟悉它们所包含的属性和方法是有好处的。

可以从 Xcode 的主菜单中选择 Help\Documentation and API Reference，并且搜索 SKNode 和 SKSpriteNode 以找到相关的参考，如图 1-30 所示。

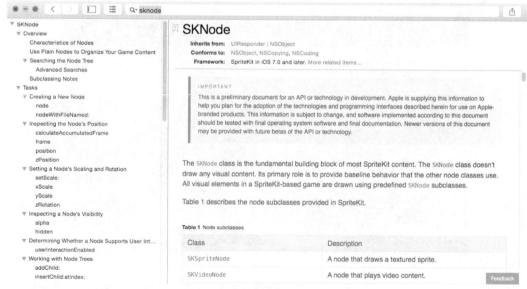

图 1-30

现在，来完成第 2 个挑战，使用这些文档所提供的信息，将僵尸的大小放大为原来的两倍（缩放为 2x）。回答这个问题：你是否使用了 SKSpriteNode 或 SKNode 的一个方法来做到这一点？

第2章　手动移动

Ray Wenderlich 撰写

如果你完成了第 1 章的挑战，现在屏幕上已经有一个较大一些的僵尸了，如图 2-1 所示。

图 2-1

> **注　　意**
>
> 如果没有能够完成挑战或者跳过了第 1 章，也不要担心，直接打开本章的初始工程，从第 1 章留下的地方继续进行。

当然，你想要让精灵移动起来，而不只是站在那里，这个僵尸也渴望动起来。

在 Sprite Kit 中，要移动一个精灵，有两种方法：

1．在第 1 章中，你可能已经注意到了（如果看一下 Apple 所提供的模板代码的话），可以使用一个叫做动作（action）的概念，让精灵动起来。我们将在第 3 章中更详细地学习动作。

2．也可以用更为"经典"的方式来移动精灵，这就是随着时间流逝而手动地设置位置。先学习这种方式是很重要的，因为它提供了大多数的控制，并且将帮助你理解动作能做些什么。

然而，要随着时间流逝而设置精灵的位置，需要一个方法，让游戏在运行的时候周期性地调用它。这就引入了一个新的概念，即 Sprite Kit 游戏循环。

2.1　Sprite Kit 游戏循环

游戏就像一个翻书动画一样地工作，如图 2-2 所示。如果你绘制了一系列连续的图像，当尽快地翻动它们的时候，就会产生移动的错觉。

你所绘制的每一个单个的图片，都叫做一帧（frame）。游戏通常会试图在每秒中绘制 30 到 60 帧，以使得动画给人流畅的感觉。这个绘制的速率，叫做帧速率（frame rate），或者更具体地称之为每秒帧数（frames per second，FPS）。默认情况下，Sprite Kit 会在游戏的右下角显示这个数据，如图 2-3 所示。

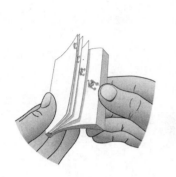

图 2-2

图 2-3

注　意

　　Sprite Kit 默认地在屏幕上显示每秒帧数，这一点很方便，因为你在开发自己的游戏的时候，希望能看到 FPS，以确保游戏能够很好地运行。理想情况下，我们希望 FPS 至少达到 30。

　　然而，你只应该关注在一台真实设备上的 FPS，因为在模拟器上所得到的 FPS 会颇为不同。特别是，你的 Mac 的 CPU 比 iPhone 或 iPad 的处理器要更快，而且 Mac 拥有更多的内存，但糟糕的是拖慢了模拟的熏染，因此，你不能指望 Mac 给出任何准确的性能数据。再强调一下，一定在真实设备上测试性能。

　　除了 FPS，Sprite Kit 还会显示它在最近一次循环中所渲染的节点数。

　　可以打开 GameViewController.swift，并且把 skView.showsFPS 和 skView.showsNodeCount 都设置为 false，从而从屏幕去除掉 FPS 和节点数显示。

在场景背后，Sprite Kit 运行了一个无限的循环，我们通常称之为游戏循环（gameloop），如图 2-4 所示。

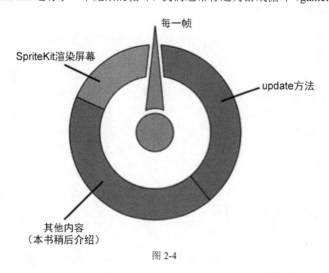

图 2-4

图 2-4 示意了在每一帧中，Sprite Kit 都做如下的事情：

1．在场景上调用一个名为 update() 的方法。可以将想要在每一帧中运行的代码放到这里，因此这是更新精灵的位置或旋转精灵的好地方。

2．做一些其他事情。我们将会在后续的各章再次回顾游戏循环，以进一步理解图 2-4 中剩下的内容。

3．渲染场景。然后，Sprite Kit 会绘制场景图中的所有对象，在场景背后使用 OpenGL 的绘制命令。

Sprite Kit 试图尽可能快地绘制帧，最高可达到 60FPS。然而，如果 update()方法花得时间太长，或者如果 Sprite Kit 必须绘制的精灵比硬件一次所能处理的精灵更多的话，帧速率可能会下降。

1．保持 update()尽可能的快。例如，在这个方法中，要避免那些较慢的算法，因为该方法在每一种帧中都会调用。

2．保持节点数尽可能的少。例如，当节点离屏并且你不再需要它们的时候，将其从场景图删除，这是一种好的做法。

现在，我们已经知道了 update()会在每一帧中调用，并且这是更新精灵位置的好地方，让我们来尝试让僵尸动起来。

2.2 移动僵尸

我们打算通过 5 次迭代过程来实现僵尸移动的代码。这样，你可以看到初学者常犯的一些错误及其解决方案，最终，你会理解移动是如何一步一步实现的。

首先，实现一种简单但并不理想的方法，即在每一帧中将僵尸移动固定的数量。在开始之前，打开GameScene.swift 并且在 didMoveToView()中注释掉把僵尸的大小设置为其两倍的那一行代码，如下所示：

```
// zombie.setScale(2) // SKNode method
```

这一行只是一个测试，因此，我们不再需要它了。正常大小的僵尸，已经够让人害怕的了。

2.2.1 第 1 次迭代：每帧固定移动

在 GameScene.swift 中，添加如下的方法：

```
override func update(currentTime: NSTimeInterval) {
  zombie.position = CGPoint(x: zombie.position.x + 8,
                            y: zombie.position.y)
}
```

这里，我们沿着 x 轴将僵尸的位置更新为比上一次多 8 个点，而在 y 轴上保持相同的位置。这会让僵尸从左向右移动，如图 2-5 所示。

编译并运行，你将会看到僵尸从屏幕上走过。这是不错的内容，但是僵尸的移动给人感觉有点卡顿或不规则。为了探究原因，我们回到 Sprite Kit 游戏循环来看看。

还记得吧，Sprite Kit 试图尽可能快地绘制帧。然而，通常其绘制每一帧所花的时间还是略有不同的，有的时候较慢，有的时候较快。

这意味着，调用 update()的循环之间的时间间隔是不同的。为了亲眼看看这一点，可以添加一些代码来打印出自上一次update()调用后经过的时间。在 GameScene 的属性部分，紧接着 zombie 属性之后，添加如下这些变量：

```
var lastUpdateTime: NSTimeInterval = 0
var dt: NSTimeInterval = 0
```

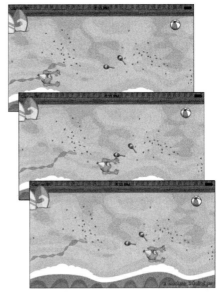

图 2-5

　　这里，我们创建了属性来记录 Sprite Kit 上一次调用 update() 的时间和自上一次调用到现在经过的时间（即时间增量），后者简写为 dt。

　　然后，将如下这些代码行添加到 update() 的开始处，在这里，我们计算了从上一次调用 update() 后经过的时间，并且将其存储到 dt 中，然后，以毫秒为单位（1 秒等于 1000 毫秒）来显示出时间。

```
if lastUpdateTime > 0 {
  dt = currentTime - lastUpdateTime
} else {
  dt = 0
}
lastUpdateTime = currentTime
print("\(dt*1000) milliseconds since last update")
```

编译并运行，你应该会在控制台中看到如下所示的内容：

```
33.44 51289963908 milliseconds since last update
16.35 37669868674 milliseconds since last update
34.18 78019971773 milliseconds since last update
15.69 98310121708 milliseconds since last update
33.98 83069973439 milliseconds since last update
33.57 79220040422 milliseconds since last update
```

正如你所看到的，update() 调用之间的时间间隔总是略有不同。

注　意

　　Sprite Kit 试图每秒钟调用 update() 方法 60 次（每次调用大约花费 16 毫秒）。然而，如果更新和渲染游戏的一帧所需的时间太长，Sprite Kit 可能会减少调用更新方法的频次，并且 FPS 将会下降。在这里可以看到这一点，有些帧花了 30 毫秒以上。

　　之所以看到如此之低的 FPS，是因为在模拟器上运行游戏。正如前面所提到的，不要指望模拟器提供准确的性能数据。如果尝试在一台设备上运行代码，应该会看到更高一些的 FPS。

　　注意，即便你的游戏以 60FPS 平滑地运行，Sprite Kit 调用更新方法的频度还是会有些变化。因此，在计算中需要考虑时间增量，接下来我们将学习如何做到这点。

　　由于你要以每帧固定的量来更新僵尸的位置，而不会考虑这一时间上的变化，你可能最终得到一个看上去有点卡顿或不规则的移动，如图 2-6 所示。

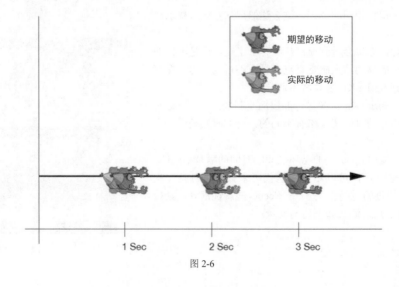

图 2-6

正确的解决方案是，搞清楚僵尸每秒钟想要移动多远，然后，将其和自上一次更新后经过的时间的因子相乘。让我们来尝试一下。

2.2.2 第 2 次迭代：速率乘以时间增量

首先在 GameScene 的开始处、紧跟在 dt 之后，添加如下的属性：

```
let zombieMovePointsPerSec: CGFloat = 480.0
```

这表示僵尸每秒钟应该移动 480 个点，大约是场景宽度的 1/4。我们将其类型设置为 CGFloat，因为将会使用它和 CGPoint 中的另一个 CGFloat 进行计算。

在这行代码之后，再添加一个属性：

```
var velocity = CGPoint.zero
```

到目前为止，我们已经使用了 GPoint 来表示位置。然而，使用 GPoint 来表示 2D 向量也是很常见且很方便的。

2D 向量表示一个方向和一个长度。图 2-7 给出了可以用来表示僵尸的移动的一个 2D 向量的例子。可以看到，箭头的方向表示了僵尸应该移动的方向，而箭头的长度表示僵尸应该每秒钟移动多远的距离。方向和长度一起表示僵尸的速率，可以将其看作是僵尸在 1 秒钟之内应该在哪个方向上移动多远。

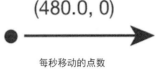

每秒移动的点数
图 2-7

然而，注意，这个速率没有设置位置。毕竟，不管僵尸是从哪里开始移动的，我们应该能够让僵尸沿着这个方向、以这样的速度移动。

通过添加如下的方法来尝试这一点：

```
func moveSprite(sprite: SKSpriteNode, velocity: CGPoint) {
  // 1
  let amountToMove = CGPoint(x: velocity.x * CGFloat(dt),
                             y: velocity.y * CGFloat(dt))
  print("Amount to move: \(amountToMove)")
  // 2
  sprite.position = CGPoint(
    x: sprite.position.x + amountToMove.x,
    y: sprite.position.y + amountToMove.y)
}
```

我们将代码重新组织到一个可以复用的方法中，该方法让精灵开始移动，并且还有决定移动速率的一个向量。让我们一行一行地看看这段代码：

1. 速率是每秒移动多少个点，并且你需要计算出僵尸在这一帧中移动多少个点。为了确定这一点，这里将每秒的点数乘以上一次更新之后的秒数的因子。现在，有了一个点来表示僵尸的位置，也可以将其看作是从原点到僵尸的位置的一个向量，另外，还有一个向量来表示僵尸在这一帧中移动的距离和方向，如图 2-8 所示。

2. 要确定僵尸的新的位置，直接给僵尸的位置加上表示移动的向量就可以了，如图 2-9 所示。

可以用图 2-9 来表示，但是在代码中，直接将这个点的 x 坐标和 y 坐标和向量相加就可以了。

注　意

要学习有关向量的更多知识，请查阅这个不错的指南：http://www.mathsisfun.com/algebra/。

最后，在 update() 中，用如下这一行代码来替代设置僵尸位置的代码行：

```
moveSprite(zombie,
  velocity: CGPoint(x: zombieMovePointsPerSec, y: 0))
```

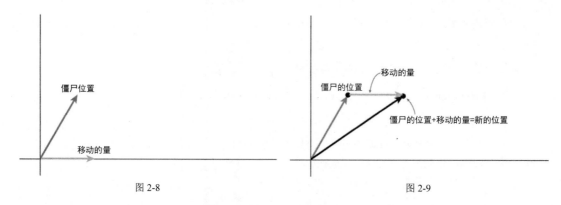

图 2-8　　　　　　　　　　　　　　　　　　　　　图 2-9

编译并运行，现在，僵尸从屏幕前移动的时候要平滑得多了。

看一下控制台日志，你将会看到现在僵尸会根据自上一次更新过了多少时间，在每一帧中移动不同的点数。

```
0.0 milliseconds since last update
Amount to move: (0.0,0.0)
47.85 30780237634 milliseconds since last update
Amount to move: (11.4847387257032,0.0)
33.34 98929976486 milliseconds since last update
Amount to move: (8.00397431943566,0.0)
34.21 96339915972 milliseconds since last update
Amount to move: (8.21271215798333,0.0)
```

如果你的僵尸的移动看上去还是有些卡顿，确保在设备上而不是在模拟器上测试它，这可能会有不同的性能表现。

2.2.3　第 3 次迭代：朝着触摸的方向移动

到目前为止，一切都还不错，但是我们想要让僵尸朝着玩家触摸的位置移动。毕竟，每个人都知道僵尸是喜欢热闹的。

我们的目标是让僵尸朝着玩家点击的位置移动，并且持续移动甚至超过了点击的位置，直到玩家点击了另一个位置而吸引了僵尸的注意力。要做到这一点有 4 个步骤，让我们来逐步介绍。

步骤 1：找到偏移向量

首先，我们需要搞清楚玩家点击的位置和僵尸的位置之间的偏移量。可以直接用点击的位置减去僵尸的位置来得到这个偏移量，如图 2-10 所示。

点和向量之间的减法，和将它们相加是类似的，但是，不是加上 x 坐标和 y 坐标值，而是减去 x 和 y 坐标值。

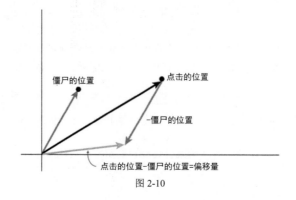

图 2-10

图 2-10 显示，如果用点击的位置减去僵尸的位置，将会得到表示偏移量的一个向量。如果将偏移向量移动到从僵尸的位置开始的话，我们可以更加清晰地看到这一点，如图 2-11 所示。

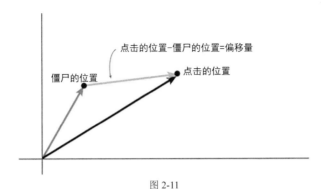

图 2-11

通过将两个位置相减，我们得到了具有方向和长度的一个内容，称之为偏移向量。
尝试添加如下的方法：

```
func moveZombieToward(location: CGPoint) {
  let offset = CGPoint(x: location.x - zombie.position.x,
                       y: location.y - zombie.position.y)
}
```

步骤 2：获得偏移向量的长度

现在，需要搞清楚偏移向量的长度，这是在步骤 3 中所需要的信息。
将偏移向量当做是一个直接三角形的斜边，其中，构成三角形的另外两条边的长度，就是由这个向量的 x 坐标和 y 坐标确定的，如图 2-12 所示。

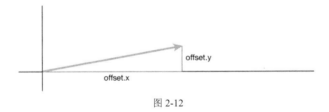

图 2-12

我们想要得到斜边的长度。为了做到这一点，要使用勾股定理。你可能还记得几何学中的这个简单的公式，即斜边的长度等于另外两条边的平方之和的平方根，如图 2-13 所示。

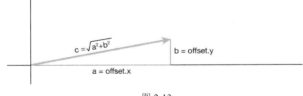

图 2-13

根据勾股定理，在 moveZombieToward() 的末尾添加如下这行代码：

```
let length = sqrt(
  Double(offset.x * offset.x + offset.y * offset.y))
```

现在还没有完事呢！

步骤 3：设置偏移向量的长度

现在，我们有了一个偏移向量：

- 它的方向指向了僵尸应该移动的方向。
- 它的长度是僵尸当前的位置和点击的位置之间的线段的长度。

而我们想要一个速度向量：

- 它的方向指向了僵尸应该移动的方向。
- 它的长度是 zombieMovePointsPerSec，这个常量在前面已经定义为每秒 480 个点。

因此，我们已经实现了一半了，向量的方向是对的，但是长度不对。如何让一个向量指向和偏移向量相同的方向，但是又具有某个指定的长度呢？

第一步是将偏移向量转换为一个单位向量，这意味着，该向量的长度为 1。根据几何学原理，可以直接将偏移向量的 x 坐标和 y 坐标分别除以偏移向量的长度，来做到这一点，如图 2-14 所示。

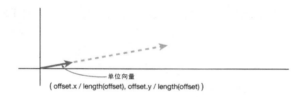

图 2-14

将一个向量转换为一个单位向量的过程，叫做向量的正规化（normalizing）。

一旦有了这个单位向量，我们知道其长度为 1，将它和 zombieMovePointsPerSec 相乘，可以很容易地得到想要的长度，如图 2-15 所示。

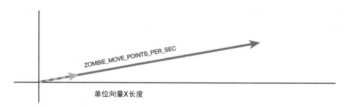

图 2-15

尝试一下，在 moveZombieToward() 的末尾添加如下的代码行：

```
let direction = CGPoint(x: offset.x / CGFloat(length),
                        y: offset.y / CGFloat(length))
velocity = CGPoint(x: direction.x * zombieMovePointsPerSec,
                   y: direction.y * zombieMovePointsPerSec)
```

现在，我们得到了拥有正确方向和长度的一个速度向量。只有一步之遥了！

步骤 4：连接触摸事件

在 Sprite Ki 中，要在一个节点上获得触摸事件的通知，只需要将该节点的 userInteractionEnabled 属性设置为 true，然后覆盖该节点的 touchesBegan(withEvent:)、touchesMoved(withEvent:) 方法或 touchesEnded(withEvent:) 方法。和其他的 SKNode 类不同，SKScene 的 userInteractionEnabled 属性默认就是设置为 true 的。

要看看这是如何使用的，为 GameScene 实现如下这些触摸处理方法：

```
func sceneTouched(touchLocation:CGPoint) {
  moveZombieToward(touchLocation)
```

```
   }

override func touchesBegan(touches: Set<UITouch>,
   withEvent event: UIEvent?) {
      guard let touch = touches.first else {
         return
      }
      let touchLocation = touch.locationInNode(self)
      sceneTouched(touchLocation)
}

override func touchesMoved(touches: Set<UITouch>,
   withEvent event: UIEvent?) {
      guard let touch = touches.first else {
         return
      }
      let touchLocation = touch.locationInNode(self)
      sceneTouched(touchLocation)
}
```

最后，在 update()中，修改对 moveSprite()的调用，以传入一个速率（根据触摸），而不是使用预先设定的量：

```
moveSprite(zombie, velocity: velocity)
```

好了！编译并运行，现在，僵尸将会朝着你的点击而移动，如图 2-16 所示。不要离僵尸太近，它可是饥肠辘辘！

图 2-16

注　意

还可以使用 Sprite Kit 的手势识别器。如果你试图实现复杂的手势的话，例如，捏取或旋转，这会特别方便。

可以在 didMoveToView()中，将手势识别器添加到场景的视图中，并且可以使用 SKScene 的 convertPointFromView()方法和 SKNode 的 convertPoint(toNode:)方法，让触摸处于你所需要的坐标空间中。

为了展示这一点，请查看本章的示例代码，我在其中包含了一个注释掉的手势识别器的演示程序。由于它和你所实现的触摸处理程序所做的事情相同，如果在运行这个手势识别器的时候想要确定是手势在起作用，请先注释掉你自己的触摸处理程序。

2.2.4　第 4 次迭代：边界检测

当我们玩这款游戏的最新版的时候，可能会注意到，如果你让僵尸向前移动的话，它会很欢快地直接跑到屏幕之外。我们很羡慕僵尸的热情，但是在 Zombie Conga 游戏中，我们希望僵尸随时都待在屏幕之上，如果碰到屏幕边界的话，它可以弹回来。

为了做到这一点，我们需要检测新计算的位置是否超越了屏幕的任何边界，如果是的话，要让僵尸弹回来。添加如下这个新的方法：

```
func boundsCheckZombie() {
  let bottomLeft = CGPointZero
  let topRight = CGPoint(x: size.width, y: size.height)

  if zombie.position.x <= bottomLeft.x {
    zombie.position.x = bottomLeft.x
    velocity.x = -velocity.x
  }
  if zombie.position.x >= topRight.x {
    zombie.position.x = topRight.x
    velocity.x = -velocity.x
  }
  if zombie.position.y <= bottomLeft.y {
    zombie.position.y = bottomLeft.y
    velocity.y = -velocity.y
  }
  if zombie.position.y >= topRight.y {
    zombie.position.y = topRight.y
    velocity.y = -velocity.y
  }
}
```

首先，设定表示场景的左下角和右上角坐标的常量。

然后，检查僵尸的位置，看看它是否超过了任何的屏幕边界，或者在边界之上。如果是的，让僵尸停止在该位置并且将速度部分取反，以使得僵尸朝着相反的方向弹回。

现在，在 update()方法的末尾，调用这个新的方法：

```
boundsCheckZombie()
```

编译并运行，可以看到僵尸在屏幕上弹回了，如图 2-17 所示。

图 2-17

2.2.5 第 5 次迭代：游戏区域

在 iPhone 6 模拟器上运行你的游戏，并且将僵尸朝着屏幕顶端的方向移动。注意，僵尸移动到了屏幕之外而没有弹回，如图 2-18 所示。

图 2-18

在 iPad 模拟器上运行游戏，你会看到游戏像预期的那样工作（即僵尸会从顶部的边界弹回）。你是否知道发生了什么情况？

还记得在第 1 章的 1.1.1 小节"通用 App 支持"中，我们提到 Zombie Conga 设计为 4:3 的高宽比（屏幕分辨率为 2048×1536）。然而，你想要支持 16:9 的高宽比，而这正是 iPhone 5、iPhone 6 和 iPhone 6 Plus 所使用的高宽比（屏幕分辨率分别为 1136×640、1334×750 和 1920×1080）。

我们来看看在 16:9 的设备上发生了什么。由于我们已经将场景配置为使用 AspectFill 模式，Sprite Kit 首先计算填充了 2048×1536 的空间的、最大的 16:9 的矩形，也就是 2048×1152。然后，将这个矩形居中，并将其缩放到实际的屏幕大小，例如，iPhone 6 的 1334×750 屏幕需要的缩放比例是 0.64，如图 2-19 所示。

这意味着，在 16:9 的设备上，场的顶部和底部有 192 个点的空隙是不可见的（1536 -1152 = 384，384 / 2 = 192）。因此，应该避免在这些区域进行重要的游戏设置，例如，不要让僵尸移动到这些空隙中。

让我们来解决这个问题。首先，给 GameScene 添加一个新的属性来存储表示游戏区域的矩形：

```
let playableRect: CGRect
```

然后，添加如下的初始化函数来相应地设置这个值：

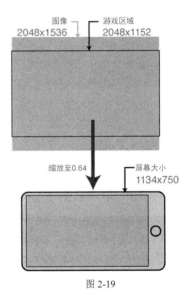

图 2-19

```
override init(size: CGSize) {
  let maxAspectRatio:CGFloat = 16.0/9.0 // 1
  let playableHeight = size.width / maxAspectRatio // 2
  let playableMargin = (size.height-playableHeight)/2.0 // 3
  playableRect = CGRect(x: 0, y: playableMargin,
                        width: size.width,
                        height: playableHeight) // 4
```

```
    super.init(size: size) // 5
}
required init(coder aDecoder: NSCoder) {
    fatalError("init(coder:) has not been implemented") // 6
}
```

我们来一行行地看看这些代码做些什么：

1. Zombie Conga 支持的高宽比从 3:2（1.33）到 16:9（1.77）。这里，我们将这个常量设置为所支持的最大的高宽比 16:9（1.77）。

2. 使用 AspectFill 模式，不管高宽比是多少，游戏区域的宽度总是等于场景的宽度。要计算游戏区域的高度，用场景的宽度除以最大高宽比。

3. 我们希望游戏区域矩形在屏幕上居中，因此，用游戏区域的高度减去场景的高度，然后将结果除以 2，得到顶部和底部的边距。

4. 综合起来，使得矩形在屏幕上居中，并具有最大的高宽比。

5. 调用超类的初始化程序。

6. 无论何时，当你覆盖 Sprite Kit 节点的默认初始化程序的时候，必须还要覆盖所需的 NSCoder 初始化程序，当从场景编辑器加载一个场景的时候，会使用该初始化程序。由于我们不会在这款游戏中使用场景编辑器，直接添加一个占位符实现以记录一个错误。

为了使其可视化，添加一个辅助方法将这个游戏区域绘制到屏幕上：

```
func debugDrawPlayableArea() {
    let shape = SKShapeNode()
    let path = CGPathCreateMutable()
    CGPathAddRect(path, nil, playableRect)
    shape.path = path
    shape.strokeColor = SKColor.redColor()
    shape.lineWidth = 4.0
    addChild(shape)
}
```

现在，先不要关心它是如何工作的，我们将在第 11 章中学习关于 SKShapeNodes 的所有内容。现在，将其当做是一个黑箱，它只是在屏幕上绘制调试矩形。

接下来，在 didMoveToView() 的末尾调用这个方法：

```
debugDrawPlayableArea()
```

最后，修改 boundsCheckZombie() 中的头两行代码，以考虑 playableRect 的 y 值：

```
let bottomLeft = CGPoint(x: 0,
                         y: CGRectGetMinY(playableRect))
let topRight = CGPoint(x: size.width,
                       y: CGRectGetMaxY(playableRect))
```

编译并运行，你将会看到僵尸现在能够根据游戏区域矩形正确地弹回了，如图 2-20 所示，这个游戏区域矩形用红色线条绘制并且和屏幕的边缘一致。

然后，在 iPad 模拟器上编译并运行，你将会看到僵尸在这里也会根据游戏区域矩形正确地弹回，如图 2-21 所示。

这个游戏区域带有红色边框，这就是在 iPhone 设备上所看到的区域，它拥有所支持的最大的高宽比，即 16:9。

既然有了游戏区域矩形，只需要确保剩下的游戏设置都发生在这个矩形之中并且僵尸可以随处跳舞，就可以了。

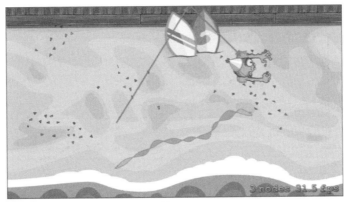

图 2-20

图 2-21

注　意

　　一种可选的方法，是根据当前设备的可视区域来限制僵尸的移动。换句话说，总是让僵尸能够在各个方向上移动到 iPad 的边缘，而不是将其限制在一个最小的游戏区域中。

　　然而，这可能会让游戏在 iPad 上更容易玩，因为 iPad 上有更多的空间可以躲避敌人。对于 Zombie Congo 来说，我们认为更重要的是让它在所有设备上具有相同的难度，因此，我们让核心游戏设置保持在有保证的游戏区域之中。

2.3　旋转僵尸

　　僵尸移动的很不错，但是它总是朝着相同的方向。实际上，它是"亡灵"，但是，这个僵尸总是对什么都好奇，它很想在移动的时候转身到处看看。

　　我们已经有了一个向量指向僵尸所要朝向的方向，这就是速度向量。只需要找出一个旋转角度，让僵尸朝向该方向就可以了。

再一次，把方向向量当做是直角三角形的斜边，就可以找到这个角度，如图 2-22 所示。

图 2-22

你可能还记得，三角学中所谓的正切函数，表示为：

```
tan(angle) = opposite / adjacent
```

既然有了对边和邻边的长度，可以将上面的公式重写为如下的形式，来得到需要旋转的角度：

```
angle = arctan(opposite / adjacent)
```

如果回忆不起来任何三角学的知识，也不要担心。只要把这当做是计算角度的一个公式就可以了，只需要知道这些就够了。

尝试使用这个公式，添加如下的新的方法：

```
func rotateSprite(sprite: SKSpriteNode, direction: CGPoint) {
  sprite.zRotation = CGFloat(
    atan2(Double(direction.y), Double(direction.x)))
}
```

这里用到了上面的公式。它包括很多的强制转型，因为 CGFloat 在 64 位的机器上定义为一个 Double，而在 32 位的机器上则定义为一个 Float。

这能够有效，是因为僵尸图像本身是朝向右边的。如果僵尸图像是朝向屏幕上方的，还必须添加一个额外的旋转来进行补偿，因为角度 0 本来是指向右边的。

现在，在 update()方法的末尾调用这个新的方法。

```
rotateSprite(zombie, direction: velocity)
```

编译并运行，僵尸已经旋转到面朝它移动的方向了，如图 2-23 所示。

图 2-23

恭喜你，已经让僵尸具有了生命了！这个精灵现在在 iPhone 和 iPad 上都能够平滑地移动，可以从屏幕弹回并且会旋转，是开始玩这个游戏的最佳时机了。但是，我们还没有大功告成。应该自己尝试一些内容，以确定已经学到了知识。

2.4 挑战

本章有 3 个挑战，它们都很重要。完成这些挑战，能够让你练习使用向量，并且会引入新的数学工具，而在本书的剩下内容中，你将会用到这些工具。

同样，如果遇到困难，可以从本章的资源文件中找到解决方案，但是你最好是自己能够解决它。

挑战 1：数学工具

你肯定已经注意到了，在开发这款游戏的时候，经常要进行点和向量的计算，例如，把点相加和相减，求取长度值等等。我们还需要在 CGFloat 和 Double 之间做很多强制转型。

在本章中，到目前为止，我们都是以内嵌的方式自行完成这些计算的。这是做事情的一种很好的方式，但是，在实际工作中，这可能变得很繁琐而且具有重复性；还容易出错。

使用 iOS\Source\Swift File 模板创建一个新的文件，将其命名为 MyUtils。然后，使用如下的代码替换 MyUtils 的内容：

```
import Foundation
import CoreGraphics

func + (left: CGPoint, right: CGPoint) -> CGPoint {
  return CGPoint(x: left.x + right.x, y: left.y + right.y)
}

func += (inout left: CGPoint, right: CGPoint) {
  left = left + right
}
```

在 Swift 中，可以让+、-、*和/这样的运算符作用于任何想要的类型之上。这里，我们让它们作用于 CGPoint 之上。

现在，可以像下面这样来把点相加了，但是，不要在任何地方添加这些代码；这里只是给出一个示例：

```
let testPoint1 = CGPoint(x: 100, y: 100)
let testPoint2 = CGPoint(x: 50, y: 50)
let testPoint3 = testPoint1 + testPoint2
```

让我们也覆盖 CGPoints 上的减法、乘法和除法运算符。在 MyUtils.swift 的末尾，添加如下的代码：

```
func - (left: CGPoint, right: CGPoint) -> CGPoint {
  return CGPoint(x: left.x - right.x, y: left.y - right.y)
}

func -= (inout left: CGPoint, right: CGPoint) {
  left = left - right
}

func * (left: CGPoint, right: CGPoint) -> CGPoint {
  return CGPoint(x: left.x * right.x, y: left.y * right.y)
}

func *= (inout left: CGPoint, right: CGPoint) {
  left = left * right
}
```

```
func * (point: CGPoint, scalar: CGFloat) -> CGPoint {
  return CGPoint(x: point.x * scalar, y: point.y * scalar)
}

func *= (inout point: CGPoint, scalar: CGFloat) {
  point = point * scalar
}

func / (left: CGPoint, right: CGPoint) -> CGPoint {
  return CGPoint(x: left.x / right.x, y: left.y / right.y)
}

func /= (inout left: CGPoint, right: CGPoint) {
  left = left / right
}

func / (point: CGPoint, scalar: CGFloat) -> CGPoint {
  return CGPoint(x: point.x / scalar, y: point.y / scalar)
}

func /= (inout point: CGPoint, scalar: CGFloat) {
  point = point / scalar
}
```

现在，可以把一个 CGPoint 和另一个 CGPoint 相减、相乘和相除了。还可以将点和标量的 CGFloat 值相乘和相除，如下所示。同样的，不要在任何地方添加这些代码，这里只是给出一个示例。

```
let testPoint5 = testPoint1 * 2
let testPoint6 = testPoint1 / 10
```

最后，添加扩展了 CGPoint 的类，它带有一些辅助方法：

```
#if !(arch(x86_64) || arch(arm64))
func atan2(y: CGFloat, x: CGFloat) -> CGFloat {
  return CGFloat(atan2f(Float(y), Float(x)))
}

func sqrt(a: CGFloat) -> CGFloat {
  return CGFloat(sqrtf(Float(a)))
}
#endif

extension CGPoint {

  func length() -> CGFloat {
    return sqrt(x*x + y*y)
  }

  func normalized() -> CGPoint {
    return self / length()
  }

  var angle: CGFloat {
    return atan2(y, x)
  }
}
```

当这个 App 在 32 位架构的机器上运行的时候，#if/#endif 语句块为 true。在这种情况下，CGFloat 和 Float 具有相同的大小，因此，这段代码编写了接受 CGFloat/Float 值（而不是默认的 Double）的 atan2 和

sqrt 版本；这就允许你对 CGFloat/Float 使用 atan2 和 sqrt，而不会受到设备架构的限制。

接下来，这个类扩展添加了一些方便的方法来获取点的长度，返回该点的一个正规化的版本（即长度为1），并且得到该点的一个角度。

使用这些辅助函数，将会使得代码更加简洁和清晰。例如，来看看 moveSprite(velocity:)方法：

```
func moveSprite(sprite: SKSpriteNode, velocity: CGPoint) {
  let amountToMove = CGPoint(x: velocity.x * CGFloat(dt),
                             y: velocity.y * CGFloat(dt))
  print("Amount to move: \(amountToMove)")
  sprite.position = CGPoint(
    x: sprite.position.x + amountToMove.x,
    y: sprite.position.y + amountToMove.y)
}
```

使用*将 velocity 和 dt 相乘，避免了强制转型，简化了第 1 行代码。此外，使用+=运算符将精灵的位置和移动的量相加，简化了最后一行代码。

最终的结果应该如下所示：

```
func moveSprite(sprite: SKSpriteNode, velocity: CGPoint) {
  let amountToMove = velocity * CGFloat(dt)
  print("Amount to move: \(amountToMove)")
  sprite.position += amountToMove
}
```

你的挑战是，修改剩下的 Zombie Conga 以使用新的辅助代码，并且验证游戏仍然能够像预期的那样工作。当你完成之后，应该进行如下的调用，这包括对前面已经提及的两个操作符的调用：

- +=运算符：1 次调用；
- -运算符：1 次调用；
- *运算符：2 次调用；
- normalized：1 次调用；
- angle：1 次调用。

你将会注意到，当完成了这些工作的时候，代码变得整洁了很多，而且更加易于理解了。在后续的几章中，你将要使用我们所编写的一个数学库，它和这里所创建的数学库非常相似。

挑战 2：让僵尸停下来

在 Zombie Conga，当你点击屏幕的时候，僵尸会朝着点击的位置移动，但是随后，它会继续移动以超过该位置。

这是我们想要在 Zombie Conga 中得到的效果，但是，在其他的游戏中，你可能想要让僵尸在点击的位置停下来。你的挑战是修改游戏以做到这一点。

如下是针对一种可能的实现的一些提示：

- 创建一个名为 lastTouchLocation 的可选的属性，并且当玩家触摸场景的时候，更新这个属性。
- 在 update()中，检查最近一次触摸的位置和僵尸的位置之间的距离。如果这个距离小于或等于僵尸将要在当前帧中移动的距离（zombieMovePointsPerSec * dt），那么就把僵尸的位置设置为最近一次触摸的位置，并且将其速度设置为 0。否则，正常地调用 moveSprite(velocity:)和 rotateSprite(direction:)。应该还要调用 boundsCheckZombie()。
- 为了实现这些，要用到挑战 1 中的辅助代码，使用一次-运算符并且调用一次 length()。

挑战 3：平滑移动

目前，僵尸会立即旋转以面朝点击的位置。这可能有点突兀，如果僵尸随着时间的流逝逐渐平滑地旋转以面朝新的方向的话，看上去会好很多。

为了做到这一点，需要一个新的辅助程序。将如下代码添加到 MyUtils.swift(to type π , use Option-p)的末尾。

```
letπ = CGFloat(M_PI)

func shortestAngleBetween(angle1: CGFloat,
                          angle2: CGFloat) -> CGFloat {
  let twoπ = π * 2.0
  var angle = (angle2 - angle1) % twoπ
  if (angle >= π) {
    angle = angle - twoπ
  }
  if (angle <= -π) {
    angle = angle + twoπ
  }
  return angle
}

extension CGFloat {
  func sign() -> CGFloat {
    return (self >= 0.0) ? 1.0 : -1.0
  }
}
```

如果 CGFloat 大于或等于 0，sign()返回 1，否则的话，它返回-1。

shortestAngleBetween()返回两个角之间的最短的角度。这并不是将两个角相减那么简单，理由有两个：

1. 角度在超过 360 度（2 * M_PI）之后会"舍入"。换句话说，30 度和 390 度表示相同的角度，如图 2-24 所示。

2. 有时候，两个角之间旋转最短的方式是向左，而有时候又是向右。例如，如果从 0 度开始，想要转到 270 度，最短的方式是转-90 度，而不是转 270 度，如图 2-25 所示。我们不想让僵尸转一大圈，虽然它是僵尸，但是它并不蠢笨。

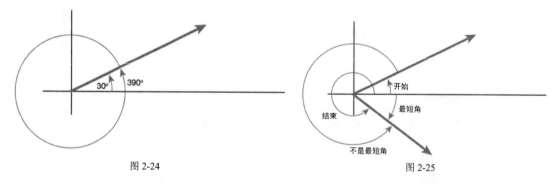

图 2-24   图 2-25

因此，这个程序求得两个角度之间的差，去掉任何比 360 度大的部分，然后确定是向右旋转还是向左旋转更快。

你的挑战是修改 rotateSprite(direction:)，以接受并使用一个新的参数，即僵尸每秒应该旋转的弧度数。定义如下的常量：

```
let zombieRotateRadiansPerSec:CGFloat = 4.0 * π
```

并且将该方法的签名修改为如下所示：

```
func rotateSprite(sprite: SKSpriteNode, direction: CGPoint,
                  rotateRadiansPerSec: CGFloat) {
  // Your code here!
}
```

这里针对这个方法的实现给出一些提示:

- 使用 shortestAngleBetween()找出当前角和目标角之间的距离,称之为 shortest。
- 根据 rotateRadiansPerSec 和 dt 计算出在这一帧中要旋转的量,称之为 amtToRotate。
- 如果 shortest 的绝对值小于 amtToRotate,使用 shortest 来替代它。
- 将 amtToRotate 加到精灵的 zRotation 中,但是先将其与 sign()相乘,以便可以朝着正确的方向旋转。
- 不要忘了在 update()中更新对旋转精灵的调用,以便它可以使用新参数。

如果你完成了所有这 3 个挑战,做的真是不错!你真的已经理解了如何使用"经典的"方法随着时间来更新值,从而移动和旋转精灵。

然而,经典的方法只是为了便于理解,它总是会让步于现代的方法的。

在第 3 章中,我们将学习 Sprite Kit 如何通过神奇的动作,让一些常见的任务变得非常容易。

第 3 章　动作

Ray Wenderlich 撰写

到目前为止，我们已经学习了如何移动和旋转 Sprite Kit 节点（节点就是出现在屏幕上的任何内容），但是是通过随着时间手动设置其位置和旋转来实现的。

这种自己搞定的方式有效并且很强大，但是，Sprite Kit 还提供了一种更加容易的方式来逐渐地移动精灵，这就是动作（action）。

动作允许你随着时间完成诸如旋转、缩放或改变精灵的位置等事情，只需要一行代码就可以做到这些。也可以将动作串联到一起，很容易地创建一个移动组合。

在本章中，我们将学习 Sprite Kit 动作的相关知识，并且为游戏添加敌人、可收集的物品以及基本的游戏逻辑。

你将会看到动作是如何简化了游戏编码工作的，并且在完成本章的时候，Zombie Conga 游戏已经有了捡拾动作。

注　意

本章从第 2 章的挑战 3 完成的地方开始。如果没有能够完成这些挑战或者跳过了第 2 章，也不要担心，直接打开本章的初始工程，从第 2 章留下的地方继续开始。

3.1　移动动作

现在，僵尸的"生活"有些太无忧无虑了，让我们给游戏引入一些它需要躲避的敌人，也就是疯狂的猫女士，如图 3-1 所示。

图 3-1

打开 GameScene.swift 并且创建一个全新的方法，这个方法负责生成敌人。

```
func spawnEnemy() {
  let enemy = SKSpriteNode(imageNamed: "enemy")
  enemy.position = CGPoint(x: size.width + enemy.size.width/2,
                           y: size.height/2)
  addChild(enemy)
}
```

这段代码的内容其实是对前两章的回顾，它创建了一个精灵并且将其垂直居中地放置到屏幕上，刚好在视图之外的右边。

现在，我们想要让敌人从屏幕的右边向左移动。如果要手动完成这一点，可能要根据一个速率值在每一帧中更新敌人的位置。

这次不需要自己那么麻烦地去做了！直接在spawnEnemy()的末尾添加如下的两行代码：

```
let actionMove = SKAction.moveTo(
  CGPoint(x: -enemy.size.width/2, y: enemy.position.y),
  duration: 2.0)
enemy.runAction(actionMove)
```

要在 Sprite Kit 中创建一个动作，调用 SKAction 类的几个静态构造方法之一，例如，我们在这里所见到的这个 moveTo(duration:)。这个特殊的构造方法返回一个动作，它在指定的时间内（以秒为单位）将精灵移动到一个指定的位置。

这里，我们将该动作设置为让敌人沿着 x 轴以任意的速度移动，必须在 2 秒钟之内，让其从当前位置移动到刚好在屏幕的左边之外。

一旦创建了一个动作，就需要运行它。可以在任何的 SKNode 之上调用 runAction() 来运行它，如上面的代码所示。

尝试一下！现在，在 didMoveToView() 之中，在调用了 addChild(zombie) 之后，调用该方法。

```
spawnEnemy()
```

编译并运行，你会看到疯狂猫女士从屏幕上跑过，如图 3-2 所示。

图 3-2

两行代码就做到这种程度，还不错，对吗？如果不需要对任何其他的对象使用 actionMove 常量的话，本来可以用一行代码就做到这一点。

这里我们看到了 moveTo(duration:) 的一个示例，但是，还有其他的几个移动动作变体：

- moveToX(duration:) 和 moveToY(duration:)。这两个方法允许你指定只是在 x 位置或 y 位置变化，而另一个位置则假设是不变的，如图 3-3 左图所示。在上面的例子中，也可以使用 moveToX(duration:)，从而减少一些录入。
- moveByX(y:duration:)。"移动到（moveTo）"动作将角色移动到一个特定的点，但是有时候，将角色从当前的位置移动一个偏移量（这可能是到任何的位置）可能会更方便一些，如图 3-3 右图所示。在上面的例子中，也可以使用 moveByX(y:duration:)，只要给把 -(size.width + enemy.size.width) 传给 x，而把 0 传递给 y 就可以了。

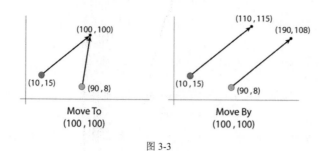

图 3-3

在其他的动作类型中，你也会看到"[action] to"和"[action] by"的模式。通常，可以使用这些方法中任意一种对你来说更为方便的形式，但是要记住，如果二者都可以使用的话，选择"[action] by"动作会更好一些，因为它们是可逆转的。要更多地了解这个话题，请继续阅读。

3.2　连续动作

动作真正的强大之处在于，可以很容易地将它们串联起来。例如，假设想要猫女士在屏幕上做一个 V 型的移动，即先向下移动到屏幕的底部，然后再向上移动到目标位置。

为了实现这一点，在 spawnEnemy() 中，用如下的代码替换创建和运行移动动作的代码行：

```
// 1
let actionMidMove = SKAction.moveTo(
  CGPoint(x: size.width/2,
          y: CGRectGetMinY(playableRect) + enemy.size.height/2),
  duration: 1.0)
// 2
let actionMove = SKAction.moveTo(
  CGPoint(x: -enemy.size.width/2, y: enemy.position.y),
  duration:1.0)
// 3
let sequence = SKAction.sequence([actionMidMove, actionMove])
// 4
enemy.runAction(sequence)
```

让我们来一行一行地看看这些代码：

1．这里创建了一个新的移动动作，就像前面所做的一样，只不过这一次，它给出的是动作的"中间点"，也就是游戏区域矩形的底部中间的位置。

2．这和前面的移动动作一样，只不过将时间减少到了 1.0 秒，因为现在只是要移动了一半的距离，也就是从 V 形的底部屏幕之外的地方向左上方移动。

3．这里是新的连续动作！正如你所看到的，这很简单，使用 sequence 构造方法并且传入了动作的一个 Array。连续动作（sequence action）将一个接着一个地运行。

4．按照和前面相同的方式调用 runAction()，但是这一次传入连续动作。

好了，编译并运行，你将会看到疯狂的猫女士从游戏区域矩形的底部"弹跳"回来，如图 3-4 所示。

连续动作是动作中最有用也最常用的功能之一，也就是说，把动作串联起来会更强大！我们将在本章中以及本书后面的内容中，多次使用连续动作。

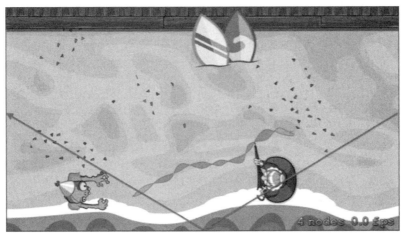

图 3-4

3.3 等待动作

等待动作所做的事情正如我们所预期的那样，它让精灵等待一定的时间，这段时间之内，精灵什么也不做。

"那有什么意义呢？"，你可能会问。好吧，等待动作只有和连续动作组合起来以后，才真正变得有趣起来。

例如，我们让猫女士在到达 V 形的底部的时候短暂地暂停一下。为了做到这一点，用如下的代码行替代 spawnEnemy()中创建连续动作的代码行。

```
let wait = SKAction.waitForDuration(0.25)
let sequence = SKAction.sequence(
   [actionMidMove, wait, actionMove])
```

要创建等待动作，使用以秒为单位的等待时间量来调用 waitForDuration()。然后，直接将其插入到你想要让延迟发生的连续动作之中。

编译并运行，现在，猫女士会在到达 V 形底部的时候暂停片刻，如图 3-5 所示。

图 3-5

3.4　运行代码块动作

有的时候，我们想要在一个连续动作中运行自己的代码块。例如，假设想要在猫女士到达了 V 型底部的时候，在控制台显示一条消息。

为了做到这一点，用如下的代码行替代 spawnEnemy()中创建连续动作的代码行。

```
let logMessage = SKAction.runBlock() {
  print("Reached bottom!")
}
let sequence = SKAction.sequence(
  [actionMidMove, logMessage, wait, actionMove])
```

要创建一个运行代码块动作，直接调用 runBlock()并传入要执行的代码块。

编译并运行，当猫女士到达了 V 型底部的时候，我们将会在控制台看到如下的内容：

```
Reached bottom!
```

注　意

如果你的工程仍然包含了前面的章节中引入的 print 语句，现在是删除掉它们的好时机。否则的话，你必须在控制台查找一番才能够看到上面的日志消息，当大量的消息滚动的时候，你真不一定能够注意到它。

如果删除了 print 语句，还应该删除掉任何的注释，以保持工程干净整洁。

当然，这里所做的远不止是记录一条消息，因为这里可以是任意的代码块，你可以做任何想做的事情。还应该注意和运行代码块相关的另外一个动作：

● runBlock(queue:)允许在任意一个调度队列中而不是主 Sprite Kit 事件循环中运行代码块。

3.5　反向动作

我们假设想要让猫女士沿着她来的道路返回，也就是说，在向左移动了一个 V 型之后，又向右移动一个 V 型。

做到这一点的一种方式是，在她从下方屏幕外向左移动之后，让她运行一个已有的 actionMidMove 动作回到中间点，并且创建一个新的 moveTo(duration:)动作将其送回到起点。

但是 Sprite Kit 提供了一个更好的选择。在 Sprite Kit 中，可以直接在某一个动作上调用 reversedAction()，从而逆转这个动作，这会导致和最初的动作反向的一个新的动作。

例如，如果运行了一个 moveByX(y:duration:)动作，可以运行一个反向的动作，如图 3-6 所示。

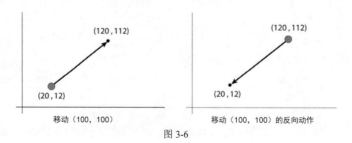

图 3-6

　　并不是所有的动作都可以反向的，例如，moveTo(duration:)就不可以反向。要搞清楚一个动作是否可以反向，在 SKAction 类参考中查找一下它，那里会清楚地指出来，如图 3-7 所示。

+ moveByX:y:duration:

Creates an action that moves a node relative to its current position.

Declaration

```
SWIFT
class func moveByX(_ deltaX: CGFloat,
                   y deltaY: CGFloat,
            duration sec: NSTimeInterval) -> SKAction

OBJECTIVE-C
+ (SKAction * nonnull)moveByX:(CGFloat)deltaX
                           y:(CGFloat)deltaY
                    duration:(NSTimeInterval)sec
```

Parameters

deltaX	The x-value, in points, to add to the node's position.
deltaY	The y-value, in points, to add to the node's position.
sec	The duration of the animation.

Return Value
A new move action.

Discussion
When the action executes, the node's `position` property animates from its current position to its new position.

This action is reversible; the reverse is created as if the following code is executed:

```
[SKAction moveByX: -deltaX y: -deltaY duration: sec];
```

图 3-7

　　我们来尝试一下。首先，用如下的代码行替换 spawnEnemy() 中的 actionMidMove 和 actionMove 声明。

```
let actionMidMove = SKAction.moveByX(
  -size.width/2-enemy.size.width/2,
  y: -CGRectGetHeight(playableRect)/2 + enemy.size.height/2,
  duration: 1.0)
let actionMove = SKAction.moveByX(
  -size.width/2-enemy.size.width/2,
  y: CGRectGetHeight(playableRect)/2 - enemy.size.height/2,
  duration: 1.0)
```

　　这里，我们将 moveTo(duration:) 动作修改为相关的 moveByX(y:duration:) 变体，因为后者是可以反向的。

　　现在，用如下代码行替换 spawnEnemy() 中创建 sequence 的代码：

```
let reverseMid = actionMidMove.reversedAction()
let reverseMove = actionMove.reversedAction()
let sequence = SKAction.sequence([
  actionMidMove, logMessage, wait, actionMove,
  reverseMove, logMessage, wait, reverseMid
])
```

　　首先，把 moveTo(duration:) 动作修改为相关的 moveByX(y:duration:) 变体，因为后者是可以反向的。

　　然后，通过在每一个动作上调用 reversedAction() 来将这些动作反向，并且将其插入到序列中。

　　编译并运行，现在，猫女士沿着一个 V 型路线前进，然后再原路返回，如图 3-8 所示。

图 3-8

由于连续动作也是可以反向的，我们可以将上面的代码进行简化。删除创建反向动作的代码行，并且用如下的代码行来替换掉创建连续动作的代码。

```
let halfSequence = SKAction.sequence(
    [actionMidMove, logMessage, wait, actionMove])
let sequence = SKAction.sequence(
    [halfSequence, halfSequence.reversedAction()])
```

这就直接创建了将精灵朝着一个方向移动的连续动作，然后，将这个连续动作进行反向。

聪明的读者可能已经注意到了，只要精灵到达了屏幕的底部，前一半的动作序列记录了一条消息，但是在回来的路途中，却没有记录这条消息，直到精灵已经在底部等待 1 秒钟以后。

这是因为反向连续动作并不是最初的连续动作的完全相反的动作序列，这和你第一次实现的反向是不一样的。在本章稍后，我们将介绍组动作，可以用它来修正这种行为。

3.6　重复动作

到目前为止，一切都很不错，但是，如果想要猫女士多次重复这个连续动作呢？当然，有一个动作就是干这种事情的。

可以使用 repeatAction(count:)来重复一个动作一定的次数，或者使用 repeatActionForever()重复其无数次。我们先来看重复无数次的版本。用下面的两行代码，替换 spawnEnemy()中运行动作的代码：

```
let repeatAction = SKAction.repeatActionForever(sequence)
enemy.runAction(repeatAction)
```

在这里，我们创建了一个动作，它不断地重复其他动作的一个序列，并且在敌人之上运行这个重复的动作。

编译并运行，现在，猫女士将不断地来回弹跳，如图 3-9 所示。我告诉过你，她是很疯狂的。

恭喜你！你已经理解了动作的很多用法：

● 移动动作；
● 连续动作；
● 等待动作；
● 运行语句块动作；
● 反向动作；

● 重复动作。

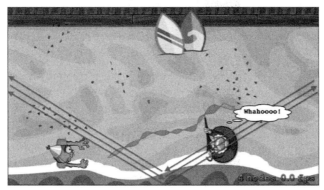

图 3-9

接下来，我们以一种新颖而有趣的方式定期产生猫女士，这样，僵尸不再会那么自在了。

3.7 定期生成

现在，游戏只是在启动的时候生成一个猫女士。要准备好定期生成，需要将 spawnEnemy()代码恢复到直接将猫女士从右向左移动的最初版本。我们还将引入一个随机的变量，以便猫女士不会总是在相同的 y 位置生成。首先，需要一个辅助方法来产生一定范围之内的一个随机数。把这个新的方法添加到 MyUtils.swift 中，和我们在第 2 章中所加入的其他的数学工具库放在一起。

```
extension CGFloat {
  static func random() -> CGFloat {
    return CGFloat(Float(arc4random()) / Float(UInt32.max))
  }

  static func random(min min: CGFloat, max: CGFloat) -> CGFloat {
    assert(min < max)
    return CGFloat.random() * (max - min) + min
  }
}
```

这通过添加两个方法而扩展了 CGFloat：第 1 个方法给出 0 到 1 之间的一个随机数，第 2 个方法给出指定的最小值和最大值之间的一个随机数。

对这些方法的理解，到这个程度就可以了。但是，如果你真的好奇，可以阅读如下的注意部分。

注　意

random()调用 arc4random()，这会给出 0 到无符号的 32 位整数所能存储的最大值（用 UInt32.max 表示）之间的一个随机数。如果用这个数除以 UInt32.max，将会得到 0 到 1 之间的一个浮点数。

这里的 random(min:max:)是这样工作的。如果你将 random()的结果（注意，这是 0 到 1 之间的一个浮点数）乘以范围值(max -min)，将会得到 0 到这个范围之间的一个浮点数。如果将这个数和 min 值相加，将会得到 min 到 max 之间的一个浮点数。

这是生成一个随机数的一种非常简单的方法。如果你想要进行更加高级的控制，请阅读本书第 20 章。

好了，工作完成！

接下来，回到 GameScene.swift 并且用如下的代码替换 spawnEnemy() 的当前版本。

```
func spawnEnemy() {
  let enemy = SKSpriteNode(imageNamed: "enemy")
  enemy.position = CGPoint(
    x: size.width + enemy.size.width/2,
    y: CGFloat.random(
      min: CGRectGetMinY(playableRect) + enemy.size.height/2,
      max: CGRectGetMaxY(playableRect) - enemy.size.height/2))
  addChild(enemy)

  let actionMove =
    SKAction.moveToX(-enemy.size.width/2, duration: 2.0)
  enemy.runAction(actionMove)
}
```

我们已经将固定的 y 位置修改为游戏区域矩形的底部到顶部中间的一个值，并且将移动恢复到最初的实现，也就是最初的 moveToX(duration:) 版本。

接下来，该编写一些动作了。在 didMoveToView() 中，用如下的代码替换 spawnEnemy() 的调用。

```
runAction(SKAction.repeatActionForever(
  SKAction.sequence([SKAction.runBlock(spawnEnemy),
                     SKAction.waitForDuration(2.0)])))
```

这是将动作串联到一起而不是为每个动作创建一个单独的变量的一个示例。我们创建了一个名为 spawnEnemy() 的动作序列，并且等待了 2 秒钟，然后不断地重复这个序列。

注意，我们在场景自身之上运行这个动作。这能够有效，是因为场景是一个节点，并且任何节点都可以运行动作。

 注　意

可以把 spawnEnemy 直接作为 runBlock() 的参数传递，因为 spawnEnemy 是一个没有参数也没有返回值的函数，而它和 runBlock() 的参数拥有相同的类型。

编译并运行，现在疯狂的猫女士将会不断地、在不同的位置生成，如图 3-10 所示。

图 3-10

3.8　从父节点删除动作

如果让游戏保持运行一段时间，你会发现一个问题。

虽然我们看不到，但是在屏幕之外有一大堆的猫女士。这是因为我们没有在猫女士完成移动之后从场景中删除她们。

有一个没完没了的节点列表，这可不是好事情。这支节点"大军"最终将消耗设备上所有的内存，并且此时，OS 将自动结束 App，从用户的角度看上去，好像是 App 崩溃了。

为了保持游戏平稳地运行，首要的原则是："如果不再需要什么东西，就将其删除掉"。你可能已经猜到了，这也有一个对应的动作！当你不再需要一个节点并且想要将其从场景中删除的时候，可以直接调用 removeFromParent()或者从父节点删除动作。

```
let actionRemove = SKAction.removeFromParent()
enemy.runAction(SKAction.sequence([actionMove, actionRemove]))
```

编译并运行，现在，节点将会适当地清除。哦，好很多了！

注　意

removeFromParent()从一个节点的父节点那里删除掉该节点。这就引发了一个问题，如果之后再运行它们，会发生什么情况呢？调用 runAction()会存储你给该动作的一个强引用，因此，这不会慢慢地消耗完内存。

答案是不会。Sprite Kit 节点会在动作完成之后，帮助你自动地删除它们对动作的引用。因此，可以让一个节点运行一个动作然后忘掉它，而不用担心会泄露任何的内存。

3.9　动画动作

这个动作非常有用，因为动画为游戏添加了很多的修饰和乐趣。

要运行动画动作，首先需要收集构成动画的帧的图像的列表，我们将这些图像称为材质（texture）。一个精灵会拥有分配给它的材质，但是，总是可以通过设置精灵的 texture 属性，在运行时切换为不同的材质。

实际上，这正是动画为你做的事情：随着时间流逝，自动地切换精灵的材质，每次切换之间保持一个轻微的延迟。

Zombie Conga 已经包含了用于僵尸的一些动画帧。我们有 4 个材质用于表示僵尸行走的帧，如图 3-11 所示。

图 3-11

我们想要按照如图 3-12 所示的顺序来播放这些帧。

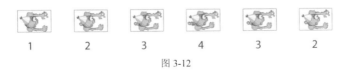

图 3-12

可以无数次地重复这个播放过程，来形成持续行走的动画。我们来尝试一下。首先，为僵尸的动画动作创建一个属性：

```
let zombieAnimation: SKAction
```

然后，给 init(size:)添加如下的代码，放置在 super.init(size:)调用之前：

```
// 1
var textures:[SKTexture] = []
// 2
for i in 1...4 {
  textures.append(SKTexture(imageNamed: "zombie\(i)"))
}
// 3
textures.append(textures[2])
textures.append(textures[1])

// 4
zombieAnimation = SKAction.animateWithTextures(textures,
  timePerFrame: 0.1)
```

我们来依次看看这些代码：

1. 创建一个数组，它将存储在动画中运行的所有材质。

2. 将动画帧命名为 zombie1.png、zombie2.png、zombie3.png 和 zombie4.png。这使得很容易以一个循环的形式为每个图像的名称创建一个字符串，并使用 SKTexture(imageNamed:)初始化程序从每个名称来生成一个材质对象。第 1 个 for 循环添加第 1 帧到第 4 帧，这是 "向前行走" 的主要帧。

3. 这向列表中添加了第 3 帧和第 2 帧，记住，材质数组是基于 0 来索引的。总的来说，材质数组现在以这样的顺序包含各个帧：1、2、3、4、3、2，其思路就是按这个顺序循环以持续动画。

4. 一旦有了材质数组，运行动画就很容易了，直接使用 animateWithTextures(timePerFrame:)创建并运行一个动作。

最后，将如下这行代码添加到 didMoveToView()中，就放在 addChild(zombie)调用之后。

```
zombie.runAction(SKAction.repeatActionForever(zombieAnimation))
```

这会把该动作包含到一个不断重复的动作之中，从而在各帧之间无缝地形成循环，如 1、2、3、4、3、2、1、2、3、4、3、2、1、2……

编译并运行，现在，僵尸将会大步前进，如图 3-13 所示。

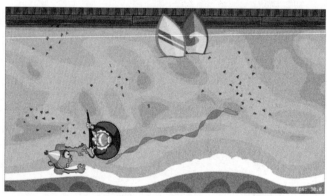

图 3-13

3.10　停止动作

僵尸现在有了一个很好的开始，但还是有一件事情令人烦恼，当僵尸停止移动的时候，它的动画还在持续运行。理想的情况下，当僵尸停止移动的时候，要让动画停止。

在 Sprite Kit 中，无论何时运行一个动作，都可以使用 runAction() 的一个变体 runAction(withKey:) 来给动作指定一个键。这很方便，因为它允许你通过调用 removeActionForKey() 来停止动作。

尝试一下，添加两个新的方法，第 1 个方法开始僵尸动画。它像之前一样运行动画，只不过用一个名为 "animation" 的键来标记它。

```
func startZombieAnimation() {
  if zombie.actionForKey("animation") == nil {
    zombie.runAction(
      SKAction.repeatActionForever(zombieAnimation),
      withKey: "animation")
  }
}

func stopZombieAnimation() {
  zombie.removeActionForKey("animation")
}
```

还要注意，这个方法首先使用 actionForKey() 来确保还没有一个动作通过 "animation" 键来运行，如果已经有这样的一个动作了，该方法不会运行另外一个动作。

第 2 个方法通过删除带有键 "animation" 的动作来停止僵尸动画。

现在，打开 didMoveToView() 并且在那里注释掉运行动作的代码行：

```
// zombie.runAction(
// SKAction.repeatActionForever(zombieAnimation))
```

在 moveZombieToward() 的开始处，调用 startZombieAnimation()：

```
startZombieAnimation()
```

并且在 update() 中，就在设置 velocity = CGPointZero 的那行代码之后，调用 stopZombieAnimation()：

```
stopZombieAnimation()
```

编译并运行，现在，僵尸只有在应该移动的时候才会移动。

3.11　缩放动画

我们已经有了动画的僵尸和一些疯狂的猫女士，但是，游戏还是漏掉了一个重要的元素，即小猫。记住，玩家的目标是当僵尸的舞队遇到小猫的时候，抓住尽可能多的小猫。

在 Zombie Conga 中，小猫不会像猫女士一样从右向左移动，相反，它们将会出现在屏幕上的随机位置并且保持静止。小猫也不是突然出现，那样会显得太突兀了，它是随着时间流逝从缩放级别 0 开始，逐渐长大到缩放级别为 1 的样子。这将会使得小猫好像是从游戏中 "弹出" 来的一样。

为了实现这一点，添加如下的新方法。让我们来依次看看其代码：

```
func spawnCat() {
  // 1
  let cat = SKSpriteNode(imageNamed: "cat")
  cat.position = CGPoint(
    x: CGFloat.random(min: CGRectGetMinX(playableRect),
                      max: CGRectGetMaxX(playableRect)),
    y: CGFloat.random(min: CGRectGetMinY(playableRect),
                      max: CGRectGetMaxY(playableRect)))
  cat.setScale(0)
  addChild(cat)
  // 2
```

```
let appear = SKAction.scaleTo(1.0, duration: 0.5)
let wait = SKAction.waitForDuration(10.0)
let disappear = SKAction.scaleTo(0, duration: 0.5)
let removeFromParent = SKAction.removeFromParent()
let actions = [appear, wait, disappear, removeFromParent]
cat.runAction(SKAction.sequence(actions))
}
```

1．在游戏区域中的一个随机位置创建一只小猫。将小猫的缩放级别设置为 0，这会使得小猫实际上是不可见的。

2．创建一个动作，调用 scaleTo(duration:)来把小猫放大到正常的大小。这个动作是不可反向的，因此，再创建一个类似的动作，将小猫的缩放级别变回到 0。在动作序列中，小猫先出现，等待一会儿，消失，然后将其从父节点中删除。

我们想要让小猫从游戏开始的时候就不断地产生，因此，在 didMoveToView()中添加如下代码，就将其放在产生猫女士的代码行之后：

```
runAction(SKAction.repeatActionForever(
  SKAction.sequence([SKAction.runBlock(spawnCat),
                     SKAction.waitForDuration(1.0)])))
```

这和产生猫女士的方式非常类似。调用 spawnCat()运行一个连续动作，等待 1 秒钟，然后重复。

编译并运行，你将会看到小猫从游戏中弹出并消失，如图 3-14 所示。

图 3-14

你应该已经注意到了，缩放动作有以下几个变体：

● scaleXTo(duration:)、scaleYTo(duration:)和 scaleXTo(y:duration:)，这些方法允许单独地缩放一个节点的 x 轴或 y 轴，可以用它们来拉伸或压缩一个节点

● scaleBy(duration:)：这是"按比例"缩放的变体，它将将当前的节点的缩放级别乘以传入的一个级别。例如，如果节点的当前缩放级别是 1.0，而你要将其缩放 2.0，那么它现在在 2x 大小。如果再次缩放它 2.0，它现在是 4x 大小。注意，在前面的例子中不能使用 scaleBy(duration:)，因为任何值和 0 相乘仍然是 0。

● scaleXBy(y:duration:)：这是另一个"按比例"缩放的变体，但是，它允许你分别缩放 x 和 y。

3.12   旋转操作

游戏中的小猫应该足够吸引玩家想要去抓住它们，但是，现在，它们只是静静地坐在那里。

让我们给它增加一些魅力，让它们坐着的时候来回摆动。为了做到这一点，需要使用旋转动作。要使

用该动作，调用 rotateByAngle(duration:)构造方法，传入要旋转的一个角度（以弧度为单位）。

用如下的代码替换 spawnCat()中的 wait 动作的声明：

```
cat.zRotation = -π / 16.0
let leftWiggle = SKAction.rotateByAngle(π/8.0, duration: 0.5)
let rightWiggle = leftWiggle.reversedAction()
let fullWiggle = SKAction.sequence([leftWiggle, rightWiggle])
let wiggleWait = SKAction.repeatAction(fullWiggle, count: 10)
```

然后，在 actions 数组的声明中，用 wiggleWait 替代 wait 动作，如下所示：

```
let actions = [appear, wiggleWait, disappear, removeFromParent]
```

Sprite Kit 中的旋转是以逆时针方向进行的，因此，负的旋转是按照正时针方向进行的。首先，将小猫的 zRotation 设置为 $-\pi/16$，将其按照正时针方向旋转 π 的 1/16（11.25 度）。用户此时不会看到这一点，小猫的缩放级别仍然是 0。

然后，创建 leftWiggle，它在 0.5 秒的时间逆时针旋转 22.5 度。由于小猫开始的时候按照正时针方向旋转了 11.25，这会导致小猫又朝着逆时针方向旋转了 11.25 度。

由于 leftWiggle 是一个"增量旋转"，因此，它是可以反向的，因此使用 reversedAction()来创建 rightWiggle，它直接将小猫旋转回到开始时的状态。通过向左旋转然后再向右旋转，创建了一个 fullWiggle。现在，小猫已经完成了摇摆并且回到其初始的位置。这个"完整的摇摆"一共用了 1 秒钟时间，因此，重复它 10 次以拥有一个 10 秒的摇摆过程。

编译并运行，现在，小猫看上去有了一些猫的样子了，如图 3-15 所示。

图 3-15

3.13 组动作

到目前为止，我们知道如何运行一个接一个的连续动作，但是，如果想要同时运行两个动作，该怎么办呢？例如，在 Zombie Conga 中，想要让小猫在摇摆的时候略微放大或缩小一些。

为了实现这种多任务，可以使用所谓的组动作。它按照和连续动作相似的方式工作，在连续动作中，我们只是传入动作的一个列表。然而，组动作是一次运行所有的动作，而不是一次只运行一个动作。

我们来尝试一下。使用如下的代码替代 spawnCat()中的 wiggleWait 动作的声明。

```
let scaleUp = SKAction.scaleBy(1.2, duration: 0.25)
let scaleDown = scaleUp.reversedAction()
let fullScale = SKAction.sequence(
  [scaleUp, scaleDown, scaleUp, scaleDown])
```

```
let group = SKAction.group([fullScale, fullWiggle])
let groupWait = SKAction.repeatAction(group, count: 10)
```

这段代码创建了一个连续动作，它类似于摇摆连续动作，只不过它会放大和缩小，而不是左右摇摆。

然后，这段代码设置了一个组动作，以同时运行摇摆和缩放。要使用组动作，直接为其提供应该同时运行的动作的一个列表。

现在，在动作数组的声明中，使用 groupWait 来替换 wiggleWait，如下所示：

```
let actions = [appear, groupWait, disappear, removeFromParent]
```

编译并运行，小猫变得兴奋地弹跳起来，如图 3-16 所示。

图 3-16

注　意

组动作的时间等于它所包含的任何一个时间最长的动作的时间。因此，如果你包含了一个需要 1 秒钟的动作和另一个需要 10 秒钟的动作，这两个动作将同时开始运行，并且在 1 秒钟之后，第一个动作就完成了。组动作将在剩下的 9 秒钟时间内继续执行，直到另一个动作也完成。

3.14　碰撞检测

现在，我们有了僵尸，也有了小猫，甚至有了疯狂的猫女士，但还没有办法检测它们何时发生碰撞。

在 Sprite Kit 中，有多种检测碰撞的方法，包括使用内建的物理引擎（我们将在第 9 章中学习物理引擎）。在本章中，我们将采用最简单也是最容易的方法，即边界矩形碰撞检测。

有 3 种基本的思路可以实现这种碰撞检测：

1．需要一种方式来将场景中的所有的小猫和猫女士都放入到一个列表中，以便能够一个一个地检查碰撞。一种容易的解决方案是，当创建节点的时候给它一个名称，这就允许在场景上调用 enumerateChildNodesWithName(usingBlock:)，来找到拥有一个特定的名称的所有节点。

2．一旦有了小猫和猫女士的列表，可以遍历它们来检查碰撞。每个节点都有一个 frame 属性，它给出了一个矩形来表示节点在屏幕上的位置。

3．如果有了小猫或猫女士一个 frame[①]，并且有了僵尸的一个 frame，就可以使用内建的

————————

① 译者注：这里的 frame 表示节点的属性，实际上是表示节点大小的一个矩形边框。和帧速率和动画帧中的帧（frame）概念不同。因此，在本书中表示这种含义的时候，frame 不译出来，以示区别。

CGRectIntersectsRect()方法来看看它们是否发生碰撞。

我们来尝试一下。首先，为每个节点设置一个名称。在 spawnEnemy()中，在创建敌人精灵的代码之后，添加如下的一行代码：

```
enemy.name = "enemy"
```

类似的，在 spawnCat()中，在创建小猫精灵的代码之后，添加如下的一行代码：

```
cat.name = "cat"
```

然后，给该文件添加如下的新方法：

```
func zombieHitCat(cat: SKSpriteNode) {
  cat.removeFromParent()
}

func zombieHitEnemy(enemy: SKSpriteNode) {
  enemy.removeFromParent()
}

func checkCollisions() {
  var hitCats: [SKSpriteNode] = []
  enumerateChildNodesWithName("cat") { node, _ in
    let cat = node as! SKSpriteNode
    if CGRectIntersectsRect(cat.frame, self.zombie.frame) {
      hitCats.append(cat)
    }
  }
  for cat in hitCats {
    zombieHitCat(cat)
  }

  var hitEnemies: [SKSpriteNode] = []
  enumerateChildNodesWithName("enemy") { node, _ in
    let enemy = node as! SKSpriteNode
    if CGRectIntersectsRect(
      CGRectInset(node.frame, 20, 20), self.zombie.frame) {
      hitEnemies.append(enemy)
    }
  }
  for enemy in hitEnemies {
    zombieHitEnemy(enemy)
  }
}
```

这里，可以遍历以找出场景中名称为"cat"或"enemy"的任何子节点，并将其强制转型为 SKSpriteNode，因为如果一个节点拥有这个名称的话，我们知道它是一个精灵节点。

然后，检查小猫或猫女士的 frame 是否与僵尸的 frame 相交。如果有相交，直接把小猫或猫女士添加到一个数组中以记录它们。在完成了节点的遍历之后，可以遍历 hitCats 和 hitEnemies 数组，并且调用一个方法从场景中删除小猫或猫女士。

注意，不要在遍历中删除节点。在遍历节点的一个列表的时候删除一个节点是不安全的，这么做可能会导致 App 崩溃。

此外，注意对猫女士的处理需要一些技巧。还记得吧，精灵的 frame 是精灵的整个图像，这包括透明的部分，如图 3-17 所示。

这意味着，如果僵尸碰到了猫女士顶部的透明区域，这将会被算作是一次碰撞。这一点也不公平！

图 3-17

为了解决这个问题，我们使用 CGRectInset() 将边界矩形缩小一些。这并不是一个完美的解决方案，但这是一个不错的开始。我们将在第 10 章中学习解决这一问题的一种更好的方式。

在 update() 的末尾，添加对碰撞检测方法的调用，如下所示：

```
checkCollisions()
```

编译并运行，现在，当碰撞到一只小猫或者一位猫女士的时候，它们将会从场景中消失，如图 3-18 所示。这是走向僵尸灾难的第一小步！

图 3-18

3.15　Sprite Kit 游戏循环，第 2 轮

我们检测碰撞的方法有一个小问题，这和 Sprite Kit 的游戏循环有关。

之前我们已介绍过，在 Sprite Kit 的游戏循环中，首先调用 update()，然后发生一些"其他的事情"，最后是 Sprite Kit 渲染屏幕，如图 3-19 所示。

这里，"其他的事情"部分之一，就是执行我们在本章中所学到的动作，如图 3-20 所示。

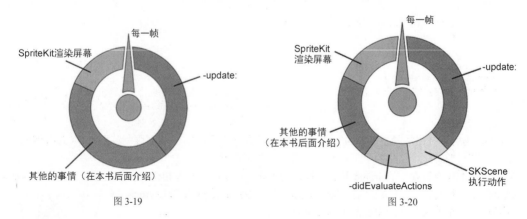

图 3-19　　　　　　　　　　　　　　　　图 3-20

当前的冲突检测方法的问题就在于此。我们在 update() 循环的末尾检测冲突，但是直到 update() 循环完成之后，Sprite Kit 才会执行该动作。因此，冲突检测代码总是要滞后一帧。

从图 3-20 中可以看到，如果在 Sprite Kit 执行了动作并且所有的角色都已经位于新的位置之后，然后再进行冲突检测的话，要好很多。因此，注释掉在 update() 末尾的方法调用：

```
// checkCollisions()
```

并且将 didEvaluateActions() 实现为如下所示：

```
override func didEvaluateActions() {
  checkCollisions()
}
```

在这个例子中，你可能感觉不到这有多大的差异，因为帧速率如此之快，很难分辨出落后一帧的差别。但是，在其他的游戏中，这有可能会很明显，因此，你最好能够正确地处理它。

3.16 声音动作

在本章中，我们将要学习的最后一种动作，恰好也是最有趣的动作之一，这就是播放声音效果的动作。

通过playSoundFileNamed(waitForCompletion:)动作，只需要一行代码就可以使用Sprite Kit来播放声音效果。在哪一个节点上运行这个动作无关紧要，因此，通常可以在场景自身之上运行它。

首先，需要给工程添加声音。在本章的资源文件中，找到名为Sound的文件夹，并将其拖放到工程中。确保Copy items if needed、Create Groups和ZombieConga目标选中，并且点击Finish按钮。

现在来看代码。在zombieHitCat()的末尾，添加如下的一行代码：

```
runAction(SKAction.playSoundFileNamed("hitCat.wav",
  waitForCompletion: false))
```

然后，将如下这行代码添加到zombieHitEnemy()的末尾：

```
runAction(SKAction.playSoundFileNamed("hitCatLady.wav",
  waitForCompletion: false))
```

这里，我们将针对每种类型的碰撞播放相应的声音。编译并运行，移动僵尸并且体验一下碰撞的声音。

3.17 共享动作

在前面的小节中，可能你注意到了，当声音第一次播放的时候会有一个小小的暂停。无论何时，当声音系统第1次加载一个声音文件的时候，就会发生这种情况。这个问题的解决方案也展示了Sprite Kit动作的最强大的功能之一：共享。

SKAction对象自身并不维护任何状态，并且它允许你做一些很酷的事情，即在任意数目的节点上同时复用动作！例如，我们所创建的在屏幕上移动猫女士的动作如下所示：

```
let actionMove =
  SKAction.moveToX(-enemy.size.width/2, duration: 2.0)
```

但是，我们要为每一个猫女士创建这个动作。相反，可以创建一个SKAction属性，将这个动作存储到其中，然后在当前使用了actionMove的每一个地方使用这个属性。

注　意

实际上，可以修改Zombie Conga，以使它可以复用目前为止所创建的大多数动作。这会减少系统所使用的内存，但是，在制作这样一个较小的游戏的时候，由此带来的性能提升可能是无关紧要的。

但是，这和声音播放有什么关系呢？

应用程序在我们创建使用声音的动作的时候第1次加载声音。因此，为了防止声音延迟，我们可以提前创建动作，然后在需要的时候使用它。

创建如下的属性：

```
let catCollisionSound: SKAction = SKAction.playSoundFileNamed(
    "hitCat.wav", waitForCompletion: false)
let enemyCollisionSound: SKAction = SKAction.playSoundFileNamed(
    "hitCatLady.wav", waitForCompletion: false)
```

这些属性保存了想要运行的声音动作的实例。最后，使用如下的代码来替换 zombieHitCat()中播放声音的代码行：

```
runAction(catCollisionSound)
```

并且，使用如下的代码行来替换 zombieHitEnemy()中播放声音的代码：

```
runAction(enemyCollisionSound)
```

现在，我们将针对所有的碰撞复用相同的声音动作，而不是为每一次碰撞创建一个声音动作。

编译并再次运行。你将不会再体验到声音播放之前的任何暂停。

对于音乐来说，还需要进一步调整，我们将在第 4 章中学习，在那里，我们将给游戏添加一个获胜/失败的场景，以完成核心游戏设置。

在继续进行之前，请确保完成本章的挑战以练习使用动作。

3.18　挑战

本章有 3 个挑战，并且和往常一样，它们由易到难地给出。

确保完成这些挑战。作为一名 Sprite Kit 开发者，你将会随时用到动作，因此，在继续学习之前，练习使用动作是很重要的。

同样，如果你遇到困难，可以在本章的资源中查找解决方案，但是最好自己先尝试一下。

挑战 1：ActionsCatalog 演示程序

本章介绍了 Sprite Kit 中最为重要的动作，但是，并没有介绍所有的动作。为了帮助你更好地理解所能够使用的所有动作，我们创建了一个叫做 ActionsCatalog 的演示程序，从这个挑战的资源中可以找到它。

在 Xcode 中打开这个工程，编译并运行。你将会看到如图 3-21 所示的内容。

Move Actions / Cross Fade

图 3-21

这个 App 中的每一个场景都展示了特殊的一组动作，这些动作就像斜杠前的标签所说明的那样。第 1 个示例展示了各种移动动作。

每次点击屏幕的时候，你将会看到一组新的动作。随着场景变换，你还将会看到不同的变换效果，正如斜杠后面的标签部分所说明的那样。

你的挑战是，尝试这个演示程序中的不同的场景，然后，察看一下代码，并且回答如下的问题。

1. 应该使用哪一个动作构造方法来让一个角色沿着某一条预定义的路径移动？

2．应该使用哪一个动作构造方法来让一个角色成为50%透明的，而不管其当前的透明度设置为多少？

3．什么是"定制动作"，它们是如何在一个较高的层级起作用的？

在本章的解决方案工程中的GameScene.swift文件的注释中，可以找到这些问题的答案。

挑战2：一个受保护的僵尸

当前，当猫女士碰到僵尸的时候，僵尸会摧毁猫女士。之所以这么做，是为了悄悄避免在猫女士朝着僵尸移动的过程中，和排成一条线的僵尸多次碰撞的时候，产生有问题的场景；例如，会导致碰撞声音快速而连续地多次播放。

通常，在电子游戏中，我们让玩家精灵在经历了一次碰撞之后保持数秒钟受保护的状态，以便玩家有时间躲开危险，从而解决这个问题。

你的挑战是修改这个游戏，以实现这种做法。当僵尸和猫女士碰撞的时候，僵尸临时变为受保护的状态，而不是摧毁猫女士。

当僵尸处于受保护的状态的时候，它应该会闪烁。为了做到这一点，可以使用ActionsCatalog中所包含的一个定制的闪烁动作。其代码如下：

```
let blinkTimes = 10.0
let duration = 3.0
let blinkAction = SKAction.customActionWithDuration(duration) {
  node, elapsedTime in
  let slice = duration / blinkTimes
  let remainder = Double(elapsedTime) % slice
  node.hidden = remainder > slice / 2
}
```

如果想要查看这个方法的详细说明，参见本章的挑战1的解决方案中的注释。

以下是解决挑战2的一些相关提示：

- 应该创建一个变量属性来记录僵尸是否处于受保护的状态。
- 如果僵尸是受保护的状态，不应该再麻烦地遍历场景中的猫女士。
- 如果僵尸和一个猫女士碰撞，不要从场景中删除猫女士。相反，把僵尸设置为受保护的状态。接下来，运行一个连续动作，首先让僵尸在3秒钟之内闪烁10次，然后，运行下面所述的代码块。
- 这个代码块把僵尸的hidden设置为false，以确保不管怎样它都是可见的，并且最后把僵尸设置为不再受保护的状态。

挑战3：康茄舞队

这个游戏叫做Zombie Conga，但是目前还没有看到康茄舞队。你的挑战是修改游戏，以便当僵尸和一只小猫碰撞的时候，小猫就加入到康茄舞队中，而不是消失掉，如图3-22所示。

图 3-22

在完成这个挑战的过程中，你将会练习更多的动作，并且还将会复习第 2 章中所学过的向量数学的知识。是的，具体内容仍然是很方便就可以拿来使用的。

首先，当僵尸和小猫碰撞的时候，不要把小猫从场景中删除，相反，做如下的事情：

1．将小猫的名字设置为 "train" 而不是 "cat"。

2．调用 removeAllActions()，停止当前在小猫上运行的所有动作。

3．将小猫的缩放级别设置为 1，将其旋转设置为 0。

4．运行一个动作，使得小猫变绿 0.2 秒钟的时间。如果还不确定使用哪一个动作，请查阅 ActionsCatalog。

在此之后，还必须做另外 3 件事情：

1．创建一个 CGFloat 类型的常量属性，来记录小猫每秒钟的移动点数。将其设置为 480。

2．把僵尸的 zPosition 设置为 100，这会让僵尸出现在其他精灵之上。较大的 z 值会跑到屏幕之外，而较小的值则会 "陷入屏幕之中"，并且默认的 z 值是 0。

3．编写一个叫做 moveTrain 的新方法。这个方法的基本思路非常常见，就是把每一只小猫移动到前面的小猫的当前位置。这就创建了康茄舞队的效果。

使用如下的模板：

```
func moveTrain() {
  var targetPosition = zombie.position

  enumerateChildNodesWithName("train") {
    node, _ in
    if !node.hasActions() {
      let actionDuration = 0.3
      let offset = // a
      let direction = // b
      let amountToMovePerSec = // c
      let amountToMove = // d
      let moveAction = // e
      node.runAction(moveAction)
    }
    targetPosition = node.position
  }
}
```

需要使用 CGPoint 运算符重载和我们在第 2 章中创建的工具来填充注释 a 部分到注释 d 部分，还要创建出合适的动作以填充注释 e 部分。以下是一些提示：

1．需要搞清楚小猫的当前位置和目标位置之间的偏移量。

2．需要计算出指向偏移方向的一个单位向量。

3．需要得到指向偏移的方向的一个向量，但是其长度为小猫每秒钟移动的点数。这就给出了小猫在每秒钟内应该移动的量和方向。

4．需要得到 amountToMovePerSec 向量的一个分量（根据 actionDuration）。这表示小猫在接下来的 actionDuration 秒内应该移动的偏移量。注意，需要将 actionDuration 强制转型为一个 CGFloat。

5．应该根据 amountToMove 把小猫移动一个相对的量。

最后，不要忘了在 update() 的末尾调用 moveTrain。

这就好了，谁说你不能 "溜" 小猫了？如果搞定了这些工作，现在这个游戏是名副其实的 Zombie Conga 了。

第4章　场景

Ray Wenderlich 撰写

Zombie Conga 开始看上去像一款真正的游戏了。它拥有角色移动、敌人、声音、动画和碰撞检测，如果你完成了第 3 章的挑战，它现在甚至名副其实地有了康茄舞队了，如图 4-1 所示。

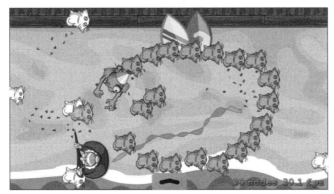

图 4-1

然而，现在所有的动作都在一个单个的游戏场景中发生，这就是 Sprite Kit 模板为你创建的默认的 GameScene。

在 Sprite Kit 中，不一定必须将所有的内容都放置到同一个场景中。相反，我们可以创建多个独特的场景，每个场景用于 App 的一个"屏幕"，这很像是 iOS 开发中的视图控制器的作用。

在本章中，我们将添加两个新的场景：一个用于玩家在游戏中获胜或失败的时候，另一个用于主菜单。我们还将了解如何使用在第 2 章的挑战 1 的 ActionsCatalog 演示程序中所看到的、漂亮的变换效果。

但是首先，我们需要完成一些游戏设置，以便能够检测玩家何时获胜或失败。让我们开始吧！

注　意

本章从第 3 章的挑战完成的部分开始。如果没有能够完成这些挑战或者跳过了第 3 章，也不要担心，直接打开本章的初始项目，从第 3 章留下的地方继续开始。

4.1　获胜或失败的条件

以下是玩家在 Zombie Conga 中获胜或失败的方式。

获胜条件：如果玩家创建了 15 只猫或更多的猫的一个康茄舞队，那么玩家获胜；

失败条件：玩家一开始有 5 条命。如果玩家用光了命，玩家失败。

现在，当疯狂的猫女士和僵尸碰撞的时候，还没有发生什么坏的事情，只是会产生一个碰撞声音。为了让游戏更具有挑战性，我们修改和猫女士的碰撞，以产生如下的效果：

1. 僵尸丢掉一条命；
2. 僵尸的康茄舞队减少两只猫。

让我们来做到这一点。在 GameScene.swift 中，添加一个新的属性来记录僵尸的命的数目，添加另一个新的属性来记录游戏是否结束：

```
var lives = 5
var gameOver = false
```

接下来，添加如下这个新的辅助方法，让僵尸的康茄舞队减少两只猫：

```
func loseCats() {
  // 1
  var loseCount = 0
  enumerateChildNodesWithName("train") { node, stop in
    // 2
    var randomSpot = node.position
    randomSpot.x += CGFloat.random(min: -100, max: 100)
    randomSpot.y += CGFloat.random(min: -100, max: 100)
    // 3
    node.name = ""
    node.runAction(
    SKAction.sequence([
      SKAction.group([
        SKAction.rotateByAngle(π*4, duration: 1.0),
        SKAction.moveTo(randomSpot, duration: 1.0),
        SKAction.scaleTo(0, duration: 1.0)
      ]),
      SKAction.removeFromParent()
      ]))
    // 4
    loseCount += 1
    if loseCount >= 2 {
      stop.memory = true
    }
  }
}
```

我们来依次看看这些代码：

1. 这里，设置了一个变量来记录到目前为止从康茄舞队中删除的小猫的数目，然后，遍历康茄舞队。
2. 根据小猫的当前位置求得一个随机偏移量。

3. 运行一个动画，让小猫朝着一个随机的位置移动，一路上旋转并且缩放到 0。最后，该动画将小猫从场景中删除。这里还将小猫的名字设置为一个空的字符串，以便不再将其看做是一只正常的猫或康茄舞队中的一只猫。

4. 更新负责记录从康茄舞队中删除的小猫数目的变量。一旦删除了两只小猫或更多的小猫，将布尔变量 stop 设置为 true，这会导致 Sprite Kit 停止遍历康茄舞队。

既然有了这个辅助方法，在 zombieHitEnemy() 中调用它，就在播放和猫女士碰撞之后调用，并且添加一行代码，将 lives 的值减少 1。

```
loseCats()
lives -= 1
```

我们已经准备好了添加检查玩家是否获胜或失败的代码。首先看玩家失败的条件。在 update() 的末尾，添加如下的代码行：

```
if lives <= 0 && !gameOver {
  gameOver = true
```

```
print("You lose!")
}
```

这里，我们检查剩下的命的数目是否为 0 或者更小，以及 gameOver 是否为 false（也就是说，这会儿游戏还没有结束）。如果这两个条件都满足，将游戏 gameOver 设置为 true，并且显示出一条消息。

要检查获胜的条件，只需要对 moveTrain()略作修改。首先，在该方法的开始处添加如下的变量：

```
var trainCount = 0
```

我们将使用 trainCount 来记录舞队中的小猫的数目。通过 enumerateChildNodesWithName()方法中的如下这行代码，给这个变量增加 1，将这行代码放在调用 hasActions()之前：

```
trainCount += 1
```

最后，将如下的代码添加到 moveTrain()的末尾：

```
if trainCount >= 15 && !gameOver {
  gameOver = true
  print("You win!")
}
```

这里，我们检查队列中的小猫是否超过了 15 只，并且确保游戏还没有结束。如果这两个条件都满足，将游戏设置为结束并显示出一条消息。

编译并运行，并且看看你是否能够抓到 15 只小猫。

当你做到这一点的时候，将会在控制台看到如下的消息：

```
You win!
```

这很不错，但是，当玩家在游戏中获胜，我们想要让一些更有戏剧性的事情发生。让我们来创建一个合适的游戏结束场景吧！

4.2 创建一个新的场景

要创建一个新的场景，直接创建派生自 SKScene 的一个新的类。可以实现 init(size:)、update()或 touchesBegan(withEvent:)方法，或者实现在 GameScene 中覆盖的任何其他的方法，从而实现你想要的行为。

现在，为简单起见，我们打算为这个新场景使用一个模板。在 Xcode 的主菜单中，选择 File\New\File...，选择 iOS\Source\Swift File 模板并点击 Next 按钮，如图 4-2 所示。

图 4-2

输入 GameOverScene.swift 并选择 Save As，确保选中了 ZombieConga 目标并点击 Create 按钮。

打开 GameOverScene.swift 并且用新类的模板代码（如下所示）来替代其内容：

```
import Foundation
import SpriteKit

class GameOverScene: SKScene {
}
```

这样一来，我们就创建了派生自 SKScene 的一个空的类，显示的时候，它默认是一个空白的屏幕。在本章稍后，我们将回到这个场景，以添加一些美工和逻辑。

现在，如何从最初的场景进入到这个新的场景呢？

4.3　转换到一个场景

从一个场景转换到另一个场景，有 3 个步骤：

1．创建新的场景。首先，要创建新场景自身的一个实例。通常，我们使用默认的 init(size:)初始化程序，尽管如果想要传入额外的参数的话，总是可以创建自己定制的初始化程序。在本章稍后，我们将创建定制的初始化程序。

2．创建一个变换对象。接下来，创建一个变换对象以指定想要用来显示新的场景的动画类型。例如，有淡入淡出变换（参见第 3 章的挑战 1 中的示例程序）、翻转动画、开门变换等很多的变换。

3．调用 SKView 的 presentScene(transition:)方法。在 iOS 中，SKView 是将 Sprite Kit 的内容显示到屏幕上的一个 UIView。可以通过该场景上的 view 属性来访问它。然后，调用 presentScene(transition:)，使用传入的变换（在步骤 2 中创建）来实现到传入的场景（在步骤 1 中创建）的动画。

现在该来尝试一下了。

打开 GameScene.swift 并且在 moveTrain()中添加如下的代码行，就放在向控制台显示"You Win!"的代码行之后（在 if 语句之中）：

```
// 1
let gameOverScene = GameOverScene(size: size)
gameOverScene.scaleMode = scaleMode
// 2
let reveal = SKTransition.flipHorizontalWithDuration(0.5)
// 3
view?.presentScene(gameOverScene, transition: reveal)
```

这 3 行代码分别对应上述的 3 个步骤。

注意，在创建了游戏结束场景之后，我们将其缩放模式设置为与当前的场景的缩放模式相同，以确保新的场景在不同的设备上具有相同的行为。

还要注意创建变换的过程，SKTransition 上有各种构造方法，就像是 SKAction 上有用于各种动作的构造方法一样。这里，我们选择一个水平翻转动画，它从屏幕底部向上将场景翻转到视图之中。作为所有变换的一个演示程序，请参考我们在第 3 章的挑战 1 中给出的 ActionsCatalog 示例程序。

现在，在 update()之上添加完全相同的代码行，就放在向控制台显示"You lost!"的代码行之后（也在 if 语句之中）：

```
// 1
let gameOverScene = GameOverScene(size: size)
gameOverScene.scaleMode = scaleMode
// 2
let reveal = SKTransition.flipHorizontalWithDuration(0.5)
// 3
```

```
view?.presentScene(gameOverScene, transition: reveal)
```

编译并运行，然后在游戏中获胜或失败。请随意地尝试作弊，修改小猫的数量以获胜，毕竟，你才是游戏的开发者。

不管是获胜还是失败，当你做到这一点的时候，你将会看到场景变换为一个新的空白场景，如图4-3所示。

图 4-3

这就是场景变换的所有内容！现在，有了一个新的场景，我们可以在其中做一些喜欢的事情了，就像在 GameScene 中所做的那样。

对于 Zombie Conga 来说，我们将修改这个新的场景以显示一个"You Win"或"You Lose"的背景。为了实现这一点，我们需要创建一个定制的场景初始化程序，为其传入获胜或失败的条件。

4.4 创建一个定制的场景初始化程序

打开 GameOverScene.swift，并且将 GameOverScene 修改为如下所示：

```
class GameOverScene: SKScene {
  let won:Bool

  init(size: CGSize, won: Bool) {
    self.won = won
    super.init(size: size)
  }

  required init(coder aDecoder: NSCoder) {
    fatalError("init(coder:) has not been implemented")
  }
}
```

在这里，我们添加了一个定制的初始化程序，它只接受一个额外的参数，这是一个布尔值，如果玩家获胜的话，它为 true，如果玩家失败的话，它为 false。我们将这个值保存到一个名为 won 的属性中。

接下来，实现 didMoveToView()从而在将场景加入到视图层级的时候配置场景。这会查看布尔变量 won，并且选择要设置的、正确的背景图像，以及要播放的声音效果。

```
override func didMoveToView(view: SKView) {

  var background: SKSpriteNode
  if (won) {
    background = SKSpriteNode(imageNamed: "YouWin")
```

```
      runAction(SKAction.sequence([
        SKAction.waitForDuration(0.1),
        SKAction.playSoundFileNamed("win.wav",
          waitForCompletion: false)
      ]))
    } else {
      background = SKSpriteNode(imageNamed: "YouLose")
      runAction(SKAction.sequence([
        SKAction.waitForDuration(0.1),
        SKAction.playSoundFileNamed("lose.wav",
          waitForCompletion: false)
      ]))
    }

    background.position =
      CGPoint(x: self.size.width/2, y: self.size.height/2)
    self.addChild(background)

    // More here...
  }
```

在 Zombie Conga 中，我们想要让游戏结束的场景显示数秒的时间，然后自动转换到主场景。为了做到这一点，在 "More here..." 注释的后面，添加如下这些代码行：

```
let wait = SKAction.waitForDuration(3.0)
let block = SKAction.runBlock {
  let myScene = GameScene(size: self.size)
  myScene.scaleMode = self.scaleMode
  let reveal = SKTransition.flipHorizontalWithDuration(0.5)
  self.view?.presentScene(myScene, transition: reveal)
}
self.runAction(SKAction.sequence([wait, block]))
```

现在，我们来看看这些代码都做些什么。它在场景上运行一个连续动作，首先等待 3 秒钟，然后调用一个代码块。这个代码块创建了一个新的 GameScene 实例，并且通过一个翻转动画变换到该实例。

还有最后一步，需要修改 GameScene 中的代码以使用这个新的、定制的初始化程序。打开 GameScene.swift，在 update() 中，修改创建了 GameOverScene 的那行代码，以表明这是失败的状态：

```
let gameOverScene = GameOverScene(size: size, won: false)
```

在 moveTrain() 中，修改相同的代码行，但是表明这是获胜的状态：

```
let gameOverScene = GameOverScene(size: size, won: true)
```

编译并运行，一直玩游戏直到获胜。当你获胜时，将会看到获胜的场景，如图 4-4 所示，数秒钟之后，它会翻转回去以开始一次新的游戏。

图 4-4

既然游戏已经接近完成了，现在是时候关闭掉绘制游戏区域矩形的调试代码了。在 didMoveToView() 中，注释掉如下的这行代码：

```
// debugDrawPlayableArea()
```

4.5　背景音乐

我们几乎已经有了一个完整的游戏，但是，还是漏掉了一件事情，那就是漂亮的游戏音乐。好在我们帮你想到这一点了。

打开 MyUtils.swift 并且在该文件的末尾添加如下的代码：

```
import AVFoundation

var backgroundMusicPlayer: AVAudioPlayer!

func playBackgroundMusic(filename: String) {
  let resourceUrl = NSBundle.mainBundle().URLForResource(
    filename, withExtension: nil)
  guard let url = resourceUrl else {
    print("Could not find file: \(filename)")
    return
  }

  do {
    try backgroundMusicPlayer = AVAudioPlayer(contentsOfURL: url)
    backgroundMusicPlayer.numberOfLoops = -1
    backgroundMusicPlayer.prepareToPlay()
    backgroundMusicPlayer.play()
  } catch {
    print("Could not create audio player!")
    return
  }
}
```

Sprite Kit 没有内建的方式来播放背景音乐，因此，我们必须求助于其他的 iOS API 来做到这一点。在 iOS 中播放音乐的一种容易的方式，就是使用 AVFoundation 框架中的 AVAudioPlayer 类。上面的辅助代码使用了一个 AVAudioPlayer，以在一个无限循环中播放一些背景音乐。

回到 GameScene.swift，尝试在 didMoveToView()的顶部添加如下这行代码：

```
playBackgroundMusic("backgroundMusic.mp3")
```

这里，我们让游戏在场景初次加载的时候播放背景音乐。

最后，当玩家切换场景的时候，需要停止背景音乐的播放，以便玩家能够听到获胜或失败所对应的音乐效果。为了做到这一点，在 moveTrain()中显示"You Win!"的代码行之后，添加如下这行代码：

```
backgroundMusicPlayer.stop()
```

还要在 update()显示"You Lose!"的代码行之后，添加同样的一行代码：

```
backgroundMusicPlayer.stop()
```

编译并运行，现在欣赏一下你所做出的有趣的调整吧！

4.6　挑战

这是简短而欢快的一章，并且本章的挑战也是如此。本章只有一个挑战，是时候给游戏添加一个主菜单场景了。

同样，如果你遇到困难，可以从本章的资源中找到解决方案，但是，最好是自己先尝试一下。

挑战 1：主菜单场景

通常，最好是在游戏开始的时候有一个开始菜单场景或主菜单场景，而不是直接把玩家抛到游戏运行之中。主菜单通常包含一些选项，可以开始新游戏、继续游戏、访问游戏选项等等。

Zombie Conga 的主菜单场景非常简单，它将会显示一个图像并允许玩家点击，以继续开始一次新的游戏。这和开始屏幕一样有效，只不过它让玩家有更多的时间来做出决定。

你的挑战是实现一个主菜单场景，它显示一个 MainMenu.png 图像作为背景，并且当在屏幕上点击的时候，使用一个 1.5 秒的"开门"变换，切换到主动作场景。

对于完成这个挑战，我们给出以下一些提示：

1. 创建派生自的 SKScene 的一个名为 MainMenuScene 的新类。

2. 在 MainMenuScene 上实现 didMoveToView()，以便在场景的中央显示 MainMenu.png。

3. 在 GameViewController.swift 中，编辑 viewDidLoad()以使其从 MainMenuScene 而不是从 GameScene 开始。

4. 编译并运行，确保主菜单图像会显示。

5. 最后，在 MainMenuScene 中实现 touchesBegan(_:withEvent:)，以调用一个辅助方法 sceneTapped()。sceneTapped()应该使用 1.5 秒的一个"开门"变换切换到 GameScene。

如果已经完成了这个挑战，恭喜你！现在，你已经很好地理解了如何在 Sprite Kit 中创建多个场景并且在多个场景之间变换。

第 5 章　相机

Ray Wenderlich 撰写

到目前为止，Zombie Conga 的背景都是静止的。相反，很多游戏都拥有一个较大的卷轴游戏世界，例如最早的《超级马里奥兄弟》，如图 5-1 所示。

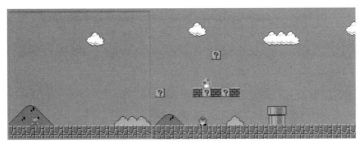

图 5-1

图 5-1 中，红色边框表示在屏幕上所能看到的范围，但是，关卡会持续向右移动。当玩家将马里奥向右移动的时候，可以看成是背景在向左移动，如图 5-2 所示。在 Sprite Kit 中，有两种方法来完成这种卷轴。

图 5-2

1. 移动背景。让玩家、敌人和蘑菇等都成为"背景图层"的子节点。然后，要滚动游戏，直接从右向左地移动背景，子节点将会随着背景而移动。

2. 移动相机。在最新的 iOS 9 中，Sprite Kit 包括了 SKCameraNode，这使得创建卷轴游戏更为容易。直接给场景添加相机节点，并且相机节点的位置表示当前视图的中心。

在本章中，我们将使用 SKCameraNode 来实现游戏滚轴，因为这是最容易的方法，并且可能也是开发者使用最多的、目前可用的方法。现在，是时候来进行滚轴了。

注　　意

本章从第 4 章留下的挑战部分开始。如果没有能够完成这些挑战或者跳过了第 4 章，也不要担心，直接打开本章的初始工程，从第 4 章留下的地方开始继续。

5.1　灯光、相机，开始

要使用 SKCameraNode 是很容易的。只需要：

1．创建一个 SKCameraNode。

2．将其添加到场景，并且将场景的 camera 属性设置为相机节点；

3．设置相机节点的位置，这将表示屏幕的中心。

让我们来尝试一下。打开 GameScene.swift 并为相机节点添加如下的新属性：

```
let cameraNode = SKCameraNode()
```

这完成了步骤 1。接下来，将如下的代码行添加 didMoveToView() 的末尾：

```
addChild(cameraNode)
camera = cameraNode
cameraNode.position = CGPoint(x: size.width/2, y: size.height/2)
```

这就完成了步骤 2 和步骤 3，让视图在场景中居中。

在 iPad Air 2 模拟器中编译并运行（稍后，我将会解释为什么在 iPad Air 模拟器而不是 iPhone 模拟器中运行），并且你会看到如图 5-3 所示的内容。

图 5-3

游戏像以前一样工作，只不过现在我们使用了一个相机节点。要看到这一点的好处，在 update() 的末尾添加如下这行代码，让相机跟着僵尸移动：

```
cameraNode.position = zombie.position
```

在 iPad Air 2 模拟器中编译并运行，你将会看到现在相机跟着僵尸移动了，如图 5-4 所示。

这很容易！但是现在，背景的大小只是和可见的区域一致。我们不想让僵尸走到无效的区域，因此，现在先注释掉如下这一行代码。

```
// cameraNode.position = zombie.position
```

现在，尝试在 iPhone 6 模拟器上运行。在编写本书的时候，这里似乎有一个 bug，使得背景有点脱离开屏幕了，如图 5-5 所示。

图 5-4

图 5-5

好在有解决方案。在 GameScene 的底部添加如下这个方法：

```
func overlapAmount() -> CGFloat {
  guard let view = self.view else {
    return 0
  }
  let scale = view.bounds.size.width / self.size.width
  let scaledHeight = self.size.height * scale
  let scaledOverlap = scaledHeight - view.bounds.size.height
  return scaledOverlap / scale
}

func getCameraPosition() -> CGPoint {
  return CGPoint(x: cameraNode.position.x, y: cameraNode.position.y +
overlapAmount()/2)
}

func setCameraPosition(position: CGPoint) {
  cameraNode.position = CGPoint(x: position.x, y: position.y -
overlapAmount()/2)
}
```

先不要关心这些是如何工作的，只要记住，你应该使用 getCameraPosition() 和 setCameraPosition()，而不是直接获取或设置相机的位置。

在 didMoveToView()中尝试它，用如下这行代码替换设置相机位置的那行代码：

```
setCameraPosition(CGPoint(x: size.width/2, y: size.height/2))
```

编译并在 iPhone 6 模拟器上运行，你将会看到场景现在正确地居中了，如图 5-6 所示。

图 5-6

5.2　滚动的背景

你可能还记得，在第 2 章中，我们使用了一个名为 background1 的背景，它的大小和场景本身的大小相同。你的工程包含了另一个名为 background2 的背景，它设计来放置于 background1 的右边，如图 5-7 所示。

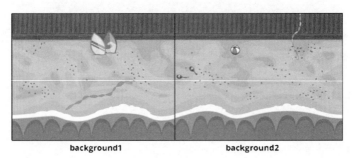

图 5-7

第一个任务很简单，将这两个背景组合到一个单个的节点中，以便能够很容易地同时滚动这两者。给 GameScene 添加如下这个新方法。

```
func backgroundNode() -> SKSpriteNode {
  // 1
  let backgroundNode = SKSpriteNode()
  backgroundNode.anchorPoint = CGPoint.zero
  backgroundNode.name = "background"
  // 2
  let background1 = SKSpriteNode(imageNamed: "background1")
  background1.anchorPoint = CGPoint.zero
  background1.position = CGPoint(x: 0, y: 0)
  backgroundNode.addChild(background1)
```

```
// 3
let background2 = SKSpriteNode(imageNamed: "background2")
background2.anchorPoint = CGPoint.zero
background2.position =
  CGPoint(x: background1.size.width, y: 0)
backgroundNode.addChild(background2)
// 4
backgroundNode.size = CGSize(
  width: background1.size.width + background2.size.width,
  height: background1.size.height)
return backgroundNode
}
```

让我们来一段一段地看看这个方法：

1．创建了一个新的 SKNode，它将两个背景都作为子节点包含。在这个例子中，我们使用不带材质的一个 SKSpriteNode，而不是直接使用 SKNode。这样，我们可以方便地将 SKSpriteNode 的 size 属性设置为两个背景图像的组合的大小。

2．为第 1 个背景图像创建一个 SKSpriteNode，并且将该精灵的左下角固定到 backgroundNode 的左下角。

3．为第 2 个背景图像创建一个 SKSpriteNode，并且将该精灵的左下角固定到 backgroundNode 中的 background1 的右下角。

4．根据两个背景图像的大小来设置 backgroundNode 的大小。

接下来，在 didMoveToView() 中，使用如下的代码来替换创建背景精灵的代码：

```
let background = backgroundNode()
background.anchorPoint = CGPoint.zero
background.position = CGPoint.zero
background.name = "background"
addChild(background)
```

这直接使用新的辅助函数创建了背景，而不是将背景建立在一个单个背景图像的基础之上。

还要注意到，此前，我们让背景在屏幕上居中。而在这里，我们将背景的左下角固定到场景的左下角。

像这样将锚点设置为左下角，使得计算位置的时候很容易。我们还将背景命名为“background”，以便能够很快地找到它。

我们的目标是让这个相机从左向右滚动。为了做到这一点，添加一个属性来表示相机的滚动速度：

```
let cameraMovePointsPerSec: CGFloat = 200.0
```

接下来，添加如下这个辅助方法来移动相机：

```
func moveCamera() {
  let backgroundVelocity =
    CGPoint(x: cameraMovePointsPerSec, y: 0)
  let amountToMove = backgroundVelocity * CGFloat(dt)
  cameraNode.position += amountToMove
}
```

这将会计算相机在这一帧中应该移动的量，并且相应地更新相机的位置。

最后，在 update() 中，就在调用了 moveTrain() 之后，调用这个新方法：

```
moveCamera()
```

编译并运行，现在，应该有了一个滚动的背景，如图 5-8 所示。

图 5-8

　　但是在屏幕滚动的时候，僵尸似乎跑到了屏幕之外，小猫停止产生了，并且最终，我们看到了空白的区域，如图 5-9 所示。

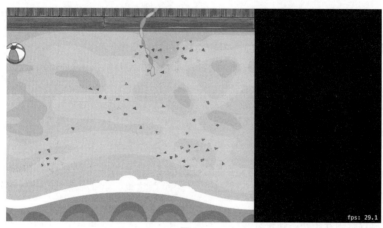

图 5-9

　　不要担心，这不是什么世界末日，这只是一次很小的僵尸灾难！

　　不管怎样，还是应该来修正这些问题，先从不断滚动的背景开始。

5.3　不断滚动的背景

　　持续滚动背景的最有效的方式，就是生成两个背景节点而不是一个，并且将背景并排地放置，如图 5-10 所示。

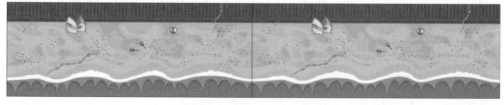

图 5-10

　　然后，随着将两幅图像都从右向左地滚动，只要图像跑到了屏幕之外（离屏了），就将其重新定位到右边，如图 5-11 所示。

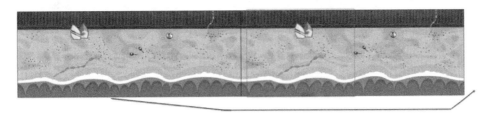

图 5-11

为了做到这一点，在 didMoveToView() 中，使用如下的代码来替代创建背景的代码：

```
for i in 0...1 {
  let background = backgroundNode()
  background.anchorPoint = CGPointZero
  background.position =
    CGPoint(x: CGFloat(i)*background.size.width, y: 0)
  background.name = "background"
  addChild(background)
}
```

此外，如果有一些代码行获取并记录了背景的大小，就注释掉这些代码行。

将以上代码放入到一个 for 循环之中，而这个循环创建了背景的两个副本，然后设置了它们的位置，从而使第 2 个副本紧跟在第 1 个副本之后。

接下来，添加这个新方法：

```
var cameraRect : CGRect {
  return CGRect(
    x: getCameraPosition().x - size.width/2
      + (size.width - playableRect.width)/2,
    y: getCameraPosition().y - size.height/2
      + (size.height - playableRect.height)/2,
    width: playableRect.width,
    height: playableRect.height)
}
```

这是一个辅助方法，它计算当前的"可见游戏区域"。在本章剩下的内容中，你将使用它来进行计算。

接下来，在 moveCamera() 的底部，添加如下的代码：

```
enumerateChildNodesWithName("background") { node, _ in
  let background = node as! SKSpriteNode
  if background.position.x + background.size.width <
self.cameraRect.origin.x {
    background.position = CGPoint(
      x: background.position.x + background.size.width*2,
      y: background.position.y)
  }
}
```

检查一下背景的右边是否小于当前可见游戏区域的左边，换句话说，背景是否离屏了。记住，我们将背景的锚点设置为左下角了。

如果背景的一部分离屏了，通过把背景的宽度加倍，从而直接把背景节点向右移动。由于有两个背景节点，这会将第 1 个背景紧挨着第 2 个背景的右边放置。

编译并运行，现在，我们有了一个持续滚动的背景，如图 5-12 所示。我们终于节省了游戏世界，尽管现在还没有僵尸。

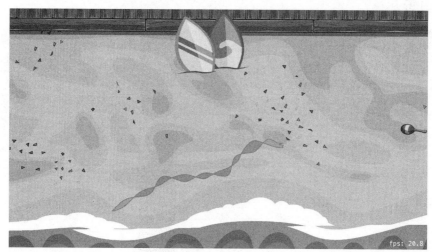

图 5-12

5.4　修改游戏设置

我们已经修改好了背景，但游戏设置还是不确定。现在屏幕上还没有出现和保留什么内容。

首先，来控制僵尸。在 GameScene.swift 中，浏览 boundsCheckZombie() 以看看是否能找到问题。

```
let bottomLeft = CGPoint(x: 0,
    y: CGRectGetMinY(playableRect))
let topRight = CGPoint(x: size.width,
    y: CGRectGetMaxY(playableRect))
```

这段代码假设场景的可见部分不会根据其最初的位置而改变。为了改正这一假设，修改上面的代码行，使其如下所示：

```
let bottomLeft = CGPoint(x: CGRectGetMinX(cameraRect),
    y: CGRectGetMinY(cameraRect))
let topRight = CGPoint(x: CGRectGetMaxX(cameraRect),
    y: CGRectGetMaxY(cameraRect))
```

这里，我们获取了可见游戏区域的坐标，而不是直接编码一个固定的位置。

小猫也有一个类似的问题。在 spawnCat() 中，将设置小猫位置的代码行修改为如下所示：

```
cat.position = CGPoint(
  x: CGFloat.random(min: CGRectGetMinX(cameraRect),
    max: CGRectGetMaxX(cameraRect)),
  y: CGFloat.random(min: CGRectGetMinY(cameraRect),
    max: CGRectGetMaxY(cameraRect)))
cat.zPosition = 50
```

这一更新使得小猫产生在可见的游戏区域之内，而不是产生在一个直接编码的位置。

还要更新小猫的 zPosition 以确保它位于背景之上，但是在僵尸之下。

还有最后一件事情，由于背景是持续滚动的，如果将僵尸一旦到达目标位置就令其停止的代码取消掉，那么游戏设置将会增加很多的戏剧性，这样的话，僵尸将会一直移动。还记得吧，这正是在第 2 章中的挑战 2 之前僵尸最初的行为。

为了放开对僵尸的限制，注释掉 update() 中的相关代码，如下所示：

```
/*
if let lastTouchLocation = lastTouchLocation {
  let diff = lastTouchLocation - zombie.position
  if (diff.length() <= zombieMovePointsPerSec * CGFloat(dt)) {
    zombie.position = lastTouchLocation
    velocity = CGPointZero
    stopZombieAnimation()
  } else {
  */
    moveSprite(zombie, velocity: velocity)
    rotateSprite(zombie, direction: velocity, rotateRadiansPerSec:
zombieRotateRadiansPerSec)
  /*}
}*/
```

编译并运行，现在，大多数游戏设置都能够顺利地工作了，如图 5-13 所示。

图 5-13

哦，差不多做完了，还有唯一要修改的地方就是猫女士。我们留待本章的挑战中完成。

5.5   挑战

本章只有一个挑战，这就是修改猫女士的游戏设置。

同样，如果你遇到困难，可以从本章的资源中找到解决方案，但是，最好自己先尝试一下。

挑战 1：修改猫女士

一会儿功夫，猫女士就停止产生了，并且在某些情况下，它出现在了背景之后。

查看一下 spawnEnemy()，你会注意到，这是因为在选择猫女士生成位置的时候，还是在假设相机没有移动，而不是使用当前可见的游戏区域。

你的挑战是修改这个方法，使其不再是在当前可见游戏区域之外产生猫女士。此外，确保将猫女士的 zPosition 设置为和小猫一致，以便她们不会出现在背景之下。

完成这些之后，你将会注意到，随着游戏关卡的进行，猫女士产生得越来越快。找出原因并修改它。

提　示

这和 actionMove 有关，是否可以使用一个替代的动作类型呢？

如果完成了这一工作，那么恭喜你，你现在已经有了一个完整的卷轴游戏。还剩下最后一点修改，我们就能够继续进入另一个游戏了，那就是给游戏添加一些标签。

第6章 标签

Ray Wenderlich 撰写

在游戏中，显示文本以让玩家得到通知往往是有用的。例如，当前在 Zombie Conga 中，并没有提示玩家还有多少条命，如果玩家出乎意料地死掉了，那真是太令人沮丧了。

在本章中，我们将学习如何在游戏中显示字体和文本。特别是，我们将给 Zombie Conga 添加两个标签，一个用于显示当前的生命数，一个用于显示小猫的数目，如图 6-1 所示。

图 6-1

注 意

本章从第 5 章挑战 1 完成的部分开始。如果没有能够完成这些挑战或者跳过了第 5 章，也不要担心，直接打开本章的初始工程，从第 5 章留下的部分继续开始。

6.1 内建字体和字体族

在 iOS 中，字体分成称为"字体族"的分组。字体族包含了同一种字体的各种变体，例如，字体的加细版本和加粗版本，这在不同的情况下可能很有用。

例如，"Thonburi"字体族包含了 3 种字体：

1. Thonburi-Light：该字体的一个较瘦/细的版本。

2. Thonburi：该字体的标准版。

3. Thonburi-Bold：该字体的一个加粗版。

一些字体族甚至还包括更多的变体，如"Avenir"字体族有 12 种字体。

iOS 带有大量的内建字体族和字体，因此，在开始使用标签之前，你需要知道有哪些字体和字体族可以使用。为了搞清楚这一点，我们将创建一个简单的 Sprite Kit 工程，来看一看这些不同的字体。

在 Xcode 中，通过从主菜单中选择 File\New\Project...来创建一个新的工程。选择 iOS\Application\Game 模板并点击 Next 按钮。

在 Product Name 中，输入 AvailableFonts，在 Language 处选择 Swift，在 Game Technology 处选择 SpriteKit，在 Devices 处选择 Universal，然后点击 Next 按钮。

从硬盘上选择一个位置，来存储工程并点击 Create 按钮。现在，有了一个简单的 Sprite Kit 工程，并且已经在 Xcode 中打开了它，我们将用它来列出 iOS 中可用的字体族和字体。

我们想要这个 App 以竖向模式运行，因此，在工程导航器中选中 AvailableFonts 工程，然后选择 AvailableFonts 目标。打开 General 标签页，选中 Portrait 并且去掉所有其他方向的选项。

就像在 Zombie Conga 中一样，我们将通过编程来创建这个场景，而不是使用场景编辑器。为了做到这一点，选择 GameScene.sks 并从你的工程中删除它。然后，打开 GameViewController.swift，并用如下的代码替换其内容：

```swift
import UIKit
import SpriteKit

class GameViewController: UIViewController {
  override func viewDidLoad() {
    super.viewDidLoad()
    let scene =
      GameScene(size:CGSize(width: 2048, height: 1536))
    let skView = self.view as! SKView
    skView.showsFPS = false
    skView.showsNodeCount = false
    skView.ignoresSiblingOrder = true
    scene.scaleMode = .AspectFill
    skView.presentScene(scene)
  }

  override func prefersStatusBarHidden() -> Bool {
    return true
  }
}
```

这和在 Zombie Conga 中使用的代码相同，它直接创建了 GameScene 并将其显示到屏幕上。

现在该来添加代码了。打开 GameScene.swift，并用如下的内容来替换它：

```swift
import SpriteKit

class GameScene: SKScene {

  var familyIdx: Int = 0

  required init?(coder aDecoder: NSCoder) {
    super.init(coder: aDecoder)
  }

  override init(size: CGSize) {
    super.init(size: size)
    showCurrentFamily()
  }

  func showCurrentFamily() {
    // TODO: Coming soon...
  }

  override func touchesBegan(touches: Set<UITouch>,
    withEvent event: UIEvent?) {
```

```
        familyIdx++
        if familyIdx >= UIFont.familyNames().count {
            familyIdx = 0
        }
        showCurrentFamily()
    }
}
```

首先显示索引为 0 的字体族。每次用户点击的时候，都进一步显示下一个字体族的名称。在 iOS 中，可以通过调用 UIFont.familyNames()来获取内建的字体族名称的一个列表。

负责显示当前的字体族中的字体的代码，将会放在 showCurrentFamily()中，因此，现在就将如下的代码放置到该方法中以实现它。我们来一段一段地看看这部分代码：

```
// 1
removeAllChildren()

// 2
let familyName = UIFont.familyNames()[familyIdx]
print("Family: \(familyName)")

// 3
let fontNames =
    UIFont.fontNamesForFamilyName(familyName)

// 4
for (idx, fontName) in fontNames.enumerate() {
    let label = SKLabelNode(fontNamed: fontName)
    label.text = fontName
    label.position = CGPoint(
        x: size.width / 2,
        y: (size.height * (CGFloat(idx+1))) /
            (CGFloat(fontNames.count)+1))
    label.fontSize = 50
    label.verticalAlignmentMode = .Center
    addChild(label)
}
```

1. 从场景中删除所有的子节点，以便能够以一个空白的场景开始。

2. 根据每次点击所递增的索引，来获取当前字体族的名称。也可以显示出字体族的名称，以防有人对此感到好奇。

3. UIFont 还拥有另一个辅助方法，来获取字体族中的字体的名称，这个方法就是 fontNamesForFamilyName()。在这里可以调用它并存储结果。

4. 然后，遍历该语句块并使用每一种字体来创建一个标签，每个标签的文本都显示出所对应的字体的名称。由于标签是本章的主题，我们接下来会详细介绍标签。

创建标签

创建标签很容易。直接调用 SKLabelNode(fontNamed:)并传入字体的名称：

```
let label = SKLabelNode(fontNamed: fontName)
```

要设置的最重要的属性是 text，因为这就是我们想要使用该字体显示的内容：

```
label.text = fontName
```

通常，还想要设置字体的大小（除非你就是想使用默认的 32 点）。

```
label.fontSize = 50
```

最后，和任何其他的代码一样，将其作为另一个节点的子节点来放置和添加，在这里，它就是场景自身的子节点：

```
label.position = yourPosition
addChild(label)
```

现在，不要太关心用于放置标签的数学计算。此外，不要关心所使用的 verticalAlignmentMode，那只是一个简单的“代码魔术”，用来把标签在屏幕中上下平均地分布。我们将在本章稍后学习对齐。

编译并运行。现在，每次点击屏幕的时候，都会看到一个不同的内建字体族，如图 6-2 所示。

通过点击来看看有哪些可用的字体。尝试找到名为“Chalkduster”的字体，稍后，在 Zombie Conga 中，我们将会使用该字体，如图 6-3 所示。

图 6-2   图 6-3

将来，当你在思考什么样的字体能够很好地适用于你自己的游戏的时候，这个 App 提供了一个很方便的参考。

6.2   给 Zombie Conga 添加一个标签

既然已经了解了可用的字体，现在是时候使用所学到的知识，给 Zombie Conga 添加一个标签了。首先，从显示玩家剩下的生命数的一个简单的标签开始。

打开 Zombie Conga 工程，使用完成第 5 章中的挑战后的工程文件，或者使用本章一开始的工程文件。

在 Xcode 中正确加载了工程之后，打开 GameScene.swift，并且在属性列表的最后添加如下的一行代码：

```
let livesLabel = SKLabelNode(fontNamed: "Chalkduster")
```

这里，我们创建了一个 SKLabelNode，传入了在前面的 AvailableFonts 中找到的 Chalkduster 字体。

接下来，在 didMoveToView(_:)方法的底部添加如下的代码行。这里，我们再次做了刚刚学习过的事情，将 text 设置为一个占位符，将位置设置为屏幕的中央，设置了字体大小，然后将该节点作为场景的子节点添加。我们还设置了一个新的属性 fontColor，以设置文本的颜色。

```
livesLabel.text = "Lives: X"
livesLabel.fontColor = SKColor.blackColor()
livesLabel.fontSize = 100
livesLabel.zPosition = 100
livesLabel.position = CGPoint(x: size.width/2, y: size.height/2)
addChild(livesLabel)
```

编译并运行，并且将会看到这个标签。但是，稍等，随着相机的滚动，这个标签也滚动到了屏幕之外，如图 6-4 所示。

图 6-4

这是因为我们将标签作为场景的子节点添加，而随着移动相机，我们会看到场景的不同部分。

我们真正想要的效果是，不管相机如何移动，标签始终保持在相同的位置。为了做到这一点，要将标签作为相机的子节点来添加。为此，将最后两行代码修改为如下所示：

```
livesLabel.position = CGPoint.zero
cameraNode.addChild(livesLabel)
```

记住，节点的位置是相对于其父节点的位置的，因此 CGPoint.zero 表示相机的中心。这正是第 5 章提到的相机的一个 bug，我们稍后将用一种方法来解决它。

编译并运行，你将会看到，现在标签已经在靠近屏幕中央的一个固定的位置了，如图 6-5 所示。这看上去不错，对于 Zombie Conga 来说，如果标签能够和游戏区域的左下角对齐的话，看上去会更好。为了让你理解如何做到这一点，我们先来介绍对齐方式的概念。

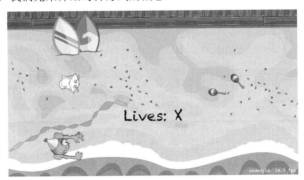

图 6-5

6.3 对齐方式

到目前位置，我们知道了可以通过指定标签的位置来放置它，但是，如何能够相对这个位置来控制文本的放置呢？

和 SKSpriteNode 不同的是，SKLabelNode 并没有一个 anchorPoint 属性。作为替代，可以使用 verticalAlignmentMode 和 horizontalAlignmentMode 属性。

verticalAlignmentMode 控制着文本相对于标签位置的垂直放置，而 horizontalAlignmentMode 控制着文本的水平放置。可以从图 6-6 中看到这一点。

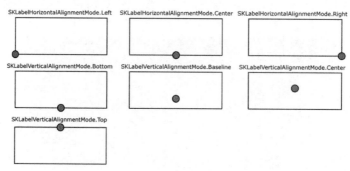

图 6-6

图中的红色点和蓝色点，分别表示不同的对齐方式，而每个标签的边界矩形将相对于标签的位置来渲染。这里有两点值得注意：

- SKLabelNode 默认的对齐模式是水平居中（Center）对齐和垂直的基线（Baseline）对齐。
- Baseline 使用的是字体的基线，我们可以将其当做是一条"线"，而字体绘制于这条线之上（就像是在一条带有格线的纸上书写一样）。例如，字母 g 和 y 的尾巴将会悬挂在定义的位置之下。

要将表示生命数的标签和屏幕的左下方对齐，可以将水平对齐方式设置为 Left，而将垂直对齐方式设置为 Bottom。通过这种方式，我们可以直接将标签位置设置为游戏区域的左下角。

现在来尝试一下。用如下的代码行，替换设置标签位置的代码行：

```
livesLabel.horizontalAlignmentMode = .Left
livesLabel.verticalAlignmentMode = .Bottom
livesLabel.position = CGPoint(x: -playableRect.size.width/2 +
CGFloat(20),
   y: -playableRect.size.height/2 + CGFloat(20) + overlapAmount()/2)
```

这里，我们设置了前面所讨论的对齐方式，然后，将位置设置为游戏区域的左下角。图 6-7 展示了其效果。

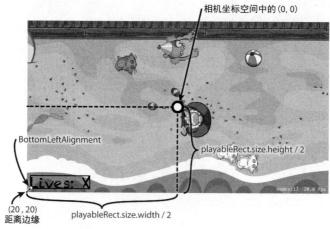

图 6-7

我们减去可玩区域的宽度和高度，得到了左下角的位置，然后，添加了 20 个点的边距，以便为标签和边缘之间提供一点空间。

注　意

作为解决第 5 章中提到的相机行为的 bug 的替代方案，我们还给 Y 坐标加上了 overlapAmount()/2，图 6-7 并没有展示这一点。

编译并运行，现在，可以看到标签正确地放置到了游戏区域的左下角，如图 6-8 所示。

图 6-8

6.4　加载定制字体

尽管内建字体的列表很大，但有时候，我们还是想要默认地使用没有包含在其中的字体。

例如，在 Zombie Conga 中，换一种不那么夸张的字体要好一些，但是，默认所包含的字体并不能满足我们的需要。好在，Apple 使得在工程中使用 True Type Font（TTF，全真字体）特别简单。

首先，需要找到你想要使用的字体。一个不错的字体来源是 http://www.dafont.com。打开浏览器并输入这个 URL。你将会看到很大的一个分类，可以从中进行选择，这其中包括一种名为 Fancy/Cartoon 的字体。

点击该分类，你将会看到一个巨大的字体列表，还带有示例文本。有人可能想要花好几个小时浏览这些字体，而只是为了乐趣，因此，你也可以花点时间看看哪些字体可用。

现在，假设你打算使用的字体是 Uddi Uddi 的 Glimstick。在 dafont.com 站点的搜索栏中输入该字体名称。将会提供该字体的预览，如图 6-9 所示。

图 6-9

这是一种很有趣的卡通字体，非常适合你所创建的小游戏。点击 Download 按钮。一旦下载完成，将其解压缩，并且找到名为 GLIMSTIC.TTF 的文件。本章的资源中也包含了该字体的一个副本，以防止你在下载中遇到困难。

注　意

对于你想要在自己的工程中使用的任何字体，检查其许可权限是很重要的。一些字体在使用之前需要获得许可，因此，现在就检查许可权限，可以避免后面遇到头疼的问题而费很多事。

在图 6-9 中的 Download 按钮之上，清楚地显示了该字体是免费的，但是为了确保这一点，还是要检查包含在下载的压缩文件中的许可信息。既然有了字体，将 GLIMSTIC.TTF 拖放到 Zombie Conga 工程组中。确保选中 Copy items if needed，并将 ZombieConga 作为目标选中，然后点击 Finish 按钮，如图 6-10 所示。

图 6-10

此时，应该仔细检查确保字体已经添加到了工程的正确的编译阶段中。为了检查这一点，在工程导航器中选中 ZombieConga，选择 ZombieConga 目标，选择 Build Phases 标签页，展开 Copy Bundle Resources 区域并选中这里列出的 GLIMSTIC.TTF，如图 6-11 所示。如果没有找到 GLIMSTIC.TTF，点击+按钮并手动选择它。

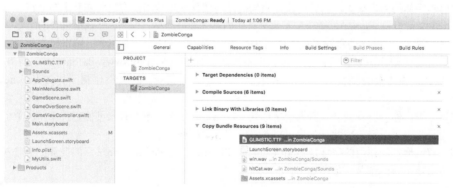

图 6-11

接下来，打开 Info.plist 并点击列表中的最后一项，你将会看到，在该标题下出现了加号（+）和（-）按钮，如图 6-12 所示。

点击加号按钮，一个新的条目将会出现在表中，还有一个下拉列表选项，如图 6-13 所示。

在这个下拉列表框中，输入 Fonts，确保使用大写的 F。出现的第 1 个选项将会是 Fonts provided by application。按下回车键，选择该选项。

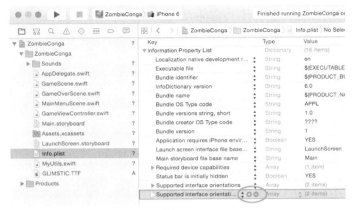

图 6-12

点击新的选项左边的小三角按钮以展开它，并且在值字段中双击。在所出现的文本框中，输入 GLIMSTIC.TTF，如图 6-14 所示。这是所下载的字体文件的名称，并且也是将要在游戏中使用的字体名称。确保拼写正确，否则你的 App 将无法加载字体。

图 6-13   图 6-14

现在，尝试一下这个字体。打开 GameScene.swift，并且用如下代码行替换声明 livesLabel 属性的那行代码：

```
let livesLabel = SKLabelNode(fontNamed: "Glimstick")
```

注　意

字体文件名（如 GLIMSTIC.TTF）不一定必须与字体的实际名称（Glimstick）一致。双击.TTF 文件，可以看到字体的实际名称。

编译并运行，将会看到出现了新的字体，如图 6-15 所示。

图 6-15

6.5　更新标签文本

还有最后一件事情要做，标签仍然显示的是占位符文本。要更新这个文本，直接在 moveTrain()的末尾添加如下这行代码：

```
livesLabel.text = "Lives: \(lives)"
```

编译并运行，现在，生命数已经正确地更新了，如图 6-16 所示。

图 6-16

6.6　挑战

这是和 Zombie Conga 游戏相关的最后一个挑战。我们的游戏已经完成了 99%了，因此，不要停止这一步。同样，如果你遇到困难，可以从本章的资源中找到解决方案，但是，最好你先自己尝试一下。

挑战 1：小猫计数

你的挑战是给游戏添加另外一个标签，来记录康茄舞队中的小猫的数目。这个标签应该位于游戏区域的右下角，如图 6-17 所示。

图 6-17

如下是一些提示：

- 创建一个名为 catsLabel 的属性，这和创建 livesLabel 属性一样。
- 在 didMoveToView()中，按照类似 livesLabel 属性的方式来配置 catsLabel。然而，必须修改 text、horizontalAlignmentMode 和 position。
- 对于 position，如果遇到困难的话，请参考本章前面的图 6-7。
- 最后，在 moveTrain 中，根据 trainCount 更新 catsLabel.text。

如果完成了这些，那么要恭喜你了，你已经从头开始完成了自己的第 1 个 Sprite Kit 小游戏。考虑一下我们已经学过的内容：

- 给游戏添加精灵；
- 手动地移动精灵；
- 使用动作移动精灵；
- 在一个游戏中创建多个场景；
- 让游戏随着一个相机而滚动；
- 给游戏添加标签。

不管你是否相信，这些知识已经足够开发 90%的 Sprite Kit 游戏了，剩下的事情只是加以点缀，就像是蛋糕上的奶油。

第7章 初识 tvOS

Ray Wenderlich 撰写

现在，Zombie Conga 已经是一个 iPhone 和 iPad 的通用 App 了。

但是，等等。你可能会说，这本书的书名中还有 tvOS 呢，那么 tvOS 部分到底在哪儿呢？

不要担心，本章就是专门介绍 tvOS 的。

在本章中，我们将把 Zombie Conga 移植到 Apple TV 上。等到移植完之后，你就可以在大屏幕上运行这款游戏了，如图 7-1 所示。

图 7-1

不管你是否相信，移植游戏比看上去还要容易。Sprite Kit 在 tvOS 上与其在 iOS 上一样工作，因此，要让游戏在 tvOS 上运行，只需要几个简单的步骤。

既然准备好了让僵尸游戏在起居室里运行，那就开始吧！

注　意

本章从第 6 章留下的挑战部分开始。如果没有能够完成这些挑战或者跳过了第 6 章，也不要担心，直接打开本章的初始工程，从第 6 章遗留的地方继续开始。

7.1 tvOS 用户输入

在开始将 Zombie Conga 移植到 tvOS 之前，最重要的是要理解，针对 tvOS 的开发和针对 iOS 开发之间的一种区别，这就是用户输入。

- 在 iOS 设备上，我们直接触碰屏幕。
- 在 tvOS 设备上，不能直接触摸屏幕。相反，我们在遥控器的触摸板上移动手指。

由于我们不是触摸 tvOS 设备自身之上的屏幕，触摸处理程序不能够像是在 iOS 上那样，接受触摸位置的具体坐标。

相反，在 tvOS 上发生的情况是这样的：

1．当你开始触摸遥控器的触摸板的时候，tvOS 用场景中央的坐标来调用 touchesBegan()，而不管你是从触摸板上的何处开始触摸的。

2．当你在遥控器的触摸板上移动手指的时候，根据如何移动手指，tvOS 使用相对于之前的坐标的一个坐标来调用 touchesMoved()。

如果还不是很明白，不要着急，要理解这是如何工作的，最好的办法就是通过示例。

7.2 开始

打开 Xcode，找到 File\New\Project....，选择 vOS\Application\Game 模板并点击 Next 按钮，如图 7-2 所示。

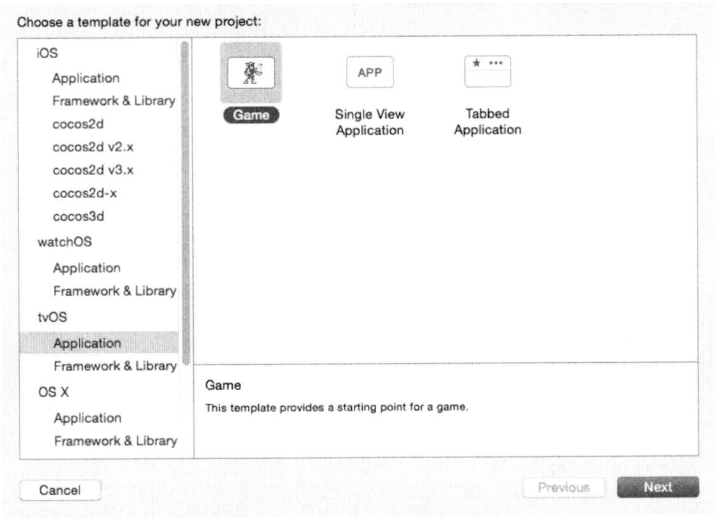

图 7-2

输入 tvOSTouchTest 作为 Product Name，在 Language 处选择 Swift，并且在 Game Technology 中选择 SpriteKit。然后，点击 Next 按钮，如图 7-3 所示。

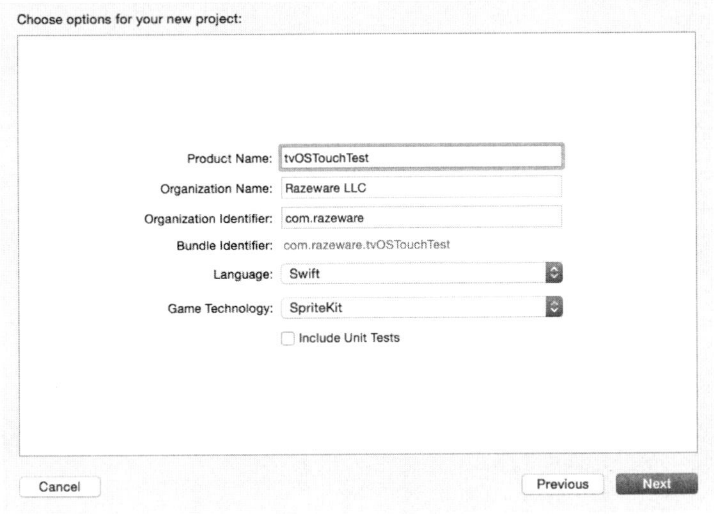

图 7-3

选择一个目录来保存你的工程，并且点击 Create 按钮。

在本章中，我们不会使用 Sprite Kit 的场景编辑器，因此，从工程中删除 GameScene.sks 并且选择 Move to Trash。

接下来，打开 GameViewController.swift，并且用如下的代码替换其内容：

```
import UIKit
import SpriteKit

class GameViewController: UIViewController {
  let gameScene = GameScene(size:CGSize(width: 2048, height: 1536))

  override func viewDidLoad() {
    super.viewDidLoad()
    let skView = self.view as! SKView
    skView.showsFPS = true
    skView.showsNodeCount = true
    skView.ignoresSiblingOrder = true
    gameScene.scaleMode = .AspectFill
    skView.presentScene(gameScene)
  }
}
```

这直接创建了一个大小为 2048×1536 的 GameScene，并将其添加给了 SK View，就像我们之前对 Zombie Conga 所做的那样。

接下来，打开 GameScene.swift 并且用如下的代码替换其内容：

```
import SpriteKit

class GameScene: SKScene {

  // 1
  let pressLabel = SKLabelNode(fontNamed: "Chalkduster")
  // 2
  let touchBox = SKSpriteNode(color: UIColor.redColor(), size:
CGSize(width: 100, height: 100))

  override func didMoveToView(view: SKView) {

    // 3
    pressLabel.text = "Move your finger!"
    pressLabel.fontSize = 200
    pressLabel.verticalAlignmentMode = .Center
    pressLabel.horizontalAlignmentMode = .Center
    pressLabel.position = CGPoint(x: size.width/2, y: size.height/2)
    addChild(pressLabel)

    // 4
    addChild(touchBox)

  }

  // 5
  override func touchesBegan(touches: Set<UITouch>, withEvent event:
UIEvent?) {
    for touch in touches {
      let location = touch.locationInNode(self)
      touchBox.position = location
    }
  }
```

```
override func touchesMoved(touches: Set<UITouch>, withEvent event:
UIEvent?) {
    for touch in touches {
        let location = touch.locationInNode(self)
        touchBox.position = location
    }
  }
}
```

我们依次来看看这段代码都做些什么：

1. 这里，初始化了一个标签节点，我们在第 6 章中学习过这一点。

2. 除了从图像创建精灵节点，我们还创建了这样一个精灵节点，它只是指定了大小的一块简单的颜色。这通常可以方便地用于快速测试，正如我们在这里所做的事情一样。在这个例子中，我们将该精灵初始化为一个 100×100 的红色方框。

3. 将标签的文本设置为 "Move your finger!"，并将其居中放置在屏幕上。第 6 章介绍过这些内容。

4. 在触摸处理方法中，直接将红色方框移动到触摸处理程序所报告的位置。这将帮助你看到这些方法接收到了什么参数。

编译并运行 Apple TV 模拟器，并且你将会看到如图 7-4 所示的画面。接下来，从模拟器的主菜单中点击 Hardware\Show Apple TV Remote 来启动 Apple TV 遥控，然后，将鼠标移动到触摸板区域，按下 Option 键并拖动。你将会看到一个红色的方框在屏幕上移动，它表示你的触摸处理程序所接收到的坐标，如图 7-5 所示。

图 7-4

图 7-5

注 意

如果没有看到红色的方框出现并移动，请确保在将鼠标拖放到 Apple TV remote 区域中的同时，按下 Option 键。

玩一会，亲眼看看触摸是如何工作的。作为一个回顾，我们将所发生的事情概括如下：

1. 当你开始触摸遥控器触摸板的时候，tvOS 使用场景中央的坐标调用 touchesBegan()，而不管你是从触摸板上的何处开始触摸的。

2. 随着你在遥控器触摸板上移动手指，tvOS 根据你如何移动手指，使用相对于之前的坐标的一个坐标来调用 touchesMoved()。

注 意

你可能已经注意到了，触摸处理方法的输入可能已经超出了场景的坐标。这是因为你接受到的坐标不是相对于视图或场景的，而只是表示相对的移动。

7.3   按钮按下

tvOS 上的用户输入的第 2 点不同在于，遥控拥有很多按钮，比你所想要使用的按钮要多得多。同样，理解这一点的最好的方式是通过一个小示例。

还是在 tvOSTouchTest 工程中，打开 GameScene.swift 并且在文件的末尾实现如下这些新的方法：

```
// 1
override func pressesBegan(presses: Set<UIPress>, withEvent event:
UIPressesEvent?) {
  for press in presses {
    // 2
    switch press.type {
      case .UpArrow:
        pressLabel.text = "Up arrow"
      case .DownArrow:
        pressLabel.text = "Down arrow"
      case .LeftArrow:
        pressLabel.text = "Left arrow"
      case .RightArrow:
        pressLabel.text = "Right arrow"
      case .Select:
        pressLabel.text = "Select"
      case .Menu:
        pressLabel.text = "Menu"
      case .PlayPause:
        pressLabel.text = "Play/Pause"
    }
  }
}

override func pressesEnded(presses: Set<UIPress>, withEvent event:
UIPressesEvent?) {
  // 3
  self.removeAllActions()
  runAction(SKAction.sequence([
    SKAction.waitForDuration(1.0),
    SKAction.runBlock() {
      self.pressLabel.text = ""
    }
  ]))
}
```

我们一段一段地分析一下这段代码所做的事情。

1. 为了接受 tvOS 中按钮按下的相关信息，我们实现了 pressesBegan()和 pressesEnded()方法，这两个方法分别在开始按下或停止按下遥控上的一个按钮的时候调用。

2. 每次按下都有一个 type 字段，表示用户按下了哪一个按钮。根据按钮，我们相应地更新标签。

3. 我们想要在用户停止按下一个按钮之后清除标签，但是我们在一个延迟之后这么做，这使得在删除标签之前，用户有时间看看他们所按下的按钮。

在编写这些方法的时候，还没有在一个 SKScene 上自动调用这些方法，因此，必须通过视图控制器将它们的调用指向场景。为了做到这一点，打开 GameViewController.swift 并且实现如下这两个新的方法：

```
override func pressesBegan(presses: Set<UIPress>, withEvent event:
UIPressesEvent?) {
  gameScene.pressesBegan(presses, withEvent: event)
}
```

```
override func pressesEnded(presses: Set<UIPress>, withEvent event:
UIPressesEvent?) {
  gameScene.pressesEnded(presses, withEvent: event)
}
```

这直接将调用转发到了 GameScene。

编译并运行，并且点击遥控上的播放/暂停（play/pause）按钮，看看标签的更新情况，如图 7-6 所示。

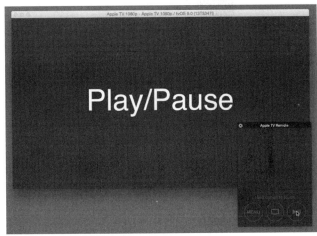

图 7-6

如果你有一个 Apple TV，尝试在真正的 TV 上运行这个 App，并且尝试一下每种类型的触摸，以显示出相应的标签。每种标签所对应的触摸类型如下：

1．up/down/left/right：分别在触摸板的相应的边缘上点击；
2．Select：在触摸板上用力按下；
3．Menu/Play/Pause：在遥控上按下相应的按钮。

注　意

在编写本书的时候，在调试的时候按下菜单按钮，可能会导致 Apple TV 混淆，并且引发一种不能在主菜单上移动的状态。如果遇到任何的麻烦，只需要重新启动 Apple TV 就可以了。

好了，现在，你了解了用户输入是如何在 tvOS 上工作的，是时候来将其应用于 Zombie Conga 了。

7.4　添加一个 tvOS 目标

打开完成了第 6 章的挑战后的 ZombieConga 工程。

在工程导航器中，在 ZombieConga 工程上点击，选中 General 标签页，如图 7-7 所示。

到目前为止，你的工程中只列出了一个目标，这就是 ZombieConga，它针对 iOS 编译该工程。要针对 tvOS 编译这个工程，需要添加另一个 tvOS 目标。

注　意

如果没有在左边的边栏中看到目标列表，点击位于 General 标签页左边的按钮以显示它们。

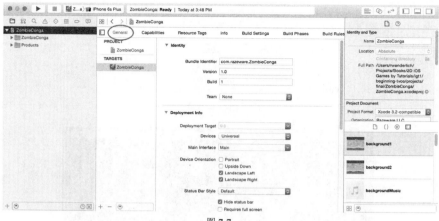

图 7-7

要添加一个新的目标，点击位于目标列表左下方的加号（＋）按钮，如图 7-8 所示。

图 7-8

就像前面所做过的那样，选择 tvOS\Application\Game 模板，点击 Next 按钮，如图 7-9 所示。

图 7-9

在 Product Name 中输入 ZombieCongaTV，在 Language 栏中选择 Swift，在 Game Technology 栏中选择 Sprite Kit。然后，点击 Finish 按钮，如图 7-10 所示。

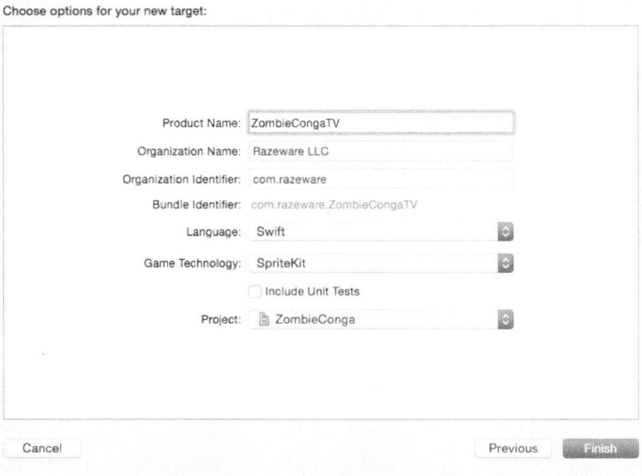

图 7-10

你将会看到新的目标出现在了列表中，工程导航器中还显示了属于该目标的一组文件，如图 7-11 所示。

图 7-11

我们要在 ZombieCongaTV 目标中，复用 ZombieConga 目标的文件。为了做到这一点，用鼠标右键点击工程导航器中的 ZombieConga 工程（即位于最顶部的蓝色的那个工程，而不是那个黄色文件夹），并且选择 New Group。将该组命名为 Shared，并且将黄色的 ZombieConga 组中的如下文件拖放到 Shared 中：

1. GLIMSTIC.TTF；
2. 整个 Sounds 组；
3. MainMenuScene.swift；
4. GameSene.swift；
5. GameOverScene.swift；
6. Assets.xcassets；
7. MyUtils.swift。

接下来，把 Shared\Assets.xcassets 重命名为 Shared\Game.xcassets。之所以要这么做，是为了当你和 ZombieCongaTV 工程共享该文件的时候，不会有名字上的冲突。

现在，选择刚才添加到 Shared 中的所有文件，包括 Sound 组中的文件，但是，不要包括 Sound 这个组本身。然后，在右边的 File Inspector 中，选中 ZombieCongaTV 目标的复选框，如图 7-12 所示。

图 7-12

这实际上将所有这些文件包含到了两个目标之中。

还有一个小小的清理步骤要做。在 ZombieCongaTV 组中，删除 GameScene.sks、GameScene.swift 和 Game.xcassets，因为我们不再需要它们了，或者说它们已经包含在了共享的文件中了。可以将它们放到垃圾箱中。

然后，打开 ZombieCongaTV\Info.plist，并且为 GLIMSTIC.TTF 添加相同的 Fonts provided by application 条目，就像在第 6 章中所做的那样，如图 7-13 所示。

图 7-13

最后，打开 ZombieCongaTV\GameViewController.swift，并且用如下的代码替换其内容：

```swift
import UIKit
import SpriteKit

class GameViewController: UIViewController {
    override func viewDidLoad() {
        super.viewDidLoad()
        let scene =
            MainMenuScene(size:CGSize(width: 2048, height: 1536))
        let skView = self.view as! SKView
        skView.showsFPS = true
        skView.showsNodeCount = true
        skView.ignoresSiblingOrder = true
        scene.scaleMode = .AspectFill
        skView.presentScene(scene)
    }
}
```

这是与 iOS 版本的 Zombie Conga 中相同的初始化代码。在 Xcode 的左上角，切换到 ZombieCongaTV\tvOS Simulator，如图 7-14 所示。

图 7-14

编译并运行，现在，在大屏幕上玩 Zombie Conga 吧，如图 7-15 所示。

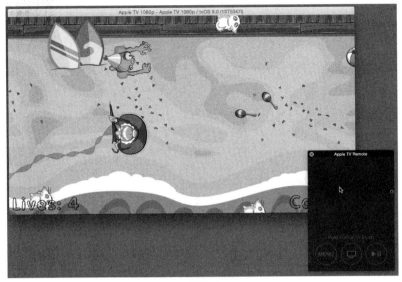

图 7-15

你是否好奇为什么游戏在 tvOS 的分辨率上也能无缝地工作？还记得我们在第 1 章中采用的策略吧，要让美工图的大小和高宽比尽可能地大，并且使用 Aspect Fill 模式将其缩放到其他的设备上。Apple TV 按照 1920×1080 的分辨率显示，因此 Aspect Fill 将会把一个 2048×1152 的可见场景的大小缩小为其 0.93 倍，以满足 1920×1080 的屏幕大小。这和 iPhone 6 Plus 的大小相同。

注　意

在编写本章的时候，如果你通过点击游戏上的 Home 按钮离开 Zombie Conga，随后再返回游戏，有时候，背景精灵将会消失。这似乎是 Sprite Kit 在 tvOS 上的一个 bug。

7.5　修正触摸处理

乍看起来，Zombie Conga 的控制似乎拿来就能用。但是，在玩了一会儿之后，你可能会注意到控制方面的一个奇怪的问题。

要搞清楚我说的意思，将你的"老朋友"红色的触摸方框，从 tvOSTouchTest 添加到 Zombie Conga 中。打开 GameScene.swift，并且添加如下这个新的属性。

```
let touchBox = SKSpriteNode(color: UIColor.redColor(), size:
CGSize(width: 100, height: 100))
```

然后，在 didMoveToView()方法的末尾添加如下这些代码行，以将其添加到场景中：

```
touchBox.zPosition = 1000
addChild(touchBox)
```

最后，在 touchesBegan()的末尾添加如下这行代码：

```
touchBox.position = touchLocation
```

并且在 touchesMoved()的末尾添加相同的一行代码：

```
touchBox.position = touchLocation
```

编译并运行，然后尝试玩一下。

你会注意到，每次开始新的触摸的时候，触摸位置总是要回到屏幕的中央，这有时候会使得僵尸倒退或者朝着不可预期的方向移动。

由于 tvOS 的触摸并不是直接映射为屏幕坐标的，修正这个问题的最好的方式是，根据用户触摸的最近的移动方向来设置僵尸的速率。

首先，给 GameScene 添加一个新的属性：

```
var priorTouch: CGPoint = CGPoint.zero
```

然后，将 touchesBegan() 更新为如下所示：

```
override func touchesBegan(touches: Set<UITouch>,
  withEvent event: UIEvent?) {
    guard let touch = touches.first else {
      return
    }
    let touchLocation = touch.locationInNode(self)
    touchBox.position = touchLocation
    #if os (tvOS)
      priorTouch = touchLocation
    #else
      sceneTouched(touchLocation)
    #endif
}
```

这就使得，在 tvOS 上我们直接将触摸的位置（也就是场景的中心，也是触摸移动开始的地方）存储到 priorTouch 中，而不是调用旧的 sceneTouched() 方法。

接下来，将 touchesMoved() 方法更新如下：

```
override func touchesMoved(touches: Set<UITouch>,
  withEvent event: UIEvent?) {
    guard let touch = touches.first else {
      return
    }
    let touchLocation = touch.locationInNode(self)
    #if os (tvOS)
      // 1
      let offset = touchLocation - priorTouch
      let direction = offset.normalized()
      velocity = direction * zombieMovePointsPerSec

      // 2
      priorTouch = (priorTouch * 0.75) + (touchLocation * 0.25)

      // 3
      touchBox.position = zombie.position + (direction*200)
    #else
      touchBox.position = touchLocation
      sceneTouched(touchLocation)
    #endif
}
```

再一次，我们来为一段一段地看看这部分代码。

1. 这根据当前触摸和 priorTouch 之间的方向来设置速率，而不是试图朝着屏幕上的一个特定的点移动。

2. 你不想要直接将 priorTouch 设置为 touchLocation，因为实时的手指移动中会有很多的干扰。相反，使用之前的 priorTouch 的 75%和新的 touchLocation 的 25%的一个混合。

3．更新 touchBox，让当前移动的方向可见。

编译并运行，你将会看到僵尸的移动改进了很多。

既然已经修改好了，在 didMoveToView()的末尾添加如下代码，取消掉红色的方框：

```
touchBox.hidden = true
```

7.6　上架图像和 3D 图标

Zombie Conga 的游戏设置完成了，现在是时候添加一个 tvOS 上架图像、启动图像和 3D 图标来打磨一下这款游戏了。

打开 ZombieCongaTV\Assets.xcassets，并且展开 Launch Image。

在本章的资源文件中，可以找到一个名为 LaunchImage 的文件夹，将该文件夹中的图像复制到这里。

还是在 Assets.xcassets 中，展开 Top Shelf Image 并且将 resources\Top Shelf Image 中的文件拖放到这里。

接下来，打开 Assets.xcassets 中的 App Icon-Large，并且确保 Attributes Inspector 是打开的。在 Layers 框中，点击+按钮两次，以便一共有 5 个层，如图 7-16 所示。

图 7-16

这些层按照从最前到最后的方式排列。从上向下，从 resources \App Icon-Large 中将文件拖放到每一个选项中，如图 7-17 所示。

图 7-17

可以来回拖动鼠标，并且看看 3D 图像的预览效果，真的很酷！重复相同的步骤，来设置 App Icon–Small。最后，打开 ZombieCongaTV\Info.plist 并且将 Bundle 名称设置为 Zombie Conga，以使得其在 Apple TV 的主屏幕上很好地显示。编译并运行，并且按下菜单按钮看看 Apple TV 的主屏幕。现在，Zombie Conga 颇有些风采了，如图 7-18 所示。

图 7-18

　　恭喜你，你现在已经完成了第一款完整的 iOS 和 tvOS 游戏了。本章没有挑战，因此，你可以好好享受一下应得的休息。

　　当你再次回来的时候，将有一款新的 iOS 和 tvOS 游戏等待你来开发。

第二部分　物理和节点

在这个部分中，我们将学习使用 Sprite Kit 所包含的、内建的 2D 物理引擎，来创建类似《愤怒的小鸟》和《割绳子》这样的游戏中的逼真效果。我们将学习如何使用特殊类型的节点，以允许在游戏中播放视频或创建形状。

在这个过程中，我们将创建一个叫做 Cat Nap 的物理谜题游戏，其中你将扮演一只猫的角色，这只猫已经度过了漫长的一天并且只想上床睡觉。

第 8 章　场景编辑器

第 9 章　物理基础

第 10 章　中级物理

第 11 章　高级物理

第 12 章　裁剪、视频和形状节点

第 13 章　中级 tvOS

第 8 章　场景编辑器

Marin Todorov 撰写

在本章中，我们将开始构建本书中的第 2 个小游戏，这是一款名为 Cat Nap 的谜题游戏。在完成之后，这款游戏如图 8-1 所示。

图 8-1

在 Cat Nap 中，我们将扮演一只猫的角色，这只猫已经度过了漫长的一天并且只想上床睡觉。

然而，一个粗心大意的家伙用他最近家庭装修的一些废料把这只猫的床搞得乱糟糟的。这个家伙糟糕的做法，使得这只猫无法入睡，因为猫不在意任何事情，但是它无论如何不能待在废墟之上。

你的工作是通过点击那些废料来销毁它们，从而让猫能够舒适地待着。但是要小心，如果你导致猫跌落到了地板之上或者磕疼了它的身体，它会醒来并发怒。

这个谜题就是要以正确的顺序销毁木头块，以便猫能够直接落下。一次错误的选择，伴随着怪异的音乐，然后，你会面对一只愤怒的小猫。

我们将在接下来的 6 章（第 8 章到第 13 章）中开发这款游戏，每一章按步骤进行：

第 8 章　场景编辑器。我们已经开始这一章了。首先，我们创建这款游戏的第 1 关，如图 8-1 所示。最终，我们将更好地理解 Xcode 的关卡设计器，就像很好地理解场景编辑器一样。

第 9 章　物理基础。在这一章中，我们将学习在游戏中创建物理模拟的一些基础知识。作为额外的奖励，我们将学习如何在 Xcode playground 中构建游戏原型。

第 10 章　中级物理。我们将学习基于物理的碰撞检测以及为 Sprite Kit 节点创建定制类。

第 11 章　高级物理。我们将给游戏添加两个额外的关卡，由此学习交互式实体、接合两个实体、复合实体等等。

第 12 章　裁剪、视频和形状节点。我们将学习 Cat Nap 的新的特殊构建块，同时学习允许你做一些令人惊讶的事情的其他节点，这些事情包括播放视频、裁剪图像以及创建动态的形状等。

第 13 章　中级 tvOS。在这一章中，我们将把 Cat Nap 移植到 tvOS 中。你将得到一个开发完毕的游戏，并且添加对 tvOS 的支持，以便玩家能够在沙发上休闲的时候用遥控器玩这款游戏。

现在，是时候开始了，没有什么比一只没有耐心的猫更糟糕的事情了。

8.1 开始

启动 Xcode，并且从主菜单中选择 File\New\Project…。选择 iOS \Application\Game 模板并点击 Next 按钮。

输入 CatNap 作为 Product Name，在 Language 中选择 Swift，在 Game Technology 中选择 Sprite Kit，在 Devices 中选择 Universal。点击 Next 按钮，然后在硬盘上选择一个位置来保存工程，并且点击 Create 按钮。

我们想要这个 App 以横向屏幕的方式运行，而不是以竖向屏幕运行。就像在第 1 章中所做的一样，在工程导航器中选择 CatNap，然后，选择 CatNap 目标。打开 Genral 标签页，并且确保只有用于 Landscape Left 和 Landscape Right 的设备方向被选中。

还需要进行一处修改。打开 Info.plist，并找到 Supported interface orientations (iPad)选项。删除针对 Portrait (bottom home button)和 Portrait (top home button)的选项，以便只保留横向模式的选项。

为了让游戏从正确的步骤开始，我们需要设置一个 App 图标。要做到这一点，在工程导航器的左边选择 Assets.xassets，然后选择 AppIcon 条目。然后，在本章的资源中，从 Icons\iOS 子文件夹中将所有的文件拖放到右边的区域之中。你可能需要拖放几个单独的文件，直到 Xcode 匹配了所有所需的图标。当完成之后，你将会看到如图 8-2 所示的样子。

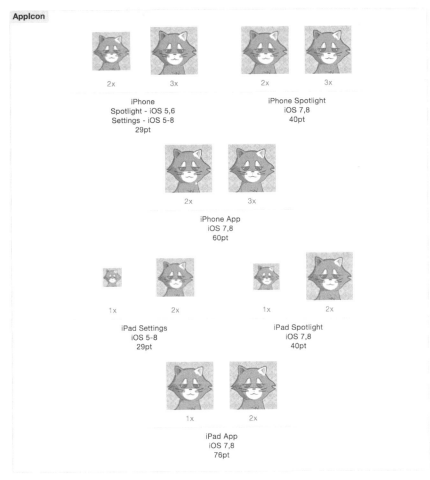

图 8-2

还有最后一步了。打开 GameViewController.swift 并且修改设置 skView.ignoresSiblingOrder 的一行，将它从 true 改为 false。

```
skView.ignoresSiblingOrder = false
```

这就使得具有相同 zPosition 的节点会按照它们添加到场景中的顺序来绘制，这会使得 Cat Nap 的开发简单一些。然而，记住，将这一选项修改为 false 会导致一点性能损失。好在，对于这样的一款简单的游戏来说，这不是一个问题。

在 iPhone 模拟器上编译并运行工程。你将会看到一条 "Hello, World!" 消息以横向模式、很好地出现在了屏幕的中央，如图 8-3 所示。

图 8-3

材质图册简介

在把精灵添加到场景之前，首先需要精灵的图像，对吧？在本章的资源中，找到 Resources 文件夹，这其中包括了 Cat Nap 所需的所有图像、声音和其他文件（这也是工程图标所在的文件夹）。

在 Xcode 中，打开 Assets.xcassets，并且将 Resources\Images 文件夹中的所有的图像文件都拖放到其中。还要从资源目录中删除 Spaceship，这只猫更喜欢用爪子在地上爬，而不是坐太空飞船。现在，资源目录应该如图 8-4 所示。

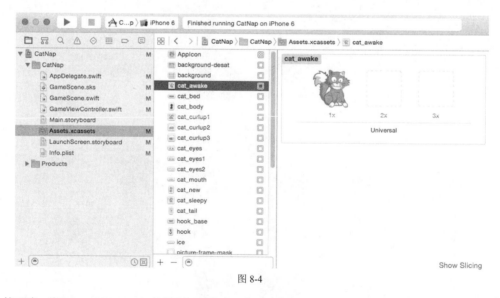

图 8-4

接下来，将 Resources\Sounds 拖放到工程之中，并且确保 Copy items if needed、Create groups 和 CatNap 目标都选中。此时，工程导航器应该如图 8-5 所示。好了，我们已经完成了工程的设置。现在该来打开场景编辑器了。

图 8-5

8.2 开始使用场景编辑器

正如前面所提到的，Cat Nap 是一个谜题游戏，其中，玩家需要一个关卡一个关卡地通过。这是学习如何使用场景编辑器的绝好的理由，场景编辑器是 Xcode 的一个内建工具，设计用来帮助构建关卡，而不需要编写任何代码。

默认的 Sprite Kit 工程模板已经包含了场景文件。察看一下工程导航器，你将会看到一个名为 GameScene.sks 的文件。选择该文件，你将会看到一个新的编辑器面板，它显示出一个灰色的背景，如图 8-6 所示。

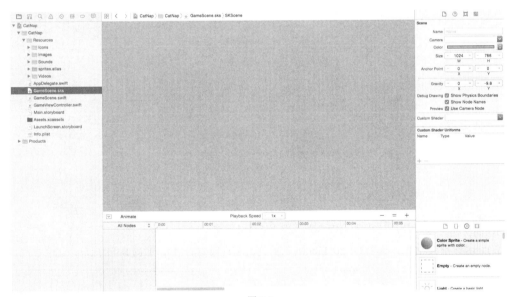

图 8-6

点击右下部中间的减号按钮（–）数次，直到看到一个黄色的矩形出现，如果是在笔记本电脑上的话，可能需要点击它五六次。这个黄色的矩形是场景的边界。新的场景的默认大小是 1024×768，如图 8-7 所示。

还记得我们在第 1 章中介绍过吧，我们对本书中的游戏所采取的策略是，针对一个 2048×1536 的场景使用单个的一组图像，并且让 Sprite Kit 针对所有具有较小屏幕分辨率的设备来缩放图像。重新调整场景大小的方法很简单直接。

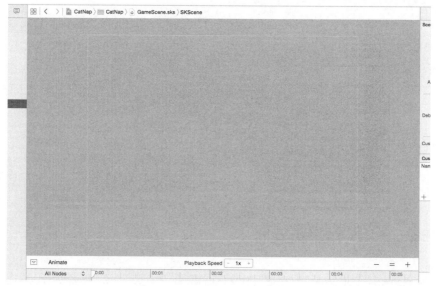

图 8-7

因此，将场景的大小调整为我们所喜欢的 2048×1536 的大小。为了做到这一点，确保右边的工具编辑器是打开的，如果不是这样，点击 View\Utilities\Show Attributes Inspector。

在场景的 Attributes Inspector 中，输入新的大小，如图 8-8 所示。

图 8-8

现在，场景建立成支持所有的设备的一个合适的大小。

8.2.1　Object Library

在工具编辑器的底部，选中 Object Library（如果还没有选中的话），如图 8-9 所示。

注　意

如果右边的工具编辑器没有打开，点击 View\Utilities\Show Object Library。

Object Library 显示了可以拖放到场景中并进行配置的对象的一个列表。当加载场景文件的时候，这些对象将会根据你在场景编辑器中为其设定的属性，出现在其正确的位置。这比编写代码来一个一个地放置并调整游戏对象要好很多，不是吗？

如下是你可能使用的一些对象。

● Color Sprite。这是用来将精灵放置到屏幕上的对象，也是在本章以及后续的各章中最常用到的对象。

- Shape Node。这些是 Sprite Kit 中特殊的节点类型，它们使你能够很容易地绘制方块、圆形以及其他的形状。我们将在第 12 章中更详细地学习它。
- Label。我们已经知道了如何通过编程来创建标签，但是，使用场景编辑器可以直接将它们拖放到场景中以创建标签。
- Emitter。这是 Sprite Kit 中特殊类型的节点，允许创建粒子系统，可以用来表现爆炸、火焰或下雨等特效。我们将在第 16 章中详细学习它。
- Light。可以在场景中放置一个灯光节点，以创建一种聚光灯效果，并且让场景对象投射出阴影。

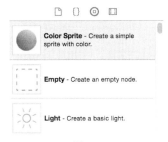

图 8-9

场景编辑器最好的地方在于，它不只是一个编辑器，它甚至充当一个模拟器，允许你很容易地预览场景而不需要运行 App。稍后，我们将会看到这一点。

8.2.2 添加和放置精灵

确保场景的黄色的边框是可见的，并且它位于编辑器窗口之中。将一个 Color Sprite（颜色精灵）对象拖放到标记区域中，如图 8-10 所示。

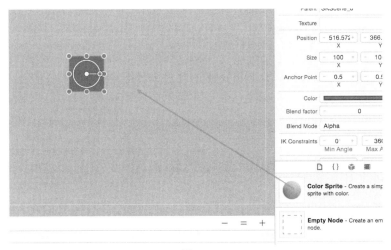

图 8-10

选中了该精灵后（当你创建精灵的时候，它默认是选中的），你将会在 Attributes Inspector 中看到可用的属性列了出来，如图 8-11 所示。

你可能之前已经认识这些属性中的很多了，在 Zombie Conga 工程中，已经使用过其中的很多属性了（例如 position 和 name）。

在 Attributes Inspector 中，可以设置精灵的名称、父节点和想要用做材质的图像文件。还可以设置精灵的位置、大小和锚点，可以手动设置，也可以用鼠标拖动。

同一个面板继续向下，你将会看到调整精灵的缩放、Z 轴位置和 Z 轴旋转的控件，如图 8-12 所示。但是先等等，还有更多呢！继续往下，在 Physics Definition 区域中，可以看到有更多的属性可以设置，如图 8-13 所示。

图 8-11

图 8-12　　　　　　　　　　　　　　　　　图 8-13

　　注意，你的精灵还没有一个物理实体（physics body），这意味着它还不是一个物理模拟的部分。我们将在后续的章节中再回来讨论这一设置，在那里，我们将学习关于 Sprite Kit 物理的更多知识。

　　与此同时，让我们开始设计 Cat Nap 的第一关。

8.2.3　布置第一个场景

　　在右边选择想要添加到场景中的精灵，在 Attributes 检视器中，将其属性设置为如下的值：

- Texture：background
- Position X：1024
- Position Y：768

这将会向你展示一个漂亮的关卡背景图像，如图 8-14 所示。

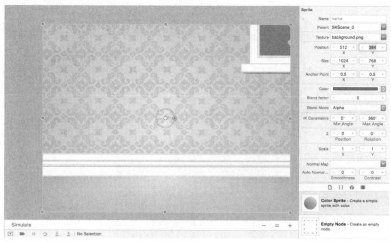

图 8-14

　　这很容易。接下来，我们想要把猫的床添加到场景之中。拖动另一个颜色精灵到场景上，并且将其属性设置为如下所示：

- Name：bed
- Texture：cat_bed
- Position：(1024, 272)（分别在 X 和 Y 框中输入）

这将会把猫的床放置到场景底部之下一点点的位置，如图 8-15 所示。

图 8-15

现在，让我们来看看在猫移动的路线上的那些木头块。一共有 4 个木头块，但是，我们将每次添加两个木头块。

拖放两个颜色精灵对象到场景上。将它们的属性编辑为如下所示：

- First block：Texture wood_vert1, Position X 1024, Position Y 330
- Second block：Texture wood_vert1, Position X 1264, Position Y 330

现在，你应该会看到如图 8-16 所示的样子。

图 8-16

花一点时间来体会一下，通过场景编辑器（而不是通过代码）在屏幕上设置对象是多么的容易啊！当然，这并不意味着你不应该理解幕后发生了什么。实际上，对这两种方式是如何做到的都有所了解，会有很大的裨益。

好了，现在该来添加水平的木块了。再拖放两个颜色精灵对象到场景上，并相应地将其调整如下：

- First block：Texture wood_horiz1, Position X 1050, Position Y 580
- Second block：Texture wood_horiz1, Position X 1050, Position Y 740

你的场景继续发展，并且所有的障碍物现在都出现了，此时，就缺主角了，如图 8-17 所示。

图 8-17

将最后一个颜色精灵对象拖放到场景上。这是一只猫。将其属性编辑为如下所示：

- Cat：Texture cat_sleepy, Position X 1024, Position Y 1036

最终，我们完成了 Cat Nap 的第 1 关的基本设置，如图 8-18 所示。

编译并运行，注意你的场景出现在屏幕上了，如图 8-19 所示。还要注意，GameScene.swift 中的模板代码中的 "Hello, World" 标签也出现了，现在先不要担心这一点。

这些都是使用场景编辑器设计关卡的基本技巧。好在，场景编辑器的功能远远不止是将精灵放置在场景上那么简单。在下一节中，我们将构建更为复杂的内容。

图 8-18

图 8-19

8.3 文件引用

场景编辑器的一项很酷的功能（iOS9 引入的）是，可以引用其他场景文件（.sks）中的内容。

这意味着，你可以将精灵组合到一起，添加一些诸如动画的特效，然后，将这些保存到一个可以复用的.sks 文件中。然后，可以从多个场景中引用相同的内容，并且，它们都将动态地从可复用的.sks 文件加载相同的内容。

现在，我们来看看这个功能最好的地方：如果你需要修改场景中所有的引用内容，只需要编辑最初的内容，这对你来说很容易做到。

你可能已经猜到了，对于基于关卡的游戏来说，经常要在整个游戏中反复使用精灵或者场景的其他部分。在 Cat Nap 中，有一个这样反复使用的角色，那就是大家都熟悉的小猫。在本节中，我们将从起自己的.sks 文件中提取睡着的猫，并且添加更多的节点和动画。然后，我们在 GameScene.sks 中将所有这些都当做一个包来引用。

首先也是最重要的，由于我们打算使用多个.sks 文件，现在需要将它们很好地组织起来了。按下 Control 键并点击黄色的 CatNap 组，并且选择 New Group。将这个组重命名为 Scenes，并且将 GameScene.sks 移动到这个新创建的文件夹中。

一旦完成，它看上去如图 8-20 所示。

接下来，按下 Control 键并点击 Scenes，从弹出的菜单中点击 New File.....。选择 iOS/Resource/SpriteKit Scene 文件模板，然后点击 Next 按钮。将新的文件命名为 Cat.sks 并将其保存到工程文件夹中。

XCode 自动打开新创建的 Cat.sks 文件，并且展示给你一个空的、灰色的编辑器窗口。按照和前面完全相同的方式，你的任务是根据需要调整场景的大小，并添加一些新的精灵。

将场景大小设置为 380×440 个点（这是猫的大小），并且既然已经将特定的面板打开了，将锚点设置为(0.5, 0.5)，如图 8-21 所示。这么做使得节点相对于场景中心而放置于场景之中，这比相对于右下角来放置它们要更容易一些，因为大多数节点要么水平居中，要么垂直居中。

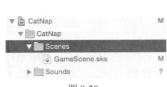

图 8-20

图 8-21

既然场景已经准备好了，我们需要添加小猫元素的所有内容。首先，添加身体部分。从 Object Library 中拖放两个颜色精灵节点，并将其属性设置为如下所示：

- Cat Body：Name cat_body, Texture cat_body, Position X 22, Position Y -112
- Cat Head：Name cat_head, Parent cat_body, Texture cat_head, Position X 18, Position Y 192

注意，我们将猫的身体设置为猫的脑袋的父节点。只要需要，每个 Sprite Kit 节点都可以有任意多个子节点，因此有时候，让一个节点充当根节点是很方便的，也就是说，让这个节点作为其他的节点的父节点。通过这种方式，如果我们需要复制或移动所有的节点，只需要操作根节点，其他的节点就会随着它而移动。现在，猫的身体和脑袋已经很好地放置在了场景中，并且在场景的左边还为小猫的大大的、毛绒绒的尾巴留出了空间，接来，我们将给它添加尾巴。

对于大大的、毛绒绒的尾巴，从 Object Library 中拖放一个颜色精灵，并且将其属性设置为：

- Tail：Name tail, Texture cat_tail, Parent cat_body, Anchor Point (0, 0), Position (-206, -70), Z Position -1

在本章稍后，我们将对尾巴实现动画，让它慢慢地沿着其锚点位置（0,0）旋转。这看上去好像是小猫在空中慢慢摆动自己的尾巴，也给小猫一种神气十足的感觉。

到目前为止，小猫场景看上如图 8-22 所示。

现在，要添加小猫剩下的部分了。向场景中添加两个颜色精灵对象，并且将它们的属性调整如下：

- Cat mouth：Name mouth, Parent cat_head, Texture cat_mouth, Position X 6, Position Y -67
- Cat eyes：Name eyes, Parent cat_head, Texture cat_eyes, Position X 6, Position Y 2

这样，小猫就完成了，场景如图 8-23 所示。

图 8-22

图 8-23

现在，我们将从 GameScene.sks 中删除静态的小猫图像，并使用新设计的小猫场景。

为了做到这一点，打开 GameScene.sks 并且删除静态的猫精灵。在其位置，从 Object Library 中拖放一个引用节点（Reference），如图 8-24 所示。

这个空的引用节点看上去像是一个小洞，由虚线框包围着，如图 8-25 所示。

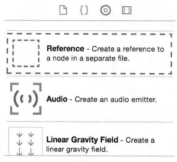

图 8-24

图 8-25

为这个选中的引用节点设置如下的属性值：

- Name：cat_shared
- Reference：从下拉菜单中选择 Cat.sks
- Position：(1030, 1045)
- Z-Position：10

这里，我们加载了 Cat.sks 文件的内容，将其放置到之前静态小猫图像所在的位置。此外，我们还设置了一个较高的 Z-Position，以确保 Cat.sks 的内容出现在关卡的背景图像之上。

完成这些之后，我们已经成功地创建了一块可以在整个游戏中复用的内容，如图 8-26 所示。干的不错！

图 8-26

注　意

由于 Xcode 7 的一个 bug，当你添加该引用的时候，可能无法在场景中看到小猫。要解决这个问题，只需要关闭 Xcode 并再次启动它，这一次，你的引用将会如图 8.26 所示地显示小猫。

现在，小猫还有一个问题，就是它并不做任何有趣的事情。它现在还只是一堆的组合到一起的节点！现在，我们需要创建所谓的"空闲动画"来修正这一点。这将帮助我们给场景增加一点生气。

8.4　动画和动作引用

到目前为止，我们已经使用代码创建了节点动作。正如我们在前面的各章中所见到的，只需要几行代码，就可以创建一个 SKAction，在屏幕上移动精灵、旋转精灵并缩放精灵。但是，有时候，通过可视化的方式来做到这一点会更好，特别是当制作动画原型或者进行关卡设计的时候。

在本小节中，我们将学习如何给场景中的节点添加动作。稍后，我们将学习如何从这些动作自己的.sks文件中提取它们，并复用它们来实现不同精灵的动画。

给节点添加动作

打开 Cat.sks 并且找到 Xcod 底部的这个箭头按钮，如图 8-27 所示。

图 8-27

如果按钮上的箭头朝上，就像图 8-27 中那样，点击它以打开动作编辑器，如图 8-28 所示。

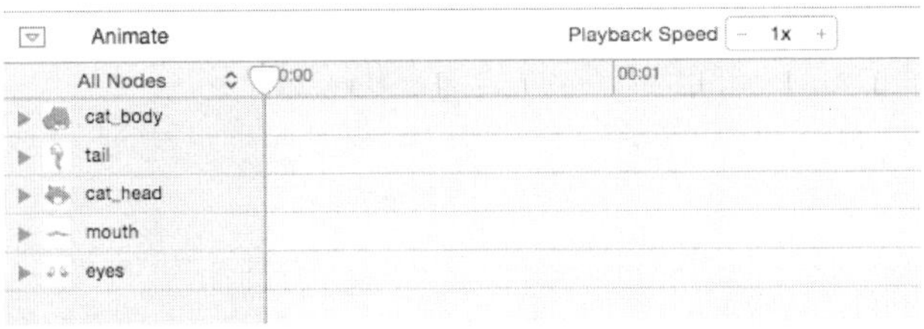

图 8-28

这个动作编辑器显示了场景中所有的节点，还有一个时间线，其中的行对应每一个节点。如果你曾经使用过动画或视频软件，应该熟悉这种风格的用户界面。

我们打算使用这个动作编辑器来实现小猫尾巴的动画。

从 Object Library 中抓取一个 RotateToAngle 动作，并将其放置到 tail 节点的时间线轨迹上。在把动作拖动到 tail 的轨迹上的时候，会打开新的一行，并且当你放置的时候，会在新动作的位置显示一个实时的预览。

拖动动作并且将其放置到时间线的开头处，也就是说，在 0:00 时间标记的地方，如图 8-29 所示。

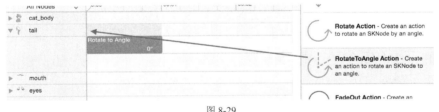

图 8-29

太好了！我们已经给 tail 精灵添加了一个旋转动作。在尝试之前，只需要先将这个动作修饰一下。在Attributes 检视器中，设置如下两个值，如图 8-30 所示。

- Duration：2
- Degrees：5

然后，在第 1 个动作之后再添加另一个动作。

将另一个 RotateToAngle 动作对象拖放到 tail 节点上，并且将它连接到第 1 个动作的后面，将其属性设置为如下所示：

- Start Time：2
- Duration：1.5
- Degrees：0

图 8-30

这个动作将会把小猫的尾巴摇动回到其最初的位置。时间线现在如图 8-31 所示。

图 8-31

场景编辑器最好的地方在于，要测试场景的话，你不需要在模拟器或设备上运行游戏。

找到位于动作编辑器顶部的 Animate 按钮并且点击它，如图 8-32 所示，场景编辑器将会播放你刚才所添加的动作。这使得你能够快速发现动画中可能存在的任何问题。

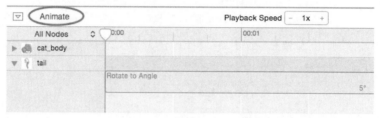

图 8-32

如果想要对播放有更多的控制，可以直接抓取时间线上的滑块并来回移动它，如图 8-33 所示。

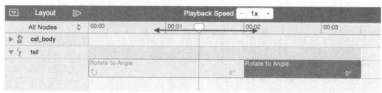

图 8-33

注意 Animate 按钮是如何变为一个 Layout 按钮的。这表示你当前在对场景实现动画。如果想要再次操作布局，点击 Layout 按钮就可以切换到布局模式。

当点击了 Layout 按钮之后，时间线的位置将会重置，并且可以再次移动精灵并编辑其属性。

8.5 关于时间线的更多介绍

当设计复杂的场景和动画的时候，时间线是非常强大的。在继续学习之前，让我们来快速了解一下时间线。

在 Animate 按钮的右边，可以看到一个 Playback Speed 控件，如图 8-34 所示。当你播放动作的时候，可以选择播放的速度。当要从代码中加载这个动画的时候，告诉 Sprite Kit 想要以何种速度播放动画，这是特别有用的。

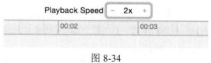

图 8-34

点击 Animate，并且注意小猫的尾巴是如何按照之前的速度两倍的速度运行的。当你要在场景编辑器中设计动画原型的时候，这个功能特别有用，如果你并不能确定一些动作所需的时长，可以通过修改播放速度来很容易地进行体验，直到达到满意的速度。

在继续进行之前，先将播放速度重新设置为 1x。

时间线还列出了场景中所有可见的对象，而且是按照将它们添加到场景中的顺序列出的。我们从小猫的身体开始，最后添加了小猫的眼睛，在时间线中所看到的顺序正是如此，如图 8-35 所示。

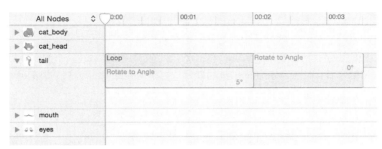

图 8-35

你可以想象的到，一个场景越复杂，在这个列表中的项也就越多。一旦有了太多的节点，就不得不持续上下滚动，才能够找到你想要找的节点，而这时，你会觉得需要一种更为方便的方式在列表中导航。

我们有两种方式来过滤时间线节点列表。首先，在左上角的 Animate 按钮下，可以看到一个下拉列表菜单，如图 8-36 所示。

默认选中的项是 All Nodes，但是，你也可以选择另外两个选项。

- Nodes with Actions。这会过滤节点列表，从而只显示那些已经附加了动作的节点。当你想要修改一个已有的动作，并且只想查看那些可能会运行该动作的节点的时候，这个选项特别有用。

- Selected Nodes。这个选项将会动态地只显示在场景编辑器中当前选中的节点。这是一种很强大的功能，因为它只向你显示所选中的场景项的时间线。

允许过滤节点列表的第 2 个控件，是左下角的搜索字段，如图 8-37 所示。这个字段允许你快速地过滤节点列表，只显示包含了搜索项中指定的名称的那些节点。当你想要操作给定的节点，并且已经知道了节点的名称的时候，这个功能非常方便。

图 8-36   图 8-37

最后一点但并不是不重要，在右下角中，有一个滑块允许缩放时间线，以便可以看到更多或更少的动作，而不需要滚动，如图 8-38 所示。

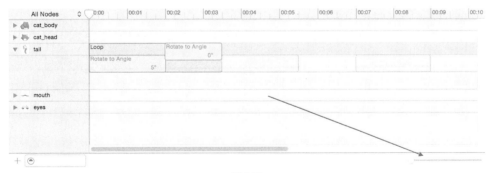

图 8-38

重复动作

差不多已经完成了，但还有一件事情需要做，那就是让小猫尾巴持续地摆动。这只小猫拒绝静静地坐在那里。

　　要让动作重复确定的次数，或者无限次地重复，这在动作编辑器中很容易做到。对于小猫尾巴动画来说，首先需要将刚才创建的两个动作组合起来，然后，重复这个动作组以便小猫尾巴能够持续地来回摆动。

　　首先，在动作编辑器中，按下 Command 键的同时选择这两个动作，如果操作正确的话，将会看到两个动作都高亮显示了，如图 8-39 所示。

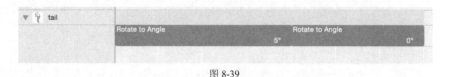

图 8-39

　　当两个动作都选中以后，用鼠标右键点击其中之一，并且从弹出菜单中选择 Create Loop。

　　在随后弹出的菜单中，选择表示无限的符号（∞），以表明想要让这个动作不断地重复（该按钮将保持选中，以显示当前的循环参数），如图 8-40 所示。

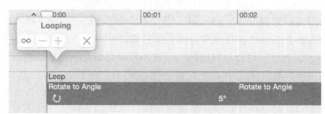

图 8-40

　　这个时间线以蓝色显示当前选择的循环，并且所有的重复都以橙色显示，以便你可以很容易地看到它们，如图 8-41 所示。

图 8-41

　　除了可以选择无限次数的一个循环，还有其他 3 个可选项。

　　当你在 Xcode 中点击 Create Loop 的时候，所创建的循环会播放一次然后再重复播放一次。因此，如果你想要让一个动作一共只播放两次的话，那么，不用做其他的任何事情。

　　弹出菜单给出了更多的几个选项，可以控制循环重复的次数，如图 8-42 所示。

- ∞ 永久地循环动作；
- ＋ 再增加一次循环；
- － 减少一次循环；
- × 删除动作的所有重复。

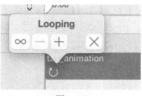

图 8-42

　　对于小猫尾巴旋转动作来说，我们选择∞，让小猫能够在整个游戏中都轻轻地摆动自己的尾巴。

注　意

　　人们往往会很自然地认为×按钮是关闭弹出对话框。然而，在这里，它会从动画中删除所有的循环。要关闭弹出窗口，直接在窗口之外的任何地方点击，这个窗口就会自动消失。

　　这真很不错了！并且，更酷的是，我们得到一个内容层级，在游戏中可以继续将资源的复用程度最大化。它们是：

1. Cat.sks 包含了精灵和动作，并且配置了动作的循环和时长。

2．GameScene.sks 包含了一个完整的关卡设置，并且还引用了 Cat.sks 中的小猫角色。

这一设置允许你从游戏中的任何关卡，加载小猫的所有身体部分，以及附加给它们的动作。实际上，在游戏的每一个关卡中，都需要加载这只小猫。

更进一步，我们还可以创建包含了不同的小猫动画的.sks 文件，并且在游戏的不同阶段加载并使用它们。

注　　意

iOS 9 中最初引入的 Sprite Kit 功能的列表中，还包含了在其自己的.sks 文件中创建动作，并对不同的场景中的不同的节点复用这些动作的功能。这真的很酷，因为它允许你使用更高层级的资源抽象。

然而，这一功能在 32 位系统上并不能使用，如果你的游戏运行于 iPhone 6、iPhone 6s 以及更新的系统上，加载动作没有问题；但是如果在 iPhone5、iPhone 4s 或更早的设备上，将会崩溃。这个 bug 是在 Xcode 7 中出现的，但是在 Xcode 7.1 中还没有修正，因此，本章不介绍这一功能。

现在，编译并运行工程，看看所实现的效果如何，如图 8-43 所示。

图 8-43

看看，小猫就像一个老板一样，摆动着自己的尾巴。

本章是很长的一章，可能你读起来都有点累了。如果是这样的话，我们花 5 分钟的时间来休息一下，发一会儿呆。为什么不借此机会，从 Object Library 中拖动更多的引用节点，并且在场景上加载更多的小猫（如图 8-44 所示）呢？

图 8-44

这真有趣！在继续进行之前，确保要删除掉所有多余的猫。在本章中，我们已经学习了如何使用场景编辑器，如何规划和设计游戏场景，添加和编辑节点，以及运行其基本的动作。场景编辑的界面相当简单，但是，它允许我们实现很多的功能。

到目前为止，我们已经设计了 Cat Nap 的第一个关卡，它不是很复杂，但是我们可以在后续的两章中继续应用新的技能并创建多个其他的关卡，而这些关卡会逐渐变得复杂起来。

在后面的几章中，我们将继续开发 Cat Nap，而且更多地关注通过代码来创建精灵和动作。知道如何在场景编辑器中设计和优化游戏关卡很重要，但知道如何用代码来做到这些也同样很重要，这样我们就总是能够根据当前工程来选择最好的方法。

在继续进行之前，确保你真的很好地掌握了场景编辑器的界面。本章后面的两个挑战，是练习新学习的场景编辑器技能的好机会。

一旦完成了本章的挑战，你就能够让小猫完整地实现动画，并且准备好继续了解 SpriteKit 中的物理模拟了。

8.6　挑战

本章有两个挑战，可以帮助你练习使用场景编辑器来创建动作和布局关卡。

同样，如果你遇到困难，从本章的资源中寻找解决方案，但是最好先自己尝试一下。

挑战 1：进一步创建小猫动作

我们已经使用了几个节点来构建一只小猫，例如，身体、脑袋、尾巴、眼睛和迷人的笑脸。到目前为止，我们已经通过重复两个旋转动作组成的一个序列，实现了小猫尾巴的动画。

在这个挑战中，我们将使用其他几种类型的动作来完成小猫的空闲动画。

接下来，下面的几个一般性的步骤将在 Cat.sks 中创建一个新的动作。将下面列出的动作添加到小猫的嘴巴节点上，设置其属性如下所示：

- Move Action：Start Time 5, Duration 0.75, Timing Ease Out, Offset (0, 5)
- Move Action：Start Time 5.75, Duration 0.75, Timing Ease In, Offset (0, -5)
- PlaySoundFileNamed Action：Start Time 5.25, Duration 1

针对声音动作的 filename，从下拉菜单中选择 mrreow.mp3。

最终的结果如图 8-45 所示。

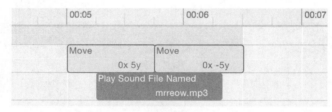

图 8-45

由于你想要让动作在 5 秒的等待时间内重复，还需要一些技巧。针对嘴巴节点，在时间线的开始处添加一个额外的动作：

- Move Action：Start Time 0, Duration 1, Offset (0, 0)

然后，选择所有的 4 个动作并创建它们的一个循环，就像我们在本章前面做的那样。应该看到 4 个动作已经组织到一个循环中了，如图 8-46 所示。

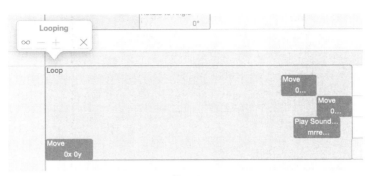

图 8-46

注　意

　　同样，如果 Sprite Kit 不会在 32 位的系统上崩溃，这个循环应该很容易创建而不必使用一个作弊节点。

　　完成了这一步之后，再创建一个动作，并且将其拖放到场景时间线的眼睛节点上。拖入一个 AnimateWithTextures 动作，并且将 Start Time 设置为 6.5，将 Duration 设置为 0.75。

　　然后，在底部右边的第 4 个标签页（Media Library）中，把 cat_eyes、cat_eyes1 和 cat_eyes2 拖动到新创建的动作的 Textures 列表上。

　　最后，点击动作上的 Loop 按钮，以添加另外一个重复，如图 8-47 所示。记住，有的时候，根据时间线的缩放大小，你的动作可能太小了而无法容纳下这个 Loop 按钮，如果在将鼠标悬停到一个动作上的时候没有看到这个按钮，尝试使用时间线面板右下角的滑块来放大动作。

图 8-47

　　此外，选中 Restore 复选框，这样，当动画完成的时候，它将返回到其最初的帧。

　　最终的设置如图 8-48 所示。

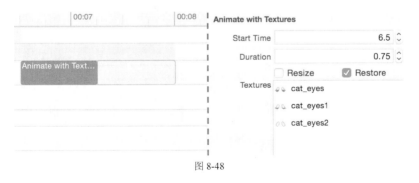

图 8-48

　　同样，为了让 Sprite Kit 在循环中包含一个最初的 6.5 秒的等待时间，添加一个作弊动作。

● Move Action：Start Time 0, Duration 1, Offset (0, 0)

选择添加到猫的眼睛上的两个动作，并且创建一个不断重复的循环。好了。完成后的时间线如

图 8-49 所示。

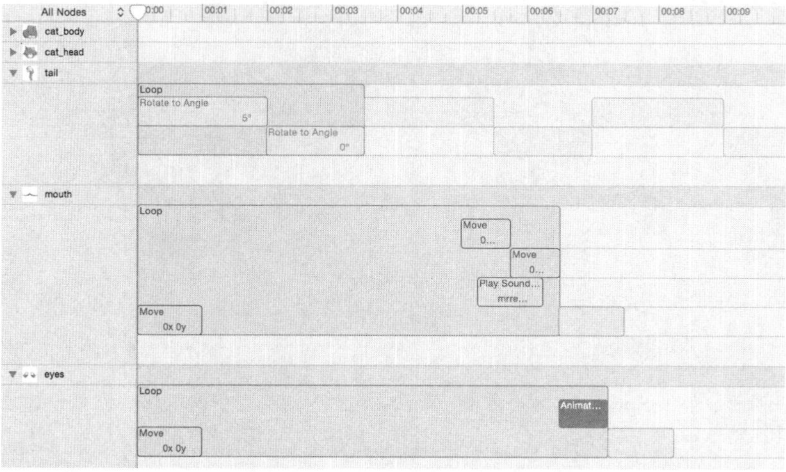

图 8-49

编译并运行，开始享受自己的劳动成果吧。看一下，小猫现在安静地摆动着自己的尾巴，并且时不时地睡眼惺忪，还打着呼噜。挺不错的，对吧？

挑战 2：进一步创建小猫场景

在这个挑战中，我们将创建两个.sks 文件，随后将使用它们来加载小猫的"获胜"和"失败"动画。

创建一个新的 CatCurl.sks 文件，并且将场景大小设置为(380, 440)。添加一个颜色精灵对象，其属性如下：

- Cat Curl：Name cat_curl, Texture cat_curlup1, Position (190, 220), Size (380, 440)

在动作编辑器中，给 cat_curl 精灵节点添加一个动作，如下所示：

- AnimateWithTextures Action：Start Time 0, Duration 1

确保没有选中 Restore。对于 Textures，从 Media Library 中拖入如下的文件：

- cat_curlup1.png
- cat_curlup2.png
- cat_curlup3.png

可以拖动时间线的滑块来预览这个动画，如图 8-50 所示，稍后，当玩家成功地解开了 Cat Nap 中的一个关卡的时候，我们将加载并运行这个动画。

图 8-50

还有一个场景需要创建，这就是当玩家没能成功解决一个关卡的时候所要播放的动画。这个过程和创建获胜的动画类似。

创建一个新的 CatWakeUp.sks 文件，并且将场景大小设置为(380, 440)。添加一个颜色精灵对象，其属性如下：

● Cat Awake：Name cat_awake, Texture cat_awake, Position (190, 220), Size (380, 440)

在动作编辑器中，给 cat_awake 精灵节点添加一个动作，如下所示：

● AnimateWithTextures Action：Start Time 0, Duration 0.5

确保没有选中 Restore。对于 Textures，从 Media Library 中拖入如下的文件：

● cat_awake.png

● cat_sleepy.png

让这个动作无限地重复。

可以拖动时间线的滑块来预览这个动画，如图 8-51 所示，稍后，当小猫从木头块上跌落到地面，导致玩家在这一关卡失败的时候，我们将加载并运行这个动画。

图 8-51

谁说小猫总是平安着陆呢？

哦，这真是很长的一章，操作的说明也非常多。如果你需要休息一下，也不会有人怪你。然而，第 9 章将会带你进入动作、碰撞和疯狂的物理体验的世界，因此，不要休息太长的时间哦！

第9章 物理基础

Marin Todorov 撰写

到目前为止，我们已经学习了如何通过手动定位和运行动作来移动精灵。但是，如果想要模拟更加复杂的行为，例如，球从一个摇晃的柱子弹回、一组多米诺骨牌倒下或一堆卡片叠加等情景，该怎么办呢？

可以使用大量的数学计算来模拟上述的情况，但是，这并不是一种很容易的方式。Sprite Kit 包含了一个强大的、用户友好的物理引擎，可以帮助你逼真地移动物体，无论是简单的方式还是复杂的方式移动都可以，而你却不费吹灰之力。

使用物理引擎，我们可以完成如下这些在众多流行的 iOS 游戏中所见到过的效果，如图 9-1 所示。

- 《愤怒的小鸟》使用物理引擎来模拟小鸟和砖塔碰撞的情景。
- 《翼飞冲天》使用物理引擎来模拟小鸟飞过山丘，以及在空中飞行。
- 《割绳子》使用物理引擎来模拟绳子的移动，以及糖果的重力作用效果。

图 9-1

将物理引擎和触摸控制结合起来，可以使得游戏有一种精彩而逼真的动态效果，有时候，这种效果用来表现物品的破损，就像你在《愤怒的小鸟》中所看到的一样。

如果你喜欢这种逼真的行为效果，并且想要学习如何构建自己的、基于物理引擎的游戏，那么，你应该阅读本章。

由于我们要介绍物理引擎，当然，在学习之前，最好能够有一个 Playground 可供开始。我说的 Playground 并不是说要有一个操场，而是指 Xcode 的 Playground，这是体验 Swift 代码的好地方。

在本章中，我们将在 Playground 中学习 Sprite Kit 物理引擎的基础知识。但是，不要担心，在接下来的两章中，我们还将回去和"老朋友"Cat Nap 打交道，并且为其加入物理引擎的应用。

9.1 Sprite Kit 中的物理引擎

在幕后，Sprite Kit 使用一个叫做 Box2D 的库来执行所有的物理计算。Box2D 是一个开源的、友好的、功能完备的库,它很快也很强大。很多流行的游戏都已经在使用 Box2D 了,在 iPhone、Android、BlackBerry、Nintendo DS、Wii、OS X 和 Windows 上,这类游戏随处可见,因此是时候来学习一下这个作为 Sprite Kit 的一部分的库了。

然而,对于 iOS 开发者来说,Box2D 有两个主要的缺点:首先,它是用 C++编写的,其次,它的用户友好程度还不够,对初学者来说,更是如此。

Apple 并没有直接暴露 Box2D,相反,它将其隐藏到了 Sprite Kit 自己的 API 的背后,如图 9-2 所示。实际上,Box2D 隐藏的如此之好,以至于 Apple 公司在后续的 iOS 版本可能会修改这个物理引擎,而你甚至不知道这个物理引擎的存在。

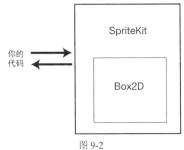

图 9-2

长话短说,在 Sprite Kit 中,我们可以使用这一个超级流行的物理引擎的所有强大功能,但是,我们是通过一个友好的、经过修饰的、Apple 风格的 API 来使用它的。

物理实体

要让物理引擎来控制精灵的移动,必须为精灵创建一个物理实体。可以把物理实体看做是精灵的一个大致的边界,引擎将使用它来进行碰撞检测。

图 9-3 展示了一个精灵的、典型的物理实体。注意,物理实体的形状并不是和精灵的边界完全一致的。通常,我们将选择一个较为简单的形状,以有助于碰撞检测算法更快地运行。

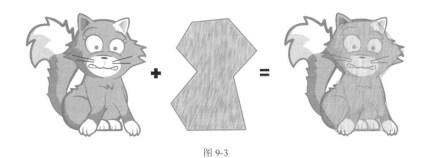

图 9-3

如果你需要一个更加精确的形状,可以告诉 Sprite Kit 的物理引擎,通过忽略图像的所有透明部分来检测精灵的形状。如果你想要游戏中的物体之间产生一种更加逼真的碰撞,这是一种很好的策略。对于小猫来说,一个自动检测的、基于透明的物理实体,看上去如图 9-4 所示。你可能会说,"哦,太好了,我就是要一直使用这个物理实体"。

三思而后行。在采取行动之前,先要理解的一点就是,和一个简单的多边形形状相比较,针对类似这样的一个复杂的形状执行物理计算,需要占用多得多的处理能力。

一旦为精灵设置了一个物理实体,精灵就会像是在现实生活中那样移动。它会随着重力而落下,当和其他物体的碰撞时,会受到冲击和力量的影响。

我们可以调整物理实体的属性,例如,它有多重或反弹力有多大。我们还可以修改整个物理模拟世界的法则,例如,可以减少重力,以便一个球在落到地面的时候,会反弹得更高且更远。

假想一下,你抛出了两个球,每一个都会反弹一会儿,红色的球在常规的地球重力的作用下,而蓝色的球是在较低的重力的作用下(例如,月球的重力)。它们看上去如图 9-5 所示。

图 9-4

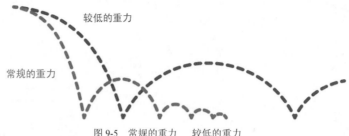

图 9-5　常规的重力　较低的重力

关于物理实体，还有几点需要了解：

● 物理实体是固定的。换句话说，物理实体不能够在压力下被挤压或变形，并且作为物理模拟的结果，不能改变其形状。例如，不能使用一个物理实体来模拟一个黏糊糊的球体在地板上一边滚动一边改变自己的形状。

● 复杂的物理实体有一定的性能代价。尽管使用图像的 alpha 遮罩作为物理实体是很方便的，但是只有当绝对需要的时候才应该使用这一功能。如果在屏幕上有多个彼此碰撞的形状，尝试只对主要角色或者两三个其他的角色使用 alpha 遮罩，而将其他的物理实体设置为矩形或圆形。

● 物理实体会被力量或冲击移动。冲击，例如两个物理实体碰撞之后发生的能量转换，会立即改变物体的动能。力量，例如重力，会随时、逐渐地影响到物体。你可以对物理实体应用自己的力量或冲击，例如，可以使用一个冲击来模拟从枪支发射出来的子弹，而使用力量来模拟火箭的发射。我们将在本章稍后学习力量和冲击。

Sprite Kit 提供了所有这些功能，并且其易于使用的程度令人难以置信。按照 Apple 的典型方式，大多数的配置都是完全预定义好的，这意味着，一个空白的 Sprite Kit 工程就已经包含了逼真的物理引擎，而且绝对不需要做任何设置。

9.2　开始

我们先按照可能的、最好的方式来学习 Sprite Kit，即在 Xcode Playground 中实际体验一下。

启动 Xcode，并且在其第一个对话框中，选择 Get started with a playground，如图 9-6 所示。

图 9-6

注　意

如果之前关闭了启动对话框，从主菜单中选择 File\New\Playground…。

在下一个对话框中，在 Name 处输入 SpriteKitPhysicsTest，在 Platform 处选择 iOS，如图 9-7 所示。

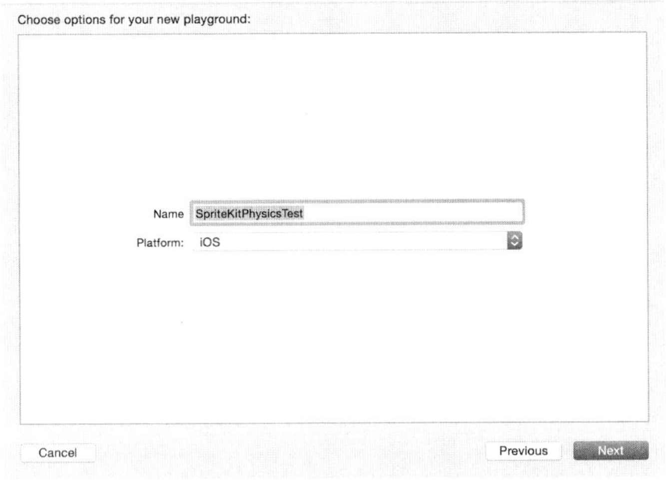

图 9-7

点击 Next 按钮，并且选择一个位置来保存这个 Playground。

Xcode 将会创建一个新的、空白的 Playground，只导入了 UIKit 框架，以便你可以使用在 iOS 工程中曾经用过的数据类型、类和结构。

这个空的 Playground 窗口如图 9-8 所示。

图 9-8

如果之前没有使用过 Playground，这个视图看上去似乎有点奇怪。不要担心，下一小节将会介绍这个界面，以及如何在 Playground 中进行体验。

注　意

如果你已经很熟悉在 Playground 中工作，那么，可以跳过下一个小节，并继续阅读。

9.3　第一个 Playground

在第 8 章中，我们已经开发过 Xcode 工程，其中通常包含很多源代码文件、资源、故事板、游戏场景等等。而另一方面，Playground 只是一个单个的文件，其扩展名为.playground。

Playground 允许我们实时地体验代码。但是，在这么做之前，我们最好先熟悉一下这个界面。

我们来看一下空的 playground 窗口，如图 9-9 所示。

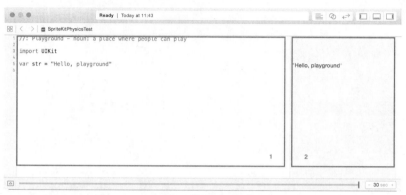

图 9-9

左边是源代码编辑器（1），右边是结果边栏（2）。当你输入代码的时候，Xcode 会识别并执行每一行代码，并且在结果边栏中显示出结果（你可能已经猜到了）。

例如，如果你将"Hello, playground"修改为"Sprite Kit rules!"，将会立即在边栏中看到结果反映出了所做的修改。你可以体验任何内容，但现在，先来尝试一下如下的代码：

```
let number = 0.4
let string = "Sprite Kit is #\(5-4)"
let numbers = Array(1...5)

var j = 0
for i in 1..<10 {
  j += i*2
}
```

只要粘贴或输入如下代码，将会看到结果边栏更新了，并且它会把输出的每一行都整齐地和编辑器中相应的代码对齐。第一行代码产生了预期的结果，如下所示：

```
let number = 0.4
0.4
```

注　意

为了清晰起见，我们将先列出代码行，后面跟着相对应的结果。

这是一个静态值，要查看一个表达式的输出，并且证明这行代码真的是实时执行的，我们来看一下第 2 行代码的结果：

```
let string = "Sprite Kit is #\(5-4)"
"Sprite Kit is #1"
```

Xcode 将结果包含在引号之中，表示该结果的数据结构是一个 String。下一个示例展示了一个甚至更加复杂的代码段的结果：

```
let numbers = Array(1...5)
[1, 2, 3, 4, 5]
```

这行代码创建了包含 Int 元素的一个数组，其中包含了值 1 到 5。

当你输入这样的一个表达式的时候，其自身就占一行代码，Xcode 将会执行它并且将结果发送到结果边栏。这对于调试程序来说特别有用，我们直接写出变量名或者表达式，并且将会立即看到其值；而不再像是在工程中那样，使用一个单独的日志函数。

最后一个示例会产生一个多少有点令人惊讶的结果，其结果是文本（9 times）。

```
var j = 0
for i in 1..<10 {
    j += i*2
}

(9 times)
```

如果你仔细考虑一下我们到目前为止所学习过的内容，可能会预料到这一点。结果是和代码一一对应的，因此，即便代码行 j += i*2 在循环中执行了 9 次，它还是会产生唯一的一个单行的文本。这行文本告诉你循环运行了多少次，但是，和我们实际想要在循环运行的过程中看到变量的值相比，这一信息没多大用。

不要担心，Playground 比这里看上去要聪明的多。将鼠标指针悬停在文本上（9 times）。你将会看到，出现了一个额外的按钮，它带有一个小小的提示（Show Result），如图 9-10 所示。点击+按钮就可以显示出该值在 9 次循环迭代中变化的历史了。这一历史信息会直接显示在计算 j 值的那一行代码的下方。

图 9-10

点击表示循环迭代的点，就可以在一个小的弹出窗口中看到你所跟踪的表达式的值，如图 9-11 所示。

图 9-11

做的不错。这是使用 Xcode Playground 的时候所需要了解的基础知识。现在，我们来看看有趣的部分，即在一个 Playground 中进行物理实验。

9.4　创建一个 Sprite Kit Playground

在你的 Playground 中，删除任何的代码，并且在开始处添加如下的语句：

```
import UIKit
import SpriteKit
import XCPlayground
```

这些语句会导入基本的 UIKit 类、Sprite Kit 框架，以及方便的 XCPlayground 模块，后者将帮助我们在 Playground 窗口中把 Sprite Kit 场景可视化，如图 9-12 所示。

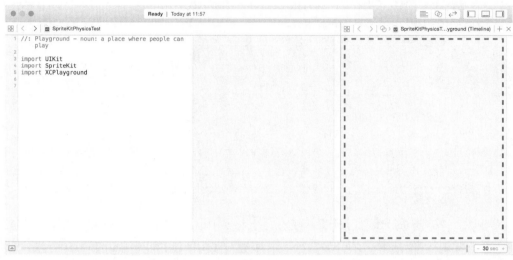

图 9-12

既然我们已经知道如何创建一个新的游戏场景，那就先来做这件事情。

确保 Xcode 的辅助编辑器是打开的，它通常位于窗口的右边。要显示辅助编辑器，从 Xcode 的主菜单中选择 View/Assistant Editor/Show Assistant Editor。

现在，将如下代码添加到 Playground 的源代码中：

```
let sceneView = SKView(frame: CGRect(x: 0, y: 0, width: 480, height:
320))

let scene = SKScene(size: CGSize(width: 480, height: 320))
sceneView.showsFPS = true
sceneView.presentScene(scene)

XCPlaygroundPage.currentPage.needsIndefiniteExecution = true
XCPlaygroundPage.currentPage.liveView = sceneView
```

尽管你还并没有在这个环境中见到这些代码，但它们中的大多数内容实际上是很熟悉的。让我们来看看上面的代码做些什么。

首先，创建了一个新的 SKView 实例，并且为它指定一个大小为 480 像素×320 像素的 frame。然后，创建一个空的默认的 SKScene 实例，并且为其指定相同的大小。在本书前面几章中，这正是视图控制器中的代码为你所做的事情。

接下来，让 SKView 显示该场景。

最后，调用 XCPlayground 模块中的 XCPShowView，并且传入一个字符串的标题和视图。正如你所看到的，XCPShowView 很方便，并给它帮助我们做如下的一些事情：

1．首先也是最重要的，它告诉 Xcode 只要在运行源代码就不要放弃执行 Playground。在一个游戏原型中，我们想要让一切都保持运行，对吧？在这个例子中，每次你修改源代码的时候，Playground 都将继续运行默认的 30 秒的时间。

2．在辅助编辑器中，它渲染视图的当前状态。

3．最后，它随着时间录制下视图，以便你可以回放、快进并且跳过录制会话的一部分。你很快将会看到这一点。

在这个辅助编辑器中，你将会看到游戏的场景，如图 9-13 所示。

图 9-13

以不同的帧速率渲染的时候，帧速率标签在闪烁，你看到了吗？这在告诉你，场景是实时渲染的。等30 秒的执行时间用完后，来回拖放位于场景下的小滑块，如图 9-14 所示。你可以在整个录制的场景部分中拖放它，这多酷啊。

图 9-14

播放一个空的游戏场景并不是很有趣。好在，很容易做出修改！我们已经有了一个漂亮的、空白的场景，下一步就是给场景添加这个精灵。

将如下的代码添加到 playground 中，以使用图像 square.png 创建一个新的精灵。

```
let square = SKSpriteNode(imageNamed: "square")
```

将鼠标悬停在结果边栏中显示 SKSpriteNode 的位置，并且在"眼睛"图标上点击，以查看刚刚创建的精灵，如图 9-15 所示。

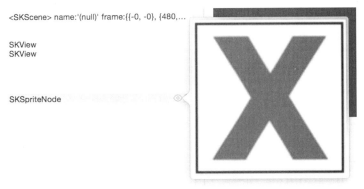

图 9-15

哦，不！预览显示这是一个无效的图像。这是因为我们还没有给 Playground 添加任何的资源，并且 Sprite

Kit 告诉你，它无法找到名为 square.png 的图像。

从 Xcode 的主菜单中，选择 View/Navigators/Show Project Navigator。看一下你的 Playground 的文件结构，如图 9-16 所示。

这个 Playground 包含了两个空文件夹。第 1 个文件夹 Sources，包含了想要预编译并供 Playground 使用的代码；而第 2 个文件夹 Resources，包含了你想要使用的资源，如图像、声音等等。

在本章的 Resources 文件夹中，可以找到 Shapes 文件夹，其中包含了你的 Playground 所需要使用的图像。将 Shapes 中的所有文件拖放到 Playground 的 Resources 文件夹中，如图 9-17 所示。

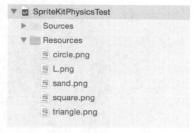

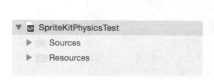

图 9-16

图 9-17

很棒！现在，切换回到 Xcode 并且点击结果边栏中的精灵节点旁边的"眼睛"图标。这一次，你会看到 一个蓝色的样式图像。因为资源已经就位了，也就准备好进一步处理了。

将如下这段代码添加到该文件的末尾：

```
square.name = "shape"
square.position = CGPoint(x: scene.size.width * 0.25, y:
scene.size.height *
0.50  )

let circle = SKSpriteNode(imageNamed: "circle")
circle.name = "shape"
circle.position = CGPoint(x: scene.size.width * 0.50, y:
scene.size.height *
0.50  )

let triangle = SKSpriteNode(imageNamed: "triangle")
triangle.name = "shape"
triangle.position = CGPoint(x: scene.size.width * 0.75, y:
scene.size.height *
0.50  )
```

这段代码创建了 3 个常量：square、circle 和 triangle。它们都是精灵节点，我们分别用纹理 square.png、circle.png 和 triangle.png 来初始化它们。

此时，可以在结果边栏中看到，已经成功地创建了 3 个精灵，但是，你还是不能在屏幕上看到它们。你需要将其添加到场景中，因此，使用如下的代码：

```
scene.addChild(square)
scene.addChild(circle)
scene.addChild(triangle)
```

这将会在屏幕的中央创建 3 个精灵：一个方块、一个圆形和一个三角形，如图 9-18 所示。

在很大程度上，这里还回顾了如何手动创建精灵并将其放置到屏幕上，尽管这一次，我们使用一个 Playground 来做到这一点。但是现在，我们应该来介绍一些新的内容了，即用物理来控制这些对象。

图 9-18

9.5　圆形实体

记住本章前面提到的两点：

1．要让物理引擎来控制精灵的移动，必须为精灵创建一个物理实体。

2．可以把物理实体看做是精灵的一个大致的边界，引擎将使用它来进行碰撞检测。

让我们给这个圆附加一个物理实体。将其添加到文件的底部。

由于 circle 精灵使用形状类似圆的一个图像，最好是创建形状大致相同的一个物理实体。

SKPhysicsBody 有一个方便的初始化方法 SKPhysicsBody(circleRadius:)，它创建了一个圆形实体。由于我们需要提供这个圆的半径，可以用精灵 circle 的宽度除以 2 来得到这个半径。

```
circle.physicsBody = SKPhysicsBody(circleOfRadius: circle.size.width/2)
```

注　意

圆的半径是从圆的边缘到其中心的距离。

不管你是否相信，得益于 Sprite Kit 的预配置的物理模拟功能，所有一切都已经搞定了！

一旦保存了文件，Playground 将会自动地重新执行你的代码，并且你将会看到圆形在重力的作用下落下来，如图 9-19 所示。

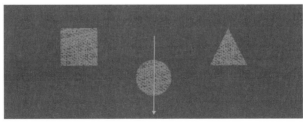

图 9-19

稍等片刻，圆形保持下落，直到离开屏幕并消失了！更不必说了，等到场景渲染的时候，圆形几乎已经跑到视线之外了，我们不太会见到这样的下落情形。

修改这个问题的最容易的方式是，在场景最开始的时候关闭重力作用，等到几秒钟之后，再开始应用重力作用。是的，你没有听错，关闭重力作用！

浏览一下 Swift 代码，找到在 SKView 上调用 presentScene() 的那行代码。在这行代码之前，添加如下的代码来关闭重力作用。

```
scene.physicsWorld.gravity = CGVector(dx: 0, dy: 0)
```

场景已经有了一个名为 physicsWorld 的属性，它表示游戏的基本物理设置。当你修改物理世界的重力向量的时候，也就修改了应用于每一帧的场景中的每个物理实体的恒定的重力加速度。

只要输入代码并且将重力重置为一个 0 向量，你将会看到，现在圆形保留为其初始的状态而不会下落。目前为止，一切都还不错。

现在，我们打算创建一个名为 delay 的辅助函数。由于我们只编写它一次，并且不需要在每次 Playground 执行的时候都重新编译它，我们可以将其放入到 Sources 文件夹中。添加一个资源文件的最容易的方法，是在 Sources 上点击鼠标右键并从弹出菜单中选择 New File，如图 9-20 所示。

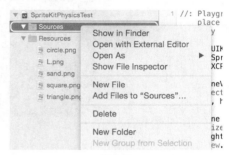

图 9-20

将新添加的文件命名为 SupportCode.swift，然后在源代码编辑器中打开它。一旦打开了它，为其添加如下的代码：

```
import UIKit

public func delay(seconds seconds: Double, completion:()->()) {

    let popTime = dispatch_time(DISPATCH_TIME_NOW,
        Int64( Double(NSEC_PER_SEC) * seconds ))

    dispatch_after(popTime,
        dispatch_get_global_queue(DISPATCH_QUEUE_PRIORITY_LOW, 0)) {
            completion()
    }
}
```

现在先不要对这段代码关心太多。你只需要知道，我们使用这段代码延迟了代码的执行，而这是在整个本章中都要做的一些事情。

完成之后，在工程导航器顶部的 SpriteKitPhysicsTest 上点击，再次打开 Playground。

现在，向下滚动到代码的最后，并且添加如下的代码，在场景创建两秒钟后重建重力作用。

```
delay(seconds: 2.0, completion: {
    scene.physicsWorld.gravity = CGVector(dx: 0, dy: -9.8)
})
```

注　意

确保这段代码在文件的最底部，即从现在开始，要添加的所有代码，都需要添加在这段代码之上。

既然已经关闭了重力作用，我们将能够看到圆形出现在了辅助编辑器中，并且在 2 秒钟之后，它开始在重力的作用下下落，如图 9-21 所示。

图 9-21

注　意

当你编辑 SupportCode.swift 的时候，Xcode 可能会切换到辅助编辑器的内容，以至于你无法看到渲染的场景。在这种情况下，点击辅助编辑器顶部的快速跳转栏，并且选择 Timeline/SpriteKitPhysicsTest.playground（Timeline），如图 9-22 所示。

图 9-22

但是，这还不是我们想要的效果！对于这个演示程序来说，我们想要圆形在碰撞到屏幕的底部的时候，停下来并且停在那里。

好在，Sprite Kit 使用一个所谓的边缘闭合实体使得我们很容易做到这一点。

9.6　边缘闭合实体

在场景周围设置边界，这是在很多基于物理的游戏中需要做的事情，为此，我们在显示场景之前添加如下这行代码：

```
scene.physicsBody = SKPhysicsBody(edgeLoopFromRect: scene.frame)
```

首先，我们为场景自身设置了物理实体。任何 Sprite Kit 节点都可以有一个物理实体，并且别忘了，场景也是一个节点。

接下来，创建一种不同类型的实体，即边缘闭合实体，而不是一个圆形。这两种类型的实体之间的主要区别在于：

● 圆形实体是一个动态的物理实体，也就是说，它是移动的。它是坚硬的，具有质量，并且可以与其他的物理实体碰撞。物理模拟可以应用各种力量来移动基于体积的实体。

● 边缘闭合实体是一个静态的物理实体，也就是说，它是不能移动的。正如其名称所示，边缘闭合只是定义了一个形状的边缘。它没有质量，不能和其他的边缘闭合实体碰撞，也不能通过物理模拟来移动。其他的物体只能在其边缘之中或者在其边缘之外。

边缘闭合实体的最常见的用法，是定义碰撞区域，以描述游戏的边界、地面、墙壁、触发区域，或者任何其他类型的、不能移动的碰撞空间。

由于你想要将物体严格限定在屏幕的边缘之内移动，可以使用场景的 frame CGRect 将场景的物理实体创建为一个边缘闭合实体，如图 9-23 所示。

正如你所看到的，当 Xcode 运行你的 Playground 的时候，当圆形碰撞到了屏幕的底部的时候，它现在会停止下来，甚至会向回反弹一点点，如图 9-24 所示。

图 9-23

图 9-24

9.7　矩形实体

接下来，我们为方块精灵添加物理实体。在代码的末尾，添加如下这行代码：

```
square.physicsBody = SKPhysicsBody(rectangleOfSize: square.frame.size)
```

可以看到，这创建了一个矩形物理实体，这和创建一个圆形实体非常类似。唯一的区别在于，这里不是传入圆的半径，而是传入表示矩形的宽度和高度的一个 **CGSize**。

现在，已经给方块添加了一个物理实体了，在 2 秒钟之后，方块也会朝着场景的底部落下，这是因为我们一开始关闭了重力，如图 9-25 所示。

图 9-25

9.8　定制形状的实体

现在，我们有了两个非常简单的形状，一个圆形和一个方块。如果形状更加复杂的话，该怎么办呢？例如，并没有内建的三角形形状啊。

可以通过给 Sprite Kit 一个 Core Graphics 路径来定义实体的边界，从而创建任意形状的实体。理解这是如何工作的最简单的方式，就是来看一个示例，因此，让我们来尝试添加三角形的实体。

添加如下代码。

```
var trianglePath = CGPathCreateMutable()

CGPathMoveToPoint(trianglePath, nil, -triangle.size.width/2,
-triangle.size.height/2)

CGPathAddLineToPoint(trianglePath, nil, triangle.size.width/2,
-triangle.size.height/2)
```

```
CGPathAddLineToPoint(trianglePath, nil, 0, triangle.size.height/2)

CGPathAddLineToPoint(trianglePath, nil, -triangle.size.width/2,
-triangle.size.height/2)

triangle.physicsBody = SKPhysicsBody(polygonFromPath: trianglePath)
```

让我们来一步一步地分析一下这些代码。

1．首先，创建了一个新的CGMutablePathRef，我们将使用它来描绘三角形的点。

2．接下来，使用CGPathMoveToPoint()将虚拟的"画笔"移动到三角形的第一个点上，在这个例子中，就是左下角。注意，这个坐标是相对于精灵的锚点的，而默认的锚点就是精灵的中心。

3．然后，通过调用CGPathAddLineToPoint()绘制3条线，每条线分别指向三角形的3个点。注意，术语"绘制"和"线条"并不是指你在屏幕上所能看到的内容，相反，它们表示组成了三角形的点和线段的虚拟定义。

最后，通过将trianglePath传递给SKPhysicsBody(polygonFromPath:)来创建实体。

正如我们所期望的那样，当重力恢复作用的时候，3个物体都会下落，如图9-26所示。

图 9-26

9.9　可视化实体

这3个物体中的每一个，现在都有了与其形状一致的一个物理实体，但是此时，我们不能证实每个精灵的物理实体真的有所不同。

在开始编写本小节的代码之前，添加另外一个工具函数，以使得代码更短且更容易阅读。我们需要一个随机的函数，它返回给定范围的一个CGFloat值，因此，打开Sources/SupportCode.swift并添加如下的代码行。然后，让我们在物体上施展"现身魔法"（添加粒子）来看看它们的物理形状：

```
public func random(min min: CGFloat, max: CGFloat) -> CGFloat {
    return CGFloat(Float(arc4random()) / Float(0xFFFFFFFF)) * (max - min) +
min
}
```

注　意

我们可以强制要求使用一个外部参数名，只要在函数定义中包含外部参数名和内部参数名，二者之间用一个空格隔开就可以了，就像这里对min参数所做的那样。外部参数名和内部参数名不一定要相同，尽管在这个例子中，它们是相同的。

有时候，针对第一个参数强制要求外部参数名，有助于人们更好地理解所要传递给该函数的值。

回到你的Playground，并且在调用delay(seconds:completion:)之前添加这个函数：

```
func spawnSand() {

    let sand = SKSpriteNode(imageNamed: "sand")
```

```
sand.position = CGPoint(
    x: random(min: 0.0, max: scene.size.width),
    y: scene.size.height - sand.size.height)

sand.physicsBody = SKPhysicsBody(circleOfRadius: sand.size.width/2)

sand.name = "sand"
scene.addChild(sand)
}
```

在这个函数中，我们创建了一个小的圆形实体，就像是之前所做的一样，只不过其材质名为 sand.png，并且我们将这个精灵放在了场景顶部的一个随机位置。我们还将这个精灵命名为 sand，以便随后更容易使用它。

让我们添加 100 个这样的沙子粒子，看看会发生什么。修改对 delay(seconds:completion:)的调用，使其现在如下所示：

```
delay(seconds: 2.0) {
    scene.physicsWorld.gravity = CGVector(dx: 0, dy: -9.8)
    scene.runAction(
        SKAction.repeatAction(
            SKAction.sequence([
                SKAction.runBlock(spawnSand),
                SKAction.waitForDuration(0.1)
                ]),
            count: 100)
    )
}
```

终于有了一些动作。

新的 delay(seconds:completion:)创建了一系列的动作，它们调用 spawnSand，然后，等待 0.1 秒钟，然后在场景上执行该动作序列 100 次。

当场景开始在辅助编辑器中渲染的时候，你将会看到一场"沙尘暴"，有 100 个沙粒就像下雨一样落下，并且填满了地面上的 3 个物体之间的空间。观察一下沙粒是如何从这些形状上弹开的，以证明你的形状确实有着独特的实体，如图 9-27 所示。

图 9-27

在执行了 30 秒之后，将录制滑块左右拖动，看看沙子从上往下落并且从形状上弹开的动画。享受这个乐趣吧！这是你自己实现的乐趣。

9.10　复杂形状的实体

创建 CGPath 实例的代码并不容易读懂，编写好它之后，过一些时间再来读的话，更是如此。此外，如果有一个复杂的实体形状要创建，那么，通过编写代码创建其路径，将是一个漫长而困难的过程。

尽管了解如何创建带有定制路径的实体是很有用，但还是有一种要简单的多的方法来处理复杂的形状。

我们假设还有另一个形状需要添加到场景中，它看上去有点像是一个旋转后的大写字母 L，如图 9-28 所示。

我们编写如下代码来定义一个三角形的路径，稍加考虑，你可能已经意识到了，上面的形状将很难放入到代码中。

让我们使用图像的 alpha 遮罩来为该精灵创建物理实体。在你的代码中，添加如下内容：

```
let l = SKSpriteNode(imageNamed:"L")
l.name = "shape"
l.position = CGPoint(x: scene.size.width * 0.5, y: scene.size.height *
0.75  )
l.physicsBody = SKPhysicsBody(texture: l.texture!, size: l.size)
scene.addChild(l)
```

初始化程序 SKPhysicsBody(texture:size:)为你承担了最繁重的工作，并且自动检测精灵的形状。它接收两个参数：一个 SKTexture 和一个 CGSize。

在上面的示例中，我们使用了精灵的材质来生成该精灵的物理实体，但是，你并不仅限于使用精灵的材质。如果精灵的材质拥有一个非常复杂的形状，你也可以使用带有精灵的大致轮廓的一幅不同的图像，从而提高游戏的性能。

可以通过它调整 SKPhysicsBody(texture:size:)的 size 参数来控制所创建的实体的大小。

现在来看看场景，你将会看到一个 L 形状根据其轮廓获得了一个物理实体。它顺利地落到了圆形之上，产生了很强的视觉效果，如图 9-29 所示。

图 9-28

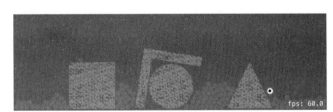

图 9-29

我确定你已经有了疑问，即如何调试一个真实的、带有很多复杂形状的游戏场景呢？你不能总是让粒子像下雨一样地落在游戏对象之上。

Apple 公司给出了方法！

Sprite Kit 物理引擎提供了一个非常方便的功能，这是一个能够将物理调试输出到现场场景中的 API。你可以看到物体的轮廓、它们之间的连接点、你所创建的物理约束以及更多内容。

在代码中找到显示帧速率标签的那行代码，即 sceneView.showsFPS = true，然后在其下方添加如下这行代码：

```
sceneView.showsPhysics = true
```

只要场景开始重新渲染，你将会看到所有实体的形状已经以浅绿色绘制了出来（可能很难在屏幕截图上看到这一点，但实际上，它们确实存在），如图 9-30 所示。

图 9-30

通过这一功能，你可以对物理设置进行各种严格的调试。

9.11　物理实体的属性

对于物理实体来说，要做的事情不仅仅只是碰撞检测。物理实体还拥有几个可以设置的属性，例如，通俗一点讲，这包括它有多圆滑、弹跳性怎么样，以及有多重。

要看看实体的属性是如何影响到游戏物理的，我们来调整沙子的属性。现在，当沙子落下来的时候，似乎显得很重，就像是岩石的颗粒一样。如果要让这些小沙粒变得就像更软、更有弹性的橡皮一样，该怎么办呢？

在 spawnSand() 的最后添加如下的一行代码：

```
sand.physicsBody!.restitution = 1.0
```

restitution 属性描述了物体在从另一个实体弹回的时候失去了多少能量，这是"弹跳性"的一种有趣的表述方式。

其值的范围可从 0.0（实体不会反弹）到 1.0（实体以碰撞开始时相同的力量弹回）。默认值是 0.2。

哦，天啊，这些"沙子"疯了，如图 9-31 所示。

图 9-31

> **注　意**
>
> Sprite Kit 默认地将物理实体的所有属性都设置为合理的值。物体的默认重量根据它在屏幕上看上去有多大来确定；restitution 和 friction（圆滑性）的默认值，都与日常生活中的物体的材料一致，诸如此类。

还有一件事情要注意，尽管 restitution 的有效值必须在 0 到 1 之间，如果提供了这个范围之外的值，编译器也不会抱怨。然而，考虑一下一个实体的 restitution 值大于 1 意味着什么。这个物体最终会比它开始碰撞的时候拥有更多的能量。这并不是一种符合实际的行为，因为这可能会很快就违反了物理模拟的规则，这个值会变得很大，导致物理引擎无法精确地计算它。在真实的 App 中并不推荐这么做，但是，如果你只是觉得好玩，可以尝试一下。

接下来，我们来让粒子变得密度更大，以便它们看上去比其他的形状更重。根据它们现在所具有的弹性，这应该是一种有趣的景象。

在 spawnSand() 的末尾，添加如下这行代码：

```
sand.physicsBody!.density=20.0
```

density 定义为单位体积的质量，换句话说，一个物体的 density 越高，同样大小的物体就会越重。density 的默认值是 1.0，因此，这里我们将沙子的密度设置为其常规值的 20 倍。

这会导致沙子看上去比任何其他的形状都要重，相比之下，其他的形状就好像是用泡沫塑料制成的。在设置好这个模拟之后，我们最终在屏幕上得到如图 9-32 所示的场景。

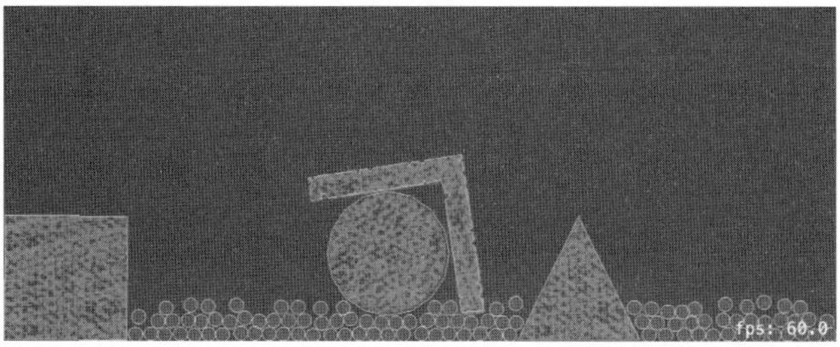

图 9-32

红色的颗粒直接以相当可观的重量抛向形状，并且将较大但是相对较轻的蓝色形状挤到一边。当你控制物理特性的时候，大小根本无关紧要。

如下是物理实体的其他属性的快速介绍：

- friction:这会设置一个物体的"圆滑性"。值的范围从 0.0（物体在表面上就像是冰块一样平滑地滑动）到 1.0（物体在表面上滑动的时候会很快地减速来并停止下来）。默认值是 0.2。
- dynamic:有时候，你想要使用物理实体进行碰撞检测，但是却想要使用手动移动或动作来移动节点。如果遇到这种情况，直接将 dynamic 设置为 false，物理引擎将会忽略物理实体上的所有的力量和冲击，并且让你自行移动节点。
- usesPreciseCollisionDetection:默认情况下，Sprite Kit 并不会执行精确的碰撞检测，因为通常来说，牺牲一些精确性而实现更快的性能，往往是最好的做法。然而，这么做会有一个副作用。如果物体移动得非常快，例如一颗子弹，它可能会穿透其他的物体。如果遇到这种情况，可以将这个标志打开以进行更加精确的碰撞检测。
- allowsRotation:你可能有一个想要让物理引擎模拟的精灵，但是它不会旋转。如果是这种情况，直接将这个标志设置为 false。
- linearDamping 和 angularDamping:这些值影响到线性速率（平移）或角速率（旋转）随着时间递减多少。值的范围是从 0.0（速度不递减）到 1.0（速度立即递减）。默认值是 0.1。
- affectedByGravity:所有物体默认都会受到重力作用的影响，但是，可以通过将这个属性设置为 false，从而针对一个实体关闭重力作用。
- resting:物理引擎有一个优化，其中在一段时间内没有移动的对象将会标记为"静止的"，以便物理引擎不再对其执行计算。如果需要手动"唤醒"一个静止的对象，直接将这个标志设置为 false。
- mass 和 area:这是根据物理实体的形状和密度自动计算的属性。然而，如果要手动覆盖 mass，也可以做到。area 是只读的。
- node:物理实体有一个方便的指针，指回到它所属的 SKNode。这是一个只读的属性。
- categoryBitMask、collisionBitMask、contactBitMask 和 joints：我们将在本章和第 10 章中学习所有这些属性。

9.12 应用冲击

作为对 Sprite Kit 中的物理的介绍的结束，我们打算给测试场景添加一个特殊效果。我们对粒子应用一次冲击，让其跳动。

这个效果看上去像是地震引起的后果，将所有的物体都抛向空中。记住，冲击会立即影响到物体的动能，例如，从枪支发射出一颗子弹。

为了进行尝试，在调用 delay(seconds:completion:)之前，给 Playground 添加一个新的方法：

```
func shake() {
  scene.enumerateChildNodesWithName("sand") { node, _ in
```

```
            node.physicsBody!.applyImpulse(
                CGVector(dx: 0, dy: random(min: 20, max: 40))
            )
        }
    }
```

这个方法遍历场景中所有名为 sand 的节点，并且对其中的每个节点应用一个冲击。通过让 x 轴坐标总是等于 0，而让 y 轴坐标获得 20~40 的一个随机的正数，应用一个向上的冲击。

我们将冲击创建为一个 CGVector，它 CGPoint 和类似，之所以这样命名，是为了清晰地表明将它当做一个向量一样使用。然后，对每一个粒子的锚点应用这个冲击。由于冲击的力量大小是随机的，振动效果看上去颇为逼真。

当然，你需要调用这个函数，然后才能看到粒子跳起的效果。找到调用 delay(seconds:completion:)的位置，并且用如下的代码替换它：

```
delay(seconds: 2.0) {
    scene.physicsWorld.gravity = CGVector(dx: 0, dy: -9.8)
    scene.runAction(
        SKAction.repeatAction(
            SKAction.sequence([
                SKAction.runBlock(spawnSand),
                SKAction.waitForDuration(0.1 )
                ]),
            count: 100)
    )
    delay(seconds: 12, completion: shake)
}
```

在过了 12 秒之后，调用 shake()，这使得场景有时间准备，以便你能够观察到地震效果。

有点奇怪的是，形状自己并没有跳动，而只是被沙粒"举了"起来。在 shake()函数中添加这些代码，以使得形状也会跳起来：

```
scene.enumerateChildNodesWithName("shape") { node, _ in
    node.physicsBody!.applyImpulse(
        CGVector(dx: random(min:20, max:60),
            dy: random(min:20, max:60))
    )
}

delay(seconds: 3, completion: shake)
```

首先，遍历所有的形状，并对每个形状应用一个随机的向量冲击。然后，调用 delay(seconds: completion:)，并告诉它在 3 秒钟后再次调用 shake()。

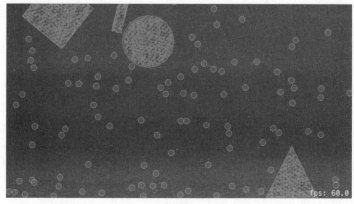

图 9-33

别忘了使用滑块来播放振动效果，看上去确实很有趣，如图 9-33 所示。

干的不错！你已经学习了 Sprite Kit 的物理引擎的基础知识，并且你几乎准备好了在真实的游戏中应用这些概念。但是，首先，我们先来验证一下目前为止所学的所有知识。

9.13　挑战

本章有两个挑战，你将准备好创建自己的第一个物理游戏。我们学习了有关力量的知识，以及如何创建一个带有碰撞检测的动态精灵。

同样，如果你遇到困难，可以参考本章的资源中的解决方案，但是，最好先自己尝试解决。

挑战 1：力量

到目前位置，我们学习了如何应用冲击让沙粒立即移动。但是，如果想要让物体随着时间逐渐移动，该怎么办呢？

第 1 个挑战是模拟大风天，将物体吹得的在屏幕上来回移动。下面是如何实现它的一些指导。

首先，添加如下这些变量：

```
var blowingRight = true
var windForce = CGVector(dx: 50, dy: 0)
```

然后，为 update() 的实现添加如下的签名：

```
extension SKScene {

  // 1
  func windWithTimer(timer: NSTimer) {
    // TODO: apply force to all bodies
  }

  // 2
  func switchWindDirection(timer: NSTimer) {
    blowingRight = !blowingRight
    windForce = CGVector(dx: blowingRight ? 50 : -50, dy: 0)
  }
}

//3
NSTimer.scheduledTimerWithTimeInterval(0.05, target: scene, selector:
#selector(SKScene.windWithTimer), userInfo: nil, repeats: true)

NSTimer.scheduledTimerWithTimeInterval(3.0, target: scene, selector:
#selector(SKScene.switchWindDirection), userInfo: nil, repeats: true)
```

我们来一段一段地看看这部分代码：

1. 在 windWithTimer(_:) 中，我们遍历所有的沙子粒子和形状实体，并且对每一个粒子和实体都应用了当前的 windForce。查看一下名为 applyForce(_:) 的方法，它的工作方式和 applyImpulse(_:) 类似，而我们已经了解过 applyImpulse(_:) 方法了。

2. 在 switchWindDirections(_:) 中，直接切换 blowingRight 并更新 windForce。

3. 声明了两个定时器。第 1 个定时器每秒触发 20 次，并且在场景上调用 windWithTimer(_:)，这是对所有实体应用力量的地方。第 2 个定时器每 3 秒钟触发一次，并且调用 switchWindDirection(_:)，其中，我们将切换 blowingRight 并相应地调整 windForce 向量。

记住力量和冲击之间的区别。当力量激活的时候，对每一帧都要应用该力量，但是触发一次冲击的时候，它只作用一次。

如果完成了上面这些，你将会看到随着风改变方向，物体在屏幕上来回移动，如图 9-34 所示。

图 9-34

挑战 2：体感实体

在游戏中，可能会有一些精灵是你想要通过手动移动或者定制动作来移动的，而另一些精灵是想要让物理引擎来移动的。但是，你仍然想要让碰撞检测在所有的这些精灵上有效，包括在你自己移动的物体上。

我们在本章前面学习过，可以在物理实体上将 dynamic 标志设置为 false，从而实现这一点。由你自己移动的、但仍然拥有碰撞检测的实体，有时也叫做体感实体（kinematic body）。

本章的第 2 个挑战是尝试让圆形精灵不再被物理引擎移动，而是由一个 SKAction 来移动。如下是一些提示：

- 在创建了圆形物理实体之后，将其 dynamic 属性设置为 false。
- 创建一个 SKAction，以便在屏幕上水平地来回移动它，并且让这个动作不断重复。

如果完成了这些，你将会看到所有物体都受到重力作用、风和冲击的影响，只有圆形实体是例外的。然而，其他物体仍然会和圆形实体碰撞，如图 9-35 所示。

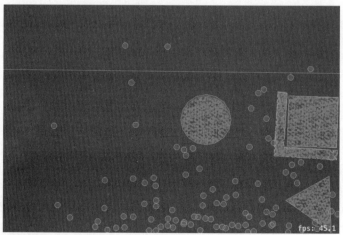

图 9-35

如果完成了这些挑战，恭喜你！你现在已经牢固地掌握了 Sprite Kit 的物理引擎的最重要的概念，并且已经完全准备好将这些概念应用于 Cat Nap 中了。

第 10 章　中级物理

Marin Todorov 撰写

在第 8 章中，我们通过构建一款叫做 Cat Nap 的游戏的第 1 个关卡，掌握了如何使用 Sprite Kit 进行关卡设计。

在第 9 章中，我们通过在一个 Playground 中进行真实的体验，使用了 Sprite Kit 的物理引擎，学习了如何给精灵添加实体、创建形状、定制物理属性，甚至应用力量和冲击。

在本章中，我们将使用刚刚掌握的场景编辑器和物理技能，将物理效果添加到 Cat Nap 中，以创建第一个完全可玩的关卡。学完本章之后，我们终于能够帮助睡意正浓的小猫躺到自己的床上了，如图 10-1 所示。

图 10-1

注　意

　　本章是从第 9 章的挑战 2 留下的地方开始的。如果你没有能够完成第 9 章的挑战并且直接跳过了，也不要担心，只要打开本章初始工程文件，并继续从第 9 章所留下的地方开始就可以了。

10.1　开始

打开 CatNap 工程，并且确保 GameScene.swift 也打开了。

首先，我们打算覆盖场景的 didMoveToView(_:)方法，来进行一些场景初始化工作。就像在 Zombie Conga 中所做的一样，我们需要设置场景的游戏区域，以便当你完成 Cat Nap 的开发的时候，它能够完全地支持 iPhone 和 iPad 的屏幕分辨率。

要删除 Xcode 所添加的默认代码，用如下内容替代 GameScene.swift 的内容：

```swift
import SpriteKit

class GameScene: SKScene {

  override func didMoveToView(view: SKView) {
    // Calculate playable margin

    let maxAspectRatio: CGFloat = 16.0/9.0 // iPhone 5
```

```
    let maxAspectRatioHeight = size.width / maxAspectRatio
    let playableMargin: CGFloat = (size.height - maxAspectRatioHeight)/2

    let playableRect = CGRect(x: 0, y: playableMargin,
        width: size.width, height: size.height-playableMargin*2)

    physicsBody = SKPhysicsBody(edgeLoopFromRect: playableRect)
    }
}
```

就像对 Zombie Conga 所做的一样，我们首先使用 iPhone 5 的高宽比，然后，根据当前场景的大小定义了游戏区域的边界大小。

由于 Cat Nap 是一个基于物理的游戏，我们设置了被检测的游戏区域边界，作为场景的边缘闭合实体。在这里，也就做了这些事情，Sprite Kit 将会自动把游戏对象限制在你为游戏设置所设定的区域之内。

现在，我们已经准备好了，让放置到场景编辑器中的这些精灵开始工作。

10.2　定制节点类

当把一个物体放置到场景编辑器中的时候，我们从 Object Library 所提供的列表中选取它。你已经知道了，可以拖放一个通用的节点、显示一幅图像的一个精灵节点或者一个标签。在运行时，Sprite Kit 通过相应的内建类型来创建节点，并且以你想要的方式来设置它们。

然而，在这里，留给你定制的空间很有限，你不能添加新的方法或者使用自己的实现来直接覆盖一个内建的函数。

在本节中，我们将学习如何创建和部署自己的定制节点类，它将使得游戏关卡中的每一个节点都按照你所需要的方式产生行为。

首先，为小猫的床节点添加一个简单的类。从 Xcode 的主菜单中，选择 File/New/File...，并且选择 iOS/Source/Swift file 作为文件模板。将新的文件命名为 BedNode.swift 并保存它。

使用一个空的 SKSpriteNode 子类来替代默认的内容：

```
import SpriteKit

class BedNode: SKSpriteNode {
}
```

我们已经创建了一个派生自 SKSpriteNode 的空的类，现在需要将这个类链接到场景中的床精灵。为了做到这一点，在场景编辑器中打开 GameScene.sks，并且选择小猫的床。在工具区域，切换到 Custom Class 检视器，这是右边的最后一个标签页。

在 Custom Class 字段，输入 BedNode，如图 10-2 所示。

通过这种方式，当你启动游戏的时候，Sprite Kit 将会生成 BedNode 的一个新的实例，而不是为小猫的床创建一个普通的 SKSpriteNode。现在，可以按照你想要的方式来定制 BedNode 类的行为了。

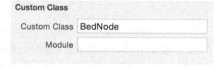

图 10-2

接下来，为了理解可以对定制的节点类做多少事情，我们打算添加一个事件方法，当向场景中添加该节点的时候，将会调用这个方法。如果你熟悉了针对 iOS 构建 UIKit App，那么，你应该熟悉 UIView.didMoveToWindow()。

首先，你需要一个新的协议，以用于实现了定制事件的所有节点。打开 GameScene.swift 并且在 import 语句的后面添加如下的内容：

```
protocol CustomNodeEvents {
    func didMoveToScene()
}
```

现在，切换回 BedNode.swift，并且通过添加一个 didMoveToScene()方法签名（该方法打印出一条消息），以使得这个类遵守新的协议。这个类现在看上去如下所示。作为最后一步，你需要调用这个新的方法。调用这个新方法的较好的位置，就是在场景类的 didMoveToView(_:)的末尾。

```
import SpriteKit

class BedNode: SKSpriteNode, CustomNodeEvents {
  func didMoveToScene() {
    print("bed added to scene")
  }
}
```

回到 GameScene.swift 之中，在 didMoveToView(_:)的末尾添加如下的代码：

```
enumerateChildNodesWithName("//*", usingBlock: {node, _ in
  if let customNode = node as? CustomNodeEvents {
    customNode.didMoveToScene()
  }
})
```

这里，我们使用了 enumerateChildNodesWithName(_:usingBlock:)，这是一个 SKNode 方法，它遍历了场景中已有的所有节点。childNodeWithName(_:)方法会找到和给定的名称或查找模式相匹配的第 1 个节点，而 enumerateChildNodesWithName(_:usingBlock:)则返回一个数组，其中包含了和你要查找的名称或模式匹配的所有节点。

对于第一个参数，可以指定一个节点名称或一个查找模式。如果你曾经大量使用 XML，你将会注意到查找模式有一些相似性：

- /name：在层级的根部查找名为"name"的节点。
- //name：从根部开始查找名为"name"的节点，并且递归地向层级下方移动。
- *：匹配 0 个或多个字符。例如，"name*"将会匹配 name1、name2、nameABC 和 name。

注 意

要了解更多的例子，查看 Apple 的 SKNode 文档中的"Advance Searches"部分：http://apple.co/iI9QfBz。

现在，我们能够解释最后的代码块中的"//*"查找模式了。当查找模式以//开头，查找会从节点层级的顶部开始，并且当查找*的时候，意味着任何名称，你将会遍历所有已有的节点，而不管它们的名称是什么以及它们在节点层级中位于何处。

作为第 2 个参数，enumerateChildNodesWithName(_:usingBlock:)获取一个闭包，其中的代码对于每个匹配的节点都执行一次。第一个闭包参数是节点结果，第二个闭包参数使得我们有机会在该位置停止查找。

编译并运行游戏。你将会看到显示了一条测试消息，代码遍历了所有的节点，匹配出实现了 CustomNodeEvents 的节点，并且在每一个匹配的节点上调用了 didMoveToScene()，如图 10-3 所示。

bed added to scene

图 10-3

这证明了游戏针对小猫的床使用了你定制的 BedNodeSKSpriteNode 子类。

现在，可以针对每一个节点类，将所有节点设置代码放置到 didMoveToScene()中了。通过这种方式，我们不会让那些只是和具体节点相关的代码塞满了场景类。在场景类中，我们将添加那些和整个场景或节点之间的交互相关的代码。

为了再次尝试一下定制类，让我们给小猫添加一个定制类。从 Xcode 的主菜单中，选择 File/NewFile…，并且选择 iOS/Source/Swift file 作为文件模板。将新的文件命名为 CatNode.swift 并保存它。

使用如下的 SKSpriteNode 子类来替代默认的内容：

```
import SpriteKit

class CatNode: SKSpriteNode, CustomNodeEvents {
  func didMoveToScene() {
    print("cat added to scene")
  }
}
```

和前面一样，确保当调用该方法的时候，它会打印出一条语句。

在继续进行之前，还有最后一件事情要做：我们不想修改 GameScene.sks 中的类，而想要修改 Cat.sks 中的类。记住，GameScene.sks 只是保存了对 Cat.sks 的一个引用，因此，我们需要找到 Cat.sks 并设置小猫节点所对应的类。

打开 Cat.sks 并且选择 cat_body 精灵节点。在 Custom Class 检视器中，将 Custom Class 设置为 CatNode。

再次编译并运行游戏。现在，我们在控制台看到的输出如图 10-4 所示。

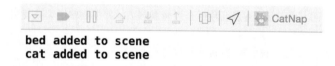

图 10-4

这只小猫距离睡觉更近一步了。

接下来，我们需要将在场景编辑器中创建的节点连接到变量，以便可以在代码中访问精灵。

10.3　将精灵连接到变量

对于那些熟悉 UIKit 开发的人来说，将节点连接到变量，有点类似于将故事板的视图连接到 outlets。

打开 GameScene.swift，并且给 GameScene 类添加两个实例变量：

```
var bedNode: BedNode!
var catNode: CatNode!
```

catNode 和 bedNode 分别是小猫和小猫的床的节点。注意，你使用了它们的定制类，因为在创建场景节点的时候，场景编辑器负责使用正确的类型。

打开 GameScene.sks 并且选择小猫的床。在 Attributes 检视器中，注意精灵的名称为 bed。我们正是根据这个名称从场景中找到该精灵的。在 UIKit 开发中，精灵的名称很像是一个视图的 tag 属性。

切换回到 GameScene.swift，并且给 didMoveToView(_:)添加如下的代码：

```
bedNode = childNodeWithName("bed") as! BedNode
```

childNodeWithName(_:)遍历一个节点的子节点，并且返回具有所需的名称的第 1 个节点。在这个例子中，我们遍历了场景的子节点，查找 bed 精灵，这是在场景编辑器中为其设置的名称。

对于小猫精灵，我们需要一种不同的方法。我们并不想要使用小猫的引用，相反，我们想要操作小猫的身体。毕竟，只有小猫的身体拥有其自己的物理实体，我们不需要对小猫的眼睛或胡须应用物理模拟。

既然 cat_body 精灵并不是场景的直接子节点，我们不能直接为 childNodeWithName(_:)提供名称 cat_body 并期望返回该节点。相反，我们需要递归地遍历场景的子节点的所有子节点。

考虑到前面所介绍的查找模式表，最终可以得到一个简单的模式//cat_body。就是要使用它，将如下这行代码添加到 didMoveToView(_:)中：

```
catNode = childNodeWithName("//cat_body") as! CatNode
```

现在，有了对每个精灵的一个引用，因此，可以在代码中修改它们了。要测试这一点，将如下的两行代码添加到 didMoveToView(_:)的末尾：

```
bedNode.setScale(1.5)
catNode.setScale(1.5)
```

编译并运行，你将会看到一只巨大的猫，如图 10-5 所示。

图 10-5

既然已经证实了可以在代码中修改精灵，注释掉如下的这两行代码，让小猫和床都回到正常的大小：

```
// bedNode.setScale(1.5)
// catNode.setScale(1.5)
```

对不起了，大猫！但是这只猫已经够大了。

祝贺你，现在，你已经在场景编辑器中把对象连接到代码了。现在，我们该继续学习物理知识了。

10.4 添加物理

还记得吧，第 9 章介绍过，要让物理引擎发挥作用，需要为精灵创建物理实体。在本小节中，我们将学习创建物理实体的 3 种不同方法：

1. 在场景编辑器中创建简单的实体；
2. 使用代码创建简单的实体；
3. 创建定制的实体。

让我们来依次尝试一下这些方法中的每一种。

10.4.1　在场景编辑器中创建简单实体

看一下场景现在的样子，你可能会注意到，如果那些木头块使用矩形的物理实体的话，看上去将会更好，如图 10-6 所示。

图 10-6

通过第 9 章中的试验，你已经知道了如何用代码来创建矩形实体，那么，让我们来看看如何在场景编辑器中做到这一点。

打开 GameScene.sks，并且选择场景中的 4 个木头块精灵。按下并按住键盘上的 Command 键，并且点击已经选中的每一个木头块，如图 10-7 所示。

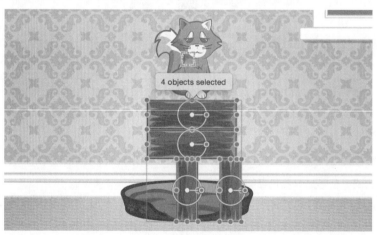

图 10-7

在 Attributes 检视器的 Physics Definition 部分中，将 Body Type 选项修改为 Bounding Rectangle。这将会打开带有额外属性的一个区域，以允许你控制一个物理实体的大多数的方面，如图 10-8 所示。在第 9 章中，我们介绍过这些属性中的每一个。

默认的属性值看上去很适用于木头块。实体将会是 Dynamic 的，当下落的时候，会受到重力作用的影响（Affected By Gravity）并且会旋转（Allows Rotation）。Mass 字段显示 Multiple Values，因为 Sprite Kit 根据木头块的大小给每个木头块分配了一个不同的质量值。

要设置木头块的物理实体，所需要做的就是这些。注意，当你没有选中木头块的时候，它们有一个淡淡的蓝绿色的外框，表示它们有物理实体，如图 10-9 所示。

图 10-8

图 10-9

还剩下最后一件事情要做，再次选择所有的 4 个木头块，滚动到 Attributes 检视器的顶部，并且在 Name 字段中输入 block。现在，当你在场景中调试的时候，可以很容易地在场景中遍历所有的木头块，以看看有哪些木头块。

注　意

这种节点设置在一个定制节点类中也是能够实现的。不要担心，我们将会学习如何从场景编辑器中以及通过代码来设置实体。但是，要一点一点地来学习。

实际上，稍后当我们给木头块节点添加用户交互的时候，我们将为其添加一个定制类。

10.4.2　模拟场景

让我们来快速看一看场景编辑器的另一项功能。

你知道，点击 Animate 按钮将会运行添加给精灵的、任何的精灵动作。但是，对于物理来说会有什么影响呢？同一个按钮，是否也会触发很好的、旧的物理引擎呢？点击 Animate 按钮看看会发生什么。

图 10-10

你将会看到木头块落向屏幕的下方，如图 10-10 所示。它们不会在边缘停下来，因为 Animate 按钮并不会运行我们添加给 GameScene 的那些创建边缘闭合实体的代码，但是，这仍然是进行基本测试的一种方便的方法。

10.4.3 用代码创建简单实体

如果想要让一个物理实体比一个节点的边界矩形或圆形更小的话，该怎么办呢？例如，你可能想要"忽略"两个物体之间的碰撞检测，以使得游戏更容易或更有趣，这类似于在 Zombie Conga 中缩小疯狂猫女士的碰撞检测边框的做法。

让物理实体具有和精灵自身不同的一个形状，这很容易做到，并且这使得你有机会将第 9 章中学到的技能应用到 Cat Nap 上。

小猫的床本身是不参与物理模拟的，相反，它将在地面上保持静止，而不会和场景中的其他实体发生碰撞。它仍然有一个物理实体，因为需要检测小猫何时会落到床上。因此，我们打算给床一个小的、没有交互功能的实体，以用于检测接触。

由于我们已经将 bedNode 实例变量和床精灵连接了起来，可以用代码来创建这个实体。

切换到 BedNode.swift，并且给 didMoveToScene() 添加如下的代码：

```
let bedBodySize = CGSize(width: 40.0, height: 30.0)
physicsBody = SKPhysicsBody(rectangleOfSize: bedBodySize)
physicsBody!.dynamic = false
```

正如我们在第 9 章中所学过的，精灵的物理实体并不一定必须和精灵的大小和形状一致。对于小猫的床来说，我们想要让这个物理实体比精灵小很多，因为，我们只想要小猫正好接触到床的中央的时候，它才能快乐地进入梦香。毕竟，猫是很吹毛求疵的动物。

既然不想要小猫的床能够移动，我们将其 dynamic 属性设置为 false。这会使得该实体成为静止的，这也会允许物理引擎优化其计算，因为它会忽略掉作用于这个物体的任何力量。

注　意

你需要对 physicsBody 属性进行强制拆包，因为它是一个 optional 的属性，因此，如果确定给该精灵附加了一个实体的话，就使用!，如果不能确定，就使用?。

打开 GameViewController.swift 并且在 viewDidLoad() 中添加如下的代码行，就添加在声明了 skView 的代码之后：

```
skView.showsPhysics = true
```

编译并运行该工程，你将会看到逼真的场景，如图 10-11 所示。

图 10-11

注意屏幕底部正上方的那个小矩形，那就是小猫的床的物理实体。它是绿色的，以便你能够记住它不是一个动态的物理实体。

但是，如果仔细地看的话，可能会注意到木头块似乎有点偏离了屏幕中央的位置。之所以会发生这种情况，是因为床的实体将中央的木头块推到了旁边。为了修正这个问题，我们需要设置木头块实体和床实体，以使得它们不会彼此碰撞，稍后我们将会学习如何做到这一点。

10.4.4　创建定制实体

看一下小猫精灵，你可能会立即猜到，一个矩形或一个圆形实体是不行的，必须使用一种不同的方法并创建一个定制形状的物理实体。

为了做到这一点，我们加载了一个单独的图像（它描述了小猫的物理实体的形状），并且使用这个图像来创建身体对象自身。打开 CatNode.swift 并且给 didMoveToScene() 添加如下这段代码：

```
let catBodyTexture = SKTexture(imageNamed: "cat_body_outline")
parent!.physicsBody = SKPhysicsBody(texture: catBodyTexture, size:
catBodyTexture.size())
```

我们通过一个名为 cat_body_outline.png 的图像，创建了一个新的材质对象。从工程导航器中，从资源目录中打开 cat_body_outline.png，并且你将会看到它包含了一个蓝色的形状，如图 10-12 所示。

图 10-12

这个形状并没有包括小猫的头部和尾巴，并且它也没有包括爪子的轮廓。相反，它使用了一个平坦的底部边缘，因此，小猫将会在这些木头块上保持稳定。

接下来，我们使用一个 SKPhysicsBody 实例来为小猫精灵创建一个实体以及相应的材质，将其缩放为节点自身的 size。在第 9 章中，我们已经熟悉了如何做到这一点。

再次编译并运行该工程，并且注意检查并调试小猫身体的绘制，如图 10-13 所示。做的真不错！

既然已经建立了第一个关卡，为什么不从物理引擎部分暂时走出来休息一下，我们通过打开一些平和而欢快的音乐，让玩家感受一下解决谜题的氛围吧。

图 10-13

10.5　SKTUtils 简介

在本书前面的几章中，当你开发 Zombie Conga 的时候，创建了一些方便的扩展，以允许使用+或-运算符将两个 CGPoints 相加或相减。

我们将把这些扩展组合起来并创建一个叫做 SKTUtils 的库，而不必让你不断地在每一个小游戏中都重新地添加这些扩展。

除了方便的几何和数学函数，这个库还包括了一个有用的类，它可以帮助你很容易地将一个音频文件作为游戏的背景音乐来播放。

现在，我们打算把 SKTUtils 添加到你的工程中，以便在本章剩下的内容中都可以使用这些方法。

在本书文件的根目录下找到 SKTUtils，并且将整个 SKTUtils 文件夹都拖放到 Xcode 中的工程导航器中。确保 Copy items if needed、Create Groups 和 CatNap 目标都是选中的，并且点击 Finish 按钮。

花一分钟时间来浏览一下这个库的内容。它看上去应该很熟悉，只是略微做了一些增加和调整，如图 10-14 所示。

图 10-14

现在，你的工程中的每一个类都可以访问这些方便好用的函数了。

10.6　背景音乐

现在，我们已经添加了 SKTUtils，添加背景音乐就是小菜一碟儿了。打开 GameScene.swift，并且给 didMoveToView(_:)添加如下的代码行以启动音乐：

```
SKTAudio.sharedInstance().playBackgroundMusic("backgroundMusic.mp3")
```

编译并运行该工程，开始享受背景音乐吧！

注　　意

在本章后面，我们还要进行很多次编译和运行。如果在任何时候，你想要关闭掉这个背景音乐，只需要注释掉最后的这一行代码就可以了。

10.7　控制实体

到目前为止，我们已经知道了如何为精灵创建物理实体，并且让物理引擎做自己的事情。但是，在 Cat Nap 中，我们还想要更多一些的控制。例如：

● 实体分类。我们想要避免小猫的床和木头块碰撞，或者反之亦然。为了做到这一点，我们需要一种方法来对实体分类并且设置碰撞标志。

- 发现实体。我们想要确保玩家通过点击一个木头块而销毁它。为了做到这一点，需要一种方法能够找到给定位置的木头块。
- 检测实体之间的碰撞。当小猫碰到床的时候，它会进入自己的美梦。为了做到这一点，需要一种方法来检测碰撞。

在接下来的 3 个小节里，我们将分析这些领域。等到完成之后，你将会实现这个小游戏的最重要的部分。

10.7.1　分类实体

Sprite Kit 默认的行为是，所有的物理实体都会与其他所有的物理实体进行碰撞。如果两个物体占据了相同的位置，例如木头块和小猫的床，物理引擎会自动地将其中一个朝着旁边移开。

好消息是，我们可以覆盖这一默认的行为，并且指定两个物理实体是否应该碰撞。我们通过以下 3 个步骤来做到这一点：

1．定义分类。第 1 个步骤是为物理实体定义分类，例如，木头块实体、小猫实体和小猫的床实体等分类。

2．设置分类位掩码。一旦有了一组分类，我们需要设置每个物理实体的分类位掩码，来指定它属于哪一个分类（一个物理实体可以属于多个分类）。

3．设置碰撞位掩码。还需要为每个物理实体指定一个碰撞位掩码，它负责控制哪些分类的实体将会彼此碰撞。

和学习大多数事情一样，最好的开始方法就是动手做，在这个例子中，我们给 Cat Nap 定义分类。在 GameScene.swift 中，在 GameScene 类之外，最好是在最顶部，添加如下的分类常量：

```
struct PhysicsCategory {
  static let None:  UInt32 = 0
  static let Cat:   UInt32 = 0b1 // 1
  static let Block: UInt32 = 0b10 // 2
  static let Bed:   UInt32 = 0b100 // 4
}
```

现在，我们可以很方便地访问诸如 PhysicsCategory.Cat 和 PhysicsCategory.Bed 这样的实体分类了。

你可能已经注意到了，每个分类都设置了另外一种进制表示：

- PhysicsCategory.None：十进制 0，二进制 00000000
- PhysicsCategory.Cat：十进制 1，二进制 00000001
- PhysicsCategory.Block：十进制 2，二进制 00000010
- PhysicsCategory.Bed：十进制 4，二进制 00000100

这非常方便，当你想要指定小猫应该和所有的木头块实体以及床碰撞的时候，物理引擎可以快速地对其进行计算。然后，你可以这样表示小猫的碰撞位掩码，PhysicsCategory.Block | PhysicsCategory.Bed，可以读作 "block OR bed"，这会对两个值进行逻辑 OR 运算：

- PhysicsCategory.Block | PhysicsCategory.Bed：十进制 6，二进制 00000110

注　意

如果你对于二进制算术不是很熟悉，可以通过这里了解位运算：http://en.wikipedia.org/wiki/Bitwise_operation。

现在，可以继续进行第 2 步和第 3 步了：为每一个物体设置分类位掩码和碰撞位掩码，先从木头块开始。

回到 GameScene.sks，并且选择 4 个木头块，就像前面所做的一样。看一下当前的 Category Mask 和 Collision Mask，如图 10-15 所示。

这二者都设置为可能的最大的整数值，因而让所有的实体都能够和其他所有的实体碰撞。如果将默认值 4294967295 转换为二进制形式，你将会看到，其所有的位都是打开的，因此，它会和所有其他的物体碰撞。

```
4294967295 = 11111111111111111111111111111111
```

现在是时候来实现定制碰撞了。编辑木头块的属性如下，对于 Category Mask，输入 PhysicsCategory. Block 的原始值，也就是 2；对于 Collision Mask，输入位 OR 运算值 PhysicsCategory.Cat |PhysicsCategory. Block，也就是 3。

图 10-15　　　　　　　　　　　　　　　　　　　　　图 10-16

注　意

可以在这些框中直接输入十进制数字，例如，对于 Collision Mask，输入 3，如图 10-16 所示。

这意味着，我们已经将每一个木头块实体设置为 PhysicsCategory.Block 分类，并且设置为所有的木头块将会和小猫以及其他的木头块碰撞。

接下来设置床。我们是通过代码来创建这个实体的，因此，回到 BedNode.swift 中并且在 didMoveToScene() 的末尾添加如下的内容：

```
physicsBody!.categoryBitMask = PhysicsCategory.Bed
physicsBody!.collisionBitMask = PhysicsCategory.None
```

通过以上的代码，我们设置了床实体的分类，然后将其碰撞掩码设置为 PhysicsCategory.None，我们不想让床和任何其他的游戏对象碰撞。

注　意

正如前面所提到的，我们将要学习如何通过场景编辑器和通过代码两种方法来做这些事情，当你自己做这些事情的时候，只要选取适合你的方式就可以了。我个人更喜欢使用代码的方式，因为我可以使用定义的枚举成员，而在场景编辑器中，则必须使用直接编码的整数值。

此时，我们已经分别为木头块和小猫的床设置了正确的实体分类掩码和碰撞掩码。再次编译并运行该工程。

图 10-17

正如所期望的那样，我们看到一个木头块正好在床实体的前面，而没有被任何一个实体推到了一边，如图 10-17 所示。

最后，设置小猫的位掩码。由于我们使用代码为小猫角色创建了物理实体，还必须用代码设置实体分类掩码和碰撞掩码，具体是在 CatNode.swift 中设置。打开该文件，并且将如下的代码添加到 didMoveToScene() 的末尾：

```
parent!.physicsBody!.categoryBitMask = PhysicsCategory.Cat
parent!.physicsBody!.collisionBitMask = PhysicsCategory.Block
```

我们将小猫设置为其自己的分类 PhysicsCategory.Cat，并且将其设置为只能和木头块碰撞。注意，我们是如何给父节点（例如，能够容纳猫的所有部分的组合节点）添加物理实体的。

注　意

一个物理实体的 collisionBitMask 值指定了当两个实体碰撞的时候，哪一个分类的对象将会影响到该实体的移动。但是要记住，我们将床的 dynamic 属性设置为 false，这已经确保了力量不会影响到床，因此，不需要设置床的 collisionBitMask 值。

通常，当一个对象的 dynamic 属性设置为 false 的时候，就不会再去设置它的 collisionBitMask 值。同样的，边缘闭合实体也总是会被当做其 dynamic 属性是 false 来对待，即便其 dynamic 属性实际上不是 false，因此，也没有理由去设置一个边缘闭合实体的 collisionBitMask 值。

我们已经知道了如何让一组实体彼此穿过，但却会和其他的实体发生碰撞。你将会发现，这一技术在很多类型的游戏中很有用。例如，在一些游戏中，我们想要让同一组的玩家彼此穿过，但是却会和其他组的敌人碰撞。通常，我们不想让游戏物理完全模仿现实生活。

10.7.2　处理触摸

在本节中，我们将实现游戏设置的第一部分。当玩家点击一个木头块的时候，我们将通过"砰"的一声来销毁它。

为了区分那些能够在其上点击的节点和那些只是静静地起到装饰作用的节点，我们将添加一个新的协议。打开 GameScene.swift，并且在 CustomNodeEvents 已有的协议声明之下，添加如下内容：

```
protocol InteractiveNode {
  func interact()
}
```

当我们为这个关卡的木头块创建一个定制节点的时候，将会让该类遵守 Interactive 协议，并且将会添加一个 interact() 方法，在该方法中放置了对玩家的触摸做出反应的所有代码。

由于 SKNode 继承自 UIResponder，我们可以通过覆盖 touchesBegan(_:withEvent:)、touchesEnded(_:withEvent:) 或其他的 UIResponder 方法，从而用节点自己的定制类来处理每一个节点上的触摸。

既然现在只是对于木头块节点上的简单点击感兴趣，带有 touchesEnded(_:withEvent:) 的一个 BlockNode 类就足够了。

对于创建定制节点类，我们已经很熟悉了，因此，这应该是小菜一碟。从 Xcode 的主菜单中，选择 File/NewFile...，并且选择 iOS/Source/Swift file 作为文件模板。

将新的文件命名为 BlockNode.swift 并且保存它。

用如下内容替换默认的内容：

```
import SpriteKit

class BlockNode: SKSpriteNode, CustomNodeEvents, InteractiveNode {
  func didMoveToScene() {
```

```
        userInteractionEnabled = true
    }

    func interact() {
        userInteractionEnabled = false
    }

    override func touchesEnded(touches: Set<UITouch>, withEvent event:
UIEvent?) {
        super.touchesEnded(touches, withEvent: event)
        print("destroy block")
        interact()
    }
}
```

对于这种类型的节点，我们通过场景编辑器完成了所有的物理实体的设置，因此，你只需要在didMoveToScene()中打开用户交互就可以了。默认情况下，userInteractionEnabled 是关闭的，以使得响应链条尽可能的轻量化，但是对于木头块来说，我们肯定想要处理触摸，因此，要将其设置为 true。

此外，覆盖了 touchesEnded(_:withEvent:)，以便可以处理木头块节点上的简单点击，在上面的代码中，我们直接调用 interact()并让它来做所有的工作。

由于我们将允许玩家通过直接点击木头块一次而销毁它，只要调用过了 interact()，我们就关闭 userInteractionEnabled 以忽略在相同木头块上的后续触摸。

在测试代码之前，最后一步是，在场景编辑器中，为所有的木头块节点都设置这个定制类。打开 GameScene.sks 并选择 4 个木头块。在 Custom Class 检视器中，在 Custom Class 处输入 BlockNode，如图 10-18 所示。

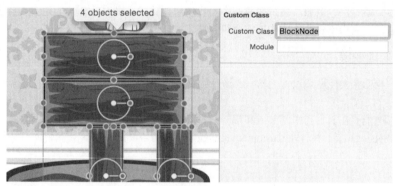

图 10-18

编译并运行该工程，并且开始点击一些木头块。对于所点击的每一个木头块，应该会在控制台中看到一行信息，如图 10-19 所示。

图 10-19

现在到了好玩的部分了!我们想要销毁这些木头块，并且将其从场景中移除。在 BlockNode.swift:中，向 interact()中添加如下内容:

```
runAction(SKAction.sequence([
    SKAction.playSoundFileNamed("pop.mp3", waitForCompletion: false),
    SKAction.scaleTo(0.8, duration: 0.1),
    SKAction.removeFromParent()
    ]))
```

这里，我们运行了 3 个动作的一个序列。第 1 个动作播放有趣的"砰"的一声，下一个动作将精灵缩小，最后一个动作将其从场景中删除。现在，关卡的物理效果应该能够工作了。

再次编译并运行该工程。这一次，当你点击木头块的时候，游戏就可以进行了，如图 10-20 所示。

图 10-20

10.7.3　检测实体之间的碰撞

在游戏中，我们经常想要知道某些实体是否彼此接触了。两个或多个实体，根据它们是否设置为可以碰撞的，可以彼此"接触"或"穿透"对方。在这两种情况下，它们都会接触。在 Cat Nap 中，我们想要知道某一对实体是否会接触，如图 10-21 所示。

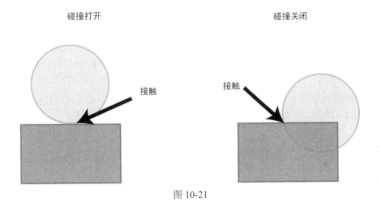

图 10-21

1. 如果小猫接触到地板，这意味着它落到床之外的地面上，玩家在这个关卡中失败，如图 10-22 上图所示。
2. 如果小猫碰到了床，这意味着它成功地落到了床上，玩家在这个关卡中获胜，如图 10-22 下图所示。

图 10-22

当两个物理实体接触的时候，Sprite Kit 使得你很容易接收到一个回调。第 1 步是实现 SKPhysicsContactDelegate 方法。

在 Cat Nap 中，我们将在 GameScene 中实现这些方法。打开 GameScene.swift 并且给类声明的代码行添加 SKPhysicsContactDelegate 协议，使得其看上去如下所示，即 SKPhysicsContactDelegate 协议定义了我们将在 GameScene 中实现的两个方法：

```
class GameScene: SKScene, SKPhysicsContactDelegate {
```

- didBeginContact(_:)告诉你两个实体何时发生第一次接触。
- didEndContact(_:) 告诉你两个实体何时结束接触。

图 10-23 显示了在两个实体彼此穿透的时候，如何调用这些方法。

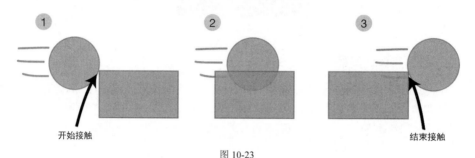

图 10-23

我们通常对 didBeginContact(_:)最感兴趣，因为大多数游戏逻辑都发生在两个对象接触的时候。

然而，有时候，我们也想知道两个对象何时结束接触。例如，你可能想要使用物理引擎来测试一个玩家是否进入到一个触发区域。可能进入这个区域会响起警报，而离开这个区域又恢复沉寂。在这种情况下，我们也需要实现 didEndContact(_:)。

为了尝试这一点，首先需要为屏幕的边缘添加一个新的分类常量，因为当小猫和地板碰撞的时候，我们也想要能够检测到碰撞。滚动到 GameScene.swift 的顶部，并且添加这个新的 PhysicsCategory 值：

```
static let Edge: UInt32 = 0b1000 // 8
```

然后，在 didMoveToView(_:)中找到如下这行代码：

```
physicsBody = SKPhysicsBody(edgeLoopFromRect: playableRect)
```

紧挨着其下方，添加如下这两行代码：

```
physicsWorld.contactDelegate = self
physicsBody!.categoryBitMask = PhysicsCategory.Edge
```

首先，将 GameScene 设置为场景的物理世界的接触委托。然后，将 PhysicsCategory.Edge 设置为该实体的分类。

编译并运行该工程，看看目前为止的结果，如图 10-24 所示。

这里的问题是，游戏世界的边缘现在有了一个 PhysicsCategory.Edge 分类了，但是，木头块还没有设置为与它碰撞。因此，木头块会落下并穿过地板。同时，小猫的床的 dynamic 属性设置为 false，因此，它根本不会移动。

屏幕上并没有木头块，你也没法开始游戏，如图 10-24 所示。在场景编辑器中打开 GameScene.sks，并且选择 4 个木头块，就像在前面所做的一样。然后，将它们的 Collision Mask 从 3 修改为 11。

- PhysicsCategory.Block | PhysicsCategory.Cat | PhysicsCategory.Edge：十进制 11，二进制 00001011

现在编译并运行该工程，并且，将会看到熟悉的场景设置好了。但是，尝试点击所有的木头块，让小猫落下，你将会看到小猫落下并穿过了场景的底部，然后消失了。

现在，你可能知道哪里出错了：小猫没有和场景的边缘闭合实体碰撞。

图 10-24

打开 CatNode.swift，修改设置小猫的碰撞掩码的那行代码，使得小猫也会和场景的边缘碰撞。

```
parent!.physicsBody!.collisionBitMask = PhysicsCategory.Block |
PhysicsCategory.Edge
```

这样，小猫应该不会在落到屏幕之外了！

再次编译并运行工程，一切看上去都正常了，如图 10-25 所示。

图 10-25

10.7.4 检测实体之间的接触

我们已经学习了使用 categoryBitMask 来设置一个物理实体的分类，并且用来 collisionBitMask 设置一个物体实体的碰撞分类。好了，还有另外一个位掩码，即 contactTestBitMask。

我们使用 contactTestBitMask 来检测一个物理实体和指定的对象分类之间的接触。一旦设置了它，Sprite Kit 将会在适当的时候，调用物理接触委托方法。

在 Cat Nap 中，我们想要在小猫和边缘闭合实体或床实体接触的时候接收回调，因此，切换回 CatNode.swift，并且在 didMoveToScene():的末尾添加如下这行代码：

```
parent!.physicsBody!.contactTestBitMask = PhysicsCategory.Bed |
PhysicsCategory.Edge
```

这就是所需要的所有配置。每次小猫实体和床实体或者边缘闭合实体接触的时候，你都会得到一条消息。

现在来处理那些接触消息。回到 GameScene.swift，给你的类添加接触委托协议方法：

```
func didBeginContact(contact: SKPhysicsContact) {

  let collision = contact.bodyA.categoryBitMask |
```

```
contact.bodyB.categoryBitMask

  if collision == PhysicsCategory.Cat | PhysicsCategory.Bed {
    print("SUCCESS")
  } else if collision == PhysicsCategory.Cat | PhysicsCategory.Edge {
    print("FAIL")
  }
}
```

注意看一下这个方法所接受的参数，它是一个 SKPhysicsContact 类，并且它告诉你有关接触实体的很多信息，如图 10-26 所示。

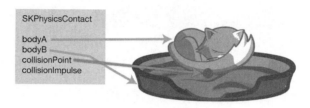

图 10-26

没有什么方法保证一个特定的对象将会在 bodyA 或 bodyB 中。但是，可以找到各种不同的方法，例如检查实体的分类或者查找该实体节点的某一属性。

到目前为止，这个简单的游戏只包含 4 个分类，分别对应于整数值 1、2、4 和 8。这使得检查接触组合很简单，直接使用位 OR，就像我们在定义碰撞位掩码和接触位掩码时候所做的那样，如图 10-27 所示。

分类	2-分类组合
Cat: 1	Cat (1) | Block (2) = 3
Block: 2	Block (2) | Block (2) = 2
Bed: 4	Cat (1) | Bed (4) = 5
Edge: 8	... other combinations

图 10-27

注　意

如果你一考虑到要比较位掩码的时候，就心里发虚，那么，建议阅读以下这篇简短但是信息丰富的文章，http://en.wikipedia.org/wiki/Mask_(computing)。

在你的 didBeginContact(_:) 实现中，首先添加了碰撞的两个实体的分类，并且将结果存储在 collision 中。

● 如果接触的两个实体是小猫和床，打印出"SUCCESS"。
● 如果接触的两个实体是小猫和边缘，打印出"FAIL"。

图 10-28

编译并运行这个工程,以验证到目前为止所做的工作。当小猫和床或者地板发生接触的时候,你将会在控制台看到消息,如图 10-28 所示。

注　意

　　当小猫落到地上的时候,你将会看到好几条 FAIL 消息。这是因为,小猫默认是从地面上弹起一点点的,因此,它最终还会再和地面接触一次。我们很快会修正这个问题。

10.8　最终修改

我们现在差不多做到这样了:当玩家应该获胜或失败的时候,我们已经知道了,因此,只需要做一些相关的事情。

在本章中,还有 3 个步骤需要完成:
- 添加一条游戏进行中的消息;
- 处理失败;
- 处理获胜。

10.8.1　添加一条游戏进行中的消息

在 GameScene.swift 中,给 PhysicsCategory 结构添加一个新的分类值:

```
static let Label: UInt32 = 0b10000 // 16
```

接下来,需要一个新的定制类,它将继承自 SKLabelNode,也就是 Sprite Kit 内建的标签,但是,这个类将实现一些定制行为。

从 Xcode 的主菜单中,选择 File/NewFile...,并且选择 iOS/Source/Swift file 作为文件模板。将新的文件命名为 MessageNode.swift 并保存它。

使用如下内容替换默认的代码:

```
import SpriteKit

class MessageNode: SKLabelNode {

  convenience init(message: String) {

    self.init(fontNamed: "AvenirNext-Regular")

    text = message
    fontSize = 256.0
    fontColor = SKColor.grayColor()
    zPosition = 100

    let front = SKLabelNode(fontNamed: "AvenirNext-Regular")
    front.text = message
    front.fontSize = 256.0
    front.fontColor = SKColor.whiteColor()
    front.position = CGPoint(x: -2, y: -2)
    addChild(front)
  }
}
```

我们添加了一个新的 convenience init,它期待一个参数,这个参数是将要在屏幕上显示的文本。要初始化这个标签节点,我们调用了另一个内建的 convenience init,它使用 AvenirNext 字体设置标签。

接下来，我们设置了标签的文本、字体大小、颜色和 Z 轴位置，我们想要让文本显示于所有的其他的场景节点之上，100 是一个可接受的值。

为了让事情更加有趣，我们添加另一个标签，作为当前的标签的子节点，第 2 个标签拥有不同的颜色，并且稍有一些偏移量。实际上，我们通过将消息的明亮的和灰暗的副本组合到一起，为该文本创建了一个人为的下拉阴影效果。

现在，为了让消息更好看，为其添加一些物理效果，将如下的代码添加到 MessageNode 的 convenience init 中：

```
physicsBody = SKPhysicsBody(circleOfRadius: 10)
physicsBody!.collisionBitMask = PhysicsCategory.Edge
physicsBody!.categoryBitMask = PhysicsCategory.Label
physicsBody!.restitution = 0.7
```

我们为标签创建了一个圆形的物理实体，并且将其设置为从场景的边缘弹开。我们还为其分配了自己的物理分类，即 PhysicsCategory.Label。

当你把这个标签添加到场景的时候，它会一直弹跳直到落到地面上，如图 10-29 所示。

为了更容易地显示一条游戏进行中的消息，给 GameScene.swift 添加一个简短的工具方法：

```
func inGameMessage(text: String) {
  let message = MessageNode(message: text)
  message.position = CGPoint(x: CGRectGetMidX(frame), y:
CGRectGetMidY(frame))
  addChild(message)
}
```

You win buddy!

图 10-29

在这个方法中，我们创建了一个新的消息节点，并且将其添加到场景的中央。一旦完成了这些，物理引擎将负责剩下的工作。

现在，我们将添加一个方法来运行获胜和失败序列，并且将在那里调用 inGameMessage(_:)方法。

10.8.2 失败场景

首先，我们先添加一个方法来重新启动当前关卡。为了做到这一点，我们直接再次在游戏的 SKView 上调用 presentScene(_:)，并且它将会重新加载整个场景。

还是在 GameScene.swift 中，添加这个新的方法：

```
func newGame() {
  let scene = GameScene(fileNamed:"GameScene")
  scene!.scaleMode = scaleMode
  view!.presentScene(scene)
}
```

在这几行代码中，我们：

- 使用 init(fileNamed:)初始化程序，在 GameScene.sks 之外创建 GameScene 的一个新的实例。
- 将场景的缩放模式设置为与场景当前的缩放模式一致。
- 给 presentScene(_:)传入了新的 GameScene 实例，它将删除当前的场景并且用一个闪亮的新场景来替代。

在所有准备工作完成后，现在把 lose 方法的初始化版本添加到 GameScene.swift 中：

```
func lose() {
  //1
  SKTAudio.sharedInstance().pauseBackgroundMusic()
  runAction(SKAction.playSoundFileNamed("lose.mp3", waitForCompletion:
```

```
false))

  //2
  inGameMessage("Try again...")

  //3
  performSelector(#selector(newGame), withObject: nil, afterDelay: 5)
}
```

通过这段代码，我们做了以下几件事情：

1．当游戏失败的时候，播放了一个有趣的声音效果。为了让效果更加突出，我们在 SKTAudio 上调用 pauseBackgroundMusic()，暂停了游戏进行中的音乐。然后，运行一个动作来播放场景的效果。

2．我们还生成了一条新的游戏进行中的消息，它会显示"Try again..."，以激励玩家继续。

3．最后，等待 5 秒钟，然后调用 newGame()重新开始关卡。

就这些了，找到 didBeginContact(_:)，并且在 print("FAIL")后面添加如下的一行代码：

```
lose()
```

现在，我们已经有了一个有效的失败序列。编译并运行该工程，并尝试一下，如图 10-30 所示。

哦！有些地方还是不对，这是之前没有注意到的一个问题。

在小猫从地板上弹起之后，它会产生很多的接触消息，并且由于小猫和场景边缘之间总是会有这种接触，你会多次调用闪亮的、新的 lose()方法。

为了防止这种情况发生，我们需要一种机制，一旦玩家已经失败或者完成了关卡，就停止游戏内的交互。这叫做状态机。

对于 Cat Nap 来说，我们打算构建一个非常简单的状态机。但是，不要让它把你的关卡搞砸了，在第 15 章中，我们将继续学习有关构建稳定的游戏状态机的更多知识。

状态机基础知识

Cat Nap 的状态机将会处理两种独特的状态：当关卡进行的时候，以及关卡不再活动的时候。在后一种状态中，实体之间所发生的接触将不会有任何影响。

给 GameScene 类添加一个新的实例，以保存关卡的状态：

```
var playable = true
```

只要关卡一加载并显示到屏幕上，关卡就是可玩的。但是，你想要一调用 lose()，关卡就进入到非活跃的状态，因为，玩家如果没有再次尝试的，不应该会在游戏中多次失败。

在 lose()的开始处添加如下一行代码：

```
playable = false
```

最后，为了防止多次成功地接触，在 didBeginContact(_:)的顶部插入如下的代码：

```
if !playable {
  return
}
```

现在，这应该足够了，关卡启动的时候就可以玩了。然后，只要玩家失败了，游戏就变成非活跃的状态了。当关卡重新启动的时候，它又变的可以玩了。

编译并运行程序，并且再次进行测试。我们已经解决了多条消息的问题，并且游戏会在数秒钟之后重新启动，如图 10-31 所示。

干的不错，引入了游戏状态的处理之后，修复这个问题变得很容易。

图 10-30

图 10-31

10.8.3　播放动画

对于失败序列来说，还有些事情感觉不完整，小猫似乎对于失败没有什么表情，还舒适地磨着自己的爪子。

这是应用我们在第 8 章中设计的叫醒动画的最后时机了。

还记得我们在 CatWakeUp.sks 中创建了叫醒动作吗？我们打算当玩家在关卡中失败的时候，显示这个叫醒动画。

打开 CatNode.swift，并且添加一个新的方法：

```
func wakeUp() {
  // 1
  for child in children {
    child.removeFromParent()
  }
  texture = nil
  color = SKColor.clearColor()


  // 2
  let catAwake = SKSpriteNode(fileNamed:
"CatWakeUp")!.childNodeWithName("cat_awake")!

  // 3
  catAwake.moveToParent(self)
  catAwake.position = CGPoint(x: -30, y: 100)
}
```

我们在小猫节点上调用这个方法以"叫醒"小猫。这个方法包含 2 个部分：

1. 在第 1 个部分中，遍历了小猫所有的子节点，即小猫的各个"部分"，并且将其从小猫的身体中删除。然后，将当前材质设置为 nil。最后，将小猫的背景设置为一个透明的颜色，这实际上将小猫重新设置为一个空的节点。

2. 在第 2 个部分中，我们加载了 CatWakeUp.sks 并且传递了名为 cat_awake 的场景子节点。浏览一下这个 .sks 文件的内容，你将会看到 cat_awake 是在其中能够找到的唯一一个精灵的名字。这也是在其上运行 cat_wake 动作的那个精灵。

3. 最后，我们从 CatWakeUp.sks 场景中将精灵的父节点修改为 CatNode。我们设置了节点的位置，以确保它会出现在已有的材质之上。

注　意

我希望你注意 moveToParent: 的用法。如果一个精灵已经有了一个父节点，不能使用 addChild(_:) 直接将其添加到任何地方，moveToParent(_:) 会将其从当前的层级删除，并将其添加到指定的新的位置。

这就好了。切换到 GameScene.swift，并且将如下内容添加到 lose() 的末尾。

```
catNode.wakeUp()
```

编译并运行工程，感受一下完整的动作序列吧，如图 10-32 所示。

图 10-32

10.8.4　获胜场景

既然有了失败的序列，那么，给玩家一个获胜的序列才够公平。给 GameScene 类添加如下这个新的方法：

```
func win() {
  playable = false

  SKTAudio.sharedInstance().pauseBackgroundMusic()
  runAction(SKAction.playSoundFileNamed("win.mp3", waitForCompletion:
false))

  inGameMessage("Nice job!")

  performSelector(#selector(newGame), withObject: nil, afterDelay: 3)
}
```

这段代码和在 lose() 中所做的事情相同，当然，只是有一点不同。当暂停了音乐的时候，播放一个令人鼓舞的胜利歌曲，并显示作为奖励的“Nice job!”消息。

和前面一样，我们将在小猫节点类中添加一个额外的方法，来加载获胜的动画。打开 CatNode.swift，并且添加如下的内容，这几乎和 wakeUp() 相同，只有几处差异：

```
func curlAt(scenePoint: CGPoint) {
  parent!.physicsBody = nil
  for child in children {
    child.removeFromParent()
  }
  texture = nil
  color = SKColor.clearColor()

  let catCurl = SKSpriteNode(fileNamed:
"CatCurl")!.childNodeWithName("cat_curl")!
  catCurl.moveToParent(self)
  catCurl.position = CGPoint(x: -30, y: 100)
}
```

1. 删除了小猫的物理实体，因为我们将手动地实现小猫到床上的动画。

2. 从 CatCurl.sks 加载了小猫欢快蜷缩的动画。

curlAt(_:) 期待一个单个的 CGPoint 参数，这是床在场景的坐标系中的位置。要找出蜷缩点在小猫坐标系统中的位置，我们需要先转换该位置。借助 convertPoint(_:fromNode:) API，这很容易做到，它将一个节点坐标系统中的位置转换为另一个节点坐标系统中的位置。

将如下代码添加到 curlAt(_:)的末尾：

```
var localPoint = parent!.convertPoint(scenePoint, fromNode: scene!)
localPoint.y += frame.size.height/3
```

在第 1 行中，我们在小猫实体的父节点上调用 convertPoint(_:fromNode:)，这个父节点就是从.sks 文件加载的小猫引用。既然实体自身是位于该坐标系统中，你需要操作实体的父节点的坐标系统。因此，需要在可以对实体实现动画的一个坐标系统中定位蜷缩点。

在第 2 行代码中，我们给蜷缩点加上了小猫的高度的 1/3，这使得蜷缩点恰好在床的底部，而不是在床的中央。

最后，在 CatNode.swift 中的 curlAt(:_)中，给小猫添加动画：

```
runAction(SKAction.group([
  SKAction.moveTo(localPoint, duration: 0.66),
  SKAction.rotateToAngle(0, duration: 0.5)
]))
```

这个动作组合实现了小猫到床的中央的动画，并且，还会让小猫直起身子，以防止跌倒。

现在还剩下最后一步，就是将所有内容综合到一起。打开 GameScene.swift，并且在 win()中，将如下代码添加到最后：

```
catNode.curlAt(bedNode.position)
```

然后，在 didBeginContact(_:)中，找到 print("SUCCESS")这一行，并且在其后添加如下内容：

```
win()
```

编译并运行工程。现在，已经有了获胜的动作序列了，如图 10-33 所示。

图 10-33

不管你是否相信，你已经又完成了一个小游戏了！现在，这款游戏已经有了完整的物理模拟。自己尝试玩一下。

虽然这款游戏只有一个关卡，但是不要丧气。在本书后续的两章中，我们将继续开发 Cat Nap，添加另外的两个关卡以及一些令人疯狂的功能。

10.9　挑战

确保你不是快速翻翻这几章而已。你已经学习了很多新的概念和 API，因此，回顾一下所学的知识，是巩固这些知识的关键。

这就是为什么每一章末尾的挑战如此重要。如果你对目前为止在 Cat Nap 游戏中介绍的所有内容都很自信，那就去接受挑战吧！

本章介绍了很多新的 API，因此，为了防止你遇到困难，本章的资源文件夹中给出了解决方案。但是，你应该先自行尝试解决。

挑战 1：统计弹跳次数

考虑一下当玩家在关卡中获胜或失败的时候，所显示的游戏进行中的消息。你的挑战是，当消息从场景中消失的时候，对其进行更加细致的优化。

具体来说，这个挑战要统计标签从屏幕底部边缘弹跳回来的次数，并且正好在第 4 次弹跳的时候删除消息。这个过程将会教你如何定制节点的更多行为，并且能够很好地回顾已经学习过的知识。

尝试自行实现解决方案，但是，如果需要帮助的话，可以遵从如下的提示来进行。

1．在 MessageNode 中添加一个变量，以记录弹跳的次数。此外，添加一个 didBounce() 方法，它会增加计数器，并且在第 4 次弹跳的时候，从父节点中删除该节点。

2．打开标签的物理实体和屏幕边缘之间的接触检测。要做到这一点，需要设置 MessageNode 的 contactTestBitMask。

3．在 GameScene 类的 didBeginContact(_:) 中，添加分类为 PhysicsCategory.Label 和 PhysicsCategory.Edge 的两个物理实体之间的接触检查。记住，你需要将这一检查放在 if !playable { 这一行的前面，否则的话，弹跳接触消息将无法触发。

通过访问节点的属性或者查找消息节点，从而找到节点的实体，例如：

```
let labelNode = (contact.bodyA.categoryBitMask ==
PhysicsCategory.Label) ? contact.bodyA.node : contact.bodyB.node
```

4．一旦抓住了节点，可以将其转换为一个 MessageNode，并且调用定制的方法来增加其弹跳计数。最后，别忘了为定制标签节点添加一个接触掩码，以便当它从场景边缘弹回的时候能够产生接触通知。

这个练习将会带你走上实现更高级的接触处理程序的正确道路。想象一下这种可能性，根据两个实体接触了多少次，或者根据一种分类的多少个实体接触到了边缘等，我们可以确定要在游戏中发生的所有定制动作。

第 11 章 高级物理

Marin Todorov 撰写

在第 10 章中，我们看到了使用 Sprite Kit 创建具有响应能力的游戏世界是如此的简单，特别是当使用场景编辑器的时候。现在，你已经能够创建精灵和物理实体，并且将其配置为在模拟的物理世界中进行交互了。

但是，可能你已经在思考更大的事情了。到目前为止，我们可以通过重力作用、力量和冲击对形状的影响来移动它们。但是，如果想要限制一个形状相对于其他的形状而移动（例如，我们想要在小猫的脑袋上固定一个帽子，难道帽子也要根据物理模拟来回地旋转吗），该怎么办呢？

在本章中，我们将通过给 Cat Nap 添加两个新的关卡，来学习如何做这些事情。如果你能够成功地完成本章的挑战，那就给 Cat Nap 添加了 3 个关卡了。等到你完成挑战之后，我已经将你掌握的 Sprite Kit 物理引擎的知识带入到一个高级层级，并且你能够在自己的应用程序中应用这一新功能。

> ### 注 意
>
> Java 工具是一个高级程序，你可以通过传递选项来配置。例如，可以设置其进行内存分配的数量。附录 B 会介绍这些选项。

11.1 Spirt Kit 游戏循环，第 3 轮

为了回到 Cat Nap 的开发上来，我们打算给关卡 1 再添加最后一点修改，这是一个聪明的失败检测系统。

具体来说，你想要检测小猫是否向某一边倾斜超过了 25 度，如图 11-1 所示。如果是的，你想要叫醒小猫，此时，玩家将会在该关卡中失败。

为了做到这一点，我们将在每一帧中检查小猫的位置，但是，只是在物理引擎完成其工作之后才进行检查。这意味着，我们必须更好地理解 Sprite Kit 游戏循环。

回顾一下，在本书前面，我们所学习到的 Sprite Kit 游戏循环如图 11-2 所示。

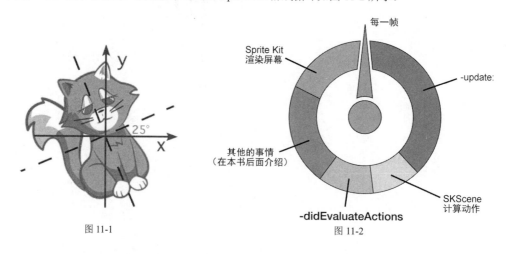

图 11-1

图 11-2

现在，是时候介绍游戏循环的下一部分内容了，即模拟物理。游戏循环的新版本如图 11-3 所示。

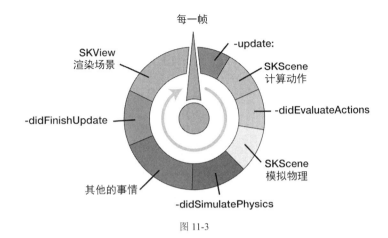

图 11-3

在计算了精灵动作之后，但是在把精灵渲染到屏幕上之前，Sprite Kit 执行物理模拟并且相应地移动精灵和实体，这部分在图 11-3 中用黄色部分表示。此时，你有机会执行通过 didSimulatePhysics()实现的任何代码，这在图 11-3 中用红色表示。

这是检查小猫是否倾斜过多的绝好时机。

注　意

新的循环也包含了 didFinishUpdate()。如果你想要在完成了所有其他的处理之后做一些事情的话，就可以覆盖这个方法。

要编写检查小猫倾斜的代码，将要使用 SKTUtils 中的函数，这是我们在第 10 章中添加到工程中的辅助方法的库。特别是，我们将使用一个方便的方法，将角度转换为弧度。

确保打开了完成第 10 章的挑战 1 后的 CatNap 版本。然后，在 GameScene.swift 中，将 didSimulatePhysics()实现如下：

```
override func didSimulatePhysics() {
  if playable {
  if fabs(catNode.parent!.zRotation) > CGFloat(25).degreesToRadians() {
    lose()
    }
  }
}
```

在这里，我们执行了两个测试：

● 游戏当前是否可玩？我们看看玩家是否还在解决关卡，从而检查 playable 是否为 true。
● 小猫是否倾斜过多？具体来说，小猫的 zRotation 属性的绝对值是否大于角度 25 所对应的弧度。

当这两个条件都为真的时候，那么，我们立刻调用 lose()，因为显然小猫会跌倒，并且会立刻被唤醒。

还需要注意一件事情，catNode 不会旋转，这个节点被小猫引用所包含，并且由此固定到其父节点上。这就是为什么你需要通过引用 catNode.parent!来时刻关注小猫的整体的旋转。

编译并运行，然后故意在该关卡中失败。当小猫仍然处在空中的时候，甚至在它碰到地面之前，小猫就会被唤醒，如图 11-4 所示。

这才是更为逼真的行为,在落向地面的时候,小猫很难再睡得着了。

图 11-4

11.2　关卡 2 简介

到目前位为止,我们已经开发过只有一个游戏场景的游戏。然而,Cat Nap 是一个基于关卡的谜题游戏。

在本章的这个小节中,我们将让游戏具备在屏幕上显示不同关卡的功能,并且我们将立刻添加一个新的关卡。关卡 2 将会使用新的交互性物理对象,例如,弹簧、绳子和钩子。

在这款游戏之中,我们把弹簧称为弹弓(catapult)。

好在对小猫来说,这一关只有一个弹弓。当你实现了这个关卡的时候,将会看到如图 11-5 所示的画面。

图 11-5

我知道,小猫下面的弹弓和屋顶的钩子,看上去很邪恶,但是我向你保证,在开发这款游戏的过程中,不会有动物受到伤害。

要赢得这一关,玩家首先需要点击弹弓。这将会把小猫向上发射,而钩子将会抓住小猫并把它悬挂起来。为了让小猫变得安全,玩家可以销毁木头块。一旦木头块都销毁了,玩家就可以点击钩子以释放小猫,它就会安全地落到下面的床上。

另一方面，如果玩家先销毁了木头块，然后点击了弹弓，小猫就无法弹跳得足够高而挂到钩子上，这将会导致玩家在这一关中失败。

11.3　加载关卡

对你来说，好在你已经在游戏中加载过关卡了。

目前为止，我们已经有了一个关卡，关卡文件名为 GameScene.sks。我们加载了它，将其显示到屏幕上，然后，在 GameScene 类中实现了游戏逻辑。

你需要为 Cat Nap 的每一个关卡创建另外一个.sks 文件。然后，你需要随着玩家解决这些关卡，一个接着一个地加载这些新的关卡。

首先，为了避免搞混淆了，将 GameScene.sks 重新命名为 Level1.sks。

接下来，需要在 GameScene 类上添加一个工厂方法，它接收一个关卡编号，并且通过从游戏包中加载相应的.sks 文件，从而创建一个场景。

为了做到这一点，给 GameScene 添加如下的属性和类函数：

```
//1
var currentLevel: Int = 0

//2
class func level(levelNum: Int) -> GameScene? {
  let scene = GameScene(fileNamed: "Level\(levelNum)")!
  scene.currentLevel = levelNum
  scene.scaleMode = .AspectFill
  return scene
}
```

我们将使用 currentLevel 属性来保存当前关卡的编号。类方法 level(_:)接受一个编号，并且调用 GameScene(fileNamed:)。如果关卡文件成功地加载了，那就在场景上设置当前关卡编号，并且正确地缩放场景。

现在，需要对视图控制器进行一些修改。打开 GameViewController.swift，并且在 viewDidLoad()中找到如下这行代码：

```
if let scene = GameScene(fileNamed: "GameScene") {
```

将其替换为

```
if let scene = GameScene.level(1) {
```

这看起来更好一些，不是吗？

接下来，打开 GameScene.swift 并且找到 newGame()。为了用新的工厂方法来改进它，用如下的代码替换整个方法体：

```
view!.presentScene(GameScene.level(currentLevel))
```

编译并运行，以证实游戏能够正常工作。干的不错。现在，我们来专门介绍关卡 2 的构建。

11.4　场景编辑器，第 2 轮

在做了这么多编码工作之后，是开始再次使用场景编辑器的好时机了。

从 Xcode 菜单中，选择 File\NewFile....，然后，选择 iOS\Resource\SpriteKit Scene 并点击 Next 按钮，如图 11-6 所示。

图 11-6

将这个新的文件命名为 Level2.sks，并且点击 Create 按钮。

只要保存了这个文件，Xcode 就会在场景编辑器中打开它。放大，找到你能够看到黄色的边框，如图 11-7 所示。

图 11-7

使用从前面各章学到的场景编辑器的技能，设置这个场景会很简单，这也是回顾之前所学的知识的一种好办法。

首先，将场景的大小调整为 2048×1536，如图 11-8 所示。

接下来，给场景添加 5 个精灵对象，并且将其属性设置如下：

图 11-8

- Background：Texture background.png, Position (1024, 768)
- Bed：Texture cat_bed.png, Name bed, Position (1024, 272), Custom Class BedNode
- Block1：Texture wood_horiz1.png, Name block, Position (1024, 260), Body Type Bounding Rectangle, Category Mask 2, Collision Mask 43, Custom Class BlockNode

- Block2：Texture wood_horiz1.png, Name block, Position (1024, 424), Body Type Bounding Rectangle, Category Mask 2, Collision Mask 43, Custom Class BlockNode
- Spring：Texture spring.png, Name spring, Position (1024, 588), Body Type Bounding Rectangle, Category Mask 32, Collision Mask 11, Custom Class SpringNode

哦，有了这么多的对象。这里所做的大多数事情，都是重新创建关卡 1 中的元素，如一幅背景图像、一个小猫的床，还有一些木头块。

针对这个关卡，我们为弹弓添加了一个精灵，它使用了一个新的物理分类 32，以及一个新的定制类 SpringNode。

打开 GameScene.swift，并且在文件的顶部找到 PhysicsCategory 结构体。添加一个新的常量，以用于弹弓：

```
static let Spring:UInt32 = 0b100000 // 32
```

> **注　　意**
>
> 作为练习，看看你是否能搞清楚为什么将关卡中的两个木头块的分类掩码设置为 43。如果你对此感到困难，打开 Mac 上的计算器，切换到编程模式，输入 43，看看其二进制形式。

接下来，选择 File/NewFile...并且选择 iOS/Source/ Cocoa Touch Class 作为模板，以创建一个新的文件。将这个新的类命名为 SpringNode，使其成为 SKSpriteNode 的一个子类，点击 Next 按钮，然后点击 Create 按钮。

Xcode 将会自动打开该文件。当它这么做的时候，用如下的内容替换文件的内容：

```swift
import SpriteKit

class SpringNode: SKSpriteNode, CustomNodeEvents, InteractiveNode {

  func didMoveToScene() {

  }

  func interact() {

  }
}
```

看上去有点熟悉？你的定制节点类实现了 CustomNodeEvents 协议，并且有一个空的 didMoveToScene() 方法，你将会临时向其中添加一些代码。此外，这个类还遵从 InteractiveNode，因为你想要让玩家点击弹簧节点并与其交互。

新关卡还缺唯一的一个关键部分，这就是小猫。

打开 Level2.sks，并从 Object Library 中拖放一个引用。如图 11-9 所示。

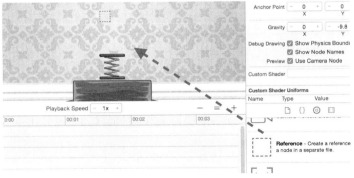

图 11-9

按照如下说明来设置这个引用对象的属性，要和关卡 1 中的小猫的配置一致。

● Name cat_shared, Reference Cat.sks, Position (983, 894), Z Position 10.

接下来，要在 GameViewController.swift 上测试 level.Head，并且用如下内容替换 if let scene =GameScene. level(1) {：

图 11-10

```
if let scene = GameScene.level(2) {
```

现在，游戏将从关卡 2 而不是关卡 1 开始。这就对了，这不仅能够更快地测试关卡 2，而且现在，我们通过作弊绕过了关卡 1。

编译并运行项目，你将会看到这个新关卡的初始设置。小猫站到了弹簧的里面，如图 11-10 所示。发生这种情况，是因为现有的代码还不知道新的弹簧对象，我们接下来修改它。

弹弓

由于弹弓是游戏中一个新的对象类别，我们需要告诉场景其他的对象将如何与其交互。实现这一点的代码，对你来说已经很熟悉了，因此，我将不再介绍细节，请快速地阅读这一部分。

注　意

在本章中，我交叉地使用弹簧（spring）和弹弓（catapult）这两个词。它们是一回事儿。

为了让小猫刚好坐在弹弓之上，需要打开小猫和弹弓之间的碰撞。

打开 CatNode.swift，在 didMoveToScene() 中，修改负责设置小猫的 collisionBitMask 的一行代码，以包含 PhysicsCategory.Spring：

```
parent!.physicsBody!.collisionBitMask = PhysicsCategory.Block |
PhysicsCategory.Edge | PhysicsCategory.Spring
```

现在，弹弓和小猫应该像预期的那样工作了。编译并运行游戏，然后检查它，如图 11-11 所示。

图 11-11

代码上只是做了小小的修改，可这对睡眼惺忪的小猫来说，是一大步。

接下来应该做的是，当用户点击了弹簧精灵的时候，让弹弓和小猫一起收缩起来。这实际上很容易，如果玩家点击了弹弓，需要对弹簧应用一个冲击，这将会把小猫弹出去，当然，小猫要在弹簧之上才行。

第一个步骤是打开弹簧节点上的用户交互，以便它能够对点击做出反应。

切换到 SpringNode.swift，并且在 didMoveToScene():中添加如下的代码行。

```
userInteractionEnabled = true
```

就像是对木头块节点所做的一样，添加一个单独的 UIResponder 方法来检测点击：

```
override func touchesEnded(touches: Set<UITouch>, withEvent event:
UIEvent?) {
  super.touchesEnded(touches, withEvent: event)
  interact()
}
```

现在，在 interact()中添加如下代码以进行交互：

```
userInteractionEnabled = false

physicsBody!.applyImpulse(CGVector(dx: 0, dy: 250),
  atPoint: CGPoint(x: size.width/2, y: size.height))

runAction(SKAction.sequence([
  SKAction.waitForDuration(1),
  SKAction.removeFromParent()
]))
```

当玩家点击弹簧节点的时候，我们使用 applyImpulse(_:atPoint:);对其实体应用了一次冲击，这类似于在第 9 章中对于沙粒所做的事情。由于弹簧只能够"弹跳"一次，一旦这个节点接受到一次点击，我们就关闭该节点上的用户输入。最后，在延迟一秒钟之后，删除弹簧。

图 11-12

再次编译并运行程序，这一次，点击一下弹弓。

哦，我们出发了，不过好像有点问题，如图 11-12 所示。

现在，当弹射的时候，小猫弹到了空中并且脑袋着地了。这就是为什么我们需要加一个钩子以抓住它。

具体思路是，弹弓将会把小猫向上弹向钩子，钩子会抓住小猫，而玩家负责清理木头块。一旦木头块都消失了，你将要释放小猫以便让其直接落到床上。

11.5　接合概览

要实现天花板上的钩子，我们需要使用接合（joint）[①]。在 Sprite Kit 中，有 5 种类型的接合可供使用，其中的每一种都允许我们限制两个实体的位置（是相对于其彼此的位置来进行限制）。本节依次介绍这几种接合。

注　意

由于接合是基于物理的游戏中经常用到的概念，因此，自行熟悉这些概念是个好主意。

11.5.1　固定接合

固定接合使得你能够将连个物理实体连接到一起。

----

① 在一些和 Sprite Kit 相关的中文文献中，将 joint 翻译为联合。本书统一采用接合的译法。

想象一下，你有两个物体，你用一些废旧的钉子将它们钉到了一起。如果拿起一个物体并将它抛出去，那么另一个物体也会跟着它一起飞出去，如图 11-13 所示。

有时候，我们想要让物体是不能移动的。做到这一点的最快捷的方式，就是将其固定到场景的边缘闭合实体之上，现在就可以这么做了。

还有一些时候，我们想要一个可供玩家销毁的复杂的物体，并且可能它还要破碎成很多块。如果是这种情况，直接将这些小块儿固定到一起，当玩家点击物体的时候，删除掉接合，各个小块也就破散开了。

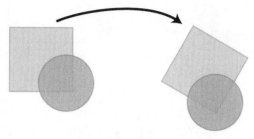

图 11-13

11.5.2　有限接合

我们使用有限接合来设定两个物理实体之间的最大距离。尽管两个实体能够彼此移动的很近，但它们之间的距离不能够超过你所指定的距离。

把有限接合当做是连接两个物体的一条很软但是很有力的绳子。如图 11-14 所示，小球通过有限接合连接到一个方块，它们在四周弹跳，但是，它们不能移动到超过有限接合的长度的距离。当你想要把两个物体连接起来，但允许其中的一个物体在距离另一个物体的一定范围内自由移动（就像狗和狗绳），这种时候，有限接合很有用。

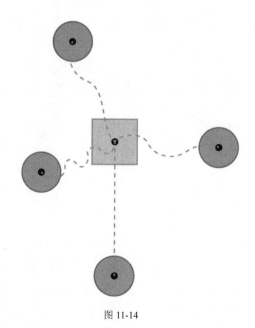

图 11-14

11.5.3　弹性接合

弹性接合和有限接合很相似，但是，连接的表现更像是一根橡皮筋：它是灵活的，而且有弹性，如图 11-15 所示。

和有限接合一样，弹性连接用于模拟绳子连接，特别是当这个绳子具有弹性的时候。如果你有一个蹦极跳的英雄角色，那么，弹性接合是再合适不过的了。

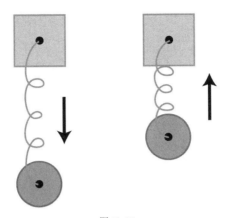

图 11-15

11.5.4　别针接合

别针接合围绕着某一个点，将两个物理实体固定起来，这个点就是接合的锚点。两个实体都能够自由地围绕着锚点旋转，当然，前提是它们不会因此而碰撞。

将别针接合当做是用一个大的螺丝钉把两个物体紧密地连接到一起，但是，仍然允许它们旋转：如果你要构建一个时钟，应该使用别针接合将表针固定到表盘上，如图 11-16 所示；如果你要构建飞机的物理实体，应该使用别针接合将螺旋桨连接到飞机的前面。

图 11-16

11.5.5　滑动接合

滑动接合将两个物理实体固定在一个轴上，它们可以沿着这个轴自由地滑动，你甚至可以确定两个实体在轴上滑动的时候彼此之间的最小和最大距离。

两个连接的实体就好像是在一条铁轨上移动，但它们之间的距离受到限制，如图 11-17 所示。

图 11-17

如果你要构建一款过山车游戏的话，你需要让两个汽车对象保持在同一轨迹上，但是它们彼此之间要保持一定的距离，这时候，滑动接合很方便。

注　　意

可以对一个物理实体应用多种接合。例如，可以使用一个别针接合将时针连接到钟表的表盘上，再添加一个别针接合将分针连接到钟表的表盘上。

11.6　接合的应用

学习如何使用接合的最容易的方式，就是自己尝试它们。进行尝试的较好的方式，就是创建一个钩子对象，并且将其附加到天花板上。

考虑一下钩子对象的设计。有一个实体固定到天花板上（钩子的基座），另一个实体用于表示钩子，第三个实体负责将基座和钩子连接起来（绳子），如图 11-18 所示。

为了让这个结构能够工作，我们将使用两种类型的接合：

- 一个固定接合用于把基座固定到天花板上。
- 一个弹性接合把钩子连接到基座。弹性接合就是我们的绳子。

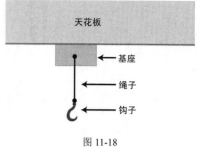

图 11-18

11.6.1　使用固定接合

首先，需要在场景编辑器中添加相应的精灵。打开 Level2.sks 并且添加两个精灵，配置如下：

- Hook mount：Texture wood_horiz1.png, Position (1024, 1466)
- Hook base：Texture hook_base.png, Name hookBase, Position (1024, 1350), Body Type Bounding Rectangle, Custom Class HookNode

hookBase 是钩子和绳子所要连接到的节点。基座本身要通过到场景的边缘实体的一个接合来固定到天花板上。

你可能会奇怪，这个木头块有什么作用呢。它甚至没有一个物理实体。我们来看一下在 iPhone 或 iPad 上的游戏区域，如图 11-19 所示。

图 11-19

在一个 4 英寸屏的 iPhone 上，场景会裁减掉一些区域，刚好只是露出基座的上边缘，看上去好像基座构建到了天花板之中。但是记住，iPad 的高宽比是不同的，这就是为什么在 iPad 上会看到更多的场景部分。如果没有顶部的木头块的话，钩子基座看上去好像浮在半空中。

因此，这个木头块只是起到让场景更好看的作用。在 iPhone 上，它会在屏幕的边界之外，因此，玩家甚至不会看到它。

可能你已经注意到了，钩子有一个定制的节点类，我们打算现在将其添加到工程中。

通过选择 File/NewFile...，并且选择 iOS/ Source/Cocoa Touch Class 类作为文件模板，以创建一个新的文件。将这个新的类命名为 HookNode，使其成为 SKSpriteNode 的子类，并且点击 Next 按钮，然后点击 Create 按钮。一旦创建了该文件，Xcode 将会自动打开它。

要清理在 Xcode 中看到的默认的错误，用如下内容替代 import UIKit：

```
import SpriteKit
```

HookNode 和我们目前为止所创建的其他的定制节点有点区别。因为钩子是由基座、一条可以摆动的绳子和钩子自身组成的一个组合对象，我们只能够对整个结构使用一个定制类。

你还想要用代码而不是在场景编辑器中创建绳子和钩子。

首先，需要一种方法来访问钩子的各个部分，因此，在 HookNode.swift 中添加如下的属性：

```
private var hookNode = SKSpriteNode(imageNamed: "hook")
private var ropeNode = SKSpriteNode(imageNamed: "rope")
private var hookJoint: SKPhysicsJointFixed!

var isHooked: Bool {
  return hookJoint != nil
}
```

前两个属性是要完成钩子对象的构建所需要的节点，hookJoint 是当小猫弹起并且被绳子"勾住"后需要用到的属性。最后，是一个名为 isHooked 的动态属性，它用来检查 hookJoint 中是否已经有一个存储的物理接合。

接下来，通过添加如下的一行类声明，让新的类遵从 CustomNodeEvents 协议。

```
class HookNode: SKSpriteNode, CustomNodeEvents {
```

此外，给 didMoveToScene() 添加一个初始的方法签名：

```
func didMoveToScene() {
  guard let scene = scene else {
    return
  }
}
```

检查看看该节点是否已经添加到了场景中，如果是的，你就可以放心了。

现在，在 didMoveToScene() 中，我们打算配置并添加 hookNode 和 ropeNode。然后，我们打算完成钩子的构建。通过以下几个步骤来做到这一点。

首先，在 guard 语句之后（但不要在其中），添加如下的内容：

```
let ceilingFix = SKPhysicsJointFixed.jointWithBodyA(scene.physicsBody!,
bodyB: physicsBody!, anchor: CGPoint.zero)
scene.physicsWorld.addJoint(ceilingFix)
```

这里，我们使用了工厂方法 SKPhysicsJointFixed 来创建当前的节点实体和场景自己的实体（也就是边缘闭合实体）之间的一个接合。我们已经给了这个接合一个锚点，这将告诉场景，在什么位置来创建这两个实体之间的连接。

你总是要用场景坐标来指定锚点。当把一个实体连接到场景的实体的时候，可以安全地将任何值作为锚点来传递，因此我们使用(0, 0)。还要注意，在创建连接之前，必须已经将精灵作为场景的子节点添加了。

最后，将接合添加到场景的物理世界中。现在，这两个实体连接到一起了，直到你删除该接合。

注 意

当创建一个固定的接合的时候，两个实体不需要彼此接触，每个实体都直接保持其到锚点的相对位置。

此外，根本不使用接合的话，也可以得到相同的效果。相反，可以让物理实体是静止的，通过在场景编辑器中不选中 Dynamic 字段，或者通过将物理实体的 dynamic 属性设置为 false 就可以了。这对于物理引擎来说更加高效，但是，出于学习的目的，我们在这里使用了固定接合。

编译并运行游戏，你将会看到基座已经安全地固定到屏幕的顶部了，如图 11-20 所示。

图 11-20

注　意

如果没有看到基座的话，尝试在 iPad 或 iPad 模拟器上运行该游戏。

看一下从场景的左下角到顶部的那条线，这是用于调试的物理绘制，表示你刚刚创建的接合。它表明了这个接合通过(0, 0)的位置，将场景和钩子连接了起来。

既然已经开始了，也为绳子添加精灵吧。

回到 HookNode.swift，在 didMoveToScene()中，在其末尾添加如下代码行：

```
ropeNode.anchorPoint = CGPoint(x: 0, y: 0.5)
ropeNode.zRotation = CGFloat(270).degreesToRadians()
ropeNode.position = position
scene.addChild(ropeNode)
```

绳子的位置刚好在钩子基座之下，将其锚点设置为绳子的顶部，因为它将会像是一个钟摆一样摇晃，将其对齐以便绳子指向下方。

现在，该添加钩子本身了，这里将要使用一种不同的接合类型。

11.6.2　使用弹性接合

首先，需要给钩子指定另外一种实体分类，因此，切换回 GameScene.swift，并且给 PhysicsCategory 添加这个新的值：

```
static let Hook: UInt32 = 0b1000000 // 64
```

现在，回到 HookNode.swift 并且在 didMoveToScene()的末尾添加如下的代码：

```
hookNode.position = CGPoint(
  x: position.x,
  y: position.y - ropeNode.size.width )

hookNode.physicsBody =
  SKPhysicsBody(circleOfRadius: hookNode.size.width/2)
hookNode.physicsBody!.categoryBitMask = PhysicsCategory.Hook
hookNode.physicsBody!.contactTestBitMask = PhysicsCategory.Cat
hookNode.physicsBody!.collisionBitMask = PhysicsCategory.None

scene.addChild(hookNode)
```

这创建了一个精灵，设置了其位置，并且为它创建了一个物理实体。还将其分类掩码设置为 PhysicsCategory.Hook，并且设置了 contactTestBitMask，以便能够检测到小猫和钩子之间的接触。

钩子并不需要与任何其他的物体碰撞。稍后，我们为其实现一些默认的 Sprite Kit 物理所没有提供的定制行为。

注　意

把钩子精灵刚好放在天花板基座之下，因为基座和钩子之间的距离，刚好就是要将它们连接起来的绳子的长度。

现在，给 didMoveToScene() 添加如下代码行，创建一个弹性接合来把钩子和天花板基座连接起来。

```
let hookPosition = CGPoint(x: hookNode.position.x,
  y: hookNode.position.y+hookNode.size.height/2)

let ropeJoint =
SKPhysicsJointSpring.jointWithBodyA(physicsBody!,
  bodyB: hookNode.physicsBody!,
  anchorA: position,
  anchorB: hookPosition)
scene.physicsWorld.addJoint(ropeJoint)
```

首先，计算 hookNode 节点应该用来连接自己的接合点的位置，并且把这个位置存储到 hookPosition 中。

然后，使用一个工厂方法（这个方法和针对天花板接合使用的工厂方法类似），用一个弹性接合将 hookNode 实体和钩子的基座实体连接起来。我们还使用场景坐标系，精确地指定了绳子应该在哪个位置将两个实体连接起来。

编译并运行游戏。如果一切正常，你将会看到钩子悬挂在空中，并且刚好在天花板之下，绳子接合工作正常，但是，绳子并没有移动，如图 11-21 所示。

图 11-21

11.7　Sprite Kit 游戏循环，第 4 轮

经过一个漫长的过程，现在该来介绍 Sprite Kit 游戏循环的最后一个部分了。

在 Sprite Kit 完成了物理模拟之后，它会执行最后一步，将一些指定的限制应用于场景，并且通知场景发生了这些事情，如图 11-22 所示。

现在，我们来看看这是如何工作的。

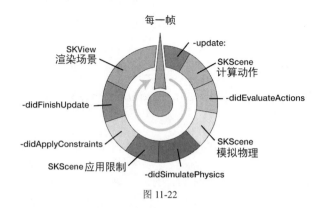

图 11-22

11.8　限制概览

限制（constraint）是一种方便的 Sprite Kit 功能，它允许你很容易地确保与游戏中的精灵的位置和旋转相关的某些关系为真。

理解限制的最好的方式，就是看看它们是如何起作用的。

打开 GameScene.swift，在 didMoveToView(_:)的末尾添加如下的代码：

```
let rotationConstraint = SKConstraint.zRotation(
  SKRange(lowerLimit: -π/4, upperLimit: π/4))
catNode.parent!.constraints = [rotationConstraint]
```

要使用限制，有两个步骤：

1．创建限制。这个示例创建了一个限制，将 z 旋转限制为从−45°～45°，并且将其应用于小猫节点。

2．给一个节点添加限制。要给一个节点添加限制，直接将其添加到节点的限制数组中。

注　意

要在源代码中输入∏，按下键盘上的 Alt 键并且按下 P。在 SKTUtils 中，∏是一个常量，可以在 Xcode 中按下 Command 键并点击它，从而跳转到其定义。如果你愿意，也可以使用 CGFloat(M_PI)来替代它。

在 Sprite Kit 完成了物理模拟之后，它运行每一个节点的限制，并更新节点的位置和旋转以满足限制。

编译并运行，看看实际效果，如图 11-23 所示。

图 11-23

正如你所看到的，既然物理模拟有时候判断到小猫应该以超过 45°的角度跌落，在游戏循环的限制阶段，Sprite Kit 会将小猫的旋转更新为 45°，以保持限制条件为真。

这只是一个测试，因此，请注释掉前面的代码。

```
// let rotationConstraint =
// SKConstraint.zRotation(
// SKRange(lowerLimit: -π/4, upperLimit: π/4))
// catNode.parent!.constraints = [rotationConstraint]
```

我们还可以添加限制来做这些事情：

- 限制一个精灵，以便它处在某一个矩形范围之内；
- 在游戏中制作一个塔楼，以使其指向射击的方向；
- 限制一个精灵只能够沿着 x 轴移动；
- 把一个精灵的旋转限制在一定的范围之内。

在关于限制的这个短暂的小节结束之后，你已经在 Cat Nap 游戏中真正使用过限制了。特别是，我们将通过添加如下的片段来完成钩子对象，这就是绳子的限制。

11.8.1 实现绳子的限制

现在，我们打算使用限制来保证绳子总是朝向钩子精灵的方向，这显得好像绳子连接到了钩子。

在 HookNode.swift 中，在 didMoveToScene()的末尾，添加如下的代码：

```
let range = SKRange(lowerLimit: 0.0, upperLimit: 0.0)
let orientConstraint = SKConstraint.orientToNode(hookNode, offset: range)
ropeNode.constraints = [orientConstraint]
```

SKConstraint.orientToNode(_:offset:)产生了一个限制对象，它会自动地修改应用了该限制的节点的 zRotation，以便节点总是指向另一个"目标"节点。

如果不想要完全精确地朝向该节点的话，也可以为限制提供一个偏移量范围。由于想要让绳子的一端和钩子紧紧地连接在一起，我们为该限制提供一个 0 偏移范围。

最后，将 orientConstraint 设置为 ropeNode 唯一的限制。

最后一步。还没有什么能移动钩子，这使得它看上去有点奇怪。在 didMoveToScene()的最后添加如下这行代码：

```
hookNode.physicsBody!.applyImpulse(CGVector(dx: 50, dy: 0))
```

这会对钩子节点应用一个冲击，以便它能够从基座开始摇摆。再次编译并运行游戏。检查你的移动的、定制的关卡对象，如图 11-24 所示。

图 11-24

记住，为了让这一行为工作，这里发生了两件事情：

1. 设置了一个接合，将钩子和基座连接了起来。这使得钩子总是和基座保持某一个距离，以使得其看上去像是在从基座上"摇摆"着。

2. 设置了一个限制，使得绳子总是朝向钩子的方向，显得绳子连接到了钩子上。

综合起来，这产生了相当不错的效果。

注　　意

本章之前的一个版本，教授读者在场景的 update()方法中手动地将绳子朝向钩子。在每次调用 update()的时候，代码都要计算基座和钩子精灵之间的角度，并且为绳子的 zRotation 设置这个角度。

这仍然是完全有效的方法，但是，由于 Sprite Kit 现在有了内建的限制可以为你处理这些，这里就采用了限制的方法。在你的游戏中，你可以选择对你来说更容易的方法。

还要一件事情需要交代清楚，现在，绳子只是用一个精灵来表示的。这意味着，绳子更像是一个杆儿。

如果想要创建更像绳子的一个对象，可以创建几个较短的精灵段，并且将它们彼此连接起来，如图 11-25 所示。

在这种情况下，你可能想要为每一段绳子创建一个物理实体，并且使用别针接合将它们彼此连接起来。

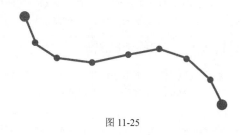

图 11-25

11.8.2　更多限制

到目前为止，我们已经见到了 zRotation()和 orientToNode(_:offset:)限制的示例。

在 Sprite Kit 中，除了这些限制，还可以创建多种其他类型限制。如下是可用的限制的一个介绍：

- positionX()、positionY()和 positionX(y:)：这些允许你将一个精灵的位置限制在 x 轴上、y 轴上或者二者都起作用的某一个范围之内。例如，可以使用这些来限制一个精灵只能够在屏幕的某一个矩形区域内移动。
- orientToPoint(_:offset:)和 orientToPoint(_:inNode:offset:)：就像是可以让一个精灵将自己朝向另外一个精灵一样，既然可以让绳子将自己朝向钩子，我们也可以让精灵总是将自己朝向一个特定的点。例如，可以使用这些限制让一个炮塔朝向用户点击的方向。
- distance(_:toNode:)、distance(_:toPoint:)和 distance(_:toPoint:inNode)：这些限制可以使你保证两个节点，或者一个节点和一个点，彼此总是在一定的距离之内。这个函数和有限接合类似，只不过，这些限制在任何节点上都有效，而不管节点有没有一个物理实体。

11.9　动态地创建和删除接合

你需要添加一些修改，让整个小猫挂起来的过程工作起来：需要检查钩子和小猫的接触，并且需要创建和删除将小猫固定到绳子的一个接合。

打开 GameScene.swift 并且滚动到 didBeginContact()。这是检测游戏中的对象实体何时发生接触的地方。需要检查两个接触实体是否是钩子和小猫。还需要进行一次额外的检查，看看小猫和钩子是否已经钩到一起了。

为了进行这些，需要给钩子节点一个 outlet。给 GameScene.swift 添加如下这个新的属性：

```
var hookNode: HookNode?
```

接下来，我们需要遍历场景层级以找到是否有一个钩子节点。不要忘了，其他的关卡没有钩子，这就是为什么需要给该属性一个可选的值。好了，接下来，在 didMoveToView(_:)的底部，添加如下这行代码：

```
hookNode = childNodeWithName("hookBase") as? HookNode
```

这行代码你应该很熟悉了，直接根据名称找到了该节点，并且将它赋给之前创建的属性。

现在，滚动到 didBeginContact() 并且添加对钩子和小猫的接触的检查：

```
if collision == PhysicsCategory.Cat | PhysicsCategory.Hook &&
hookNode?.isHooked == false {
  hookNode!.hookCat(catNode)
}
```

我们检查了冲突掩码是否与小猫和钩子分类匹配，并且检查了两者是否还没有钩到一起。如果二者都为真，在钩子节点上调用 hookCat(_:)。当然，这个方法还并不存在，因此，会得到一个错误，但是这个问题很容易修复。

回到 HookNode.swift，并且添加如下的一个新方法以钩住小猫：

```
func hookCat(catNode: SKNode) {
  catNode.parent!.physicsBody!.velocity = CGVector(dx: 0, dy: 0)
  catNode.parent!.physicsBody!.angularVelocity = 0
}
```

首先，通过在小猫的身体上施加一个为 0 的速率和角速率，从而手动地修改物理模拟。我们这么做，是为了当小猫要被钩住的时候让一切平静下来；我们不想要玩家在等待钩子停止摆动的时候等太长的时间，然后才能够进行下一次的移动。这里重要的一点是，你可以手动修改物理模拟。这多好啊？不要害怕这么做，让游戏有趣是优先级最高的事情。

现在，给同一个方法添加如下的内容：

```
let pinPoint = CGPoint(
  x: hookNode.position.x,
  y: hookNode.position.y + hookNode.size.height/2)

hookJoint = SKPhysicsJointFixed.jointWithBodyA(hookNode.physicsBody!,
  bodyB: catNode.parent!.physicsBody!, anchor: pinPoint)
scene!.physicsWorld.addJoint(hookJoint)

hookNode.physicsBody!.contactTestBitMask = PhysicsCategory.None
```

通过这段代码，我们计算了两个实体将要固定到一起的位置。使用这个位置，创建一个新的 SKPhysicsJointFixed 将钩子和小猫连接起来，然后将其添加到游戏世界中。

我们还需要让 didSimulatePhysics() 尊重小猫被"钩住"了这一事实，因此，此时若旋转一个大于边界值 45 度的角度，游戏也是没有问题的。

打开 GameScene.swift，在 didSimulatePhysics() 中，将 if 条件从 if playable {修改为如下所示：

```
if playable && hookNode?.isHooked != true {
```

现在，当小猫在钩子上摇晃的时候，它不会醒来，如图 11-26 所示。编译并运行游戏，并且再玩一会儿。

图 11-26

当小猫悬挂在天花板上的时候，你可以安全地销毁在小猫的床上面的那些木头块了。但是，你仍然漏掉了一件事情，小猫需要从钩子落下来并落到床上。为了让这种情况发生，需要删除刚才添加的接合。

这一次，添加一个方法，当调用它的时候就删除接合。打开 HookNode.swift，并且添加如下内容。在这个方法中，我们直接做了和在 hookCat(_:)中所做的相反的事情。删除掉连接小猫和钩子的接合。然后，小猫和钩子都变直了。

```
func releaseCat() {
    hookNode.physicsBody!.categoryBitMask = PhysicsCategory.None
    hookNode.physicsBody!.contactTestBitMask = PhysicsCategory.None
    hookJoint.bodyA.node!.zRotation = 0
    hookJoint.bodyB.node!.zRotation = 0
    scene!.physicsWorld.removeJoint(hookJoint)
    hookJoint = nil
}
```

接下来，我们添加代码让小猫从钩子落下。在这款游戏中，当小猫在空中摇摆的时候，玩家需要点击小猫。

这里，我们遇到了一个新的问题：玩家需要点击小猫节点，但是，钩子节点需要对此动作做出反应。你不想要让钩子和小猫以某种方式知道彼此并由此产生耦合。因为不同的关卡使用不同的节点组合，我们想要保持节点之间不耦合。

为了让节点之间彼此独立，我们使用通知（notification）。

每次玩家点击小猫的时候，它将发送一条通知，对这个事件感兴趣的节点将会有机会捕获这条广播，并且以必要的方式做出回应。

首先，我们打算处理在小猫节点上的点击。打开 CatNode.swift，并且给 didMoveToScene()添加如下的代码：

```
userInteractionEnabled = true
```

就像在前面一样，你需要确保这个类遵守 InteractiveNode。在类声明中添加该协议：

```
class CatNode: SKSpriteNode, CustomNodeEvents, InteractiveNode {
```

只要你这么做，Xcode 将会抱怨漏掉了必需的协议方法，因此，现在添加一个方法签名：

```
func interact() {
}
```

然后，在类声明体之外，并且就在 import SpriteKit 的下方，定义一个新的通知名称：

```
let kCatTappedNotification = "kCatTappedNotification"
```

现在，添加处理点击的方法：

```
override func touchesEnded(touches: Set<UITouch>, withEvent event:
UIEvent?) {
    super.touchesEnded(touches, withEvent: event)
    interact()
}
```

每次玩家点击小猫的时候，都需要通过 NSNotificationCenter 来发送一条通知。为了让这种情况发生，在 interact()中添加如下的代码行：

```
NSNotificationCenter.defaultCenter().postNotificationName(
    kCatTappedNotification, object: nil)
```

我们将在 interact()中做更多的事情，但现在，只是广播一条 kCatTappedNotification。

注　意

这一次，我们没有在 interact() 中关闭用户交互。因为其他的节点可能会根据在小猫上的点击而实现定制逻辑，你不能推断在该节点上的进一步的点击是否有意义。为了安全起见，需要保持一次又一次重复地接受触摸并且广播相同的通知。

接下来，我们打算观察 kCatTappedNotification。如果接收了一条通知，我们打算将小猫从钩子上释放，当然，只有在小猫已经挂住的时候才会这么做。

打开 HookNode.swift，并且在 didMoveToScene() 中添加如下代码：

```
NSNotificationCenter.defaultCenter().addObserver(self, selector:
#selector(catTapped), name: kCatTappedNotification, object: nil)
```

这段代码"监听"名为 kCatTappedNotification 的一条通知。如果它"听到"了一条通知，它将会在 CatNode 类上调用 catTapped() 方法。当然，你仍然需要添加该方法，因此现在就这么做：

```
func catTapped() {
  if isHooked {
    releaseCat()
  }
}
```

在 catTapped() 中，直接检查小猫当前是否挂在钩子上，并且在这种情况下，调用 releaseCat() 来释放小猫。这就都好了。

再次编译并运行游戏，并且尝试让小猫落到床上。你可能并不需要这条建议，但还是要提一下：点击弹弓，在所有的木头块上点击，然后点击小猫以玩过这一关，如图 11-27 所示。

图 11-27

动态地创建接合是很有趣且很强大的技术。希望你在自己的游戏中能够大量使用它。

11.10　组合形状

现在是时候来看看 Cat Nap 的第 3 个关卡了。

在这个关卡中，我们将学习另一个游戏物理概念，这是和实体的复杂性相关的一个概念。记住了这一点，我们先看一下关卡 3 的完整样子，并且尝试猜测一下，和前面的关卡相比，它有什么新的地方，如图 11-28 所示。

如果你说，在关卡 3 中，有一个木头块的形状比通常的木头块要更为复杂，那么，你猜对了。

图 11-28

可能你已经注意到了，这个木头块的形状划分为两个子形状。你甚至可能会问，为什么以这种方式，而不是像第 9 章的挑战中那样，构造一个多边形的形状呢？

有时候，在游戏中，出于和游戏逻辑相关的原因，你需要一个比带有物理实体的单个图像更为复杂的对象。为了更好地理解这个问题，让我们及时回顾一下前面各章中的游戏。

还记得 Zombie Conga 游戏中的老朋友僵尸吗（如图 11-29 所示）？

在一款基于物理的游戏中，僵尸可能不会拥有太复杂的形状，并且你可能试图为其使用单个的材质。但是，如果你让僵尸的身体的各个部分都成为单独的节点并拥有各自的物理实体，那么，就可以让僵尸做出挥手、抬腿等等动作。

此外，每个人都知道的是，当僵尸无法吃到新鲜的血的时候，它们会开始缺胳膊少腿儿。在最新的好莱坞恐怖电影中，你也一定看到这些僵尸在追逐主人公的时候，一路上会扔掉自己胳膊或者下巴。

图 11-29

例如，如果你为僵尸的胳膊使用单独的节点，你可以在游戏中的任何时刻"拆分"出胳膊以添加一个动画效果。

说到这里，在本节中，我们将为 Cat Nap 的下一个关卡构建一个简单的组合实体。

11.10.1　设计关卡 3

和前面一样，在 GameViewController.swift 中替换开始的关卡：

```
if let scene = GameScene.level(3) {
```

在场景编辑器中创建关卡 3 的过程，和前面创建关卡 2 的过程基本相同。

从工程导航器中选择 Scenes 组。从 Xcode 菜单中，选择 File/ NewFile...，然后选择 iOS/Resource/SpriteKit Scene。点击 Next 按钮，将文件保存为 Level3.sks，并且点击 Create 按钮。

和通常一样，你会看到一个空白的游戏场景。对不起，现在还没有闪光灯、粉丝的尖叫和华丽的点缀。但是，将来发布的时候，这些都会有。

好了，首先将场景大小调整为 2048×1536。然后，给这个空白的场景添加如下的颜色精灵对象：

- Background：Texture background.png, Position (1024, 768)
- Bed：Texture cat_bed.png, Name bed, Position (1024, 272), Custom Class BedNode
- Block1：Texture wood_square.png, Name block, Position (946, 276), Body Type Bounding Rectangle, Category Mask 2, Collision Mask 11, Custom Class BlockNode, Z Position 2
- Block2：Texture wood_square.png, Name block, Position (946, 464), Body Type Bounding Rectangle, Category Mask 2, Collision Mask 11, Custom Class BlockNode, Z Position 2

- Block3：Texture wood_vert2.png, Name block, Position (754, 310), Body Type Bounding Rectangle, Category Mask 2, Collision Mask 11, Custom Class BlockNode, Z Position 2
- Block4：Texture wood_vert2.png, Name block, Position (754, 552), Body Type Bounding Rectangle, Category Mask 2, Collision Mask 11, Custom Class BlockNode, Z Position 2
- Stone1：Texture rock_L_vert.png, Name stone, Position (1282, 434), Custom Class StoneNode
- Stone2：Texture rock_L_horizontal.png, Name stone, Position (1042, 714), Custom Class StoneNode

最后，从 Object Library 中拖入一个引用。给这个引用对象设置如下的属性：

- Name cat_shared, Reference Cat.sks, Position (998, 976).

关卡 3 的设置就完成了，编译并运行游戏，看看目前的效果，如图 11-30 所示。

图 11-30

这个关卡现在的状态看上去不是很好。小猫从 L 形的石块上跌落了下来，就好像这个石块在场景中根本不存在一样。但是别担心，我们还没有为构成 L 形的两个石块创建任何实体呢。在下一小节中，我们将学习如何创建和新的石块形状一致的复杂实体。

11.10.2 创建组合对象

对于石头块节点，其初始化工作甚至比钩子还要精细。

我们开发了一个名为的 StoneNode 定制类。当把这个类添加到场景中的时候，它将会搜索所有的石头块，将它们从场景中删除，并且创建一个新的组合节点来把所有的石头块容纳在一起。正如你所看到的，当遇到创建定制节点的行为的时候，是没有什么限制的。

首先，通过选择 File/NewFile...并且选择 iOS/Source/ Cocoa Touch Class 作为模板，创建一个新的文件。将这个新的文件命名为 StoneNode，使其成为 SKSpriteNode 的子节点，并且点击 Create 按钮。

要清除在 Xcode 中看到的错误，用如下的代码替换默认的内容：

```
import SpriteKit

class StoneNode: SKSpriteNode, CustomNodeEvents, InteractiveNode {

  func didMoveToScene() {

  }

  func interact() {

  }
}
```

这段代码似曾相识。我们创建了一个定制的 SKSpriteNode 子类，并且改写了 CustomNodeEvents 协议。

接下来，添加遍历场景中的节点并将所有石头块绑定到一起的方法。让这个方法成为一个静态方法：

```
static func makeCompoundNode(inScene scene: SKScene) -> SKNode {
  let compound = StoneNode()
```

```
    compound.zPosition = -1
}
```

初始化空的 StoneNode 对象，以便容纳石头块，并且给它一个值为-1 的 zPosition，以确保这个空的节点不会位于任何其他的节点之前。

注　意

不要担心错误。当你添加完剩下的代码后，这些错误会消失。

接下来，找到所有的石头块并且从场景中删除它们。然后，将每个石块都添加到组合节点中。

```
for stone in scene.children.filter({node in node is StoneNode}) {
    stone.removeFromParent()
    compound.addChild(stone)
}
```

我们过滤了场景的子节点，只接受类型为 StoneNode 的那些节点。然后，直接将它们从当前的位置移动到 compound 节点的层级之中。

接下来，需要为这些石块中的每一个创建物理实体。我们将遍历 compound 节点中现在包含的所有石头节点，并且为每一个节点创建一个物理实体：

```
let bodies = compound.children.map({node in
    SKPhysicsBody(rectangleOfSize: node.frame.size, center: node.position)
})
```

通过这些代码，我们将所有的石头都存储到了 bodies 数组中，因为在后面的代码中，我们会将其提供给 SKPhysicsBody(bodies:)的初始化程序，并且创建包含所有石头块的一个组合物理实体。

现在，通过添加如下的代码来做到这一点：

```
compound.physicsBody = SKPhysicsBody(bodies: bodies)
compound.physicsBody!.collisionBitMask = PhysicsCategory.Edge |
PhysicsCategory.Cat | PhysicsCategory.Block
compound.physicsBody!.categoryBitMask = PhysicsCategory.Block
compound.userInteractionEnabled = true
compound.zPosition = 1

return compound
```

SKPhysicsBody(bodies:)接受我们所提供的所有实体，并且将其绑定到一起；我们将其结果设置为组合节点的实体。最后，设置了石头节点的碰撞掩码，以便它能够和小猫、其他的模块以及屏幕的边缘碰撞。

在返回准备好可供使用的 compound 节点之前，我们在其上打开了用户交互。通过这种方式，玩家不能点击单个的石块，只有组合节点才会接受点击。

注　意

既然返回了一个有效的对象，那么错误应该已经解决了。

剩下的要做的事情，就是从 didMoveToScene()中调用这个新方法，那么，现在就这么做：

```
let levelScene = scene

if parent == levelScene {
    levelScene!.addChild(StoneNode.makeCompoundNode(inScene: levelScene!))
}
```

对于每一个节点，都会检查其父节点是否是 levelScene。如果是的，这意味着该节点还没有移动到

compound 节点中，在这种情况下，调用 makeCompoundNode(inScene:)。

在 makeCompoundNode(inScene:)中，由于要将石头节点从其父节点中移除，然后才能将其添加到 compound 中，这些节点将会丢失它们到游戏场景的链接。这就是为什么在开始修改节点之前，要在 levelScene 中存储一个指向当前场景对象的指针，并且在该方法的末尾使用该变量。

编译并运行游戏，你会看到 L 形的石头已经组合到一起了，如图 11-31 所示。

销毁掉左边的一个木头块，然后，你会看到现在这两块石头的行为就像是一个整体。

图 11-31

胜利了！你已经在场景中使用一个组合实体了。

如果想要通过这个关卡，它还不能工作，这是因为，我们还没有给石块添加交互性呢。

切换回 StoneNode.swift，并且覆盖 UIResponder 方法，以对触摸做出反应：

```
override func touchesEnded(touches: Set<UITouch>, withEvent event:
UIEvent?) {
    super.touchesEnded(touches, withEvent: event)
    interact()
}
```

然后，在 interact()中添加相关的代码：

```
userInteractionEnabled = false

runAction( SKAction.sequence([
    SKAction.playSoundFileNamed("pop.mp3", waitForCompletion: false),
    SKAction.removeFromParent()
]))
```

注意，interact()将会在组合节点上调用，因此，调用 removeFromParent()将会删除掉组合节点以及它所包含的石块。两块石块合二为一！

不管用户点击哪一个石块，都会通过删除掉包含了它们的节点，从而删除掉所有的石块。

再次编译并运行游戏。这一次，你将能够打通这一关了，如图 11-32 所示。

图 11-32

11.11　关卡推进

到目前为止，我们每次只是开发一个关卡，因此，我们手动地指定了要加载哪一关。然而，这对于玩家来说是不行的，他们期望在获胜后自动推进到下一个关卡。

这很容易实现。首先，将游戏设置为加载关卡 1。在 GameViewController.swift 中，修改加载场景的那行代码，使其如下所示：

```
if let scene = GameScene.level(1) {
```

然后，在 GameScene.swift 中，在 win()的开始处添加如下的代码。确保将其放置在所有其他代码之前：

```
if (currentLevel < 3) {
  currentLevel += 1
}
```

现在，每次玩家完成一个关卡，游戏都将会进入到下一个关卡。

最后，为了提高游戏风险，在 lose()的开始处，添加如下代码行：

```
if (currentLevel > 1) {
  currentLevel -= 1
}
```

这将会使得玩家在点击木头块之前三思而后行。

恭喜你，现在 Cat Nap 已经有了 3 个不同的关卡了。我们学习了如何使用场景编辑器，以及如何为节点创建定制的类。我们甚至学习了如何实现定制行为。从现在开始，我们准备好开始开发自己的基于关卡的游戏了。在前面 4 章（第 8 章到第 11 章）中学习的原理，在任何物理游戏中都是适用的。

还会有一章的内容（第 12 章）是继续开发 Cat Nap 游戏，在其中，我们将学习一些可以在游戏中使用的、较为高级的节点类型。但是，在继续学习之前，先动手尝试一下下面的挑战吧。

11.12　挑战

现在，你已经掌握了 Sprite Kit 中的物理模拟。

既然对自己的技能有了自信，我准备了一个挑战，帮助你更好地理解在前面的 3 章中所学习的知识，并且甚至会对你要求更多。

挑战 1：给 Cat Nap 再添加一个关卡

你的挑战是再自行为 Cat Nap 开发一个完整的、新的关卡。如果能够正确地完成，那么，最终的关卡应该是如图 11-33 所示，这一次，在木头块的旁边，在可怜的小猫和它的床之间，有一个跷跷板。"猫生"一定很艰难！

图 11-33

是的，这真的是一个跷跷板，它会围绕其中心旋转，并且是完全可以交互的。你要全靠自己来开发它。我相信你能做到！

这里，列出了可以进行的工作的要点。

在 Level4.sks 中，要放置的对象如下：

● Background：Texture background.png, Position (1024, 768)

● Bed：Texture cat_bed.png, Name bed, Position (1024, 272), Custom Class BedNode

● Block1：Texture wood_square.png, Name block, Position (1024, 626), Body type Bounding Rectangle, Category Mask 2, Collision Mask 11, Custom Class BlockNode

● Block2：Texture wood_square.png, Name block, Position (1024, 266), Body type Bounding Rectangle, Category Mask 2, Collision Mask 11, Custom Class BlockNode

● Seesaw base：Texture wood_square.png, Name seesawBase, Position (514, 448), Body type Bounding Rectangle, Uncheck Dynamic checkbox under Body Type, Category Mask 0

● Seesaw：Texture ice.png, Name seesaw, Position (518, 440), Body type Bounding Rectangle, Category Mask 2, Collision Mask 11

当然，还有猫的引用：

● Name cat_shared, Position (996, 943), Z position 10

一旦放置了这些对象，场景应该如图 11-34 所示。

图 11-34

剩下的工作不多了。我假设你到目前为止做的很好。

你需要修改跷跷板的板子，使其通过基座固定在墙上。要创建一个别针接合，将跷跷板的板子的中心和基座的中心锚定，并且允许板子绕着锚点旋转，如图 11-35 所示。

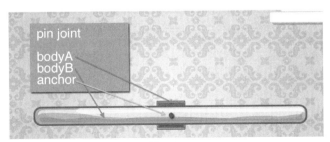

图 11-35

可以有两种方式来创建一个别针接合。首先，在代码中使用 SKPhysicsJointPin.jointWithBodyA

(bodyB:anchor:)创建它，这要确保你理解代码是如何工作的。你需要按照名称找到节点，并且使用它创建接合。

　　然后，可以删除代码来做一些更为简单的事情。在场景编辑器中，在跷跷板的 Physics Definition 部分，选中 Pinned 复选框。这将会创建一个别针接合，将跷跷板的节点和场景的节点在锚点处连接起来。

　　就这些。尝试自己玩通这个关卡。除了提醒你销毁木头块的顺序很重要，我不打算再给出其他的提示。

第 12 章　裁剪、视频和形状节点

Marin Todorov 撰写

在本书的第 1 章中，我们学习了游戏场景中的所有可视化的元素都是节点。我们通过创建继承自 SKNode 的类的实例，来使用众多不同的节点。

不管你是通过代码创建节点，还是使用场景编辑器添加节点，它们都继承自 SKNode 基类。

如下给出我们已经使用过的节点的一个概览：

- **SKNode**：一个空的节点，它不会在屏幕上绘制任何内容，通过将其他的节点作为这个节点的子节点添加，从而将它们组织起来。
- **SKScene**：这个节点表示游戏中的单个的界面或一个关卡，将所有的关卡节点直接或间接地添加到这个节点。
- **SKLabelNode**：从游戏的得分到玩家剩下的命数，再到游戏进行中的任何消息，这些都通过这个节点来实现。
- **SKSpriteNode**：你经常使用这个节点，它在屏幕上显示一幅图像，或者通过一个动作显示一系列的图像。这通常是设计场景的时候最常使用的节点。

在本章中，我们将继续开发 Cat Nap，并且在此过程中，我们将学习如下的 3 种高级的节点类型。

- **SKCropNode**：这个节点允许对一个节点（包括其子节点）的内容进行遮罩。当你想要露出一部分材质的时候，这个节点很方便。
- **SKVideoNode**：这个节点允许在游戏中包含视频。正如你可能已经体验到的，开发者经常要使用视频来创建丰富的游戏逻辑。
- **SKShapeNode**：这个节点允许在屏幕上绘制形状。你可以绘制具有不同复杂度的形状，从矩形到圆形，再到任意的形状。

如果这 3 个节点有什么共同点的话，那就是，它们都允许你给游戏添加独特的效果。这些节点乍一看似乎没那么重要，但是，等到学习完本章，你将能够使用它们创建出令人惊讶的高级内容。

不要误会了，高级并不意味着一定很难。你可能会发现本章比你所预料的要简单，并且，当你学习完本章之后，会有一种想要跳一支迪斯科舞进行庆祝的冲动。

图 12-1

现在是轻松地给 Cat Nap 再添加两个关卡的时候了，如图 12-1 所示。

12.1　开始

在 Xcode 中打开工程。然后，打开 Assets.xcassets 目录。

为了进行本章的开发，你需要一些额外的资源。查看本章的 starter \resources 目录，如图 12-2 所示，并且将 textures 目录拖入到工程的 Assets.xcassets 目录中。这个目录包含的是你在构建本章中的关卡的过程中所需要的额外材质。

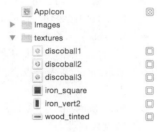

图 12-2

然后，将 media 文件夹拖放到工程中，不是放到 asserts 目录中，而是放到工程导航器中。这个目录包含了我们将要在本节中用来添加一个新关卡的视频，以及与其相关的音频音轨。

由于你已经很熟悉场景编辑器了，我不想让你从头开始创建 Cat Nap 的最后这两个关卡。相反，打开 Resources 中的 levels 目录，把 Level5.sks 和 Level6.sks 拖放到你的工程中。

为了让玩家能够玩这个新的关卡，打开 GameScene.swift，在 win() 中，将 (currentLevel < 4) { 修改为如下所示：

```
if (currentLevel < 6) {
```

此外，为了节省你的开发时间，打开 GameViewController.swift，并且在 viewDidLoad() 中，将 if let scene = GameScene.level(1) { 修改为如下所示：

```
if let scene = GameScene.level(5) {
```

这样，我们就完成了工程的设置，并且可以着手 SKCropNode 以进行一些裁剪了。

12.2　裁剪节点

在第 11 章中，我们使用 SKSpriteNode 在屏幕上显示材质。例如，如果想要显示本书中的第一个小游戏 Zombie Conga 中的主要角色的一幅图片，创建一个新的 SKSpriteNode 并且像下面这样将其添加到场景中（请不要添加这段代码，这里只是为了举例），就可以很容易地做到这一点。

```
let picture = SKSpriteNode(imageNamed: "picture")
picture.position = CGPoint(x: 200.0, y: 150.0)
addChild(picture)
```

你将会看到这张图片以完整的大小显示，如图 12-3 所示。

但是，如果想要创建的一个形状并不是矩形的节点，该怎么办呢？到目前为止，我们只是使用了矩形的材质，当你需要一个不同的形状的时候，直接使用带有透明背景的图像就可以了。

图 12-3

使用透明背景大多数时候都有效，但是，如果你要创建一款较为高级的游戏，你最终需要采用一个常规的矩形材质，从中裁剪出任意的一块，以将其用于你的场景。

为了裁剪材质的内容，应用一个遮罩来裁剪出只想要保留的那部分内容，如图 12-4 所示。

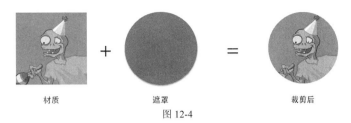

材质　　　　　　　　遮罩　　　　　　　　裁剪后

图 12-4

想象一下使用一个曲奇饼模子，将这个模子从一个面团上按下去，它就会切出模子的形状的一块儿面，而这就是曲奇饼。

要使用 SKCropNode 实现类似的效果，我们需要遵循如下的几个简单步骤：

1．创建一个新的 SKCropNode。这个节点默认并不会显示任何内容，它只是一个容器节点。

2．给想要裁剪的节点添加一个或多个任意类型的子节点：标签、精灵节点等。

3．设置一个裁剪遮罩。这个遮罩也是一个节点，并且可以是任意类型，例如，一个精灵节点或一个标签。这个遮罩节点的内容应该拥有透明区域和不透明区域，不透明区域将会保留其内容，而透明区域将会被遮罩，也就是说被隐藏或裁剪掉。

4．将这个裁剪节点添加到场景中。就像任何其他节点一样，需要把裁剪节点添加到场景中以查看其内容。

这个过程看上去如图 12-5 所示。

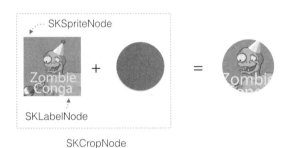

SKCropNode

图 12-5

在这个示例中，这个裁剪节点有两个子节点：一个精灵节点和一个标签。当你对裁剪应用一个圆形的遮罩的时候，会裁剪掉所有的子节点的内容。

记住了这一点，我们就能够很好地开始开发关卡 5 的一个非常特殊的部分：即看上去类似康茄舞游戏中的僵尸的一幅老照片。

运行 Cat Nap 并看一下关卡 5，如图 12-6 所示。

图 12-6

可以玩一会儿，但是有一个坏消息，你还不能玩过这个关卡。需要添加一些额外的、很酷的裁剪节点，以帮助小猫到达它的床上。

注　　意

　　黑色的木头块和常规的木头块是一样的，只不过它们是无法销毁的，不管你点击它们多少次，它们都保持不变。

这个关卡中的新的元素，显然是墙上的一个相框。打开 Level5.sks 并且选择相框节点。切换到 Custom Class 检视器，你将会看到这个节点已经配置为 PictureNode 的一个实例了。

选择 File/NewFile...，然后选择 iOS/Source/Cocoa Touch Class 作为文件模板，来创建一个新的文件。将这个新的文件命名为 PictureNode，使其成为 SKSpriteNode 的子类，并且点击 Create 按钮。Xcode 将会自动打开这个新文件。

用如下的代码替换 PictureNode.swift 的内容：

```
import SpriteKit

class PictureNode: SKSpriteNode, CustomNodeEvents, InteractiveNode {

  func didMoveToScene() {
    userInteractionEnabled = true

  }

  func interact() {

  }
}
```

这个节点打开了在图片节点上的触摸，并且让你准备好添加更多的定制内容。此时，PictureNode 只是显示一个空的相框。接下来，我们打算加载僵尸的图片并且将其裁剪为一个圆形，以使其刚好显示于相框之中。

首先，给 didMoveToScene() 添加如下的代码：

```
let pictureNode = SKSpriteNode(imageNamed: "picture")
let maskNode = SKSpriteNode(imageNamed: "picture-frame-mask")
```

这两行代码将图像加载到两个精灵节点中：

● 在 pictureNode 中，加载了僵尸图片。
● 在 maskNode 中，加载了包含透明背景上的一个圆的一幅图像，这个图像将用做遮罩。

接下来，需要添加裁剪节点。添加如下代码行：

```
let cropNode = SKCropNode()
cropNode.addChild(pictureNode)
cropNode.maskNode = maskNode
addChild(cropNode)
```

我们创建一个空的裁剪节点，并且添加了 pictureNode 作为其子节点。然后，将预先准备的 maskNode 设置为裁剪节点的遮罩。最后，将配置好的裁剪节点添加到相框节点中，相框节点就是来自于.sks 文件的节点，它包含了所有的内容。

编译并运行游戏。你将会看到裁剪好的僵尸图片整齐地放在了相框之中，如图 12-7 所示。

要看看裁剪节点是如何做到的，注释掉 cropNode.maskNode = maskNode 这行代码。

这将会删除遮罩，因此，你会看到完整的、未经裁剪的内容，如图 12-8 所示。

图 12-7   图 12-8

现在，取消对设置遮罩那行代码的注释，这将会再次裁剪僵尸图片，并且直接将其放置到相框中。

更仔细地看看这张图片，它有一个绿色边框来标明物理实体。切换回场景编辑器，并且看一下这张图片的物理实体设置，如图 12-9 所示，你将会注意到两件事情。

图 12-9

- 这张图片有一个圆形的实体，它和相框的形状是一致的。特别是，这个实体的边界是圆形。
- 这个实体不是动态的，因为 Dynamic 选项并没有选中。这意味着，这个实体不会受到物理世界的影响，例如，重力对其不起作用，并且其他的实体碰撞它的话，它也不会移动。

要完成这个关卡，我们要给这个节点添加一些交互性。当玩家点击相框的时候，将其物理实体设置为动态的。由于这幅图像并不是固定到墙上的，它将会在重力作用下向下坠落，并且帮助玩家通过这个关卡。

打开 PictureNode.swift，并且给 PictureNode 类添加一个新方法：

```
override func touchesEnded(touches: Set<UITouch>, withEvent event:
UIEvent?) {
  super.touchesEnded(touches, withEvent: event)
  interact()
}
```

然后，在 interact()中添加交互性代码：

```
userInteractionEnabled = false
physicsBody!.dynamic = true
```

无论何时，只要玩家点击了相框，就直接将其实体的 dynamic 属性设置为 true。

编译并运行游戏。看看你是否能让小猫到它的床上。此外，查看一下当点击僵尸图片的时候会发生什么情况，如图 12-10 所示。

图 12-10

注　意

如果你在玩这个关卡的时候遇到了困难，这里给出一点提示：销毁所有的木头块，然后点击图片，当图片将小猫推向其床的中央的时候，点击长长的白色木头块。

　　裁剪节点很容易：它们允许我们从任何的材质或节点裁剪出想要的任何形状。但是，你不一定受限于只能对遮罩节点使用图像。例如，可以使用一个 SKLabelNode 作为遮罩，以产生出一些整齐好看的文本，如图 12-11 所示。当裁剪关卡的背景图像的时候，具体来说是使用一个标签节点作为遮罩，裁剪房间的壁纸，就会发生这种事情。

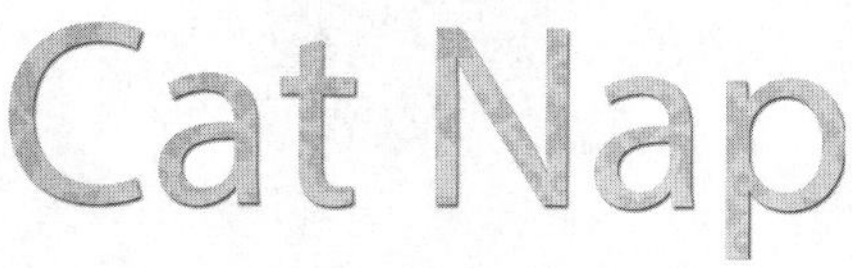

Cat Nap

图 12-11

　　但是，关于剪切和裁剪的介绍已经足够了，该来继续看看高级节点之旅的下一站 SKVideoNode 了。

12.3　视频节点

　　视频在游戏中随处可见，从一个逼真的场景背景到裁剪的场景。视频可以给游戏带来很多优点，例如：

- 可以在 2D 游戏中包含 3D 内容。在 3D 模型软件中产生一个场景，以某种方式对其实现动画，并且最终将其导出为一个视频文件。或者，在网上购买一个便宜的、3D 免版权的在线视频。在 2D 游戏中播放该视频，这样就有了 3D 内容了。
- 可以节省 GPU 的处理能力。想象一下，你有一款游戏，其场景是在海底，在背景中，有 200 条不同的鱼在欢快地游着。你可以创建 200 个精灵节点，并且在它们之上运行 200 个重复的动作，以创建该场景，但是这将会对设备的 GPU 和游戏的帧速率都产生消极的作用。如果预先录制场景，并且将该视频作为游戏的背景进行播放，可以提高游戏的性能。
- 最后，可以包含视频的内容。假设你的玩家是一艘小型的 2D 太空飞船的船长，那么，戴上一顶帽子，贴上假的胡子，变身太空舰队司令，并且使用你的手机录制下玩家的激情演讲以用于下一个关卡。

我确信不再需要对你进行任何的说服，你就会开始使用 SKVideoNode 并开发 Cat Nap 的下一个关卡了。

12.3.1　创建一个视频节点

　　打开 GameViewController.swift 并且将开始关卡修改为 6，这样我们每次想要测试一些内容的时候，不必再玩过了关卡 5 之后才能够开始关卡 6，从而省去不少麻烦：

```
if let scene = GameScene.level(6) {
```

编译并运行游戏，看看这个关卡开始时的样子，如图 12-12 所示。

图 12-12

　　既然已经熟悉了 Cat Nap 的游戏机制，我们将很快注意到，现在还没有一种方式能够立刻解开这个关卡。四周有大量的木头块，但是，小猫远离屏幕的中央，不管按照什么样的顺序来销毁木头块，小猫还是距离床太远了。

我打赌你会注意到，屏幕上已经有了一个新的元素：一个大大的、闪亮的迪斯科舞球灯，每次玩家点击这个球的时候，我们就把安静的卧室变成一场迪斯科舞会。

当音乐和灯光都打开的时候，一些特殊的游戏设置将开始生效。当玩家点击小猫的时候，它将开始"跳舞"。每次小猫跳舞，它最终的位置会在其最初的位置稍微右边一点。

如果玩家重复点击迪斯科舞球灯这个过程，小猫最终将会一路到达屏幕的中央。从那里开始，只要点击几个木头块，就可以很容易地让它到达床上。

如果在场景编辑器中看一下这个关卡文件，你会看到球精灵的定制类已经设置为 DiscoBallNode 了。

因此，你还等什么？你知道如何继续了，那就创建这个类吧。

通过选择 File/NewFile... 并选择 iOS/Source/Cocoa Touch Class 作为文件模板，创建一个新的文件。将这个新的类命名为 DiscoBallNode，使其成为 SKSpriteNode 的子类，并且点击 Create 按钮。Xcode 将会自动打开该文件。一旦打开该文件，用如下的内容替换该文件的内容：

```
import SpriteKit
import AVFoundation

class DiscoBallNode: SKSpriteNode, CustomNodeEvents, InteractiveNode {

  private var player: AVPlayer!
  private var video: SKVideoNode!

  func didMoveToScene() {
    userInteractionEnabled = true

  }

  func interact() {

  }
}
```

就像前面一样，我们让这个类继承 SKSpriteNode 并且实现 CustomNodeEvents 协议，从而为其奠定基础。然而这一次，我们有两个类变量，如下所示：

- player：这是来自 AVFoundation 框架的 AVPlayer 类。它帮助加载本地的或远程的视频文件以进行播放。AVPlayer 自身并不会渲染视频，它只是负责加载和管理视频文件。
- video：这是负责在屏幕上显示通过 AVPlayer 加载的视频文件的节点。

实际上，AVPlayer 创建了 AVPlayerItem 的一个实例，它表示 AVPlayer 的播放列表中的、一个单个的视频文件，如图 12-13 所示。

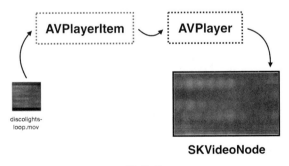

图 12-13

SKVideoNode 可以自动地加载视频文件，而不需要一个单独的 AVPlayer 对象的帮助。但是，在这种情况下，我们只能够开始和停止视频播放，不能够对视频的播放进行更加细致的控制，例如，浏览查找或循环播放。

为了能够及时地显示视频，在游戏加载该关卡的时候，我们加载了文件并且准备好视频节点。最初，我们必须让一个 video 节点隐藏，但是，当玩家点击球的时候，我们将显示视频并且让视频立即播放。

现在是时候开始播放视频了。给 didMoveToScene()添加如下的代码：

```
let fileUrl = NSBundle.mainBundle().URLForResource("discolights-loop",
withExtension: "mov")!
player = AVPlayer(URL: fileUrl)
video = SKVideoNode(AVPlayer: player)
```

第一行代码获取了访问工程中所包含的 discolights-loop.mov 视频文件的 URL。我们使用这个 URL 来创建一个新的 AVPlayer 实例。然后，SKVideoNode(AVPlayer:)创建了一个视频节点，它使用后面提到的 AVPlayer 对象。

好了！我们已经为重要时刻准备好了节点。

注   意
是否注意到，你不必指定玩家为了播放你的文件所需要的视频格式编码。AVPlayer 在处理视频方面，真的有自己的魔法。它会查看视频文件的元信息，并且自行决定如何加载和解码视频内容。除了具有魔法，AVPlayer 还可加载和播放任何的 MPEG4（.mp4）、AppleMPEG4（.mp4v）或 QuickTime（.mov）格式的文件。

12.3.2 视频播放

既然已经加载了视频并且初始化了视频节点，剩下的工作就只是确定节点的位置和大小了，当然，还要将其添加到场景中。

还是在 didMoveToScene()中，添加如下的代码行：

```
video.size = scene!.size
video.position = CGPoint(
    x: CGRectGetMidX(scene!.frame),
    y: CGRectGetMidY(scene!.frame))
video.zPosition = -1
scene!.addChild(video)
```

通过这些代码，我们让视频和场景一样大，然后，将其居中，以便它能够充满整个屏幕。进一步，我们设置了其 zPosition，以便视频看上去在小猫、床和木头块的后面，但是在最初的背景的前面。

最后，将这个视频节点添加到场景中。

现在编译并运行，看看结果，如图 12-14 所示。

图 12-14

哦！我告诉过你这很令人惊讶。

然而，视频现在还是有一点问题，它播放了几秒钟，然后停止下来，就好像文件已经播放完了。

你需要让视频循环播放，这看上去是一个很简单的任务。

当 AVPlayer 到达了视频文件的末尾，它发出一条特定的通知。你将要监听这个通知，直接将"录像带"倒回到开始的位置，并且继续从头开始播放。我这里说的"录像带"，实际上就是视频文件。

给 didMoveToScene():添加如下的代码：

```
NSNotificationCenter.defaultCenter().addObserver(self,
    selector: #selector(didReachEndOfVideo),
    name: AVPlayerItemDidPlayToEndTimeNotification, object: nil)
```

我们会监听一条名为 AVPlayerItemDidPlayToEndTimeNotification 的通知。正如其名称所示，这是当 AVPlayer 到达当前视频文件的末尾的时候发送的一条通知。

现在，需要添加一个 didReachEndOfVideo 方法，以便让视频播放针对到达视频末尾的情况做出反应。

因此，给 DiscoBallNode.swift 添加一个新的方法：

```
func didReachEndOfVideo() {
    print("rewind!")
    player.currentItem!.seekToTime(kCMTimeZero)
}
```

player 对象上的 currentItem 属性是 AVPlayerItem 的一个实例。这个类允许你访问一个视频播放器的大多数功能，例如，在视频中定位、音频混合、视频组合、加载视频缓存等。

使用 seekToTime(_:)，可以将视频的当前位置移动一个给定的时间偏移量。方便的 kCMTimeZero 常量告诉播放器项直接找到文件的开始处。

此外，为了让这个演示程序中的循环更加明显，当从视频的末尾跳转到视频的开头处的时候，我们在控制台打印出一条消息。编译并在设备上运行该游戏。感受炫目的迪斯科灯光和视频循环吧，如图 12-15 所示。

图 12-15

注　意

这个视频是不是很酷？我专门为本章的工程制作了这个视频。我使用 Core Animation 和我喜欢的图层，创建了一个小小的 App，它叫做 CAReplicatorLayer，然后，用它从屏幕中捕获动画的视频。

如果想要学习如何使用 Core Animation 创建很酷的动画，查看一下我的另一本关于动画的图书《iOS Animation by Tutorials》：http://www.raywenderlich.com/store/ios-animations-by-tutorials。

前面的屏幕截图并没有对视频做出太多的判断，但是，控制台的输出清晰地显示了视频的循环以及持续播放，如图 12-16 所示。

图 12-16

现在，为了让视频显示得更好一些，通过给 didMoveToScene() 添加如下这行代码，将其透明度设置为 75%。

```
video.alpha = 0.75
```

这里对透明度的修改，产生一种较为神秘的效果，这更加适合该场景。

12.3.3　开始和结束

正如最初的计划一样，你需要隐藏视频，直到玩家点击迪斯科舞球灯。还是在 didMoveToScene() 中，添加如下的两行代码：

```
video.hidden = true
video.pause()
```

这将会隐藏视频节点，并且会暂停它，因为在视频不可见的时候，没理由还让 AVPlayer 那么忙碌。

接下来，我们需要添加代码来对迪斯科舞球灯的点击做出反应。

由于迪斯科舞球灯一次只会工作几秒钟的时间，你将需要实现一个超时以再次关闭它。最容易的方式是添加一个新的、名为 isDiscoTime 的实例属性，当这个属性的值改变的时候，会显示或隐藏视频。

给 DiscoBallNode 添加如下代码：

```
private var isDiscoTime: Bool = false {
  didSet {
    video.hidden = !isDiscoTime

  }
}
```

任何时候，当你修改 isDiscoTime 的值，didSet 处理程序将会相应地显示或隐藏视频节点。

现在，我们可以覆盖迪斯科舞球灯类中的 touchesEnded(_:withEvent:)，并且直接切换 isDiscoTime 的值。

给 DiscoBallNode 添加如下代码：

```
override func touchesEnded(touches: Set<UITouch>, withEvent event:
UIEvent?) {
  super.touchesEnded(touches, withEvent: event)
  interact()
}
```

和往常一样，在 interact() 中添加处理用户点击的代码：

```
if !isDiscoTime {
  isDiscoTime = true
}
```

编译并运行程序，点击迪斯科舞球灯以确定一切都像计划的那样工作，如图 12-17 所示。

图 12-17

当点击迪斯科舞球灯的时候，视频出现了并且也准备好播放了。现在，你只需要播放视频，并且给迪斯科舞球灯添加一点额外的东西。

首先，添加一个新的属性，来为迪斯科舞球灯保持一个帧动画。

```
private let spinAction = SKAction.repeatActionForever(
  SKAction.animateWithTextures([
    SKTexture(imageNamed: "discoball1"),
    SKTexture(imageNamed: "discoball2"),
    SKTexture(imageNamed: "discoball3")
  ], timePerFrame: 0.2))
```

spinAction 是一个帧动画动作，它持续地在 discoball1、discoball2 和 discoball3 图像之间循环。这应该会让你得到一个漂亮的、闪亮的旋转迪斯科舞球灯的动画。

回到 isDiscoTime 的 didSet 中，添加如下的代码：

```
if isDiscoTime {
  video.play()
  runAction(spinAction)
} else {
  video.pause()
  removeAllActions()
}
```

这段代码根据玩家是打开还是关闭了迪斯科音乐，来播放或暂停视频。注意，这里使用了 SKVideoNode 中的 play() 和 pause() 方法，这些方便的方法控制着底层的 AVPlayer，并且实际上，也是该节点所提供的唯一的播放方法。

现在，我们把场景和气氛都设置好了，显示了迪斯科灯光的视频，小猫开始跳舞，但是，玩家还是听到的还是 Cat Nap 的背景音调。我们很快就要来修正这个问题。

在本章开始的时候，我们为工程添加了新的文件，包括迪斯科舞灯光的视频和一个名为 disco-sound.m4a 的音频文件。为什么不只是让音轨包含在所请求的视频中呢？视频只有几秒钟的长度，并且当在游戏中播放的时候，视频是循环播放很多次的。音轨则较长一些，这样可以保证两个文件都比较小，我们将在播放视频的时候手动播放音轨。

当开始播放视频的时候，我们只是用迪斯科舞音调来替代背景音乐，并且当迪斯科舞时间结束的时候，再换回到默认的音乐。

在你插入的最后一段代码的后面，添加如下内容：

```
SKTAudio.sharedInstance().playBackgroundMusic(
    isDiscoTime ? "disco-sound.m4a" : "backgroundMusic.mp3"
)
```

这只是一行开关代码，它根据当前关卡的状态，在 Cat Nap 音调和迪斯科舞曲之间进行切换。

添加给 didSet 的最后一段代码，将会在几秒钟之后自动关闭迪斯科舞曲模式。在这个方法的最后，添加如下内容：

```
if isDiscoTime {
    video.runAction(SKAction.waitForDuration(5.0), completion: {
        self.isDiscoTime = false
    })
}
```

首先，检查玩家是否打开了迪斯科舞模式，如果是的，我们在视频节点上运行一个等待动作 5 秒钟。当这个动作完成之后，直接将 isDiscoTime 设置为 false，这会再次触发 didSet 处理程序，并且暂停和隐藏视频。

编译并运行，看看这是如何同时发生的。到这里，视频节点的快速课程就结束了。

注　意

如果想要了解有关精细播放控制、来自互联网的流视频、在 iOS 上播放视频等更多的内容，可以参考 AVPlayer 类的文档，参见 http://apple.co/1JZPhds。

此外，如果想要学习有关录制和播放视频的知识，可以查看这个有趣的在线教程，它将会带你认识 AVFoundation，参见 http://bit.ly/1Lnyhh8。

12.3.4　迪斯科舞小猫

为了结束本节，我们将给小猫节点添加一些定制的行为。现在来添加一些令人眩晕的舞蹈。

我们需要处理在小猫节点上的点击，并且需要检查当前是否是迪斯科舞时间。如果是的，我们将让小猫跳一会儿舞。为了将 DiscoBallNode 的 isDiscoTime 属性曝光给其他的类，我们需要添加一个静态的属性。

在 DiscoBallNode.swift 中，添加如下的属性：

```
static private(set) var isDiscoTime = false
```

进一步，在针对 isDiscoTime 实例属性的 didSet 中，在 didSet 处理程序中的所有的其他代码之后，添加如下这一行代码：

```
DiscoBallNode.isDiscoTime = isDiscoTime
```

这行代码会保持静态属性 isDiscoTime 与其同名的实例属性同步。

现在，每次玩家点击小猫节点的时候，可以查看 DiscoBallNode 上的这个静态属性，来看看迪斯科舞会是否开始了。

打开 CatNode.swift，并且添加一个属性来记录小猫当前是否在跳舞：

```
private var isDoingTheDance = false
```

现在，在 interact()中添加如下的代码行：

```
if DiscoBallNode.isDiscoTime && !isDoingTheDance {
  isDoingTheDance = true
  //add dance action
}
```

在 interact()中，检查 DiscoBallNode.isDiscoTime 是否打开以及小猫当前是否没有跳舞。当两个条件都满足的时候，现在是跳舞的时间了。

只需要给小猫节点添加几个动作，就可以结束这个方法了。首先，使用如下的代码替换//add dance action 部分。

```
let move = SKAction.sequence([
  SKAction.moveByX(80, y: 0, duration: 0.5),
  SKAction.waitForDuration(0.5),
  SKAction.moveByX(-30, y: 0, duration: 0.5)
])
let dance = SKAction.repeatAction(move, count: 3)
```

第一个动作 danceMove 表示一次单个的跳舞移动，它将小猫向右移动 80 个点，然后，等待半秒钟，并且将小猫向回移动 30 个点。

完整的跳舞动作 dance 则会重复 danceMove 共 3 次。当运行完这个动作的时候，小猫实际上向右边移动了 150 个点。

这正是我们想要的效果，因为最终的目标是将小猫移动到屏幕的中央，并且刚好在床的上方。

最后，我们想要运行 dance 动作，并且当它完成之后，将布尔标志切换回 false。为了做到这一点，在 let dance 一行的后面添加如下的代码：

```
parent!.runAction(dance, completion: {
  self.isDoingTheDance = false
})
```

这将会在组合的小猫节点上运行这个移动动作。好了，我们已经准备好查看小猫的舞步了。

编译并运行游戏。点击几次迪斯科舞球灯，并且当灯光打开的时候，点击小猫让它跳舞，如图 12-18 所示。

图 12-18

能自己搞清楚如何通过这个关卡吗?尝试一下吧！一旦让小猫位于床的中央的上方，可以清除路上的障碍了，如图 12-19 所示。

当完成了迪斯科舞步之后，本章中跳舞的一节就结束了，我们将进入到最后一节。

图 12-19

12.4　形状节点

形状节点允许在屏幕上绘制任何的形状，从简单的圆到矩形，再到想要使用一个 CGPath 定义的任意的形状。

对话气泡是在游戏中使用的形状节点的一个典型例子，根据当前要说的词组的字符数，它们会有不同的宽度和高度，如图 12-20 所示。根据需要放入到气泡中的文本的大小，我们可以很容易地创建较小的矩形或较大的矩形。

实际上，我们已经使用 SKShapeNode 在屏幕上绘制了一个形状。在第 2 章中，我们在屏幕上绘制一个矩形来表示出游戏区域，如图 12-21 所示。

图 12-20

图 12-21

在本章的这个小节中，我们将更深入一些。我们将学习如何设置形状的边框粗细、颜色和宽度，了解如何让形状成为空心的或填充的，最后，学习如何使用材质将形状放置到场景中。

本章的最终目标是添加一个动态的提示箭头，以告诉玩家从哪里开始玩通这个关卡。大多数游戏都有某种提示或攻略，并且我们想要 Cat Nap 能够向它们看齐。

在完成了本小节之后，将会看到一个漂亮的方向箭头悬浮在迪斯科舞球灯的旁边，如图 12-22 所示。

图 12-22

12.4.1 添加一个形状节点

在场景编辑器中添加一个形状节点也是可能的,但是,定制节点的选项真的十分有限。由于我们已经对开发定制节点很熟练了,我们将为提示箭头开发自己的强大的节点类。

注 意

场景编辑器的 Object Library 中可用的形状节点,似乎有一点 bug。例如,即便其材质在编辑器中显示得很好,当你运行工程的时候,材质可能会没有了。从现在开始,直到 Apple 修复这个问题,我们建议你还是使用自己的形状类。

我们还是要使用场景编辑器的,但是,只是用来为新节点放置一个占位符。打开 Level6.sks,并且把一个新的颜色精灵拖放到场景中。这似乎默认是一个小的红色正方形,并且可以很好地充当占位符。我们打算隐藏这个占位符,因此,玩家将不会看到它。

在关闭场景编辑器之前,将该节点调整为如下所示:

● Name hint, Position (1300, 1200), Custom Class HintNode

现在,选择 File/NewFile...,并且选择 iOS/Source/ Cocoa Touch Class 作为文件模板。将新的类命名为 HintNode,使其成为 SKSpriteNode 的一个子类,并且点击 Create 按钮。当 Xcode 自动打开该文件的时候,用如下代码替换其内容:

```
import SpriteKit

class HintNode: SKSpriteNode, CustomNodeEvents {

  func didMoveToScene() {
    color = SKColor.clearColor()

  }
}
```

一旦将该节点添加到了场景中,将其颜色设置为 clearColor(),并且使其完全透明,如图 12-23 所示。

图 12-23

将这个占位符准备好了之后,我们可以创建自己的形状了。

12.4.2 形状节点基础

首先,我们要尝试一些简单的事情。SKShapeNode 有多个方便的初始化程序,使得我们能够很容易地创建最经常使用的形状。我们首先开始创建一个简单的圆角矩形。

在 didMoveToScene() 中,添加如下的代码:

```
let shape = SKShapeNode(rectOfSize: size, cornerRadius: 20)
shape.strokeColor = SKColor.redColor()
```

```
shape.lineWidth = 4
addChild(shape)
```

这很容易。这样，我们就创建了一个形状节点，这是一个矩形，刚好和当前节点的大小合适，并且还带有半径为 20 点的圆角。可以将这个形状节点的边框配置为厚度为 4 个点粗细的红色线条，并且将其添加到屏幕上。

快速编译并运行之后，可以看到结果，如图 12-24 所示，看上去不错。

图 12-24

通过给 didMoveToScene() 添加一些代码，尝试调整这个节点更多的属性：

```
shape.glowWidth = 5
shape.fillColor = SKColor.whiteColor()
```

为了让这个边框看上去模糊一些，我们通过添加了一个 glowWidth 属性（其默认值为 0）来增加光晕效果。

最终，还可以很容易地设置 fillColor 并且让 Sprite Kit 使用一种颜色自动填充该形状，如图 12-25 所示。

图 12-25

在进行手边的下一个真实任务之前，先看看要修改节点的形状是多么的容易。

找到 SKShapeNode(rectOfSize: size, cornerRadius: 20)，并通过调用另外一个方便的初始化程序来替换它：

```
let shape = SKShapeNode(circleOfRadius: 120)
```

这将会使得节点成为不同的形状，而用于其美观性的其他属性都将保持相同。

编译并运行，看看节点现在的样子，如图 12-26 所示。

图 12-26

这很不错。路径现在变成了圆。

我打赌你一定会问，能否设置我自己定制的路径，而不是使用矩形或圆形呢？当然，可以这么做。现在，我们已经介绍了基础知识，接下来，我们将继续使用定制形状。

12.4.3 添加提示箭头

SKShapeNode 包含了一个名为 path 的属性，我们可以将其设置为任意的一个 CGPath。

然后，让该节点绘制你想要的任何内容。

我们已经在第 9 章中使用过 CGPath，在那里，我们为三角形的精灵的物理实体创建了一个三角形的形状，如图 12-27 所示。

图 12-27

在那里，我们通过编写代码来创建这个三角形，首先从左下角开始，绘制了到右下角的一条直线，继续绘制到顶部，然后在回到开始的地方以闭合该形状。

计算出绘制一个三角形的精确的坐标，是一次愉快的脑力锻炼，但是，对于较为复杂的形状，例如一颗星星、一辆卡车或一个太空站的形状，该怎么办呢？除非你具有几何学的天赋，并且计算 π 值对你来说是小菜一碟，否则要手动找出坐标，可能还是有点太难了。

好在，有一个名为 PaintCode 的好用的 App，它允许你使用鼠标绘制，然后将你的绘制转换为使用 CGPath 的 Swift 代码。我使用这个 App 来准备箭头形状的代码，如图 12-28 所示，因此，你不必自己绘制它。

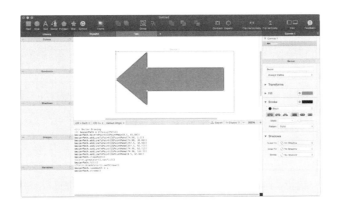

图 12-28

在 PaintCode 中，当你在画布上绘制的时候，Swift 代码出现在下方的面板中。这功能多酷啊！

对于 Cat Nap 的箭头形状，我们将在 HintNode 上添加一个 dynamic 属性，它将会给出箭头的 CGPath。也就是说，给 HintNode 添加如下的代码：

```
var arrowPath: CGPath {
  let bezierPath = UIBezierPath()

  bezierPath.moveToPoint(CGPoint(x: 0.5, y: 65.69))
```

```
bezierPath.addLineToPoint(CGPoint(x: 74.99, y: 1.5))
bezierPath.addLineToPoint(CGPoint(x: 74.99, y: 38.66))
bezierPath.addLineToPoint(CGPoint(x: 257.5, y: 38.66))
bezierPath.addLineToPoint(CGPoint(x: 257.5, y: 92.72))
bezierPath.addLineToPoint(CGPoint(x: 74.99, y: 92.72))
bezierPath.addLineToPoint(CGPoint(x: 74.99, y: 126.5))
bezierPath.addLineToPoint(CGPoint(x: 0.5, y: 65.69))
bezierPath.closePath()

return bezierPath.CGPath
}
```

这里，我们创建了一个空的 UIBezierPath，并且
执行一系列的线条绘制指令，最终，当将这些线条一
个一个地组合起来的时候，就绘制了一个箭头，如
图 12-29 所示。

在该方法的末尾，我们返回了 bezierPath 对象的
CGPath 属性。

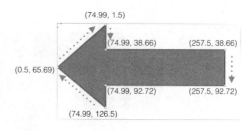

图 12-29

现在，必须删除掉你所编写的所有测试代码。为了做
到这一点，直接用如下代码替代整个 didMoveToScene()
方法：

```
func didMoveToScene() {
  color = SKColor.clearColor()

  let shape = SKShapeNode(path: arrowPath)
  shape.strokeColor = SKColor.grayColor()
  shape.lineWidth = 4
  shape.fillColor = SKColor.whiteColor()
  addChild(shape)
}
```

这段代码将会产生一个全新的箭头形状，如图 12-30 所示。这一次，我们使用了方便的初始化程序来
接受一个 CGPath 参数，并且为其提供了存储在 arrowPath 属性中的路径。

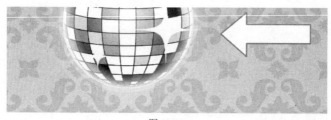

图 12-30

通过这种方式，我们可以创建任何的 CGPath 值，并且让 SKShapeNode 将其绘制到屏幕上。我们可以
通过代码来动态地调整路径上的点，甚至根据用户的输入来临时生成路径。

还需要做一些小的、最终的修改，现在就来做。

在 didMoveToScene()中，添加如下代码：

```
shape.fillTexture = SKTexture(imageNamed: "wood_tinted")
shape.alpha = 0.8
```

这会直接让提示箭头更好地适合于场景，我们用木头材质填充了它，并且给了它一点不透明度，如
图 12-31 所示。

图 12-31

为了快速完成这个关卡，我们给箭头添加一些动作，以使得其在视觉上更好看一些。通过给 didMoveToScene()添加如下的代码行来做到这一点：

```
let move = SKAction.moveByX(-40, y: 0, duration: 1.0)
let bounce = SKAction.sequence([
  move, move.reversedAction()
  ])
let bounceAction = SKAction.repeatAction(bounce, count: 3)

shape.runAction(bounceAction, completion: {
  self.removeFromParent()
})
```

这会创建一个弹跳动画动作，并且在箭头节点上运行它 3 次。当这个动作完成之后，我们从场景中删除该节点。

最后一次编译并运行，并且看看新的提示箭头。注意，它在关卡开始的时候出现，然后在弹跳 3 次之后消失，如图 12-32 所示。

图 12-32

然后，这就结束了。

我们广泛地使用了场景编辑器，学习了 Sprite Kit 中的物理引擎以及如何创建自己的游戏世界，我们打算创建复杂的、基于物理的游戏机制，并且最终我们使用了漂亮的相框、视频和定制的形状。

现在，我们该继续前进，让这只睡意浓浓的小猫去体验下一个领域——电视。在第 13 章中，我们将给 Cat Nap 添加 tvOS 支持，以便玩家能够在大屏幕上玩这款游戏。

当然，你总是能够自己给 Cat Nap 添加更多的关卡。当你在本书剩下的各章中学习了所有那些令人激动的 API 之后，为什么不再回过头来看看 Cat Nap 呢？但是，在继续学习之前，让我们先完成两个快速挑战。

12.5　挑战

挑战 1：提示无处不在

既然 HintNode 已经功能完备了，可以将其添加给 Cat Nap 中的另一个关卡了。思考一下我们是如何在最后的这个关卡中添加该节点的，然后，给关卡 1 添加该节点，如图 12-33 所示，然后再给关卡 2 添加该节点，如图 12-34 所示。

图 12-33

图 12-34

这肯定会让游戏设置更具有可玩性！可以考虑一下其他游戏的关卡，在哪里还可以添加这些提示呢？

挑战 2：当 fillColor 遇到 fillTexture

本章所没有介绍的 SKShapeNode 的一个方面，就是 fillColor 和 fillTexture 之间的关系。在学习本章的过程中，似乎每次都只会看到这二者之一，只要设置了材质，就不会再看到白色的填充了。

实际上，SKShapeNode 的文档说了，一旦设置了材质，fillColor 的值就会被忽略。但是，并不完全是这样，你可以使用 fillColor 来调整材质，从而得到无数多种不同的、彩色的材质。

在这个挑战中，我们将自行尝试它。

打开提示箭头的用户交互，并且，每次用户点击提示箭头的时候，修改形状节点的 fillColor。保存 SKColor 对象的一个数组，分别是红色、黄色和橙色。每次点击的时候，从列表中选取一个随机的颜色，并且将其设置为填充色，如图 12-35 所示。

图 12-35

我希望这个挑战会让你觉得自己回到了学校的美术课上。不妨想一想，蓝色材质和黄色的填充色混合，会得到什么颜色呢？

第 13 章　中级 tvOS

Marin Todorov 撰写

在本章中，我们将把 Cat Nap 推送到起居室的大屏幕上，从而完成这款游戏。如果你还没有 Apple TV，可以直接使用 Apple TV 1080p 模拟器。但是，不要担心，结果值得期待。

在本章中，我们将把目前为止所拥有的关卡放到 Apple TV 上运行，同时还会添加一些新的功能。当然，本章主要关注控制功能的移植，以便玩家能够使用 Apple TV 遥控器来玩游戏。

当你完成了本章之后，小猫已经准备好在 TV 上表演了，如图 13-1 所示。

图 13-1

地毯可能不是红的，但已经非常接近了。小猫还可能会挠坏地毯呢。

注　意
本章从第 12 章的挑战 2 完成的地方开始。如果你没有能够完成第 12 章的挑战，并且跳过了该挑战继续阅读，也不要担心，只要打开本章的初始工程，从正确的位置开始学习就好了。

13.1　添加一个 tvOS 目标

回顾第 7 章，其中我们为 Zombie Conga 设置了一个简单的 tvOS 端口。对于 Cat Nap，我们将采用同样的方法，但是，由于这个工程较为复杂，我们需要多费一些功夫。

然而结果是类似的，最终将会得到两个工程目标，一个用于在 iPhone 和 iPad 上运行的 iOS，另一个用于在 Apple TV 上运行的 tvOS。这两个目标将共享实现游戏设置的代码，但是每个目标都有其自己的工程设置。

在 Xcode 中打开 Cat Nap。在添加针对 Apple TV 的额外的工程目标之前，我们需要将已有的资源目录重命名，以确保用于新的目标的资源目录不会与原有的目录冲突。将 Assets.xcassets 重命名为 Shared.xcassets。此外，如果有一个名为 Game.xcassets 的文件，将其重命名为 SharedGame.xcassets。

然后，从工程导航器中选择工程文件，以查看可用的工程目标的列表。在这个列表的底部，点击+按钮以添加新的目标，如图 13-2 所示。

图 13-2

从弹出的对话框中，选择 tvOS/Application/Game 作为工程目标，如图 13-3 所示。

在 Product Name 处，输入 CatNapTV，并且确保 Language 是 Swift，而 Game Technology 是 Sprite Kit。然后，点击 Finish 按钮以创建新的目标。

Xcode 将会把用于 tvOS 的一个新目标，以及所需的工程文件，都添加到一个名为 CatNapTV 的文件夹中，如图 13-4 所示。到目前为止，一切都还不错。

图 13-3

图 13-4

要开始在 Apple TV 模拟器上测试 Cat Nap，将激活的工程方案修改为 CatNapTV/Apple TV 1080p，如图 13-5 所示。

编译并运行工程，以确保在 TV 模拟器上进行测试，你将会看到默认的工程模板场景，如图 13-6 所示。

图 13-5

图 13-6

注　意

记住，要在模拟器上查看 Apple TV 遥控器，打开 Hardware\Show Apple TV Remote。

上架图像和 3D 图标

在深入到代码中之前，我们将通过添加一个 tvOS 上架图像，加载该图像和 3D 图标，从而完成 Apple TV

目标的设置。

打开 CatNapTV\Assets.xcassets，点击名为 Launch Image 的工程。在本章的资源中，你将会找到一个名为 CatNap_tvOS_LaunchImage.png 的文件，将该文件拖放到这个位置。

还是在 Assets.xcassets 中，展开 App Icon & Top Shelf Image，然后选择 Top Shelf Image 项。将 CatNap_tvOS_TopShelf.png 文件拖放到这里。

最后，选择 App Icon–Large 并且确保 Attributes 检视器是打开的。在 Layers 中，点击+按钮一次，现在应该一共有 4 个图层，分别是 Layer、Front、Middle 和 Back，如图 13-7 所示。

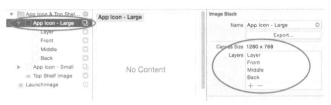

图 13-7

这个列表中的图层是从前向后排序的，因此，从本章中的资源文件的 App Icon–Large 文件夹中，抓取这 4 个图像，并且将它们一个一个地放到较大的图标预览区下方的 4 项中。确保图像的名称和图层的名称是一致的。一旦完成了这些，可以将鼠标指针悬停在预览区域，以查看 3D 图标，如图 13-8 所示。

图 13-8

现在，从资源列表中选择 App Icon–Small，并且对于游戏图标的较小的版本也重复相同的过程，你将会在本章资源的 App Icon–Small 文件夹下找到这些图像文件。

注　意

按照 iPhone 的标准，即便是较小的 TV 图标也是很大的。考虑一下，小图标是 420 像素×200 像素的，iPhone 的全屏幕的分辨率通常是 320×480。

现在，所有的 Apple TV 资源栏已经填好了，如图 13-9 所示。

编译并运行，然后从 Xcode 中停止该程序。你将会看到相应的资源出现在 Apple TV 模拟器中，如图 13-10 所示。

干的不错。接下来，我们要处理代码了。

图 13-9　　　　　　　　　　　　　　　　　　　　　图 13-10

13.2　将代码移植到 tvOS

我们已经知道 Sprite Kit 代码在 iOS 和 tvOS 上都能够运行，而不需要做任何修改。唯一的任务是配置两个工程目标，来共享驱动游戏设置的代码。

看一下工程的 CatNapTV 文件夹下的所有的文件，如图 13-11 所示。打开 AppDelegate.swif 并看一下，其中的代码和 iOS 目标 AppDelegate.swift 中的代码是一样的。GameScene.swift 和 GameViewController.swift 中的代码也是一样的。

既然在前面几章中开发了这些文件，并且添加了 Cat Nap 运行所需的一切，我们直接针对 tvOS 目标来复用这些文件就可以了。

记住了这一点，选择 CatNapTV 中的如下的文件并且删除它们：

- AppDelegate.swift；
- GameScene.sks；
- GameScene.swift；
- GameViewController.swift。

我们将使用它们所对应的 iOS 目标文件。实际上，除了在 CatNapTV 中保留的 4 项，我们准备都使用你在 iOS 目标中所创建的文件。

但是首先，你需要将 iOS 文件添加到 tvOS 目标中。遗憾的是，添加它们的唯一的方法，是在每一个文件夹中单独选中这些文件中的每一个。

现在就这么做，在文件列表中选中所有必需的文件组，然后，确保在 Attribute 检视器中选中 CatNapTV 复选框，如图 13-12 所示。

图 13-11　　　　　　　　　　　　　　　　　　　　图 13-12

选中 CatNapTV 目标中的如下文件：

- CatNap/video/discolights-loop.mov：迪斯科舞灯光视频；
- CatNap/video/disco-sound.m4a：迪斯科舞音轨；
- CatNap/Scenes/*.sks：包含了保存的场景的所有 .sks 文件；

- CatNap/Sounds/*mp3：所有的声音文件；
- CatNap/Nodes/*.swift：如果将目录中的节点类分离出来的话，将所有这些节点包含到新的目标中；
- CatNap/*.swift：所有剩余的 Swift 代码文件，确保没有在这个目录中包含其他的文件；
- SKTUtils/*.swift：SKTUtils 库中的所有 Swift 文件。

这应该是开发 Cat Nap 的 iOS 版本所涉及的所有文件了。编译这个工程，看看现在的状态。Xcode 会试图编译工程，但是会编译失败，并且报告如下的 3 个错误，这些错误都位于 GameViewController.swift 中：

- There is no shouldAutorotate() defined in UIViewController to overwrite, like you had in iOS；
- There is no prefersStatusBarHidden() defined in UIViewController；
- Finally, UIInterfaceOrientationMask is missing.

Xcode 报错的含义是什么呢？在 tvOS 上，UIViewController 并不支持旋转，因此游戏的 tvOS 版本并不支持和旋转相关的方法。想象一下，如果你试图旋转自己的、昂贵的 70 英寸的电视机，将会怎样。

此外，在 iOS 中和隐藏状态栏相关的辅助方法没有了，实际上，AppleTV 并不会在屏幕的顶部显示状态栏。

不用担心。 你仍然可以保留这些用于 Cat Nap 的 iOS 版本的方法。

从 Xcode 的主菜单中，选择 File/NewFile...，并且选择 iOS/Source/Swift File 作为文件模板。将新的文件命名为 GameViewController+iOS.swift。对于那些仅用于 iOS 版本的方法，我们将使用这个文件。

用如下的代码行，替换默认的 import Foundation 代码行：

```
import UIKit

extension GameViewController {

}
```

将 GameViewController.swift 中抛出错误的这 3 个方法，移入到 GameViewController+iOS.swift 中：

- shouldAutorotate()
- supportedInterfaceOrientations()
- prefersStatusBarHidden()

打开 GameViewController+iOS.swift，查看一下 Attributes 检视器，并且确保只有 CatNap 复选框选中，如图 13-13 所示。

图 13-13

通过排除这些文件并且将所有和 iOS 相关的方法单独放置，我们可以确保针对 tvOS 编译的时候不会遇到错误。实际上，Xcode 错误已经消除了，因此，再次编译并运行游戏，如图 13-14 所示。

你可能能够听到游戏的音乐以及小猫在背景中打呼噜的声音，但是，看上去所有的材质都漏掉了。因此，还有最后一步，就是选择 CatNap/Shared.xcassets 并将其添加到 CatNapTV 目标中。

这一次，一切看上去都很完美了，如图 13-15 所示。

图 13-14

图 13-15

13.3 Apple TV 遥控，第 2 轮

在第 7 章中，我们学习了如何跟踪在 Apple TV 遥控触摸板上的触摸。这对于 Zombie Conga 很有效，但是对于 Cat Nap，需要做一些不同的事情，因为玩家需要能够精确地选定他们想要销毁的木头块。

新的控制还必须和 iOS 游戏的控制有所不同。

对于 tvOS 来说，我们让用户一个一个地选择场景中的激活元素，直到他们确定了要和哪一个元素进行交互。

我们还要为当前选中的节点添加一个动画，以便玩家能够清楚地看到他们将要销毁哪一个木头块，如图 13-16 所示。

一旦玩家选中了想要销毁的木头块，他就能够在遥控上点击，以便与该节点交互。在一个木头块上点击将会销毁它，在弹簧上点击将会把小猫弹到空中。

我们将分 3 步来添加这些新的控制机制：

1. 获取当前关卡中的所有激活项的列表；
2. 让玩家遍历这个列表；
3. 监控在遥控上的点击，并且将这些事件转发给当前选中的节点。

图 13-16

13.3.1 TV 控制第 1 部分：谁应该采取行动

现在该来给游戏添加新的代码了。

第 1 项任务是找出当前关卡中允许用户与其交互的所有节点。做到这一点的最好的方法是，查询场景中的所有的子节点，并且找出那些遵从 InteractiveNode 协议的节点。

首先，我们想要让所有 tvOS 相关的代码能够和 iOS 特定的代码分离开来。在本章前面，我们通过创建一个类扩展文件，并且把该文件排除在 tvOS 目标之外，从而强制做到了这一点。既然这种方法有效，我们这里要做一些类似的事情。

这一次，不是排除针对 Apple TV 发挥作用的部分，相反，添加这部分代码，但是，只是针对 tvOS 目标添加它们。

打开 GameScene.swif 并且找到最顶部的文件，添加一个新的协议，GameScene 将遵守这个协议，但是，只是在游戏的 Apple TV 版本中才遵守该协议。为了做到这一点，添加一个新的文件，它定义了 GameScene 的一个扩展，但是，只是将该文件添加到 tvOS 工程目标中。

```
protocol TVControlsScene {
    func setupTVControls()
}
```

选择 CatNapTV 文件夹，并且从 Xcode 的主菜单中，选择 File/NewFile...，并且选择 tvOS/Source/Swift file 作为文件模板。将新的文件命名为 GameScene+TV.swift。

当打开了 GameScene+TV.swift 的时候，确保在 Attributes 检视器的 Target Membership 中，选中了 CatNapTV 目标，如图 13-17 所示。

现在，用如下的、空的扩展替换文件的内容：

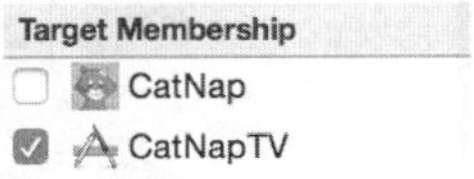

```
import SpriteKit

extension GameScene: TVControlsScene {

    func setupTVControls() {

    }
}
```

Target Membership

☐ CatNap

☑ CatNapTV

图 13-17

我们定义了 GameScene 的一个扩展，它遵从 TVControlsScene 协议，并且还添加了一个空白的 setupTVControls()方法，以便 Xcode 能够愉快地避免编译错误。

这一配置的好处在于，这个扩展只是存在于 tvOS 工程目标中。这意味着，可以直接检查主 GameScene 文件以确定 GameScene 是否遵从 TVControlsScene。这是查看在 iOS 还是在 tvOS 上运行的好办法。然后，可以相应地设置游戏控制。

说到这里，现在正是这么做的好时机。打开 GameScene.swift，给 didMoveToView(_:)添加如下的代码：

```
let scene = (self as SKScene)
if let scene = scene as? TVControlsScene {
  scene.setupTVControls()
}
```

这段代码做了一些事情，首先它将 GameScene 的当前类实例转换为一个泛型的 SKScene 类型，然后，检查泛型类型是否是一个真正的 TVControlsScene，这只有在一个 tvOS 目标上才会为真。

如果在一台 Apple TV 上运行，直接调用 setupTVControls()，我们将只和 tvOS 上的用户体验相关的所有代码都放到了这里。到目前为止，一切都还不错。

切换回 GameScene+TV.swift，因为接下来，我们打算查询激活节点的场景，例如，那些支持用户交互的节点。

首先，在 extension 代码行之上，但是在扩展代码之外，添加两个变量：

```
private var activeNodes = [SKNode]()
private var currentNodeIndex = 0
```

activeNodes 将包含当前关卡中的所有激活节点的列表，而 currentNodeIndex 直接是该列表中当前选中的节点的索引。

现在，给扩展添加一个新的方法：

```
func setupSelectableNodes() {
  activeNodes = []

  enumerateChildNodesWithName("//*", usingBlock: {node, _ in
    //check the node

  })
}
```

setupSelectableNodes()一开始并不起眼，但是它将实现一些美妙的事情。

这里，我们一开始只有一个空的激活节点的列表，然后，遍历场景中所有的节点。记住，我们使用了第 10 章中的技术，遍历了场景中所有的节点，并且调用其各自的 didMoveToScene()方法。

接下来，用如下内容替换//check the node 部分：

```
if node is InteractiveNode && node.userInteractionEnabled {
  activeNodes.append(node)
}
```

这段代码检查了当前节点是否接受用户触摸，以及它是否是一个 SKSpriteNode，如果是这种情况下，直接将其添加到 activeNodes。

要看看 setupSelectableNodes()是否已经准备好了，在该方法的末尾，添加如下这行代码：

```
print(activeNodes)
```

现在，我们需要调用该方法，看看它是否会找到了当前场景中所有的活跃节点。在 setupTVControls() 中，添加如下代码行：

```
setupSelectableNodes()
```

编译并运行，并且查看控制台输出，如图 13-18 所示。

```
bed added to scene
cat added to scene
[<SKSpriteNode> name:'block' texture:[<SKTexture> 'wood_vert1' (120 x 340)] position:{1024, 330} scale:{1.00,
1.00} size:{120, 340} anchor:{0.5, 0.5} rotation:0.00, <SKSpriteNode> name:'block' texture:[<SKTexture>
'wood_vert1' (120 x 340)] position:{1264, 330} scale:{1.00, 1.00} size:{120, 340} anchor:{0.5, 0.5} rotation:
0.00, <SKSpriteNode> name:'block' texture:[<SKTexture> 'wood_horiz1' (496 x 160)] position:{1050, 580} scale:
{1.00, 1.00} size:{496, 160} anchor:{0.5, 0.5} rotation:0.00, <SKSpriteNode> name:'block' texture:[<SKTexture>
'wood_horiz1' (496 x 160)] position:{1050, 740} scale:{1.00, 1.00} size:{496, 160} anchor:{0.5, 0.5} rotation:
0.00, <SKSpriteNode> name:'hint' texture:['nil'] position:{1484.2576904296875, 399.57766723632812} scale:{1.00,
1.00} size:{100, 100} anchor:{0.5, 0.5} rotation:0.00, <SKSpriteNode> name:'cat_body' texture:[<SKTexture>
'cat_body' (238 x 214)] position:{22, -112} scale:{1.00, 1.00} size:{238, 214} anchor:{0.5, 0.5} rotation:0.00]
```

图 13-18

你将会看到所有交互性木头块的详细信息。如果运行关卡 1，将会有 4 个木头块、一个提示箭头和小猫的身体。

在继续之前，先注释掉 print(activeNodes)这行代码，以避免输出消息把控制台搞乱了：

```
// print(activeNodes)
```

现在，我们已经让所有的木头块都对齐了，可以添加 TV 控制以便让玩家选择木头块了。

13.3.2 TV 控制第 2 部分：停留在循环中

Apple TV 遥控器并不是用于精确控制的、像鼠标一样的控制器，我们不能够像在 iPhone 屏幕上那样直接触摸对象。

好在，就像 UIResponder 的所有子类一样，我们可以为 Spite Kit 视图分配手势识别程序，来识别 Apple TV 遥控触摸屏表面的各种手势，例如划动和点击。而且，手势识别程序是同 Cat Nap 进行交互的一种很好的方法。

正如我们在第 7 章中见到过的，tvOS 会将 Apple TV 遥控器上的用户触摸转发给 Sprite Kit 视图。对于手势识别程序来说，也是这样的，你可以创建识别程序并将其添加到游戏视图，它们将针对来自 Apple TV 遥控器的触摸而开展工作。

那么，还有什么地方比 setupTVControls()更加适合添加手势识别程序呢？

在 GameScene+TV.swift 中，给 setupTVControls()添加如下代码：

```
let swipeLeft = UISwipeGestureRecognizer(target: self,
  action: #selector(didSwipeOnRemote(_:)))
swipeLeft.direction = .Left
view!.addGestureRecognizer(swipeLeft)

let swipeRight = UISwipeGestureRecognizer(target: self,
  action: #selector(didSwipeOnRemote(_:)))
swipeRight.direction = .Right
view!.addGestureRecognizer(swipeRight)
```

通过添加这段代码，我们创建并添加了两个划动手势识别程序，一个用于检测向左的划动，一个用于检测向右的划动。这两个识别程序调用相同的方法，也就是 didSwipeOnRemote(_:)，在该方法中，我们会直接将当前选中的节点修改为前一个节点或下一个节点。

为 didSwipeOnRemote(_:)添加如下的基本内容：

```
func didSwipeOnRemote(swipe: UISwipeGestureRecognizer) {
  guard activeNodes.count > 0 else {
    return
  }
}
```

首先，这段代码检查了是否有任何激活的节点。你可能不希望有一个没有任何交互性木头块或其他内容的关卡，但是，这个检查更多地用于在关卡结束的时候，避免当所有的木头块都已经销毁之后，玩家还会错误地划动。

接下来，需要根据划动的方向来更新当前索引。如果玩家向右划动，增加索引以选择下一个节点；如果玩家向左划动，减少索引。

在 didSwipeOnRemote(_:)的末尾，添加如下的代码：

```
var newIndexToSelect = currentNodeIndex

if (swipe.direction == .Right) {
  newIndexToSelect += 1
} else {
  newIndexToSelect -= 1
}
```

这段代码负责正确地调整索引。然而，仍然需要处理索引超出了激活节点列表的边界的情况。并且，还需要让玩家遍历列表。

在所添加的 if 语句块的后面，添加如下代码：

```
if newIndexToSelect < 0 {
  newIndexToSelect = activeNodes.count-1
} else if newIndexToSelect > activeNodes.count-1 {
  newIndexToSelect = 0
}
```

现在，如果索引小于 0 或者大于里列表中的最后的索引，我们将会改变方向，向相反的方向进行。

最后，需要使用当前的索引选择节点。为了做到这一点，添加如下这行代码：

```
selectNodeAtIndex(newIndexToSelect)
```

你知道，我们还没有创建一个名为 selectNodeAtIndex 的方法，当然，Xcode 会对此报错。

现在，给这个类添加所缺的方法：

```
func selectNodeAtIndex(index: Int) {
  guard activeNodes.count > 0 else {
    return
  }
}
```

Xcode，这下你应该满意了吧！现在，有了一个名为 selectNodeAtIndex(_:)的方法，因此算是安抚下 Xcode，让它不再报错了。

就像你所添加的其他方法一样，这个方法也是以一条 guard 语句开头的，以确保场景中有激活的节点。

接下来，我们打算运行一个重复的动画，以淡化当前选择的节点。我们需要两个 SKAction 实例来构建这个淡化动画。

由于每次玩家改变选择的时候，我们都要运行 selectCurrentNode(_:)，因此我们想要只创建动画一次，并且每一次都重用它。滚动到文件的顶部，并且添加两个私有的常量：

```
private let fadeOut = SKAction.fadeAlphaTo(0.5, duration: 0.5)
private let fadeIn = SKAction.fadeAlphaTo(1.0, duration: 0.5)
```

前者定义了一个淡出动画，而后者定义了一个淡入动画。在所选择的节点完全透明之前，你是不会淡入所选择的节点的，因为那样的话看上去会很糟糕，因此，等到节点变得半透明的时候再淡入它，然后，将其淡入到 100% 的不透明度。

滚动回到 selectNodeAtIndex(_:)，并且添加如下的内容：

```
activeNodes[index].runAction(
  SKAction.repeatActionForever(
    SKAction.sequence([fadeOut, fadeIn])
  )
)
```

这里，我们通过使用 index 方法参数，访问了 activeNodes 中当前选中的节点，随后，运行了该节点上的动画序列。这将会使得当前节点淡入并淡出。

现在是看看屏幕上最终发生的事情的好时机。

为了预先选中关卡中的第 1 个激活节点，给 setupTVControls() 添加如下这行代码：

```
selectNodeAtIndex(0)
```

这行代码直接选中了 setupSelectableNodes() 所找到的第 1 个节点。

现在，编译并运行。将会看到一个木头块很好地实现了动画，并且向玩家显示了场景中当前选中的元素是哪一个，如图 13-19 所示。

图 13-19

既然已经使用了划动手势识别程序，尝试在 Apple TV 遥控器上向左和向右划动，以看看结果，如图 13-20 所示。

图 13-20

当然，由于我们还没有编写代码来取消对当前节点的选中，随着你的划动，两个节点都变成了选中的，但是，我们稍后将修正这个问题。

你可能也注意到了，当你第一次划动的时候，顶部的木头块消失了，我们将在本章的挑战中修正这个问题。

13.3.3 和 Apple TV 模拟器交互

如果你没有阅读前面关于 tvOS 的章节，可能会奇怪，为什么要和 Apple TV 模拟器交互。不要担心，这很容易。

当你在运行 Apple TV 模拟器的时候，从其主菜单中选择 Hardware/Show Apple TV Remote。这将会打开 Apple TV Remote 模拟器窗口，如图 13-21 所示。

看到了一个很大的空的区域？这是一个虚拟的遥控器触摸板。要模拟一次划动，将鼠标悬停在触摸板的区域之外，然后，按下 Option 键并且在触摸板上划动，当到达触摸板的末端的时候，释放 Option 键。这需要练习一下，但是，你很快就会掌握。

取消选取的节点

现在，显然需要添加一些代码来放弃对节点的选择，否则的话，关卡很快就会变得乱糟糟的。

在 selectNodeAtIndex(_:)的末尾，添加如下的代码：

图 13-21

```
if currentNodeIndex < activeNodes.count && index !=
currentNodeIndex,
    let node = activeNodes[currentNodeIndex] as? SKSpriteNode {
      node.removeAllActions()
      node.alpha = 1.0
}
```

首先,检查当前选中的节点的索引是否仍然在激活节点列表的边界之内。什么时候才会是这种情况呢？如果你销毁了列表中的最后一个节点，其索引将会变得比当前的最后的索引还要大。在这种情况下，不需要取消对节点的选择，该节点已经销毁了。

if 语句中的第 2 个条件，检查当前选择的节点是否也是要选取的新节点。这种情况乍一看有点令人混淆，当在关卡刚开始的时候就是这样的，这个检查确保了当第 1 个木头块默认选中的时候，你不会停止其上的动画。

另一方面，如果之前选中的节点仍然在场景中，你会删除其所有运行的动作，由此停止淡入淡出动画。然后，将 alpha 重置为 1.0，由此，该节点不再显示为被选中。

作为最后一点修改，你需要更新当前选择的索引，因此，在同一方法中添加如下的代码行：

```
currentNodeIndex = index
```

编译并运行，你将会注意到，当你遍历木头块的时候有一点奇怪，有一次划动会取消对当前木头块的选中，但是不会选择任何其他的内容。之所以发生这种情况，是因为当你第一次运行 setupSelectableNodes() 的时候，提示箭头出现了，但是，当它过一会儿消失了的时候，你仍然在 activeNodes 中拥有它的一个引用。

要快速地解决这个问题，打开 HintNode.swift 并且从类定义中删除 InteractiveNode。通过这种方式，当查询场景中的激活节点的时候，setupSelectableNodes()将略过该节点。

这应该能够修复遍历节点的问题，这样一来，我们已经准备好为游戏添加一些破坏性的动作了。

13.3.4 TV 控制第 3 部分：点击所有内容

在 Cat Nap 的 iOS 版本中，每个定制的节点都处理自己的点击。例如，当玩家点击屏幕上的某一个点的时候，该位置的节点会接受一条 touchesEnded(_:withEvent:)消息，而这个方法反过来调用 interact()。

然而，正如我们在第 7 章中所学过的，在 Apple TV 上，你不能获得触摸的精确坐标，并且不能指望着玩家能够精确地点击场景上的节点。

但是对于 Cat Nap 来说，既然我们已经添加了负责根据划动来处理节点选择的代码，只要知道玩家点击了遥控器已经足够了。因此，只要玩家在遥控器上点击，你就已经知道他们想要和哪个节点交互了。这就像是，一个简单的点击手势识别程序应该足够完成游戏设置并且让游戏在 Apple TV 立刻运行了。

首先，给 Sprite Kit 添加一个点击手势识别程序。打开 GameScene +TV.swift，并且给 setupTVControls() 添加如下的代码：

```
let tap = UITapGestureRecognizer(target: self,
  action: #selector(didTapOnRemote(_:)))
view!.addGestureRecognizer(tap)
```

我们已经添加了针对向左划动和向右划动的识别程序了，并且按照相同的方式，我们给场景视图添加了一个简单的点击识别程序。

首先，给 didTapOnRemote(_:)函数添加如下的基本内容：

```
func didTapOnRemote(tap: UITapGestureRecognizer) {
  guard activeNodes.count>0 else {
    return
  }
}
```

我们还是先检查激活的节点。

接下来，我们需要将当前节点强制转换为 InteractiveNode，并在其上调用 interact()。为此，将如下内容添加到 didTapOnRemote(_:)。

```
if let node = activeNodes[currentNodeIndex] as? InteractiveNode {
  node.interact()
}
setupSelectableNodes()
```

我们使用一个 if let 结构来强制转换当前节点，然后，在选择的节点上调用 interact()，该方法会调用该节点的动作，让木头块销毁掉，或者如果是处在迪斯科舞时间的话，让小猫跳舞，等等。最后，调用 setupSelectableNodes()，因为作为调用 interact()的结果，可能会有几个节点需要遍历。

这样，我们就准备好了划动和点击识别程序了。

编译并运行，这一次，可以玩游戏了，如图 13-22 所示。

图 13-22

这款游戏在大屏幕上看上去绝对炫目。使用 Apple TV 模拟器有一点难度，你需要习惯它，但是，用真正的 Apple TV 遥控器玩游戏的话，绝对是乐趣无穷。

准备好跳到沙发上开始在 TV 上玩 Cat Nap 吧！

13.4　挑战

我们已经在本章中介绍了很多的 tvOS 概念，Cat Nap 基本的游戏设置也在 Apple TV 上工作得很好了。但是，我们还是需要做一些小事情来进一步完善这款游戏。

这些挑战都是可选的。如果你想要开始开发本书中的下一个游戏，请直接跳到下一章阅读。如果你还没有和小猫玩够，并且想要进一步改进 Cat Nap 的代码，请继续阅读。

挑战 1：打磨 Apple TV 上的所有关卡

当前，Cat Nap 在 Apple TV 上能够发挥其功能，但是，有 4 个细节可以优化，以提高其性能。

（1）　当一个节点销毁的时候，选择下一个节点。

现在，当我们销毁了一个木头块的时候，选取会消失，如图 13-23 所示。

图 13-23

为了让玩家继续进行，我们应该自动选择激活节点列表中的下一个节点。可以通过检查，在当前节点上调用了 interact() 之后，激活节点的数目是否发生了变化，从而很容易地实现这一点。如果激活节点的数目改变了，可以直接调用 selectNodeAtIndex(_:) 来选择下一个节点。

完成后的代码段如下所示：

```
let originalCount = activeNodes.count

if let node = activeNodes[currentNodeIndex] as? InteractiveNode {
  node.interact()
}
setupSelectableNodes()

if originalCount != activeNodes.count {
  selectNodeAtIndex(currentNodeIndex)
}
```

每次玩家销毁一个木头块，这段代码将会调整选择。在这里，玩家是很受欢迎的。

（2）删除小猫的淡出动画

由于小猫有时候是场景中的最后一个激活节点，当玩家解决了这个关卡的时候，小猫是剩下的唯一一个选中的节点。这就是为什么当小猫应该安静地躺在床上睡眠的时候，它还会时隐时现，这只不过是因为动画循环还在继续运行，如图 13-24 所示。

图 13-24

要修正这个问题，当小猫落到床上或者地面上的时候，直接删除在其上运行的所有动作。

首先，打开 CatNode.swift 并且滚动到 curlAt(_:)，在其顶部，添加如下的代码行：

```
removeAllActions()
alpha = 1.0
```

这将会在加载小猫蜷缩的帧序列之前，删除所选节点的动画。

现在，在相同的文件中，找到 wakeUp()，并且在其顶部添加如下的代码：

```
removeAllActions()
alpha = 1.0
```

这将会在小猫落下并落到地面上之前，从小猫上删除掉选取动画。现在，一切都正常了，如图 13-25 所示。

图 13-25

（3）双击或黑魔法

我们已经构建了很好的机制来处理在 iPhone、iPad 甚至 AppleTV 遥控器上的点击事件。

但还是有一个问题：节点要接受 touchesEnded (_:withEvent:)消息。实际上，如果没有在 Apple TV 遥控器上做一种特定的划动的话，将会把游戏搞混淆，这真是要命。

打开 Cat Nap 的关卡 1，并且在遥控器上做一些划动动作。确保在划动到红线的末端的时候停止下来，如图 13-26 所示。

在尝试几次之后，你会看到一些有趣的事情发生：一个木头块消失了，即便你并没有点击它并销毁它，此时，它甚至没有被选中。

之所以发生这种情况，是因为如果你做一次上述的划动，最终，你大概会在屏幕中央附近触摸到触摸板。遥控器会将这一次触摸转发给响应链，并且该事件最终在屏幕中央的木头块上调用了 touchesEnded (_:withEvent:)。

图 13-26

看上去你似乎必须在 tvOS 上关闭 touchesEnded(_:withEvent:)，但仍然要保留 userInteractionEnabled。

为了做到这一点，使用处理器宏。我们将把所有的交互性节点上的 touchesEnded(_:withEvent:)方法标记为仅用于 iOS 的方法，当你编译 tvOSApp 的时候，Xcode 将不再会编译这些方法。

打开 BlockNode.swift，并且将 touchesEnded(_:withEvent:)包含到一个宏#if 条件中：

```
#if os(iOS)
override func touchesEnded(touches: Set<UITouch>, withEvent event:
UIEvent?) {
  super.touchesEnded(touches, withEvent: event)
  print("destroy block")
  interact()
}
#endif
```

这个宏告诉 Xcode，只有在针对 iOS 编译的时候才包含这一部分源代码。当你编译 tvOS 应用程序的时候，就好像 touchesEnded(_:withEvent:)并不存在于 BlockNode 类中一样。这将会解决节点交互的黑魔法问题。

为了防止这个问题在整个游戏中出现，检查 CatNode、SpringNode、StoneNode、PictureNode 和 DiscoBallNode 节点，并且对这些节点中的每一个，都将 wrap touchesEnded(_:withEvent:)包含到一个#if 宏之中。

（4）根据设备调整游戏设置

Cat Nap 现在已经能够在 iPhone 和 iPad 触摸屏上以及 Apple TV 遥控器上工作了。游戏的这两个版本看上去是完全相同的，但是，控制和输入方法有一些不同。

无法避免的结果是，不同版本的游戏在用户体验上有所差异。当你将 Sprite Kit iOS 游戏移植到 OS X 上的时候，当游戏在 Apple TV 上运行的时候，都会有这种情况。

这种用户体验的差异的一个例子是最后一个关卡，也就是关卡 6。当你在 iPhone 或 iPad 上玩游戏的时候，你可以点击迪斯科舞灯球。当然，当你这么做的时候，将会进入迪斯科舞模式，你还可以点击小猫以让它跳舞。

另一方面，当你在 Apple TV 上玩游戏的时候，必须遍历所有的木头块（并且这个关卡中有足够多的木头块），然后才能到达迪斯科舞灯球。在你进行一次长长的划动之后，必须点击了迪斯科灯舞球，并且再次开始遍历多个木头块，直到到达小猫，如图 13-27 所示。

图 13-27

由于必须重复这个过程几次，才能够解决这个关卡，玩家在 Apple TV 上玩 Cat Nap 的时候可能会丧失兴趣。想象一下，他们要通过进行完所有必要的点击并跳舞（而不是点击了就能跳舞），才能够解决这个关卡，然后进入下一个关卡，只要操作上出现一次失误，就会又回到迪斯科舞灯球。

为了让玩家能够在 Apple TV 上持续玩这个关卡，我们对关卡进行一些调整，让玩家能够更快地打通这个关卡，这似乎是一个好主意。

例如，可以调整小猫在每一次跳舞过程中移动的距离。为了做到这一点，像下面这样调整代码：

```
#if os(iOS)
let move = SKAction.sequence([
  SKAction.moveByX(80, y: 0, duration: 0.5),
  SKAction.waitForDuration(0.5),
  SKAction.moveByX(-30, y: 0, duration: 0.5)
])
#endif
#if os(tvOS)
let move = SKAction.sequence([
  SKAction.moveByX(200, y: 0, duration: 0.5),
  SKAction.waitForDuration(0.5),
  SKAction.moveByX(-50, y: 0, duration: 0.5)
])
#endif
```

在实现了这些代码之后，在 Apple TV 或 Apple TV 模拟器上尝试这个关卡，你现在会看到，这个关卡更好玩一些了。

恭喜你！

我们将整个 Cat Nap 游戏都移植到了 Apple TV 上，并且，如果你打开开始菜单，一些额外的关卡甚至一些 Game Center 集成功能会出现，这个游戏已经准备好闪亮登场了。或者，我们应该坐在沙发上开始玩游戏了。我希望你喜欢这个小游戏的开发过程，并且希望你一路学到了有关 Sprite Kit 的众多知识。

现在，我们开始下一个历险，Drop Charge！

第三部分　果　　汁

在这个部分中，我们将学习如何通过添加一系列的特殊效果和激励（又叫做"果汁"），让一款很好的游戏变成伟大的游戏。

在这个过程中，我们将创建一款名为 Drop Charge 的游戏，其中，一位太空英雄肩负着摧毁外星人的太空飞船的使命，并且要在飞船爆炸之前带你逃生。为了做到这一点，太空英雄只需要从一个平台跳到另一个平台，一路上收集特殊的奖励物品，但是要注意，不要掉到火热的岩浆之中。

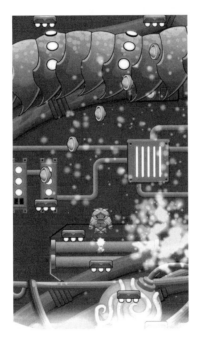

第 14 章 开发 Drop Charge

Michael Briscoe 撰写

在这一部分中，我们将利用目前为止所学的知识，来创建一款名为 Drop Charge 的、不断循环的、平台跳跃游戏。我们还将学习如何通过添加"果汁"（那些可以收集的特殊物品），将一款很好的游戏变为优秀的游戏，从而让你的游戏脱颖而出。

我们将在接下来的 4 章中，分多个步骤，做到如下这些事情甚至更多：

第 14 章 开发 DropCharge。我们将使用场景编辑器和代码来组合基本的游戏设置，充分利用在前面各章中学习到的 Sprite Kit 的功能。

第 15 章 状态机。我们将学习状态机以及如何使用它。

第 16 章 粒子系统。我们将学习如何使用粒子系统来创建令人惊讶的特殊效果。

第 17 章 点亮游戏。我们将使用音乐、声音、动画以及更多的粒子系统和其他的特殊效果来装饰游戏，让你体验掌握这些细节技术的好处。

当我们完成的时候，Drop Charge 将会如图 14-1 所示。

在 Drop Charge 中，你是一位太空英雄，肩负摧毁外星人的飞船的使命，并且要在爆炸之前逃生。为了做到这一点，你必须从一个平台跳到另一个平台，一路上收集特殊的奖励物品，但是要注意，不要掉到火热的岩浆之中。

图 14-1

注　意

本章是可选内容，它只是回顾了我们目前为止所学习过的内容。如果你想要进行一些额外的练习，以开发一款很酷的游戏，那么你应该阅读本章；但是，如果你很自信已经理解了前面所介绍过的内容，请自行跳到下一章。

14.1 开始

就像在前面的各章中所做的一样，启动 Xcode 并且使用 iOS \ Application \ Game 模板创建一个新的项目。输入 DropCharge 作为 Product Name，并确保 Language 设置为 Swift，Game Technology 设置为 SpriteKit，Devices 设置为 Universal。

Drop Charge 设计为以竖屏模式运行。因此，在项目导航器中点击 DropCharge，确保选中了 General 标签页，点击 DropCharge 目标，并且去掉在 Device Orientation 部分列出的 Landscape 的相关选项，如图 14-2 所示。

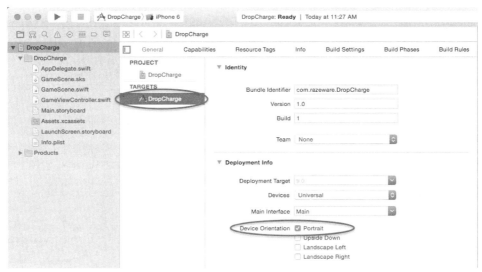

图 14-2

此外，打开 Info.plist 并且找到 Supported interface orientations (iPad)条目。删除 Portrait (top home button)、Landscape (left home button)和 Landscape (right home button)等条目。

添加图片

在 Xcode 中，打开 Assets.xcassets 并且删除 Spaceship 条目。然后，选择 AppIcon，并且将 starter\resources\icons 中相应的图标拖放到每一栏中，如图 14-3 所示。

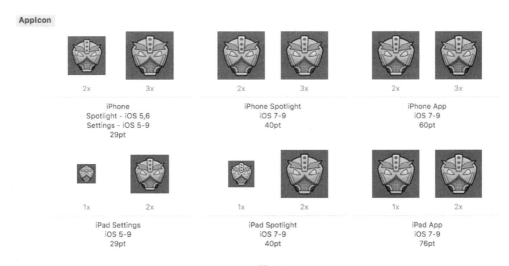

图 14-3

最后，将 starter\resources\images 文件夹中的文件和文件夹都拖放到 Assets.xcassets 的左边栏中，从而导入该游戏所需要的图片。

可选的操作：这可能是设置启动界面的好时机，如果你喜欢启动界面的话。可以从 starter\resources\images 中找到启动界面的图片。如果需要帮助的话，请参考第 1 章。

14.2 在场景编辑器中构建游戏世界

既然已经设置好了项目,并且也准备好了图片,就可以开始在场景编辑器中工作了。这个小节是对第 8 章的内容的一个回顾。

第一步是将场景编辑器配置为合适的模式,在这个例子中,就是竖向模式。

14.2.1 配置场景

打开 GameScene.sks,并且选择 Attributes 检视器。将 Size 设置为 W: 1536 和 H: 2048,如图 14-4 所示。

记住,这是用于本书中的所有游戏的标准场景大小,只不过是以竖向模式,而不是横向模式。

从 Object Library 库中,把一个空节点拖放到场景中。将这个节点命名为 World,并且将其位置设置为 (768, 1024)。所有其他的节点,都将是这个节点的子节点。这是一种方便的技巧,因为它允许你通过移动 World 节点,来很容易地一次性地移动场景中的所有对象,在稍后当我们实现一次屏幕振动效果的时候,这一技术很有用。

接下来,将另一个空的节点拖动到场景中。将这个节点命名为 Background,并且将其 Parent 设置为 World,将其 Position 设置为 (0, 0)。我们将把所有的背景当做这个节点的子孙来添加,因此,这将使得我们通过移动 Background 节点来很容易地一次性移动所有背景。

图 14-4

添加最后一个空节点。这一次,将其命名为 Overlay。将其 Parent 设置为 Background,并且将其 Position 设置为 (0, 0)。这个节点将会保存所有的背景材质。将它们添加到 Overlay 节点而不是直接添加到 Background 节点,原因在于,我们最终将创建 Overlay 节点的多个副本,以便能够实现连续滚动的背景。

14.2.2 添加背景精灵

现在,有了一些漂亮的图片。由于 Drop Charge 将会随着游戏的进行而上下滚动,我们打算制作多个材质组合而成的一个背景。稍后,在代码中,当需要的时候,我们将复制 Overlay 节点以重复背景。

在 Utilities Area 中,选择 Media Library,并且把 bg_1 拖放到场景中。

将其命名为 SKSpriteNode bg1,将其 Parent 设置为 Overlay,将其位置设置为 (0, -1024),Anchor Point 设置为 (0.5, 0.0),如图 14-5 所示。

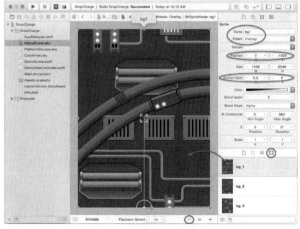

图 14-5

在布局场景的时候，该图片显得有点太大的。记住，为了更好地呈现场景的视觉效果，我们可以通过点击场景编辑器底部的减号（−）按钮来缩放它。

使用如下的设置，将剩下的两个 bg 节点添加给 Overlay 节点：

Media	Name:	Position		Anchor Point	
		X:	Y:	X:	Y:
bg_2	bg2	0	1024	0.5	0
bg_3	bg3	0	3072	0.5	0

将锚点设置为 SKSpriteNode 的中央居下的位置，这有助于定位堆叠式的背景，因为你可以针对每一个额外的材质，将材质的高度加到其 y 位置上。

为了让背景更加有趣一些，我们添加一些装饰。使用如下的设置，给 Overlay 节点添加 midground 角色：

Media	Name:	Position		Z Position:
		X:	Y:	
midground_1	m1	0	0	1
midground_2	m2	0	1690	1
midground_3	m3	0	3088	1
midground_4	m4	0	4726	1

完成后的背景节点如图 14-6 所示。

效果如何呢？编译并运行以看看现在的进展，如图 14-7 所示。

图 14-6

图 14-7

我们已经完成了背景。这只是意味着，现在要开发前景了。

14.2.3　添加前景精灵

首先，在场景中添加另一个空的节点。将其命名为 Foreground，将其 Parent 设置为 World，将其 Position 设置为(0, 0)，将其 Z 位置设置为 2。这里，我们将继续使用空节点表示游戏中的"层"的方法，这一次，是针对前景诸如标题文本、玩家和炸弹这样的对象。

从 Media Library 中，使用如下的设置给 Foreground 节点添加 4 个精灵：

Media	Name:	Position		Scale		Z Position:
		X:	Y:	X:	Y:	
DropCharge_title	Title	0	410	1	1	1
Ready	Ready	0	0	0	0	1
player01_jump_1	Player	0	-460	1	1	3
bomb_1	Bomb	25	-417	1	1	1

我们将这样使用这些精灵：

- Title 是游戏的标题，我们将会显示它，直到玩家点击屏幕开始游戏。
- Ready 是当游戏加载并且准备好可以开始玩的时候显示一次的内容。
- Player 是太空英雄，也是玩家的角色。
- Bomb 是太空英雄将要扔出去炸毁外星人飞船的炸弹，它使得玩家的动作开始执行。

接下来，我们打算添加最后一个前景节点，即火山岩浆。

岩浆是敌人！在太空英雄试图逃生的时候，它不断地喷出。玩家必须避免掉入到岩浆之中，或者说，冒着最终被烧死的危险。

从 Object Library 中，拖放一个 Color Sprite 到场景中。在第 16 章中，我们将给这个精灵添加一个不错的粒子系统，但是，现在保持其简单性就可以了。将这个精灵命名为 Lava，将其 Parent 设置为 Foreground，Position 设置为（0，-1024），Size 设置为 W: 1536 和 H: 2048，Anchor Point 设置为 (0.5, 1)，Z Position 设置为 4。此外，将其 Color 修改为橙色，Opacity 设置为 75%。

编译并运行，以确保得到正确的结果，如图 14-8 所示。

这个岩浆现在安静地待在屏幕之外，等待着被炸弹爆炸激发出来。

我们已经准备好开始编写代码了，但是，不要让英雄悬挂在半空中

图 14-8

且刚好位于一个炸弹之上。我们需要一些平台，还需要特殊的激励物品或者是一些闪亮的金币让他能跳起来。

14.2.4　创建平台

为了让玩家还有再次玩的兴趣，游戏应该在他们每次玩的时候都有所不同。在本章稍后，我们将添加一些代码，以便在关卡中随着玩家在屏幕上移动，随机地放置平台和金币。本来也可以完全用代码来创建平台配置，但是，在场景编辑器中完成它会更容易，而且也更有趣。

按住 Control 键点击 DropCharge 文件夹，选择 New Group，将这个组重命名为 Scene Files。我们将会创建很多这样的组，因此，最好是将它们组织好。

按下 Control 键，点击新的 Scene Files 组，并且选择 New File。选择 iOS \Resource\SpriteKit Scene 模板，并且点击 Next 按钮。将场景保存为 Platform5Across.sks。

将这个场景的大小设置为 W: 900 和 H: 200。现在，从 Object Library 中拖动一个 Color Sprite，将其命名为 Overlay，将其 Position 设置为（450, 100），将其 Size 设置为 W: 900 和 H: 200。这个精灵只是一个容

器，因此不需要看到它，将其 Opacity 设置为 0%。

我们在这里使用 SKSpriteNode，因为想要得到 Overlay 节点的具体大小，以保持平台之间有一致的空间。

对于这个节点，我们想要让 5 个平台均匀地分布于场景之上。首先从 Media Library 拖放 platform01。将其 Name 设置为 p1，将其 Parent 设置为 Overlay，将其 Position 设置为 (-360, 0)。

这一次，我们还将继续给精灵添加物理定义，因为我们想要让玩家能够与平台交互，而不是直接从上面跌落下来。

向下滚动 Attributes 检视器，直到看到 Physics Definition 标题栏。将 Body Type 选为 Bounding Rectangle，并确保不要选中 Dynamic、Allows Rotation、Pinned 和 Affected By Gravity。将 Category Mask 设置为 2（这是平台的位标志），Collision Mask 设置为 0，Field Mask 设置为 0，Contact Mask 设置为 1（这是玩家的位标志），如图 14-9 所示。

图 14-9

记住，在 didBeginContact(_:)中，使用 Category Mask 来标识对象。

既然已经设置好了第一个平台，点击 p1 并复制它（Command-D）4 次，并做出如下的一些修改：

Name:	Position	
	X:	Y:
p2	-180	0
p3	0	0
p4	180	0
p5	360	0

完成之后，平台的场景如图 14-10 所示。

图 14-10

14.2.5　创建金币

现在，我们打算创建一些金币，以给太空英雄一些激励，然后，我们将编写一些代码。

这段金币代码在让 5 个金币组成了一个箭头的样式。就像前面所做的一样，在 Scene Files 组中，使用 iOS\Resource\SpriteKit Scene 模板创建一个新的文件。这一次，将其命名为 CoinArrow.sks，并且将场景的大小设置为 W: 900 和 H: 600。

从 Object Library 拖放一个 Color Sprite，并且将其命名为 Overlay。将其 Position 设置为（450, 300），

Size 设置为 W: 900 和 H: 600，Opacity 设置为 0%。

现在，从 Media Library 中，将 powerup05_1 拖放到场景中。将其 Name 设置为 c1，将其 Parent 设置为 Overlay，将其 Position 设置为（-360, -200）。

在 Physics Definition 下，将 Body Type 选为 Bounding Circle，并确保不要选中 Dynamic、Allows Rotation、Pinned 和 Affected By Gravity。将 Category Mask 设置为 8（这是金币的位标志），Collision Mask 设置为 0，Field Mask 设置为 0，Contact Mask 设置为 1（这是玩家的位标志）。

完成之后，点击 c1 并且复制它（Command-D）4 次，并且做出如下的一些修改：

Name:	Position	
	X:	Y:
c2	-180	0
c3	0	200
c4	180	0
c5	360	-200

完成后的箭头样式金币的场景如图 14-11 所示。

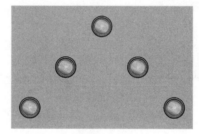

图 14-11

场景编辑器中的活儿干完了，现在，该来编写代码了。

14.3　编写游戏设置代码

在本小节中，我们将通过如下的步骤来实现 Drop Charge 的基本游戏设置：

1. 添加随机的平台和金币；
2. 实现扔炸弹的触摸事件；
3. 添加物理和碰撞检测，以便太空英雄能够跳到平台上并收集金币；
4. 实现代码，来读取设备加速度计的数据以控制英雄；
5. 创建方法来处理相机节点，以便它能跟着玩家精灵；
6. 实现代码来让岩浆流动；
7. 添加代码来持续重复背景、平台和金币。

这些事情中的大多数我们都已经做过，因此，摩拳擦掌准备开始吧。

14.3.1　添加平台

我们的英雄仍然在半空中飘荡呢！在他的脚下放置一些平台，让他能够休息片刻吧！他需要这个平台才能够找到要炸毁的飞船。

首先将 SKTUtils 拖放到项目导航器中。确保 Copy items if needed、Create groups 和 DropCharge 目标选中，点击 Finish 按钮。这里，我们将使用这些工具来生成随机数。

打开 GameScene.swift，删除其中的一切内容，并用如下的内容来替换：

```
import SpriteKit

class GameScene: SKScene {

    // MARK: - Properties
    var bgNode = SKNode()
    var fgNode = SKNode()
    var background: SKNode!
    var backHeight: CGFloat = 0.0
    var player: SKSpriteNode!

    var platform5Across: SKSpriteNode!
    var coinArrow: SKSpriteNode!
    var lastItemPosition = CGPointZero
    var lastItemHeight: CGFloat = 0.0
    var levelY: CGFloat = 0.0

    override func didMoveToView(view: SKView) {
        setupNodes()
    }

    func setupNodes() {
        let worldNode = childNodeWithName("World")!
        bgNode = worldNode.childNodeWithName("Background")!
        background = bgNode.childNodeWithName("Overlay")!.copy()
            as! SKNode
        backHeight = background.calculateAccumulatedFrame().height
        fgNode = worldNode.childNodeWithName("Foreground")!
        player = fgNode.childNodeWithName("Player") as! SKSpriteNode
        fgNode.childNodeWithName("Bomb")?.runAction(SKAction.hide())
    }

}
```

这些属性将保存在场景编辑器中设置的节点和平台覆盖层。这里还有其他的属性来保存背景的高度，并记录最近的平台位置、高度和当前位置，这使得一旦游戏设置开始工作，游戏逻辑能够以随机的方式正确地放置未来的平台。

setupNodes()将 World 节点的子节点加载到其各自的属性中，计算了背景的高度，并且隐藏了 Bomb 节点。

注意，当通过场景文件访问 Overlay 节点（包含了背景图像）的时候，我们使用 copy()生成了该节点的一个新的副本。

现在，实现那些加载并创建平台的方法。让我们一个一个地来浏览这些方法：

```
// MARK: Platform/Coin overlay nodes.

func loadOverlayNode(fileName: String) -> SKSpriteNode {
    let overlayScene = SKScene(fileNamed: fileName)!
    let contentTemplateNode =
        overlayScene.childNodeWithName("Overlay")
    return contentTemplateNode as! SKSpriteNode
}
```

```
func createOverlayNode(nodeType: SKSpriteNode, flipX: Bool) {
  let platform = nodeType.copy() as! SKSpriteNode
  lastItemPosition.y = lastItemPosition.y +
      (lastItemHeight + (platform.size.height / 2.0))
  lastItemHeight = platform.size.height / 2.0
  platform.position = lastItemPosition
  if flipX == true {
    platform.xScale = -1.0
  }
  fgNode.addChild(platform)
}

func createBackgroundNode() {
  let backNode = background.copy() as! SKNode
  backNode.position = CGPoint(x: 0.0, y: levelY)
  bgNode.addChild(backNode)
  levelY += backHeight
}
```

1. loadOverlayNode()接受场景文件的名称（如 Platform5Across），并从中查找一个名为“Overlay”的节点，然后返回该节点。记住，到目前为止，我们在场景中，以及场景的所有平台/金币节点中，都创建了一个“Overlay”节点。

2. createOverlayNode()将新的覆盖节点刚好放在前一个覆盖节点之上。它还有一个参数来将节点沿着其 x 轴翻转（我们将在后面使用，以给关卡添加更多的可变性）。

3. createBackgroundNode()生成了背景的一个副本，并且将其刚好放置在当前的背景之上。我们将使用它来保持背景持续循环。

给 setupNodes()添加这些代码行，以加载覆盖层：

```
platform5Across = loadOverlayNode("Platform5Across")
coinArrow = loadOverlayNode("CoinArrow")
```

接下来，紧接着 setupNodes()之后，添加如下的代码：

```
func setupLevel() {
  // Place initial platform
  let initialPlatform = platform5Across.copy() as! SKSpriteNode
  var itemPosition = player.position
  itemPosition.y = player.position.y -
      ((player.size.height * 0.5) +
        (initialPlatform.size.height * 0.20))
  initialPlatform.position = itemPosition
  fgNode.addChild(initialPlatform)
  lastItemPosition = itemPosition
  lastItemHeight = initialPlatform.size.height / 2.0
}
```

这个方法将平台刚好放置在玩家之下，并且相应地更新了 lastItemPosition 和 lastItemHeight。

最后，将如下这行代码添加到 didMoveToView(_:)方法：

```
setupLevel()
```

现在编译并运行游戏。

看上去不错！太空英雄现在站在了他的地面上，看上去就像是一个大老板，如图 14-12 所示。

图 14-12

14.3.2 更多平台

但是，我们想要在关卡中有更多的一组平台，并且还想有更多的金币，该怎么办呢？在 createOverlayNode (_:flipX:)的后面，添加如下的方法：

```
func addRandomOverlayNode() {
  let overlaySprite: SKSpriteNode!
  let platformPercentage = 60
  if Int.random(min: 1, max: 100) <= platformPercentage {
    overlaySprite = platform5Across
  } else {
    overlaySprite = coinArrow
  }
  createOverlayNode(overlaySprite, flipX: false)
}
```

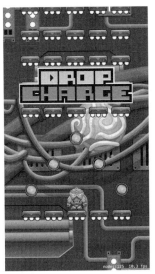

图 14-13

这段代码生成一个随机数，如果这个数大于 60，它就添加一个平台，否则，它添加一个金币的箭头样式。稍后，作为一个挑战，我们将编写这个方法来添加其他的平台和金币配置。

现在，将如下的代码行添加到 setupLevel()的最后，这将持续调用 addRandomOverlayNode()以填充内容，直到达到背景的高度。

```
// Create random level
levelY = bgNode.childNodeWithName("Overlay")!.position.y +
backHeight
while lastItemPosition.y < levelY {
  addRandomOverlayNode()
}
```

编译并运行。将会看到如图 14-13 所示的内容（你的屏幕看上去可能会略有不同）。

14.3.3 扔炸弹

英雄人物现在看上去有点烦恼，让我们给他一些激励让他跳起来。仍然在 GameScene.swift 中，添加如下的属性：

```
var isPlaying: Bool = false
```

这个布尔值记录了用户是否在玩游戏。接下来，添加如下的方法：

```
// MARK: - Events

override func touchesBegan(touches: Set<UITouch>, withEvent event:
UIEvent?) {
  if !isPlaying {
    bombDrop()
  }
}

func bombDrop() {
  let scaleUp = SKAction.scaleTo(1.25, duration: 0.25)
  let scaleDown = SKAction.scaleTo(1.0, duration: 0.25)
  let sequence = SKAction.sequence([scaleUp, scaleDown])
  let repeatSeq = SKAction.repeatActionForever(sequence)
  fgNode.childNodeWithName("Bomb")!.runAction(SKAction.unhide())
  fgNode.childNodeWithName("Bomb")!.runAction(repeatSeq)
  runAction(SKAction.sequence([
    SKAction.waitForDuration(2.0),
```

```
    SKAction.runBlock(startGame)
    ]))
}

func startGame() {
  fgNode.childNodeWithName("Title")!.removeFromParent()
  fgNode.childNodeWithName("Bomb")!.removeFromParent()
  isPlaying = true
}
```

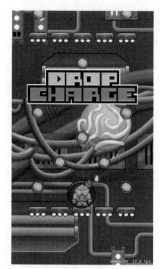

图 14-14

我们在第 2 章中已经熟悉了触摸事件。这里，我们只需要用 touchesBegan
(_:withEvent:)来监控屏幕点击。一旦检测到一次触摸，这个方法将会检查
以确保游戏设置已经开始了，并且如果还没有开始的话，会调用 bombDrop()
以实现炸弹动画并开始游戏。

编译并运行，你将会看到炸弹爆炸，然后随着游戏标题一起消失了，
如图 14-14 所示。

14.3.4 获取物理效果

如果在你的背后有炸弹，你难道还不赶快跑吗？你的英雄需要更多的
物理效果。让我们来配置 GameScene.swift，以处理一些基本的物理，从而修正这一问题。

在本小节中，我们将实践在第 9 章、第 10 章和第 11 章中学习到的关于 Sprite Kit 的物理知识。当你对
所做的事情感到混淆的时候，请浏览这些章的内容。在 setupLevel()的下方，插入这个方法：

```
func setupPlayer() {
  player.physicsBody = SKPhysicsBody(circleOfRadius:
    player.size.width * 0.3)
  player.physicsBody!.dynamic = false
  player.physicsBody!.allowsRotation = false
  player.physicsBody!.categoryBitMask = 0
  player.physicsBody!.collisionBitMask = 0
}
```

这配置了玩家节点（也就是英雄人物）的物理属性。现在，给 didMoveToView(_:)添加如下这行代码以
调用 setupPlayer()方法：

```
setupPlayer()
```

由于玩家现在已经有了一个 physicsBody，让我们在游戏开始的时候打开它。给 startGame()添加如下这
行代码：

```
player.physicsBody!.dynamic = true
```

编译并运行，看看发生了什么情况。

哦，看上去英雄有点笨拙，他掉下了平台，如图 14-15 所示。通过如
下的代码，给他一些奖励，从而帮助他脱离困境：

```
func setPlayerVelocity(amount:CGFloat) {
  let gain: CGFloat = 1.5
  player.physicsBody!.velocity.dy =
    max(player.physicsBody!.velocity.dy, amount * gain)
}

func jumpPlayer() {
  setPlayerVelocity(650)
}

func boostPlayer() {
  setPlayerVelocity(1200)
```

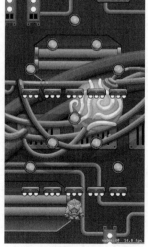

图 14-15

```
}

func superBoostPlayer() {
  setPlayerVelocity(1700)
}
```

这些方法设置了玩家节点的物理实体的垂直速率，使得他有一个加速。当英雄在平台上着陆或者和一个金币发生碰撞的时候，将会触发 jumpPlayer()方法。当玩家收集一个特殊的金币的时候，我们将使用 boostPlayer()方法。

在 startGame()方法中添加如下这行代码，从而在游戏开始的时候，当炸弹爆炸的时候，添加对 superBoostPlayer()的一次调用：

```
superBoostPlayer()
```

现在，编译并运行游戏。

英雄向上跳起，然后落下，如图 14-16 所示。英雄需要了解哪里有金币和平台，否则就会被岩浆吞没。

14.3.5 碰撞检测

首先，在 import 语句和类声明之间，添加如下的结构体定义：

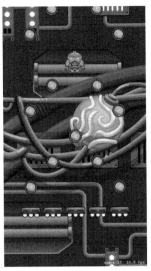

图 14-16

```
struct PhysicsCategory {
  static let None: UInt32           = 0
  static let Player: UInt32         = 0b1        // 1
  static let PlatformNormal: UInt32 = 0b10       // 2
  static let PlatformBreakable: UInt32 = 0b100   // 4
  static let CoinNormal: UInt32     = 0b1000     // 8
  static let CoinSpecial: UInt32    = 0b10000    // 16
  static let Edges: UInt32          = 0b100000   // 32
}
```

这里，我们为各种物理实体分类定义了碰撞检测。这就是为什么我们之前在场景编辑器中将平台的分类设置为 2，将金币的分类设置为 8，并且为这二者都注册了一个和 1（即玩家）的接触。

接下来，将类的声明修改为如下所示：

```
class GameScene: SKScene, SKPhysicsContactDelegate {
```

然后，给 didMoveToView(_:)添加如下这行代码：

```
physicsWorld.contactDelegate = self
```

这将类声明为 SKPhysicsContactDelegate 的一个委托，并且将这个委托设置为场景。

现在，在 GameScene.swift 中实现如下这个方法：

```
func didBeginContact(contact: SKPhysicsContact) {
  let other = contact.bodyA.categoryBitMask ==
    PhysicsCategory.Player ? contact.bodyB : contact.bodyA
  switch other.categoryBitMask {
  case PhysicsCategory.CoinNormal:
    if let coin = other.node as? SKSpriteNode {
      coin.removeFromParent()
      jumpPlayer()
    }
  case PhysicsCategory.PlatformNormal:
    if let _ = other.node as? SKSpriteNode {
      if player.physicsBody!.velocity.dy < 0 {
        jumpPlayer()
      }
    }
```

```
  }
    default:
      break;
    }
}
```

这个方法负责碰撞检测以及确定碰撞在各种情况下如何对玩家产生影响。现在，当英雄和平台和金币接触的时候，他将会得到激励并且开始移动。还有一件事情需要先完成。

在 setupPlayer()中，将如下这行代码：

```
player.physicsBody!.categoryBitMask = 0
```

修改为如下所示：

```
player.physicsBody!.categoryBitMask = PhysicsCategory.Player
```

这将会确保 didBeginContact(_:)能够区分玩家节点和其他的游戏对象。

继续前进，编译并运行游戏。

现在，英雄人物能够抓住金币并且愉快地从平台上跳起来了，如图 14-17 所示。

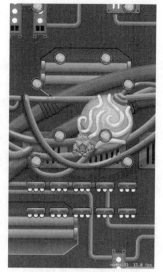

图 14-17

注   意

根据随机的金币和平台的配置，英雄可能会被困住并跑到屏幕之外。如果发生这种情况，再次编译并运行，直到你证实了会看到弹回效果在起作用。

14.3.6   使用 Core Motion 来控制玩家

我们打算使用一个叫做 Core Motion 的框架来控制英雄。Core Motion 是一个负责接收和处理来自设备硬件（包括加速度计和陀螺仪）的移动数据的框架。我们在本章前面各章中所创建的游戏之中，使用触摸事件来控制玩家精灵。在 Drop Change 中，我们通过将设备向左或向右倾斜来控制英雄。

Core Motion 的内容超出了本书讨论的范围，但是，它很容易设置，并且在控制英雄的移动的时候特别有用。

首先，在 GameScene.swift 中，在 import SpriteKit 的下方，添加如下这条 import 语句：

```
import CoreMotion
```

添加如下这些属性：

```
let motionManager = CMMotionManager()
var xAcceleration = CGFloat(0)
```

这里，我们声明了 CMMotionManager()的一个实例，用来收集移动数据，并且还添加了一个变量来记录加速度计。

接下来，在 setupPlayer()之后，实现 setupCoreMotion()：

```
func setupCoreMotion() {
  motionManager.accelerometerUpdateInterval = 0.2
  let queue = NSOperationQueue()
  motionManager.startAccelerometerUpdatesToQueue(queue, withHandler:
  {
    accelerometerData, error in
    guard let accelerometerData = accelerometerData else {
      return
    }
```

```
    let acceleration = accelerometerData.acceleration
    self.xAcceleration = (CGFloat(acceleration.x) * 0.75) +
        (self.xAcceleration * 0.25)
    })
}
```

这个方法设置了 motionManager，以定期检查加速度计，并根据用户将设备向右或向左倾斜了多少而更新 xAcceleration 变量。我们将在稍后添加的 updatePlayer()方法中使用 xAcceleration 属性。

给 didMoveToView(_:)添加如下这行代码，就放在 physicsWorld.contactDelegate...那行代码之前：

```
setupCoreMotion()
```

最后，实现 updatePlayer()方法：

```
func updatePlayer() {
    // Set velocity based on core motion
    player.physicsBody?.velocity.dx = xAcceleration * 1000.0

    // Wrap player around edges of screen
    var playerPosition = convertPoint(player.position,
        fromNode: fgNode)
    if playerPosition.x < -player.size.width/2 {
        playerPosition = convertPoint(CGPoint(x: size.width +
            player.size.width/2, y: 0.0), toNode: fgNode)
        player.position.x = playerPosition.x
    }
    else if playerPosition.x > size.width + player.size.width/2 {
        playerPosition = convertPoint(CGPoint(x:
            -player.size.width/2, y: 0.0), toNode: fgNode)
        player.position.x = playerPosition.x
    }
}
```

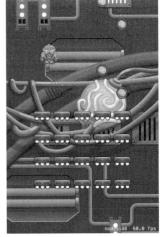

这会根据在加速度计上设置的 xAcceleration 属性，来更新玩家的物理实体的速率。注意，它将值乘以 1000，这是通过试错找到正确的值。这里还包含了一些让玩家在屏幕的边缘折返的代码。

我们将持续调用来 updatePlayer()来控制英雄，为了做到这一点，需要覆盖场景的 update(_:)方法。

```
override func update(currentTime: NSTimeInterval) {
    updatePlayer()
}
```

编译并运行，但是这一次要确保使用真正的设备，因为 iOS 模拟器并不支持 Core Motion，如图 14-18 所示。

图 14-18

注　意

要了解 Core Motion 的更多信息，请访问 Apple 的 iOS 开发者库：http://apple.com/1F4DjCH。我强烈推荐你自学这个框架，因为它经常能够很方便地为游戏添加基于加速度计的输入。

14.3.7　相机跟踪

既然我们已经让英雄跳起来了，你可能注意到了，他经常会移动到视线之外。为了修正这个问题，我们将添加一个 SKCameraNode 和一些方法，在英雄跳起来的时候跟踪他，以确保他行进的道路是安全的。这会回顾我们在第 5 章中学习过的内容。

首先，将如下代码添加到 GameScene.swift：

```
let cameraNode = SKCameraNode()
```

接下来，给 setupNodes()方法添加如下代码：

```
addChild(cameraNode)
camera = cameraNode
```

这些代码行将 SKCameraNode 添加到场景中，并且设置了其 camera 属性。

现在，实现如下的相机方法：

```
// MARK: - Camera

func overlapAmount() -> CGFloat {
  guard let view = self.view else {
    return 0
  }
  let scale = view.bounds.size.height / self.size.height
  let scaledWidth = self.size.width * scale
  let scaledOverlap = scaledWidth - view.bounds.size.width
  return scaledOverlap / scale
}

func getCameraPosition() -> CGPoint {
  return CGPoint(
    x: cameraNode.position.x + overlapAmount()/2,
    y: cameraNode.position.y)
}

func setCameraPosition(position: CGPoint) {
  cameraNode.position = CGPoint(
    x: position.x - overlapAmount()/2,
    y: position.y)
}

func updateCamera() {
  // 1
  let cameraTarget = convertPoint(player.position,
    fromNode: fgNode)
  // 2
  var targetPosition = CGPoint(x: getCameraPosition().x,
    y: cameraTarget.y - (scene!.view!.bounds.height * 0.40))

  // 3
  let diff = targetPosition - getCameraPosition()
  // 4
  let lerpValue = CGFloat(0.05)
  let lerpDiff = diff * lerpValue
  let newPosition = getCameraPosition() + lerpDiff

  // 5
  setCameraPosition(CGPoint(x: size.width/2, y: newPosition.y))
}
```

overlapAmount()、getCameraPosition()和 setCameraPosition()方法都和我们在 Zombie Conga 中使用的方法相同，只是在编写本章的时候，我们使用 Sprite Kit 相机处理当前的 bug。

对于 updateCamera()来说也是如此，让我们一段一段地看看这些方法：

1. 玩家的位置是相对于其父节点（fgNode）的位置的，因此，我们使用这个方法来把这个位置转换为场景坐标。

2. 将目标相机的位置设置为玩家的 Y 位置减去场景的高度的 40%，因为我们想要看看玩家的前

面有什么。

3．计算目标相机位置及其当前位置之间的差距。

4．将相机朝着目标移动二者之间的距离的 5%，而不是直接将相机的位置更新为目标位置。当玩家移动得较快的时候，这将会使得相机好像花了一会儿时间才捕捉到玩家，这是一种很酷的效果。这种技术也叫做线性插值法。

5．将相机设置到新的目标位置。

现在，在 didMoveToView(_:)的末尾，添加如下这行代码：

```
setCameraPosition(CGPoint(x: size.width/2, y: size.height/2))
```

这段代码会把相机居中。为了确保相机会随时跟踪英雄，我们将如下这行代码添加到 update(_:)的顶部：

```
updateCamera()
```

编译并运行，看看相机是如何跟踪英雄的，这将总是会让英雄位于屏幕之上，如图 14-19 所示。

图 14-19

注　意

你可能注意到了，如果跳得太远，背景就会消失。不要担心，我们很快可以修复这个问题。

14.3.8　让岩浆流动

我们几乎将 Drop Charge 的所有游戏设置都准备就绪了。现在该来设置"敌人"也就是岩浆的移动了。首先，给 GameScene.swift 添加如下的属性：

```
var lava: SKSpriteNode!
```

然后，给 setupNodes()添加如下这行代码：

```
lava = fgNode.childNodeWithName("Lava") as! SKSpriteNode
```

使用这个属性来保存在场景编辑器中设置的"Lava"节点。现在，添加如下的方法：

```
func updateLava(dt: NSTimeInterval) {
  // 1
  let lowerLeft = CGPoint(x: 0, y: cameraNode.position.y -
    (size.height / 2))
  // 2
  let visibleMinYFg = scene!.convertPoint(lowerLeft, toNode:
    fgNode).y
  // 3
  let lavaVelocity = CGPoint(x: 0, y: 120)
  let lavaStep = lavaVelocity * CGFloat(dt)
  var newPosition = lava.position + lavaStep
  // 4
  newPosition.y = max(newPosition.y, (visibleMinYFg - 125.0))
  // 5
  lava.position = newPosition
}
```

updateLava(_:)方法所做的事情如下所示：

1．计算屏幕可视区域左下方的位置。由于 y 位置持续变化，我们从相机当前的 y 位置中减去场景的高度。

2．岩浆的父节点（fgNode）的位置是相对于 lowerLeft 的，因此，将这个位置转换为场景坐标。

3．这里，为岩浆定义一个基本的速率，然后，将这个速率乘以当前的时间步长，并且将其和岩浆的位置相加。

4．max 方法返回 newPosition 和略低于屏幕可见区域的一个位置之间的最高 y 位置。这会保持岩浆和相机位置同步，否则的话，当英雄在自己的道路上攀爬的时候，岩浆将会落在后面。

5．最后，将岩浆的位置设置为计算得到的 newPosition。

接下来，添加如下这个方法：

```
func updateCollisionLava() {
  if player.position.y < lava.position.y + 90 {
    boostPlayer()
  }
}
```

这个伪碰撞检测方法并不会真正地检测岩浆和玩家节点的碰撞，而是比较它们是否彼此接近。如果英雄跌落的位置距离岩浆太近，他将会跳起来，就好像脚烧伤了一样。

现在，我们需要修改相机以使得岩浆可见。滚动回到 updateCamera()，并且在 var targetPosition...的后面，添加如下这些代码行：

```
let lavaPos = convertPoint(lava.position, fromNode: fgNode)
targetPosition.y = max(targetPosition.y, lavaPos.y)
```

还是在 updateCamera()中，将 lerpValue 修改为如下所示：

```
let lerpValue = CGFloat(0.2)
```

这些修改获取了当前岩浆的位置，并且将其与相机目标位置进行比较，选取两个值中的较大者。这会使得岩浆高于屏幕中间的位置。

在编译并运行之前，我们先正确地设置 update(_:)方法。首先，添加如下的属性：

```
var lastUpdateTimeInterval: NSTimeInterval = 0
var deltaTime: NSTimeInterval = 0
```

然后，使用如下代码替换 update(_:)：

```
override func update(currentTime: NSTimeInterval) {
  // 1
  if lastUpdateTimeInterval > 0 {
    deltaTime = currentTime - lastUpdateTimeInterval
  } else {
    deltaTime = 0
  }
  lastUpdateTimeInterval = currentTime
  // 2
  if paused { return }
  // 3
  if isPlaying == true {
    updateCamera()
    updatePlayer()
    updateLava(deltaTime)
    updateCollisionLava()
  }
}
```

我们来快速看一下这些代码：

1．currentTime 是一个相对较大的数字，并且很难用于那些使用一个时间步长的方法中，例如 updateLava(_:)方法。因此，将 deltaTime 计算为一个更便于管理的部分。

2．接下来，检查看场景是否暂停了，如果暂停了，退出该方法。

3．然后，检查看游戏是否在运行，如果是的，调用更新方法，包括岩浆更新方法。

现在，继续前进，编译并运行，并且玩一会儿游戏。一切看上去不错！我们已经有了滚烫的岩浆，英雄在收集金币并且从一个平台跳到另一个平台，如图14-20所示。

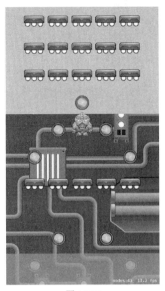

图 14-20

14.3.9 重复背景、金币和平台

我们还有一个方法需要添加。为了让游戏有一个连续的平台跳跃，应该不停地提供金币和平台。在 GameScene.swift 中实现如下的方法：

```
func updateLevel() {
  let cameraPos = getCameraPosition()
  if cameraPos.y > levelY - (size.height * 0.55) {
    createBackgroundNode()
    while lastItemPosition.y < levelY {
      addRandomOverlayNode()
    }
  }
}
```

这会跟踪相机的位置，并且添加一个新的背景节点，并且在需要的时候添加一个随机的平台或金币覆盖层。现在，通过给 update(_:)添加如下的一行代码来调用它：

```
updateLevel()
```

14.3.10 还有一件事情

既然一切都设置好了，英雄在跳跃的时候需要跳得更高一些。滚动到 setPlayerVelocity(_:)，并且将 gain 修改为如下所示：

```
let gain: CGFloat = 2.5
```

既然已经完成了 Drop Charge 的基本游戏设置，编译并运行它，看看已经完成的内容，如图14-21所示。

恭喜你！现在我们已经完成了 Drop Charge 的核心游戏设置，并且已经回顾了到目前为止所学习的 Sprite Kit 的知识。

既然已经对 Sprite Kit 的知识有了很好的理解，是时候来继续学习一些新的技术了，例如状态机、粒子系统以及添加“果汁”。学习完接下来的3章（第15章到第17章）之后，你将能够完成这些基本的游戏设置并且让游戏闪亮登场。

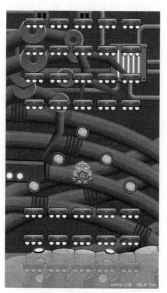

图 14-21

14.4　挑战

我们只为 DropCharge 创建了两个对象覆盖层：一个标准的跨越 5 块的平台，还有组成一个箭头形状的金币。如果有很多的、各种各样的平台和金币样式的话，游戏会有趣很多。

我们打算通过再创建几个对象覆盖层，来自行练习已经学过的知识。这个任务分为 4 个挑战。当你开始完成这些挑战的时候，记住，每个对象都有其自己的物理分类，以便能够在 didBeginContact(_:)中区分它自己。

还要记住，如果在这些挑战中遇到困难，可以从本章的资源中寻找解决方案。但是，最好先自行尝试一下。

挑战 1：创建跨 5 块的、可破裂的平台

在 Drop Charge 中，将有会一种平台，当玩家落在上面的时候，平台会破裂掉。使用 Media Library 中的 block_break01 图形，来创建一个 Break5Across.sks 文件，如图 14-22 所示。不要担心让平台破裂的问题，我们将在第 15 章中实现这一点。

图 14-22

挑战 2：创建一个"特殊的"金币箭头

当英雄收集"特殊的"金币的时候，我们想要让他得到更大的激励！使用 Media Library 中的 powerup01_1 图形，来创建一个 CoinSArrow.sks 文件，只生成一个特殊的金币，如图 14-23 所示。

重要提示：确保将特殊的金币命名为"special"，在第 17 章中，某些方法将会查找这个名称。

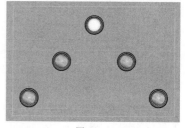

图 14-23

挑战 3：创建额外的平台和金币样式

- PlatformArrow.sks：5 个标准平台形成一个箭头样式，如图 14-24 所示。
- PlatformDiagonal.sks：5 个标准平台形成一个对角线样式，如图 14-25 所示。

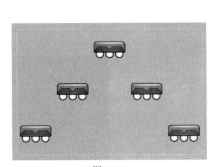

图 14-24   图 14-25

- BreakArrow.sks：5 个可破裂平台形成一个箭头样式，如图 14-26 所示。
- BreakDiagonal.sks：5 个可破裂平台形成一个对角线样式，如图 14-27 所示。

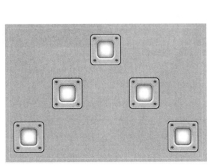

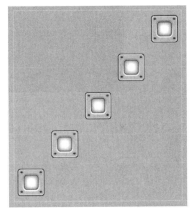

图 14-26   图 14-27

- Coin5Across.sks：5 个金币形成一个水平直线样式，如图 14-28 所示。
- CoinDiagonal.sks：5 个金币形成一个对角线样式，如图 14-29 所示。

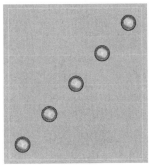

图 14-28   图 14-29

- CoinCross.sks：9 个金币形成一个十字样式。水平方向是 5 个金币，垂直方向上也是 5 个金币，不需要重复中间的金币，如图 14-30 所示。
- CoinS5Across.sks：5 个金币形成一个水平直线样式，其中两个是特殊金币，如图 14-31 所示。

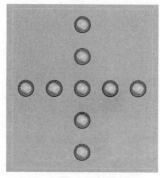

图 14-30

图 14-31

- CoinSDiagonal.sks：5 个金币形成一个对角线样式，其中两个是特殊金币，如图 14-32 所示。
- CoinSCross.sks：9 个金币形成一个十字样式。水平方向是 5 个金币，垂直方向上也是 5 个金币，但是水平方向上有 3 个特殊金币，如图 14-33 所示。
- 其他可选的：可以为你的游戏考虑其他有趣的平台/金币样式吗？使用所学的知识，提出你自己的样式。

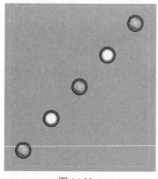

图 14-32

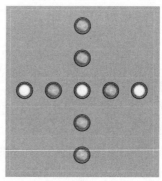

图 14-33

提示：可以通过 Finder 复制并重命名已有的.sks 文件，用它们作为新的.sks 文件的基础，从而减少一些工作量。

挑战 4：为新的覆盖对象添加代码

既然已经创建了额外的平台和金币覆盖层，更新 GameScene.swift 以使用这些新的对象。

如下是一些提示：

- 添加属性来保存 SKSpriteNode 覆盖层。
- 从 setupNodes()加载覆盖层。
- 更新 addRandomOverlayNode()，以容纳新的覆盖层。使用逻辑语句，以 75%的概率选择常规平台，并且在剩下 25%的概率中选择可破裂的平台。对于常规的金币和特殊的金币，也用同样的方法处理。
- 更新 didBeginContact(_:)，添加针对.CoinSpecial 的新情况，以激励玩家（而不是让玩家跳起）。
- 更新 didBeginContact(_:)，添加针对.PlatformBreakable 的新情况，和.PlatformNormal 类似，

只不过它还会从游戏中删除平台。

如果你完成了这些挑战，那么恭喜你，你真的已经掌握了本书到目前为止的所有内容。

在第 15 章中，我们将学习状态机，学习它是什么以及如何用它进行代码的组织。我们还将添加代码来处理游戏结束的情况（也就是说，当玩家被岩浆吞没的时候），从而扩展 Drop Charge 的游戏设置。

第 15 章 状态机

Michael Briscoe 撰写

Drop Charge 呼之欲出了。在第 14 章中，我们使用场景编辑器构建了游戏的 UI 和关卡对象，还添加了大部分基本游戏设置的代码。在本章中，我们将学习状态机，并进一步增强该游戏。

大多数的游戏设置，都是由游戏的当前状态来管理的。例如，如果游戏处于"主菜单"状态，玩家不应该能够移动，但是，如果游戏处于"活动"状态，玩家应该能够移动。

在一款简单的 App 中，可以在更新循环中使用布尔变量来管理状态。到目前位置，我们在 Drop Charge 中使用 isPlaying 变量，所采用的就是这种方法。

但是，随着游戏变得越来越大，update(_:)能够发展出更为复杂的逻辑，并且变得难以维护。通过使用一个状态机，我们可以随着游戏变得越来越复杂的过程，更好地组织代码。

简单来说，状态机管理着一组状态，其中只有一个单个的当前状态，状态之间转换要遵循一组规则。当游戏的状态发生变化的时候，状态机将会在退出之前的状态和进入下一个状态的时候运行方法。这些方法可以用来控制每一个状态中的游戏设置。当成功地进行状态的改变后，状态机将会执行当前状态的更新循环。

很多游戏都有多个状态机。你可以使用一个状态机来控制英雄的动画，敌人精灵的行为，甚至是游戏的用户交互。为了更好地理解这个概念，我们将创建一个状态机来管理 Drop Charge 的 UI，如图 15-1 所示。

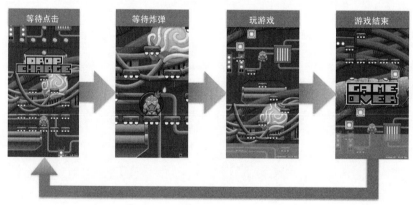

图 15-1

15.1 状态机是如何工作的

Apple 在 iOS 9 引入了 GameplayKit 框架，它内建地支持状态机，并使其更容易使用。我们将在本书后面学习有关 GameplayKit 的更多知识，但是现在，我们将使用其两个主要的类：GKStateMachine 类和 GKState 类。

要给游戏添加一个状态机，首先考虑一下想要管理的各种不同的状态。在 Drop Charge 中，有 4 个状态：等待点击、等待炸弹、玩游戏和游戏结束。对于每一种状态，我们都将使用一个 GKState 的子类。在定制类中,我们通过覆盖如下这 4 个方法来定义特定状态的行为。

- didEnterWithPreviousState(_:):当状态机进入该状态的时候,执行这个方法。这里传入前一个状态,以便你可以应用基于前一个状态的任何逻辑。
- isValidNextState(_:):该方法向状态机返回一个布尔值,告诉它是否允许其转换为下一个状态。如果返回了 false,状态机将会忽略改变状态的请求。
- updateWithDeltaTime(_:):在状态机处于该状态的时候,定期执行该方法。这是我们可以执行那些随着时间进行而发生的动作的地方,例如,控制玩家移动或者更新相机。
- willExitWithNextState(_:):当状态机退出该状态的时候执行。这里传入下一个状态,以便可以应用基于下一个状态的任何逻辑。

在创建了 GKState 子类之后,可以创建 GKStateMachine 的一个实例,并使用状态对象的一个数组来初始化它。

GKStateMachine 有如下的属性和方法可用:

- currentState:这是一个只读的属性,它返回状态机的当前状态。一个状态机一次只能够处于一种当前状态。
- canEnterState(_:):使用这个方法来检查是否能够转换为一个特定的状态。
- enterState(_:):调用这个方法来进入一个特定的状态。当从一个状态切换为另一个状态的时候,要使用该方法。
- updateWithDeltaTime(_:):通常,在场景的 update(_:)方法中调用该方法。状态机将反过来在其 currentState 上调用这个方法,以执行周期性的动作。

概括起来,状态机的工作方式如图 15-2 所示。

现在,我们了解了一些状态机的知识,该来看看如何使用它了。

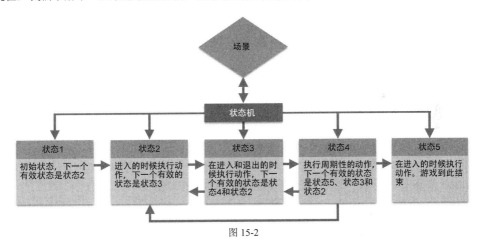

图 15-2

15.2 开始

先来看一下我们要为 Drop Charge 定义的 4 种状态:

1. Waiting for Tap（等待点击）：游戏等待用户交互。一旦玩家点击为了屏幕，将转换为等待炸弹状态。

2. Waiting for Bomb（等待炸弹）：播放炸弹爆炸的一个短暂动画，然后进入到玩游戏状态。

3. Playing（玩游戏）：Drop Charge 进入到主要游戏设置循环。如果玩家跌入到岩浆中达到 3 次，就进入游戏结束状态。

4. Game Over（游戏结束）：在这个状态中，停止游戏设置，并且显示"Game Over"精灵。当用户点击屏幕的时候，切换回等待点击状态。

游戏结束状态意味着 Drop Charge 游戏已经结束了。再漂亮的太空服，也不能保证我们的英雄不会受到岩浆的伤害！

在本章剩下的内容中，我们将依次实现每一个状态。注意，当你完成本章之后，你将会面临一个创建自己的状态机的挑战。

15.3 状态 1：等待点击

这是游戏的初始状态。它的任务就是显示"READY"消息，并且等待用户点击屏幕。

在 Xcode 中，打开 DropCharge 工程，或者在 projects\starter\DropCharge 中找到的初始工程。

记住，要创建一个状态机，首先需要通过子类化 GKState 来定义状态。

从主菜单中选择 File\NewFile...。选择 iOS\Source\Cocoa Touch Class 模板，并且点击 Next 按钮。在 Class 中，输入 WaitingForTap，在 Subclass 中输入 GKState，Language 选择 Swift，点击 Next 按钮，然后点击 Create 按钮。在这个新文件中，将 import UIKit 这行替换为如下内容：

```
import SpriteKit
import GameplayKit
```

要使用 GameplayKit 框架，首先需要导入它。我们还要使用 SpriteKit，因此，也要导入它。

接下来，在类声明中添加如下的代码：

```
unowned let scene: GameScene

init(scene: SKScene) {
  self.scene = scene as! GameScene
  super.init()
}
```

我们添加了一个属性来保存对 GameScene 的引用。当创建这个状态的一个实例的时候，就会初始化这个属性，以便 WaitingForTap 可以和状态机和场景交互。

接下来，覆盖 didEnterWithPreviousState(_:)方法。

```
override func didEnterWithPreviousState(previousState: GKState?) {
  let scale = SKAction.scaleTo(1.0, duration: 0.5)
  scene.fgNode.childNodeWithName("Ready")!.runAction(scale)
}
```

一旦激活了这个状态，GKState 将运行该方法。这是显示在第 14 章中创建的"READY"精灵以表明游戏已经加载的好地方。

现在，打开 GameScene.swift，并且在该文件的顶部添加如下这条 import 语句：

```
import GameplayKit
```

然后，给类属性添加如下的代码：

```
lazy var gameState: GKStateMachine = GKStateMachine(states: [
  WaitingForTap(scene: self)])
```

通过定义这个变量，我们实际上已经为 Drop Charge 创建了状态机。注意，我们使用了 GKState 子类的一个数组来初始化 GKStateMachine。哦，现在只有一个子类，我们稍后将添加更多子类。

现在，通过给 didMoveToView(_:)添加如下这行代码来设置状态：

```
gameState.enterState(WaitingForTap)
```

要看看已经完成的事情，编译并运行，如图 15-3 所示。

图 15-3

一旦游戏加载了，并且 WaitingForTap 游戏状态激活了，"READY"提示消息也就出现了。

15.4 状态 2：等待炸弹

这个状态将会显示炸弹动画，然后进入到玩游戏状态。

重复创建一个新的 GKState 子类的过程，这一次，将这个子类命名为 WaitingForBomb。用如下的代码替换其内容：

```
import SpriteKit
import GameplayKit

class WaitingForBomb: GKState {
  unowned let scene: GameScene

  init(scene: SKScene) {
    self.scene = scene as! GameScene
    super.init()
  }

  override func didEnterWithPreviousState(
    previousState: GKState?) {
```

```
if previousState is WaitingForTap {

    // Scale out title & ready label
    let scale = SKAction.scaleTo(0, duration: 0.4)
    scene.fgNode.childNodeWithName("Title")!.runAction(scale)
    scene.fgNode.childNodeWithName("Ready")!.runAction(
    SKAction.sequence(
      [SKAction.waitForDuration(0.2), scale]))

    // Bounce bomb
    let scaleUp = SKAction.scaleTo(1.25, duration: 0.25)
    let scaleDown = SKAction.scaleTo(1.0, duration: 0.25)
    let sequence = SKAction.sequence([scaleUp, scaleDown])
    let repeatSeq = SKAction.repeatActionForever(sequence)
    scene.fgNode.childNodeWithName("Bomb")!.runAction(
      SKAction.unhide())
    scene.fgNode.childNodeWithName("Bomb")!.runAction(
      repeatSeq)
    }
  }
}
```

当 Drop Charge 进入这个状态的时候，didEnterWithPreviousState(_:)将实现标题精灵的动画，然后，"READY"消息从屏幕上消失，并且开始炸弹动画。

打开 GameScene.swift，并且使用如下的代码替换 gameState 变量的声明：

```
lazy var gameState: GKStateMachine = GKStateMachine(states: [
    WaitingForTap(scene: self),
    WaitingForBomb(scene: self)
    ])
```

这就给状态机添加了新的状态。接下来，使用如下的代码来替代 touchesBegan(_:withEvent:)：

```
override func touchesBegan(touches: Set<UITouch>, withEvent event:
UIEvent?) {
  switch gameState.currentState {
  case is WaitingForTap:
    gameState.enterState(WaitingForBomb)

  default:
    break
  }
}
```

当用户点击屏幕的时候，这段代码根据当前的状态，切换游戏状态。

既然到了这里，删除掉 bombDrop()和 startGame()，因为我们想要将这些动作移入到状态机中。

再做一件事情，这个状态就弄好了。打开 WaitingForTap.swift 并且实现如下的代码：

```
override func isValidNextState(stateClass: AnyClass) -> Bool {
  return stateClass is WaitingForBomb.Type
}
```

这个方法告诉状态机，WaitingForTap 只能够转换为某一个有效的状态，在这个例子中，就是等待炸弹的状态。这条"规则"防止了游戏意外地转换为错误的状态。如果在初次点击的时候，就把玩家送到 GameOver 状态的话，未免太不公平了。

编译并运行。现在，当你触摸屏幕的时候，将会看到炸弹在英雄的身后爆炸了，如图 15-4 所示。如果等待的状态对你来说太长了，那就快速阅读下一节吧。

图 15-4

15.5 状态 3：玩游戏

这个状态是所有动作发生的地方。Drop Charge 将会进入到游戏设置循环，并且检查英雄是否落入到了岩浆之中。如果英雄和岩浆碰撞达到 3 次，状态机将会转入到 GameOver 状态。

和前面一样，创建一个新的 GKState 子类。这一次，将其命名为 Playing，并且使用如下代码替换其内容：

```
import SpriteKit
import GameplayKit

class Playing: GKState {
  unowned let scene: GameScene

  init(scene: SKScene) {
    self.scene = scene as! GameScene
    super.init()
  }
}
```

这里并没有什么新内容，但稍后，我们将给这个类添加新内容。现在，切换回 WaitingForBomb.swift，并且添加如下这些方法。

```
override func isValidNextState(stateClass: AnyClass) -> Bool {
  return stateClass is Playing.Type
}

override func willExitWithNextState(nextState: GKState) {
  if nextState is Playing {
    scene.fgNode.childNodeWithName("Bomb")!.removeFromParent()
  }
}
```

在这个熟悉的第一个方法中，我们定义了下一个有效状态。当游戏进入到 Playing 状态的时候，执行

willExitWithNextState(_:)。这是进行一些清理工作的好时机，因此，从场景中删除炸弹精灵。在第 16 章中，我们将通过添加一次爆炸，来对炸弹做一些令人激动的事情。

打开 GameScene.swift，并且更新 gameState 变量，以添加新的状态：

```
lazy var gameState: GKStateMachine = GKStateMachine(states: [
    WaitingForTap(scene: self),
    WaitingForBomb(scene: self),
    Playing(scene: self)
    ])
```

现在，向下滚动到 touchesBegan(_:withEvent:)，并且在 gameState.enterState(WaitingForBomb)的下方添加如下内容：

```
// Switch to playing state
self.runAction(SKAction.waitForDuration(2.0),
    completion:{
        self.gameState.enterState(Playing)
})
```

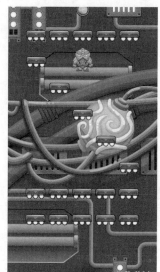

这个动作确保了游戏在炸弹动画播放数秒钟之后，切换到 Playing 状态。

切换回 Playing.swift，并且添加如下的内容：

```
override func didEnterWithPreviousState(previousState: GKState?) {
    if previousState is WaitingForBomb {
        scene.player.physicsBody!.dynamic = true
        scene.superBoostPlayer()
    }
}
```

编译并运行，点击屏幕，并且看看游戏进入到 Playing 状态的样子，如图 15-5 所示。让我们开始玩游戏吧！

图 15-5

更新游戏设置

好了，现在是享受乐趣的时候了。你仍然需要添加方法调用来更新英雄、相机、岩浆等等。

在添加游戏状态之前，在场景的 update(_:)中进行这些调用。现在，我们打算把这些事情交给状态机来做。

还是在 Playing.swift 中，实现如下这个新方法：

```
override func updateWithDeltaTime(seconds: NSTimeInterval) {
    scene.updateCamera()
    scene.updateLevel()
    scene.updatePlayer()
    scene.updateLava(seconds)
    scene.updateCollisionLava()
}
```

updateWithDeltaTime(_:)方法类似于场景的 update(_:)方法，因为它也是周期性调用的。由于这是游戏的 Playing 状态，正是我们为游戏设置调用更新方法的地方。

切换到 GameScene.swift，并且将 update(_:)修改为如下所示：

```
override func update(currentTime: NSTimeInterval) {
    if lastUpdateTimeInterval > 0 {
        deltaTime = currentTime - lastUpdateTimeInterval
    } else {
        deltaTime = 0
```

```
    }
    lastUpdateTimeInterval = currentTime
    if paused { return }
    gameState.updateWithDeltaTime(deltaTime)
}
```

这会调用状态机的 updateWithDeltaTime(_:)方法, 它反过来在当前状态上调用相同的方法。现在, 你将会看到状态机的真正威力。

为了完全切换到状态机, 滚动到顶部, 并且从属性中删除 isPlaying 变量。

编译并运行。游戏就像在本章开始的时候那样运行, 但是这一次, 得益于状态机, 代码变得更加便于管理。

15.6 状态 4: 游戏结束

到目前为止, 你已经有了一个不会结束的游戏, 当英雄跌入到岩浆中的时候, 也不会有什么后果。GameOver 状态将修正这一问题。

再创建一个 GKState 子类, 并将其命名为 GameOver。用如下的代码替代其内容:

```
import SpriteKit
import GameplayKit

class GameOver: GKState {
  unowned let scene: GameScene

  init(scene: SKScene) {
    self.scene = scene as! GameScene
    super.init()
  }

  override func didEnterWithPreviousState(previousState: GKState?) {
    if previousState is Playing {
      scene.physicsWorld.contactDelegate = nil
      scene.player.physicsBody?.dynamic = false

      let moveUpAction = SKAction.moveByX(0,
        y: scene.size.height/2, duration: 0.5)
      moveUpAction.timingMode = .EaseOut
      let moveDownAction = SKAction.moveByX(0,
        y: -(scene.size.height * 1.5), duration: 1.0)
      moveDownAction.timingMode = .EaseIn
      let sequence = SKAction.sequence(
       [moveUpAction, moveDownAction])
      scene.player.runAction(sequence)

      let gameOver = SKSpriteNode(imageNamed: "GameOver")
      gameOver.position = scene.getCameraPosition()
      gameOver.zPosition = 10
      scene.addChild(gameOver)
    }
  }

  override func isValidNextState(stateClass: AnyClass) -> Bool {
```

```
    return stateClass is WaitingForTap.Type
  }
}
```

当 Drop Charge 进入到 GameOver 状态的时候，我们会关闭游戏的物理效果，并且创建一个动作让英雄通过动画跑到屏幕之外。然后，创建"Game Over"精灵，并将其添加到场景中。

现在，切换回 Playing.swift，并且实现如下的方法。你可能还记得，这个方法告诉 Playing 状态，它只能够转换为某一个有效的状态，在这个例子，就是 GameOver 状态。

```
override func isValidNextState(stateClass: AnyClass) -> Bool {
  return stateClass is GameOver.Type
}
```

打开 GameScene.swift，并且更新 gameState 变量，以便将新的状态添加到状态机：

```
lazy var gameState: GKStateMachine = GKStateMachine(states: [
    WaitingForTap(scene: self),
    WaitingForBomb(scene: self),
    Playing(scene: self),
    GameOver(scene: self)
    ])
```

现在，添加一个新的属性来记录英雄有几条命：

```
var lives = 3
```

将 updateCollisionLava() 修改为如下所示，以便当英雄和岩浆碰撞的时候，将这个生命数目减去 1：

```
func updateCollisionLava() {
  if player.position.y < lava.position.y + 90 {
    boostPlayer()
    lives -= 1
    if lives <= 0 {
      gameState.enterState(GameOver)
    }
  }
}
```

当英雄碰到岩浆的时候，他的生命数目会减去 1。如果剩下的生命数目小于或等于 0，那么，转换到 GameOver 状态。

15.7 最后修改

还有最后一件事情，状态机就完成了。用如下代码替代 touchesBegan(_:withEvent:)：

```
override func touchesBegan(touches: Set<UITouch>, withEvent event:
UIEvent?) {
  switch gameState.currentState {
  case is WaitingForTap:
    gameState.enterState(WaitingForBomb)
    // Switch to playing state
    self.runAction(SKAction.waitForDuration(2.0),
      completion:{
        self.gameState.enterState(Playing)
      })

  case is GameOver:
    let newScene = GameScene(fileNamed:"GameScene")
```

```
newScene!.scaleMode = .AspectFill
let reveal = SKTransition.flipHorizontalWithDuration(0.5)
self.view?.presentScene(newScene!, transition: reveal)

default:
    break
    }
}
```

现在，当玩家点击屏幕的时候，touchesBegan(_:withEvent:)将会使用一条 switch 语句来检查游戏处于哪一种状态：

- 如果 gameState 是 WaitingForTap，那么进入 WaitingForBomb 状态，运行炸弹动画 2 秒钟，然后进入 Playing 状态。
- 如果 gameState 是 GameOver，那么重新加载 GameScene，实际上将状态机重置为 WaitingForTap 状态。

编译并运行，看看最终完成的状态机如何起作用，如图 15-6 所示。

Drop Charge 现在很像是一款完整的游戏了。通过状态机，我们添加了一个开场的炸弹动画，添加了游戏失败的标准，以及一个游戏结束的序列，以便用户能够从头到尾地体验游戏。更为重要的是，我们的代码现在组织得更好了，这使得在添加"果汁"的时候更容易管理。

图 15-6

15.8 挑战

本章只有一个挑战，但是，这是本书中到目前为止最大的一个挑战，并且需要应用本章的内容。它有点难，但我相信你能够搞定。

和往常一样，如果你遇到困难，可以从本章的资源中寻找解决方案，但是最好先自己尝试。

挑战 1：一个英雄状态机

你是否考虑过，游戏中的另一个对象也可以通过状态机而获益？

太空英雄怎么样呢？这个太空英雄在即将要死去的过程中，也可以逃生（当碰到岩浆的时候，运行向上或向下弹跳的动作）。如果能够记录太空英雄当前是跳起还是落下的话，那就更好了，因为这样我们可以在稍后的章节中播放相应的动画。

在这个挑战中，我们将使用本章中学过的知识来创建一个状态机，以管理英雄的行为。玩家的状态机的流程图如图 15-7 所示。

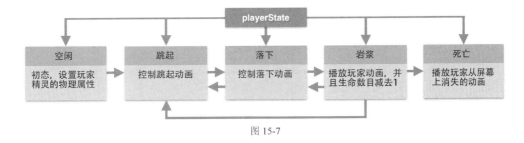

图 15-7

以下是一些提示：

- 创建一个名为 playerState 的 GKStateMachine，它有 5 个 GKState 子类。可以使用 WaitingForTap.swift 文件作为一个基本的模板。

- Idle 状态将会是玩家的初始状态。把设置玩家的精灵的物理属性的代码，放入到这个状态之中。从 GameScene.swift 中删除 setupPlayer()。

- Jump 状态将会控制跳起动画。现在只添加 init()和 isValidNextState(_:)方法，随后我们将给这个状态添加更多内容。还要添加一个 didEnterWithPreviousState(_:)方法，它将打印出状态的名称以供调试之用。

- Fall 状态将控制落下动画。现在只添加 init()和 isValidNextState(_:)方法，我们随后将给这个状态添加更多内容。还要添加一个 didEnterWithPreviousState(_:)方法，它将打印出状态的名称以供调试之用。

- Lava 状态将控制当玩家接触到岩浆的时候发生什么。把在 GameScene.swift 中的 updateCollisionLava()中设置这个状态。把激励玩家以及减少其生命数目的代码，都放入到这个状态之中。

- Dead 状态将控制当玩家失去所有生命的时候发生什么。还是在 updateCollisionLava()中设置这个状态，就在将 gameState 设置为 GameOver 之前设置后。把实现玩家从屏幕消失的动画的代码，放入到这个状态之中。

在 GameScene.swift 文件之中：

- 不要忘了把状态机添加到属性中；

- 在 didMoveToView()中进入 Idle 状态；

- 还需要给 updatePlayer()添加代码，以检查玩家的 y 速率并将状态设置为 Fall 或 Jump。

编译并运行，并且游戏应该能够正常工作了，但是现在，游戏得到了更好的重构（并且当跳起或落下的时候，还有一些打印语句）。

在后续的两章中，随着我们添加更多的"果汁"，将会用其他的代码来进一步更新 playerState。

在第 16 章中，我们将学习粒子系统，以及如何使用它们来创建诸如爆炸、烟雾和岩浆等炫目的视觉效果。

第 16 章　粒子系统

Michael Briscoe 撰写

没有什么"果汁"能够像粒子系统（particle system）这样令你的游戏风生水起。

图 16-1

图 16-1 所示的是壮观的爆炸场面的粒子系统，这是用来在游戏中创建各种特殊效果的一种很容易的方式。如下是可以用例子系统模拟的一些场景：

烟雾	水体	雾霾
星域	大雪	下雨
大火	爆炸	烟花
火花	流血	气泡

这只是一个开始。要想象出能够用一个粒子系统实现的所有事情，这是不可能的，它取决于你的创意。例如，假设你想要模拟出时空连续体的一个裂缝发射出来的亚原子粒子，这很容易做到。

是什么使得粒子系统如此美妙呢？没有了粒子系统，要实现像上面的爆炸这样的特效，必须求助于传统的一帧一帧的动画技术。这可能需要占用很大的材质空间和内存的多幅图像，更不要说其创建的过程非常繁琐了，并且最终的结果看上去也不是非常逼真。在粒子系统中，效果通过一个较小的图像材质和一个配置文件来创建，大大地减少了所需的内存。粒子系统还允许了实时编辑和渲染，导致结果更加逼真。

在本章中，我们将继续重复给 Drop Charge 添加"果汁"的过程——使用粒子系统来创建 3 个炫目的特效。我们将学习如何通过编程以及使用 Xcode 编辑器来实现粒子系统。

注　意

本章从第 15 章的挑战完成的地方开始。如果你没有能够完成第 15 章的挑战，并且跳过了挑战继续阅读，也不要担心，只要打开本章的初始工程，从正确的位置开始学习就好了。

16.1　粒子系统是如何工作的

在开始编写代码之前，先了解粒子系统是如何工作的是很重要的，无论是从理论上还是从 Sprite Kit 实现上，都要进行了解。

16.1.1　粒子系统理论

Sprite Kit 中的单个粒子，就是两个三角形组合到一起所创建的一个正方形或四边形。然后，将这个四边形材质化，添加颜色，并渲染到屏幕上。例如，图 16-2 是描述为粒子的一个雨滴。

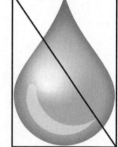

在每一帧中，粒子系统会查看它所拥有的每一个单个的粒子，并且根据系统的配置来推进它们。例如，配置可能会说，"将每一个粒子朝着屏幕的底部移动 2 到 10 个像素"。你可以在图 16-3 中看到这一配置的效果。当初始化的时候，一个粒子系统通常会创建粒子的一个缓存，我们称之为粒子池（particle pool）。当需要产生一个新的粒子的时候，粒子系统会从其粒子池中获取一个可用的粒子，设置新粒子的初始值，然后将其添加到等待渲染的队列中。

当粒子到达其生命周期的尽头的时候，系统会将其从渲染队列中删除，并且将其返回到粒子池，以供随后的某个时间使用，如图 16-4 所示。

图 16-2

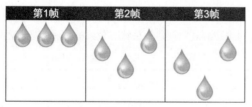

图 16-3

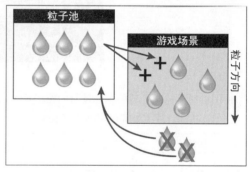

图 16-4

16.1.2　粒子系统的实际应用

Sprite Kit 提供一个特殊的、名为 SKEmitterNode 的节点，使得创建和使用粒子系统容易的令人难以置信，而这个节点的唯一目的就是尽可能快地生成粒子系统并渲染它们。

本小节将快速概览如何在 Sprite Kit 中使用粒子系统。首先，先阅读这些内容而不要在 Xcode 中做任何事情。这很可能会让你更兴奋地想要自己尝试。在本章稍后，我们会动手去做的。

要通过编程使用一个 SKEmitterNode，直接声明该节点的一个实例，并且将其属性配置为如下所示：

```
let rainTexture = SKTexture(imageNamed: "Rain_Drop.png")
let emitterNode = SKEmitterNode()
emitterNode.particleTexture = rainTexture
emitterNode.particleBirthRate = 80.0
emitterNode.particleColor = SKColor.whiteColor()
emitterNode.particleSpeed = -450
emitterNode.particleSpeedRange = 150
emitterNode.particleLifetime = 2.0
emitterNode.particleScale = 0.2
emitterNode.particleScaleRange = 0.5
```

```
emitterNode.particleAlpha = 0.75
emitterNode.particleAlphaRange = 0.5
emitterNode.position = CGPoint(x: CGRectGetWidth(frame) / 2, y:
CGRectGetHeight(frame) + 10)
emitterNode.particlePositionRange = CGVector(dx: CGRectGetMaxX(frame),
dy: 0)
addChild(emitterNode)
```

现在先不要关心这些属性的含义，稍后我们将学习它们。要看看这些代码的效果，打开并且运行 starter\examples 文件夹下的 Rain 工程，如图 16-5 所示。

也可以使用 Xcode 内建的编辑器来可视化地创建和配置一个粒子系统，如图 16-6 所示。

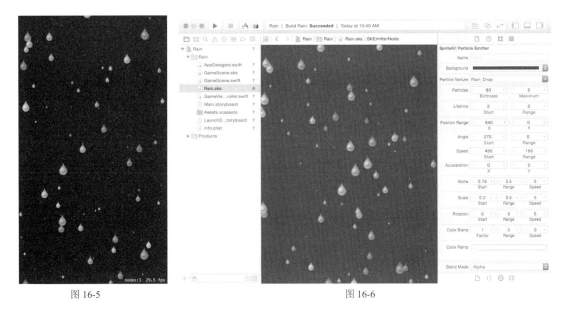

图 16-5   图 16-6

为了做到这点，直接使用 iOS\Resource\SpriteKit Particle File 模板创建一个新文件，这会得到一个.sks 文件，可以使用内建的粒子发射编辑器来编辑它。

然后，在代码中，使用该文件创建一个 SKEmitterNode，如下所示：

```
let rainEmitter = SKEmitterNode(fileNamed: "Rain.sks")!
rainEmitter.position = CGPoint(x: 320, y: 960)
addChild(rainEmitter)
```

这个可视化的编辑器特别方便，因为它允许你在调整了粒子系统的属性之后，实时地看到效果，这使得你可以很快速而容易地达到想要的效果。

还有更多内容有待发现和学习，但是我们还是从做中学。我们将通过编程来实现一个 SKEmitterNode，从而为 Drop Change 创建第一个粒子系统。稍后，我们将学习使用可视化编辑器来创建其他的效果。

16.2 粒子系统编程

如果 Drop Charge 中的炸弹真得爆炸了，而不只是从屏幕上闪烁消失，那效果是不是更好呢？在本节中，我们将通过创建游戏开始时候的爆炸效果，从而初次接触粒子系统。我们将通过编程来创建它，以帮助你理解场景背后发生了什么。

在 Xcode 中打开 DropCharge 工程。如果之前你略过了第 15 章的挑战，可以从本章的初始文件夹中打开该工程。

Sprite Kit 使用附加给粒子系统的一个单个的材质，渲染了在屏幕上显示的每一个粒子。这个材质可以是你想要使用的任何内容，这给了你足够的自由来定制粒子的外观。

从工程导航器中，打开 Assets.xcassets 文件。从 starter\resources 中，将 spark.png 文件拖放到左边栏中。这是一个白色的圆形图像，我们将会把它调为橙色，并且创建大量的副本，使其看上去像是一个爆炸，如图 16-7 所示。

图 16-7

现在，有了一个材质了，我们可以创建粒子系统了。

16.2.1　粒子系统的核心属性

打开 GameScene.swift，并且实现如下的方法：

```
func explosion(intensity: CGFloat) -> SKEmitterNode {
  let emitter = SKEmitterNode()
  let particleTexture = SKTexture(imageNamed: "spark")

  emitter.zPosition = 2
  emitter.particleTexture = particleTexture
  emitter.particleBirthRate = 4000 * intensity
  emitter.numParticlesToEmit = Int(400 * intensity)
  emitter.particleLifetime = 2.0
  emitter.emissionAngle = CGFloat(90.0).degreesToRadians()
  emitter.emissionAngleRange = CGFloat(360.0).degreesToRadians()
  emitter.particleSpeed = 600 * intensity
  emitter.particleSpeedRange = 1000 * intensity
  emitter.particleAlpha = 1.0
  emitter.particleAlphaRange = 0.25
  emitter.particleScale = 1.2
  emitter.particleScaleRange = 2.0
  emitter.particleScaleSpeed = -1.5
  emitter.particleColor = SKColor.orangeColor()
  emitter.particleColorBlendFactor = 1
  emitter.particleBlendMode = SKBlendMode.Add
  emitter.runAction(SKAction.removeFromParentAfterDelay(2.0))

  return emitter
}
```

这个方法根据一个"密度因子"（它表示爆炸有多么强烈）来创建、配置和返回一个 SKEmitterNode，随后你可以在游戏中复用这个方法来创建其他的爆炸。首先，我们创建一个 SKEmitterNode 和 SKTexture。然后，在设置了发射器的 zPosition 之后，设置如下这些属性：

- particleTexture 是用于每一个粒子的材质，并且可能是要设置的最重要的属性。默认值是 nil，并且，如果没有设置材质的话，发射器使用一个彩色的矩形来绘制粒子。
- particleBirthRate 是发射器每秒产生粒子的速率。其默认值为 0.0。如果保留这个参数为 0.0，发射器将不会生成任何粒子。在上面的方法中，我们将 particleBirthRate 设置为一个较高的值 400，以便发射器会很快地生成粒子，从而创建一种爆炸效果。

- numParticlesToEmit 是发射器在停止之前所生成的粒子的数目。默认值为 0，这意味着发射器将会生成无穷无尽的粒子流。我们希望这个发射器在生成一些粒子之后就停止。
- particleLifetime 是以秒为单位的时间，这是每个粒子活跃的时间。默认值为 0.0，并且，如果不修改它的话，发射器不会生成任何粒子。
- emissionAngle 是发射粒子的角度。默认值为 0.0，表示直接向下发射。在我们的方法中，将粒子设置为一开始向上发射。当你想要创建诸如喷泉或间歇式喷泉效果的时候，其中的水应该先向屏幕上方移动，然后受到重力的影响再减速并向屏幕下方回落，这个时候，控制发射角度是很有用的。
- emissionAngleRange 通过加上或减去一个范围值的一半，从而将发射角度随机化。当模拟爆炸的时候，这个属性真的很有用。默认值为 0.0。通过将其设置为 360°，可以让爆炸有一个更加逼真的圆形形状。
- particleSpeed 这是新粒子每秒多少个点的一个初始速度。默认值是 0.0。在我们的方法中，将速度进行缩放以创建不同密度的爆炸效果。
- particleSpeedRange 将粒子速度加上或减去一个范围值的一半，从而进行随机化。默认值为 0.0。在模拟涡流的时候这个属性很有用，如果没有它的话，爆炸效果看上去像是一个“O”形。
- particleAlpha 是每一个粒子的平均初始 alpha 值，因此，它决定了粒子的透明度。默认值为 1.0，表示完全不透明。
- particleAlphaRange 通过加上或减去一个范围值的一半，来将粒子的 alpha 值随机化。默认值为 0.0，这会产生一些略微透明的粒子。
- particleScale 是发射器渲染每一个粒子的时候的缩放比例。默认值为 1.0，表示发射器按照材质的完整大小来为每个粒子渲染材质。大于 1.0 的值会放大粒子，而小于 1.0 的值会缩小粒子。
- particleScaleRange 将粒子的缩放加上或减去一个范围值的一半。默认值是 0.0，这会改变粒子的大小以实现较为逼真的爆炸。
- particleScaleSpeed 是粒子的缩放因子每秒钟变化的速率。默认值是 0.0，可以使用一个负数，以便粒子能够快速缩小并消失在视野里。
- particleColor 是一种颜色，发射器使用 particleColorBlendFactor（参见下面的介绍）将其与粒子材质进行混合。默认值是 SKColor.clearColor()。在我们的方法中，将其设置为橙色，以使得粒子看上去更像是火焰或火花。
- particleColorBlendFactor 是在渲染每一个粒子的时候，发射器应用于材质的颜色的量。默认值为 0.0，这意味着发射器将使用材质的颜色，而不会混合 particleColor 中指定的颜色。大于 0.0 的值，则会使用 particleBlendMode（参见下面的介绍）所定义的方式，将材质颜色和 particleColor 中的颜色混合。
- ParticleBlendMode 是将粒子和屏幕上的其他颜色进行混合的时候所采用的混合模式。默认值是 SKBlendModeAlpha，表示通过和粒子的 alpha 值相乘，将粒子和其他的对象混合。在我们的方法中，将混合模式设置为 SKBlendModeAdd，这会将粒子的颜色和对象的颜色相加到一起，从而使得粒子好像是发光的一样。

在设置了发射器属性之后，我们附加了一个动作，在 2 秒的延迟后删除了发射器。随后，该方法返回配置后的发射器节点。

正如你所看到的，在 SKEmitterNode 上，有很多的属性可以设置，甚至还有更多的属性，我们很快就会了解到。

既然已经有了创建和配置粒子系统的方法，我们给场景添加一个这样的方法，看看它是什么样。

打开 WaitingForBomb.swift。在 willExitWithNextState(_:)中，找到如下这行代码：

```
scene.fgNode.childNodeWithName("Bomb")!.removeFromParent()
```

使用如下的代码来替代它：

```
let bomb = scene.fgNode.childNodeWithName("Bomb")!
let explosion = scene.explosion(2.0)
explosion.position = bomb.position
scene.fgNode.addChild(explosion)
bomb.removeFromParent()
```

这段代码抓取了炸弹精灵的引用,并且创建了一个爆炸粒子系统。然后,它将爆炸放在了炸弹的位置,将粒子系统添加到场景中,并且删除炸弹精灵。

编译并运行,看看实际应用,如图 16-8 所示。

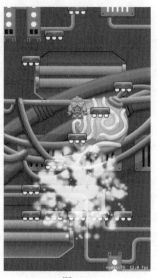

图 16-8

现在,有了一个爆炸开始画面了。我确定,你不再需要任何的说服,并且已经深信粒子系统真的能够让的游戏充满活力了。

16.2.2　让模拟提前进行

有的时候,粒子系统模拟需要从未来的某个时刻开始,例如,在星际或者天气的例子中。换句话说,你可能想要模拟一开始的时候就是满屏的星星、雨点或雪花的情景,而不是想要等着它们从屏幕顶端缓缓落下。

为了展示这一点,请打开位于 starter\examples 中的 Starfield 工程。注意,过了几秒钟之后,屏幕上才充满了星星。

这并不是很逼真,对吧?

还 是 在 Starfield 工 程 中 , 打 开 GameScene.swift 并 且 给 didMoveToView(_:)添加如下的代码行,添加在设置发射器位置之后,但是在把发射器添加到场景之前:

```
emitter.advanceSimulationTime(15)
```

这个属性将粒子系统开始的时间提前了 15 秒,实际上,让星星填满了星空。

编译并运行,看看不同效果,如图 16-9 所示。

现在,屏幕上已经充满了星星,就好像你乘坐星际飞船极速地穿行一样。任何时候,如果想要让粒子系统在其最初状态之前就进行,你会发现这种方法很方便。

图 16-9

16.2.3 粒子系统的更多核心属性

还有很多其他的核心粒子系统属性。这里给出可用属性的列表：

注　意

除非特别说明，所有这些属性的默认值都为 0。

- particleZPosition：每个粒子起始的 z 位置。
- particleColorRed/Green/Blue/AlphaSpeed：每个粒子的每种颜色成分每秒钟的变化速率。
- particleColorBlendFactorSpeed：混合因子每秒钟的变化速率。
- xAcceleration：应用于每个粒子的速率的 x 加速量。这个属性对于模拟风向很有用。
- yAcceleration：应用于每个粒子的速率的 y 加速量。这个属性对于模拟重力作用很有用。
- particleRotation：应用于每个粒子的起始旋转。
- particleRotationSpeed：旋转应该每秒钟改变多大的速率。
- particleSize：每个粒子的最初的大小。其默认值为 CGSizeZero，这导致粒子使用所分配的材质的大小作为其最初的大小。如果没有给粒子分配一个材质的话，必须将这个属性设置为一个非空的大小值，否则，你不会看到任何内容。
- particleScaleSpeed：每秒钟修改粒子缩放的速率。
- particleAlphaSpeed：每秒钟修改粒子 alpha 值的速率。
- targetNode：这允许我们渲染粒子，就好像它们属于另一个节点一样。这是一个重要的属性，可以用来创建一些独特的效果。我们稍后将更详细地了解这个属性。

16.2.4 范围属性

这是 SKEmitterNode 上的另一组属性，设计用来允许我们给一个相关的属性添加随机的变化。当你使用 emissionAngleRange、particleSpeedRange、particleAlphaRange 和 particleScaleRange 给爆炸发射器添加一些随机值的时候，我们已经看到了这方面的一些示例。如果没有这些属性的话，爆炸看上去更像是电子蜡烛的火光。

当你试图模拟现实世界的物体和对象的时候，这些范围属性特别重要。通过给系统生成粒子的方式添加一些随机性，我们可以引入紊流并且增加效果的逼真程度。

如下是可以增加随机性的一些其他的属性：

- particleLifetimeRange：使用它来让每个粒子的生命周期变得随机，这意味着，一些粒子的生命周期可能没有其他的粒子那么长。
- particlePositionRange：从一个随机位置开始每一个粒子。默认值为（0.0，0.0），意味着所有的粒子都从该位置开始。
- particleRotationRange：使用它将每个粒子的初始旋转随机化。
- particleColorRed/Green/Blue/AlphaRange：根据该范围，使用随机的红/绿/蓝/alpha 成分值来创建每一个粒子。
- particleColorBlendFactorRange：将每一个粒子的初始混合因子随机化。

16.2.5 关键帧属性

在 SKEmitterNode 上，有 4 个属性负责提供一种很酷的、叫做关键帧（key frame）的技术。使用关键帧的思路是，随着时间将一个属性修改为几个特定的值，而不是让属性在一个单个的值和一个随机范围之间变化。

例如，如下是 SKEmitterNode 上的类型为 SKKeyframeSequence 的一个关键帧属性，它名为 particleColorSequence：

```
var particleColorSequence: SKKeyframeSequence?
```

要使用关键帧属性，首先初始化它，然后添加一个或多个关键帧。每个关键帧都有两个属性：

- value：这是当这个关键帧发生的时候，该属性所接受的值。particleColorSequence 期望一个 SKColor 实例作为其值，例如 SKColor.yellowColor()。其他的属性可能期望不同类型的值。
- time：这是关键帧在粒子生命周期内发生的时间，其值的范围从 0（创建粒子的时刻）到 1（销毁粒子的时刻）。例如，如果一个粒子的生命周期是 10 秒，并且为 time 指定了 0.25 的值，keyframe 将会在第 2.5 秒发生。

使用 particleColorSequence 来尝试一下关键帧，以使得爆炸更为真实。切换回 DropCharge 工程，并且打开 GameScene.swift。给 explosion(_:)添加如下的代码，放在 return 语句之前。

```
let sequence = SKKeyframeSequence(capacity: 5)
sequence.addKeyframeValue(SKColor.whiteColor(), time: 0)
sequence.addKeyframeValue(SKColor.yellowColor(), time: 0.10)
sequence.addKeyframeValue(SKColor.orangeColor(), time: 0.15)
sequence.addKeyframeValue(SKColor.redColor(), time: 0.75)
sequence.addKeyframeValue(SKColor.blackColor(), time: 0.95)
emitter.particleColorSequence = sequence
```

还要删除掉 emitter.particleColor = SKColor.orangeColor()这行代码，因为不再需要它了。

所添加的代码，做了如下这些事情：

1. 创建了一个 SKKeyframeSequence 并使用一个值为 5 的 capacity 来初始化它，因为我们将添加 5 个颜色的关键帧。

2. 当粒子第 1 次生成的时候，添加了一个 SKColor.whiteColor()。

3. 当粒子的生命周期到达 10%的时候，添加了一个 SKColor.yellow Color()。

4. 当粒子的生命周期到达 15%的时候，添加了一个 SKColor.orange Color()。这是主要的颜色。

5. 当粒子的生命周期到达 75%的时候，添加了一个 SKColor.red Color()。

6. 当粒子就要销毁的时候，添加了一个 SKColor.blackColor()。

编译并运行，看看对爆炸做出修改后的效果，如图 16-10 所示。

爆炸开始的时候，比之前要明亮一些，然后，逐渐淡去，余烬消失。这是一个很细致的效果，但是记住，添加"果汁"都是和细节相关的，特别是效果的细微之处。

还有 3 个其他的属性支持 keyframe 序列：

- particleColorBlendFactorSequence：它允许精确地控制在粒子的生命周期期间应用于每一个粒子的混合因子。
- particleScaleSequence：使用这个序列，允许在粒子的生命周期期间多次放大和缩小每一个粒子。
- particleAlphaSequence：这个序列允许在粒子的生命周期期间完全控制每一个粒子的 alpha 通道。

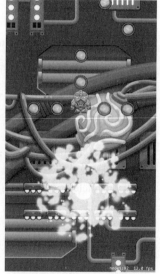

图 16-10

16.2.6　序列属性

对于 SKKeyframeSequence，有两个重要的属性需要介绍，这就是 interpolationMode 和 repeatMode。interpolationMode 属性指定了如何计算每一个关键帧之间的时间值。可用的 interpolationMode 值有：

- Linear：这个模式线性地计算插值。这是默认的模式。
- Spline：这个模式使用一个样条曲线来计算差值，这会生成从一个关键帧序列的开始到结束的减轻效果。如果你想要用这种模式来缩放一个粒子，那么，缩放开始的时候很慢，然后逐渐加快，然后再慢下来，直到序列结束，这提供了一种平滑的过渡。

● Step：这个模式并不会在关键帧之间进行时间插值。它直接将该值计算为最近的关键帧。

如果值在序列中所定义的关键帧之外的话，repeatMode 属性指定了如何计算值。也可能将关键帧从 0.0 一路定义到 1.0，但不一定必须这么做，可以让一个关键帧在 0.25 到 0.75 之间运行。在这种情况下，repeatMode 属性定义了对于从 0.0 到 0.25 以及从 0.75 到 1 使用什么值。可用的 SKRepeatMode 值是：

● Clamp：这个模式将值限制到从序列中找到的时间值的范围内。例如，如果序列的最后一个关键帧的时间值为 0.5，那么，从 0.5 到 1.0 的任何时间，都将返回最后的关键帧值。这是默认的模式。

● Loop：这个模式导致序列循环。例如，如果序列的最后一个关键帧的时间值为 0.5，那么，从 0.5 到 1.0 的任何时间，都将返回和 0.0 到 0.5 相同的值。

16.3　可视化地创建粒子系统

既然已经有了一个大爆炸能够开始游戏，我们让岩浆也热起来。这一次，我们打算在 Xcode 的粒子发射器编辑器中来创建岩浆粒子系统。

16.3.1　创建一个 SKS 文件

通过编程来添加粒子系统并不是唯一的选项。Sprite Kit 还支持一种 SKS 的 Xcode 文件类型。这个文件允许你将一个粒子系统所必需的所有设置都存储到一个单个的文件中，而这个文件将作为工程的一部分，从而可以充分利用内建的 Xcode 编辑器，并且通过 NSCoding 可以很容易地加载和保存该文件。

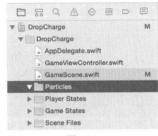

好了，现在该来创建一个文件组以保存所有的粒子系统了。选中 GameScene.swift，从主菜单中选择 File\NewGroup。将这个组命名为 Particles，并且按下 Enter 键以确认，如图 16-11 所示。

图 16-11

选中 Particles 组后，从主菜单中选择 File\NewFile...。选择 iOS\Resource\SpriteKit Particle File，如图 16-12 所示。

图 16-12

点击 Next 按钮。在下一个界面上，你将会看到下拉菜单中包含了很多不同的粒子模板，如图 16-13 所示。

图 16-13

这些模板使得你能够方便地从头开始创建自己的粒子系统。列表中的选项是很常见的粒子配置，可以根据自己的需要进行修改。图 16-14 展示了每一个模板的样子。

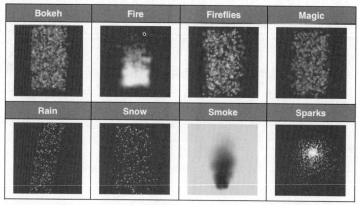

图 16-14

通常，应该选择和你想要创建的效果最为接近的一种模板，然后从那里开始进行调整。尽管你可以使用这些模板中的任何一个开始岩浆粒子系统，但 Fire（火焰）模板是和岩浆最为接近的，因此从列表中选择 Fire 模板。再次点击 Next 按钮，并且输入 Lava 作为文件名。

注　意

当给工程添加第一个粒子系统的时候，Xcode 同时自动添加了又一个文件，即 spark.png 文件。这幅图像是内建到 Xcode 中的，用做所有粒子模板的默认材质，只有一个模板是例外的，这就是 Bokeh 模板，它拥有其自己默认的图像，名为 bokeh.png。你不一定必须将这个材质用于粒子系统。如果想要使用自己的材质的话，直接将其添加到工程中，并且在 Xcode 粒子发射器编辑器中选中它（参见下面的介绍）。

16.3.2　Xcode 粒子发射器编辑器

并不是说 SKEmitterNode 的所有属性都可以通过 Xcode 内建的粒子编辑器来配置，可以配置的属性并不包括用于缩放、混合因子和 alpha 的序列属性，但是，最为重要的属性都已经包含在其中了。要访问该编辑器，选择 Lava.sks，并且确保右边的 Attributes 检视器是可见的，如图 16-15 所示。

图 16-15

请自行花点时间来了解一些检视器中的设置，看看粒子系统是如何通过行为做出响应的。

注意到 Particle Texture 属性了吗？它设置为使用默认的材质文件 spark.png。如果你想要使用自己的一个材质的话，这里就是进行设置的地方。

16.3.3 制作岩浆

开始制作岩浆的最好的方法是，修改模板的颜色。默认的颜色接近于你想要的颜色，但是，我们还想让颜色从黑色提高一点亮度，发出橙红色的光，以使得岩浆效果更加柔和一些。

在编辑器中找到 Color Ramp 属性，并且在颜色选择面板最左边的颜色点上点击。这将会显示一个标准的 OS X 颜色选择器。在选择器中修改颜色，并且看看粒子的颜色变化，如图 16-16 所示。

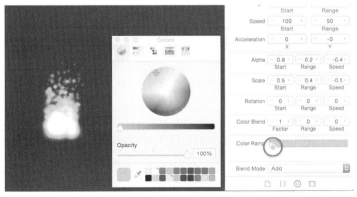

图 16-16

从颜色选择器中选择 Color Sliders 标签页，并且确保下拉菜单显示一个 RGB 滑块。现在，通过将红色、绿色和蓝色的滑块都设置为 0，从而将第一个颜色点设置为黑色。我们打算再给序列添加两个颜色点（关键帧）。

在颜色条大概 25% 的位置点击，以创建一个新的颜色点。为红色值输入 99，绿色值输入 50，蓝色值输入 0。接下来，在颜色条的末尾点击，以创建另一个颜色点。为红色值输入 219，绿色值输入 66，蓝色值输入 0。

创建好这两个颜色点后，颜色条如图 16-17 所示。

在设置了颜色序列之后，我们开始编辑发射器的形状、速度和位置。在粒子编辑器面板的顶部，找到 Particles Birthrate，并且将其值修改为 50，将 Maximum 值修改为 0。然后，将 Lifetime Start 设置为 1.5，将 Range 设置为 0，如图 16-18 所示。

图 16-17

图 16-18

这会导致发射器每秒钟生成 50 个粒子，每个粒子的生命周期为 1.5 秒。为了优化性能，我们想要让粒子的数目尽可能的少，以获得想要的效果。因此，50 个粒子每秒乘以每个粒子的生命周期为 1.5 秒，就意味着在某一时刻，屏幕上大约同时有 75 个粒子。

现在，将 Position Range 的 X 设置为 128，Y 设置为 0。稍后，我们将在代码中修改它。

将 Angle 修改为 90，Range 为 360。这会导致粒子从各个方向发射。接下来，将 Speed Start 和 Range 设置为 0。Lava 很厚重，而且移动很慢，因此，我们在这里不需要任何速度，如图 16-19 所示。

现在，将 Alpha Start 设置为 1，Range 设置为 0.2，其 Speed 设置为 -0.2。粒子将以 80%–100% 的一个透明度开始，并且随后慢慢淡出。

最后，将 Scale Start 设置为 9，将其 Range 和 Speed 设置为 0，如图 16-20 所示。粒子系统一开始，就看上去有很多火热的岩浆。

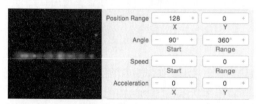

图 16-19

图 16-20

16.3.4　加载 SKS 文件

SKEmitterNode 是完全兼容 NSCoding 的，这使得其加载过程很简单。当你使用 Xcode 编辑并保存了一个粒子系统之后，SKS 文件将会更新并且包含到 App 包中，以准备好部署到设备上。要在代码中加载一个粒子系统，直接使用 SKS 文件的名字来初始化一个 SKEmitterNode。

现在，我们已经配置好了岩浆粒子系统，该来看看它是如何起作用的了。切换到 GameScene.swift，并且实现如下的方法：

```
func setupLava() {
  lava = fgNode.childNodeWithName("Lava") as! SKSpriteNode
  let emitter = SKEmitterNode(fileNamed: "Lava.sks")!
  emitter.particlePositionRange = CGVector(dx: size.width * 1.125, dy:
0.0 )
  emitter.advanceSimulationTime(3.0)
  emitter.zPosition = 4
```

```
    lava.addChild(emitter)
}
```

首先，抓取了在场景编辑器中创建的岩浆 SKSpriteNode，我们打算将发射器附加到这个节点。然后，创建了一个 SKEmitterNode，并且提供了我们所创建的 SKS 文件的名称。

下一行代码设置了 particlePositionRange 属性，以便能够在整个屏幕的宽度中产生粒子，并且有一点重叠。接下来，我们将模拟时间提前，以便让岩浆已经变得很热！我们将 zPosition 设置为 4，以便岩浆能够覆盖在其他一切内容之上。

最后，将发射器添加到岩浆 SKSpriteNode。现在，滚动到 setupNodes()，并且找到如下这行代码：

```
lava = fgNode.childNodeWithName("Lava") as! SKSpriteNode
```

使用如下的对岩浆粒子系统的调用，来替代上面这行代码：

```
setupLava()
```

接下来，修改 updateCollisionLava()，以便更好地容纳粒子系统。

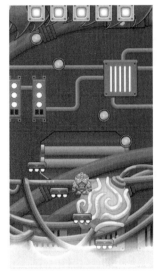

```
func updateCollisionLava() {
    if player.position.y < lava.position.y + 180 {
        playerState.enterState(Lava)
        if lives <= 0 {
            playerState.enterState(Dead)
            gameState.enterState(GameOver)
        }
    }
}
```

如果你完成了第 15 章最后的挑战，或者使用了本章开始的工程，那么，现在唯一需要修改的，就是将 lava.position.y 的偏移量修改为 180。

这会在英雄和岩浆的冲突中，将英雄放置到岩浆上方一点的位置。如果没有这一修改的话，英雄将会向下下沉的太远了，以至于在得到激励之前就跌入到岩浆之中了。

编译并运行，看看粒子系统的 SKS 文件，如图 16-21 所示。

哦，这里有一些滚烫的岩浆。

图 16-21

注　意

确保在真实的设备上测试而不是在模拟器上测试，因为粒子系统在模拟器上的表现并不好。

16.3.5　持续的系统和运行一次的系统

到目前为止，我们已经为 Drop Charge 创建了两个粒子系统，一个炸弹爆炸和一个岩浆沟壑。在代码中创建的爆炸，是只运行一次的系统的一个示例，它生成粒子直到达到指定的数目，在某一个时刻，它就停止了。另一方面，岩浆系统则持续地发射粒子。

区别在于 Particles：Maximum 设置中，或者说在代码的 numParticlesToEmit 属性中。记住，如果这个属性设置为 0，粒子将会持续地发射，并且是任何大于 0 的数值，都将会只渲染指定数目的粒子。在本章剩下的部分中，我们将创建几个只运行一次的粒子系统。

16.3.6　哪里有火，哪里就会有烟

当太空英雄和岩浆碰撞的时候，他会有力地跳起来，这就好像我们自己是游戏英雄一样。这很有效，但是，如果让他的脚也变为火红滚烫的，从而让碰撞更为明显一些，不是很酷吗？

在工程导航器中选中 Particles 组，并且从主菜单中选择 File\NewFile...。选择 iOS\Resource\SpriteKit

Particle 文件,然后从模板列表中选择 Spark 并点击 Next 按钮。将文件命名为 SmokeTrail.sks,并且点击 Create 按钮。

现在,我们有了一个新的粒子文件可供编辑。注意,Spark 模板持续地发射粒子。而对于这个效果,我们只想让烟雾持续一两秒钟。为了完成这一效果,首先将 Particles Birthrate 和 Maximum 都设置为 200。然后,将 Lifetime Start 设置为 1,将 Range 设置为 0.5,如图 16-22 所示。

将 Position Range X 和 Position Range Y 都设置为 24。将 Angle 设置为 0,将 Angle Range 设置为 360。这些设置会给烟雾带来一些紊流。

现在,让整个过程慢下来一些,将 Speed Start 设置为 50,将 Range 设置为 100。烟雾通常会飘动,因此,通过将 Acceleration X 和 Y 都设置为 0,从而取消重力作用的效果,如图 16-23 所示。

图 16-22

图 16-23

我们想要让烟雾粒子一开始的时候很大,然后缩小并淡出。为了做到这一点,将 Alpha Start 设置为 1,将 Range 设置为 0,将 Speed 设置为-0.25。然后,将 Scale Start 设置为 1.6,Range 设置为 1,Speed 设置为-2,如图 16-24 所示。

接下来,将粒子的颜色设置为灰色,这使得它们在一起的时候看起来更像是烟雾。首先,将 Color Blend Factor 和 Range 都设置为 1。这会对已有的材质颜色应用随机的颜色值。现在,点击 Color Ramp 上最左边的颜色点,打开颜色选取器,并且将 Red、Green 和 Blue 都设置为 100。

在大约 75%的位置点击,创建一个新的颜色点,并且将 Red、Green 和 Blue 都设置为 177。

最后,在颜色条的最右边创建第 3 个颜色点,并且将将 Red、Green 和 Blue 都设置为 255。最后,我们不想让烟雾发光,将 Blend Mode 设置为 Alpha,如图 16-25 所示。

图 16-24   图 16-25

我们已经有了烟雾粒子,现在,是时候将它们设置的松散一点了。切换回 GameScene.swift,我们将在英雄的身后创建另一个轨迹效果,因此,添加如下这些辅助方法:

```swift
func addTrail(name: String) -> SKEmitterNode {
  let trail = SKEmitterNode(fileNamed: name)!
  player.addChild(trail)
  return trail
}

func removeTrail(trail: SKEmitterNode) {
  trail.numParticlesToEmit = 1
  trail.runAction(SKAction.removeFromParentAfterDelay(1.0))
}
```

第 1 个方法使用一个指定的 SKS 文件来创建一个 SKEmitterNode 并将其附加给玩家精灵。然后,它返回 SKEmitterNode,以便你随后能够将其传递给 removeTrail(_:)以进行清理。

现在,在 Player States 组中,打开 Lava.swift,并且在 didEnterWithPreviousState(_:)的顶部添加如下的代码。

```
let smokeTrail = scene.addTrail("SmokeTrail")
scene.runAction(SKAction.sequence([
  SKAction.waitForDuration(3.0),
  SKAction.runBlock() {
  self.scene.removeTrail(smokeTrail)
  }
  ]))
```

我们创建了一个烟雾轨迹粒子系统，将其添加给玩家，并且在 3 秒钟后删除它。由于你只是想要在玩家进入到岩浆状态的时候，才会有烟雾轨迹效果，因此，只需要把代码添加到这个文件中。

编译并运行，并且让玩家落到到岩浆中。

发生了什么？烟雾呢？粒子系统已经在那儿了，但是，它在玩家精灵的背后，并且没有什么力量（例如重力）影响到粒子的路径，如图 16-26 所示。

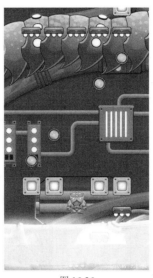

图 16-26

16.3.7 目标粒子系统

假设你坐在一辆行进中的汽车里，车窗是关上的，你手里拿着一个冒着烟的手榴弹。烟雾会停留在汽车之中，可能会令人无法看清并且难以呼吸。而看到你的车经过的旁观者，并不会看到车中的任何烟雾。可是，一旦你打开车窗，空气进入并流出车辆，就会把烟雾带出来。

对于粒子系统来说，也有一些类似的情况。你需要告诉发射器，在它所附加到了精灵之外，有一个世界。

SKEmitterNode 有一个名为 targetNode 的属性，它允许你设置一个渲染发射器粒子的节点。新的粒子的最初的属性都是基于发射器的，但是，在未来的帧，粒子被当做目标节点的子节点对待。

回到 GameScene.swift，并且给 addTrail(_:) 添加如下的代码行，刚好放在将发射器添加给 player 之前：

```
trail.targetNode = fgNode
```

现在，编译并运行。每次英雄接触到火山岩，都会出现一条烟雾轨迹，如图 16-27 所示。

图 16-27

恭喜！除了给 Drop Charge 添加了大量的火和烟，我们还加深了对于粒子系统及其应用的理解。我们学习了如何创建粒子系统并配置其属性，这既包括通过编程做到，也包括在 Xcode 编辑器中实现，并且，我们还学习了如何加载粒子系统以及在游戏中部署它们。

但是，可能给我们留下最深的印象的，还是这些系统在玩家的体验方面所能产生的显著影响，并且，这还只是开始。在第 17 章中，我们将准备好让游戏变得更加好玩，当然，还是通过"果汁"的力量来做到。

16.4　挑战

现在该来自行体验创建粒子系统了。通过这些挑战，你将使用 Xcode 粒子发射器编辑器来创建一个粒子系统。

如果遇到困难，看一下 challenge\particles 文件夹下的粒子系统 SKS 文件。但是，最重要的是，享受乐趣并且自由体验。

挑战 1：收集常规金币的效果

创建一个 CollectNormal.sks 粒子文件，以便当玩家精灵和常规的金币碰撞的时候使用它。它应该是一个执行一次的系统，类似于爆炸。在 challenge\resource 下，有一个 star.png 材质供你使用，如图 16-28 所示。

挑战 2：收集特殊金币的效果

创建一个 CollectSpecial.sks 粒子文件，以便当玩家精灵和特殊的金币碰撞的时候使用它。它类似于 CollectNormal 系统，但是似乎能量更大一些，如图 16-29 所示。

图 16-28

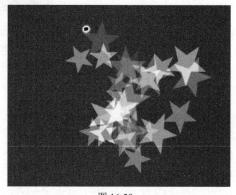

图 16-29

挑战 3：破裂平台效果

创建一个 BrokenPlatform.sks 粒子文件，以便当玩家精灵落到一个可破裂的平台上的时候使用它。使用 DropCharge 工程中已经包含的 block_break01_piece01 材质，如图 16-30 所示。它应该是一个很短的、仅执行一次的粒子系统。

挑战 4：玩家轨迹效果

创建一个 PlayerTrail.sks 粒子文件，以便当玩家精灵跳跃的时候使用它。它应该类似于烟雾轨迹系统。使用 star.png 材质并且给它一个带点蓝色的颜色，如图 16-31 所示。

注　意

先不要担心要添加代码来生成这些粒子效果，我们将在第 17 章中处理这些问题。

图 16-30

图 16-31

第 17 章 点亮游戏

Michael Briscoe 撰写

快速测验：好的游戏和伟大的游戏有什么区别？为什么一款游戏让玩家欣喜若狂，而另一款游戏却令玩家漠不关心？为什么一些游戏拥有疯狂的粉丝和骨灰级玩家？你认为应该在自己的游戏上进行的哪些所谓的神秘的"打磨"，才能让游戏变得令人惊讶呢？

答案是，细节决定成败。

好的游戏在边边角角里都填充了大量的细节，这些细节往往很细微，你在玩游戏的时候甚至不会有意识地注意到它们。打磨一款游戏，意味着关注这些细节。不要在游戏一达到可玩的状态，就停止开发工作，并将游戏放到 Apple Store 中。稍后再推送游戏。给它加点料，仔细地加以打磨。

"果汁"是一种特殊类型的打磨，它很容易添加，并且添加的过程充满了乐趣，它给游戏带来了快乐和活力。当游戏添加了"果汁"之后，游戏给人的感觉是有了活力了，玩家和游戏世界之间的每一次交互，都会导致令人兴奋的反应，如图 17-1 所示。

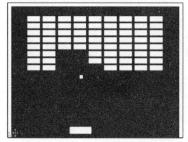 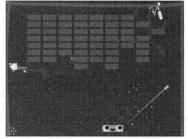

图 17-1

例如，当两个物体碰撞的时候，不应该只是看到屏幕上发生的事情，碰撞应该看上去如此真实，以至于你的身体几乎能够感受到它。玩一款带有"果汁"的游戏，是一种发自内心的体验。

"果汁"的美妙之处在于，你不需要有大量的美工预算，或者雇佣那些拥有骄人的简历的、昂贵的顾问。实际上，你可以使用简单的动画效果，例如缩放、旋转、移动、粒子效果、音乐和声音效果。这些事情中的大多数，已经在工具包中可以实现了，而另一些事情，例如音乐和声音效果，可以在网上查找或者使用免费或便宜的软件来做到。对于像你我这样的程序员来说，这些完全是全新的。

这些效果自身并不是特别令人兴奋，但是，当组合起来的时候，游戏世界中的每一种交互都会导致一系列的视觉和音频反馈，这会使得玩家流连忘返。这就是给游戏添加果汁的意义所在。

在本章中，我们将给 Drop Charge 添加大量的细节，使其充满了"果汁"。尽管它现在还只是不错的游戏，但是，通过添加"果汁"会让它更加令人惊讶，如图 17-2 所示。

图 17-2

17.1 给游戏添加"果汁"的 3 个步骤

给游戏添加"果汁"，就像是表演魔术，结果可能对于毫不知情的观众来说是印象深刻的，但是，这真的只是"障眼法"。好在，你不需要到魔术或魔法学校学习几年才能够成为一位特效大师。

在开始随机地添加效果之前，需要知道它们应用到何处。如果不经思考而任意地添加它们，游戏可能会面临着令玩家混淆或分散玩家的注意力的风险。

但是，也有好消息！你只需要按照 3 个步骤的算法来规划游戏的效果就行了：

1．角色列表：首先，列出在游戏中扮演一个角色的所有对象的列表，通常，称之为角色（actor）。例如，太空英雄和平台对象是两个角色。

2．交互列表：其次，列出已有的角色之间的交互的列表。例如，英雄会和他所收集的金币碰撞。所有的对象也可以执行和自己的交互，例如，移动或改变状态。例如，英雄可以向上移动，或者落下。

3．为交互添加效果：最后，给这些交互添加尽可能多的效果。正是这些效果，让玩家在玩游戏的时候感受到他们好像有了魔法。例如，在第 16 章中，当创建了烟雾轨迹效果来表示英雄和岩浆碰撞的时候，我们就给游戏添加了"果汁"。

很简单，对吧？好了，现在，我们该来对 Drop Charge 执行步骤 1 和步骤 2 了。随后，我们将重复应用步骤 3。

17.1.1 步骤 1：角色

首先，谁是 Drop Charge 中的角色呢？

● 英雄：这是太空英雄，他不断地跳动以从爆炸的飞船中逃生。

● 常规平台：英雄的中间目的地，也是可以休息的地方。

● 可破裂的平台：脆弱的平台，当英雄落到上面的时候，它会破裂，为英雄逃生提供短暂的喘息。

● 常规金币：它将为英雄提供向上移动的激励，从而帮助他。

● 特殊金币：它将为英雄提供较大的激励，促使他更加接近安全地带。

● 岩浆：英雄必须不惜代价躲避不断向上升起的岩浆，因为岩浆会严重烧伤他的脚。

● 背景：这包括飞船上的机器和出口的图像。这些图像在游戏中没有什么真正的用途，只是为了让游戏更加有趣。

● 屏幕自身：游戏世界是所有其他角色的容器。

● 游戏设置规则：某些游戏规则可能会导致有趣的事情发生。例如，在 Drop Charge 中，如果英雄落到岩浆中 3 次，他就会死去，游戏结束。

● 玩家：是的，玩家也是游戏中的一个角色。实际上，玩家是最重要的角色。在这款游戏中，英雄就是玩家的化身。

17.1.2 步骤 2：交互

现在，我们已经标识出了游戏中的角色，那么，这些角色之间存在什么样的交互呢？

如下是一部分交互的列表：

● 英雄和平台的交互：当英雄在平台上休息，或者跳到平台上的时候发生。

● 英雄和金币的交互：当英雄收集金币并销毁金币以达到提速的时候发生。

- 英雄和岩浆的交互：当英雄受到刺激并且脚变红了，或者甚至死去的时候发生。
- 英雄和游戏世界的交互：当英雄执行诸如跳跃、落下或改变方向等动作的时候发生。
- 玩家和屏幕的交互：当玩家移动设备或点击屏幕的时候发生。
- 游戏规则和游戏世界的交互：当满足"游戏结束"的条件的时候发生。

游戏中的这些角色以及它们之间的交互，如图 17-3 所示。

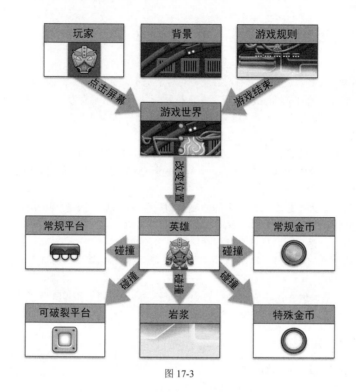

图 17-3

所有这些交互都是添加"果汁"的机会，这就像是成熟的果实挂满了枝头，等待你去采摘或挤压。但是，应该使用什么效果呢？

17.1.3　步骤 3：5 种基本的特效

有 5 种基本的特效，可以作为"果汁"添加给游戏。

1．音乐和声音效果：简洁的音乐和声音效果可以设定游戏的氛围，并且增强视觉效果。

2．帧动画：在精灵的材质上实现动画，可以进一步表达出动作或移动所能够产生的显著影响。

3．粒子系统：我们已经学习过了如何添加粒子系统，如爆炸和烟雾，它们可以添加优质的"果汁"。

4．屏幕效果：摇动或闪烁整个游戏世界，会让玩家更深刻地沉浸其中，并且表现出一种紧急的感觉。

5．精灵效果：可以改变节点的大小、旋转、颜色和透明度，以创建出有趣的效果并增强视觉线索。

所有这些效果都可以是临时的或永久的，立即的或者动画的，自己单独执行（这正是发生魔力的地方）或者和其他的效果组合起来。当你将这些效果中一起添加的时候，可以让整个屏幕跳起来。这就是"果汁"发生作用的时刻。

可以用一个简单的 SKAction 来添加这些效果中的大多数。对于这些效果来说，奇妙的事情在于，它们的编程都非常简单，因此，将它们添加到游戏也可以快速地得到效果。然而，要注意，一旦开始添加特殊效果，你会很难停下来。

17.2 开始

打开 DropCharge 工程。如果你跳过了第 16 章的挑战，那么，可以从 starter\DropCharge 中找到这个工程。

一旦打开刚才的工程，将 starter\resources\sounds 文件夹拖放 Xcode 工程导航器中以导入它们。确保 Copy items if needed、Create Groups 和 DropCharge 目标都选中。一旦完成了，应该会在工程导航器中看到它们，如图 17-4 所示。

图 17-4

17.3 音乐和声音效果

你是否看过没有声音的动作电影？显然，你是无法听到对话的，此外，视觉效果看上去似乎也很乏味，有时候甚至会令人混淆。在表现电影的风格和节奏方面，音乐显然扮演着一个非常重要的角色，并且声音效果能够增强或突出逼真感。我们可以使用同样的概念来给游戏添加"果汁"。

没有声音的话，Drop Charge 似乎有点平淡无奇。为此，我们开始添加音乐。

打开 GameScene.swift 并且给属性添加如下的变量：

```
var backgroundMusic: SKAudioNode!
```

在 iOS 9 中，Apple 给了 Sprite Kit 一个新的节点 SKAudioNode，这使得很容易在游戏中播放声音。以前需要数行代码才能完成的事情，现在只需要两行代码就能搞定。

给 GameScene.swift 添加如下的辅助方法：

```
func playBackgroundMusic(name: String) {
  var delay = 0.0
  if backgroundMusic != nil {
    backgroundMusic.removeFromParent()
  } else {
    delay = 0.1
  }

  runAction(SKAction.waitForDuration(delay)) {
    self.backgroundMusic = SKAudioNode(fileNamed: name) as? SKAudioNode
    self.backgroundMusic.autoplayLooped = true
```

```
    self.addChild(self.backgroundMusic)
  }
}
```

该方法的第 1 部分检查是否已经向场景添加了 backgroundMusic 节点，如果是的话，就删除它。接下来，使用传入到该方法中的文件名初始化了一个 SKAudioNode，设置了其 autoplayLooped 属性。然后，将该节点添加到场景中。

由于我们将 autoplayLooped 属性设置为 true，音乐文件将会在添加到场景中的时候自动播放一次，它将会重复直到你删除它。现在，需要用一个声音文件来调用该方法。

注　意

初始化和添加 backgroundMusic 节点的代码包含在了 runAction()闭包之中，原因在于 SKAudioNode 中存在一个小小的 bug。没有这一个小小的延迟的话，当游戏从 GameOver 状态重新启动的时候，音乐文件将无法播放。

滚动到 didMoveToView(_:)，并且添加如下这行代码：

```
playBackgroundMusic("SpaceGame.caf")
```

编译并运行 Drop Charge。如果一切正常的话，你会听到一小段爵士乐欢迎你进入游戏。

17.3.1　创建变化的节奏

配合着悠闲的音乐节奏，太空英雄在这个时刻似乎有点太懒散了。但是，当扔下炸弹的时候，事情变得疯狂了，并且节奏真的加快了！这似乎是切换到较为疯狂的音乐的好时机。

打开 Playing.swift 状态文件，并且给 didEnterWithPreviousState(_:)添加如下这行代码，放在 if 语句之中：

```
scene.playBackgroundMusic("bgMusic.mp3")
```

当游戏进入 Playing 状态的时候，执行这行代码，它用一段更加疯狂的音乐替代了原来比较从容的音乐。编译并运行，听听结果如何。别忘了，你需要开始玩一会儿游戏，才能听到音乐的变化。

不是太糟糕，但是你还可以通过添加一些背景噪音，让"果汁"的作用更好。回到 GameScene.swift，并且给属性添加这个变量：

```
var bgMusicAlarm: SKAudioNode!
```

然后，修改 playBackgroundMusic(_:)，在 backgroundMusic.removeFromParent()之后添加如下的代码：

```
if bgMusicAlarm != nil {
  bgMusicAlarm.removeFromParent()
} else {
  bgMusicAlarm = SKAudioNode(fileNamed: "alarm.wav") as? SKAudioNode
  bgMusicAlarm.autoplayLooped = true
  addChild(bgMusicAlarm)
}
```

当游戏进入 Playing 状态并且调用了 playBackgroundMusic(_:)之后，backgroundMusic 不再为 nil 了。从这时候起，检查 bgMusicAlarm 是否为 nil。如果是的，初始化它，并且将 bgMusicAlarm 添加到场景中。

现在，打开 GameOver.swift 并把如下的代码添加到 didEnterWithPreviousState(_:)中，放在 if previousState is Playing {之后。

```
scene.playBackgroundMusic("SpaceGame.caf")
```

这会将背景音乐改为最初的音乐，并且由于 bgMusicAlarm 变量不为 nil，playBackgroundMusic(_:)会将其从场景中删除，从而去掉警告的声音。

编译并运行，注意开始玩游戏的时候是一个很酷的、警告的声音，并且在游戏结束之后，又恢复为平和的音乐。

17.3.2　添加声音效果

我们已经添加了背景音乐，并且要添加相应的声音效果也很容易。切换回 GameScene.swift，并且给类属性添加如下这些常量：

```
let soundBombDrop = SKAction.playSoundFileNamed("bombDrop.wav",
  waitForCompletion: false)
let soundSuperBoost = SKAction.playSoundFileNamed("nitro.wav",
  waitForCompletion: false)
let soundTickTock = SKAction.playSoundFileNamed("tickTock.wav",
  waitForCompletion: false)
let soundBoost = SKAction.playSoundFileNamed("boost.wav",
  waitForCompletion: false)
let soundJump = SKAction.playSoundFileNamed("jump.wav",
  waitForCompletion: false)
let soundCoin = SKAction.playSoundFileNamed("coin1.wav",
  waitForCompletion: false)
let soundBrick = SKAction.playSoundFileNamed("brick.caf",
  waitForCompletion: false)
let soundHitLava = SKAction.playSoundFileNamed("DrownFireBug.mp3",
  waitForCompletion: false)
let soundGameOver = SKAction.playSoundFileNamed("player_die.wav",
  waitForCompletion: false)

let soundExplosions = [
  SKAction.playSoundFileNamed("explosion1.wav",
    waitForCompletion: false),
  SKAction.playSoundFileNamed("explosion2.wav",
    waitForCompletion: false),
  SKAction.playSoundFileNamed("explosion3.wav",
    waitForCompletion: false),
  SKAction.playSoundFileNamed("explosion4.wav",
    waitForCompletion: false)
]
```

我们定义了一系列的 SKAction 常量，其中的每一个都将加载并播放一个声音文件。由于在需要这些动作之前就定义了它们，它们将会预先加载到内存中，这就避免了当你初次播放声音的时候游戏会明显滞后。我们还创建了爆炸声音效果的一个数组，将会用它来播放随机的炸弹。

打开 WaitingForBomb.swift，并且给 didEnterWithPreviousState(_:)添加如下这些代码行，就放在在炸弹上运行了 repeatSeq 之后：

```
scene.runAction(scene.soundBombDrop)
scene.runAction(SKAction.repeatAction(scene.soundTickTock, count: 2))
```

当游戏进入到 WaitingForBomb 状态的时候，它将会播放 bombDrop.wav，然后是 tickTock.wav，然后游戏进入到 Playing 状态。

但是，没有一个惊天动地的大爆炸的话，炸弹也不算完成了，对吧？在 willExitWithNextState(_:)中添加如下这行代码，放在从场景中删除炸弹那行代码之后：

```
scene.runAction(scene.soundExplosions[3])
```

编译并运行，听听炸弹的声音，这是一次很大的爆炸。

好像已经有了一些"果汁"了。

现在该来添加当玩家与金币和平台碰撞的时候的声音效果了。打开 GameScene.swift 并滚动到 didBeginContact(_:)。用如下的代码替换 switch 语句：

```
switch other.categoryBitMask {
case PhysicsCategory.CoinNormal:
  if let coin = other.node as? SKSpriteNode {
    coin.removeFromParent()
    jumpPlayer()
    runAction(soundCoin)
  }
case PhysicsCategory.CoinSpecial:
  if let coin = other.node as? SKSpriteNode {
    coin.removeFromParent()
    boostPlayer()
    runAction(soundBoost)
  }
case PhysicsCategory.PlatformNormal:
  if let _ = other.node as? SKSpriteNode {
    if player.physicsBody!.velocity.dy < 0 {
      jumpPlayer()
      runAction(soundJump)
    }
  }
case PhysicsCategory.PlatformBreakable:
  if let platform = other.node as? SKSpriteNode {
    if player.physicsBody!.velocity.dy < 0 {
      platform.removeFromParent()
      jumpPlayer()
      runAction(soundBrick)
    }
  }
default:
  break
}
```

didBeginContact(_:)几乎是相同的，只不过我们添加了之前定义的 playSoundFileNamed 动作。现在，当英雄和平台或金币接触的时候，游戏会播放很好听的、生动的声音效果。

尝试一下！编译并运行，听听碰撞平台和金币时的、甜美的声音效果。

17.3.3　最后的声音效果

最后，我们将添加当英雄和岩浆碰撞以及当游戏到达"游戏结束"状态时候的声音效果。

打开 Lava.swift，并且在 didEnterWithPreviousState(_:)的顶部，添加如下这行代码：

```
scene.runAction(scene.soundHitLava)
```

切换到 Dead.swift，并且将如下这行代码添加到 didEnterWithPreviousState(_:)中，就放在 scene.player. runAction(sequence)之后：

```
scene.runAction(scene.soundGameOver)
```

刚刚添加的两行代码，将会在英雄和岩浆碰撞或者进入到死亡状态后，分别播放各自的声音文件。

编译并运行。玩一会儿游戏，并且重新开始玩，这一次，关闭掉声音。感受一下游戏角色之间的交互是如何通过简单地添加声音而得到加强的，如图 17-5 所示。但是，你已经开始使用"果汁"了。

图 17-5

17.4　帧动画

现在，我们打算添加一些纹理动画，以增加一些视觉感。

此时，Drop Charge 中的游戏对象似乎有点太静止了，并且金币和背景混合到了一起。可以通过对 SKSpriteNode 的纹理实现动画来修正这一点。

可以在 SKAction.animateWithTextures(_:timePerFrame:)的代码中做到这一点，或者，可以在 Xcode 的场景编辑器中设置动画动作。对于 Drop Charge 来说，用这两种方法都可以。

17.4.1　可视化地创建动作

为了减少你的工作，我们创建了两个新的场景来作为所有其他的金币覆盖层的动画引用。

就像前面所做的一样，在 Scene Files 组中，使用 iOS \Resource\SpriteKit Scene 模板创建新文件。将这个场景命名为 Coin.sks。

现在，从 Media Library 中，将 powerup05_1 拖动到场景中。将其 Name 设置为 Overlay，将其 Position 设置为（0, 0）。

在 Physics Definition 下，从 Body Type 中选取 Bounding Circle。此外，不要选中 Dynamic、Allows Rotation、Pinned 和 Affected By Gravity。将 Category Mask 设置为 8（金币的位标志），将 Collision Mask 设置为 0，将 Field Mask 设置为 0，并且将 Contact Mask 设置为 1（玩家的位标志）。

确保右边的 Utilities Area 是可见的，并且 Attributes 检视器被选中。从 Object Library 中，拖放一个 AnimateWithTextures 动作到场景中，如果动作编辑器不可见的话，它将会展开。在动作编辑器中，将该动作拖放到 Overlay 上，如图 17-6 所示。

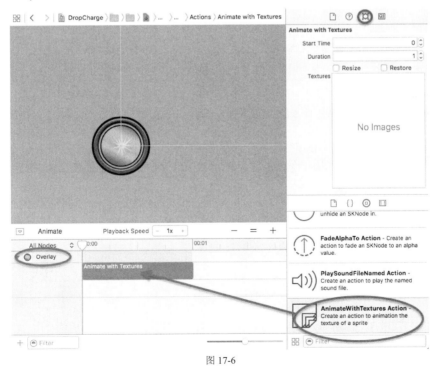

图 17-6

在 Utilities Area 之中，切换到 Media Library 并且将 powerup05_1 到 powerup05_6 拖放到 Textures 属性中。将 Duration 设置为 0.5，如图 17-7 所示。

可以通过点击动作编辑器顶部的 Animate 按钮来预览动画动作。当你的动画开始播放的时候，工具栏将会变为蓝色的，并且 Animate 按钮将会变为 Layout，如图 17-8 所示。

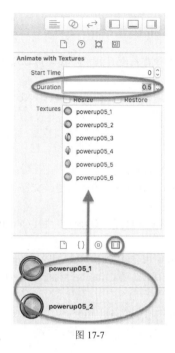

图 17-7   图 17-8

金币的动画只循环一次，但是，可以通过让金币重复地旋转而做得更好。好在，我们可以指定动作沿着其时间线如何循环。

17.4.2 通过时间线编辑

点击 Animate with Textures 动作以选中它，将光标悬停在动作之上。如果光标靠近动作的中央的话，它看上去像是一只手，表示你可以在时间线之中将整个动作移动到另一个位置。如果将光标移动到了动作的边缘，它看上去像是一个竖线，带有指向左边和右边的箭头，表示你可以通过拖放其边缘从而随着时间来缩放动作。

请随意地将动作拖放到一个新的位置，看看这是如何工作的。接下来，尝试将其时间缩放几秒钟。在 Animate 上点击，预览动作并且看看其变化。当完成之后，确保将动作返回到时间线的开始处，并且将其 duration 设置为 0.5。

点击操作左下角的圆形箭头图标，打开 Looping 弹出菜单。可以使用这个弹出菜单，点击加号（+）和减号（−）按钮，来设置一个有限的循环次数，但是，我们想要这个动作一次又一次地不停循环，因此点击左边的无限循环图标，它看上去像是一个横躺着的 8，如图 17-9 所示。注意时间线上的动作表示是如何做出相应的改变以反映出其循环状态的。

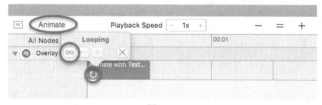

图 17-9

点击 Animate 按钮，看看金币不断旋转的样子。

既然已经有了金币引用场景，还需要一个用于特殊金币的场景。就像前面所做的那样，创建一个新的场景，并将其命名为 CoinSpecial.sks。这一次，把蓝色的金币 powerup01_1 拖放到场景中。将其 Name 设置为 Overlay，将其 Position 设置为（0，0）。

在 Physics Definition 下，选择 Bounding Circle 作为 Body Type。此外，不要选中 Dynamic、Allows Rotation、Pinned 和 Affected By Gravity。将 Category Mask 设置为 16（特殊金币的位标志），将 Collision Mask 设置为 0，将 Field Mask 设置为 0，并且将 Contact Mask 设置为 1（玩家的位标志）。

重复添加一个 AnimateWithTextures 动作的过程。确保使用从 powerup01_1 到 powerup01_6 的材质。将 Duration 设置为 0.5，将 Looping 属性设置为 ∞。

17.4.3 使用金币应用

金币现在旋转了，那么，如何让剩下的其他金币也旋转呢？对于剩下的金币，如果重复刚才所做的那些事情，将会是很繁琐的，更不要说对其他场景中所有的金币都这么做了。

可以使用新的 iOS 9 功能，例如动作引用或引用节点，但是，在编写本书的时候，这些功能还存在一些 bug。现在，你必须在代码中将旧的、静止的金币都换成新的动画的金币。

首先打开 GameScene.swift，并给类属性添加如下的两个变量：

```
var coinRef: SKSpriteNode!
var coinSpecialRef: SKSpriteNode!
```

这些变量将保存对刚才所创建的两个金币场景的引用。现在，给 setupNodes()添加如下这行新代码，就放在 breakDiagonal...之后。

```
coinRef = loadOverlayNode("Coin")
coinSpecialRef = loadOverlayNode("CoinSpecial")
```

和平台节点一样，我们把覆盖节点加载到引用属性中。接下来，在 loadOverlayNode(_:)之下，实现如下这个新的方法：

```
func loadCoinOverlayNode(fileName: String) -> SKSpriteNode {
  // 1
  let overlayScene = SKScene(fileNamed: fileName)!
  let contentTemplateNode =
    overlayScene.childNodeWithName("Overlay")
  // 2
  contentTemplateNode!.enumerateChildNodesWithName("*",
    usingBlock: {
    (node, stop) in
    let coinPos = node.position
    let ref: SKSpriteNode
    // 3
    if node.name == "special" {
      ref = self.coinSpecialRef.copy() as! SKSpriteNode
    } else {
      ref = self.coinRef.copy() as! SKSpriteNode
    }
    // 4
    ref.position = coinPos
    contentTemplateNode?.addChild(ref)
    node.removeFromParent()
  })
  // 5
  return contentTemplateNode as! SKSpriteNode
}
```

这个方法所做的事情如下所示：
1. 首先，加载一个场景文件，然后，将 contentTemplateNode 设置为"Overlay"节点。

2．接下来，遍历覆盖节点的所有子节点。

3．如果找到了一个名为"special"的节点，那么，生成该节点的一个副本，否则，复制 coinRef 节点。

4．找到并添加新的动画金币节点，然后删除旧的静态金币。

5．最后，返回覆盖 SKSpriteNode。既然有了 loadCoinOverlayNode(_:)方法，那就使用它。滚动到 setupNodes()，并且将如下的代码行

```
coin5Across = loadOverlayNode("Coin5Across")
coinDiagonal = loadOverlayNode("CoinDiagonal")
coinCross = loadOverlayNode("CoinCross")
coinArrow = loadOverlayNode("CoinArrow")
coinS5Across = loadOverlayNode("CoinS5Across")
coinSDiagonal = loadOverlayNode("CoinSDiagonal")
coinSCross = loadOverlayNode("CoinSCross")
coinSArrow = loadOverlayNode("CoinSArrow")
```

替换为如下的内容：

```
coin5Across = loadCoinOverlayNode("Coin5Across")
coinDiagonal = loadCoinOverlayNode("CoinDiagonal")
coinCross = loadCoinOverlayNode("CoinCross")
coinArrow = loadCoinOverlayNode("CoinArrow")
coinS5Across = loadCoinOverlayNode("CoinS5Across")
coinSDiagonal = loadCoinOverlayNode("CoinSDiagonal")
coinSCross = loadCoinOverlayNode("CoinSCross")
coinSArrow = loadCoinOverlayNode("CoinSArrow")
```

现在，我们使用 loadCoinOverlayNode()来加载金币，而不是像之前那样使用 loadOverlayNode()。通过删除所有旧的、静止的金币，并且用全新的旋转的金币来替代它们，我们节省了大量的工作。

编译并运行，看看动画动作和金币引用如何在游戏中发挥作用，如图 17-10 所示。

图 17-10

不管你是不是太空英雄，这些金币现在看上去都很吸引人。

17.4.4　用代码实现动画动作

在场景编辑器中可视化地创建动画动作很有趣也很容易。对于循环动画，或者说，对于那些随着时间线在有限的时间点发生的动画，这是很好的。

但是，如果想要在特定的动作触发的时候，才让动画发生，例如，当勇敢的太空英雄跳起来的时候，那该怎么办呢？在这种情况下，用代码来创建这些动画会更有意义。

在本小节中，我们将给太空英雄自身添加一些动画。为了做到这一点，打开 GameScene.swift 并给类属性添加如下的变量：

```
var animJump: SKAction! = nil
var animFall: SKAction! = nil
var animSteerLeft: SKAction! = nil
var animSteerRight: SKAction! = nil
var curAnim: SKAction? = nil
```

我们稍后将初始化这些空的 **SKAction** 变量。但是，在这么做之前，先添加如下的两个辅助方法：

```
func setupAnimWithPrefix(prefix: String,
    start: Int,
    end: Int,
    timePerFrame: NSTimeInterval) -> SKAction {
    var textures = [SKTexture]()
    for i in start...end {
        textures.append(SKTexture(imageNamed: "\(prefix)\(i)"))
    }
```

```
    return SKAction.animateWithTextures(textures,
        timePerFrame: timePerFrame)
}

func runAnim(anim: SKAction) {
  if curAnim == nil || curAnim! != anim {
    player.removeActionForKey("anim")
    player.runAction(anim, withKey: "anim")
    curAnim = anim
  }
}
```

第 1 个方法加载了几个材质到一个数组中。然后，使用该材质和 timePerFrame 作为其参数，创建了一个 animateWithTextures 动作。

第 2 个方法做了如下这些事情：

- 它检查是否有一个当前动画，如果有的话，确保该动画和输入的动画是不同的。
- 如果动画通过了这些测试，那么该方法会删除掉任何运行的动画动作。
- 然后，该方法运行输入的动画动作 anim。
- 最后，该方法将 curAnim 设置为输入的 anim，以便你可以正确地记录它。

滚动到 didMoveToView(_:)，添加如下这些代码行以初始化你的动画动作：既然已经创建了玩家的动画。

```
animJump = setupAnimWithPrefix("player01_jump_",
  start: 1, end: 4, timePerFrame: 0.1)
animFall = setupAnimWithPrefix("player01_fall_",
  start: 1, end: 3, timePerFrame: 0.1)
animSteerLeft = setupAnimWithPrefix("player01_steerleft_",
  start: 1, end: 2, timePerFrame: 0.1)
animSteerRight = setupAnimWithPrefix("player01_steerright_",
  start: 1, end: 2, timePerFrame: 0.1)
```

现在是时候来应用它们了。打开 Jump.swift 并且添加如下这个方法：

```
override func updateWithDeltaTime(seconds: NSTimeInterval) {
  if abs(scene.player.physicsBody!.velocity.dx) > 100.0 {
    if (scene.player.physicsBody!.velocity.dx > 0) {
      scene.runAnim(scene.animSteerRight)
    } else {
      scene.runAnim(scene.animSteerLeft)
    }
  } else {
    scene.runAnim(scene.animJump)
  }
}
```

由于我们想要 Jump 状态在其跳起的循环中记录英灵，为此使用了 updateWithDeltaTime(_:)。这会检查玩家精灵的水平速率，并且为 Jump 状态播放相应的动画动作。

打开 Fall.swift。这里只有一个用于落下的动画，对于这个状态，用如下的代码替换 didEnterWithPreviousState(_:)。

```
override func didEnterWithPreviousState(previousState: GKState?) {
  scene.runAnim(scene.animFall)
}
```

在测试之前，只有一件事情还需要完成。切换回 GameScene.swift，并且给 update(_:)添加如下这行代码：

```
playerState.updateWithDeltaTime(deltaTime)
```

这会确保 Jump 状态执行其 updateWithDeltaTime(_:)，以便它可以更改英雄的跳跃动画。

编译并运行，看看 Drop Charge 所有炫目的动画，如图 17-11 所示。

图 17-11

事情真的开始变得有趣了，但是，你还是要添加一些粒子系统，以进一步改进游戏。

17.5　粒子效果

现在该来使用一些我们在第 16 章中创建的粒子系统了，首先从英雄移动的轨迹开始。这将会增强一种英雄快速移动、急于逃离飞船的假象。

为了实现这一效果，我们想要在英雄的脚受伤的时候临时关闭其轨迹。为了做到这一点，我们需要玩家的轨迹的 SKEmitterNode 的一个引用。

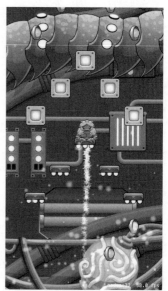

打开 GameScene.swift，并且给类属性添加如下这个变量：

```
var playerTrail: SKEmitterNode!
```

接下来，切换到 Idle.swift，并且给 didEnterWithPreviousState(_:)添加如下这行代码：

```
scene.playerTrail = scene.addTrail("PlayerTrail")
```

这里我们使用了 addTrail(_:)方法并传入了 PlayerTrail 文件名，该方法是为添加烟雾轨迹而创建的。

编译并运行，看看英雄快速的移动轨迹，如图 17-12 所示。

当英雄碰到了岩浆的时候，我们现在看不到烟雾轨迹，因为移动轨迹覆盖了它。

为了修复这个问题，打开 Lava.swift，并且在 didEnterWithPrevious State(_:)的顶部添加如下这行代码：

```
scene.playerTrail.particleBirthRate = 0
```

第 16 章中的 particleBirthRate 发射器属性，在这里派上了用场，就在添加烟雾轨迹之前，用来停止粒子流。

图 17-12

接下来，打开 Jump.swift，并且用如下的代码替换 didEnterWithPreviousState(_:)。

```
override func didEnterWithPreviousState(previousState: GKState?) {
  if previousState is Lava {
    return
  }
  if scene.playerTrail.particleBirthRate == 0 {
    scene.playerTrail.particleBirthRate = 200
  }
}
```

在该方法的第 1 部分中，检查以确保最近的玩家状态不是 Lava。如果是的话，跳过剩下的代码。如果之前的状态不是 Lava，那么，将 playerTrail 的粒子 Birthrate 设置为 200，前提是它原来是 0。

编译并运行。现在，你将会看到移动轨迹和烟雾轨迹完美地结合起来了。

17.5.1 随机爆炸

让我们设置一些混乱的因素，通过在背景创建随机的爆炸，以增强飞船即将崩溃的感觉，从而添加更多的"果汁"。

首先打开 GameScene.swift，并且给类属性添加如下的变量：

```
var timeSinceLastExplosion: NSTimeInterval = 0
var timeForNextExplosion: NSTimeInterval = 1.0
```

当添加随机的爆炸的时候，将使用这些属性来记录。接下来，在 explosion(_:) 之上，添加如下的方法：

```
func createRandomExplosion() {
  // 1
  let cameraPos = getCameraPosition()
  let screenSize = self.view!.bounds.size

  let screenPos = CGPoint(x: CGFloat.random(min: 0.0,
    max: cameraPos.x * 2.0), y: CGFloat.random(min:
    cameraPos.y - screenSize.height * 0.75,
    max: cameraPos.y + screenSize.height))
  // 2
  let randomNum = Int.random(soundExplosions.count)
  runAction(soundExplosions[randomNum])
  // 3
  let explode = explosion(0.25 * CGFloat(randomNum + 1))
  explode.position = convertPoint(screenPos, toNode: bgNode)
  explode.runAction(SKAction.removeFromParentAfterDelay(2.0))
  bgNode.addChild(explode)
}
```

该方法所做的事情如下：

1．首先，获取相机的位置并且在游戏世界的可视区域中生成一个随机的位置。

2．接下来，获取一个随机数，以播放 soundExplosions 数组中的一个随机声音效果。

3．最后，使用一个随机的密度来创建一个爆炸。然后，设置其位置，2 秒钟之后将其删除，并且将其添加给游戏世界的背景节点。

在能够看到爆炸之前，我们还需要做几件事情。

首先，在 updateCollisionLava() 的下面添加如下这个方法。这个方法定期检查，通过比较最近的爆炸时间和一个随机选择的将来的时间，来看看什么时候进行一次爆炸。当到达这个时间的时候，该方法将触发 createRandomExplosion()。

```
func updateExplosions(dt: NSTimeInterval) {
  timeSinceLastExplosion += dt
  if timeSinceLastExplosion > timeForNextExplosion {
    timeForNextExplosion = NSTimeInterval(CGFloat.random(min:
      0.1  , max: 0.5))
```

```
        timeSinceLastExplosion = 0

        createRandomExplosion()
    }
}
```

最后，打开 Playing.swift，并且将这个方法添加到 updateWithDeltaTime(_:)。

```
scene.updateExplosions(seconds)
```

编译并运行。哦，一切都很好，现在有好多的爆炸了，如图 17-13 所示。

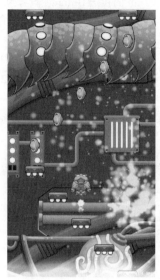

图 17-13

17.5.2　增加力量粒子效果

还有一些角色交互需要效果，例如，当英雄和金币碰撞的时候。现在，金币直接从屏幕消失，并且英雄得到激励。如果为此添加粒子效果，是不是会很酷呢？

打开 GameScene.swift，首先添加如下的辅助方法：

```
func emitParticles(name: String, sprite: SKSpriteNode) {
  let pos = fgNode.convertPoint(sprite.position, fromNode:
    sprite.parent!)
  let particles = SKEmitterNode(fileNamed: name)!
  particles.position = pos
  particles.zPosition = 3
  fgNode.addChild(particles)
  particles.runAction(SKAction.removeFromParentAfterDelay(1.0))
  sprite.runAction(SKAction.sequence([SKAction.scaleTo(0.0,
    duration: 0.5), SKAction.removeFromParent()]))
}
```

这个方法接收一个文件名和一个精灵节点，完成了创建和放置粒子系统的所有工作，然后删除精灵。

现在，滚动到 didBeginContact(_:)并对 switch 语句做如下的修改。在 case PhysicsCategory.CoinNormal 中，将如下这行代码：

```
coin.removeFromParent()
```

替换为如下这行代码：

```
emitParticles("CollectNormal", sprite: coin)
```

对于 case PhysicsCategory.CoinSpecial 也做同样的事情，不过用如下的代码替换它：

```
emitParticles("CollectSpecial", sprite: coin)
```

然后，添加用于和可破裂的平台接触的粒子系统。

在 case PhysicsCategory.PlatformBreakable:中，将如下的代码行

```
platform.removeFromParent()
```

替换为如下的代码行：

```
emitParticles("BrokenPlatform", sprite: platform)
```

17.5.3　游戏结束了

在游戏结束的时候来一次大爆炸怎么样？这需要又大又逼真的爆炸，对吧？打开 GameOver.swift，并且给 didEnterWithPreviousState(_:)添加如下的代码：

```
let explosion = scene.explosion(3.0)
explosion.position = gameOver.position
explosion.zPosition = 11
scene.addChild(explosion)
scene.runAction(scene.soundExplosions[3])
```

这段代码创建了一次大爆炸，并且将其放在 gameOver 精灵上，最后还带上了声音效果。

编译并运行，看看增加的这些果汁、平台和粒子系统，如图 17-14 所示。

图 17-14

你将会看到火花和气浪到处飞溅。

17.6　屏幕效果

我们已经使用声音、动画和粒子来添加了果汁，现在是时候来使用屏幕效果了，这可能通过影响到整个游戏世界而给事物带来活力。对于 Drop Charge，我们将实现一个屏幕振动来模拟短暂的太空移动，这类似于一次地震，或者说，在这个例子中，我们称之为飞船振动。

打开 GameScene.swift，并且给类属性添加如下这个常量：

```
let gameGain: CGFloat = 2.5
```

稍后，我们将了解该常量的更多内容。接下来，添加如下的辅助方法：

```
func screenShakeByAmt(amt: CGFloat) {
  // 1
  let worldNode = childNodeWithName("World")!
  worldNode.position = CGPoint(x: size.width / 2.0, y:
    size.height / 2.0)
  worldNode.removeActionForKey("shake")
  // 2
  let amount = CGPoint(x: 0, y: -(amt * gameGain))
  // 3
  let action = SKAction.screenShakeWithNode(worldNode, amount:
    amount, oscillations: 10, duration: 2.0)
  // 4
  worldNode.runAction(action, withKey: "shake")
}
```

这个方法做如下这些事情：

1. 抓取对世界节点的引用，重置其位置，并且删除掉任何之前的"振动"动作。这段代码确保了一次只有一个屏幕振动动作在运行，从而防止出现混乱。

2. 根据输入的 amount，创建了一个 CGPoint。我们只想让屏幕垂直地振动，因此，将 x:设置为 0。

3. 它创建了一个 screenShakeWithNode 动作，这个动作会根据输入的 amount 来振动世界节点 10 次，持续 2 秒钟。

4. 使用"shake"键，该方法在世界节点上执行了动作，以便后续对该方法的调用能够删除该动作。

注　意

screenShakeWithNode 是一个定制的 SKAction，而后者包含在 SKUtils 中。可以通过查看 SKAction+SpecialEffects.swift 文件来了解这个动作和其他有用的屏幕效果的更多内容。

现在，我们需要使用这个辅助方法。给炸弹爆炸添加"果汁"就是一个不错的开始。打开 WaitingForBomb.swift，并且在 willExitWithNextState(_:)的末尾，在 if 语句中，添加如下这行代码：

```
scene.screenShakeByAmt(100)
```

编译并运行。你将会看到屏幕的振动是如何给游戏增添生机的。

振动、振动，还是振动

让我们给整个游戏添加更多的屏幕振动"果汁"。打开 Lava.swift 玩家状态文件，并且给 didEnterWithPreviousState(_:)添加如下这代码：

```
scene.screenShakeByAmt(50)
```

下一次玩家碰到岩浆的时候，他就真的知道这是岩浆了。接下来，打开 GameScene.swift 并且给 boostPlayer()添加如下这行代码：

```
screenShakeByAmt(40)
```

现在，当英雄收集特殊金币的时候，屏幕将轻微地振动一下。最后，给 createRandomExplosion()添加如下这行代码：

```
if randomNum == 3 {
  screenShakeByAmt(10)
}
```

由于可能会过度使用屏幕振动效果，我们只是振动屏幕一小下，并且只是给出一个最大的爆炸。我们不想振动到让玩家直恶心。

编译并运行 Drop Charge，来欣赏一下在你的控制下的骚乱吧，如图 17-15 所示。

图 17-15

17.7　精灵效果

还有很多的精灵属性和动作，可以用来实现各种不同的效果。例如，通常游戏会改变精灵的大小，来表示出一种灵活的感觉，例如，一个弹跳的球；或者会改变精灵的颜色来表示转换到一种新的模式。

在 17.3 节中，我们添加了警告的声音，来制造出一种紧急的感觉。现在，我们通过添加一个摇动的红光效果，来增加一些"果汁"。

打开 GameScene.swift，并且给类属性添加如下的变量。

```
var redAlertTime: NSTimeInterval = 0
```

红光效果将使用这个变量来记录其振动。接下来，添加如下的辅助方法：

```
func isNodeVisible(node: SKSpriteNode, positionY: CGFloat) -> Bool {
  if !cameraNode.containsNode(node) {
    if positionY < getCameraPosition().y * 0.25 {
      return false
    }
  }
  return true
}
```

我们将使用这个方法来判断一个节点是否在游戏世界中可见。这将有助于性能和内存管理，因为我们不希望无用的对象占用宝贵的资源。

现在，添加如下这个方法：

```
func updateRedAlert(lastUpdateTime: NSTimeInterval) {
  // 1
  redAlertTime += lastUpdateTime
  let amt: CGFloat = CGFloat(redAlertTime) * π * 2.0 / 1.93725
  let colorBlendFactor = (sin(amt) + 1.0) / 2.0
  // 2
  for bg in bgNode.children {
```

```
    for node in bg.children {
      if let sprite = node as? SKSpriteNode {
        let nodePos = bg.convertPoint(sprite.position,
          toNode: self)
        // 3
        if isNodeVisible(sprite, positionY: nodePos.y) == false
        {
          sprite.removeFromParent()
        } else {
          sprite.color = SKColorWithRGB(255, g: 0, b: 0)
          sprite.colorBlendFactor = colorBlendFactor
        }
      }
    }
  }
}
```

这个方法做如下几件事情：

1．这部分代码计算了要应用于每一个背景精灵的振动的颜色。

2．在这里，循环遍历了游戏世界中所有的背景节点。

3．如果节点不可见，删除掉它以释放资源；否则的话，将其颜色设置为红色，并且根据在第 1 步中计算的量来混合它。

既然特效随着时间而产生，需要将其添加到游戏的更新循环中。

打开 Playing.swift，并且给 updateWithDeltaTime(_:)添加如下这行代码：

```
scene.updateRedAlert(seconds)
```

弹跳的平台

最后，我们打算添加一个方法，当玩家落到平台上的时候，产生平台上的弹跳。对于可怜的太空英雄来说，情况看上去有些太复杂了。

在 GameScene.swift 中实现如下的代码：

```
func platformAction(sprite: SKSpriteNode, breakable: Bool) {
  let amount = CGPoint(x: 0, y: -75.0)
  let action = SKAction.screenShakeWithNode(sprite,
    amount: amount, oscillations: 10, duration: 2.0)
  sprite.runAction(action)

  if breakable == true {
    emitParticles("BrokenPlatform", sprite: sprite)
  }
}
```

这个方法接受一个精灵节点，并且使用定制的 screenShakeWithNode(_:amoount:oscillations:duration:)动作来在垂直方向上振动平台。然后，检查平台是否是可破裂的，如果是，调用 emitParticles(_:sprite:)。

接下来，滚动到 didBeginContact(_:)，并且将针对 PhysicsCategory.PlatformNormal 和 PhysicsCategory. PlatformBreakable 的 case 语句替换为如下所示：

```
case PhysicsCategory.PlatformNormal:
  if let platform = other.node as? SKSpriteNode {
    if player.physicsBody!.velocity.dy < 0 {
      platformAction(platform, breakable: false)
      jumpPlayer()
      runAction(soundJump)
    }
  }
case PhysicsCategory.PlatformBreakable:
  if let platform = other.node as? SKSpriteNode {
    if player.physicsBody!.velocity.dy < 0 {
```

```
        platformAction(platform, breakable: true)
        jumpPlayer()
        runAction(soundBrick)
    }
}
```

当玩家角色和常规平台或可破裂的平台发生接触的时候，现在会调用 platformAction(_:breakable:)并产生平台弹跳。

17.8　最后的修改

在编译和运行之前，需要添加一些清理工作并调整一下性能。首先，滚动到 updateLevel()，添加如下的代码行：

```
// remove old nodes...
for fg in fgNode.children {
  for node in fg.children {
    if let sprite = node as? SKSpriteNode {
      let nodePos = fg.convertPoint(sprite.position, toNode: self)
      if isNodeVisible(sprite, positionY: nodePos.y) == false {
        sprite.removeFromParent()
      }
    }
  }
}
```

就像在红光效果中使用的代码一样，这段代码遍历场景中的所有的平台和金币，并且删除任何不再使用的对象。这会避免耗尽内存，就像 Zombie Conga 游戏中一大堆的离屏的猫女士所导致的问题一样。

现在，进行最后一点调整。将 setPlayerVelocity(_:)修改为如下所示：

```
func setPlayerVelocity(amount:CGFloat) {
  player.physicsBody!.velocity.dy =
    max(player.physicsBody!.velocity.dy, amount * gameGain)
}
```

这把直接编码的 gain 属性替换为我们之前创建的 gameGain 属性，这将使得更容易完成本章后面的挑战之一。

编译并运行游戏，享受一下内容丰富的"果汁"吧，如图 17-16 所示。

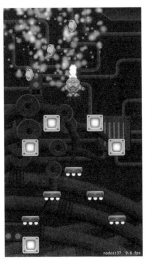

图 17-16

17.9   挑战

将所学的内容付诸于实践，这里，有几个挑战等着你去完成。

和往常一样，你可以在本章的 challenge 文件夹中找到解决方案，但是，先相信自己并先尝试自行完成。祝你好运！

挑战 1：创建一个"挤压和拉伸"效果

创建一种挤压和拉伸玩家精灵的效果，以加强玩家移动的视觉效果。这是传统的动画中经常使用的一种技术，其中当对象撞到地面的时候压缩它，当它弹起的时候伸展它。如下是一些提示：

- 创建一个 squashAndStretch 动作属性，它由一个缩放动作序列组成，该动作序列先压缩玩家精灵，然后再拉伸它。
- 使用一个 15%左右的缩放因子。
- 每个动作的时间应该相对较短。
- 使用 EaseInEaseOut 计时模式。
- 在 Jump、Fall 和 Lava 等玩家状态中，在玩家精灵上运行动作。

挑战 2：将 Drop Charge 移植到 tvOS 上

在本书前面，我们学习了让游戏在 tvOS 上运行。使用这一新的技能，将 Drop Charge 移植到 Apple TV 上。需要注意如下几件事情：

- 必须创建一个新的 GameScene.sks 文件来容纳 Apple TV 的横向模式。尝试使用一个大小为 1536×864 的场景。这和背景图像的宽度是一致的，而且还保持了 Apple TV 的高宽比。SpriteKit 将会自动地缩放这个场景以和屏幕保持一致。
- tvOS 并不支持 Core Motion,因此，使用诸如 touchesMoved(_:withEvent:)这样的方法来控制英雄。还需要在几个地方使用编译器逻辑以防止编译错误。例如：

```
#if os(iOS)
  import CoreMotion
#endif
```

- 将 gameGain 常量调整为一个较低的值，以将英雄保持在屏幕上。

17.10   如何继续学习

在本章中，我们学习了"果汁"的概念，以及如何让好的游戏变成伟大的游戏。

现在，我们有了很多的工具：为游戏添加"果汁"的 3 个步骤，以及 5 种基本的特效。

要向了解更多给游戏添加"果汁"的方法，请查看 Ray AltConf 相关的讲座：http://bit.ly/1FViSbC。

此外，请查看其他的开发者对于他们的游戏的做法。列出你喜欢的方式的一个列表。添加"果汁"的最美妙之处，就是你只会受到自己的想象力的限制。

第四部分 GameplayKit

在本部分中，我们将学习如何使用 iOS 9 的 GameplayKit 来改进游戏的架构和可复用性，还可以添加寻路算法和基本游戏 AI。

在这个过程中，我们将创建一款叫做 Dino Defense 的、有趣的塔防游戏，其中，你要构建一个完美的防御系统，以使得自己的村庄免受愤怒的恐龙的袭击。

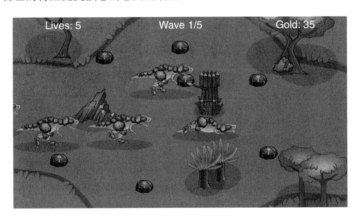

第 18 章　实体—组件系统

Toby Stephens 撰写

在接下来的几章中，我们将学习 iOS 9 中引入的一种很酷的、新的框架，叫做 GameplayKit。在此过程中，我们将开发一款叫做 Dino Defense 的塔防游戏。

在 Dino Defense 这款塔防游戏中，玩家必须在地图上放置炮塔，以阻止敌人靠近他们的家园。在游戏中，成群的恐龙要攻击玩家的村庄，并且玩家要负责防御，以避免自己的居住区遭到攻击。

游戏运行后的样子如图 18-1 所示。

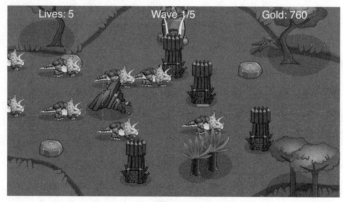

图 18-1

我们将在接下来的 3 章中构建这款游戏。

- 第 18 章　实体—组件系统。我们将学习使用 GameplayKit 提供的、新的 GKEntity 和 GKComponent 对象来建模，并且将使用所学的知识来实现第一个恐龙和塔防。
- 第 19 章　寻路算法。我们将使用 GameplayKit 的寻路功能在场景上移动恐龙，并避开障碍物和塔防。
- 第 20 章　代理、目标和行为。最后，我们将使用一个 GKAgent 以及 GKGoal 和 GKBehavior 对象，来给游戏添加另一只恐龙，并且以一种更加有组织性的替代方法来进行寻路。

18.1　开始

本章的主要目的是深入介绍 GameplayKit 的一些功能。为了关注 GameplayKit，本章包括了一个初始工程，其中包括了很多的 Sprite Kit 代码，当你开始实现实体和组件的时候，需要用到这些代码。

这个初始工程负责加载游戏场景，获胜和失败的场景，以及一个最初准备的场景。它还为你准备了背景音乐，并且管理着用来显示玩家的金子、剩下的生命数，以及正在靠近的恐龙群的一个 HUD。

首先，启动 Xcode 并打开位于本章的 projects/starter/ 目录中的 DinoDefense.xcodeproj 工程。

编译并运行。你将会短暂地看到加载界面，其中带有 Dino Defense 的 logo，然后就显示出准备场景，如图 18-2 所示。

现在点击并不会做太多事情，稍后你将会看到这一点。

图 18-2

要理解这个工程，有两件事情特别重要，这就是游戏层和材质图册。

18.1.1 游戏层

初始工程包含了一个单个的场景，该场景包含了整个的游戏设置，在 GameScene.sks 和 GameScene.swift 中实现。

这个场景划分为多个顶级节点，其中包含了游戏的逻辑层，一个层在另一个层之上，如图 18-3 所示。

打开 GameScene.sks，并看一下最顶层的层，如图 18-4 所示。

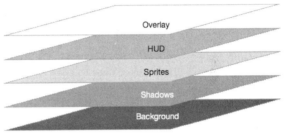

图 18-3

这些层按照从背景到前景设置，如下所示：

- Background:（背景层）：这个层是一个精灵节点，它的材质将用做游戏的背景。我们针对可能的塔防的位置而放置的节点，就在这个层之上。
- Shadows（阴影层）：这是一个特殊的层，用于游戏精灵的所有的阴影。重要的一点是，每个阴影总是在精灵之下，即便该精灵并不拥有特定的阴影。
- Sprites（精灵层）：位于阴影层之上的是精灵层。这是添加恐龙、塔防和障碍物等关键游戏对象的地方。
- HUD（HUD 层）：这是用于向玩家显示游戏信息的一个节点，例如，可以用来构建塔防的金子。
- Overlay（覆盖层）：我们将使用最上面的层来显示游戏内的菜单，例如获胜和失败界面。

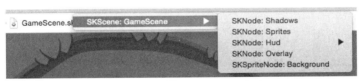

图 18-4

18.1.2 材质图册

在本书中，到目前为止，我们把用于游戏的图像存储在 Sprite Kit 的资源目录中。当我们这么做的时候，Sprite Kit 自动地将图像组织到材质图册的一个集合之中。

材质图册（texture atlas）基本上是一个很大的图像，它将所有其他的图像作为子图像而包含，这么做是为了提高游戏的性能。例如，图 18-5 所示是 Cat Nap 的材质图册。

使用 Sprite Kit 的资源目录的一种替代方法，就是将图像保存在扩展名为.atlas 的文件夹中。如果这么做，Sprite Kit 将会为每一个文件夹名创建一个材质图册。

这正是 Dino Defense 游戏所采取的方法。如果看一下 ArtAndSounds 文件夹，你将会看到有几个以.atlas 为扩展名的文件夹，如图 18-6 所示。

图 18-5   图 18-6

手动指定材质图册的优点在于，这样一来，你可以在不同的材质图册中拥有具有相同文件名的图像。例如，这款游戏中的恐龙，都拥有从 Walk__01.png 到 Walk__30.png 的行走动画图像。因为这些图像都在不同的材质图册中，因此，名称并不会冲突。

Sprite Kit 提供了一个名为 SKTextureAtlas 的类，允许我们加载材质图册并且从其中获取一个材质（还有其他的操作，包括遍历所有的材质）。如下是使用这个类的一个例子：

```
let textureAtlas = SKTextureAtlas(named: "T-Rex")
let walkTexture = textureAtlas.textureNamed("Walk__01.png")
```

在本章稍后，我们将使用它来获取用于游戏中的精灵的材质。

现在，请自行看看工程的其他部分，感受一下其中的内容。一旦你有了很好的感受，再继续阅读以开始了解 GameplayKit。

18.2   GameplayKit 简介

在编写复杂的游戏的时候，针对游戏的众多的元素，规划一个良好的架构，这是至关重要的。如果你之前开发过游戏，那么你肯定曾经拿着一支笔和一张纸坐下来思考游戏中的每一个组成部分，将这些组成部分映射为一个对象层级。

例如，对于你想要编写的塔防游戏来说，有敌人（恐龙）、塔防（木头的和石头的），还有很多的其他的游戏对象（塔防的炮弹、场景中的障碍物）。考虑到代码的可复用性，你可能会规划一个如图 18-7 所示的对象模型。

GameObject 可能包含了渲染自己、确定对象的物理特性以及其他的应用于每一个对象的通用性功能的代码。Tower 类可能提供塔防的额外信息，并且 WoodTower 和 RockTower 类可能会提供与具体的塔防相关的功能。

假设 Tower 类包含了瞄准并攻击敌人的代码。现在，假设你的游戏要扩展一种新的恐龙，一种特别有攻击性的 Raptor 类，允许它攻击塔防，而不是采取典型的被动式的行为。

如果想要复用攻击速率、摧毁力等的代码，那么，必须将攻击代码在类层级中向上移动到 GameObject 类中，以便新的 Raptor 子类能够使用它。那样的话，我们还必须明确地告诉游戏，T-Rex 和 Triceratops 恐龙不能攻击塔防。

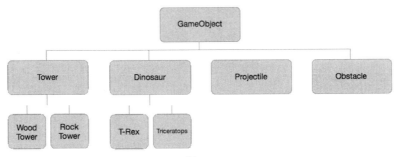

图 18-7

现在，我们假想一下将代码向上移动到 GameObject 层并继续开发游戏的过程。最终，GameObject 类将变为一个充满了 switch 语句的、臃肿的类。显然需要一种新的方式来对这些概念建模，而这就是 GameplayKit 的用武之地。

18.3 实体—组件系统

GameplayKit 的一项关键功能就是实体—组件（Entity-Component）系统。这个架构使得我们能够根据游戏对象做些什么而不是它们是什么，来设计我们对象模型。

这包括两个基本的步骤。

1．首先，针对想要对象去做的每一件事情（例如，在屏幕上显示、显示一个阴影或进行射击等），创建一个组件类。

2．然后，针对游戏中的每一个对象创建一个实体类，并且将想要的组件添加给该实体。

我们来看看这在 Dino Defense 中是如何进行的。游戏将有两种类型的塔防：

● 木头塔防（Wood Towers）：可以向恐龙射箭。箭发射的很快，但是箭的杀伤力不大。

● 石头塔防（Stone Towers）：可以向恐龙发射石头，杀伤力更大，而且会降低恐龙进攻的速度。

游戏中的恐龙包括以下 3 种。

● T-Rex：一种慢速移动的恐龙。

● Triceratops：一种快速的恐龙，但是其生命值比 T-Rex 少。

● T-Rex Boss：一种具有大量生命值的 T-Rex。

当恐龙到达射击范围之内，塔防将会触发炮弹向恐龙射击，而且恐龙还要注意避开整个场景中到处散布的障碍物。考虑到所有的这些游戏对象，我们打算实现的实体—组件模型如图 18-8 所示。

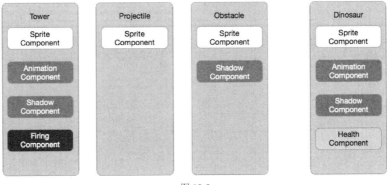

图 18-8

由于执行每一种功能的实际代码都在组件之中，实体相对是较小的实现，并且，可以直接将组件添加给实体，从而重用组件的代码。

每个组件都负责提供一种特定的功能：

- 精灵组件负责将实体渲染到场景。这是一款 Sprite Kit 游戏，因此，精灵组件将使用一个 SKSpriteNode 把实体放置到场景中。
- 动画组件负责加载实体的动画，并且提供一种容易的方式来切换动画。
- 阴影组件会创建具有给定大小的一个阴影 SKSpriteNode，我们可以将其放在实体的精灵组件节点的下方。
- 发射组件包含了和塔防攻击相关的所有功能。
- 最后，生命值组件以一个生命值进度条的形式将实体的生命值渲染在实体之上。当实体遭受损伤的时候，它会重新绘制其生命值进度条。

18.4　GameplayKit 的实体—组件系统

既然理解了实体—组件系统架构，我们来看一下它如何在 GameplayKit 中工作。

要使用 GameplayKit 的实体—组件系统，需要覆盖两个类：

- GKComponent：针对想要添加到游戏中的每一个组件（例如，精灵组件），覆盖这个类。通常，一个组件将会执行其 updateWithDeltaTime(_:)方法中的定期处理任务。
- GKEntity：针对想要添加到游戏中的每一个实体（例如，恐龙实体），覆盖这个类。随后可以给该实体添加各种组件（例如精灵组件、动画组件、阴影组件和生命值组件）。

要添加到游戏中的前两个实体，如图 18-9 所示。

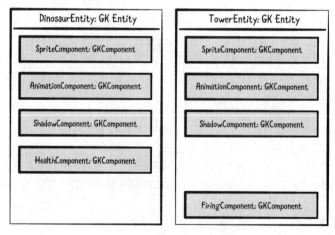

图 18-9

基本上，我们针对想要让实体拥有的各种行为，创建 GKComponent 的几个子类，然后针对每个实体创建一个 GKEntity 子类，而后者基本上是组件的一个集合。

这只是思考问题的一种不同的方式，但是，这使得代码更加整洁和灵活。让我们来尝试一下。

18.5　第一个组件

让我们首先来添加第一个组件：这是将一个精灵渲染到场景中的一个组件。

在工程导航器中，创建一个名为 Components 的新的组，将一个名为 SpriteComponent.swift 的、新的 Swift 源文件添加到该组中，如图 18-10 所示。

使用如下的代码替换这个文件：

图 18-10

```
import SpriteKit
import GameplayKit

class EntityNode: SKSpriteNode {
  weak var entity: GKEntity!
}

class SpriteComponent: GKComponent {

  // A node that gives an entity a visual sprite
  let node: EntityNode

  init(entity: GKEntity, texture: SKTexture, size: CGSize) {
    node = EntityNode(texture: texture,
      color: SKColor.whiteColor(), size: size)
    node.entity = entity
  }

}
```

EntityNode 类是 SKSpriteNode 类的一个简单的子类，它包含了对其所表示的 GKEntity 的一个引用。这就是为什么我们能够像期望的那样从 SKSpriteNode 返回到 GKEntity。

SpriteComponent 是一个非常简单的类，它只是通过一个 SKSpriteNode 在 Sprite Kit 场景中给出了一个实体的表示，其他的什么也不做。要使用 SpriteComponent，只是必须使用你自己的 GKEntity 子类来初始化它，给它一个材质以供使用，然后，将其节点添加到你的场景中。接下来，就让我们这么做。

18.6　第一个实体

在 Xcode 工程导航器中，创建一个名为 Entities 的新的组，并且将一个名为 DinosaurEntity.swift 的新的 Swift 源文件添加到该组中，如图 18-11 所示。

将如下内容添加到 DinosaurEntity.swift 中：

图 18-11

```
import UIKit
import GameplayKit
import SpriteKit

enum DinosaurType: String {
  case TRex = "T-Rex"
  case Triceratops = "Triceratops"
  case TRexBoss = "T-RexBoss"
}
```

这首先添加了所需要的导入。要实现恐龙的 GKEntity，需要导入 GameplayKit。你还将使用 Sprite Kit 和一些 UIKit 元素，因为也会需要这些框架。

DinosaurType 是我们在完整的游戏中所拥有的 3 种类型的恐龙的一个简单枚举类型。稍后，我们将给这个枚举类型添加内容，以便它也能够提供特定类型的恐龙信息，例如不同的生命值和移动速度。

现在，添加如下的代码以定义恐龙实体类：

```
class DinosaurEntity: GKEntity {

  // 1
```

```
    let dinosaurType: DinosaurType
    var spriteComponent: SpriteComponent!

    // 2
    init(dinosaurType: DinosaurType) {
      self.dinosaurType = dinosaurType
      super.init()

      // 3
      let size: CGSize
      switch dinosaurType {
      case .TRex, .TRexBoss:
        size = CGSizeMake(203, 110)
      case .Triceratops:
        size = CGSizeMake(142, 74)
      }

      // 4
      let textureAtlas = SKTextureAtlas(named: dinosaurType.rawValue)
      let defaultTexture = textureAtlas.textureNamed("Walk__01.png")

      // 5
      spriteComponent = SpriteComponent(entity: self,
          texture: defaultTexture, size: size)
        addComponent(spriteComponent)
    }

  }
```

这段代码比较多，让我们一段一段地介绍。

1. 这两个属性用来存储恐龙的类型，并保存了你要添加到该实体中的 SpriteComponent 的一个引用。

2. 这里声明了初始化程序，并且存储了恐龙的类型。

3. 这里根据恐龙的类型，定义了恐龙的大小。

4. 初始工程针对游戏中的每一种恐龙类型，带有一个不同的材质图册。这里，根据恐龙的类型找到相应的材质图册，并且挑选出默认的精灵以使用。

5. 最后，创建 SpriteComponent 并调用 addComponent()（这是 GKEntity 的一个内建方法），以给实体添加组件。

现在，我们已经创建了组件和实体，可以将它们添加到场景并看看效果了。

18.7　将实体添加到场景

接下来，打开 GameScene.swift，并且添加如下这个新方法：

```
func addDinosaur(dinosaurType: DinosaurType) {
  // TEMP - Will be removed later
  let startPosition = CGPointMake(-200, 384)
  let endPosition = CGPointMake(1224, 384)

  let dinosaur = DinosaurEntity(dinosaurType: dinosaurType)
  let dinoNode = dinosaur.spriteComponent.node
  dinoNode.position = startPosition
  dinoNode.runAction(SKAction.moveTo(endPosition, duration: 20))

  addEntity(dinosaur)
}
```

这里，我们创建了 DinosaurEntity 的一个实例，并且将 SpriteComponent 节点放到了起始位置。

随着你继续阅读本书这个部分的其他各章，这个函数的实现将会发生变化。现在，这个函数创建了恐龙的起点和终点，并且使用 SKAction 将恐龙从一个位置移动到另一个位置。在第 19 章中，我们将删除这个函数，并使用寻路算法来让恐龙穿越场景而移动。

现在，Xcode 会警告你，addEntity()方法并不存在。我们后面将修正这个问题，但是首先，在这个类的顶部添加如下这个属性，以记录游戏中的所有实体：

```
var entities = Set<GKEntity>()
```

然后，添加所缺失的方法：

```
func addEntity(entity: GKEntity) {
  // 1
  entities.insert(entity)

  // 2
  if let spriteNode = entity.componentForClass(
    SpriteComponent.self)?.node {

    addNode(spriteNode, toGameLayer: .Sprites)

    // TODO: More here!
  }
}
```

这个方法做两件事情：

1．将这个实体添加到之前创建的集合中。

2．检查是否有一个 SpriteComponent，如果是的，将其节点添加到游戏的.Sprites 层。这个方法专门用于你想要添加到游戏中的任何 GKEntity，即便该实体可能没有一个 SpriteComponent，而这正是这样编写它的原因。

最后一步，在 startFirstWave()中，添加如下代码：

```
addDinosaur(.TRex)
```

这就准备好了。编译并运行，并且点击开始游戏，如图 18-12 所示。

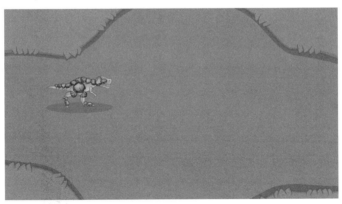

图 18-12

恭喜你，你已经创建了自己的第一个实体和第一个组件。让我们看看所做的事情：

1．创建了 GKComponent 的一个子类，以负责渲染一个精灵（SpriteComponent）。

2．为恐龙创建了一个 GKEntity（DinosaurEntity）。它目前只包含一个组件，即 SpriteComponent，但我们稍后将会添加更多的组件。

3．创建了 DinosaurEntity 的一个实例，并且将精灵组件的节点添加到了场景中（还运行了令其移动的一个动作）。

　　你可能并没有深刻地意识到，代码看上去比你通常让一个精灵在屏幕上移动所必须编写的代码还要多，但是，当你继续生成组件并且在游戏中重用代码的时候，你将会开始看到这么做的好处。

　　让我们继续来处理恐龙，通过添加另一个组件，来给它添加阴影。

18.8　阴影组件

　　在工程导航器的 Components 组中，创建一个名为 ShadowComponent.swift 的新的 Swift 源文件。用如下的代码替换 ShadowComponent.swift。

```
import Foundation
import GameplayKit
import SpriteKit

class ShadowComponent: GKComponent {

  let node: SKShapeNode

  init(size: CGSize, offset: CGPoint) {
    node = SKShapeNode(ellipseOfSize: size)
    node.fillColor = SKColor.blackColor()
    node.strokeColor = SKColor.blackColor()
    node.alpha = 0.2
    node.position = offset
  }
}
```

　　这是一个简单的类，它使用 SKShapeNode 来绘制了一个半透明的黑色的椭圆形，来表示阴影，我们在第 12 章中学习过如何进行这一绘制。

　　既然已经创建了组件，我们需要将其添加到实体。为此，打开 DinosaurEntity.swift，并且添加如下的属性。

```
var shadowComponent: ShadowComponent!
```

　　这为将要添加到实体的 ShadowComponent 创建了一个方便的引用。接下来，在 init(dinosaurType:)的末尾，添加如下的代码：

```
let shadowSize = CGSizeMake(size.width, size.height * 0.3)
shadowComponent = ShadowComponent(size: shadowSize,
  offset: CGPointMake(0.0, -size.height/2 + shadowSize.height/2))
addComponent(shadowComponent)
```

　　这创建了 ShadowComponent 的另一个实例，将其放在精灵之下，并且将其添加给该实体。

　　还有最后一步，需要给场景添加该形状节点以显示它。为了做到这一点，打开 GameScene.swift，并且在 addEntity(:)中添加如下的代码行，就放在"TODO"注释之后。

```
// 1
if let shadowNode = entity.componentForClass(
  ShadowComponent.self)?.node {

  // 2
  addNode(shadowNode, toGameLayer: .Shadows)

  // 3
  let xRange = SKRange(constantValue: shadowNode.position.x)
  let yRange = SKRange(constantValue: shadowNode.position.y)
```

```
    let constraint = SKConstraint.positionX(xRange, y: yRange)
    constraint.referenceNode = spriteNode
    shadowNode.constraints = [constraint]
}
```

我们来一段一段地看看这部分代码。

1. 检查看看该实体上是否有一个 ShadowComponent。记住，未来并不是所有的实体都有阴影。

2. 如果存在一个阴影，将其添加到阴影层。

3. 这对于生成跟随恐龙精灵移动的阴影应用了一个限制，我们在第 11 章中学习过限制。

编译并运行，现在你应该会看到 T-Rex 下有一个阴影了，它变得更恐怖了，如图 18-13 所示。

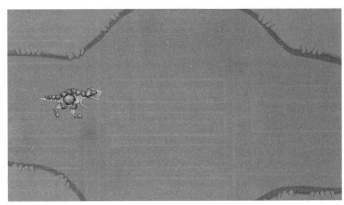

图 18-13

18.9 动画组件

让我们来为恐龙创建另一个组件，这是对它实现动画的一个组件。

首先在 Components 组中创建另一个 Swift 源文件，并且将其命名为 AnimationComponent.swift。用如下的代码来替换其内容：

```
import SpriteKit
import GameplayKit

enum AnimationState: String {
  case Idle = "Idle"
  case Walk = "Walk"
  case Hit = "Hit"
  case Dead = "Dead"
  case Attacking = "Attacking"
}
```

这个枚举类型提供了你的游戏对象可能所处的动画状态的一个列表。在加载动画的时候，原始的字符串值用于文件名之中。例如，Walk 帧命名为 Walk__01、Walk__02 等。

现在，添加如下的代码：

```
struct Animation {
  let animationState: AnimationState
  let textures: [SKTexture]
  let repeatTexturesForever: Bool
}
```

这是一个简单的结构体，表示我们需要知道的关于一个特定动画的一切内容。每一个动画都有一个

AnimationState 来自于你刚才定义的枚举类型的、动画帧的材质的一个数组以及表明动画是否不断地重复的一个布尔值。

对于 AnimationComponent 自身，添加如下的代码，这段代码确实很多，让我们一段一段地依次看看：

```
class AnimationComponent: GKComponent {
  // 1
  let node: SKSpriteNode

  // 2
  var animations: [AnimationState: Animation]

  // 3
  private(set) var currentAnimation: Animation?

  // 4
  init(node: SKSpriteNode, textureSize: CGSize,
    animations: [AnimationState: Animation]) {

    self.node = node
    self.animations = animations
  }
}
```

1. 这个动画需要一个 SKSpriteNode，以便在其上设置材质。
2. 这用来存储该组件中的可用动画。
3. 这是当前激活的动画。
4. 这是一个定制的初始化程序，存储了在其上运行动画的 SKSpriteNode，并且设置了可用动画。

还记的吧，在本章前面，我们使用 SKTextureAtlas 类从材质图册加载了每一个动画的帧。为了做到这一点，给 AnimationComponent 类添加如下的代码：

```
class func animationFromAtlas(atlas: SKTextureAtlas,
  withImageIdentifier identifier: String,
  forAnimationState animationState: AnimationState,
  repeatTexturesForever: Bool = true) -> Animation {

  let textures = atlas.textureNames.filter {
   $0.hasPrefix("\(identifier)_")
   }.sort {
    $0 < $1
   }.map {
    atlas.textureNamed($0)
   }

  return Animation(
    animationState: animationState,
    textures: textures,
    repeatTexturesForever: repeatTexturesForever
  )
}
```

这个方法接受一幅图像作为动画的标识，例如 Walk，并且从所提供的材质图册中加载动画的帧。然后，返回针对 AnimationState 的一个 Animation 结构。

现在，AnimationComponent 类有了一个类方法来从给定的材质图册为 AnimationState 加载动画了，并且还有一个初始化程序来接受可用的动画，我们需要提供一个动作来真正地在该节点上运行动画。

给该类添加如下的代码：

```
private func runAnimationForAnimationState(
  animationState: AnimationState) {
```

```
// 1
let actionKey = "Animation"
// 2
let timePerFrame = NSTimeInterval(1.0 / 30.0)

// 3
if currentAnimation != nil &&
   currentAnimation!.animationState == animationState { return }

// 4
guard let animation = animations[animationState] else {
   print("Unknown animation for state \(animationState.rawValue)")
   return
}

// 5
node.removeActionForKey(actionKey)

// 6
let texturesAction: SKAction
if animation.repeatTexturesForever {
   texturesAction = SKAction.repeatActionForever(
      SKAction.animateWithTextures(
         animation.textures, timePerFrame: timePerFrame))
}
else {
   texturesAction = SKAction.animateWithTextures(
      animation.textures, timePerFrame: timePerFrame)
}

// 7
node.runAction(texturesAction, withKey: actionKey)

// 8
currentAnimation = animation
}
```

这里做了许多事情，但是内容上实际上很简单。如下所示：

1. 为了能够删除已有的动画（如果有的话），需要指向该节点上运行的动画的一个键。

2. 游戏中的动画帧必须创建为每秒运行 30 帧。

3. 这里进行检查，如果发现已经有一个动画的话，它的状态是否与所请求的状态不同。如果使用和当前运行的动画相同的动画来调用这个方法的话，那什么也不需要做。

4. 这是一个简单的守护条件，防止为这个组件所请求的 AnimationState 并不存在。

5. 如果已经有一个动画的话，删除已有的动画。

6. 这是创建动画 SKAction 的地方。它要么是像 Walk 一样的一个重复的动画，要么是像 Dead 一样的一个单个的动画。

7. 在该节点上运行动作。

8. 将新的动画存储为当前动画。

你看，尽管有很多的代码，但都相当简单。

要设置下一个 AnimationState，对 AnimationComponent 发出请求，并且，AnimationComponent 将会在下一次调用其 updateWithDeltaTime(_:)的时候更新动画。

给 AnimationComponent 添加如下这个属性：

```
var requestedAnimationState: AnimationState?
```

这将会是所请求的动画。现在，添加如下的 updateWithDeltaTime(_:)，以覆盖 AnimationComponent：

```
override func updateWithDeltaTime(deltaTime: NSTimeInterval) {
  super.updateWithDeltaTime(deltaTime)

  if let animationState = requestedAnimationState {
    runAnimationForAnimationState(animationState)
    requestedAnimationState = nil
  }
}
```

随着每一帧的更新，AnimationComponent 检查是否请求了一个 AnimationState，如果是的，它运行该动画，并且重置 requestedAnimationState。

这证明了你的组件上的 updateWithDeltaTime(_:)并非是自动调用的，你需要编写一些代码来做到这一点。为了理解这是如何工作的，让我们来讨论 Sprite Kit 的实体—组件系统的最后一部分：GKComponentSystem。

18.9.1   GKComponentSystem

GKComponentSystem 是包含了游戏中的一种特定类型的所有组件的一个类。例如，可以生成一个 GKComponentSystem，它包含了游戏中的所有的动画组件，如图 18-14 所示。

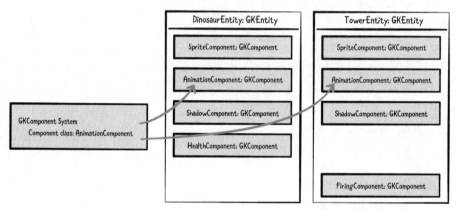

图 18-14

这很方便，因为这样你就能够同时在一个组件的所有实例上调用更新方法。在游戏中，知道对一个单个的"系统"（例如动画）的处理是在游戏循环的一个已知的时刻发生的，这往往是很方便的事情。

让我们看一下通过创建一个 GKComponentSystem 来记录动画组件并同时调用其更新方法是如何做到的。打开 GameScene.swift，并且添加如下的属性：

```
lazy var componentSystems: [GKComponentSystem] = {
  let animationSystem = GKComponentSystem(
    componentClass: AnimationComponent.self)
  return [animationSystem]
}()
```

这会创建 GKComponentSystem 的一个实例，来记录刚才创建 AnimationComponent 的所有实例。我们也可以为精灵和阴影组件分别创建组件系统，但是，它们没有更新方法，因此没必要这么做。

接下来，在 addEntity(_:)中，在把该实体添加到实体集之后，添加如下的代码：

```
for componentSystem in self.componentSystems {
  componentSystem.addComponentWithEntity(entity)
}
```

这会遍历刚才所创建的组件系统的数组（当前，只有动画组件系统），并且把该实体添加到组件系统中。如果该实体拥有任何的动画组件，那么，组件系统也会记录它。

最后，进行真正的更新，在 update(_:)的末尾，添加如下的代码：

```
for componentSystem in componentSystems {
  componentSystem.updateWithDeltaTime(deltaTime)
}
```

现在，对于每一帧，我们更新每一个组件系统。这意味着，当你从 AnimationComponent 请求一个动画的时候，动画组件将会在下一帧运行该动画。

几乎已经完成了，我们只需要把新的动画组件添加到恐龙实体就好了。

18.9.2　添加到实体

打开 DinosaurEntity.swift，并且在类的顶部添加这个属性：

```
var animationComponent: AnimationComponent!
```

这会记录将要创建的动画组件。

记住，当你初始化 AnimationComponent 的时候，需要提供动画，即 Animation 结构体的一个数组。要为恐龙加载动画，添加如下的方法：

```
func loadAnimations() -> [AnimationState: Animation] {
  let textureAtlas = SKTextureAtlas(named: dinosaurType.rawValue)
  var animations = [AnimationState: Animation]()

  animations[.Walk] = AnimationComponent.animationFromAtlas(
    textureAtlas,
    withImageIdentifier: "Walk",
    forAnimationState: .Walk)
  animations[.Hit] = AnimationComponent.animationFromAtlas(
    textureAtlas,
    withImageIdentifier: "Hurt",
    forAnimationState: .Hit,
    repeatTexturesForever: false)
  animations[.Dead] = AnimationComponent.animationFromAtlas(
    textureAtlas,
    withImageIdentifier: "Dead",
    forAnimationState: .Dead,
    repeatTexturesForever: false)

  return animations
}
```

既然有了加载动画的函数，我们可以将 AnimationComponent 添加到该实体了。

将如下的代码，添加到 init(dinosaurType:)的末尾：

```
animationComponent = AnimationComponent(node: spriteComponent.node,
textureSize: size, animations: loadAnimations())
addComponent(animationComponent)
```

这里，我们创建了 AnimationComponent，提供了要动画的精灵节点以及动画的数组。通过这种方式，动画节点负责动画，精灵组件节点负责实体在场景中的放置。

还有最后一步，在 addDinosaur(_:)的末尾添加如下这行代码，以设置初始动画：

```
dinosaur.animationComponent.requestedAnimationState = .Walk
```

编译并运行，现在可以看到恐龙的动画风格了，如图 18-15 所示。

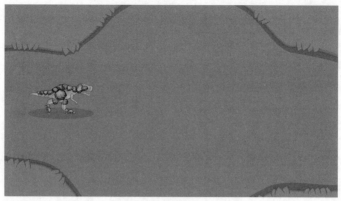

图 18-15

18.10　重用组件

现在，我们打算在一个塔防实体中重用已经创建的组件，从而见识一下实体—组件模型的真正实力。

在名为 Entities 的组中创建一个名为 TowerEntity.swift 的、新的 Swift 源文件，并且用如下的代码来替代其内容：

```
import UIKit
import SpriteKit
import GameplayKit

enum TowerType: String {
  case Wood = "WoodTower"
  case Rock = "RockTower"

  static let allValues = [Wood, Rock]
}
```

就像 DinosaurEntity 一样，我们可以创建一个枚举类型来提供塔防的类型。TowerType 将包含与我们将要在游戏中构建的每一个塔防相关的更多信息。

现在，添加这个类：

```
class TowerEntity: GKEntity {

  let towerType: TowerType
  var spriteComponent: SpriteComponent!
  var shadowComponent: ShadowComponent!
  var animationComponent: AnimationComponent!

  init(towerType: TowerType) {
    // Store the TowerType
    self.towerType = towerType

    super.init()

    let textureAtlas = SKTextureAtlas(named: towerType.rawValue)
    let defaultTexture = textureAtlas.textureNamed("Idle__000")
    let textureSize = CGSizeMake(98, 140)

    // Add the SpriteComponent
    spriteComponent = SpriteComponent(entity: self,
```

```
    texture: defaultTexture, size: textureSize)
  addComponent(spriteComponent)

  // Add the ShadowComponent
  let shadowSize = CGSizeMake(98, 44)
  shadowComponent = ShadowComponent(size: shadowSize,
    offset: CGPointMake(0.0,
      -textureSize.height/2 + shadowSize.height/2))
  addComponent(shadowComponent)

  // Add the AnimationComponent
  animationComponent = AnimationComponent(node: spriteComponent.node,
    textureSize: textureSize, animations: loadAnimations())
  addComponent(animationComponent)
  }

}
```

这和我们对 DinosaurEntity 所做的事情完全相同，并且和 DinosaurEntity 一样，我们需要提供一个函数来加载动画。

给类添加如下的内容：

```
func loadAnimations() -> [AnimationState: Animation] {
  let textureAtlas = SKTextureAtlas(named: towerType.rawValue)
  var animations = [AnimationState: Animation]()

  animations[.Idle] = AnimationComponent.animationFromAtlas(
    textureAtlas,
    withImageIdentifier: "Idle",
    forAnimationState: .Idle)
  animations[.Attacking] = AnimationComponent.animationFromAtlas(
    textureAtlas,
    withImageIdentifier: "Attacking",
    forAnimationState: .Attacking)

  return animations
}
```

这个函数几乎和 DinosaurEntity 中的函数相同，只是 Idle 和 Attacking 状态的动画有所不同。

就这些！我们为塔防创建了一个 SKEntity 子类，并且添加了所有必需的组件。在这里，可以看到实体—组件模型背后的强大力量了。我们不必为 TowerEntity 创建一个新的渲染程序，或者为其编写一个阴影生成器的代码，又或者为其编写动画函数，这些都已经是可供自由使用的了，它们和我们在 DinosaurEntity 中所创建的代码相同。

要给场景添加一个塔防，打开 GameScene.swift 并且添加如下的函数：

```
func addTower(towerType: TowerType) {
  // TEMP - Will be removed later
  let position = CGPointMake(400, 384)

  let towerEntity = TowerEntity(towerType: towerType)
  towerEntity.spriteComponent.node.position = position
  towerEntity.animationComponent.requestedAnimationState = .Idle
  addEntity(towerEntity)
}
```

在第 19 章中，我们将在玩家所确定的位置放置塔防，但是，现在，我们将把塔防添加到场景中一个直接编码的位置。就像对恐龙所做的一样，我们设置 SpriteComponent 节点的 position，并且请求.Idle 动画，然后再将实体添加到场景中。

最后，为了调用方法把塔防放置到场景中，我们直接给 startFirstWave() 添加如下的代码行：

```
addTower(.Wood)
```

编译并运行，如图 18-16 所示。

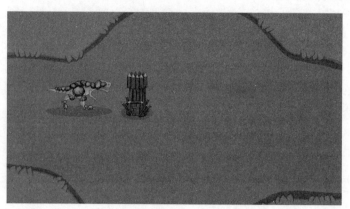

图 18-16

现在游戏中有了一个闪亮的、新的、木头塔防了，并且我们只添加了相对较少的额外代码就做到了这一点。该实体复用了你的组件所提供的所有的功能。很不错，对吧？

既然我们已经见到了组件的强大之处，那么，为什么不再创建两个组件呢？

18.11　发射组件

此时，塔防只是静静地矗立在那里，非常礼貌地等待恐龙经过。完整的计划并非如此，现在是时候给塔防添加一些火力了。

我们的两种塔防类型，分别是木头的和石头的，将以不同的速率向恐龙发射。由于发射的速率是由塔防的类型决定的，TowerType 枚举类型是放置这一属性的好地方。

打开 TowerEntity.swift，并且给 TowerType 枚举类型添加如下的属性：

```
var fireRate: Double {
  switch self {
    case Wood: return 1.0
    case Rock: return 1.5
  }
}
```

木头塔防将会每秒发射 2 次，而石头塔防将会每秒发射 1 次。

每个塔防还将会对恐龙造成不同的伤害（杀伤力），给 TowerType 添加另一个属性来表示所造成的伤害：

```
var damage: Int {
  switch self {
    case Wood: return 20
    case Rock: return 50
  }
}
```

木头塔防发射的木箭，对恐龙造成 20 点的伤害，而当恐龙被石头迎面砸中的时候，将会受到 50 点的伤害。

如果塔防还有不同的攻击范围，那就会更酷了，因此，给 TowerType 添加另一个属性：

```
var range: CGFloat {
  switch self {
    case Wood: return 200
    case Rock: return 250
  }
}
```

木头塔防的箭比石头塔防的石头要飞得稍微远一些。

FiringComponent 将使用这些存储的属性来加载对目标恐龙的发射。

在 Components 组中创建一个名为 FiringComponent.swift 的新的 Swift 源文件，并且用如下的代码替换其内容：

```
import SpriteKit
import GameplayKit

class FiringComponent: GKComponent {

  let towerType: TowerType
  let parentNode: SKNode
  var currentTarget: DinosaurEntity?
  var timeTillNextShot: NSTimeInterval = 0

  init(towerType: TowerType, parentNode: SKNode) {
    self.towerType = towerType
    self.parentNode = parentNode
  }

}
```

这里，我们创建了新的 GKComponent 子类，并且给它如下的属性：

- towerType：这个属性识别出进行发射的塔防的类型，从而可以获得发射速率、杀伤力和塔防范围。
- parentNode：这是塔防的 SpriteComponent 节点，并且用来添加炮弹节点作为其子节点。
- currentTarget：这是塔防的一个可选的目标 DinosaurEntity。塔防不会总是有一个目标，只有当恐龙在其防御范围中的时候，才会有目标。
- timeTillNextShot：根据塔防的发射速率，这会保存到塔防下一次射击之前的时间间隔。

我们在这里已经准备好发射组件了，但是，在实现发射炮弹之前，我们还需要一个炮弹实体。这个炮弹需要在场景中拥有自己的精灵，并且这听上去很像是带有一个 SpriteComponent 的 GKEntity 子类。

在 Entities 组中创建一个名为 ProjectileEntity.swift 的、新的 Swift 源文件，并且用如下的代码替换其内容：

```
import SpriteKit
import GameplayKit

class ProjectileEntity: GKEntity {

  var spriteComponent: SpriteComponent!

  init(towerType: TowerType) {
    super.init()

    let texture = SKTexture(imageNamed:
      "\(towerType.rawValue)Projectile")
    spriteComponent = SpriteComponent(entity: self,
      texture: texture, size: texture.size())
    addComponent(spriteComponent)
  }

}
```

这看上去应该非常熟悉。我们创建了一个新的 GKEntity 子类，并且为它指定了 SpriteComponent。通过将正确的炮弹精灵作为 SpriteComponent 节点的子节点，我们只用几行代码就完成了新的实体。现在，回过头来通过 FiringComponent 发射这个炮弹。

发射炮弹

打开 FiringComponent.swift。

由于炮弹的发射是一个计时的功能，发射逻辑将位于组件的 updateWithDeltaTime(_:)函数中，这很像是在 AnimationComponent 中修改动画。

添加如下的函数覆盖：

```
override func updateWithDeltaTime(seconds: NSTimeInterval) {
  super.updateWithDeltaTime(seconds)

  guard let target = currentTarget else { return }

  timeTillNextShot -= seconds
  if timeTillNextShot > 0 { return }
  timeTillNextShot = towerType.fireRate
}
```

记住，GameScene 在每一帧调用了 updateWithDeltaTime(_:)。因此，在每一帧中，我们都检查是否有一个有效的 currentTarget。如果没有，直接返回。

如果有一个有效的目标，我们从 timeTillNextShot 获取时间增量，并且看看结果是否比 0 大，这表示要继续花时间等待下一次射击开火。如果 timeTillNextShot 是 0 或者小于 0，那么重新设置 timeTillNextShot，并且准备好进行射击。这正是现在需要编写代码的地方。

在 updateWithDeltaTime(_:)的末尾，添加如下的代码。我们依次看看这段代码做些什么：

```
// 1
let projectile = ProjectileEntity(towerType: towerType)
let projectileNode = projectile.spriteComponent.node
projectileNode.position = CGPointMake(0.0, 50.0)
parentNode.addChild(projectileNode)

// 2
let targetNode = target.spriteComponent.node
projectileNode.rotateToFaceNode(targetNode, sourceNode: parentNode)

// 3
let fireVector = CGVectorMake(targetNode.position.x -
parentNode.position.x, targetNode.position.y - parentNode.position.y)

// 4
let soundAction = SKAction.playSoundFileNamed("\
(towerType.rawValue)Fire.mp3", waitForCompletion: false)
let fireAction = SKAction.moveBy(fireVector, duration: 0.4)
let removeAction = SKAction.runBlock { () -> Void in
  projectileNode.removeFromParent()
}
let action = SKAction.sequence([soundAction, fireAction, removeAction])
projectileNode.runAction(action)
```

1．创建了 ProjectileEntity 的一个实例，并且将该节点朝向塔防顶部放置，然后将其作为一个子节点，添加到其父节点。

2．从目标的 SpriteComponent 获取了目标节点，并且将炮弹旋转以朝向它。

3．获取了在父节点位置和目标位置之间转换的向量，以便能够将炮弹沿着朝向目标的正确线路移动。

4．将一组 SKAction 放到一起以播放发射声音，将炮弹移动到目标，最终，当炮弹击中某物的时候，删除炮弹。然后，运行炮弹节点上的动作。

现在该来把 FiringComponent 添加到 TowerEntity 了。

打开 TowerEntity.swift，并且添加如下的属性：

```
var firingComponent: FiringComponent!
```

现在，通过在 init(towerType:)的末尾添加如下这行代码，来初始化该属性：

```
firingComponent = FiringComponent(towerType: towerType,
  parentNode: spriteComponent.node)
addComponent(firingComponent)
```

同样，你应该很熟悉这段代码。我们添加了一个 FiringComponent 属性，并且使用塔防类型及其父节点（也就是塔防的 SpriteComponent 节点）来初始化它。

在塔防能够开火之前，还有几个步骤需要完成，首先是，当有恐龙在射击范围之内的时候，设置塔防的当前目标。为了做到这一点，我们将要检查场景中的所有恐龙和所有塔防之间的距离。如果发现任何一只恐龙在一个塔防的射击范围之内，我们将优先选择最接近塔防的恐龙。

进行这一检查的最好的位置，就是在每一帧中，在场景已经更新之后。在 SKScene 中，这在 didFinishUpdate()中完成。因此，打开 GameScene.swift，并且添加如下的覆盖：

```
override func didFinishUpdate() {
  let dinosaurs: [DinosaurEntity] = entities.flatMap { entity in
    if let dinosaur = entity as? DinosaurEntity {
      return dinosaur
    }
    return nil
  }

  let towers: [TowerEntity] = entities.flatMap { entity in
    if let tower = entity as? TowerEntity {
      return tower
    }
    return nil
  }
}
```

在每一帧更新之后，这个函数获取场景中的恐龙的一个数组，以及塔防的一个数组。对于每一个塔防，我们将使用一个名为 distanceBetween(_:nodeB:)的函数，这是 Utils 类所提供的函数，该类已经加入到了初始工程中，我们用该函数来判断是否有恐龙进入射击范围。

在 didFinishUpdate()的末尾，添加如下这段代码：

```
for tower in towers {
  // 1
  let towerType = tower.towerType
  // 2
  var target: DinosaurEntity?
  // 3
  for dinosaur in dinosaurs.filter({
    (dinosaur: DinosaurEntity) -> Bool in
    distanceBetween(tower.spriteComponent.node, nodeB:
      dinosaur.spriteComponent.node) < towerType.range}) {

    // 4
    if let t = target {
      if dinosaur.spriteComponent.node.position.x >
        t.spriteComponent.node.position.x {
        target = dinosaur
```

```
      }
    } else {
      target = dinosaur
    }
  }

  // 5
  tower.firingComponent.currentTarget = target
}
```

对于场景中的每一个塔防，我们执行了如下的步骤：

1．存储了塔防类型，这将用于获取塔防的射击范围。

2．记录了目标，这是可选的，因为射击范围中可能没有任何目标。

3．接下来，过滤了恐龙，以获取那些在射击范围之内的恐龙，然后遍历这些恐龙。

4．对于在塔防的射击范围之内的每一只恐龙，检查哪一只恐龙是场景中最远的，也就是说，其 position.x 值最高。

5．最后，为塔防的发射组件设置目标。

几乎已经完成了，还有最后一步。

和 AnimationComponent 一样，除非 FiringComponent 是场景中注册的组件系统的一部分，FiringComponent 中的 updateWithDeltaTime(_:)将不会调用。因此，为 FiringComponent 添加一个新的 GKComponentSystem 到 componentSystems 动态属性中，如下所示：

```
lazy var componentSystems: [GKComponentSystem] = {
  let animationSystem = GKComponentSystem(
    componentClass: AnimationComponent.self)
  let firingSystem = GKComponentSystem(componentClass:
FiringComponent.self)
  return [animationSystem, firingSystem]
}()
```

编译并运行。

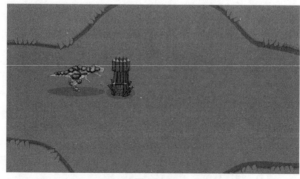

图 18-17

随着恐龙进入塔防的射击范围，塔防开始朝着恐龙射出木头炮弹，如图 18-17 所示。

恭喜你，这开始看着像是一款真正的塔防攻击游戏了，并且我们已经在此过程中学习到了关于 GameplayKit 的实体—组件系统的很多知识。如果你想要进一步面对挑战，并练习已经学到的知识的话，请继续阅读。在第 19 章中，我们将会学习 GameplayKit 中的另一个美妙的功能：寻路算法。

18.12　挑战

本章只有一个挑战，就是给游戏再添加一个组件，这是一个恐龙的生命值进度条组件。

和以前一样，如果你遇到困难，可以从本章的资源中找到解决方案，但是，最好是自己先尝试一下。

挑战 1：生命值组件

现在，木头塔防的木桩只是将恐龙弹回一下，就像挠了一下痒痒一样，不会对其有任何伤害。是时候给恐龙一点颜色瞧瞧了。

这些不可战胜的恐龙，需要使用一个生命值进度条，以遵守国际化的游戏规则。我们打算创建一个简单的 SKShapeNode，在恐龙的上方显示一个绿色的进度条，以表示它还剩下多少生命值。在恐龙真正受到伤害之前，这个进度条是不可见的。

在 Components 组中创建自己的新的 Swift 源文件，将其命名为 HealthComponent.swift。

用如下的内容，替换其中的代码：

```
import SpriteKit
import GameplayKit

class HealthComponent: GKComponent {

  let fullHealth: Int
  var health: Int
  let healthBarFullWidth: CGFloat
  let healthBar: SKShapeNode

  init(parentNode: SKNode, barWidth: CGFloat,
    barOffset: CGFloat, health: Int) {

    self.fullHealth = health
    self.health = health

    healthBarFullWidth = barWidth
    healthBar = SKShapeNode(rectOfSize:
      CGSizeMake(healthBarFullWidth, 5), cornerRadius: 1)
    healthBar.fillColor = UIColor.greenColor()
    healthBar.strokeColor = UIColor.greenColor()
    healthBar.position = CGPointMake(0, barOffset)
    parentNode.addChild(healthBar)

    healthBar.hidden = true
  }
}
```

HealthComponent 存储了当前的生命值和完整的生命值，并且绘制了一个 SKShapeNode，这个节点的大小表示剩余的生命值在整个生命值中所占的比例。这个进度条作为一个子节点，添加到了其父节点。父节点是 DinosaurEntity 的 SpriteComponent 节点，而这个恐龙实体已经被塔防作为目标了。

HealthComponent 需要知道如何会受到伤害并显示出来。这似乎也是当发生伤害的时候播放音乐的逻辑所在的位置。因此，将这个 SKAction 属性添加到 HealthComponent 类中，以便当炮弹击中恐龙的时候播放一个声音。

```
let soundAction = SKAction.playSoundFileNamed("Hit.mp3",
waitForCompletion: false)
```

现在，添加这个函数，以便让 HealthComponent 对伤害做出响应：

```
func takeDamage(damage: Int) -> Bool {
  health = max(health - damage, 0)

  healthBar.hidden = false
  let healthScale = CGFloat(health)/CGFloat(fullHealth)
  let scaleAction = SKAction.scaleXTo(healthScale, duration: 0.5)
```

```
healthBar.runAction(SKAction.group([soundAction, scaleAction]))
return health == 0
}
```

这里，我们根据接受的伤害的量，减少了当前的生命值。生命值不能低于 0。然后，确保生命值的进度条是可见的，并且使用一个 SKAction 来缩小进度条，以使其实现平滑的变化。当缩放完生命值进度条的时候，还要播放表示恐龙被击中的一个声音。

要初始化 HealthComponent，我们可能需要知道恐龙最初的生命值。由于每个恐龙有不同的生命值，将这个属性保留在 DinosaurType 枚举类型中似乎是有意义的。因此，打开 DinosaurEntity.swift，并且给 DinosaurType 添加如下这一属性。

```
var health: Int {
  switch self {
    case .TRex: return 60
    case .Triceratops: return 40
    case .TRexBoss: return 1000
  }
}
```

这里，我们让 Triceratops 比 T-Rex 的生命值稍微少一些。而 T-Rex Boss 看上去很难对付，对吧？后面多上点儿这种恐龙吧。

你的挑战是给恐龙实体添加新的生命值组件。为了做到这一点，需要进行如下两个步骤：

1. 给 DinosaurEntity 添加一个 healthComponent 属性。

2. 初始化，并且在 init(dinosaurType:)中添加 healthComponent。确保它和恐龙一样宽，并且出现在恐龙的上方。

现在，恐龙有了一个生命值进度条了，剩下的就是当炮弹击中恐龙的时候，对其应用伤害。由于 FiringComponent 负责所有的这些"暴力性"活动，这里是迫使 HealthComponent 接受伤害的好地方。因此，打开 FiringComponent.swift。

在 updateWithDeltaTime(_:)的底部，有一个 SKAction 系列来播放发射的声音和炮弹的动画。将如下的动作，添加到创建 removeAction 之前：

```
let damageAction = SKAction.runBlock { () -> Void in
  target.healthComponent.takeDamage(self.towerType.damage)
}
```

然后，把伤害动作添加到序列中，放在 removeAction 之前，如下所示：

```
let action = SKAction.sequence([soundAction, fireAction, damageAction,
removeAction])
```

编译并运行，如图 18-18 所示。

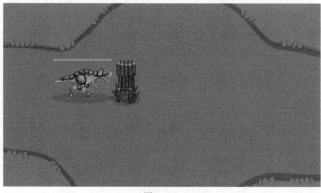

图 18-18

现在，当炮弹击中恐龙的时候，可以看到恐龙的生命值进度条出现了，并且每一次击中都会导致一些伤害。

如果做到了这一步，那么，恭喜你！在本章中，我们学习了实体—组件模型如何帮助你把代码按照功能分组，以便能够在游戏对象之间共享这些代码，而不需要重新编写任何代码。很好的一个例子就是SpriteComponent，它用于恐龙、塔防和炮弹，（剧透一下）并且在第 19 章中，它还将用于障碍物。

我们在场景的更新周期中进行更新的组件系统，还提供了一种触发组件上的动作的极好的方法，例如，对 FiringComponent 上的发射速率的控制。

本章是 Dino Defense 游戏的一个很好的开端。在第 19 章中，我们将实现寻路算法，由此，恐龙能够避开场景中的塔防和任何其他的障碍物。我们还将给玩家一种方法，以便其放置塔防并尝试阻止那些巨大的恐龙。

第 19 章　寻路算法

Toby Stephens 撰写

在第 18 章中，我们使用 GameplayKit 的实体—组件系统构建了塔防游戏 Dino Defense 的对象模型。在第 18 章结束后，我们有了要在游戏场景中移动愤怒的恐龙以及通过塔防发射木头炮弹来攻击恐龙所需的所有实体和组件。

到目前为止，我们已经创建的游戏中，一个非常显著的问题是，恐龙直接通过塔防而对其周围的世界毫无顾忌。我认为你可能同意，恐龙的 AI 应该是起作用的啊！

在本章中，我们打算使用 GameplayKit 提供的寻路功能来让恐龙绕开塔防以及我们将要添加到游戏中的其他的障碍物。你认为至少要给恐龙一条容易取胜的路径，但实际上，我们还将添加功能以便让玩家能够自己构建和放置塔防。战斗才刚刚打响，如图 19-1 所示。

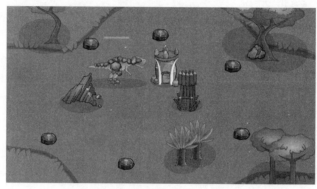

图 19-1

是的，还有很多乐趣可以添加进来，但是首先，我们来看一下 GameplayKit 提供的寻路 API。

19.1　GameplayKit 中的寻路

要让恐龙在游戏场景中找到一条路径，它们需要能够感知到其路径上的任何障碍物，例如塔防、石头和树木等。为了记录这些障碍物，GameplayKit 提供了一个 GKGraph，这是场景中的位置的一个集合。我们可以用两种方式之一来处理这个位置的集合，具体要看哪种方式更加适合于你的游戏：可以使用基于网格的路径或者基于障碍物的路径。

19.1.1　基于网格的寻路

当寻路算法基于一个可玩区域的网格的时候，可以使用一个叫做 GKGridGraph 的类（GKGraph 的子类），提供二维网格上的有效位置的一个列表。只允许实体在指定的网格位置移动。

能够说明应该在哪里使用这种寻路的一个很好的例子，就是经典的街机游戏 Pac-Man，如图 19-2 所示。使用

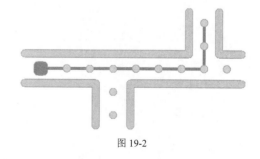

图 19-2

GKGridGraphNodes 指定的有效位置，将会是 Pac-Man 和幽灵都能够行走的路径。网格上被墙所占用的位置都是无效的，并且不会添加到 GKGridGraph 中。

19.1.2 基于障碍物的寻路

当寻路需要较少的控制，并且实体需要在一个开放的区域移动且避开障碍物的时候，可以使用叫做 GKObstacleGraph 的 GKGraph 子类。

在 GKObstacleGraph 中，我们提供了无效的多边形的一个集合，它指定了场景中的障碍物的形状，如图 19-3 所示。

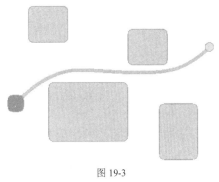

假定 Dino Defense 中的恐龙要经过一个开放地带并且避开塔防，这就是我们将要使用的寻路 API。

我们将创建一个 GKObstacleGraph，并且添加多边形以表示塔防和其他的游戏障碍物的边界。然后，GameplayKit 将使用有效位置的一个序列来创建恐龙的路径，以避开 GKObstacleGraph 所提供的障碍物。

当给游戏添加新的塔防的时候，GameplayKit 将会根据恐龙的当前位置来重新计算路径。

图 19-3

19.2 塔防障碍物

注　意

本章接下来的部分将说明如何实现玩家在游戏中放置塔防的功能。这也是对前几章的内容的一个回顾。

如果你是专门来学习 GameplayKit 寻路的，我建议你跳到本章稍后的 19.7 节，那里有一个供你参考的初始工程。

但是，如果你想要回顾或学习如何让玩家放置塔防，就继续阅读。

我们打算添加的第一个障碍物，就是塔防。因此，这是让玩家能够自行放置塔防的好时机。

为了做到这一点，我们打算给出玩家在场景中可能放置塔防的多个位置。如果玩家选择这些放置节点中的一个，他还将能够选择想要构建哪一种塔防，然后计算机就会帮助他构建塔防。

打开 GameScene.sks

还记得第 18 章讨论过游戏层吗？背景层是放置塔防占位符节点的逻辑层。因此，首先在 Media Library 中找到 TowerPlaceholder.png，如图 19-4 所示。

现在，把 TowerPlaceholder 图像拖放到场景中，并且在 Attributes 检视器中对精灵节点做如下的修改，如图 19-5 所示。

- 将 Name 设置为 Tower_01。
- 将 Parent 设置为 Background。
- 将 Position 设置为(600, 400)。
- 将 Z 位置设置为 1，以确保图像总是在背景材质之上。

稍后，当我们测试以发现玩家选择了哪个节点的时候，我们将使用该节点的名字。

给场景添加 7 个 TowerPlaceholder 节点，在 Attributes 检视器中做如下的修改：

1. Name Tower_02, Parent Background, Position (140, 240), Z Position 1

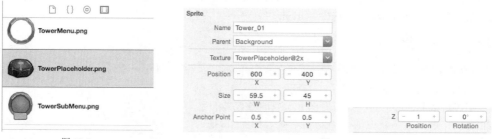

图 19-4   图 19-5

2. Name Tower_03, Parent Background, Position (280, 550), Z Position 1
3. Name Tower_04, Parent Background, Position (400, 160), Z Position 1
4. Name Tower_05, Parent Background, Position (512, 580), Z Position 1
5. Name Tower_06, Parent Background, Position (528, 480), Z Position 1
6. Name Tower_07, Parent Background, Position (750, 480), Z Position 1
7. Name Tower_08, Parent Background, Position (780, 260), Z Position 1

注 意

作为一种快捷方式，尝试使用 Option-D 来复制其中的一个塔防占位符，然后再修改名称和位置。

当完成之后，场景如图 19-6 所示。

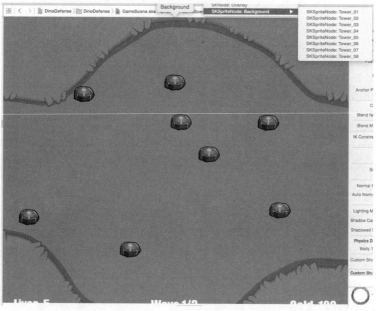

图 19-6

编译并运行，如图 19-7 所示。

现在可以看到我们所创建的塔防占位符节点了，它们已经位于游戏区域之中了。

当玩家点击这些节点之一的时候，他需要看到可用的塔防类型，以便可以选择要构建何种塔防。初始工程包含了一个简单的节点，可以用它来显示可供选择的塔防类型。

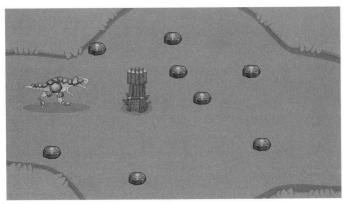

图 19-7

打开 TowerSelector.sks 看一下，如图 19-8 所示。

这个场景文件提供了塔防类型的一个图像，并且还有一个标签告诉玩家这一类塔防的建造成本。成本？是的，在完成后的游戏中，玩家必须支付金币才能构建每一个塔防。我们将在第 20 章中处理为构建塔防而支付金币的背后机制，现在，你只需要给出每个塔防一个建造成本。

打开 TowerEntity.swift，并且给 TowerType 枚举类型添加如下的动态属性：

图 19-8

```
var cost: Int {
  switch self {
    case Wood: return 50
    case Rock: return 85
  }
}
```

石头塔防肯定更有攻击力，但是，它们比木头塔防要花费玩家更多的金币。

好了，现在，我们有了每一种塔防类型的建造成本，可以回到塔防选择节点了。我们将创建这个类，以便在场景文件中显示塔防选择器。

在工程中创建一个名为 TowerSelectorNode.swift 的、新的 Swift 资源文件。用如下的代码替换该文件中的内容：

```
import SpriteKit

class TowerSelectorNode: SKNode {

  var costLabel: SKLabelNode {
    return self.childNodeWithName("CostLabel") as! SKLabelNode
  }

  var towerIcon: SKSpriteNode {
    return self.childNodeWithName("TowerIcon") as! SKSpriteNode
  }

  override init() {
    super.init()
  }

  required init?(coder aDecoder: NSCoder) {
    super.init(coder: aDecoder)
  }

}
```

这是一个 SKNode 子类，并且表示 TowerSelector.sks 中的 MainNode。这个节点拥有名为 CostLabel 和

TowerIcon 的子节点，分别用于塔防建造成本标签和塔防图像。可以为这两个节点都创建动态存储的属性，以便在为 TowerSelectorNode 的每一个实例设置塔防类型的时候可以访问它们。

现在，添加如下的方法，它们将在选择器节点上设置塔防类型：

```
func setTower(towerType: TowerType) {
  // Set the name and icon
  towerIcon.texture = SKTexture(imageNamed: towerType.rawValue)
  towerIcon.name = "Tower_Icon_\(towerType.rawValue)"

  // Set the cost
  costLabel.text = "\(towerType.cost)"
}
```

说到塔防类型，我们设置了正确的塔防图像，并且在 costLabel 中显示了正确的塔防建造成本。我们还指定了 towerIcon，以便稍后在处理塔防类型选择的时候，能够识别出各种不同类型的塔防的图标。

19.3　塔防选择器动画

当你向玩家显示塔防选择器的时候，选择器围绕着塔防占位符节点从不同的位置弹出来（如图 19-9 所示），如果是这种效果的话，是不是很酷呢？根据塔防的类型，我们可以围绕一个圆形来放置塔防选择器。为了实现这一点，TowerSelectorNode 需要知道自己在圆形上所处的位置的角度。给 setTower(_:)添加一个 angle 参数，以便它看上去如下所示：

```
func setTower(towerType: TowerType, angle: CGFloat) {
```

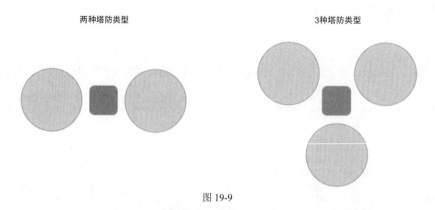

两种塔防类型　　　　　　　　　　　　　3种塔防类型

图 19-9

要将 TowerSelectorNode 从正确的角度弹出，我们打算使用动作来创建显示和隐藏动画。给 TowerSelectorNode 类添加如下的属性：

```
var showAction = SKAction()
var hideAction = SKAction()
```

为了定义这些动作，在 setTower(_:angle:)的末尾添加如下的代码：

```
self.zRotation = 180.degreesToRadians()

let rotateAction = SKAction.rotateByAngle(
  180.degreesToRadians(),
  duration: 0.2)

let moveAction = SKAction.moveByX(
  cos(angle) * 50,
  y: sin(angle) * 50,
```

```
  duration: 0.2)

showAction = SKAction.group([rotateAction, moveAction])
hideAction = showAction.reversedAction()
```

塔防选择器最初旋转完整个 180 度，随后，当你要向玩家显示塔防选择器的时候，rotateAction 将该节点旋转回到正确的位置。moveAction 会根据所提供的角度，将节点移动到其在围绕塔桥占位符节点的圆形上的正确位置。

showAction 组合了这一旋转和变换，而 hideAction 则是直接相反的动作。

要调用这些动作，给该类添加如下的方法。

```
func show() {
  self.runAction(showAction)
}

func hide(completion: () -> ()) {
  self.runAction(SKAction.sequence([
    hideAction, SKAction.runBlock(completion)]))
}
```

因为你可能会从游戏场景删除塔防选择节点，hide 函数接受一个 completion 闭包，这个闭包会在 hideAction 完成之后运行。

要使用这些新的塔防选择器，需要在游戏场景中创建它们。打开 GameScene.swift，并且为这些塔防选择器添加一个属性，如下所示：

```
var towerSelectorNodes = [TowerSelectorNode]()
```

需要为每一种塔防类型创建这些选择器节点中的一种。将如下代码添加到 GameScene 类中，从而创建一个函数来做这些事情：

```
func loadTowerSelectorNodes() {
  // 1
  let towerTypeCount = TowerType.allValues.count

  // 2
  let towerSelectorNodePath: String = NSBundle.mainBundle()
    .pathForResource("TowerSelector", ofType: "sks")!
  let towerSelectorNodeScene = NSKeyedUnarchiver.unarchiveObjectWithFile(
    towerSelectorNodePath) as! SKScene
  for t in 0..<towerTypeCount {
    // 3
    let towerSelectorNode = (towerSelectorNodeScene.childNodeWithName(
      "MainNode"))!.copy() as! TowerSelectorNode
    // 4
    towerSelectorNode.setTower(TowerType.allValues[t],
      angle: ((2*π)/CGFloat(towerTypeCount))*CGFloat(t))
    // 5
    towerSelectorNodes.append(towerSelectorNode)
  }
}
```

我们进一步看看这个函数做些什么：

1．获取塔防类型的数目，以便可以计算出每个塔防选择器节点按照图 19-9 排列的时候，应该所处的位置。

2．从场景文件中获取 TowerSelector 场景。

3．对于每种塔防类型，从 TowerSelector 场景生成 MainNode 的一个副本。

4．在 TowerSelectorNode 上设置塔防类型，以及节点应该围绕着圆形放置在什么角度。

5．最后，将该节点添加到刚才定义的 TowerSelectorNode 数组。

给 didMoveToView(_:)添加如下的代码，将其放在 super.didMoveToView(view)调用之后，从而将调用该函数作为场景设置的一部分。

```
loadTowerSelectorNodes()
```

19.4　选择塔防

我们已经针对游戏中的塔防类型加载了所有的选择器节点，因此，已经准备好了当玩家点击一个塔防占位符节点的时候，向玩家显示这些选择器。

首先，删除 startFirstWave()中的如下代码，从而删除在场景中临时放置的塔防：

```
addTower(.Wood)
```

为了记录玩家的塔防放置活动，给这个类添加如下的属性：

```
var placingTower = false
var placingTowerOnNode = SKNode()
```

placingTower 告诉我们玩家是否要放置一个塔防，placingTowerOnNode 存储了玩家将要在其上放置塔防的塔防占位符节点。

接下来，添加一个函数来显示塔防选择器：

```
func showTowerSelector(atPosition position: CGPoint) {
  // 1
  if placingTower == true {return}
  placingTower = true

  // 2
  self.runAction(SKAction.playSoundFileNamed("Menu.mp3",
waitForCompletion: false))

  for towerSelectorNode in towerSelectorNodes {
    // 3
    towerSelectorNode.position = position
    // 4
    gameLayerNodes[.Hud]!.addChild(towerSelectorNode)
    // 5
    towerSelectorNode.show()
  }
}
```

1. 如果玩家已经放置了塔防，那么没什么事情要做了。
2. 初始工程带有一个声音效果，用于打开和关闭塔防选择器，因此，使用它。
3. 对于每一个塔防选择器节点，将位置设置为传递给该函数的触摸位置。塔防选择器节点将从这个位置弹出。
4. 将塔防选择器节点添加到.Hud 游戏层。这意味着我们将塔防选择器节点放置到游戏中的其他节点之上，而这些节点是用于游戏 UI 元素的。
5. 调用 show()函数，该函数用来将塔防选择器节点从视图上弹出。

现在，添加隐藏塔防选择器节点的函数。添加如下的代码：

```
func hideTowerSelector() {
  if placingTower == false { return }
  placingTower = false

  self.runAction(SKAction.playSoundFileNamed("Menu.mp3",
waitForCompletion: false))
```

```
for towerSelectorNode in towerSelectorNodes {
  towerSelectorNode.hide {
    towerSelectorNode.removeFromParent()
  }
}
```

这和showTowerSelector(atPosition:)几乎是相同的，明显的例外就是，现在隐藏了塔防选择器。

注意传递给塔防选择器节点上的隐藏函数的闭包。正如前面所介绍的，这么做是为了等待隐藏动画完成，然后再从其父节点删除该节点，也就是说，之后再从.Hud层删除塔防选择器节点。

19.5 显示菜单

为了看看所有这些是如何工作的，我们可能需要对用户在塔防占位符节点上的点击做出响应。因此，将如下代码添加到touchesBegan(_:withEvent:)的末尾：

```
let touchedNodes: [SKNode] =
self.nodesAtPoint(touch.locationInNode(self)).flatMap { node in
  if let nodeName = node.name where nodeName.hasPrefix("Tower_") {
    return node
  }
  return nil
}
```

这里，我们遍历了位于玩家触摸的位置的所有节点。在nodesAtPoint(_:)返回的SKNodes的数组上，我们应用flatMap方法，从而只将那些名称以"Tower_"开头的节点包含到结果的touchedNodes数组中。

既然有了一个只包含塔防占位符节点的数组，我们可以检查看看玩家是否真正触摸了这些节点中的任何一个。添加如下的代码：

```
if touchedNodes.count == 0 {
  hideTowerSelector()
  return
}
```

检查玩家是否真的触摸了一个塔防占位符节点，如果没有，隐藏塔防选择器（如果需要隐藏的话）并且返回。

那么，如果玩家确实碰到了一个塔防占位符节点呢？继续给touchesBegan(_:withEvent:)添加如下的代码：

```
let touchedNode = touchedNodes[0]

if placingTower {
  hideTowerSelector()
}
else {
  placingTowerOnNode = touchedNode
  showTowerSelector(atPosition: touchedNode.position)
}
```

这里，我们接受了第一个触摸到的节点。这里不应该有多个节点，因为这样的话，意味着在游戏场景中的同一个位置有多个塔防占位符节点。如果你已经放置了一个塔防，就隐藏塔防选择器，如果还没有放置塔防，将被触摸的塔防选择器节点存储起来并显示它。

编译并运行，当你开始游戏的时候，触摸某一个塔防占位符节点。

塔防选择器节点会从你触摸的位置弹出，如图19-10所示。现在的感觉开始像一款游戏了。

图 19-10

19.6   放置塔防

如何选择和放置塔防？好了，要在场景的一个特定的位置添加塔防，需要对 addTower(_:)做一些修改。在 addTower(_:)中，临时将设置塔防位置的那行代码删除：

```
let position = CGPointMake(400, 384)
```

并修改 addTower(_:)，以使其接受一个 positon 参数，如下所示：

```
func addTower(towerType: TowerType, position: CGPoint) {
```

现在，在 addTower(_:position:)的顶部，添加如下这行代码：

```
placingTowerOnNode.removeFromParent()
self.runAction(SKAction.playSoundFileNamed("BuildTower.mp3",
waitForCompletion: false))
```

我们从游戏中删除了塔防占位符节点，因为已经有一个塔防放置在其上了。我们还播放了初始工程中所提供的建造塔防的声音效果。

要完成塔防的放置，需要检查玩家选择了哪一种塔防类型。这又是一次触摸事件，因此，回到 touchesBegan(_:withEvent:)。

在 if placingTower 语句之中，在调用 hideTowerSelector()的位置，直接在该行之上添加如下的代码：

```
let touchedNodeName = touchedNode.name!

if touchedNodeName == "Tower_Icon_WoodTower" {
  addTower(.Wood, position: placingTowerOnNode.position)
}
else if touchedNodeName == "Tower_Icon_RockTower" {
  addTower(.Rock, position: placingTowerOnNode.position)
}
```

如果 placingTower 为 true，那么，现在检查看看塔防选择器节点中是否有一个塔防图标被触摸了。如果有，那么，我们知道玩家选择了哪一个塔防，并且放置这种塔防，然后隐藏塔防选择器。

编译并运行，并且尝试再次构建一个塔防，如图 19-11 所示。

玩家现在可以选择想要构建哪一种塔防了。

再次运行游戏，这一次，确保在屏幕中央的那个塔防占位符节点之上构建一个塔防，以便它刚好在恐龙的行进路径之上，如图 9-12 所示。

图 19-11

图 19-12

恐龙会直接朝着塔防走去。哦，本章是专门介绍寻路算法的，对吧？

19.7　创建障碍物图形

注　意

如果你是从本章前面直接跳到这里的，可以从本章资源中的 starter_towers 工程继续。这个工程在我们从第 18 章留下的游戏的基础之上，添加了塔防选择和放置。

现在该来在游戏中创建一个 GameplayKit 障碍物图形了。

为了做到这一点，打开 GameScene.swift，并且给 GameScene 类添加如下的属性：

```
let obstacleGraph = GKObstacleGraph(obstacles: [], bufferRadius: 32)
```

我们创建了如上所述的 GKObstacleGraph。此时，还没有障碍物，因此，我们提供了一个空的数组。初始化程序中的 bufferRadius，是当 GameplayKit 计算路径的时候，你的实体需要避开障碍物的距离。这个数值越大，恐龙给障碍物留出的位置也就越宽。

19.8　将塔防添加到障碍物图形

接下来，我们需要将塔防添加到障碍物图形。

还记得吧，障碍物图形是包含定义了恐龙不能去的区域的多边形的一个集合。一个塔防的多边形障碍物应该是围绕其占位符的一个形状。好在我们已经定义了围绕塔防占位符的一个形状，这就是ShadowComponent。

我们打算用 ShadowComponent 来定义一个多边形障碍物。通过这种方式，拥有 ShadowComponent 的任何实体，也都可以有一个多边形障碍物，以用做障碍物图形。很聪明，对吧？

打开 ShadowComponent.swift 并且添加如下这个新属性：

```
let size: CGSize
```

在 init(size:offset:)中设置它：

```
self.size = size
```

然后，给该类添加如下的方法：

```
func createObstaclesAtPosition(position: CGPoint) -> [GKPolygonObstacle]
{
  let centerX = position.x + node.position.x
  let centerY = position.y + node.position.y
  let left = float2(CGPointMake(centerX - size.width/2, centerY))
  let top = float2(CGPointMake(centerX, centerY + size.height/2))
  let right = float2(CGPointMake(centerX + size.width/2, centerY))
  let bottom = float2(CGPointMake(centerX, centerY - size.height/2))
  var vertices = [left, bottom, right, top]

  let obstacle = GKPolygonObstacle(points: &vertices, count: 4)
  return [obstacle]
}
```

这里，我们根据阴影节点的形状，创建了一个简单的菱形的多边形。这将为寻路提供一个有效而高效的障碍物。

> **注　意**
>
> 　　障碍物中使用的多边形越复杂，计算路径所花的时间也越长。这是因为，对于寻路算法来说，越复杂的形状，需要的计算也就越多。

现在，打开 GameScene.swift，以便我们能够充分利用这个多边形障碍物。为了将一个多边形障碍物添加到障碍物图形中，实现如下的函数：

```
func addObstaclesToObstacleGraph(newObstacles: [GKPolygonObstacle]) {
  obstacleGraph.addObstacles(newObstacles)
}
```

这个函数直接接受 GKPolygonObstacles 的一个数组，并将其添加到障碍物图形中。

为了创建一个障碍物并将其添加到障碍物图形中，在 addTower(_:position:)的末尾添加如下的代码：

```
addObstaclesToObstacleGraph(
  towerEntity.shadowComponent.createObstaclesAtPosition(position))
```

这会接受新的塔防实体的阴影组件，通过该阴影来创建一个多边形障碍物，并且将其添加到图形中。

现在，恐龙会忽略掉障碍物图形，因为它遵从一个简单的 SKAction.moveTo(_:duration:)路径，而没有使用 GameplayKit 的寻路算法。现在该来解决这个问题了。

19.9　用寻路算法移动实体

创建一个新的函数来使用寻路。在 GameScene.swift 中，添加如下代码，这是障碍物图形功能的核心。

图形需要知道起始位置和结束位置（用 GKGraphNode2D 对象表示），从而可以计算两个位置之间的一条有效路径。

```
func setDinosaurOnPath(dinosaur: DinosaurEntity, toPoint point: CGPoint)
{
  let dinosaurNode = dinosaur.spriteComponent.node

  // 1
  let startNode = GKGraphNode2D(
    point: vector_float2(dinosaurNode.position))
  obstacleGraph.connectNodeUsingObstacles(startNode)

  // 2
  let endNode = GKGraphNode2D(point: vector_float2(point))
  obstacleGraph.connectNodeUsingObstacles(endNode)

  // 3
  let pathNodes = obstacleGraph.findPathFromNode(
    startNode, toNode: endNode) as! [GKGraphNode2D]

  // 4
  obstacleGraph.removeNodes([startNode, endNode])
}
```

1．将恐龙的起始位置添加到障碍物图形。

2．然后，根据传递给该方法的值，将恐龙的目标结束位置添加到障碍物图形。

3．使用刚才添加的节点，计算起始节点和结束节点之间的一条有效路径。最终的路径是 GKGraphNode2D 对象的一个集合，其中提供了恐龙沿着这条路径将要访问的每一个点的位置。

4．最后，通过删除起始节点和结束节点，清理障碍物图形。

使用这条路径的最后一步是创建一个 SKAction 序列，从而在路径上的点和点之间移动恐龙。为了做到这一点，首先需要给恐龙设定一个速度，正如第 18 章所提到的，不同类型的恐龙，其行进的速度也不同。

打开 DinosaurEntity.swift，并且给 DinosaurType 枚举类型添加如下的动态属性：

```
var speed: Float {
  switch self {
    case .TRex: return 100
    case .Triceratops: return 150
    case .TRexBoss: return 50
  }
}
```

这些值表示每一种恐龙的相对速度。谁知道巨大的 Triceratops 还如此灵活呢？

回到 GameScene.swift 并且实现沿着路径移动恐龙的 SKAction 序列。将如下代码添加到 setDinosaurOnPath(_:toPoint:)的末尾，这里，我们将恐龙放置到障碍物图形所提供的路径之上。这里做了很多事情，并且这些事情真的很重要，因此，我们来分步骤详细介绍一下：

```
// 1
dinosaurNode.removeActionForKey("move")

// 2
var pathActions = [SKAction]()
var lastNodePosition = startNode.position
for node2D in pathNodes {
  // 3
  let nodePosition = CGPoint(node2D.position)
  // 4
  let actionDuration =
    NSTimeInterval(lastNodePosition.distanceTo(node2D.position)
```

```
          / dinosaur.dinosaurType.speed)
    // 5
    let pathNodeAction = SKAction.moveTo(
      nodePosition, duration: actionDuration)
    // 6
    pathActions.append(pathNodeAction)
    lastNodePosition = node2D.position
  }
  // 7
  dinosaurNode.runAction(SKAction.sequence(pathActions), withKey: "move")
```

1. 可能在恐龙已经开始移动的时候，你却更新了路径（例如，假设玩家放置了一个新的塔防），因此，先要清除所有已有的动作。

2. 我们打算为路径中的每一个步骤创建一个 SKAction，并且将其存储到一个数组中，以便实现动画序列。

3. 路径上的一个节点就是一个 GKGraphNode2D 对象，它将一个位置保存为一个 vector_float2。对于每一个节点，我们需要将位置转换为一个 CGPoint，以便可以在 SKAction.moveTo(_:duration:)初始化程序中使用它。

4. 路径中的每一个步骤的 SKAction 的时间，是由节点之间的距离和恐龙的速度共同决定的，后者是之前在 DinosaurType 枚举类型中定义的。

5. 使用这个步骤的目标位置以及动作的时长，我们创建了将恐龙移动到路径上的下一个节点的 SKAction。

6. 将这个动作添加到数组。

7. 最后，在恐龙之上，将移动动作的数组当做一个序列来运行，由此，让恐龙沿着其路径移动。

现在，要在屏幕上移动，恐龙还是使用在第 18 章中编写的临时的 SKAction。我们打算用新的 setDinosaurOnPath(_:toPoint:)函数来替代它。从 addDinosaur(_:)中删除如下的代码行：

```
dinoNode.runAction(SKAction.moveTo(endPosition, duration: 20))
```

并且用如下的代码来替代它：

```
setDinosaurOnPath(dinosaur, toPoint: endPosition)
```

在看到所有这些代码在游戏中工作之前，我们还需要确保在把塔防添加到游戏中的时候计算恐龙的路径。为了做到这一点，添加如下的方法：

```
func recalculateDinosaurPaths() {
  // 1
  let endPosition = CGPointMake(1224, 384)

  // 2
  let dinosaurs: [DinosaurEntity] = entities.flatMap { entity in
    if let dinosaur = entity as? DinosaurEntity {
      if dinosaur.healthComponent.health <= 0 {return nil}
      return dinosaur
    }
    return nil
  }

  // 3
  for dinosaur in dinosaurs {
    setDinosaurOnPath(dinosaur, toPoint: endPosition)
  }
}
```

这里只有 3 个步骤：

1. 这是和添加恐龙的时候使用的相同的终点位置。

2．遍历场景中的恐龙实体，并且获取所有那些还有剩余的生命值的恐龙。死亡的恐龙肯定不在会移动了。

3．对于每一个恐龙，使用 setDinosaurOnPath(_:toPoint:)确定其路径。

现在，当你要向场景中添加一个塔防的时候，直接调用这个函数。在 addTower(_:position:)的末尾添加如下这行代码：

```
recalculateDinosaurPaths()
```

好了，让我们来看看吧！编译并运行，像前面一样，把塔防放置到相同的中心占位符节点上，如图 19-13所示。

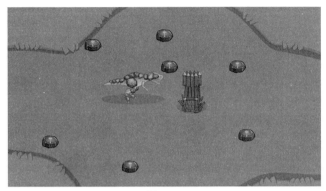

图 19-13

恐龙现在在其自己的路径上避开了塔防，气势汹汹地奔向玩家的村庄。

恭喜你，现在，你已经学习了 GameplayKit 的寻路系统的基本知识。继续阅读并做一些练习，或者跳到第 20 章学习如何使用 GameplayKit 的代理、目标和行为系统，来为游戏添加一些基本的人工智能。

19.10 挑战

本章有两个挑战，一个是为了练习添加其他类型的障碍物，另一个是为了修正恼人的 bug，在测试带有 Z 顺序的精灵的游戏的时候，你可能会碰到这样的 bug。

如果你遇到困难，可以从本章的资源中找到解决方案，但是，为了让本书发挥最大效用，最好还是先自行尝试解决。

挑战 1：更多障碍物

既然已经使用障碍物图形计算恐龙路径了，现在该来给场景添加一些非塔防类的障碍物，以使得游戏更有趣一些了。为了做到这一点，我们打算创建一个新的 ObstacleEntity。

新的 ObstacleEntity 将拥有一个 SpriteComponent，以便可以将其渲染到场景上，还有一个 ShadowComponent，以便它可以有一个阴影并且能够用于障碍物图形。

为了将障碍物放置到场景中，我们在 GameScene.sks 场景文件中，将其放置到 Sprites 层。然后，当 Sprite Kit 在 GameScene 中创建了一个 ObstacleEntity，该实体在场景文件中将其障碍物节点用做一个引用。

首先，向 GameScene 中添加一些障碍物。

打开 GameScene.sks。在 Media Library 中，找到 Stone1.png 精灵，如图 19-14 所示。

在 Attributes 检视器中，将精灵拖动到场景中，并且对该精灵节点做如下的修改，如图 19-15 所示：

将 Name 设置为 Obstacle_Rock01；

将 Parent 设置为 Sprites；

将 Position 设置为(250, 400)。

图 19-14

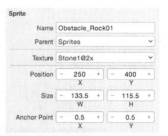

图 19-15

这个障碍物将肯定在恐龙的行进之路上！添加一些更多的障碍物，使用如下的设置：

1. Sprite Tree2b, Name Obstacle_Tree01, Parent Sprites, Position (125, 640)
2. Sprite Tree2b, Name Obstacle_Tree02, Parent Sprites, Position (800, 620)
3. Sprite Stone2, Name Obstacle_Rock02, Parent Sprites, Position (826, 528)
4. Sprite Tree2, Name Obstacle_Tree03, Parent Sprites, Position (900, 600)
5. Sprite Tree3b, Name Obstacle_Tree04, Parent Sprites, Position (880, 180)
6. Sprite Tree3, Name Obstacle_Tree05, Parent Sprites, Position (950, 150)
7. Sprite Tree1, Name Obstacle_Bush01, Parent Sprites, Position (635, 240)
8. Sprite Tree1, Name Obstacle_Bush02, Parent Sprites, Position (585, 220)

你的场景现在应该如图 19-16 所示。

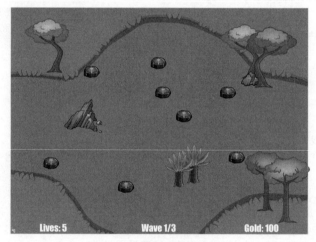

图 19-16

这真的开始看上去很不错了！这些新的障碍物中的每一个，都将只是 ObstacleEntity 的一个占位符。我们将依次抓取每一个障碍物并创建一个 ObstacleEntity，然后，从场景中删除占位符，并用 ObstacleEntity 的 SpriteComponent 节点来替代它。

首先，在 Entities 组中创建一个新的 Swift 源文件，并将其命名为 ObstacleEntity.swift。使用如下的代码替代其内容：

```
import SpriteKit
import GameplayKit

class ObstacleEntity: GKEntity {
  // 1
  var spriteComponent: SpriteComponent!
```

```
  // 2
  var shadowComponent: ShadowComponent!

  // 3
  init(withNode node: SKSpriteNode) {
    super.init()

    // 4
    spriteComponent = SpriteComponent(entity: self, texture:
node.texture!, size: node.size)
    addComponent(spriteComponent)

    // 5
    let shadowSize = CGSizeMake(node.size.width*1.1, node.size.height *
0.6 )
    shadowComponent = ShadowComponent(size: shadowSize, offset:
CGPointMake(0.0, -node.size.height*0.35))
    addComponent(shadowComponent)

    // 6
    spriteComponent.node.position = node.position
    node.position = CGPointZero
    spriteComponent.node.addChild(node)
  }
}
```

这段代码挺多的，实际上，这都是 ObstacleEntity 的代码，但是你通过第 18 章应该已经很熟悉它了。然而，让我们进行一些分解，以便你清楚每一步做些什么。

1. ObstacleEntity 需要一个 SpriteComponent，以便能够将其添加到场景中。

2. ObstacleEntity 还需要一个 ShadowComponent 才能有一个阴影，并且可以通过这个阴影获取多边形障碍物。

3. 用场景中的精灵节点来初始化 ObstacleEntity。这些就是刚刚添加到场景文件中的精灵节点。

4. 实例化 SpriteComponent。

5. 使用精灵节点的大小作为参考，实例化 ShadowComponent。

6. 最后，将已有的精灵节点作为 SpriteComponent 节点的子节点添加，以使得其看上去和在场景文件中所做的一样。只有现在，才能享受到 ObstacleEntity 带来的所有好处。

要将每一个 ObstacleEntity 添加到场景，打开 GameScene.swift 并且添加一个新的方法：

```
func addObstacle(withNode node: SKSpriteNode) {
  // 1 - Store nodes's position

  // 2 - Remove node from parent

  // 3 - Create obstacle entity

  // 4 - Add obstacle entity to scene

  // 5 - Create obstacles from shadow component

  // 6 - Add obstacles to obstacle graph
}
```

你的挑战是实现这个方法中的每一处注释掉的代码行。如下是针对每一处注释的一些提示：

1. 我们打算在和场景文件中的精灵节点相同的位置添加障碍物。因此，要获取所提供的节点的位置。

2. 由于我们想要把新的 ObstacleEntity 的精灵组件节点添加到场景中，因此，需要删除掉在场景文件中放置的占位符。

3．创建 ObstacleEntity。

4．把该实体添加到场景中。

5．从障碍物的阴影组件获取多边形障碍物。

6．使用之前编写的辅助方法，将障碍物添加到障碍物图形。

一旦完成了这些，剩下的就是当第一次加载场景的时候，针对场景中的每一个障碍物调用这个函数了。将如下代码添加到 didMoveToView(_:)中，放在 loadTowerSelectorNodes()调用之后。

```
let obstacleSpriteNodes = self["Sprites/Obstacle_*"] as! [SKSpriteNode]
for obstacle in obstacleSpriteNodes {
  addObstacle(withNode: obstacle)
}
```

这里，我们从场景获取所有的障碍物节点，并且针对每一个节点调用 addObstacle(withNode:)。
编译并运行，如图 19-17 所示。

图 19-17

场景中都是障碍物了，还带有其阴影。它们显然也会参与寻路算法，因为恐龙一开始也会避开岩石。再次运行，并且给场景添加一些塔防。你将会看到，恐龙为了绕开障碍物和塔防，开始走远路了。

挑战 2：精灵的 Z 位置

有时候，恐龙走到了一个塔防之前，但是恐龙的节点仍然按照渲染的顺序出现在塔防之后，如图 19-18 所示。

之所以出现这种情况，是因为我们没有在 Sprite 层中显式地设置所有精灵的 Z 位置，因此 Sprite Kit 随机地分配了 Z 位置。

修复这个问题很重要。一个精灵预期的 Z 位置直接与精灵的 y 位置相关，精灵越靠近屏幕的底部，其 Z 位置应该越远。我们可以根据这一信息来确定一个精灵是否应该在另一个精灵之上。

在 GameScene.swift 中，在 didFinishUpdate():的末尾，添加如下的代码：

图 19-18

```
// 1
let ySortedEntities = entities.sort {
  let nodeA = $0.0.componentForClass(SpriteComponent.self)!.node
  let nodeB = $0.1.componentForClass(SpriteComponent.self)!.node
  return nodeA.position.y > nodeB.position.y
}
```

```
// 2
var zPosition = GameLayer.zDeltaForSprites
for entity in ySortedEntities {
  // 3 - Get the entity's sprite component

  // 4 - Get the sprite component's node

  // 5 - Set the node's zPosition to zPosition

  // 6 - Increment zPosition by GameLayer.zDeltaForSprites

}
```

1．这会根据实体的 position.y 值来排序所有的实体。

2．设置一个初始的 z 位置，并且遍历排序的实体。

你的挑战是根据上面的注释，实现第 3 行到第 6 行的代码。当你完成之后，再次编译并运行游戏。

恐龙现在总是出现在应该出现的地方，它在场景的下方，但是位于塔防的前面，如图 19-19 所示。

图 19-19

如果做到了这一步，恭喜你，现在你已经对 GameplayKit 的寻路功能有了很好的理解了。

在本章中，我们为场景创建了一个障碍物图形并且用它来计算恐龙的路径。我们赋予了玩家在场景中添加塔防的能力，确保了当玩家添加一个新的塔防的时候会更新恐龙的路径。

本章介绍的寻路算法，使用了 GameplayKit 的 GKObstacleGraph，并使用图形的节点来为恐龙生成一条路径。在第 20 章中，我们将使用完全不同的一组 GameplayKit 工具，来让 Triceratops 恐龙在其路径上行进，这就是代理、目标和行为。

使用这些工具，我们将看到如何给寻路功能一种更为灵活和有组织的感觉，由此完成新的游戏并一鸣惊人。

第 20 章　代理、目标和行为

Toby Stephens 撰写

在第 19 章中，我们使用了 GameplayKit 的惊人的寻路工具来让 T-Rex 攻击玩家的基地，而且避开了一路上的障碍物和塔防。寻路算法工作的很好，但是，在本章中，我们打算使用 GameplayKit 的一组不同的工具来移动另一种类型的恐龙，也就是 Triceratops 恐龙。

古生物学的优秀科学家研究表明，普通的 T-Rex 恐龙所表现出的行走方式，是路径中的几个不同的点之间的直线；而 Triceratops 恐龙则能够以一种更加有组织且目标集中的方式行进。

好吧，这是瞎扯的，并不存在这样的研究。

但是，为了展示 GameplayKit 的另一种奇妙的功能，我们打算使用所谓的代理（agent）来对 Triceratops 的移动建模。GameplayKit 的代理系统，以及其相关的目标和行为类，使得我们很容易给游戏实体一个目标，并且让它们使用基本的人工智能来找到目标，如图 20-1 所示。

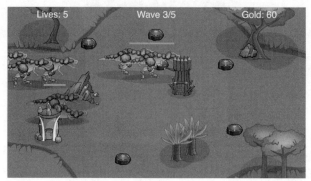

图 20-1

注　意

本章是从第 19 章的挑战 2 留下的地方开始的。如果你没有能够完成第 19 章的挑战 2，或者跳过了第 19 章，也不要担心，直接打开本章资源中的初始工程，从正确的位置继续开始就好了。

20.1　GameplayKit 的代理、目标和行为

在第 19 章中，我们学习了如何让节点沿着从 A 点到 B 点的路径行进，一路上避开障碍物。你可以将这个当做是节点的一个单个目标，即遵循一条预先定义的路径。

这对于很多游戏来说是很好的，但是，如果你想要同时有多个目标，该怎么办呢？例如，可能你想要在沿着一条路径行动的同时，关注其他敌人的信息。

这就是所谓的代理（Agent）、目标（Goal）和行为（Behavior）要解决的事情。让我们来依次介绍一下。

目标允许你指定目标任务的一个集合，这些目标任务可能会影响到一个节点的移动，例如：

● 移动到一个新的位置；

● 避开障碍物；

● 保持在一条路径上；

● 成群结队地移动。

在 GameplayKit 中，我们使用 GKGoal 的不同的初始化程序来创建目标，这类似于在 SpriteKit 中，使用 SKAction 的不同的初始化程序来创建动作。如下是这些初始化程序的示例：

```
let goal1 = GKGoal(toReachTargetSpeed: agent.maxSpeed)
let goal2 = GKGoal(toAvoidObstacles: obstacles, maxPredictionTime: 0.5)
let goal3 = GKGoal(toFollowPath: path, maxPredictionTime: 0.5,
  forward: true)
```

行为是目标的集合。对于每一个目标，我们设置一个"权重"，以表明它有多重要。看上去如下所示：

```
let behavior = GKBehavior()
behavior.setWeight(0.5, forGoal: goal1)
behavior.setWeight(1.0, forGoal: goal2)
behavior.setWeight(1.0, forGoal: goal3)
```

最后，代理是 GKComponent 的一个子类。

当 updateWithDeltaTime(_:)在每一帧更新代理的时候，它会评估组成当前行为的每一个目标，并且分别更新代理上的 postion 和 speed 等变量。代理的样子如下所示：

```
// Do this inside an entity
let agent = GKAgent2D()
agent.maxSpeed = 100.0
agent.maxAcceleration = 200.0
agent.mass = 0.1
agent.radius = Float(size.width * 0.5)
agent.behavior = behavior
agent.delegate = self
addComponent(agent)
```

注意，代理不会直接设置你的精灵的位置，你负责实现一个委托方法，从而将精灵的位置设置为代理的位置。

简而言之，目标的集合会通知一个行为，这个行为驱动一个代理来移动一个实体。这是学习本章的"咒语"。

使用目标的组合来移动到一个目标位置，保持在一条路径上并且避开障碍物，Triceratops 就可以拥有一个代理来告诉它如何在场景中移动。这就允许你相当容易地创建出较为复杂的移动行为。

20.2　添加代理

打开在第 18 章的挑战 2 所留下的 DinoDefense 工程（或者加载本章的起始工程）。

要做的第一件事情，是给 DinosaurEntity 添加一个 GKAgent2D 子类。GKAgent2D 自身是 GKAgent 的一个子类，它从 GKAgent 继承了抽象的 mass、speed 和 acceleration 属性，并且将这些属性转换为 position、rotation 和 velocity，从而使得其更加适合或方便用于一款 2D 游戏。

打开 DinosaurEntity.swift，并添加如下的新类：

```
class DinosaurAgent: GKAgent2D {
}
```

GKAgent2D 子类用于你想要添加给 DinosaurAgent 的任何代理逻辑。在本书中，我们不需要给这个子类添加任何内容，但是，它对于保证你的设计不过时是很有用的。

接下来，通过给 DinosaurEntity 类添加如下的属性，使得 DinosaurAgent 成为可访问的：

```
var agent: DinosaurAgent?
```

我们让这个属性成为可选的，因为我们只为 Triceratops 恐龙设置一个代理。将如下的内容添加到 init(dinosaurType:)的末尾：

```
if dinosaurType == .Triceratops {
  agent = DinosaurAgent()
  agent!.maxSpeed = dinosaurType.speed
  agent!.maxAcceleration = 200.0
  agent!.mass = 0.1
  agent!.radius = Float(size.width * 0.5)
  agent!.behavior = GKBehavior()
  addComponent(agent!)
}
```

如果这个 DinosaurEntity 的 dinosaurType 是 Triceratops，那么，我们创建 DinosaurAgent 并且设置这个代理的属性如下：

- maxSpeed 来自于 dinosaurType，它告诉代理这个实体能够在场景中移动得多快。
- maxAcceleration 描述了 Triceratops 能够多快达到其最高速度。
- mass 影响到 Triceratops 对于目标的速度或方向的变化能够做出多快的反应。
- behavior 是该代理的默认行为，如果没有目标的话，代理就没有移动实体的动机。

然后，我们将这个代理组件添加到 DinosaurEntity 组件。还记得第 19 章曾介绍过，代理是 GKComponent 的一个子类。

20.3 添加行为和目标

为了给代理驱动的恐龙一个生活目标，我们现在打算创建一个行为，将其攻击路径设置为朝向玩家的基地。

在工程导航器中创建一个新的名为 Behaviors 的组，如图 20-2 所示。

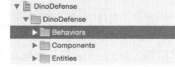

图 20-2

在这个新组中，创建一个名为 DinosaurPathBehavior.swift 的、新的 Swift 源文件，并且用如下的代码替换这个文件的内容。

```
import Foundation
import GameplayKit

class DinosaurPathBehavior: GKBehavior {
}
```

在这个 GKBehavior 子类中，我们打算提供一个工厂函数，来为 DinosaurAgent 创建 GKBehavior。该行为将包含这些 GKGoals：

- 达到最大的行进速度；
- 避开障碍物；
- 沿着一条路径行进；
- 尽可能近地保持在路径之上。

为了创建这些目标，这个工厂函数需要知道如下这些内容：

- 第 19 章所创建的障碍物图形计算得来的路径；
- 作为 GKPolygonObstacle 对象而组成障碍物图形的障碍物。

因此，在 DinosaurPathBehavior 类中，定义如下的函数：

```
static func pathBehavior(forAgent agent: GKAgent,
   onPath path: GKPath,
   avoidingObstacles obstacles: [GKPolygonObstacle])
      -> DinosaurPathBehavior {

   let behavior = DinosaurPathBehavior()
   return behavior

}
```

现在既然函数中已经有了 GKPath 和 GKPolygonObstacle 可用，我们可以创建自己的目标了。

要给一个行为添加一个目标，我们需要给目标一个权重值。这个权重值告诉行为，个体目标应该如何影响到所做出的决策。0.0 的权重值将对行为所做出的决策没有影响，而其他的权重值则会相对于行为中其他的目标权重值而加以考虑。我们使用最大为 1.0 的权重值，这个值保留给最为重要的目标。

既然保持在路径之上比恐龙达到其最高速度要远为重要，目标速度的目标应该有一个 0.5 的权重。

将如下的代码添加到 pathBehavior(forAgent:onPath:avoidingObstacles)中，放在返回该行为之前。这里，我们为达到目标速度的行为创建了一个 GKGoal，在这个例子中，就是我们之前在 DinosaurAgent 中定义的 maxSpeed。正如前面所讨论的那样，我们还是将这个目标的权重设置为 0.5。

```
behavior.setWeight(0.5,
   forGoal: GKGoal(toReachTargetSpeed: agent.maxSpeed))
```

现在，添加如下的目标，以帮助实现避开障碍物的行为：

```
behavior.setWeight(1.0,
   forGoal: GKGoal(toAvoidObstacles: obstacles, maxPredictionTime: 0.5))
```

这是一个重要的目标，我们不想让恐龙撞上什么东西，因此，给它一个 1.0 的权重。这个目标使用我们在函数中提供的 GKPolygonObstacle 数组。maxPredictionTime 是更新这个目标的行为之间隔的最大时间量。这意味着，在再次检查恐龙路径上的障碍物之前，这个行为将最多等待 0.5 秒。

这个行为的最终目标和寻路有关。添加如下这两个目标：

```
behavior.setWeight(1.0,
   forGoal: GKGoal(toFollowPath: path, maxPredictionTime: 0.5,
   forward: true))
behavior.setWeight(1.0,
   forGoal: GKGoal(toStayOnPath: path, maxPredictionTime: 0.5))
```

这两个目标中的每一个都执行一项不同的任务：toFollowPath 激励着保持代理朝向路径前进方向的行为，toStayOnPath 影响到保持代理在路径的半径之内的行为。综合起来，这两个目标确保了恐龙将会在路径上行走，并且会朝着路径之间的节点的正确方向行走。

这就完成了 DinosaurPathBehavior。现在，我们打算将其添加给恐龙。

20.4　在代理上设置行为

让恐龙产生行为，说起来容易，做起来难吧？

好吧，实际上，有了 GameplayKit，这确实很容易。既然已经定义了行为，我们只是必须在 DinosaurAgent 上设置行为，让它遵守规则而已。

打开 GameScene.swift，并且找到 setDinosaurOnPath(_:toPoint:)。

只有 Triceratopses 打算使用 DinosaurAgent 来进行移动，因此从逻辑上讲，只有 T-Rex 和 T-Rex Boss 打算使用已有的寻路代码。在 setDinosaurOnPath(_:toPoint:)的底部，找到如下这行代码：

```
dinosaurNode.removeActionForKey("move")
```

使用如下代码，替换从上面那行代码直到该方法结束的所有代码：

```
switch dinosaur.dinosaurType {
case .TRex, .TRexBoss:

  dinosaurNode.removeActionForKey("move")

  var pathActions = [SKAction]()
  var lastNodePosition = startNode.position
  for node2D in pathNodes {

    let nodePosition = CGPoint(node2D.position)

    let actionDuration =
      NSTimeInterval(lastNodePosition.distanceTo(node2D.position) /
        dinosaur.dinosaurType.speed)

    let pathNodeAction = SKAction.moveTo(
      nodePosition, duration: actionDuration)

    pathActions.append(pathNodeAction)
    lastNodePosition = node2D.position
  }

  dinosaurNode.runAction(SKAction.sequence(pathActions), withKey: "move")

case .Triceratops:
  if pathNodes.count > 1 {
    let dinosaurPath = GKPath(graphNodes: pathNodes, radius: 32.0)
    dinosaur.agent!.behavior = DinosaurPathBehavior.pathBehavior(
      forAgent: dinosaur.agent!,
      onPath: dinosaurPath,
      avoidingObstacles: obstacleGraph.obstacles)
  }
}
```

我们只是针对.TRex 和.TRexBoss 恐龙使用已有的寻路代码，对于.Triceratops 恐龙来说，我们通过 pathNodes 创建了一个 GKPath，并且使用该路径和来自 obstacleGraph 的障碍物设置该代理上的行为。现在，Triceratops 恐龙有了一个行为，可以驱动它们的代理沿着朝向目标位置的路径移动。

在本章的开始处，我们知道 GKAgent 对象将由 updateWithDeltaTime(_:)来更新，并且作为场景中的更新循环的一部分。回到第 18 章，我们针对在每一帧中需要更新的每一个组件，都将 GKComponentSystem 对象添加到了场景中。

看一下 GameScene 类中的 componentSystems 属性，并且你可以看到针对 AnimationComponent 和 Firing Component 的组件系统，我们在第 18 章中添加了它们。

现在，给动态属性添加第 3 个组件系统，如下所示：

```
let agentSystem = GKComponentSystem(componentClass: DinosaurAgent.self)
```

然后，将其添加到返回数组，如下所示：

```
return [animationSystem, firingSystem, agentSystem]
```

现在，DinosaurAgent 还将在每一帧更新自己。一旦它这么做了，代理将会根据其行为中的目标，沿着路径移动。

这还并没有在游戏中的真正实体上做任何事情，你需要将二者连接起来，以便在游戏场景中渲染对代理的更新，并且将对实体的位置的更新应用于代理的位置。为了做到这一点，首先需要让 DinosaurEntity 遵守 GKAgentDelegate 协议。

实现 GKAgentDelegate

GKAgentDelegate 是将代理的状态与其对应的实体进行同步的协议，在这个例子中，这个实体就是
DinosaurEntity。该协议提供了两个事件，它们通过代理的更新函数来触发。这两个事件是：

- agentWillUpdate(_:)：告诉委托，代理将要执行其下一次更新。
- agentDidUpdate(_:)：告诉委托，代理已经更新了自身。

当代理准备更新自己的时候，实体需要在代理上设置位置，以便它们的位置一致。在代理执行了更新
之后，并且因此而根据其行为移动，代理需要设置实体的位置。

打开 DinosaurEntity 并且给该类添加 GKAgentDelegate 协议：

```
class DinosaurEntity: GKEntity, GKAgentDelegate {
```

现在，添加如下函数以更新代理和实体位置，分别在代理更新之前和之后。

```
func agentWillUpdate(agent: GKAgent) {
  self.agent!.position = float2(x:
Float(spriteComponent.node.position.x),
  y: Float(spriteComponent.node.position.y))
}

func agentDidUpdate(agent: GKAgent) {
  let agentPosition = CGPoint(self.agent!.position)
  spriteComponent.node.position = CGPoint(x: agentPosition.x,
    y: agentPosition.y)
}
```

在 agentWillUpdate(_:)中，我们将代理的位置设置为和实体的 SpriteComponent 节点的位置相等。

在 agentDidUpdate(_:)中，代理已经执行其更新，并且在路径上有了自己的新位置，以便可以将实体的
SpriteComponent 节点的位置更新为和代理的位置相等。

要设置代理的委托，给 init(dinosaurType:)添加如下的代码行，就放在创建了 DinosaurAgent 之后：

```
agent!.delegate = self
```

好了。现在有了一只恐龙，它使用 GameplayKit 的代理、行为和目标模型来激发自己在场景中移动。

要看看其起作用的样子，打开 GameScene.swift，并且将 startFirstWave()中的如下这一行代码：

```
addDinosaur(.TRex)
```

替换为如下这一行代码：

```
addDinosaur(.Triceratops)
```

编译并运行，如图 20-3 所示。

图 20-3

　　当你开始游戏的时候，将会看到 Triceratops 在场景中自行地选择自己的路径，而且行进中避开了障碍物和塔防。看到了吧，Triceratops 的路径比 T-Rex 的路径顺利多了。这就是行为在起作用，它努力将 Triceratops 保持在其路径上，同时又要遵守代理的其他行为的目标。

注　意

　　　　在本章剩下的部分，我们将实现 Dion Defense 中剩下的游戏设置和交互。这确实是很酷的内容，但是，如果你只想学习有关代理、目标和行为的内容，可以自行跳过这部分，并且直接完成本章末尾的挑战。恐龙会原谅你的！

20.5　音乐插曲

　　我们已经接受了太多新的信息，应该享受一下短暂的休息了！在给游戏添加更多的恐龙之前，为什么不考虑给玩家的战斗播放一个背景音乐呢？所有优秀的游戏都有美妙的音乐，并且本章的起始工程中有一些很不错的音乐。

　　而且，这也是很简单的，要让音乐响起来，只要在 didMoveToView(_:) 的末尾添加如下这行代码：

```
startBackgroundMusic()
```

　　剩下的事情已经为你做好了，因此，这真是你的代码编写生涯中最轻松愉快的一刻了。

　　如果你愿意，打开 GameSceneHelper.swift 并且看一下 startBackgroundMusic()。它使用一个 AVAudioPlayer 实例来重复播放工程包中的一个 MP3 文件。

　　因此，编译并运行，坐等片刻，就可以享受 Dino Defense 的音乐了。

20.6　攻击波

　　好吧，休息时间结束了，现在回到恐龙。

　　现在，在一次单独的任务中发送一只恐龙去攻击基地，并不能给玩家带来太多的挑战。是时候发送出多只恐龙，以产生一系列的攻击波了。我们打算创建一个攻击波管理器，让它负责发送不同数目的恐龙的攻击波，直接针对玩家的防御。

　　创建一个名为 Waves.swift 的、新的 Swift 源文件。

　　每一次攻击波都将只包含一种类型的恐龙。一次攻击波将发送固定数目的恐龙去通过场景，在达到一定的秒数之后就发送一波。为了定义攻击波，在 Waves.swift 中创建如下的结构体：

```
struct Wave {
    let dinosaurCount: Int
    let dinosaurDelay: Double
    let dinosaurType: DinosaurType
}
```

　　WaveManager 将拥有它要发送的那些 Wave 对象的一个数组。通过在 Waves.swift 中添加如下的代码来定义 WaveManager 类：

```
class WaveManager {
    var currentWave = 0
    var currentWaveDinosaurCount = 0

    let waves: [Wave]
}
```

此时，Xcode 会抱怨 WaveManager 没有初始化程序，我们稍后将修正它。

currentWave 属性保存了活跃的 Wave 的当前索引。currentWaveDinosaurCount 告诉你游戏场景中当前这一攻击波将会有多少只恐龙。当这一攻击波开始的时候，我们将设置这个数目，并且当恐龙被杀死或到达基地的时候，我们将减少这个数目。waves 属性保存了 Wave 的数组。

每次 WaveManager 准备好发送新的一波的时候，我们将执行在 GameScene 中指定的一个闭包。当 WaveManager 想要发送出一只新的恐龙的时候，还有另外一个闭包供它执行。

将这两个闭包所用的属性添加给 WaveManager。

```
let newWaveHandler: (waveNum: Int) -> Void
let newDinosaurHandler: (mobType: DinosaurType) -> Void
```

现在，给 WaveManager 提供一个初始化程序，如下所示：

```
init(waves: [Wave],
  newWaveHandler: (waveNum: Int) -> Void,
  newDinosaurHandler: (dinosaurType: DinosaurType) -> Void) {
    self.waves = waves
    self.newWaveHandler = newWaveHandler
    self.newDinosaurHandler = newDinosaurHandler
}
```

现在，我们可以通过提供 Wave 的一个数组，并且回调用于新的攻击波和恐龙的闭包，来创建一个 WaveManager。现在就这么做。

打开 GameScene.swift，并且将如下的属性添加到 GameScene：

```
var waveManager: WaveManager!
```

在 didMoveToView(_:)的末尾，添加如下的内容，以定义游戏的攻击波：

```
let waves = [Wave(dinosaurCount: 5, dinosaurDelay: 3,
dinosaurType: .TRex),
  Wave(dinosaurCount: 8, dinosaurDelay: 2, dinosaurType: .Triceratops),
  Wave(dinosaurCount: 10, dinosaurDelay: 2, dinosaurType: .TRex),
  Wave(dinosaurCount: 25, dinosaurDelay: 1, dinosaurType: .Triceratops),
  Wave(dinosaurCount: 1, dinosaurDelay: 1, dinosaurType: .TRexBoss)]
```

我们按照以下的顺序，定义了游戏的攻击波：

- 5 只 T-Rex，每只恐龙之间间隔 4 秒钟；
- 8 只 Triceratops，每只恐龙之间间隔 2 秒钟；
- 10 只 T-Rex，每只恐龙之间间隔 2 秒钟；
- 25 只 Triceratops，每只恐龙之间间隔 1 秒钟；
- 最后一波，1 只 T-Rex Boss。

为了初始化 WaveManager，在 didMoveToView(_:)的末尾添加如下的代码：

```
waveManager = WaveManager(waves: waves,
  newWaveHandler: { (waveNum) -> Void in
    self.runAction(SKAction.playSoundFileNamed("NewWave.mp3",
      waitForCompletion: false))
  }, newDinosaurHandler: { (dinosaurType) -> Void in
    self.addDinosaur(dinosaurType)
})
```

WaveManager 初始化程序接受 waves 数组和两个闭包：

- newWaveHandler 是当 WaveManager 想要开始一轮新的攻击波的时候调用的闭包。这里，你直接播放一个声音，告诉玩家将要开始新的一波恐龙。

● newDinosaurHandler 是当 WaveManager 想要发送一只新的恐龙的时候调用的闭包。这里，我们调用 addDinosaur(_:)，把指定类型的一只新恐龙添加到场景中。

20.6.1 发送攻击波

打开 Waves.swift 并给 WaveManager 类添加如下的函数。这个函数启动了 WaveManager，并且发送了第一波恐龙。每次清除一波恐龙的时候，要么是玩家将它们都杀死了，要么是恐龙到达了玩家的基地，我们都会再次调用该函数。如果调用 startNextWave() 的时候，后续仍然有更多的恐龙攻击波要到来，那么，它将返回 false。如果不再剩下恐龙攻击波了，该函数将返回 true。

```
func startNextWave() -> Bool {
    // 1
    if waves.count <= currentWave {
        return true
    }

    // 2
    self.newWaveHandler(waveNum: currentWave+1)

    // 3
    let wave = waves[currentWave]

    // 4
    currentWaveDinosaurCount = wave.dinosaurCount
    for m in 1...wave.dinosaurCount {
        // 5
        delay(wave.dinosaurDelay * Double(m), closure: { () -> () in
            self.newDinosaurHandler(mobType: wave.dinosaurType)
        })
    }

    // 6
    currentWave += 1

    // 7
    return false
}
```

我们分步骤来仔细看看这个函数：
1. 如果没有更多的恐龙攻击波需要发送，那么，玩家将赢得游戏，并且该函数返回 true。
2. 执行 newWaveHandler 闭包，因为这是新的恐龙攻击波。
3. 从数组获得当前的 Wave。
4. 确定这一波中有多少只恐龙。
5. 对于这一波中的每一只恐龙，执行 newDinosaurHandler 闭包，根据 dinosaurDelay 增加一个较长的时间，以延迟每一次调用。
6. 将 currentWave 增加 1，以便 WaveManager 准备好发送下一波。
7. 开始新的一波，游戏还没有结束，因此返回 false。

任何时候，当当前的攻击波已经处理完了，要开始下一波的时候，WaveManager 需要知道何时递减 currentWaveDinosaurCount。

添加如下的函数：当一只恐龙已经被杀死，或者它到达了基地的时候，GameScene 现在可以告诉 WaveManager 了。如果当前波的所有恐龙都已经被删除了，removeDinosaurFromWave() 调用 startNextWave()。根据最近的攻击波是否完成了，它将返回 true 或 false，以通知 GameScene 玩家是否赢得了游戏。

```
func removeDinosaurFromWave() -> Bool {
    currentWaveDinosaurCount -= 1
    if currentWaveDinosaurCount <= 0 {
    return startNextWave()
  }
  return false
}
```

为了发送出第一个攻击波，打开 GameScene.swift 并找到 startFirstWave()。

然后，将下面这一行代码：

```
addDinosaur(.Triceratops)
```

替换为如下的代码行：

```
waveManager.startNextWave()
```

编译并运行，如图 20-4 所示。

图 20-4

当游戏开始的时候，一个号角声宣布第一个攻击波到来了，并且 5 只骄傲的 T-Rex 恐龙小队开始攻击玩家的基地。

我们已经开发出了第一波恐龙，干的不错。

20.6.2 随机选取起始位置

此时，每一只恐龙添加到场景中的时候，都是从完全相同的位置开始的，因此，攻击波的形式都是恐龙列成了笔直的队伍，并且朝着玩家的基地移动。现在该来随机选取起始位置了，以便玩家不那么容易预测恐龙的路径。

在 addDinosaur(_:)中，将 startPosition 修改为一个 var，如下所示：

```
var startPosition = CGPointMake(-200, 384)
```

现在，startPosition 是一个变量而不是一个常量，可以将其 y 值修改为在一定范围之内的一个随机值。通过在 startPosition 声明的下方添加如下这行代码来做到这一点：

```
startPosition.y = startPosition.y + (CGFloat(random.nextInt()-10)*10)
```

这里，我们通过加上了-100.0 到 100.0 之间的一个随机浮点数，将 startPosition.y 随机化。这个 random 对象在 GameSceneHelper 类中定义了，并且使用另一个 GameplayKit 工具来生成 1 到 20 之间的一个随机数。我们将会在第 22 章中进一步学习 GameplayKit 的随机工具。

编译并运行，这一次，你将会看到恐龙以更加不可预测的方式通过场景，如图 20-5 所示。

图 20-5

20.6.3　从攻击波中删除恐龙

不管玩家的塔防向恐龙发射了多少木箭或石头，它们总是拒绝死亡。我们需要修正这一点，然后再让 WaveManager 隔几秒钟发送一波恐龙吧。

当一只恐龙死亡的时候，我们播放死亡动画和声音效果，然后从场景中删除该实体。当恐龙到达基地的时候，我们只需要直接从场景中删除它，而不需要播放死亡动画。

打开 DinosaurEntity.swift，并且添加如下的函数：

```
func removeEntityFromScene(death: Bool) {
  if death {
    // Set the death animation
    animationComponent.requestedAnimationState = .Dead
    let soundAction = SKAction.playSoundFileNamed(
      "\(dinosaurType.rawValue)Dead.mp3",
      waitForCompletion: false)
    let waitAction = SKAction.waitForDuration(2.0)
    let removeAction = SKAction.runBlock({ () -> Void in
      self.spriteComponent.node.removeFromParent()
      self.shadowComponent.node.removeFromParent()
    })
    spriteComponent.node.runAction(SKAction.sequence(
      [soundAction, waitAction, removeAction]))
  }
  else {
    spriteComponent.node.removeFromParent()
    shadowComponent.node.removeFromParent()
  }
}
```

这个函数接受一个布尔值，它指定了是否需要将实体从场景中删除，这是因为它死掉了或者因为它到达了场景的边缘。

如果恐龙死掉了，那么，我们为相应的恐龙类型播放一个死亡的声音，并且请求.Dead 动画。在给出 2 秒钟的时间播放了动画之后，我们从场景中删除掉精灵和阴影。

如果恐龙没有死，那么，直接从场景中删除精灵和阴影。

确定一只恐龙是否死去或者到达了基地的最好的地方，就是在游戏场景中的每一帧的更新的最后。

打开 GameScene.swift，并且将如下代码添加到 didFinishUpdate() 中，放在按照 y 位置排序实体的代码之前。

```
for dinosaur in dinosaurs {
  if dinosaur.healthComponent.health <= 0 {
    dinosaur.removeEntityFromScene(true)
    entities.remove(dinosaur)
```

```
  }
  else if dinosaur.spriteComponent.node.position.x > 1124 {
    dinosaur.removeEntityFromScene(false)
    entities.remove(dinosaur)
  }
}
```

我们遍历了场景中的恐龙并检查每一只恐龙，看看它是否还有剩余的生命值。如果没有了，那么，调用 removeEntityFromScene(true)。如果恐龙仍然有生命值，那么，检查一下看看它是否到达了位于场景边缘的玩家的基地。如果是的，那么，调用 removeEntityFromScene(false)。在这两种情况下，都会从场景中的 GKEntity 数组中删除恐龙，就像我们现在对这只恐龙所做的那样。

编译并运行，并且构建足够多的塔防来杀死一只恐龙，如图 20-6 所示。

当恐龙死去的时候，你会听到它死去的哀嚎声，并看到它坍塌到地面上。你会看到，恐龙死去了，但仍然在沿着自己的路径移动。我们需要一种方法来阻止恐龙死掉后还在移动。

图 20-6

给 GameScene.swift 添加如下的函数：

```
func stopDinosaurMoving(dinosaur: DinosaurEntity) {
  switch dinosaur.dinosaurType {
  case .TRex, .TRexBoss:
    let dinosaurNode = dinosaur.spriteComponent.node
    dinosaurNode.removeActionForKey("move")
  case .Triceratops:
    dinosaur.agent!.maxSpeed = 0.1
  }
}
```

这个函数检查恐龙的类型，并且阻止恐龙移动：

- TRex 和 TRexBoss 恐龙沿着一系列动作所指示的路径移动，因此，要停止它们，只需要删除 SpriteComponent 节点上的所有动作。
- Triceratops 恐龙沿着响应其行为的目标的一条路径移动，因此，停止它们的最佳方法，是将其 SKAgent 上的速度设置为 0。

注　意

在编写本书的时候，如果将一个 GKAgent 上的 maxSpeed 设置为 0.0，将会导致精灵从场景中消失，因此，实际上我们使用了 0.1，这已经非常慢了。

回到刚才工作的 didFinishUpdate()，并且添加如下这行代码，就放在对 removeEntityFromScene(_:)的两次调用之前：

```
stopDinosaurMoving(dinosaur)
```

如果恐龙没有剩余的生命值了，或者它到达了场景的边缘了，就停止其移动轨迹。

在测试之前，还要确保一旦第一波恐龙死掉之后，可以发动第二波恐龙。在这条 if 语句中，检查恐龙的生命值是否为 0，添加如下的代码：

```
let win = waveManager.removeDinosaurFromWave()
if win {
  stateMachine.enterState(GameSceneWinState.self)
}
```

如果恐龙死了，我们将其从 WaveManager 中当前的恐龙波中删除，检查玩家是否杀死了游戏中的最后一只恐龙。如果所有的恐龙都死掉了，那么，在游戏的状态机中设置 GameSceneWinState，并且玩家在游戏中获胜。

在第 2 条 if 语句中，检查恐龙是否到了场景的边缘，添加如下的代码：

```
waveManager.removeDinosaurFromWave()
```

由于恐龙到了玩家的基地而删除恐龙，这并不意味着玩家已经赢得了游戏，因此没必要检查返回的布尔值。

既然 WaveManager 知道恐龙何时退出场景，一旦第一波攻击波完成，它将会开始第二波恐龙攻击。

编译并运行，并且建造足够的塔防来杀死第一波恐龙，如图 20-7 所示。

图 20-7

当恐龙死去之后，它们现在停下来并且其行为真的就像死掉的恐龙一样。在第一波中的最后一只恐龙也处理完之后，你会听到号角声宣布第二波恐龙的到来，Triceratops 开始上阵了。

20.7 HUD

你的游戏现在要经历几波的恐龙，因此，让玩家知道他正在抵抗第几波恐龙以及还剩下多少波恐龙，将会是很有用的。为了传达这些信息，我们将显示已经在游戏场景的.HUD 层可用的那些 HUD 元素。

这些是.HUD 层中，针对每一个游戏元素的标签：

1．玩家的基地剩下的生命数。初始值是 5，每次一只恐龙到达基地的时候，它将会根据恐龙的类型而减少一定的值。

2．当前的攻击波，以及攻击波的总数。

3．玩家可以用来建造塔防的金子数量。

用于这些元素中的每一个的.HUD 标签一开始都是隐藏的，玩家看不到它们。为了在玩家开始游戏的时候让它们变得可见，在 startFirstWave() 的末尾添加如下的代码：

```
baseLabel.runAction(SKAction.fadeAlphaTo(1.0, duration: 0.5))
waveLabel.runAction(SKAction.fadeAlphaTo(1.0, duration: 0.5))
goldLabel.runAction(SKAction.fadeAlphaTo(1.0, duration: 0.5))
```

在每一个标签上运行一个 SKAction，这个动作会在 0.5 秒的时间内将标签淡入到场景中。

我们还没有实现基地生命数和建造塔防的金子数，但是，现在每次有新的攻击波到来的时候，我们可以更新攻击波次数标签了。

找到初始化 WaveManager 的地方，在 newWaveHandler 闭包中，添加如下代码：

```
self.waveLabel.text = "Wave \(waveNum)/\(waves.count)"
```

现在，当 WaveManager 在每次开始一个攻击波的时候调用 newWaveHandler 时，我们更新了 waveLabel 以显示当前的攻击波次数以及攻击波的总次数。

编译并运行，如图 20-8 所示。

图 20-8

HUD 现在正确地显示了当前攻击波的次数，并且告诉玩家总共有 5 次攻击波。

20.8　减少生命数

现在是时候来处理 HUD 中的下一个元素了，即玩家的基地的生命数。

正如你所看到的，游戏开始的时候，玩家有 5 条命。每次一只恐龙到达了基地，将会把剩余的生命数目减去 1。然而，为了让游戏更加有趣，每种类型的恐龙对于基地的损害是不同的。

打开 DinosaurEntity.swift，并且给 DinosaurType 枚举类型添加如下的内容：

```
var baseDamage: Int {
  switch self {
  case .TRex: return 2
  case .Triceratops: return 1
  case .TRexBoss: return 5
  }
}
```

Triceratops 比 T-Rex 要脆弱一些，但是，Boss 则只需要一击就可以销毁玩家的基地。

为了实现这一生命系统，当恐龙到达基地，需要根据该恐龙的 baseDamage 值来减少基地生命的数目。

当恐龙已经达到了基地的时候，我们已经进行了一次检查，因此，打开 GameScene.swift 并且找到 didFinishUpdate()。在检查恐龙是否通过了 1124 的 x 位置的 if 语句中，找到如下这行代码：

```
waveManager.removeDinosaurFromWave()
```

在这行代码的下面，直接添加如下这些代码行：

```
//1
baseLives -= dinosaur.dinosaurType.baseDamage
// 2
updateHUD()
// 3
self.runAction(baseDamageSoundAction)

// 4
```

```
if baseLives <= 0 {
    stateMachine.enterState(GameSceneLoseState.self)
}
```

1. 这里，根据恐龙的类型以及它所造成的伤害的数量，减少 baseLives。

2. GameSceneHelper 类包含了一个名为 updateHUD()的函数，它会更新基地的生命数和金子的标签，以显示它们的当前值。

3. GameSceneHelper 还包含了一个 SKAction 声音效果，用于对基地造成的伤害、游戏获胜以及游戏失败等情况。

4. 如果 baseLives 达到了 0，游戏结束并且玩家失败，因此，告诉游戏的状态机将状态修改为 GameSceneLoseState。

编译并与运行，并且至少让一只恐龙到达玩家的基地（位于屏幕的远端），如图 20-9 所示。

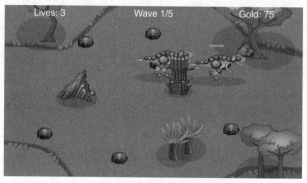

图 20-9

这只恐龙咆哮着向基地发起攻击，并且根据恐龙的类型对基地造成的相应的伤害，基地的生命数减少了正确的值。

20.9　花钱建造塔防

Dino Defense 现在看上去像是一款完整的游戏了。但是，目前要销毁恐龙还相当容易，你有无穷的资源可以用来建造塔防。让玩家为所有这些塔防付出代价，这是一个好主意。这将会提高游戏的平衡性。

要建造塔防，需要花费金子。玩家一开始的时候有 75 块金子，并且当击败恐龙的时候，玩家可以获得更多的金子作为奖励。

我们已经在第 19 章中给出了塔防的建造成本。现在，我们需要定义玩家每杀死一只恐龙，将会获得多少金子作为奖励。打开 DinosaurEntity.swift，并且给 DinosaurType 枚举类型添加如下代码行：

```
var goldReward: Int {
    switch self {
    case .TRex: return 10
    case .Triceratops: return 5
    case .TRexBoss: return 50
    }
}
```

当玩家杀死一只 T-Rex 的时候，获得奖励是杀死 Triceratops 所获得的奖励的两倍。而杀死一个 Boss，玩家将会获得一大袋子亮闪闪的金子。

打开 GameScene.swift，并且在 addTower(_:position:)的顶部添加如下的代码：

```
if gold < towerType.cost {
    self.runAction(SKAction.playSoundFileNamed("NoBuildTower.mp3",
```

```
waitForCompletion: false))
  return
}
```

这里检查玩家是否有足够的金子来负担他想要建造的塔防。如果他没有足够的金子，会播放一个声音来给出提示，并且从该函数返回而不会构造任何的塔防。

在 addTower(_:position:)中，直接在进行这一检查的代码的后面，添加如下的代码行：

```
gold -= towerType.cost
updateHUD()
```

我们已经建立了玩家能够负担得起的塔防，因此，现在从玩家剩余的金子数中减去该塔防的成本。然后，更新 HUD 以显示新的可用金子的数目。为了奖励杀死恐龙得到的金子，在 didFinishUpdate()中找到检查恐龙的生命值是否减少到 0 的位置，在这条 if 语句中，在从实体数组中删除了该恐龙之后，添加如下的代码：

```
gold += dinosaur.dinosaurType.goldReward
updateHUD()
```

按照和玩家构建塔防的时候减少金子数目相同的方式，当玩家杀死恐龙的时候，我们增加其可用的金子的数量。然后，像之前所做的那样，更新 HUD。

编译并运行，并开始构建塔防，如图 20-10 所示。

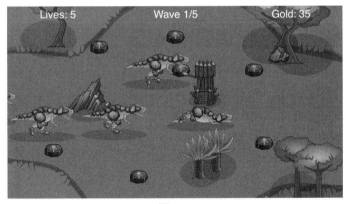

图 20-10

随着我们支付了构建塔防的费用，HUD 中显示金子的数目变得越来越少。每次杀死一只恐龙的时候，金子的数目又会增加一些。

玩这款游戏，你很快就会用完可用的金子，并且现在你的第一座塔防的位置突然变得很重要。游戏有了更好的平衡性，而且对玩家真的有挑战性。

继续玩游戏，看看你是否能够获胜。真的很难，对吧？我觉得你现在可能让游戏的天平变得对于玩家更不利一点了，但是，我们还需要给游戏设置添加最后一项内容，这又反过来将天平向玩家倾斜一点。

20.10　降速效果

当初次了解 Dino Defense 的游戏设置的时候，我们了解到了有不同的塔防类型，并且从石头塔防中发射出来的炸弹能够对恐龙造成更大的伤害，它们应该还能够让恐龙慢下来。我们打算给每种塔防类型一个 slowFactor，用来确定当来自该塔防类型的炮弹击中恐龙的时候，会使恐龙的速度下降多少。

打开 TowerEntity.swift，并且给 TowerType 枚举类型添加如下代码

```
var slowFactor: Float {
  switch self {
```

```
      case Wood: return 1
      case Rock: return 0.5
   }
}
```

值为 1.0 的 slowFactor 表示炮弹对于恐龙的速度没有影响，而值为 0.0 的 slowFactor 表示炮弹会让恐龙完全停下来。木头塔防的炮弹并不会将恐龙的速度降低，因此，其 slowFactor 为 1。石头塔防的 slowFactor 为 0.5，它的炮弹会将恐龙的速度降低到原来的一半。

因此，我们可以快速地检查塔防是否会降低恐龙的速度，只要在 TowerType 枚举类型之后添加如下代码行就可以了：

```
var hasSlowingEffect: Bool {
   return slowFactor < 1.0
}
```

这是一个简单的便利函数，如果 slowFactor 小于 1.0，它返回 true，告诉你塔防确实会降低恐龙的速度。

当一只恐龙的速度降低之后，我们减少其速度值，当然，还需要添加一点蓝色来突出显示一下这个恐龙精灵。

打开 DinosaurEntity.swift，并且给 DinosaurEntity 类添加如下的函数：

```
func slowed(slowFactor: Float) {
   animationComponent.node.color = SKColor.cyanColor()
   animationComponent.node.colorBlendFactor = 1.0
   switch dinosaurType {
   case .TRex, .TRexBoss:
     spriteComponent.node.speed = CGFloat(slowFactor)
   case .Triceratops:
     agent!.maxSpeed = dinosaurType.speed * slowFactor
   }
}
```

首先，我们给 AnimationComponent 节点添加了一个蓝色。然后，根据恐龙类型来调整恐龙的速度。

- TRex 和 TRexBoss 恐龙使用动作来在其路径上移动，因此，我们通过修改 SpriteComponent 节点上的 speed 来调整其速度，这影响到了在该节点上运行的所有动作。
- Triceratops 恐龙使用其代理的行为中的目标来进行移动，因此，直接调整其代理的 maxSpeed 将会把它们的速度降下来。

在降低了恐龙的速度之后，石头塔防将会查看它是否击中了其射程之内的任何恐龙，以避免再次击中同一只恐龙。石头塔防就是这样才能够降低多只恐龙的速度的（如果它们都在射程之内），因此，这给了玩家一次反击的机会。

通过给 DinosaurEntity 类添加如下的属性，来记录这一状态：

```
var hasBeenSlowed = false
```

现在，在 slowed(_:)的顶部，添加如下这行代码：

```
hasBeenSlowed = true
```

现在，有了一个布尔值，它将告诉你塔防是否已经降低了一只恐龙的速度。

由于是塔防的 FiringComponent 伤害了恐龙，因此，从逻辑上讲，这也是降低恐龙的速度的位置（如果需要这么做的话）。打开 FiringComponent.swift，并且在 updateWithDeltaTime(_:)中找到 damageAction。damageAction 是一个 SKAction，它执行一个闭包语句块。在 damageAction 的闭包中，添加如下的代码：

```
if self.towerType.hasSlowingEffect {
   target.slowed(self.towerType.slowFactor)
}
```

剩下的就是修改石头塔防的瞄准逻辑，或者说实际上，是修改任何能够达到降低速度效果的塔防类型的瞄准逻辑。

打开 GameScene.swift，并且找到 didFinishUpdate()。在检查哪些恐龙在你的塔防的射程之内的代码所在的位置，将如下的代码行：

```
if dinosaur.spriteComponent.node.position.x >
  t.spriteComponent.node.position.x {
  target = dinosaur
}
```

替换为如下的代码行：

```
if towerType.hasSlowingEffect {
  if !dinosaur.hasBeenSlowed && t.hasBeenSlowed {
    target = dinosaur
  }
  else if dinosaur.hasBeenSlowed == t.hasBeenSlowed
    && dinosaur.spriteComponent.node.position.x >
     t.spriteComponent.node.position.x {
      target = dinosaur
  }
}
else if dinosaur.spriteComponent.node.position.x >
  t.spriteComponent.node.position.x {
  target = dinosaur
}
```

现在，我们检查在射程内是否有一只恐龙的速度降低了，而不是检查射程内的哪一只恐龙在其路径上走得最远。如果找到这样的一只恐龙，优先将其作为射击目标。如果有两只恐龙的速度都被降低了，那么，在路径上走得更远的那一只恐龙将优先作为射击目标。

编译并运行，在某个位置，建造一个石头塔防以降低这些咆哮的恐龙的行进速度，如图 20-11 所示。

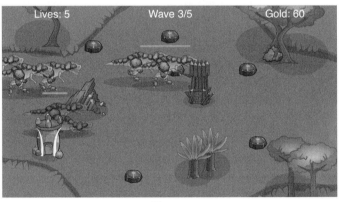

图 20-11

这个石头塔防肯定有一定攻击力，而且带有新的降速效果，它只是将游戏的天平向玩家那边倾斜了一点点。

尝试组合石头塔防和木头塔防来玩新的游戏，并且注意 T-Rex Boss，因为它现在可能会受到更多的打击。

恭喜你！使用 GameplayKit 的一些美妙的功能，我们已经创建了完全能够工作的塔防游戏。

- 在第 18 章中，我们学习了如何使用实体和组件来设计游戏，以复用功能。我们将关键的游戏功能分离到组件之中，并且在游戏实体中使用这些组件，而不用重新编写任何代码。
- 在第 19 章中，我们使用 GameplayKit 的寻路工具来让 T-Rex 恐龙从场景中经过，一路上避开了障碍物和塔防。
- 最后，在本章中，我们使用代理、目标和行为来让 Triceratops 恐龙在其路径上移动。它们通过遵守在寻路行为中设置的目标来避开场景中的障碍物和塔防。

但现在还并没有完成，这款游戏应该看到一个如图 20-12 所示的大屏幕界面。

图 20-12

20.11 挑战

本章只有一个挑战，并且这是很好的一个挑战。我们想要让开发者做的主要的事情是，为 AppleTV 创建本书中的游戏，因此，为何不接受这个挑战，将这款塔防游戏转换到 tvOS 上呢？

挑战 1：TV 版的 Dino Defense

Dino Defense 在一个电视屏幕上也可以玩得很好。你的挑战是，为 Dino Defense 工程添加一个 tvOS 目标，并且让游戏在 AppleTV 上运行起来。

本书中有整个一个部分专门介绍如何为 AppleTV 开发游戏，因此，你应该了解了所需的一切内容，但是，还是有一些关于游戏设置的技巧需要注意：

- 点击一个塔防选择器节点，并不是在 AppleTV 遥控器上玩游戏的一种有效方式。相反，让场景中出现一个突出显示的塔防选择器节点，并通过在遥控器上的一次划动来切换突出显示的节点。
- 当一个塔防选择器节点突出显示的时候，在遥控器上点击应该会弹出一个塔防选择界面。然后，向右划动会给玩家一个木头塔防，向左滑动则会得到一个石头塔防。

同样，这个挑战的实现可以在本章的源代码中找到，但是，不要作弊，请先自行尝试，祝你好运！

第五部分 高级话题

在本部分中，我们将深入一些较为高级的话题，例如，程序式关卡生成、GameplayKit 随机化和游戏控制器。

在此过程中，我们将创建基于贴图的地牢探索者游戏，这款游戏名为 Delve，其中，你将尝试引导矿工通过一个岩石材质的庞大地牢。

第 21 章　贴图地图游戏

Neil North 撰写

贴图地图游戏（tile map game）是创建大规模的游戏而只使用较小的设备内存的一种绝好的方法。环境会分解为小的方块图像，而不是针对整个世界创建一个图片；这使得我们能够用较小的图像来构建游戏世界，而不必使用一个巨大的、连续的图像，这些较小的图像叫做贴图（tile）。

但是，内存管理并不是我们考虑为游戏使用贴图地图设计的唯一原因。还有几个其他的原因：

- 需要较少的美工：只需要较少的创意，你就可以通过一小组的贴图，来创建大量美丽的背景。只需要美工的一点点工作，就可以享受更小的构建工作量和更小的内存使用量所带来的所有好处。
- 易于创建和缩放关卡：可以添加额外的关卡并且扩展已有的关卡，而通常这不需要任何新的美工。如果需要调整一次跳跃的距离，或者优化调整布局，这都没有问题。
- 程序生成关卡的能力：预定义的关卡不错，但是，如果想要使用软件算法来生成关卡，那么，贴图地图会使得这个过程很容易。
- 动态修改关卡的能力：很多流行的游戏，都允许你通过添加一栋新的建筑或者新增的资源来修改游戏世界。开发者通常针对这种游戏使用贴图地图，因为修改贴图地图是如此容易。
- 与 GameplayKit 很好地协作：使用 GKGridGraph 和寻路，我们可以创建令人印象深刻的故事板游戏，以及带有基于栅格的移动的其他游戏。
- 这很酷。没有什么游戏设计原理像贴图地图关卡设计这样，能够经受住时间的考验。它在众多的 2D 游戏中成功地使用，并且拥有巨大的、历史性的吸引力。那么，怎么使用它呢？

在编写本章的时候，内建于 Xcode 之中的 Sprite Kit 场景编辑器并不能很好地支持贴图地图关卡；布置贴图很费时间，并且最终的.sks 文件也并不是在任何地方都像一个使用贴图编码的基本文本文件那样高效。

然而，对于场景编辑器来说，有很多不错的替代工具，并且在后续几章中创建小游戏 Delve 的时候，我们将介绍其中最好的一些工具。

21.1　Delve 简介

集中精力，准备好深入到神秘的地牢中吧！游戏的目标是到达进入到下一关卡的楼梯。

听起来很容易，是吧？

好吧，是很容易，不过你的英雄需要在耗尽生命值之前逃出去。此外，还有一个挑战，生命值会随着时间而减少，并且大群的黑暗神秘石人对于你入侵他们的地牢很不高兴。你要想法通过他们的世界，而愤怒的石人则试图阻止你，如图 21-1 所示。

我们将在接下来的 4 章中开发这款游戏，步骤如下。

- 在第 21 章中，也就是本章中，我们将学习构建贴图地图关卡的技术，包括如何创建一个功能完备的贴图地图游戏。
- 在第 22 章中，我们利用新的 GameplayKit 类 GKRandom 来生成游戏世界。
- 在第 23 章中，我们删除了关卡生成中的一些随机的方面，使得这个过程更具有可预测性，但是，对于不知情的人来说仍然有冒险性。
- 在第 24 章中，这款游戏对于外部游戏控制器来说是很适合的，我们将添加一个 tvOS 目标并介绍如何使用 Apple TV 的遥控器作为游戏控制器。

图 21-1

在阅读完这些章之后，你将学会一些高级游戏开发技术，并且能够制作一款有趣的地牢探索者游戏。

21.2 开始

我已经创建了一个初始工程供你使用，可以在本章资源的 starter\Delve 目录下找到它。

尽管你打算从头开始构建自己的游戏，初始工程还是包含了用来构建游戏并组织内容的各个组，如图 21-2 所示。

在打开了该工程之后，从 starter\Resources 中，将 Tiles.atlas 文件夹拖动到 Xcode 中的 Resources 组。

这个材质图册包含了用来构建 Delve 关卡所需的所有贴图，如图 21-3 所示。

图 21-2

图 21-3

浏览一下材质图册中的贴图，并且为你的关卡创建一个快速的思路规划。

每一个贴图都不仅仅是一个装饰，它们都满足一项具体的功能：

- 地板：这是英雄和敌人在其上移动的空间。
- 墙壁：这是不可穿越的对象。墙壁可以用来创建通道、房间和路径。你需要考虑，要让角色在其世界中移动，需要多大的空间。

● 触发器：关卡可能包含这样的贴图或物体，当角色踩到它们上面或经过它们的时候，它们会做一些事情。例如，在关卡的末尾可能存在一个特殊的贴图，或者在一个贴图之上有一个可收集的、增加生命值的物体。

注　　意

贴图是可以分层的，因此可以将一个可收集的物体放到一个地板贴图之上。

21.2.1　开始关卡构建

在你的工程中，在 Helpers 组中，创建一个名为 LevelHelper.swift 的、新的 Swift 文件。我们将使用这个类来准备关卡，然后再将其传递给场景。用如下的内容替换该文件的内容：

```
import SpriteKit
import GameplayKit

struct tileMap {

}
```

这里导入了这个类所需的框架。它还为贴图地图结构设置了基本内容。现在，我们需要定义在游戏中到底想要支持哪些贴图。这包括墙壁贴图和地板贴图，但是还可以包括英雄和敌人诞生的位置，以及其他的触发器，例如生命值对象。

在结构体之上，包含这个枚举类型。这是一个简单的枚举类型，它包含了针对添加到 Delve 中的每一种贴图类型的一个值。

```
enum tileType: Int {
    case tileAir = 0
    case tileWall = 1
    case tileWallLit = 2
    case tileGround = 3
    case tileStart = 4
    case tileEnd = 5
    case tileEnemy = 6
    case tileFood = 7
}
```

我们还需要一种方式来告诉游戏场景需要什么类型的贴图，以及将贴图构建于何处。为了做到这一点，在结构体之上，添加如下的协议：

```
protocol tileMapDelegate {
    func createNodeOf(type type:tileType, location:CGPoint)
}
```

现在，tileMap 结构体必须记录其委托。在结构体中，添加如下这行代码：

```
var delegate: tileMapDelegate?
```

还有另外几个实例变量，需要用于贴图地图。在 delegate 变量之下，添加如下这些代码：

```
//1
var tileSize = CGSize(width: 32, height: 32)
//2
var tileLayer: [[Int]] = Array()
//3
var mapSize = CGPoint(x: 5, y: 5)
```

其中的每一个变量都有其用途。

1. tileSize：贴图地图由相同大小的贴图组成，这个变量保存了贴图地图上的每一个贴图的精灵的大小。

2．tileLayer：tileLayer 变量保存了一个数组，或者说是一个二维数组。这个数组的第 1 部分存储了行信息，第 2 部分将列信息存储为一个整数。这个整数直接和 tileType 枚举类型相关。

3．mapSize：mapSize 变量保存了贴图地图中的列和行的总数。

好极了！我们已经创建了定义贴图地图布局所需的所有属性。现在，我们只需要实现布局贴图的逻辑就行了。

21.2.2 创建一个基本的关卡

tileLayer 变量当前是空的。如果我们先按照列、然后按照行的方式来添加其内容，也是很好的，但是，如果我们想要支持以其他的方式来构建贴图地图，该怎么办呢？在这种情况下，我们需要能够更新贴图地图。

在 tileMap 之中，在实例变量之下，添加如下的代码：

```
mutating func generateLevel(defaultValue: Int) {
  var columnArray:[[Int]] = Array()

  repeat {
    var rowArray:[Int] = Array()
    repeat {
      rowArray.append(defaultValue)
    } while rowArray.count < Int(mapSize.x)
    columnArray.append(rowArray)
  } while columnArray.count < Int(mapSize.y)
  tileLayer = columnArray
}
```

传递到函数中的 defaultValue 变量定义了所要创建的贴图地图。这个数字直接和 tileType 枚举类型相关联。

repeat 循环遍历了每一行的每一列，并且附加了 defaultValue。然后，使用新的贴图地图来更新 tileLayer 变量。

要看看这个贴图地图的样子，打开 GameScene.swift，并且在该类中插入如下的实例变量：

```
var worldGen = tileMap()
```

现在，在同一个类中，在其他函数之后，添加如下这个函数：

```
func setupLevel() {
  worldGen.generateLevel(0)
  print(worldGen.tileLayer)
}
```

每次游戏加载的时候，我们将使用这个函数来生成一个关卡；因此，我们需要在 didMoveToView(_:) 中调用这个函数。现在，通过给 didMoveToView(_:)添加如下这行代码而做到这一点。

```
setupLevel()
```

现在，编译并运行游戏。注意调试输出，它应该如下所示：

```
[[0, 0, 0, 0, 0], [0, 0, 0, 0, 0], [0, 0, 0, 0, 0], [0, 0, 0, 0, 0], [0, 0, 0, 0, 0]]
```

5 组数字中的每一组都是一行列值。由于我们给 generateLevel(_:)传入了 0，所有的贴图都会被赋予这个默认的值。

21.2.3 显示关卡

为了让关卡可视化，GameScene 需要实现关卡辅助函数的委托。

将类的声明行更新为如下所示：

```
class GameScene: SKScene, tileMapDelegate {
```

然后，在其他函数之后，添加如下的函数：

```
func createNodeOf(type type:tileType, location:CGPoint) {
  let atlasTiles = SKTextureAtlas(named: "Tiles")

  switch type {
  case .tileGround:

    break
  case .tileWall:

    break
  case .tileWallLit:

    break
  case .tileStart:

    break
  case .tileEnemy:

    break
  case .tileEnd:

    break
  case .tileFood:

    break
  default:
    break
  }
}
```

当 LevelHelper 结构体准备好构建关卡的时候，该函数将会告诉其委托，在指定的位置添加一个 tileType 的贴图。该函数将使用这条 switch 语句来确定加载哪一个贴图。我们很快将回来看看这一条 switch 语句。

但是首先，用如下代码替代 setupLevel()函数：

```
func setupLevel() {
  worldGen.generateLevel(3)
  worldGen.presentLayerViaDelegate()
}
```

传递的数字从 0 改为 3，3 是地面贴图。我们删除了 print 语句，并且用一个函数替代了它，这个辅助函数将用来告诉委托要做些什么。

现在，回到 LevelHelper.swift，并且在当前的函数之下（仍然在 tileMap 结构体之中），实现 presentLayer ViaDelegate()。

```
//MARK: Setters and getters for the tile map

//MARK: Level creation

//MARK: Presenting the layer

func presentLayerViaDelegate() {
  for (indexr, row) in tileLayer.enumerate() {
    for (indexc, cvalue) in row.enumerate() {
      if (delegate != nil) {
        delegate!.createNodeOf(type: tileType(rawValue: cvalue)!,
          location: CGPoint(
            x: tileSize.width * CGFloat(indexc),
            y: tileSize.height * CGFloat(-indexr)))
      }
    }
  }
}
```

在 presentLayerViaDelegate()中，我们使用 for-in 循环遍历每一行，然后遍历每一列。由于你还需要每一个值的索引以确定它们在贴图地图中的位置，因此，使用.enumerate()返回一个元组，其中包含了索引和值。

一旦有了行和列的索引作为值，我们就拥有了告诉 GameScene 做些什么所需的一切。

要计算贴图的位置，直接将贴图的大小乘以其列和行索引。

本章稍后的部分将会提到"MARK:"注释，这些注释表明了要将其他代码添加到哪里。

现在，回到 GameScene.swift，在 createNodeOf(type:location:)中找到.tileGround case 语句，并且添加如下的代码：

```
let node = SKSpriteNode(texture: atlasTiles.textureNamed("Floor1"))
node.size = CGSize(width: 32, height: 32)
node.position = location
node.zPosition = 1
addChild(node)
```

上面的代码设置了该节点的一些关键属性，然后，将其添加到了场景中。

好了，在编译并运行游戏之前，还有两件事情要做：

1. 还需要设置委托。
2. 需要场景相机节点的一个实现，以便能够看到贴图。

21.2.4　添加一个相机节点

在 GameScene.swift 中，导航到该类的底部，并且在其他函数之后，添加如下的代码：

```
//MARK: camera controls

func centerCameraOnPoint(point: CGPoint) {
  if let camera = camera {
    camera.position = point
  }
}

func updateCameraScale() {
  if let camera = camera {
    camera.setScale(0.44)
  }
}
```

这两个函数更新了相机的位置并且设置了相机的缩放比例。

几乎就完成了。现在，我们需要在 didMoveToView(_:)中实现该相机。将这个已有的函数，完全用如下的代码替代：

```
override func didMoveToView(view: SKView) {

    //Delegates
    worldGen.delegate = self

    //Setup Camera
    let myCamera = SKCameraNode()
    camera = myCamera
    addChild(myCamera)
    updateCameraScale()

    //Gamestate
    setupLevel()
}
```

首先，我们分配了委托。然后，设置了相机节点并将其添加到场景中。最后，调用了更新相机的缩放的函数。当然，还调用了 setupLevel()。

在 createNodeOf(type:location:)的最后，添加如下的代码行：

```
centerCameraOnPoint(location)
```

好了！现在编译并运行，可以看到一个 5×5 的地板贴图栅格了，如图 21-4 所示。

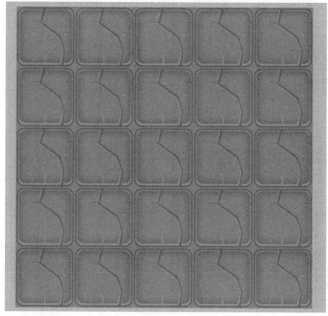

图 21-4

21.3　打造一个基于贴图的关卡

关卡辅助类几乎已经准备好了来生成一个基本的关卡，并且告诉其委托，在场景中的一个具体的位置，用每种贴图类型做一些事情。

回到 LevelHelper.swift，我们打算扩展这个函数以生成更加具体的贴图地图。

在//MARK: Setters and getters for the tile map 下，添加如下的函数：

```
//1
mutating func setTile(position position:CGPoint, toValue:Int) {
  tileLayer[Int(position.y)][Int(position.x)] = toValue
}

//2
func getTile(position position:CGPoint) -> Int {
  return tileLayer[Int(position.y)][Int(position.x)]
}

//3
func tilemapSize() -> CGSize {
  return CGSize(width: tileSize.width * mapSize.x, height:
tileSize.height * mapSize.y)
}
```

这 3 个函数中的每一个都有自己的用途。

1. 假设你想要将第 3 行、第 2 列的值修改为 5。也可以使用 tileLayer[3][2] = 5 来直接访问它，然而，通过建立这个函数来操作交互，随后可以潜在地扩展其功能，例如，如果你需要保护某些贴图的话，就可以扩展该函数。

2. 这个函数允许你通过提供一个 CGPoint 来访问一个点的值。

3. 当你试图计算整个贴图地图环境的边界的时候，这个函数很有用，因为它包含/返回了贴图地图的整个大小。

回到 GameScene.swift，并且找到该类顶部的实例变量。更新该变量，并且添加如下一些变量：

```
//World generator
var worldGen = tileMap()

//Layers
var worldLayer = SKNode()
var guiLayer = SKNode()
var enemyLayer = SKNode()
var overlayLayer = SKNode()
```

很快，我们将给游戏世界添加很多的内容，并且这些层将帮助你管理这些内容。

现在，该来添加层了。在 didMoveToView(_:)中，在相机设置代码的下方，添加如下的内容：

```
//Config World
addChild(worldLayer)
camera!.addChild(guiLayer)
guiLayer.addChild(overlayLayer)
worldLayer.addChild(enemyLayer)
```

我们向场景中添加了 worldLayer 和 enemyLayer。我们给相机添加了 guiLayer 和 overlayLayer，以便它们将会随着相机的移动而移动。

向下滚动到 createNodeOf(type:location:)，并且将针对.tileWall 的 case 语句修改为如下所示：

```
case .tileWall:
    let node = SKSpriteNode(texture: atlasTiles.textureNamed("Wall1"))
    node.size = CGSize(width: 32, height: 32)
    node.position = location
    node.zPosition = 1
    node.name = "wall"
    worldLayer.addChild(node)
    break
```

我们给 worldLayer 添加了地面贴图，现在，我们以相同的方式实现了一个墙壁。

为了测试墙壁贴图，给 setupLevel()添加如下这行代码以使用 setTile(position:toValue:)，注意将这行代码放在生成基本地图和展示该地图之间。

```
worldGen.setTile(position: CGPoint(x: 0, y: 0), toValue: 1)
```

完成这些之后，新的方法看上去如下所示：

```
func setupLevel() {
    worldGen.generateLevel(3)

    //Add
    worldGen.setTile(position: CGPoint(x: 0, y: 0), toValue: 1)

    worldGen.presentLayerViaDelegate()
}
```

现在，编译并运行，我们将会在第一行第一列得到一个墙壁贴图，如图 21-5 所示。

手动地设置每一种贴图的类型，这并不是创建关卡的最高效的方式。好在，有多种方法来预先设置关卡，我们来看一下。

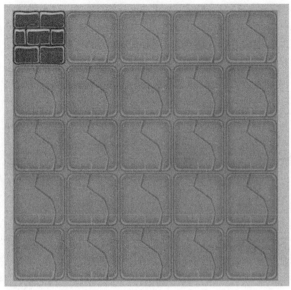

图 21-5

预先设置关卡

在 GameScene.swift 中，向下导航到 setupLevel()，并且将其更新为如下所示：

```
func setupLevel() {

  //Update
  worldGen.generateLevel(0)

  //Add
  worldGen.generateMap()

  worldGen.presentLayerViaDelegate()
}
```

现在，我们需要实现新的 generateMap()函数。

回到 LevelHelper.swift，并且在//MARK: Level creation 之后添加如下的代码：

```
mutating func generateMap() {
  //Template Level
  let template =
  [
    [1, 1, 1, 1, 1],
    [1, 3, 3, 3, 1],
    [1, 3, 3, 3, 1],
    [1, 3, 3, 3, 1],
    [1, 1, 3, 1, 1]
  ]

  //Set tiles based on template
  for (indexr, row) in template.enumerate() {
    for (indexc, cvalue) in row.enumerate() {
      setTile(position: CGPoint(x: indexc, y:indexr), toValue: cvalue)
    }
  }
}
```

游戏中的每一个贴图都是由模板来分配的。模板中的数字的位置是和贴图的位置相关的；再一次，这个数字直接和贴图类型相关。

墙壁贴图包围着地面贴图，这就像在一个房间中的情况一样。在这个设置中，底部行的墙壁之间有一个间隙，表示这是通往下一个房间的门或路径。

编译并运行游戏，以看看你的贴图地图。它看上去就像是模板所期望的那样，如图21-6所示。

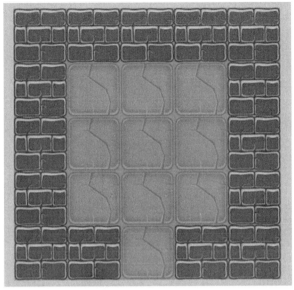

图 21-6

21.4 实现状态机

既然已经创建并显示了贴图地图，现在该开始构建真正的游戏了。首先，我们需要将游戏结构准备好。

正如我们在第15章中所学习过的，状态机是iOS 9的新的GameplayKit框架的功能，它使得我们可以很容易地根据游戏的当前状态来处理游戏世界或角色的不同行为。

对于Delve来说，我们打算实现如下的游戏状态。

- Initial（初始状态）：当游戏开始的时候，它加载关卡和资源。
- Active（活跃状态）：游戏是可玩的，并且所有的计时器以及游戏循环都在运行中。
- Paused（暂停状态）：所有的计时器、动画和游戏功能都停止了，直到返回到活跃状态。
- Limbo（睡眠状态）：所有的控制都失效，然而，游戏仍然是活跃的。
- Win（获胜状态）：如果你获胜的话，给出一个游戏结束界面，增加生命数和难度，并且重新启动初始状态的场景。
- Loss（失败状态）：如果你失败的话，给出一个游戏结束界面，并且重新启动初始状态的关卡而不改变游戏的进度。

在States组中，创建一个名为GameState.swift的、新的Swift文件。用如下的代码来替代默认的文件内容：

```
import Foundation
import GameplayKit
import SpriteKit

//1
class GameSceneState: GKState {
```

```
    unowned let levelScene: GameScene
    init(scene: GameScene) {
      self.levelScene = scene
    }
}

//2
class GameSceneInitialState: GameSceneState {

}

class GameSceneActiveState: GameSceneState {

}

class GameScenePausedState: GameSceneState {

}

class GameSceneLimboState: GameSceneState {

}

class GameSceneWinState: GameSceneState {

}

class GameSceneLoseState: GameSceneState {

}
```

1. GameSceneState 类充当一个基类，并且它继承自 GKState。当这个类初始化的时候，它存储了一个指针，该指针指向它所附加的 GameScene 的实例。

2. 每个状态都从基类 GameSceneState 继承了其功能。这就是为每个状态添加行为的地方。

<table>
<tr><td>注　意</td></tr>
</table>

如果愿意的话，可以将每个类都单独放到自己的一个文件中。但是，由于这个游戏并不是拥有很多状态信息，将它们放到一个文件中是完全没有问题的。

回到 GameScene.swift 并添加如下的代码，就放在 layer 变量之后：

```
//State Machine
lazy var stateMachine: GKStateMachine = GKStateMachine(states: [
  GameSceneInitialState(scene: self),
  GameSceneActiveState(scene: self),
  GameScenePausedState(scene: self),
  GameSceneLimboState(scene: self),
  GameSceneWinState(scene: self),
  GameSceneLoseState(scene: self)
  ])
```

这会创建自己的状态机并且添加你刚才为其创建的所有状态。

编译器将会抱怨找不到 GKStateMachine，这是因为没有导入 GameplayKit。现在就导入，在该文件的顶部添加如下这条 import 语句：

```
import GameplayKit
```

在 didMoveToView(_:)中，删除 setupLevel()，并且用如下的代码替代它，从而更新 Gamestate 部分：

```
stateMachine.enterState(GameSceneInitialState.self)
```

这会导致状态机在游戏启动的时候进入到 GameSceneInitialState。

当添加该状态的时候，我们删除了构建关卡的指令。现在需要重新将这条指令添加到 GameState.swift。

将 GameSceneInitialState 类更新为如下所示：

```
class GameSceneInitialState: GameSceneState {
  override func didEnterWithPreviousState(previousState: GKState?) {
    levelScene.setupLevel()

    //Scene Activity
    levelScene.paused = false //to be changed later
  }
}
```

> **注　意**
>
> 在 didEnterPreviousState(_:)中输入的代码，将会在状态机进入该状态的时候运行。在这个例子中，当场景进入到 GameSceneInitialState 的时候，setupLevel()将会运行。

编译并运行以验证一切都能正常工作。尽管游戏看上去完全是相同的，但实际上，并非如此，现在，游戏的结构更加完善了。

21.5　游戏需要一个英雄人物

没有角色的话，特别是没有英雄人物的话，关卡很难令人激动。我们将使用 GameplayKit 的实体—组件系统来实现一个完全动画的角色。

> **注　意**
>
> 本节是对第 18 章的回顾。如果你觉得自己对第 18 章的内容理解的很好，请自行跳到 21.5.5 小节阅读，我们已经为你准备了一个初始工程。但是，如果想要回顾这部分内容的话，请继续阅读。

首先，我们需要一些用于角色的美工图，如图 21-7 所示。将 starter\Resources 中的 player.atlas 文件夹拖放到 Xcode 中的 Resources 组中。

玩家实体还需要一些组件。

- 精灵组件：一个实体自身在场景中是没有可视化的表现的。精灵组件负责将一个精灵节点添加到场景中。
- 动画组件：角色将会拥有空闲动画，以及朝着 4 个方向行走的动画。这个组件处理所有的动画逻辑，并且为精灵组件提供动画的角色。
- 移动组件：这个组件处理玩家的移动。在 iOS 设备上，主要的移动输入将会通过加速度计来更新。在本章稍后，我们将添加对游戏控制器的支持，因此，需要确保这个组件足够灵活，以能够接受不同来源的输入。

图 21-7

当设计精灵组件和动画组件的时候，记住，游戏中的其他实体也将使用它们。

在 Entities 组中，添加一个名为 PlayerEntity.swift 的、新的 Swift 文件。用如下的内容替代该文件的内容：

```
import SpriteKit
import GameplayKit
```

```
class PlayerEntity: GKEntity {

}
```

现在，这个类并没有做太多的事情。

在实现了每一个组件之后，我们可以给这个实体添加功能。这正是实体—组件架构的美妙之处，它真的是模块化的。

21.5.1　创建精灵组件

在 Components 组中，添加一个名为 SpriteComponent.swift 的、新的 Swift 文件。用如下的代码替换其内容：

```
import SpriteKit
import GameplayKit

// 1
class EntityNode: SKSpriteNode {
  weak var entity: GKEntity!
}

class SpriteComponent: GKComponent {

  // 2
  let node: EntityNode

  // 3
  init(entity: GKEntity, texture: SKTexture, size: CGSize) {
    node = EntityNode(texture: texture,
      color: SKColor.whiteColor(), size: size)
    node.entity = entity
  }

}
```

这段代码所做的事情如下：

1. 将精灵组件附加到了该实体；节点还需要到该实体的一个连接，否则的话，它无法表明自己是属于一个实体的。这个 SKSpriteNodeNode 的子类添加了一个 entity 属性。

2. 这是将要添加到场景中的实体节点。

3. 在初始化该组件的时候，我们设置了连接到该组件的节点的 entity 属性。

这就是精灵实体所需的所有代码。现在，回到 PlayerEntity.swift，并且在该类中添加如下这行代码。

```
var spriteComponent: SpriteComponent!
```

这是我们将要创建的精灵组件的一个属性。直接在实例变量的下方，添加如下的初始化程序：

```
override init() {
  super.init()

  let texture = SKTexture(imageNamed: "PlayerIdle_12_00.png")
  spriteComponent = SpriteComponent(entity: self, texture: texture,
    size: CGSize(width: 25, height: 30))
  addComponent(spriteComponent)
}
```

我们初始化了该精灵组件，并且提供了到实体的一个链接。然后，将该组件添加到实体。

21.5.2　将英雄添加到场景中

我们需要一个位置让英雄落脚。回到 LevelHelper.swift，并且更新模板，让英雄在中间的位置诞生：

```
let template =
[
    [1, 1, 1, 1, 1],
    [1, 3, 3, 3, 1],
    [1, 3, 4, 3, 1],
    [1, 3, 3, 3, 1],
    [1, 1, 3, 1, 1]
]
```

完成之后，打开 GameScene.swift。首先在该类的顶部添加一个新的属性，就放在 stateMachine 属性的下方：

```
//ECS
var entities = Set<GKEntity>()
```

我们将用这个属性把添加到场景中的所有实体都存储到一个集合中。这使得我们能够记录这些实体，而且能够保存到每一个实体的一个强指针，以便不会比期望的更早地释放指针。

通过一个实体而添加的每个对象，都有一些需要设置的标准位置。为了避免混乱，实现一个函数来处理实体的创建是值得的。在 createNodeOf(type:location:) 的下面，添加如下这个函数：

```
func addEntity(entity: GKEntity) {
    //1
    entities.insert(entity)

    //2
    if let spriteNode =
        entity.componentForClass(SpriteComponent.self)?.node {

        worldLayer.addChild(spriteNode)

    }
}
```

看一下这个函数所做的事情：

1．把实体添加到该场景的实体集合之中。

2．将来自精灵组件的节点添加到场景中的正确的层上。

最后，在 createNodeOf(type:location:) 中找到 .tileStart case，将其更新为如下所示：

```
//1
let node = SKSpriteNode(texture: atlasTiles.textureNamed("Floor1"))
node.size = CGSize(width: 32, height: 32)
node.position = location
node.zPosition = 1
worldLayer.addChild(node)

//2
let playerEntity = PlayerEntity()
let playerNode = playerEntity.spriteComponent.node
playerNode.position = location
playerNode.name = "playerNode"
playerNode.zPosition = 50
playerNode.anchorPoint = CGPointMake(0.5, 0.2)

//3
addEntity(playerEntity)
```

当检测到 .tileStart 的时候，会发生如下的事情：

1. 贴图的位置仍然需要一个地面贴图,因此,先放置下一个该贴图。
2. 创建了实体并且更新了精灵组件的节点信息。
3. 把该实体传递给 addEntity(:_)。

现在,编译并运行,英雄应该在其诞生的位置可见了,如图 21-8 所示。

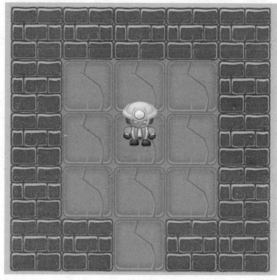

图 21-8

21.5.3　创建动画组件

现在,让我们添加一个组件来实现角色动画。

首先,在 Components 组中,创建一个名为 AnimationComponent.swift 的文件。用如下的代码替代其内容:

```
import SpriteKit
import GameplayKit

struct Animation {
  let animationState: AnimationState
  let textures: [SKTexture]
  let repeatTexturesForever: Bool
}

class AnimationComponent: GKComponent {

}
```

我们将使用 Animation 结构体来表示每一个单独的动画。这个结构体允许游戏预先加载动画,以避免在游戏运行时的帧速率问题。

从这里开始,我们将添加众多的枚举类型和游戏设置。为了让事情变得更容易,你可以创建一个文件来保存所有这些全局常量,这么做将会清除掉在 Xcode 中所看到的错误。

在 Helpers 组中,创建一个名为 GameSettings.swift 的、新的 Swift 文件。用如下的代码替换其内容:

```
import Foundation
import SpriteKit

//1
```

```
enum AnimationState: String {
   case Idle_Down = "Idle_12"
   case Idle_Up = "Idle_4"
   case Idle_Left = "Idle_8"
   case Idle_Right = "Idle_0"
   case Walk_Down = "Walk_12"
   case Walk_Up = "Walk_4"
   case Walk_Left = "Walk_8"
   case Walk_Right = "Walk_0"
   case Die_Down = "Die_0"
}

//2
enum LastDirection {
   case Left
   case Right
   case Up
   case Down
}
```

这些设置提供如下内容：

1．这是所有可能的动画的一个列表。字符串值和材质的名称相对应。在字符串中，表示动作的单词旁边的每个数字，表示一个方向。0 表示向右，4 表示向上，8 表示向左，12 表示向下，如图 21-9 所示。

2．如果英雄在行走，并且随后突然停止行走，它将会返回一个空闲动画。我们记录下行走的方向以确保空闲动画保持和行走动画朝向相同的方向。

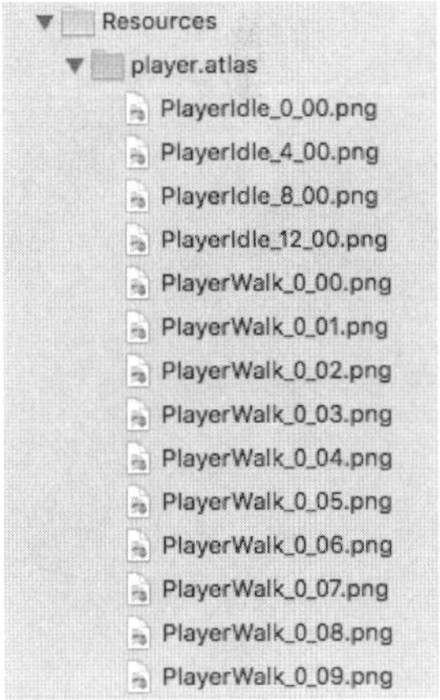

图 21-9

回到 AnimationComponent.swift，并且添加如下的实例变量和初始化程序：

```
//1
static let actionKey = "Action"
static let timePerFrame = NSTimeInterval(1.0 / 20.0)

//2
let node: SKSpriteNode
//3
var animations: [AnimationState: Animation]
//4
private(set) var currentAnimation: Animation?

//5
var requestedAnimationState: AnimationState?

//6
init(node: SKSpriteNode, textureSize: CGSize,
   animations: [AnimationState: Animation]) {
   self.node = node
   self.animations = animations
}
```

来看下这段代码中发生了什么：

1．这是 AnimationSKAction 默认的名称和帧速率设置。

2．这是我们将要实现动画的节点（来自精灵组件的一个节点）。

3．这是在动画组件的当前实例中已经设置的所有动画的集合。

4．这个属性定义了当前运行哪一个动画。

5．这个属性允许场景、实体或另一个组件来通知这个组件，动画准备好要更换了。然后，该组件的 updateWithDeltaTime(_:)函数将选择动画更换。

6．init()初始化该组件。

　　这个组件将需要能够定期地更新当前动画。如果一个角色走过地牢，他很可能经常会改变方向，并且一个延迟的动画可能会导致角色看起来有点傻傻的。

　　要运行一个新的动画，在初始化程序之后，实现如下的代码。

```
private func runAnimationForAnimationState(animationState:
AnimationState) {
  //1
  if currentAnimation != nil &&
    currentAnimation!.animationState == animationState { return }

  //2
  guard let animation = animations[animationState] else {
    print("Unknown animation for state \(animationState.rawValue)")
    return
  }

  //3
  node.removeActionForKey(AnimationComponent.actionKey)

  //4
  let texturesAction: SKAction

  if animation.repeatTexturesForever {
    texturesAction = SKAction.repeatActionForever(
      SKAction.animateWithTextures(animation.textures,
        timePerFrame: AnimationComponent.timePerFrame))
  } else {
    texturesAction = SKAction.animateWithTextures(animation.textures,
      timePerFrame: AnimationComponent.timePerFrame)
  }

  //5
  node.runAction(texturesAction, withKey: AnimationComponent.actionKey)

  //6
  currentAnimation = animation
}
```

　　对这段代码，分步介绍如下：

　　1．检查请求的动画状态是否和当前动画状态相同。如果两个动画状态是相同的，那么，什么也不做，因为该动画已经在运行了。如果在每一帧都恢复一个新的动画状态，那么，你就只能够看到每个动画的第一帧了。

　　2．确保请求的动画是实体所支持的。

　　3．然后，从该节点删除当前的动画。

　　4．接下来，使用 SKAction 设置新的动画播放一次或者是重复播放直到删除。

　　5．给该节点添加动画。

　　6．最后，将 currentAnimation 属性设置为当前动画。

　　由于更新函数是通过游戏循环调用的，你需要检查是否请求了一个新的动画。为了做到这一点，在刚才添加的新函数的下方，添加如下的代码。

```
override func updateWithDeltaTime(deltaTime: NSTimeInterval) {
  super.updateWithDeltaTime(deltaTime)

  if let animationState = requestedAnimationState {
    runAnimationForAnimationState(animationState)
    requestedAnimationState = nil
  }
}
```

如果请求了一个新的动画状态，那么，调用 runAnimationForAnimationState(_:)。

动画组件还需要做最后一件事情，就是有一种方法使用你在该组件顶部创建的 Animation 结构体，以接受一个材质图册并创建一个动画。

将这个函数添加到上一个所添加的函数的后面：

```
class func animationFromAtlas(atlas: SKTextureAtlas, withImageIdentifier
identifier: String, forAnimationState animationState: AnimationState,
repeatTexturesForever: Bool = true) -> Animation {

let textures = atlas.textureNames.filter {
  $0.containsString("\(identifier)_")
  }.sort {
    $0 < $1
  }.map {
    atlas.textureNamed($0)
  }

  return Animation(
    animationState: animationState,
    textures: textures,
    repeatTexturesForever: repeatTexturesForever
  )
}
```

这段代码过滤了材质图册，以找到包含了动画的识别字符串的文件。然后，它使用 Animation 结构体，按照数值顺序来对帧进行排序，并将它们构建到一个动画之中。

回到 PlayerEntity.swift，并且在 spriteComponent 变量的下面，添加这个实例变量：

```
var animationComponent: AnimationComponent!
```

这里，我们只是确保组件是存在的。

现在，在初始化程序中，在初始化 spriteComponent 变量之后，添加如下的代码：

```
animationComponent = AnimationComponent(node: spriteComponent.node,
  textureSize: CGSizeMake(25,30), animations: loadAnimations())
addComponent(animationComponent)
```

这里会有一个 Xcode 错误，因为漏掉了 loadAnimations()，让我们现在来添加它。在初始化程序的后面，添加如下这个函数：

```
func loadAnimations() -> [AnimationState: Animation] {
  let textureAtlas = SKTextureAtlas(named: "player")
  var animations = [AnimationState: Animation]()

  animations[.Walk_Down] = AnimationComponent.animationFromAtlas(
    textureAtlas,
    withImageIdentifier: AnimationState.Walk_Down.rawValue,
    forAnimationState: .Walk_Down)
  animations[.Walk_Up] = AnimationComponent.animationFromAtlas(
    textureAtlas,
    withImageIdentifier: AnimationState.Walk_Up.rawValue,
    forAnimationState: .Walk_Up)
  animations[.Walk_Left] = AnimationComponent.animationFromAtlas(
    textureAtlas,
    withImageIdentifier: AnimationState.Walk_Left.rawValue,
    forAnimationState: .Walk_Left)
  animations[.Walk_Right] = AnimationComponent.animationFromAtlas(
    textureAtlas,
    withImageIdentifier: AnimationState.Walk_Right.rawValue,
    forAnimationState: .Walk_Right)
```

```
animations[.Idle_Down] = AnimationComponent.animationFromAtlas(
  textureAtlas,
  withImageIdentifier: AnimationState.Idle_Down.rawValue,
  forAnimationState: .Idle_Down)
animations[.Idle_Up] = AnimationComponent.animationFromAtlas(
  textureAtlas,
  withImageIdentifier: AnimationState.Idle_Up.rawValue,
  forAnimationState: .Idle_Up)
animations[.Idle_Left] = AnimationComponent.animationFromAtlas(
  textureAtlas,
  withImageIdentifier: AnimationState.Idle_Left.rawValue,
  forAnimationState: .Idle_Left)
animations[.Idle_Right] = AnimationComponent.animationFromAtlas(
  textureAtlas,
  withImageIdentifier: AnimationState.Idle_Right.rawValue,
  forAnimationState: .Idle_Right)

return animations
}
```

正如之前所提到的，角色有 4 个行走方向和 4 种空闲状态。当你实现移动组件的时候，我们将介绍它们之间的切换。现在，你一定想要编译并运行，但是首先，需要给场景添加角色。

21.5.4　添加组件系统

还记得吧，在第 18 章中，为了在组件上调用更新方法，我们需要创建一个 GKComponentSystem，为其添加组件，然后在该组件系统上调用 updateWithDeltaTime(_:)。

为了做到这一点，打开 GameScene.swift，并且在已有的 entities 属性的下方添加如下这些新的属性。

```
//1
var lastUpdateTimeInterval: NSTimeInterval = 0
let maximumUpdateDeltaTime: NSTimeInterval = 1.0 / 60.0
var lastDeltaTime: NSTimeInterval = 0

//2
lazy var componentSystems: [GKComponentSystem] = {
  let animationSystem = GKComponentSystem(componentClass:
AnimationComponent.self)
  return [animationSystem]
}()
```

如下是对所添加的代码的一个快速说明：

1. 存储了关于时间增量的信息，以便能够在游戏循环中计算它。
2. 把动画组件添加到一个组件系统中。

注　　意

如果不能确定是否需要将组件添加到一个组件系统中，就看一下其结构；如果它采用了一个 updateWithDeltaTime(_:)循环，考虑将其添加到一个组件系统中以执行该循环。

在 update(_:)的顶部，添加这段代码以计算时间增量，或者说是上一次更新和这一次更新之间所隔的秒数。

```
//Calculate delta time
var deltaTime = currentTime - lastUpdateTimeInterval
deltaTime = deltaTime > maximumUpdateDeltaTime ?
  maximumUpdateDeltaTime : deltaTime
lastUpdateTimeInterval = currentTime
```

接下来，在 update(_:)中，在时间增量计算的后面，添加如下这段代码：

```
//Update all components
for componentSystem in componentSystems {
    componentSystem.updateWithDeltaTime(deltaTime)
}
```

这将会针对组件系统中的每一个组件执行 updateWithDeltaTime(_:)。

接下来，将如下的代码添加到 addEntity(_:)的末尾。

```
for componentSystem in self.componentSystems {
    componentSystem.addComponentWithEntity(entity)
}
```

对于和该实体相关的每一个组件，如果存在针对该组件类型的一个组件系统的话，我们将该组件添加到该组件系统中。

最后，在 createNodeOf(type:location:)中找到.tileStart case，在调用 addEntity()之前，添加如下这行代码：

```
playerEntity.animationComponent.requestedAnimationState = .Walk_Down
```

这将初始动画设置为行走动画。现在，编译并运行，看看英雄大步前进的风格，如图 21-10 所示。

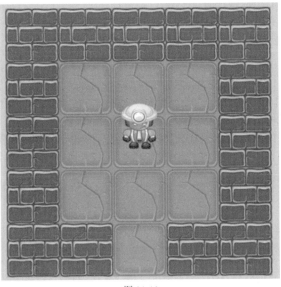

图 21-10

21.5.5　让英雄移动起来

> **注　意**
>
> 　　如果你从本章前面跳到了这里，你可以使用本章的资源中的 starter\Delve_Hero 工程开始继续。这个工程有英雄实体，还有两个组件用来显示精灵和实现精灵动画。

现在该让英雄开始探险过程了。首先，在 Components 组中，创建一个名为 PlayerMoveComponent.swift 的、新的 Swift 文件。

用下面的内容来替换该文件的内容：

```
import SpriteKit
import GameplayKit
```

```
class PlayerMoveComponent: GKComponent {

  //1
  var movement = CGPointZero
  //2
  var lastDirection = LastDirection.Down

  //3
  var spriteComponent: SpriteComponent {
    guard let spriteComponent =
entity?.componentForClass(SpriteComponent.self) else { fatalError("A
MovementComponent's entity must have a spriteComponent") }
    return spriteComponent
  }

  //4
  var animationComponent: AnimationComponent {
    guard let animationComponent =
entity?.componentForClass(AnimationComponent.self) else { fatalError("A
MovementComponent's entity must have an animationComponent") }
    return animationComponent
  }

}
```

其中的大多数内容我们应该已经熟悉了：

1. 正如前面所提到的，应该将移动组件设计为接受多种数据源。做到这一点的最简单的方法，就是提供一个 CGPoint 来表示当前移动的方向。不管使用什么控制源，它都能够将移动指令转换为一个 CGPoint。

2. 存储上一次的移动方向，让玩家进入到空闲状态的时候，还能够保持角色当前所朝向的方向。

3. 需要指向精灵组件的一个链接，以便根据计算角色的移动来更新其位置。

4. 还需要指向动画组件的一个链接，以便在行走和空闲之间更新其状态以及动画的方向。

注　意

在这里，动态地查看精灵和动画组件。一种可能的替代方法是，将这些组件的引用传入到初始化程序中，但是，动态查看的方法更加灵活。

在实例变量的下方，添加如下这个函数：

```
override func updateWithDeltaTime(seconds: NSTimeInterval) {
  super.updateWithDeltaTime(seconds)

}
```

好了，现在需要使用与移动角色和更新动画相关的所有计算来填充这个函数。

首先，计算和设置精灵节点的新的位置。通过在函数的底部添加如下的内容来做到这一点：

```
//Update player position
let xMovement =
  ((movement.x * CGFloat(seconds)) * playerSettings.movementSpeed)
let yMovement =
  ((movement.y * CGFloat(seconds)) * playerSettings.movementSpeed)
spriteComponent.node.position = CGPoint(
  x: spriteComponent.node.position.x + xMovement,
  y: spriteComponent.node.position.y + yMovement)
```

对于每一个 x 轴和 y 轴坐标，我们找到针对该坐标而产生的 movement 属性、时间增量以及移动速度。综合起来，这 3 个属性使得角色能够移动。

现在，我们将看到一条错误消息，因为还没有实现移动速度设置。现在，我们需要来做这件事情。找到 GameSettings.swift，并且添加如下的代码行：

```
struct playerSettings {

    //Player
    static let movementSpeed: CGFloat = 320.0

}
```

再次打开 PlayerEntity.swift，在其他的实例变量的下方，添加如下这个实例变量：

```
var moveComponent: PlayerMoveComponent!
```

在该实体的初始化程序中，在其他组件声明的下方，添加 moveComponent 的声明：

```
moveComponent = PlayerMoveComponent()
addComponent(moveComponent)
```

21.5.6　通过倾斜来移动

这里是实现对游戏的控制的好地方。在本章中，我们将使用加速度计来控制游戏。

回到 GameScene.swift。在那里，需要导入 Core Motion，因此，在该文件的顶部添加 import 语句。由于 Core Motion 只能在 iOS 上使用（并且随后我们将会让这款游戏在 tvOS 上运行），我们需要在这里使用#if os(iOS)宏。

```
#if os(iOS)
import CoreMotion
#endif
```

导入了必需的框架之后，在属性之后添加如下的代码：

```
//Controls
#if os(iOS)
lazy var motionManager: CMMotionManager = {
    let motion = CMMotionManager()
    motion.accelerometerUpdateInterval = 1.0/10.0
    return motion
}()
#endif
var movement = CGPointZero
```

动作管理器将会每 10 秒钟接受大约 10 次更新，这对于这款游戏来说应该足够了。

滚动到 update(_:)，并且找到时间增量计算和组件更新之间的空隙。一旦找到这个位置，添加如下的代码：

```
//Motion
#if os(iOS)
    if (motionManager.accelerometerData != nil) {
        movement = CGPointZero
        if motionManager.accelerometerData!.acceleration.x > 0.02 ||
            self.motionManager.accelerometerData!.acceleration.x < -0.02 {

            movement.y =
                CGFloat(motionManager.accelerometerData!.acceleration.x)
        }
        if motionManager.accelerometerData!.acceleration.y > 0.02 ||
            self.motionManager.accelerometerData!.acceleration.y < -0.02 {

            movement.x =
                CGFloat((motionManager.accelerometerData!.acceleration.y) * -1)

        }
    }
#endif
```

如果加速度计在 x 轴或 y 轴上的差异超过 0.02，那就相应地更新移动属性。x 值和 y 值都是和处于竖向模式的设备相关的，并且不会自动对屏幕旋转进行补偿。

当前，这款游戏只支持横向模式。当我们设置 movement 属性的时候，通过把 x 值赋给 movement 属性的 y 值，而把 y 值赋给 movement 属性的 x 值来进行补偿。我们还需要将加速度计数据的 y 轴进行反转。

现在，在刚才添加的代码的下方，在#endif 之后，添加如下代码：

```
//player controls
if let player = worldLayer.childNodeWithName("playerNode") as?
EntityNode,
    let playerEntity = player.entity as? PlayerEntity {
      if !(movement == CGPointZero) {
        playerEntity.moveComponent.movement = movement
      }
}
```

这将会在玩家的移动组件上，将 movement 属性更新为刚才计算的值。

要让角色移动起来，还需要做最后一件事情，就是告诉 motionManager 开始接受加速度计的更新。回到 GameState.swift，并且在 levelScene.setupLevel()的下方插入如下这段代码：

```
#if os(iOS)
levelScene.motionManager.startAccelerometerUpdates()
#endif
```

现在，回到 GameScene.swift，并且将 componentSystem 实例变量更新为如下所示：

```
lazy var componentSystems: [GKComponentSystem] = {
   let animationSystem = GKComponentSystem(componentClass:
AnimationComponent.self)
   let playerMoveSystem = GKComponentSystem(componentClass:
PlayerMoveComponent.self)
   return [animationSystem, playerMoveSystem]
}()
```

这里，我们把该组件添加到了组件系统。

好了！现在，在物理设备上编译并运行游戏。当你倾斜设备的时候，角色将会在屏幕上来回移动，如图 21-11 所示。

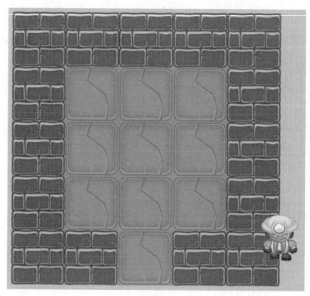

图 21-11

然而，在英雄的移动中，还有一些问题需要解决：

- 动画不能根据移动速度和方向来更新。
- 相机是静止的，如果相机能够总是跟着英雄移动，那效果要好很多。
- 英雄可以穿过墙壁，或者能够位于墙壁之上。要修复这个问题，需要添加碰撞检测。

21.5.7 更新动画

你可能会争论，无论你在哪里行走，都可能朝向相同的方向，但在现实生活中，这毫无意义。

为了修正这个问题，我们需要一些更为强大的辅助方法。

在本书的根目录下，找到 SKTUtils 并将其内容拖放到 Xcode 中的 Helpers 组中。

找到 PlayerMoveComponent.swift，并且在 updateWithDeltaTime(_:)中，在之前添加的代码的下方，添加如下的代码：

```
switch movement.angle {
case 0:
    //Left empty on purpose to break switch if there is no angle
    break
case CGFloat(45).degreesToRadians() ..<
    CGFloat(135).degreesToRadians():
    animationComponent.requestedAnimationState = .Walk_Up
    lastDirection = .Up
    break
case CGFloat(-135).degreesToRadians() ..<
    CGFloat(-45).degreesToRadians():
    animationComponent.requestedAnimationState = .Walk_Down
    lastDirection = .Down
    break
case CGFloat(-45).degreesToRadians() ..<
    CGFloat(45).degreesToRadians():
    animationComponent.requestedAnimationState = .Walk_Right
    lastDirection = .Right
    break
case CGFloat(-180).degreesToRadians() ..<
    CGFloat(-135).degreesToRadians():
    animationComponent.requestedAnimationState = .Walk_Left
    lastDirection = .Left
    break
case CGFloat(135).degreesToRadians() ..<
    CGFloat(180).degreesToRadians():
    animationComponent.requestedAnimationState = .Walk_Left
    lastDirection = .Left
    break
default:
    break
}
```

SKTUtils 的一个扩展，允许我们将一个 CGPoint 转换为一个角度。根据移动的角度，我们可以通过更新 requestedAnimationState 属性来分配不同的动画。

此外，通过添加如下的代码来包含空闲动画，这些代码就放在刚刚添加的代码下方：

```
if xMovement == 0 && yMovement == 0 {
    switch lastDirection {
    case .Up:
        animationComponent.requestedAnimationState = .Idle_Up
        break
```

```
  case .Down:
    animationComponent.requestedAnimationState = .Idle_Down
    break
  case .Right:
    animationComponent.requestedAnimationState = .Idle_Right
    break
  case .Left:
    animationComponent.requestedAnimationState = .Idle_Left
    break
  }
}
movement = CGPointZero
```

如果 movement 是 0，那么，根据最近的移动方向来设置一个空闲动画。一旦设置了所有的动画，将 movement 属性重新设置为 0。

编译并运行游戏，通过倾斜设备让角色在屏幕上来回移动，可以体验一下流畅的动画效果。

21.5.8　将相机聚焦到英雄身上

打开 GameScene.swift，找到 createNodeOf(type:location:)，并且删除如下这行代码：

```
centerCameraOnPoint(location)
```

最初添加这行代码，是要将相机移动到最近添加的贴图的位置。现在，我们想要让相机跟随着英雄。

找到 update(_:)，并且在该函数的底部添加这段代码。将这段代码添加到该函数的底部，以确保在组件更新之后执行它，从而导致英雄开始移动。编译并运行游戏以测试相机。

```
//Update player after components
if let player = worldLayer.childNodeWithName("playerNode") as? EntityNode
{
   centerCameraOnPoint(player.position)
}
```

21.5.9　添加碰撞

如果玩家能够直接穿透墙壁的话，墙壁就并不是很有用了。我们还需要提前考虑一下，游戏实体如何与其他的实体交互并发生接触，例如，英雄捡起一个生命值增加对象，或者英雄被石人踩踏了。

本章并不会介绍碰撞检测，因为第 9 章以及更多的高级章节，已经介绍过这一主题了。如果你在碰撞检测方面遇到困难，可以参考这些章节以了解详细信息。

再次打开 GameSettings.swift，在其他的枚举类型之下，添加如下的枚举类型：

```
enum ColliderType:UInt32 {
   case Player        = 0
   case Enemy         = 0b1
   case Wall          = 0b10
   case Projectile    = 0b100
   case Food          = 0b1000
   case EndLevel      = 0b10000
   case None          = 0b100000
}
```

现在，找到 PlayerEntity.swift，并且给初始化程序添加如下的代码，就放在添加组件的位置之后：

```
let physicsBody = SKPhysicsBody(circleOfRadius: 15)

physicsBody.dynamic = true
physicsBody.allowsRotation = false
```

```
physicsBody.categoryBitMask = ColliderType.Player.rawValue
physicsBody.collisionBitMask = ColliderType.Wall.rawValue
physicsBody.contactTestBitMask = ColliderType.Enemy.rawValue |
  ColliderType.Food.rawValue | ColliderType.EndLevel.rawValue
```

```
spriteComponent.node.physicsBody = physicsBody
```

可以在任何地方设置物理实体，但是要记住，我们必须将其设置为精灵组件节点的物理实体属性。

这就是需要对玩家实体做的所有事情。

现在，回到 GameScene.swift 并滚动到该文件的顶部。用如下内容替代该类的声明：

```
class GameScene: SKScene, tileMapDelegate, SKPhysicsContactDelegate {
```

在 didMoveToView(_:)中，在//Delegates 的下方，添加如下代码：

```
physicsWorld.contactDelegate = self
physicsWorld.gravity = CGVector.zero
```

我们表明这个类接受正确的委托协议，并且设置了物理世界。剩下的事情，就只是给墙壁分配一个物理实体了。

滚动到 createNodeOf(type:location:)，并且将.tileWall case 更新为如下所示：

```
case .tileWall:
  let node = SKSpriteNode(texture: atlasTiles.textureNamed("Wall1"))
  node.size = CGSize(width: 32, height: 32)
  node.position = location
  node.zPosition = 1
  node.physicsBody = SKPhysicsBody(edgeLoopFromRect: CGRect(origin:
CGPoint(x: -16, y: -16), size: CGSize(width: 32, height: 32)))
  node.physicsBody?.categoryBitMask = ColliderType.Wall.rawValue
  node.name = "wall"
  worldLayer.addChild(node)
  break
```

编译并运行，并且看看墙壁是如何阻止角色穿透它的，如图 21-12 所示。

图 21-12

我们还只是刚刚开始构建这款游戏，还有很多东西需要添加。在第 12 章中，我们将使用 GameplayKit 的随机性，通过程序来生成关卡。但是首先，如果你想要构建较大的贴图地图的话，下面的挑战很适合你去完成。

21.6　挑战

这个关卡只有一个挑战，这是发挥你的创造性的机会。

和往常一样，如果你遇到困难，可以从本章的资源中找到解决方案，但是最好自己先尝试一下。

挑战 1：定制关卡

英雄看上去像是被限制在自己的屋子中了，尝试构建一个较大的关卡，有 10 行和 20 列那么大，如图 21-13 所示。

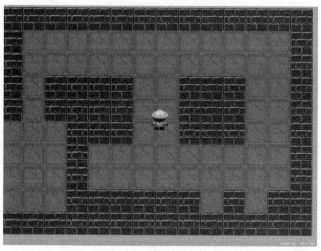

图 21-13

记住，要制作更大的关卡，并不是只更新 template 变量就好了。mapSize 属性对于避免任何溢出错误来说也是很重要的。

更新模板可能是很繁琐的，但是记住，你总是可以复制和粘贴行以节省时间。

确保在 raywenderlich.com 论坛上发布你的设计的一个截屏，以展示你的创意。

第 22 章　随机性

Neil North 撰写

当你第一次进入到游戏的地牢的时候，会有一种逼真的、冒险的感觉。但是，一旦完全熟悉了地形，并且掌握了环境的秘密，这种激动就消失的无隐无踪了，也就是说，娱乐的价值荡然无存。你知道得太多了！

如果每次你进入地牢的时候，布局和环境都完全不同，那会怎么样呢？可能会有一些你熟悉的元素，但是不管你进入地牢多少次，都不会知道到达关卡末尾的最快和最安全的方法。没有在线攻略或教程能够帮助你，游戏世界将会是不明确的，并且是随机的，如图 22-1 所示。

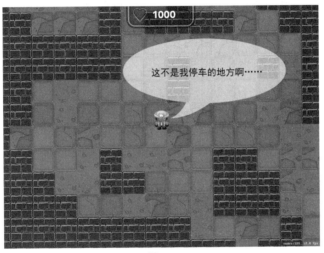

图 22-1

当你使用程序式关卡生成技术的时候，不再会涉及构建关卡的工作。相反，你要构建模型，游戏使用这些模型来构建显著不同的关卡。

模型包含了关于必须如何构建关卡的信息。这可能很简单，例如，要求从关卡的开始处到关卡的终点是触手可及的，或者也可能是很复杂的，例如，要求房间和道路都以符合逻辑的方式相互连接。

为了从模型中得到广泛不同的结果，必须要使用随机性。这并不总是像从 1 到 10 中选取一个随机数那样简单。好在，GameplayKit 包含了很多高级的随机性功能，这些功能都值得探讨。

在本章中，我们将使用 GameplayKit 的高级随机性功能来构建程序式关卡生成器，以便在 Delve 游戏中使用它。

22.1　随机意味着什么

在编程的环境中，术语随机（random）指的是，一个结果明显是不可预测的。这听起来很简单，对吧？但是，要创建真正的随机数，对于软件工程师来说却是一系列的挑战。

在现实世界中，如果你抛掷一些骰子，可以说结果是随机的，因为你不能预测骰子落地的时候是什么样的点数，如图 22-2 所示。从功能上讲，是这样的，但是从理论上讲，如果你能够用某种方式度量每一个相关的因素，如抛掷骰子的方式、骰子的速率、骰子表面的硬度等，并且应用物理规律，你是能够预测结果的，那么，这也就不再是随机的了。

和现实世界一样，在软件环境中生成真正随机的数字基本上也是有瑕疵的，因为我们生活的世界会对其效果产生影响。由于计算机需要逻辑的指令，不了解参与任务的所有组件以及它们彼此是如何影响的话，要执行计算就变得很困难了。

图 22-2

你被搞晕了吗？不要太纠结于此，相反，请关注一点，如果你（或者说更加重要的是玩家）不能够预测一个结果的话，那么，丛技术上讲，它就是随机的。

对于 App 和游戏，真正的随机性可能是一场浩劫。例如，在你和出口之间，可能会产生一堵墙，而这会使得关卡无法完成；或者在一个狭窄的空间中产生太多的敌人，这会导致游戏难度陡增。

关键之处是，要找到一种计算方法，能够产生一个可接受的结果，并且还要考虑到相关的游戏设置，而且所产生的结果是用户无法预测的。这意味着，结果必须完全是一种不可感知且不可预测的模式。

在 iOS 9 引入 GameplayKit 之前，有 3 种方式可以生成随机数：

- rand():这是用于生成随机数的一个标准的 C 函数。rand()函数使用一个初始的种子来生成数字。默认的种子是 1，这意味着，每次你开始使用 rand()的时候，都将得到相同的数字序列，除非你使用 srand()指定一个不同的种子。
- random():random()和 rand()的功能是相同的。random()是源自于 POSIX 标准的，更多详细信息可以查看 http://bit.ly/1GLS6NY。
- arc4random():这个函数源自于 BSD，并且在最近几年，它是 3 个函数中最流行的选择。每次使用它的时候，不需要一个种子来生成不同的模式，而且它的最大范围是其他两个函数的两倍，这使得它能够"更随机"，并且和另外两个函数相比，它遵从一种模式的可能性更小。

正如前面所提到的，软件需要一个种子来生成一个数字，而如果你知道了种子，然后就能够知道最终的数字的话，那这个数字就不再是真正的随机的了。arc4random()通过使用一个硬件子系统，来定期地重新选择自己的种子，从而解决了这种两难境地。

结果将会是不可预期的，因此，也是随机的，即便如此，实际上，结果也是可以预先确定的。

22.2　GameplayKit 的随机性

GameplayKit 带有很多很好的工具，来帮助你开发更好的游戏。其随机性功能可以从两大方面为你提供帮助：

- 分布：分布是一个数组，其中的数字可以按照一种模式分布，或者不遵从一种特定的模式来分布。使用 ARC4 方法产生的单个数字，已经足够随机了，但是，分布允许你将顺序的数字连接为一个系列。基于密码学的随机数可以展示模式，分布则使得你对于展现什么样的模式和趋势有了更多的控制权。
- 源：这些是用于生成随机数的算法。ARC4 随机方法是一个源，但是 GameplayKit 还包括了线性同余（Linear Congruential）和梅森旋转算法（Mersenne Twister）源。在介绍了可用的分布类型之后，我们将介绍它们。

22.2.1　随机性分布

GameplayKit 带有 3 种标准的分布类型，可供你选择：

- Random（随机分布）：正如其名称所示，这个分布设计来提供最大的随机性，并且最不可能遵从一个模式。

- Gaussian（高斯分布）：在这个分布中，结果的权重是朝着潜在数字的范围的平均值或者最为居中的值分布的。然后，这个分布使用偏差曲线来将权重分布到其他可用的数字。从统计学的角度来看，在一个 1 到 10 的范围内，5 或 6 出现的概率是 50%，而 1 或 10 出现的概率只有 5%。
- Shuffled（混合分布）：从技术上讲，混合分布和普通的随机分布一样工作，只有一点不同之处。一旦返回了一个数字，它将不会再次返回，直到所有其他的数字都已经返回过了。例如，考虑从 1 到 10 的一个范围，如果生成器返回一个 7，它只将不会再次返回 7 了，直到剩下的 9 个数字都已经返回过了。

可以用 3 种源中的任何一种，将所有 3 种分布组合起来，以提供一个结果。

为了开始测试随机性，我们在本章的资源的 starter\Delve 中，提供了一个名为 random.playground 的 playground。现在，打开它。

首先，添加如下的代码：

```
let randomFive = GKRandomDistribution(forDieWithSideCount: 5)
```

这将会允许你生成 1 到 5 之间的随机数，包括 1 到 5，并且使用一个随机分布。可以将其看成是一个 5 面的筛子的模拟。这个分布本身并不代表一个随机数，它只是提供了符合分布规则的随机数的一个对象。

为了查看随机分布的范围，添加如下的代码：

```
randomFive.lowestValue
randomFive.highestValue
randomFive.numberOfPossibleOutcomes
```

这将会分别返回结果 1、5 和 5。这些属性中的每一个都描述了分布的属性，包括分布所能产生的最小值、最大值和可能生成的数字的总的数目。

现在，我们打算根据一个随机分布来生成 10 个数字，使用默认的 ARC4 随机源。给你的 playground 添加如下的代码：

```
//1
var i = 0
var numbers:[Int] = []

//2
repeat {
  numbers.append(randomFive.nextInt())
  i++
} while i < 10

//3
print(numbers)
```

1．用一个变量来记录循环已经迭代的次数，用一个数组来存储结果。

2．循环执行该函数 10 次，每次从分布中请求下一个整数。

3．显示 1 到 5（包括 1 和 5）之间的一个随机数字，这个数字将添加到数组中。

在结果边栏中，我们看到了诸如这样的内容：3, 1, 5, 4, 1, 4, 1, 2, 1, 1（你的数字可能会有不同）。这个随机分布对象充当了生成器，当请求的时候，可以获得下一个整数值或下一个布尔值。

现在，将 randomFive 的初始化代码修改为如下所示：

```
let randomFive = GKGaussianDistribution(forDieWithSideCount: 5)
```

我们已经将 GKRandomDistribution 修改为一个 GKGaussianDistribution，但是还是保留了相同的初始化程序。最小值、最大值和可能的数值的数目都没有改变，然而，值的分布方式改变了。

结果边栏将会显示一个类似这样的输出的模式：2, 3, 4, 4, 4, 2, 3, 4, 3, 4（同样，你的数字可能会有不同）。现在，结果是朝着这个数值范围的中间值（也就是 3）分布的。

最后，再次修改初始化程序，将其修改为如下所示：

```
let randomFive = GKShuffledDistribution(forDieWithSideCount: 5)
```

现在，我们将使用一个 GKShuffledDistribution 以及和前面相同的初始化程序，再一次，唯一改变的是处理分布的方式。

结果边栏将会输出类似 4, 1, 2, 3, 5, 4, 2, 1, 3, 5 的内容（同样，你的数字可能会有不同）。

注意这个结果并没有重复一个数字，直到所有的数字都已经返回过。在循环的开始处和结束处，拥有两个相同的、并列的数字，这也是有可能的，因为在一次循环结束之后，所有的数字又都变得可用了。

混合分布变成了最具有可预测性的分布，因为你知道循环的最后一个数字，将总是还没有出现过的那个数字。

22.2.2 随机性源

到目前位置，我们只是使用了 GameplayKit 的默认源、ARC 随机方法，但是，还有另外两个其他的源可供使用。

- 线性同余（Linear Congruential）：该算法比 ARC4 更快，而且还考虑到了较少的随机性，并且更可能遵从一种模式。当需要快速生成结果的时候，推荐使用这个源。
- 梅森旋转算法（Mersenne Twister）：这是 3 个源中最慢的，但也是最随机的，当真正的不可预测性比速度更为重要的时候，就使用这个源。

当选择一个源的时候，主要是要考虑在随机性和性能之间做出取舍。要增加一个源的随机性，必须执行额外的计算，而这会对性能产生负面的影响，如图 22-3 所示。

所有这 3 种方法都能够生成你不可能预测的数字，因此，从技术上讲，它们都是足够随机的，并且肯定能够很好地用于大多数的游戏。

决定性的因素是性能。根据何时产生一个随机值，这可能会对游戏循环有影响。可能你有一个敌人，想要随机地在关卡中游荡，随机性的方向并不是很重要，但是要花多长的时间来确定朝哪个方向走却很重要。

在 playground 的末尾，添加如下的代码，看看如何能够实现不同的随机源：

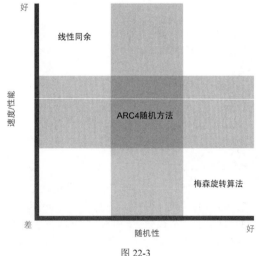

图 22-3

```
//1
let randomSource = GKARC4RandomSource()
//2
let randomDist = GKRandomDistribution(randomSource: randomSource,
lowestValue: 1, highestValue: 5)

//3
i = 0
numbers = []
```

```
repeat {
  numbers.append(randomDist.nextInt())
  i++
} while i < 10

print(numbers)
```

1．首先，设置了随机源，在这个例子中，我们使用了 ARC4 随机源。我们也可以尝试使用 GKLinear CongruentialRandomSource() 和 GKMersenneTwisterRandomSource()，看看你是否能够发现在它们的输出中的差异。

2．在前面的例子中，我们使用一个方便的方法来初始化了一个 n 面的筛子。这里，我们指定了一个 randomSource、lowestValue 和 highestValue。如果想要使用 ARC4 随机源的话，那么，你不需要指定一个随机源，因为 ARC4 是默认的源。

3．使用前面所赋值的相同的变量，来迭代随机数 10 次。

你能够从每一个结果中区分出随机性的差异吗？如果不能看出一种模式，那么，可以确信地说每一种方法都是足够随机的。本小节要证明的是，默认的 ARC4 随机源在大多数情况下都是适用的，除非性能特别重要的时候。

22.3 醉汉行走算法

在第 21 章中，我们为游戏创建了一个关卡。现在，该让游戏自己创建关卡了。当然，首先你需要告诉它如何做到这一点。

特别的，我们将使用醉汉行走算法，以实现如下的步骤：

1．首先，用墙壁贴图填充贴图地图。

2．接下来，在贴图地图上选择一个随机点作为起点，并将其标记为地面贴图。

3．随机地生成一个基本方向：north、south、east 或 west。

4．然后，根据该方向，在贴图地图上挨着当前选择的点的地方选取一个点，并且将其标记为地面贴图（如果它还不是地面贴图的话）。

5．重复步骤 3 和步骤 4，直到得到了想要的那么多个地面贴图。

和其他的生成器算法相比，这个算法有几个优点：

● 大量的可能性：就像是一个醉汉在夜里从酒吧晃晃悠悠地回家一样，这个算法可能将你带到任何地方。

● 实现简单：这个程序相当直接，并且实现起来不会花太多时间。

● 路径有保证：这个程序就像是走路一样工作，因此，可以确保关卡的终点是可以到达的。

这个算法也有一些缺点：

● 过于随机：关卡的终点是在关卡的起点之上或者是挨着的，这种情况完全是有可能的。可以尝试用不同的随机分布类型来管理这个问题，但是最终，这可能是一个问题。

● 和现实世界的模式并不一致：尽管这个算法可能对于地牢关卡工作的很好，但它可能并不适用于其他类型的环境，并且尽管它是随机的，你还是会遇到很多相同的关卡属性。

但是不要担心，第 23 章将会介绍这些问题的解决方案，在那里，我们将继续学习高级的程序式关卡生成。但是在此之前，我们需要学习一些基础知识。

22.4 开始

现在，我们应该从第 21 章剩下的地方，继续开发地牢探索者游戏 Delve 了。

在开始实现醉汉行走算法之前，我们还必须给游戏添加两个游戏设置功能，一个是玩家的生命值进度条，还有就是通过点击开始游戏的功能。

> **注　意**
>
> 　　本节是可选的一节。如果你想要自己构建游戏，请继续阅读。但是，如果你想要直接去了解醉汉行走算法，可以跳到 22.5 节阅读，我们已经为你准备了一个初始工程。

首先，打开 GameScene.sks 并且将场景的背景颜色设置为黑色，如图 22-4 所示。

对于那些没有任何贴图的区域来说，这比默认的灰色要好很多。接下来，打开 GameSettings.swift，并且添加如下这个新的枚举类型：

```swift
enum tapAction {
  case startGame
  case attack
  case dismissPause
  case nextLevel
  case doNothing
}
```

图 22-4

```swift
var gameDifficultyModifier = 1
var gameLoopPaused = true
```

这里，我们创建了一个枚举类型来记录当前的一次点击将会执行什么动作。在游戏的开始，我们将点击以开始游戏，但是随后，一次点击将会进行攻击，诸如此类。

我们还添加了一些变量来记录当前的游戏难度，以及游戏是否暂停了。

打开 GameScene.swift，并且在该类的顶部添加这两个属性：

```swift
var health = 1000
var tapState = tapAction.startGame
```

这里，我们创建了一个属性来记录玩家的生命值，并且记录了将要执行的当前动作。正如前面所提到的，一开始，点击将会导致游戏开始运行。

接下来，我们给游戏添加了一个基本的 GUI 以显示玩家的生命值。为了做到这一点，我们需要一些美工图，从本章的资源中将 GUI.xcassets 拖动到 Xcode 中的 Resources 组中。确保选中了 Copy items if needed、Create groups 和 Delve 目标。

现在，让我们来显示这个 GUI。为了做到这一点，打开 GameState.swift 并找到 GameSceneInitialState。在 didEnterWithPreviousState(_:) 中，用如下的代码替代 levelScene.paused = false 这一行：

```swift
levelScene.paused = true
gameLoopPaused = true
levelScene.tapState = .startGame

let healthBackground = SKSpriteNode(imageNamed: "HealthUI")
healthBackground.zPosition = 999
healthBackground.position = CGPoint(x: 0,
  y: (levelScene.scene?.size.height)!*0.455)
healthBackground.alpha = 0.4
levelScene.guiLayer.addChild(healthBackground)

let healthLabel = SKLabelNode(fontNamed: "Avenir-Black")
healthLabel.position = CGPoint(
  x: (levelScene.scene?.size.width)!*0.01,
  y: (levelScene.scene?.size.height)!*0.449)
healthLabel.name = "healthLabel"
healthLabel.zPosition = 1000
```

```
levelScene.guiLayer.addChild(healthLabel)

let announce = SKSpriteNode(imageNamed: "TapToStart")
announce.size = CGSize(width: 2046, height: 116)
announce.xScale = 0.5
announce.yScale = 0.5
announce.position = CGPointZero
announce.zPosition = 120
announce.alpha = 0.6
levelScene.overlayLayer.addChild(announce)

let announcelevel = SKLabelNode(fontNamed: "Avenir-Black")
announcelevel.position = CGPoint(x: 0, y: -100)
announcelevel.color = SKColor.grayColor()
announcelevel.fontSize = 40
announcelevel.zPosition = 120
announcelevel.text = "Level \(gameDifficultyModifier)"
levelScene.overlayLayer.addChild(announcelevel)
```

这会通过 **SKScene** 内建的"pause"属性来暂停游戏，并且给游戏添加 GUI 元素。本书的前几章介绍过这些内容。

然后，添加如下这个新方法：

```
override func willExitWithNextState(nextState: GKState) {
  for node in levelScene.overlayLayer.children {
    node.removeFromParent()
  }
}
```

当你离开这个状态的时候，这将会删除掉你在覆盖层中放置的临时性的"Tap to Start"UI。

在 GameSceneActiveState 中，添加如下这个方法。当用户点击之后，我们将进入激活状态。当进入这个状态后，取消暂停游戏并且将点击动作设置为攻击。

```
override func didEnterWithPreviousState(previousState: GKState?) {
  levelScene.paused = false
  gameLoopPaused = false
  levelScene.tapState = .attack
}
```

在 GameScenePausedState 中，添加如下这个方法：

```
override func didEnterWithPreviousState(previousState: GKState?) {
  levelScene.paused = true
  gameLoopPaused = true
  levelScene.tapState = .dismissPause
}
```

稍后，我们将添加暂停游戏的功能。当进入到暂停游戏的状态，将会暂停游戏并且把点击状态设置为取消暂停。

在 GameSceneLimboState 中，添加如下这个方法：

```
override func didEnterWithPreviousState(previousState: GKState?) {
  levelScene.tapState = .doNothing
  levelScene.health = levelScene.health + 30
}
```

这个状态还没有太多的意义。这个状态允许游戏继续，而不会发生任何的动作，当玩家完成了关卡的时候，将会使用它，以给玩家片刻时间来享受自己的胜利，然后再调用获胜状态。

在 GameSceneWinState 中，添加这些方法。

```
override func didEnterWithPreviousState(previousState: GKState?) {
  levelScene.paused = true
  gameLoopPaused = true
```

```
    levelScene.tapState = .nextLevel
    let announce = SKLabelNode(fontNamed: "Avenir-Black")
    announce.position = CGPointZero
    announce.fontSize = 80
    announce.zPosition = 120
    announce.text = "You Won!!!"
    levelScene.overlayLayer.addChild(announce)
}

override func willExitWithNextState(nextState: GKState) {
    gameDifficultyModifier++
    for node in levelScene.overlayLayer.children {
        node.removeFromParent()
    }
}
```

当玩家最终找到关卡的出口时，我们将转换到这个状态。它将会显示一个"You won"覆盖层，并且增加下一次游戏的难度。

在 GameSceneLoseState 中，添加如下这些方法：

```
override func didEnterWithPreviousState(previousState: GKState?) {
    levelScene.paused = true
    gameLoopPaused = true

    levelScene.tapState = .nextLevel

    let announce = SKLabelNode(fontNamed: "Avenir-Black")
    announce.position = CGPointZero
    announce.fontSize = 80
    announce.zPosition = 120
    announce.text = "You Died!"
    levelScene.overlayLayer.addChild(announce)
}

override func willExitWithNextState(nextState: GKState) {
    for node in levelScene.overlayLayer.children {
        node.removeFromParent()
    }
}
```

如果玩家用尽了生命值，我们将进入到这个状态。它会显示一个"You lose"覆盖层。

回到 GameScene.swift，并且在 touchesBegan(_:withEvent:)中添加如下的代码：

```
switch tapState {
case .startGame:
    stateMachine.enterState(GameSceneActiveState.self)
    break
case .attack:
    //To be added

    break
case .dismissPause:
    stateMachine.enterState(GameSceneActiveState.self)
    break
case .nextLevel:
    if let scene = GameScene(fileNamed:"GameScene") {
        scene.scaleMode = (self.scene?.scaleMode)!
        let transition = SKTransition.fadeWithDuration(0.6)
        view!.presentScene(scene, transition: transition)
    }
    break
```

```
default:

  break
}
```

根据点击的状态，我们在这里执行不同的动作。通常，我们在状态机中切换到一种不同的状态。

然后，在 update(_:)的顶部，添加如下这行代码：

```
if gameLoopPaused { return }
```

如果游戏暂停的话，这会退出更新循环。最后，将 didFinishUpdate()实现如下：

```
override func didFinishUpdate() {
  if let label = guiLayer.childNodeWithName("healthLabel") as?
SKLabelNode {
    label.text = "\(health)"
  }
}
```

在 update()完成之后，这直接将生命值标签更新为玩家当前的生命值。

最后，给 App 添加一个开始界面和图标。为了做到这一点，从工程中删除 Assets.xcasset，并且添加我们在本章的资源中为你创建好的替代内容。然后，给 LaunchScreen.storyboard 添加一个图像视图，将其设置为显示 DELVE-splashscreen2。如果你忘记了如何做到这一点，请参阅本书第 1 章。

编译并运行，如图 22-5 所示。

图 22-5

22.5　实现醉汉行走算法

注　意

> 　　如果你是从本章前面跳转到这里的，可以从本章资源中的 starter\Deleve_HealthBar
> AndStates 工程开始继续。这和第 21 章遗留下的游戏几乎相同，只是添加了生命值进度条的功
> 能和基本的游戏状态。

设置算法的第一步是找到 LevelHelper.swift 文件，并且制作地图方块。地图需要是一个方块吗？完全不必要，但是正方形的工作区域对于随机行走路径来说工作得很好，这是因为它给了你朝着每个方向移动的空间。将这个属性修改为如下所示：

```
var mapSize = CGPoint(x: 20, y: 20)
```

接下来，需要一种方法来确保路径位于地图的边界之中，以避免发生溢出错误，毕竟，我们没法告诉一个醉汉应该在哪里止步。

为了做到这一点，在 tileMapSize()下方添加如下的函数，注意不是在这个函数之中，而是在其后：

```
func isValidTile(position position:CGPoint) -> Bool {
  if ((position.x >= 1) && (position.x < (mapSize.x - 1)))
  && ((position.y >= 1) && (position.y < (mapSize.y - 1))) {
    return true
  } else {
    return false
  }
}
```

根据相对地图大小提供的位置，如果贴图在边界之内，这个函数返回 true，否则，返回 false。

我们还将边界向内移动了一个贴图的位置，以避免最终得到一个地面贴图在最边缘的情况，这会无意地导致玩家走到了地图边界之外。

22.5.1 更新地图生成器

来看 generateMap()，删除其内容，并且用如下的代码替换它：

```
//1
var currentLocation = CGPoint(
    x: GKGaussianDistribution(
      lowestValue: 2,
      highestValue: Int(mapSize.x) - 2).nextInt(),
    y: GKGaussianDistribution(
      lowestValue: 2,
      highestValue: Int(mapSize.y) - 2).nextInt())
//2
let direction = GKRandomDistribution(forDieWithSideCount: 4)
```

1. 你需要在 x 轴和 y 轴上都有一个起点。尽管边界中的任何地方作为起点都是可以的，但使用高斯分布来保证在大多数时候，起点都会在贴图地图的中间。

2. 生成器可以在 4 个基本的方向上移动，这些随机分布将会从这些方向中选择。

由于当前位置将会是你的起点，通过在刚刚添加的两个变量的下方，添加如下这行代码来标记它：

```
setTile(position: currentLocation, toValue: 4)
```

编译并运行，看看结果（现在先忽略掉警告信息），如图 22-6 所示。

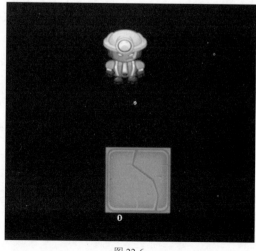

图 22-6

注　意

别忘了点击以开始游戏，并且看看地图的样子。

这并不是一个最令人兴奋的地图。然而，至少你知道了，程序式的地图生成器绝对能够分配一个起点。

你可能直接看到的一个问题是，对于角色能够移动到哪里是没有限制的。我们可以通过修改默认的贴图类型来修正这个问题。关卡生成器需要墙壁贴图来限制角色的移动。

找到 GameScene.swift，并且将当前的 worldGen.generateLevel(0)这一行修改为如下所示，从而更新 setupLevel()：

```
worldGen.generateLevel(1)
```

再次编译并运行，看看这个修改的结果。现在，角色已经正确地被围墙围了起来，如图 22-7 所示。

图 22-7

这真是一个噩梦！他甚至还没有自己的矿坑。

为了给矿工更多的空间，导航到 LevelHelper.swift，并且在 generateMap()的末尾，添加如下的代码行：

```
var i = 40
```

这行代码的作用是，当创建路径的时候统计这个程序应该移动多少个贴图。这个数字可能并不完美，但是，在看到结果之后，你将能够调整它。

现在，在该变量之下，添加如下的代码：

```
//1
repeat {
  //2
  var newPosition = CGPointZero
  switch direction.nextInt() {
  case 1:
    newPosition = CGPoint(x: currentLocation.x, y: currentLocation.y - 1)
  case 2:
    newPosition = CGPoint(x: currentLocation.x, y: currentLocation.y + 1)
  case 3:
    newPosition = CGPoint(x: currentLocation.x - 1, y: currentLocation.y)
  case 4:
    newPosition = CGPoint(x: currentLocation.x + 1, y: currentLocation.y)
  default:
    break
```

```
        }
        //3
        if isValidTile(position: newPosition) {
          //4
          if getTile(position: newPosition) <= 3 {
            currentLocation = newPosition
            i--
            //5
            if i == 0 {
              setTile(position: currentLocation, toValue: 5)
            } else {
              setTile(position: currentLocation, toValue: 3)
            }
          }
        }
      }
    } while i > 0
```

1．这个过程将会重复，直到 i 变为小于 0。

2．创建一个 newPosition 变量，并且根据你可能移动的 4 个方向，将它指定为网格上的一个位置。只要覆盖了所有的 4 个方向，具体哪个数字表示哪个方向是无关紧要的。

3．需要测试新的贴图是否在贴图地图的可接受的边界之内，因此，使用之前创建的 isValidTile(position:) 函数。

4．检查该贴图是否是一个墙壁类型。这将会确保你没有覆盖一个起点或终点。

5．如果所有的检查都通过了，将该贴图设置为地面贴图。如果变量 i 达到了 0，随后将其设置为一个终点贴图。

好了！现在，编译并运行，看看变化，如图 22-8 所示。

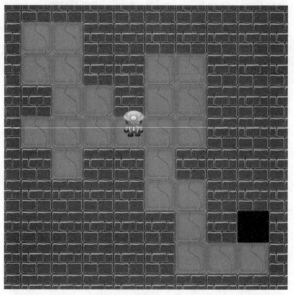

图 22-8

再一次，如果一切都按照计划进行，你应该能够看到矿工的状态已经完全不同了。

在进一步调整生成器之前，现在是考虑在关卡的终点处放置一个黑洞的好时机。

22.5.2　到达出口

每个游戏都有一个目标：在 Delve 中，我们将尽可能深地深入到地牢。但是，为了让玩家能够深入地牢，游戏需要有一个楼梯贴图或者某些东西，以便能够触发从一个关卡移动到另一个关卡的事件，当然，一旦矿工到达了这个贴图，就进入了下一个关卡。

在 Entities 组中创建一个新的 Swift 文件，并将其命名为 LevelEndEntity.swift。用如下的代码替换其内容：

```
import Foundation
import UIKit
import SpriteKit
import GameplayKit

class LevelEndEntity: GKEntity {

    var spriteComponent: SpriteComponent!

    override init() {
        super.init()

        let texture = SKTexture(imageNamed: "Exit")
        spriteComponent = SpriteComponent(entity: self, texture: texture,
size: CGSize(width: 32, height: 32))
        addComponent(spriteComponent)

        let physicsBody = SKPhysicsBody(edgeLoopFromRect: CGRect(origin:
CGPoint(x: -16, y: -16), size: CGSize(width: 8, height: 8)))
        physicsBody.categoryBitMask = ColliderType.EndLevel.rawValue
        physicsBody.dynamic = true
        spriteComponent.node.physicsBody = physicsBody

    }
}
```

这个实体相当标准。它处理了精灵组件，并且有一个物理实体来检测英雄和楼梯之间的接触。它没有其他的组件。

打开 GameScene.swift，找到 createNodeOf(type:location:)，并将 case.tileEnd 语句更新为如下所示：

```
case .tileEnd:
    let levelEndEntity = LevelEndEntity()
    let levelEndNode = levelEndEntity.spriteComponent.node
    levelEndNode.name = "levelEnd"
    levelEndNode.position = location
    levelEndNode.zPosition = 1
    addEntity(levelEndEntity)
    break
```

再一次，这和我们为其他贴图添加的代码非常类似。编译并运行，以确保出口贴图正确地出现，如图 22-9 所示。

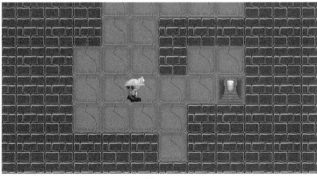

图 22-9

现在，我们需要让出口贴图触发关卡的改变，并且使得场景重新加载一个新的关卡以继续玩游戏。

滚动到 GameScene.swift 的底部，并且在底部包含如下这段代码。在第 21 章中，我们添加了 SKPhysicsContactDelegate，这是遵从该协议的函数之一。

```
//MARK: physics contact

func didBeginContact(contact: SKPhysicsContact) {
  let bodyA = contact.bodyA.node
  let bodyB = contact.bodyB.node

  if bodyA?.name == "levelEnd" && bodyB?.name == "playerNode" {
    stateMachine.enterState(GameSceneWinState.self)
    movement = CGPointZero
  }
}
```

注　意

这是物理接触的一个非常基本的实现。在常规条件下，你应该让每一个节点或实体来处理它们自己的接触。查阅第 9 章、第 10 章和第 11 章，以更详细地了解如何实现这些。

还有最后一步，找到 createNodeOf(type:location:)，并且找到 .tileStart case。在 break 语句之前，添加如下这行代码：

```
centerCameraOnPoint(location)
```

现在，当编译并运行的时候，看上去要整齐多了，因为相机将会在起点位置居中对齐。当你点击并开始游戏的时候，相机已经在正确的位置了。

编译并运行，并且现在可以玩这个关卡了，如图 22-10 所示。

图 22-10

22.6　制作更好的关卡

到目前为止，我们已经用 GameplayKit 构造了带有标准随机分布的每一个关卡，其中的分布可以导致各种结果，如图 22-11 所示。

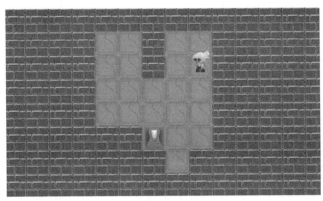

图 22-11

这些结果中的一些并不是很好，并且，如果你想要给游戏添加功能，例如添加敌人或能够增加生命值的对象，那么，现在还并没有逻辑位置来放置它们。

现在，我们想要对关卡生成器进行一些改进，以创建一些更加有趣的关卡。

找到 LevelHelper.swift 文件，并且找到 generateMap()函数。将 direction 变量更新为如下所示：

```
let direction = GKShuffledDistribution(forDieWithSideCount: 4)
```

从理论上讲，混合分布将总是会产生各种大小的房间，并且它不可能创建一个直直的通道，因为生成器必须在所有的 4 个方向上移动之后，才能再次在一个相同的方向上移动。

编译并运行，以证实这一理论，如图 22-12 所示。

图 22-12

正如所预期的那样，结果是一个较小的房间，只有一个较小的偏差。现在，尝试将 direction 变量更新为如下所示：

```
let direction = GKGaussianDistribution(forDieWithSideCount: 4)
```

你可能会期待结果仍然是随机的，但是，在范围的中央，在两个方向上包含了走廊。

编译并运行，看看所构建的关卡的类型，如图 22-13 所示。

由于高斯分布并不遵从严格的规则，如果关卡看上去不像图 22-13 所示的话，也是完全有可能的。还要注意，这个关卡已经构建得靠近于边界墙壁了，因此，向下可能并不是生成器在方向上做出的首选。此外，似乎确实至少在两个方向上有较大的趋势。

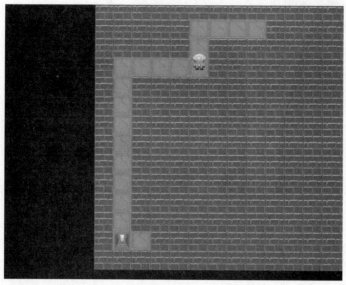

图 22-13

组合分布

可以从刚才完成的练习中得出一些结论：

- 混合分布适合于用随机性的元素来产生房间。
- 高斯分布适合于在两个主要方向上产生通道。
- 随机分布不遵从规则，它们是随机的。

现在，你的挑战是通过组合不同的分布，创建更加有趣的内容。

清空 generateMap() 的内容。然后，首先添加如下的代码：

```
var currentLocation = CGPoint(
  x: GKGaussianDistribution(lowestValue: 2,
    highestValue: Int(mapSize.x) - 2).nextInt(),
  y: GKGaussianDistribution(lowestValue: 2,
    highestValue: Int(mapSize.y) - 2).nextInt())
setTile(position: currentLocation, toValue: 4)
```

在第一次实现了这段代码之后，就没有对其做过任何修改。我们使用高斯分布，选择了偏向于地图中央的起点，然后将第 1 个贴图设置为起点。

现在，在上面的代码之后，添加如下的代码：

```
let generators = [GKGaussianDistribution(forDieWithSideCount: 4),
GKShuffledDistribution(forDieWithSideCount: 4),
GKRandomDistribution(forDieWithSideCount: 4)]
let generatorPicker = GKRandomDistribution(forDieWithSideCount:
generators.count)
```

向一个数组添加所有的分布类型，然后，使用另外一个随机分布，从数组中选择一个分布。这种方法很聪明，对吗？

本来也可以在高斯分布和混合分布之间循环，从而选择由通道连接的房间，但是，随机选择分布的做法可能会生成更为有趣的结果。

现在，我们需要添加一些规则：

```
let movementsPerSet = 35
let numberOfSets = 15
```

每个生成器将会运行 35 次，然后切换为下一个生成器，再运行 15 次。同样，我们可以根据自己的需求来调整规则。

现在，添加如下代码行：

```
//1
for (var i = numberOfSets; i >= 0; i--) {
  //2
  let currentGen = generators[generatorPicker.nextInt() - 1]
  //3
  for (var j = movementsPerSet; j >= 0; j--) {
    var newPosition = CGPointZero
    switch currentGen.nextInt() {
    case 1:
      newPosition = CGPoint(x: currentLocation.x, y:
        currentLocation.y - 1)
    case 2:
      newPosition = CGPoint(x: currentLocation.x, y:
        currentLocation.y + 1)
    case 3:
      newPosition = CGPoint(x: currentLocation.x - 1,
        y: currentLocation.y)
    case 4:
      newPosition = CGPoint(x: currentLocation.x + 1,
        y: currentLocation.y)
    default:
      break
    }
    if isValidTile(position: newPosition) {
      if getTile(position: newPosition) <= 3 {
        currentLocation = newPosition
        if i == 0 && j == 0 {
          setTile(position: currentLocation, toValue: 5)
        } else {
          setTile(position: currentLocation, toValue: 3)
        }
      }
    }
  }
}
```

在这里，我们做了如下几件事情：

1．为数字集合准备一个 for 循环。

2．随机地选择一个随机分布。是不是听到随机这个词已经太多了？

3．为每个集合中生成的数字，准备另外一个 for 循环。

现在，编译并运行，看看随机性的杰作，如图 22-14 所示。

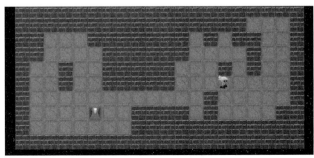

图 22-14

尽管这个关卡应该更有趣，当你生成了一些关卡之后，你会注意到一个趋势，关卡的路径朝着屏幕的左下方移动。

这就是高斯分布对于移动方向的影响。

如果能够针对每个集合用混合分布来确定方向，将会更好。好在，你已经了解了混合分布数字的一切知识。

在为每个集合的移动和集合的数字设置的常量的下方，添加如下的代码行：

```
let patternPicker = GKShuffledDistribution(forDieWithSideCount: 4)
```

现在，在第 1 个 for 循环中，在 currentGen 常量的下方，添加如下的代码行：

```
let currentPattern = [patternPicker.nextInt(),
                      patternPicker.nextInt(),
                      patternPicker.nextInt(),
                      patternPicker.nextInt()]
```

由于要对 4 个可能的输出使用混合分布，你知道该模式包含的每个数字都不会超过一次。

最后，在 switch 上方添加这个常量，并且将 switch 更新为如下所示：

```
let direction = currentPattern[currentGen.nextInt() - 1]
switch direction {
```

这意味着，对于整个集合，方向都将是基于该模式的。这为集合提供了一些一致性，然而，这也意味着下一个集合将可能是完全不同的。这正是我们想要的，它考虑到了一致的过道的可能性，但是又不允许过道总是在相同的方向上。

编译并运行，你可以探索一下新的随机世界，如图 22-15 所示。

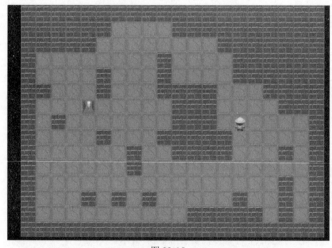

图 22-15

本章到这里还没有结束，你可以继续按照自己的意愿，继续调整随机性，并且调整集合的数字和大小。

在现实世界中，万事都有因由。第 23 章将会使用对随机性做了一些调整的、基于房间/砖块/区域的关卡设计，以确保游戏设置中总是会有一些变化，从而使 Delve 更加接近现实。诸如 Diablo III 和 Spelunky 这样的游戏，在产生功能正常且不可预测的关卡的时候，采用的也是相同的方法。

现在该来考虑一下那些石人了。它们就潜伏在某处的阴影之中。然而，不要担心，你有对付它们的武器。

22.7　挑战

本章只有一个挑战，设计用来让你练习 GameplayKit 的随机性。

如果你遇到困难，可以在本章的资源中找到解决方案，但是最好先自己尝试一下。

挑战 1：随机贴图

对你来说，地牢看上去是不是有点太简单了？

如果你曾经走进过有千年历史的地牢，贴图不会看上去都是相同的。它们应该有不同的颜色，不同的环境，可能还会有石人涂鸦。

你很幸运，Tiles.atlas 文件夹中有 8 种不同类型的贴图供你使用，如图 22-16 所示。

可以将所有的贴图都添加到字符串的一个数组中，然后使用一个随机的分布，根据数组的索引来选择一个贴图。

不要忘了，也可以随机地选取玩家脚下的地面贴图，在起点处也可以这样做。

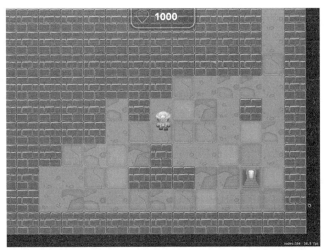

图 22-16

第 23 章　程序式关卡

Neil North 撰写

在第 21 章中，我们通过设置数组中的数字编码创建了地牢游戏的一个完整关卡。在第 22 章中，我们使用 GameplayKit 的随机性功能，程序式地生成了整个关卡。

在本章中，我们将组合使用这两种技术，以更加可控的方式，来程序式地生成关卡；这样，我们就可以使得关卡对于玩家更加有趣，而且仍然能够从随机生成器所提供的自动化功能中获益。

随着关卡布局变得更加符合逻辑，这也给了你更多的逻辑位置来产生游戏对象。例如，当你进入一栋新建筑中的一间厨房，它可能和你之前所见过的任何的厨房都不同，但你可能期望在墙上看到碗柜和厨柜，至少厨房的一面有窗户，并且在厨柜的厨案上应该有各种厨具和一个水槽。如果所期望的这些东西都没有的话，那么这个厨房给人的感觉就不太像是一间厨房。

我们的整体目标就是，让关卡给人的感觉就好像它们是人类手工打造的一样，而不是由机器临时生成的。使用基于房间的程序，是实现这一目标的最高效的方式。简单来说，我们预先构建好可选的区域或房间，然后游戏以随机排列的方式将它们组合到一起。

在本章中，我们将实现新的游戏世界生成器，并且完成 Delve 的核心功能，如图 23-1 所示。

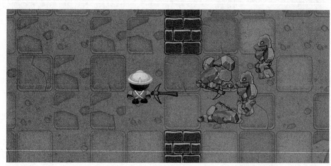

图 23-1

> **注　意**
>
> 本章从第 22 章的挑战所留下的部分开始。如果你没有能够完成第 22 章的挑战，或者是从第 22 章直接跳到这里的，也不要担心，直接打开本章的初始工程，就可以继续学习了。

23.1　基于房间的程序式关卡设计

用基于房间的程序式方法来构建关卡，包括以下步骤：
- 为游戏提供可选的预先构建的房间，游戏可以以不同的模式放置这些房间。
- 每个关卡都是由这些房间组成的，要么以网格的方式排列，要么在一个空间中随机地放置，并且通过随机生成的走廊连接起来。
- 尽管房间是预先构建的，然而它们在网格或关卡中的排列，几乎完全是随机的。

- 一些房间可能潜在地阻碍了到其他房间的通道或入口，然而，游戏必须仍然拥有从起点到终点的路径。

这一技术有众多的优点，包括：

- 结构化和可控性：最终的关卡仍然是不可预测的，但是，你保持了对关卡的布局和结构的很大的控制权。
- 人工建造的感觉：每个房间都是你手工打造的，这使得关卡具有真正的"地牢"的感觉。
- 稳定性：尽管你可能不能测试关卡生成器所能创建的每一种布局，但肯定会比使用完全随机的方法创建关卡要自信得多。

那么，缺点是什么呢？

一个缺点就是，要手工打造足够的房间，以保持游戏有趣，可能需要很大的工作量。但是，对于诸如 Delve 这样一款简单的游戏来说，这种方法的工作量还不至于令人讨厌。

23.2　构建更好的生成器

在这次对关卡生成器的更新中，我们将使用基于网格的方法来放置房间。首先要做的事情，是让房间在网格中对齐。

为了简化关卡布局的过程，我们将让每个房间保持相同的大小，即 10 个贴图的宽度和 10 个贴图的高度。

我们将程序式地把房间分布到整个网格中，而不会以完全随机的方式来完成。因此，需要考虑在不同房间的位置上施加的任何限制，从而让关卡设计更加符合你的要求。例如，我们不想意外地在墙上留下任何的间隙，导致跑到关卡的边界之外。

图 23-2 是一个示例关卡，通过切片来展示每个房间的放置以及使用的是什么类型的房间。

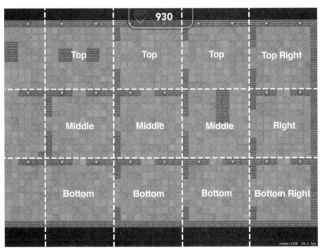

图 23-2

看一下每个部分，并且注意其特征。

在每个部分中，从房间的左边到房间的顶部，都包含了墙壁贴片（除了贴图地图底部和右边的部分）。这使得我们很容易创建相邻的房间，并且帮助避免了墙壁变成双倍厚度的问题，这可能会浪费空间。

既然我们已经看到了布局，现在该开始来构建房间了。

构建房间

打开第 22 章中的工程，或者，如果你没有完成第 22 章的话，打开 starter\Delve 所提供的初始工程。

有一些不同的方法可以存储房间数据。最简单和最安全的方法就是使用结构体。

在 Helpers 组中，创建一个名为 LevelComponents.swift 的新文件，并且用如下的代码替代其内容：

```
import Foundation

struct tileMapSection {
  struct sectionMiddle {

  }
  struct sectionTopLeft {

  }
  struct sectionTopRight {

  }
  struct sectionBottomLeft {

  }
  struct sectionBottomRight {

  }
  struct sectionLeft {

  }
  struct sectionRight {

  }
  struct sectionTop {

  }
  struct sectionBottom {

  }
}
```

网格的每个部分都有自己的一组或多个房间，而每个房间都具有不同的贴图配置。

接下来是最有创意的部分，即建造房间。使用一组数字的话，可能很容易令人混淆，因此，我建议在某个地方保留如下的引用，以便于查看：

```
Air          = 0
Wall         = 1
Wall Light   = 2
Ground       = 3
Start        = 4
Finish       = 5
Enemy Spawn  = 6
Food Spawn   = 7
```

对每一个部分结构体，添加如下的代码：

```
static let sections:[[[Int]]] = []
```

sections 常量包含了一个三维数组。你将要按照每个房间的模板，来组织列数据和行数据。

为了给出一个示例，将 sectionMiddle 结构体更新为如下所示：

```
static let sections:[[[Int]]] = [
  [
    [1,1,2,1,3,3,1,2,1,1],
    [1,3,3,3,3,3,3,3,3,3],
    [1,3,3,3,3,3,3,3,3,3],
    [1,3,3,3,3,6,6,3,3,3],
```

```
    [3,3,3,3,3,3,3,3,3,3],
    [3,3,3,3,3,6,6,3,3,3],
    [1,3,3,3,3,3,3,3,3,3],
    [1,3,3,3,3,3,3,3,3,3],
    [1,3,3,3,3,3,3,3,3,3],
    [1,3,3,3,3,3,3,3,3,3],
  ],
  [
    [1,1,2,1,3,3,1,2,1,1],
    [1,3,3,3,3,3,3,3,3,3],
    [3,3,3,3,3,3,3,3,3,3],
    [3,3,3,1,1,1,1,1,3,3],
    [1,3,3,1,3,3,3,1,3,3],
    [1,3,3,1,3,6,3,1,3,3],
    [3,3,3,1,3,3,3,1,3,3],
    [3,3,3,3,3,3,3,3,3,3],
    [1,3,3,3,3,3,3,3,3,3],
    [1,3,3,3,3,3,3,3,3,3],
  ]
]
```

数组中的每个部分都是一个 10×10 的贴图地图房间。在 sectionMiddle 中，墙壁将放置在左边和顶部。看到这样一堆的数字可能会让你沮丧，但是稍加练习，你就能够看到如图 23-3 所示的每一个房间了。

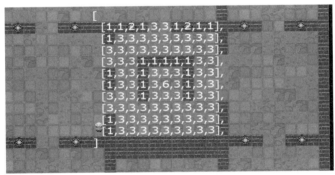

图 23-3

现在，你需要为所有的部分类型创建房间。为每个部分创建多少个房间，取决于你想要的关卡的变化程度。

如果你没有创造性的想法，并且不想要创建所有的房间，可以找到位于 starter\Resources 的 LevelComponents.swift 文件的已完成版本来方便你使用。

注　意

有很多的物理实体能够表示每一帧的复杂计算，并且拥有的实体越多，越可能会感觉到帧速率的下降。当给房间添加墙壁贴图的时候，要记住这一点。

一旦至少每个部分有一个房间，你已经准备好更新关卡生成器了。请自行给每个部分添加多个房间。我确信你现在已经意识到了，房间越多越好。

导航到 LevelHelper.swift，并且给 tileMap 结构体添加如下这些变量。

```
let sectionSize = CGPoint(x: 10, y: 10)
var sections = CGPoint(x: 5, y: 3)
```

sectionSize 常量将每个房间的大小设置为 10 个贴图宽和 10 个贴图高。还需要知道网格中有多少个房间，我们在 sections 变量中处理它。

现在，mapSize 变量是错误的。有一种快速而容易方法来处理这个问题。将 mapSize 更新为如下所示：

```
var mapSize:CGPoint {
  get {
    return CGPoint(x: sections.x * sectionSize.x,
      y: sections.y * sectionSize.y)
  }
}
```

当你每次请求地图大小的时候，这段代码将会根据部分的数目以及每个部分中的贴图的数目，来计算出地图大小。

我们需要一种简单的方式，将一个房间模板复制到贴图地图层。在关卡辅助类的关卡创建区域的下方，添加如下这个函数：

```
mutating func setTilesByTemplate(template:[[Int]],sectionIndex:CGPoint) {
  for (indexr, row) in template.enumerate() {
    for (indexc, cvalue) in row.enumerate() {
      setTile(position: CGPoint(
        x: (Int(sectionIndex.x * sectionSize.x) + indexc),
        y: (Int(sectionIndex.y * sectionSize.y) + indexr)),
        toValue: cvalue)
    }
  }
}
```

这个函数接受模板，这个模板是贴图的一个二维数组。该函数还接受一个部分索引，这允许我们在每一个贴图所属的部分中找到其位置。

现在，需要一种方式来处理房间的布局。在 generateMap() 的下方，添加这个函数。当运行这个函数的时候，我们传入了部分的行索引以及想要从哪个部分选择房间。例如，如果要添加网格的底部的行，那么，传入总行数减去 1 的一个索引，然后，是左下方、中央下方和右下方的部分。

```
mutating func setTemplateBy(rowIndex:Int,leftTiles:[[[Int]]],
  middleTiles:[[[Int]]], rightTiles:[[[Int]]]) {

  var randomSection = GKRandomDistribution()

  //Left Tiles
  randomSection = GKRandomDistribution(
    forDieWithSideCount: leftTiles.count)
  setTilesByTemplate(leftTiles[randomSection.nextInt() - 1],
    sectionIndex: CGPoint(x: 0, y: rowIndex))

  //Right Tiles
  randomSection = GKRandomDistribution(
    forDieWithSideCount: rightTiles.count)
  setTilesByTemplate(rightTiles[randomSection.nextInt() - 1],
    sectionIndex: CGPoint(x: Int(sections.x - 1), y: rowIndex))

  //Middle Tiles
  var i = 2
  randomSection = GKRandomDistribution(
    forDieWithSideCount: middleTiles.count)
  repeat {
    setTilesByTemplate(middleTiles[randomSection.nextInt() - 1],
      sectionIndex: CGPoint(x: i - 1, y: rowIndex))
    i++
  } while i < Int(sections.x)
}
```

找到 generateMap() 并且用如下的代码替代其内容：

```
//top Row
setTemplateBy(0,
```

```
    leftTiles: tileMapSection.sectionTopLeft.sections,
    middleTiles: tileMapSection.sectionTop.sections,
    rightTiles: tileMapSection.sectionTopRight.sections)

//Middle Row
var row = 2
repeat {
  setTemplateBy(row - 1,
    leftTiles: tileMapSection.sectionLeft.sections,
    middleTiles: tileMapSection.sectionMiddle.sections,
    rightTiles: tileMapSection.sectionRight.sections)
    row++
} while row < Int(sections.y)

//Bottom Row
setTemplateBy((Int(sections.y) - 1),
  leftTiles: tileMapSection.sectionBottomLeft.sections,
  middleTiles: tileMapSection.sectionBottom.sections,
  rightTiles: tileMapSection.sectionBottomRight.sections)
```

对于每一种行类型,运行刚才添加的函数。由于可能有多个中间行,我们重复该函数,直到运行完所有的中间行。

我们传入来自 LevelComponent.swift 的部分信息,以便能够自由地添加和删除房间,而不需要修改这些代码。

编译并运行,以测试新的程序式关卡生成器,如图 23-4 所示。

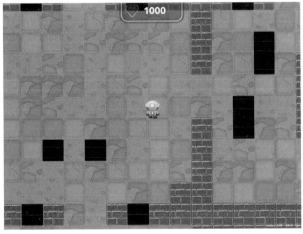

图 23-4

即便我们的结果是完全不同的,还是可以自信地说,你的地牢看上去不错。只不过随处都是黑洞,现在该来填充其内容了。

注　意

在本章剩下的部分中,我们将为 Delve 实现剩下的贴图和游戏设置。这真的是很酷的内容,但是,如果你只是想要学习程序式关卡的话,那么可以直接跳到第 24 章,在那里,我们将学习如何添加对游戏控制器的支持。

23.3　填充地牢

总是有一种魔咒,对吧?除非你创建的是一款纯探险游戏,如果游戏中没有敌人、可收集的对象和其他的对象的话，那么，你的游戏不会那么吸引人。

首先，没有哪个地牢的墙壁上会没有火把。导航到 GameScene.swift，并且找到 createNodeOf(type:location:)。我们将创建一个新的墙壁，只不过这个墙壁带有一个火把。它和常规的墙壁的行为没有任何不同，它只是看上去不同。

将 .tileWallLit case 更新为如下所示：

```
case .tileWallLit:
  let node = SKSpriteNode(texture: atlasTiles.textureNamed("Wall2"))
  node.size = CGSize(width: 32, height: 32)
  node.position = location
  node.zPosition = 1
  node.physicsBody = SKPhysicsBody(edgeLoopFromRect: CGRect(
    origin: CGPoint(x: -16, y: -16),
    size: CGSize(width: 32, height: 32)))
  node.physicsBody?.categoryBitMask = ColliderType.Wall.rawValue
  node.name = "wall"
  worldLayer.addChild(node)
  break
```

好了。编译并运行，以确保你的墙壁能够正确地显示，并且矿工不会穿越任何的墙壁，如图 23-5 所示。

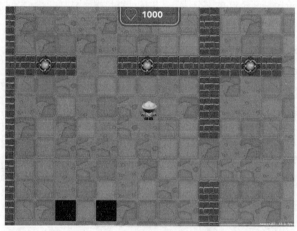

图 23-5

还是有一些黑洞。没问题，我们接下来将填充这些区域。

23.3.1　处理生命值

关卡中还没有任何东西能够伤害到你。石人很快将会从阴影中出现，但是同时，你需要一些东西来给角色一种赶快逃出关卡的紧张感觉。

地牢并不总是一个最健康的环境，因此，玩家的生命值将会随着时间的流逝而减少。

在 GameScene.swift 中，在其他实例变量下添加这些代码：

```
//Timers
var lastHealthDrop: NSTimeInterval = 0
```

这将使得你能够记录生命值下降之间的时间。

进入到 update(_:)循环，并且在 "Update all components" 注释之上插入如下的代码。

```
//Periodically change health and report
//1
if currentTime > (lastHealthDrop + 2.0) {
  health = health - 5
```

```
    lastHealthDrop = currentTime
}

//2
if health < 1 {
    stateMachine.enterState(GameSceneLoseState.self)
}
```

这包括如下一些步骤：

1．随着游戏每运行 2 秒钟，矿工的生命值减少 5。也就是说，这给了玩家大约 6 分半的时间来完成这个关卡。这似乎是很长的时间，但是，随着敌人的进攻，时间流逝得特别快。

2．如果生命值小于 1，那么，英雄就会死掉，并且游戏将会进入到失败界面。

为了确保一切都像预期的那样工作，编译并运行，并且注意查看屏幕顶部的生命值进度条，如图 23-6 所示。

当失去生命值的时候，游戏设置似乎越来越不乐观了。可以通过添加生命值增加对象来修正这个问题。

在 Entities 组中，添加一个名为 FoodEntity.swift 的新文件。用如下的代码来替代其内容：

图 23-6

```
import Foundation
import UIKit
import SpriteKit
import GameplayKit

class FoodEntity: GKEntity {

    var spriteComponent: SpriteComponent {
        guard let spriteComponent = componentForClass(SpriteComponent.self)
            else { fatalError("FoodEntity must have a SpriteComponent") }
        return spriteComponent
    }

    override init() {
        super.init()

        let texture = SKTexture(imageNamed: "Health")
        let spriteComponent = SpriteComponent(entity: self,
            texture: texture, size: CGSize(width: 32, height: 32))
        addComponent(spriteComponent)
        let physicsBody = SKPhysicsBody(rectangleOfSize:
            CGSize(width: 25, height: 25))
        physicsBody.categoryBitMask = ColliderType.Food.rawValue
        physicsBody.collisionBitMask = ColliderType.None.rawValue
        physicsBody.contactTestBitMask = ColliderType.Player.rawValue
        physicsBody.allowsRotation = false

        spriteComponent.node.physicsBody = physicsBody
    }
}
```

这个实体非常简单。它是一个非动画的精灵节点，并且英雄可以与其接触。

为了实现这个实体，打开 GameScene.swift 并在 createNodeOf(type:location:)中找到.tileFood case。一旦找到它，将其更新为如下所示：

```
case .tileFood:
    //1
    let node = SKSpriteNode(texture:
```

```
atlasTiles.textureNamed(textureStrings[randomFloorTile.nextInt() - 1]))
  node.size = CGSize(width: 32, height: 32)
  node.position = location
  node.zPosition = 1
  worldLayer.addChild(node)
  //2
  let food = FoodEntity()
  food.spriteComponent.node.name = "foodNode"
  food.spriteComponent.node.position = location
  food.spriteComponent.node.zPosition = 5
  addEntity(food)
  break
```

来看一下这段代码做些什么：

1. 由于食物是可以收集的，需要在其下添加一个地面贴图。

2. 给场景添加食物，并且记住为其正确地命名，因为我们将使用这个名称来联系委托。

编译并运行，确保食物正确地出现在场景之中，如图 23-7 所示。

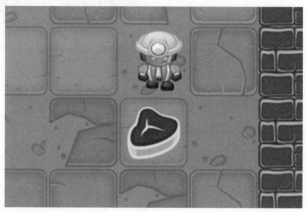

图 23-7

尽管看上去很好，但是，当你与食物接触的时候，却什么也不会发生。向下滚动到 didBeginContact(_:)，并且在其底部添加如下这条 if 语句：

```
if bodyA?.name == "foodNode" {
  if bodyB?.name == "playerNode" {
    bodyA?.removeFromParent()
    health = health + 40
  }
}
```

当一个名为"playerNode"的节点和一个名为"foodNode"的节点接触的时候，从场景中删除掉食物节点，并且将英雄的生命值增加 40 点。

编译并运行，以测试生命值增加对象。

注　意

我们还是想要让玩家感受到压力，因此，不要将生命值的增加值设置的太高。这个增加值应该足够值得去捡拾，但是，又不够成功地完成关卡。

23.3.2　引入石人

我们已经进入地牢并且给石人惹来了不少麻烦。现在，石人要来抓你了，如图 23-8 所示。

图 23-8

在 starter\Resources 下，已经为你提供了一个名为 enemy.atlas 的材质图册。将该材质图册拖放到工程中的 Resources 组中。

你需要添加一个新的实体来支持敌人角色。在 Entities 组中，添加一个名为 EnemyEntity.swift 的新文件。

用如下代码替代该文件的内容：

```swift
import Foundation
import UIKit
import SpriteKit
import GameplayKit

class EnemyEntity: GKEntity {

  var spriteComponent: SpriteComponent!
  var animationComponent: AnimationComponent!
  var enemyHealth:CGFloat = 1.0

}
```

你提供了到精灵和动画组件的一个链接，以及用于敌人的生命值的一个变量。敌人都是由石头和某些魔力组成的，因此，你不能指望它们只接受一两次打击，对吧？

在你的变量之下，添加如下的覆盖初始化程序：

```swift
override init() {
  super.init()

  let atlas = SKTextureAtlas(named: "enemy")
  let texture = atlas.textureNamed("EnemyWalk_0_00.png")
  let textureSize = CGSize(width: 40, height: 42)
  spriteComponent = SpriteComponent(entity: self, texture: texture, size:
textureSize)
  addComponent(spriteComponent)
  let moveComponent = EnemyMoveComponent(entity: self)
  addComponent(moveComponent)
  animationComponent = AnimationComponent(node: spriteComponent.node,
textureSize: textureSize, animations: loadAnimations())
  addComponent(animationComponent)

  let physicsBody = SKPhysicsBody(rectangleOfSize: CGSize(width: 32,
height: 32))

  physicsBody.categoryBitMask = ColliderType.Enemy.rawValue
  physicsBody.collisionBitMask = ColliderType.Wall.rawValue
  physicsBody.contactTestBitMask = ColliderType.Player.rawValue
  physicsBody.allowsRotation = false
```

```
  spriteComponent.node.physicsBody = physicsBody
}
```

这里，需要注意两个错误：

● 当前还没有用于敌人的一个移动组件。我们很快将添加它。

● 没有 loadAnimations()。我们现在就来添加。在初始化程序的下方，添加如下的函数：

```
func loadAnimations() -> [AnimationState: Animation] {
  let textureAtlas = SKTextureAtlas(named: "enemy")
  var animations = [AnimationState: Animation]()
  //1
  animations[.Walk_Down] =
    AnimationComponent.animationFromAtlas(textureAtlas,
    withImageIdentifier: AnimationState.Walk_Down.rawValue,
    forAnimationState: .Walk_Down)
  animations[.Walk_Up] =
    AnimationComponent.animationFromAtlas(textureAtlas,
    withImageIdentifier: AnimationState.Walk_Up.rawValue,
    forAnimationState: .Walk_Up)
  animations[.Walk_Left] =
    AnimationComponent.animationFromAtlas(textureAtlas,
    withImageIdentifier: AnimationState.Walk_Left.rawValue,
    forAnimationState: .Walk_Left)
  animations[.Walk_Right] =
    AnimationComponent.animationFromAtlas(textureAtlas,
    withImageIdentifier: AnimationState.Walk_Right.rawValue,
    forAnimationState: .Walk_Right)
  //2
  animations[.Die_Down] =
    AnimationComponent.animationFromAtlas(textureAtlas,
    withImageIdentifier: AnimationState.Die_Down.rawValue,
    forAnimationState: .Die_Down,repeatTexturesForever: false)

  return animations
}
```

看上去有很多代码，但实际上相当简单：

1．如果石人在屏幕上，我们期望它朝着你行走，因此，它不需要一个空闲状态。确保有朝着所有 4 个方向行走的动画。

2．你将要尽全力和石人战斗，因此，如果你想要赢得战争，肯定需要给它们一个死亡状态。

这个实体几乎已经准备好了，但是，你还是漏掉了一些移动组件。在 Components 组中，添加一个名为 EnemyMoveComponent.swift 的新文件。

用如下的代码替代该文件的内容：

```
import SpriteKit
import GameplayKit
```

在添加该组件之前，考虑到它和其他可更新的组件的工作方式有点不同，这是很重要的。

针对每一次更新，这个组件都需要定位英雄角色，它还将检查英雄是否在可跟随的范围之内，如果是的话，尝试跟随它。

还有一些方法可以处理它，但是，最高效的一种方式，可能是修改组件的系统。既然已经在每一帧发送了一条更新命令，也可以提供英雄的位置。

注 意

做到这一点的另一种很好的方法，是使用 GameplayKit 的代理、目标和行为，我们在第 20 章学习过它。在本章中，你将实现自己的、简单的移动组件，但是，如果想要更加高级的移动行为，一定要查看第 20 章。

在导入部分之下，添加如下的代码:

```
class EnemyMoveComponentSystem: GKComponentSystem {

    func updateWithDeltaTime(seconds: NSTimeInterval, playerPosition:
CGPoint) {
        for component in components {
            if let enemyComp = component as? EnemyMoveComponent {
                enemyComp.updateWithDeltaTime(seconds, playerPosition:
playerPosition)
            }
        }
    }

}
```

一个组件系统通常都有一个函数来更新其所有的组件，这个组件现在有一个函数来做到这一点，并且要为其传入一个 playerPosition。

直接在该类之下，添加另一个类声明:

```
class EnemyMoveComponent: GKComponent {

}
```

移动组件需要访问该精灵以修改其位置，并且访问动画以修改当前运行的动画。在刚刚创建的新类中，添加如下这段代码。

```
var isAttacking = false

var spriteComponent: SpriteComponent {
    guard let spriteComponent =
entity?.componentForClass(SpriteComponent.self) else { fatalError("A
MovementComponent's entity must have a SpriteComponent") }
    return spriteComponent
}

var animationComponent: AnimationComponent {
    guard let animationComponent =
entity?.componentForClass(AnimationComponent.self) else { fatalError("A
MovementComponent's entity must have an AnimationComponent") }
    return animationComponent
}

init(entity: GKEntity) {
}
```

我们已经添加了一个 isAttacking 变量，因此，一旦敌人激活了，它将会不停地追击你，直到其死亡。

在添加更新循环之前，还有一些额外的信息，这是和敌人如何移动以及获取其目标相关的。

找到 GameSettings.swift，并且在 playerSettings 结构体中添加如下的代码:

```
//Enemy
static let enemyMoveSpeed: CGFloat = 70.0
static let enemySenseRadius: CGFloat = 300.0
static let enemyDamagePerHit: CGFloat = 0.55
```

可以根据需要调整速度和目标获取半径。在上面添加的 health 属性等于 1.0，如果每次攻击都产生 0.55 的伤害的话，那么，将需要两次打击才能杀死一个敌人。

回到 EnemyMoveComponent.swift，并且在初始化程序之下，添加如下这个函数：

```
func updateWithDeltaTime(seconds: NSTimeInterval, playerPosition:
CGPoint) {
  super.updateWithDeltaTime(seconds)
}
```

现在，组件实现了组件系统所描述的更新函数。

需要确定的第一件事情是，敌人是否应该开始攻击。在花括号中，添加如下的代码：

```
if spriteComponent.node.position.distanceTo(playerPosition) <
  playerSettings.enemySenseRadius {
  isAttacking = true
}
```

使用一个名为 distanceTo(_:)的 SKTUtils 扩展，以及在上面所添加的游戏设置，我们检查英雄是否在范围之内。如果英雄足够接近，发送敌人进行攻击。如果 isAttacking 为 true，那么，你需要移动敌人。在刚才添加的代码的下方，添加如下的代码：

```
if isAttacking {
  //1
  var direction = (playerPosition - spriteComponent.node.position)
  direction.normalize()
  direction = CGPoint(x: direction.x * (CGFloat(seconds) *
playerSettings.enemyMoveSpeed), y: direction.y * (CGFloat(seconds) *
playerSettings.enemyMoveSpeed))
  //2
  spriteComponent.node.position += direction
  //3
  switch direction.angle {
  case CGFloat(45).degreesToRadians() ..<
CGFloat(135).degreesToRadians():
    animationComponent.requestedAnimationState = .Walk_Up
    break
  case CGFloat(-135).degreesToRadians() ..<
CGFloat(-45).degreesToRadians():
    animationComponent.requestedAnimationState = .Walk_Down
    break
  case CGFloat(-45).degreesToRadians() ..<
CGFloat(45).degreesToRadians():
    animationComponent.requestedAnimationState = .Walk_Right
    break
  default:
    animationComponent.requestedAnimationState = .Walk_Left
    break
  }
}
```

仔细看看这段代码所做的事情：

1. 你会发现，通过将敌人的位置减去玩家的位置，使得敌人朝向玩家的方向。然后，我们使用 SKTUtils 正规化函数，将这个距离缩减为一个常用单位。然后，使用时间增量、新的方向和敌人的速度，确定要将英雄移动多远。

2. 通过加上这个方向，来更新精灵节点的位置。同样，这不是标准的功能，并且需要 SKTUtils。

3. 就像对英雄所做一样，你还需要计算敌人行走的角度。和英雄不同，这里没有空闲状态，因此，不需要处理 0 度角。

这就是敌人所需要的所有组件！但是，在预览之前，我们需要给场景添加角色。

找到 GameScene.swift，并且滚动到文件顶部的实体—组件系统实例变量。新的组件系统和数组中的有一点不同，因此，在变量的下方，分别添加它们：

```
let enemyMoveSystem = EnemyMoveComponentSystem(componentClass:
EnemyMoveComponent.self)
```

滚动到 update(_:)，并且使用如下的代码，替换"Update player after components"注释部分的代码：

```
if let player = worldLayer.childNodeWithName("playerNode") as?
EntityNode,
    let playerEntity = player.entity as? PlayerEntity {
    //1
    enemyMoveSystem.updateWithDeltaTime(deltaTime,
      playerPosition: player.position)
    //2
    centerCameraOnPoint(player.position)
    //3
    if (lastHurt > 1.2) {
      playerEntity.animationComponent.node.shader = nil
    } else {
      lastHurt = lastHurt + deltaTime
    }
}
```

可以分步骤来解读一下这些代码：

1. 如果玩家存在，那么，告诉敌人的移动系统，玩家当前的位置和时间增量分别是多少。

2. 将相机相对玩家居中。

3. 我们还没有实现当玩家受到伤害的时候发生什么事情。当进入到这个阶段，玩家受到伤害的时候，这段代码将会删除应用于玩家的阴影。

由于还没有实现 lastHurt 计时器，再次找到类属性，并且在 lastDeltaTime 属性下方添加如下的代码：

```
var lastHurt: CFTimeInterval = 5.0
```

现在，我们终于可以将敌人添加到场景了。找到 createNodeOf(type:location:)，并且将.tileEnemy 更新为如下所示。

```
case .tileEnemy:
    let node = SKSpriteNode(texture:
atlasTiles.textureNamed(textureStrings[randomFloorTile.nextInt() - 1]))
    node.size = CGSize(width: 32, height: 32)
    node.position = location
    node.zPosition = 1
    worldLayer.addChild(node)

    let enemyEntity = EnemyEntity()
    let enemyNode = enemyEntity.spriteComponent.node
    enemyNode.position = location
    enemyNode.name = "enemySprite"
    enemyNode.zPosition = 55
    enemyEntity.spriteComponent.node.name = "enemyNode"
    enemyEntity.animationComponent.requestedAnimationState = .Walk_Down
    addEntity(enemyEntity)
    break
```

为了确保将敌人添加到正确的层，找到 addEntity(_:)，用如下代码替代其当前内容。

```
entities.insert(entity)

for componentSystem in self.componentSystems {
  componentSystem.addComponentWithEntity(entity)
}
```

```
enemyMoveSystem.addComponentWithEntity(entity)

if let spriteNode = entity.componentForClass(SpriteComponent.self)?.node
{
  if spriteNode.name == "enemyNode" {
    enemyLayer.addChild(spriteNode)
  } else {
    worldLayer.addChild(spriteNode)
  }
}
```

编译并运行，看看敌人的现在的样子，如图 23-9 所示。

图 23-9

敌人如愿地冲向英雄，但是，即便和英雄接触了，他们什么也不做。

找到 didBeginContact(_:)，并且在 foodNodeif 语句的上方，添加如下代码：

```
if bodyA?.name == "enemyNode" {
  if bodyB?.name == "playerNode" {
    //1
    bodyA?.removeFromParent()
    //2
    health = health - 50
    if let player = worldLayer.childNodeWithName("playerNode")
      as? EntityNode,

      let playerEntity = player.entity as? PlayerEntity {

        playerEntity.spriteComponent.node.removeActionForKey("flash")
        playerEntity.spriteComponent.node.runAction(SKAction.sequence([
          SKAction.colorizeWithColor(SKColor.redColor(),
            colorBlendFactor: 1.0, duration: 0.5),
          SKAction.colorizeWithColor(SKColor.whiteColor(),
            colorBlendFactor: 1.0, duration: 0.5),
        ]), withKey: "flash")
        lastHurt = 0.0


    }
  }
}
```

依次来看一下每一个步骤：

1. 当和玩家角色接触的时候，我们销毁了石人。这很残酷，但是，如果它们想要保护地牢，必须要为此做出牺牲。

2. 将玩家的生命值减少 50，这意味着，即便你跑的很快，也无法承受石人太多的攻击。

3．在乱成一团的时候，很难分辨出你是否受到了伤害。通过添加一个简单的动作序列，让英雄在被击中的时候闪烁红色，从而很清晰地标志出这一点。

编译并运行，并且测试碰撞，如图 23-10 所示。

图 23-10

它像预期的那样工作。但是，有点难度：如果一个英雄（矿工）碰到了一群石人的话，他没有办法保护自己。现在，我们来解决这个问题。

23.3.3　创建一个武器

给英雄（矿工）配备上武装，英雄就能够准备好反击一群群的石人。

游戏中所有的移动都是通过加速度计来进行的，因此，屏幕自身是完全能够接受影响游戏设置的输入的。

通过相机，英雄保持在屏幕的中央位置。在英雄的左边点击，将会向左边发射武器，向右边点击，将会向右边发射武器，向英雄周围的整个一圈的其他地方点击，也是一样的。我们将能够根据点击位置，在围绕英雄的完整的 360 度的方向上发射武器。

为了让游戏设置更加灵活，并且解放玩家的双手，当玩家点击一个方向的时候，英雄应该持续朝该方向发射武器，直到玩家点击了一个不同的方向。我们还需要确保英雄不会过于频繁地发射武器。

在 GameScene.swift 中找到属性，并且找到计时器。给计时器添加如下的代码：

```
var lastThrow: NSTimeInterval = 0
```

此外，在你的属性中，有一个部分是用于控制的。在该部分中添加如下的代码行：

```
var playerAttack = CGPointZero
```

这也是存储攻击角度的地方，直到玩家选择一个新的角度。

现在，向下滚动到 touchesBegan(_:)并且找到.attack case，将其更新为如下所示：

```
case .attack:
  for touch in touches {
    let location = touch.locationInNode(self)
    if let player = worldLayer.childNodeWithName("playerNode") {
      playerAttack = location - player.position
    }
  }
  break
```

根据点击的位置相对于英雄的位置，来更新 playerAttack 实例变量。

现在，导航到 update(_:)，这就是告诉英雄要投掷武器的地方。在该函数的底部，添加如下这些代码：

```
if playerAttack != CGPointZero {
  if lastUpdateTimeInterval > (lastThrow + 0.3) {
```

```
        if let player = worldLayer.childNodeWithName("playerNode") {
            let atlasTiles = SKTextureAtlas(named: "Tiles")
            let node = SKSpriteNode(texture:
atlasTiles.textureNamed("Projectile"))
            node.size = CGSize(width: 18, height: 24)
            node.zPosition = 65
            let projEntity = ProjectileEntity(withNode: node, origin:
player.position, direction: playerAttack)
            addEntity(projEntity)
            lastThrow = lastUpdateTimeInterval
        }
    }
}
```

来回顾一下，我们已经设置了选取投掷方向的控制，并且使用这些代码实现了投掷动作本身。

 注　意

　　　　如果你不想要让玩家自动投掷武器，可以在该 if 语句的末尾，将 playerAttack 设置回 CGPointZero，并且在下一次点击之前，它将不会开火。

此时将会得到一个错误，因为还没有创建武器实体。现在是添加武器实体的好时机。

在 Entities 组中，创建一个名为 ProjectileEntity.swift 的文件，并且用如下的代码来替换其内容：

```
import Foundation
import UIKit
import SpriteKit
import GameplayKit

class ProjectileEntity: GKEntity {

}
```

现在，在 Components 组中，创建另一个名为 ProjMoveComponent.swift 的新文件，并且用如下的代码替换其内容：

```
import SpriteKit
import GameplayKit

class ProjMoveComponent: GKComponent {
    //1
    var node = EntityNode()
    var nodeDirection = CGPointZero
    //2
    let projSpeed = CGFloat(235.5)
    let projRotationSpeed = CGFloat(15.5)
    //3
    init(entity: GKEntity, origin:CGPoint, direction:CGPoint) {

        node.entity = entity
        node.position = origin
        nodeDirection = direction
        //4
        nodeDirection.normalize()
    }

    override func updateWithDeltaTime(seconds: NSTimeInterval) {
        super.updateWithDeltaTime(seconds)
        //5
        node.zRotation = node.zRotation + (CGFloat(seconds) *
```

```
projRotationSpeed)
    //6
node.position = CGPoint(x: (node.position.x + (nodeDirection.x *
(projSpeed * CGFloat(seconds)))), y: (node.position.y + (nodeDirection.y
* (projSpeed * CGFloat(seconds)))))
    }
}
```

我们来分步骤看看这个类的声明：

1．没有动画，但这并不意味着这个组件就不能使用一个精灵组件。

2．可以调整速度和旋转，直到你对结果感到满意。

3．这个初始化程序有点不同，因为实体已经知道其在节点创建时刻的行为。

4．记住要正规化，以便根据点击距离英雄多近或多远，删除速度上的增加或减少。

5．根据速度、时间增量和当前旋转来设置节点的旋转。

6．根据方向、速度和时间增量来为节点设置一个新位置。

现在，回到 ProjectileEntity.swift 并且完成该实体的实现。在实体类中，添加如下这段代码：

```
var projComponent: ProjMoveComponent!

init(withNode node: SKSpriteNode, origin: CGPoint, direction: CGPoint) {
    super.init()

    projComponent = ProjMoveComponent(entity: self, origin:origin,
direction:direction)
    addComponent(projComponent)

    let physicsBody = SKPhysicsBody(rectangleOfSize: CGSize(width: 10,
height: 20))

    node.position = CGPointZero

    physicsBody.categoryBitMask = ColliderType.Projectile.rawValue
    physicsBody.collisionBitMask = ColliderType.None.rawValue
    physicsBody.contactTestBitMask = ColliderType.Wall.rawValue |
ColliderType.Enemy.rawValue

    physicsBody.dynamic = true

    projComponent.node.physicsBody = physicsBody
    projComponent.node.name = "projectile"
    projComponent.node.addChild(node)
}
```

这和其他的实体非常类似，但是，注意每个初始化程序都必须知道节点、投掷的最初位置以及投掷的方向。

回到 GameScene.swift 并找到 addEntity(_:)。看一下其结构。

这个函数在假设节点属于 SpriteComponent 的前提下添加了节点。由于这个组件有一点不同，在该函数的末尾，添加如下的代码：

```
if let projNode = entity.componentForClass(ProjMoveComponent.self)?.node
{
    worldLayer.addChild(projNode)
}
```

还有最后一件事情，需要针对武器移动组件来实现组件系统，除非你想要在武器身后留下一个像素轨迹，如图 23-11 所示。

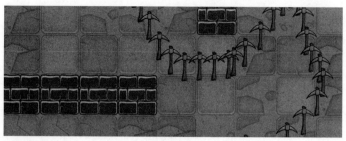

图 23-11

在 **GameScene.swift** 的实例变量中，将组件系统更新为如下所示：

```
lazy var componentSystems: [GKComponentSystem] = {
  let animationSystem = GKComponentSystem(componentClass:
AnimationComponent.self)
  let projMoveSystem = GKComponentSystem(componentClass:
ProjMoveComponent.self)
  let playerMoveSystem = GKComponentSystem(componentClass:
PlayerMoveComponent.self)
  return [animationSystem, projMoveSystem, playerMoveSystem]
}()
```

现在，可以编译并运行，以确保武器像预期的那样工作。

武器能够工作了，但是，你仍然需要配置其接触。如果武器击中了敌人，你需要让敌人遭受打击，并且销毁武器。

如果武器击中了一个墙壁的话，应该销毁武器。你不想要让英雄能够穿透墙壁杀死敌人。

在 **GameScene** 类的底部，添加如下这个函数：

```
func damageEnemy(projectile:SKNode, enemyNode:SKNode) {
  //1
  projectile.removeFromParent()
  if let enemy = enemyNode as? EntityNode,
    let enemyEnt = enemy.entity as? EnemyEntity {
      //2 Enemy takes damange
      enemyEnt.enemyHealth = enemyEnt.enemyHealth -
        playerSettings.enemyDamagePerHit
      //3 Kill enemy if damage is significant
      if enemyEnt.enemyHealth <= 0.0 {
        enemyMoveSystem.removeComponentWithEntity(enemyEnt)
        enemyEnt.animationComponent.requestedAnimationState = .Die_Down
        //4
        enemy.runAction(SKAction.sequence([
          SKAction.runBlock({ () -> Void in
          enemy.physicsBody = nil
        }),SKAction.waitForDuration(2.5),
          SKAction.fadeOutWithDuration(0.5),
          SKAction.removeFromParent()]))
      } else {
        //Damaged but not killed
      }
  }
}
```

该函数所做的事情如下所示：

1. 它销毁了击中目标的武器，并且将其从场景中删除。

2. 通过 playerSettings，在敌人上应用标准的伤害。

3. 如果敌人的生命值等于 0.0，那么你就杀死了敌人。这包括将其动画设置为死亡状态，并且从移动组件中删除它。

4．为了防止矿工从敌人的身体上走过的时候还会受到伤害，我们删除了敌人的物理实体。在一小段时间之后，我们将敌人的 alpha 通道淡出为 0.0，并且将敌人从场景中删除。

这会让你以一种平滑的方式来处理敌人的死亡。

滚动到 didBeginContact(_:)，并且添加如下的代码：

```
//1
if bodyA?.name == "wall" {
  if bodyB?.name == "projectile" {
    bodyB?.removeFromParent()
  }
}

//2
if bodyA?.name == "projectile" {
  if bodyB?.name == "enemyNode" {
    damageEnemy(bodyA!, enemyNode: bodyB!)
  }
}

if bodyA?.name == "enemyNode" {
  if bodyB?.name == "projectile" {
    damageEnemy(bodyB!, enemyNode: bodyA!)
  }
}
```

1．如果武器和墙壁发生接触，我们销毁武器。

2．如果武器和敌人接触，那么，我们运行在上一段代码块中所创建的函数。

编译并运行，让那些石人见识见识武器的厉害吧，如图 23-12 所示。

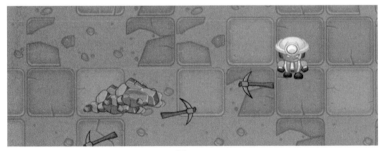

图 23-12

我们现在实现了核心机制，并且给出了关卡结构。现在，该来尝试一下不同的网格大小和房间布局的乐趣了。

但是，仍然有很多很好的功能要开发。一旦你准备好了，进入到关于 Delve 的下一章（第 24 章），也是关于该游戏的最后一章，在那里，我们将进行很多重要的打磨，以使得游戏达到测试产品的品质。我们还准备让 Delve 运行于新的 Apple TV 的 tvOS 上，并且为其提供能达到产品品质的资源。

像 Delve 这样的地牢探险游戏，在使用一个视频游戏控制器玩的时候，感觉是不错的。我们将在 iOS 和 tvOS 环境中都添加对控制器的支持，并且使用一个容易迁移到任何 iOS 和 tvOS 游戏中的类来实现这一点。

23.4　挑战

除了程序式生成关卡，我们还将程序式地增加了游戏的难度。

这个挑战就是要完成这一目标。

和往常一样，你可以从本章的资源中找到解决方案，但是最好先自己尝试。

挑战 1：难度

随着你完成每一个关卡，关卡计数器将会增加，但是游戏难度根本没有改变。你能想一个办法，随着玩家深入到地牢之中，逐渐增加游戏的难度吗？

在 GameSettings.swift 中，已经有一个名为 gameDifficultyModifer 的变量，它表示当前的关卡的数目。我们可以使用这个变量来改变难度。GameState.swift 是实现大多数修改的最好的地方，因为每次加载关卡的时候，游戏都运行初始状态。一种较为容易的方式，是根据难度来把玩家的初始生命值（levelScene. health）设置为一个较低的值。

第 24 章　游戏控制器

Neil North 撰写

在最早的电子游戏控制台中，控制器（controller）已经成为游戏的代名词了。很难想象，游戏没有控制器。

考虑到技术和趋势已经有了如此巨大的变化，我们真的还是会感到很惊讶，如今的控制器与其早期的模型看上去是如此的相似。这表明了控制器设计得有多好，即便在其初期也是如此。

几乎打败控制器的唯一的事情，就是带有加速度计的触摸屏设备的兴起。可用的手机和平板电脑的数目不容忽视，开发者已经改变了它们制作游戏的方式，以便跟上新兴的市场。

在 iOS7 中，Apple 宣布支持 MFI 游戏控制器，如图 24-1 所示，并且他们为开发者提供了一个接入该控制器的框架，通过光感连接器或者蓝牙来接入。

如果大量的现代手机和平板电脑游戏都针对触摸屏和加速度计而设计，我们为什么还要关注游戏控制器呢？有如下几个理由：

图 24-1

- 第一人称类型的游戏：像 Unity 和 Unreal Engine 这样强大的引擎，使得开发者能够将第一人称的体验带入到移动设备中。我们可以使用虚拟的屏幕控制器，但是，它们和控制器一样准确和好用。
- 强大的利基市场：并没有大量的游戏支持控制器，即便是现在，在两种主要的 iOS 发布之后，也是如此。如果你要支持控制器，并且让人们知道这一点，这将会使得你能够接触到更强大的受众。如果这些人愿意在外围设备上花钱，并且你提供了该外围设备的优秀的实现，他们很可能愿意为你的产品花很多的钱。
- 精确性和舒适性：屏幕上的方向摇杆已经尽全力表现了，但是还经常不能达到真正的方向摇杆的准确性。坐在平板电脑的前面，并且找到一个舒适的位置，也比不得不坐在那里低头看着平板电脑要更好。
- 没有屏幕干扰：当触摸屏幕的时候，总是会妨碍游戏环境的视图。
- 新的 Apple TV：我们可以使用几乎相同的代码就支持用于 Apple TV 的 MFI 控制器。

当然，也有一些缺点：

- 并不是对每种类型的游戏都有意义：你能想象一下使用遥控器来玩消水果之类的游戏吗？有些现代的触摸屏游戏，并不适合使用控制器。
- 规则：Apple 想要维持一个 App Store，其中任何可用的游戏，都不必使用一个遥控器就可以玩。这肯定是很有意义的，但也会给开发者带来一个挑战，特别是那些由于 Apple TV 遥控器有限的输入，想要发布专门用常规的游戏控制器玩的一款 tvOS 游戏的开发者。
- 市场仍然是利基市场：这既是好事情也是坏事情。尽管控制器通常并不难实现，但在某些情况下，这可能并不足以积极地支持该市场。

在本章中，我们将在 Delve 中实现对 MFI 游戏控制器的支持。然后，我们将给 tvOS 添加一个目标，并且还包含使用 Apple TV 遥控器作为控制器的选项，以便为 tvOS 添加控制器支持。

24.1　控制器格式

市场上有多种不同的控制器，但是，不要担心，不必支持所有这些控制器。有两种标准的布局可以支持：

● 标准游戏手柄：标准游戏手柄有一个 D-pad（方向键），两个 Shoulder 按键，一个暂停按键和 4 个方向按钮。

● 扩展游戏手柄：除了标准控件，它还有两个方向摇杆（但方向摇杆上不能进行点击操作），还有两个额外的 Shoulder 按钮。如果你有一个 Playstation 或 Xbox 控制器的话，它们就遵从这种布局。

随着 Apple TV 和 tvOS 的出现，还有第 3 种类型的游戏手柄可供使用：

● 微游戏手柄：这个游戏手柄真的很微小。它有一个软件的 D-pad（使用一个触摸表面和两个操作按钮，按钮位于 D-pad 的触摸区域的下方）一个移动加速度计。到目前为止，使用该格式的唯一的遥控器就是 Apple TV 遥控器。

图 24-2 是每种游戏手柄的一些常见示例。

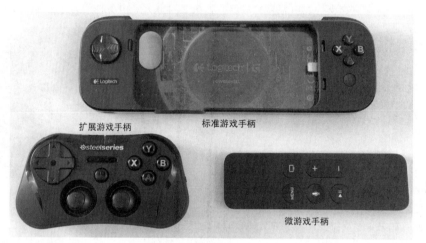

图 24-2

要获取可用的游戏控制器的一个更加详细的列表，请查看如下站点：https://mficontrollers.afterpad.com。

24.2　开始

在开始使用游戏控制器之前，还需要对 Delve 进行一个较大的改进。

目前，游戏真的很安静。是时候给游戏添加一些音乐和声音效果了。

注　意

本节是可选的内容，并且它回顾了在本书前面的内容。如果你想要开始了解游戏控制器的内容，那么可以直接跳到 24.3，在那里，我们为你准备好了初始工程。

但是，如果你想要继续自己构建整个游戏，那就继续阅读。

确保从第 23 章的挑战之后的地方打开 Delve。如果你没有完成第 23 章的挑战，可以从 starter\Delve 中找到初始工程。

首先，从本章的资源中，将 Sounds 文件夹拖放到你的工程中。

接下来，打开 GameState.swift 并找到 GameSceneInitialState。在 didEnterWithPreviousState(_:)的顶部添加如下这些代码：

```
SKTAudio.sharedInstance().playBackgroundMusic("delve_bg.mp3")
SKTAudio.sharedInstance().backgroundMusicPlayer?.volume = 0.4
```

这会开始播放背景音乐。接下来，打开 GameScene.swift，并且在//Sounds 处添加如下这些动作：

```
//Sounds
let sndEnergy = SKAction.playSoundFileNamed("delve_energy",
waitForCompletion: false)
let sndHit = SKAction.playSoundFileNamed("delve_hit", waitForCompletion:
false)
let sndKill = SKAction.playSoundFileNamed("delve_kill",
waitForCompletion: false)
let sndShoot = SKAction.playSoundFileNamed("delve_shoot",
waitForCompletion: false)
let sndDamage = SKAction.playSoundFileNamed("delve_take_damage",
waitForCompletion: false)
let sndWin = SKAction.playSoundFileNamed("delve_win", waitForCompletion:
false)
```

现在，我们只需要在适当的时候播放声音效果。首先找到 didBeginContact(_:)，并且添加如下的代码，来替换处理"levelEnd"和"playerNode"之间的碰撞的那些代码。现在，我们输入一个新的 GameSceneLimbo State（而不是直接输入.GameSceneWinState），它给了玩家时间来感受游戏结束的声音效果，而且在点击并重新开始之前，注册失败状态。

```
if bodyA?.name == "levelEnd" && bodyB?.name == "playerNode" {
    stateMachine.enterState(GameSceneLimboState.self)
    movement = CGPointZero

    for enemyNode in enemyLayer.children {
        if let enemy = enemyNode as? EntityNode,
            let enemyEnt = enemy.entity as? EnemyEntity {
                enemyMoveSystem.removeComponentWithEntity(enemyEnt)
                enemyEnt.animationComponent.requestedAnimationState = .Die_Down
                enemy.physicsBody = nil
        }
    }

    SKTAudio.sharedInstance().pauseBackgroundMusic()

self.runAction(SKAction.sequence([sndWin,SKAction.waitForDuration(2),SKAc
tion.runBlock({ () -> Void in
    SKTAudio.sharedInstance().resumeBackgroundMusic()
    self.stateMachine.enterState(GameSceneWinState.self)
})]))
}
```

接下来，在"enemyNode"和"playerNode"的碰撞之间，就在减少了玩家的生命值之后，播放伤害的声音效果：

```
runAction(sndDamage)
```

在"foodNode"和"playerNode"的碰撞之间，就在增加了玩家的生命值之后，播放能量的声音效果：

```
runAction(sndEnergy)
```

在 damageEnemy(_:enemyNode:)中，在 enemyEnt.enemyHealth 小于 0 的 case 中，播放杀死的声音效果：

```
runAction(sndKill)
```

在同一条 if 语句的 else case 下,播放击中声音效果:

```
runAction(sndHit)
```

在 update(_:)中,就在 addEntity(projEntity)之后,播放射击声音效果。

```
runAction(sndShoot)
```

编译并运行,感受一下这些声音吧!

24.3 创建控制器管理器

> **注 意**
>
> 如果你是从本章前面直接跳到这里的,你可以选择本章资源中的 starter\Delve_Sounds 工程。这和你在第 23 章的挑战之后所留下的游戏相同,只是其中添加了声音效果和音乐。

在开始之前,应该给工程添加 Game Controllers 支持。为了做到这一点,在 Project Navigator 中选择 Delve,并且选择你的 DelveTV 目标。选择 Capabilities 标签页,并且把 Game Controllers 功能切换为 ON,并且选中针对所有 3 个游戏手柄的复选框,如图 24-3 所示。

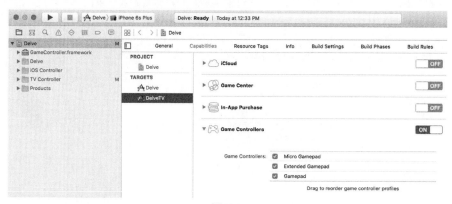

图 24-3

接下来,在项目的 Helpers 组中,添加一个名为 SKTGameController.swift 的新的 Swift 文件,并且用如下的代码替代其内容:

```
import SpriteKit
import GameController
```

GameController 框架对于 iOS 和 tvOS 来说,名称都是相同的。

> **注 意**
>
> 游戏控制器对于 OS X 是无效的,尽管也能够通过蓝牙连接到它。

你需要一种方法允许来自控制器的动作更新游戏场景。在这个实现中,我们将使用委托。在 imports 下,添加如下的协议:

```
protocol SKTGameControllerDelegate: class {
  func buttonEvent(event:String,velocity:Float,pushedOn:Bool)
  func stickEvent(event:String,point:CGPoint)
}
```

按钮按下和摇杆移动，都有其各自的函数。

MFI 控件上的每个按钮都能感受到压力，因此，当你按下一个按钮的时候，它让你读取一个 0.1 到 1.0 之间的速率值。

每次速率变化的时候，该函数都会再次调用，注意这一点很重要。你可以通过查看 pushedOn 布尔值，来处理按钮的打开和关闭状态。

现在，在刚才添加的代码的下方，添加如下这段代码。这段代码包含了一个简单的枚举类型，用来确定连接到的控制器的类型，以及游戏控制器类的类声明。

```
enum controllerType {
  case micro
  case standard
  case extended
}


class SKTGameController {

}
```

为了让游戏控制器在场景的变化之间保存有关控制器的信息，我们将使用单体设计模式。

在类声明的上方，添加如下这行代码：

```
let GameControllerSharedInstance = SKTGameController()
```

这创建了 **SKTGameController** 的一个实例。现在，在类声明中，添加如下的实例变量：

```
//1
weak var delegate: SKTGameControllerDelegate?

//2
var gameControllerConnected: Bool = false
var gameController: GCController = GCController()
var gameControllerType: controllerType?
var gamePaused: Bool = false

//3
class var sharedInstance:SKTGameController {
  return GameControllerSharedInstance
}
```

我们在这里声明了多个变量：

1．这个委托是指向采用该协议的当前场景的链接。

2．第 1 个变量记录了当前是否连接到一个游戏控制器，第 2 个变量是到游戏控制器自身的一个链接，第 3 个变量根据你添加的枚举类型，存储了控制器的类型，最后一个变量是一个暂停开关。

3．这是返回类的当前单体实例的一个变量。

接下来，在这些实例变量之下，添加如下的代码：

```
//1
init() {
  NSNotificationCenter.defaultCenter().addObserver(self,
    selector: "controllerStateChanged:",
    name: GCControllerDidConnectNotification,
    object: nil)
  NSNotificationCenter.defaultCenter().addObserver(self,
    selector: "controllerStateChanged:",
    name: GCControllerDidDisconnectNotification,
    object: nil)

  GCController.startWirelessControllerDiscoveryWithCompletionHandler() {
```

```
        self.controllerStateChanged(NSNotification(name: "", object: nil))
    }
    self.controllerStateChanged(NSNotification(name: "", object: nil))
}

//2
deinit {
    NSNotificationCenter.defaultCenter().removeObserver(self,
        name: GCControllerDidConnectNotification, object: nil)
    NSNotificationCenter.defaultCenter().removeObserver(self,
        name: GCControllerDidDisconnectNotification, object: nil)
}
```

来看一下这个初始化程序：

1. 当类初始化的时候，它注册了一个观察者，用于控制器连接和断开连接。当某一种情况发生的时候，观察者会注意到状态发生了变化，并且将会调用名为 controllerStateChanged(_:)的函数。

2. 当该类释放的时候，还需要删除观察者。

既然已经包含了对 controllerStateChanged(_:)的调用，在之前的函数之下实现该函数：

```
@objc func controllerStateChanged(notification: NSNotification) {

    if GCController.controllers().count > 0 {
        gameControllerConnected = true
        gameController = GCController.controllers()[0] as GCController
        //More code to be added here
        controllerAdded()
    } else {
        gameControllerConnected = false
        controllerRemoved()
    }
}
```

这个函数设置了之前添加的实例变量。

如果控制器的计数大于 0，我们将 gameControllerConnected 变量修改为 true。然后，将索引 0 处的游戏控制器添加到 gameController 变量。

上面的代码用到了我们还没有实现的两个函数：controllerAdded()和 controllerRemoved()。

在调用 controllerAdded()之前，需要指定连接到了何种类型的控制器。在//More code to be added here 注释部分，添加如下的代码：

```
#if os(iOS)
    if (gameController.extendedGamepad != nil) {
        gameControllerType = .extended
    } else {
        gameControllerType = .standard
    }
#elseif os(tvOS)
    if (gameController.extendedGamepad != nil) {
        gameControllerType = .extended
    } else if (gameController.microGamepad != nil) {
        gameControllerType = .micro
    } else {
        gameControllerType = .standard
    }
#endif
```

在 iOS 平台上，我们查看了当前的游戏控制器是否采用了扩展的游戏手柄方法，如果没有，它必须是一个标准的控制器。对 tvOS 的支持也是类似的，但是，我们还需要考虑微控制器。

现在，只需稍微付出些努力，我们就已经考虑到了所有可能的官方 MFI 控制器。

该来实现 controllerAdded()和 controllerRemoved()了，因此，在刚才添加的函数下方，添加如下两个函数：

```
func controllerAdded() {
  if (gameControllerConnected) {
    //Add code here
  }
}

func controllerRemoved() {
  gameControllerConnected = false
  gameControllerType = nil
}
```

有几种方法可以从控制器向场景传递信息。包括：

- 手动读取每一个控制的值：也可以通过游戏循环来做到这一点。游戏循环读取是一种较为简单的解决方案，但是它也意味着要做很多额外的繁重工作，因为每次你尝试读取值的时候，有些内容可能并没有改变。
- 使用一个值变化处理程序：值变化处理程序，将会在输入按钮的值或摇杆的值每次发生改变的时候，执行一个预设置的动作。这正是我们用来实现这款游戏的方法，因为它对于游戏的性能影响很小，并且使用一个协议就能很好地工作。
- 使用一个按压变化处理程序：这种方法的工作方式和值变化处理程序类似，只不过是当一个按钮按下或释放的时候，它才会调用预定义的动作，而不是在每次压力变化的时候就调用。使用一个按压变化处理程序，对于敏感度是没有影响的，因为任何大于 0.0 的值都被认为是"按下"，这个值不一定非要达到 1.0。

24.3.1　指定控制

对于这款游戏来说，你想要使用方向性的移动和武器发射，并且，你想要使用按钮 A 来进行屏幕菜单的选取。

每一个控制器都有其局限性，因此，你可能需要进行相应的规划：

- 扩展的游戏手柄：这是功能最多样化的控制器，但是要注意，这款最具扩展性的控制器缺乏对移动的支持。
- 标准游戏手柄：对于那些只使用左摇杆的游戏来说，少了两个摇杆并不是什么大事，因为你可以直接将该功能迁移到 D-pad。在 Delve 中，我们通常想要两个方向摇杆，因此，需要确定是否采用替代方案。
- 微遥控器：这是真的需要进行创新的地方。好在，你只需要一个按钮，然而，单个的 D-pad 仍然是一个问题。微控制器都有移动，但是，它并没有考虑到攻击所需的精确性。

最大的问题是，需要两个支持 360 度移动的控制（一个用于移动，一个用于发射）。有几种方法可以处理这些事情：

- 替代：只有当附近有敌人的时候，玩家才想进行攻击。你也可以创建一个基本的 AI，来找到最近的敌人，并且如果敌人在一定的范围内的话，就朝着其方向自动攻击。
- 栈：可以假设英雄将要沿着与其行走方向相同的方向进行攻击，并且会将控制组合起来。然而，这并不总是按照你预期的那样工作，因为更多的时候，英雄将会逃避开敌人的攻击。
- 切换：可以设置 D-pad 以移动玩家，但是如果玩家按下另一个按钮的话，使用它来进行攻击。
- 协作：标准控制器是直接连接到设备的，因此，尽管 D-pad 负责移动，你可以移动设备，从而用加速度计来控制攻击的方向。

每一个选项都有优点和缺点，并且，你可能想要对每一种不同的控制类型使用不同的选项，或者让玩家选择他们喜欢的选项。

24.3.2　标准游戏手柄

标准游戏手柄将使用协作方式。在 controllerAdded() 中，在 //Add code here 注释处，添加如下的代码：

```
if gameControllerType! == .standard,
   let pad:GCGamepad = gameController.gamepad {

}
```

如果当前的控制器是标准类型的，我们访问 gamepad 属性并将其分配给 pad。

在这条 if 语句中，添加如下的代码：

```
pad.buttonA.valueChangedHandler = { button, value, pressed in
   if self.delegate != nil {
      self.delegate!.buttonEvent("buttonA", velocity: value, pushedOn:
pressed)
   }
}
```

这里，我们注册了一个动作，无论何时，当平台检测到一个和 pad.buttonA 不同的值的时候，就会执行该动作。

变化处理程序为动作提供了 3 个变量：一个 button 属性；0.0 到 1.0 之间的一个值，表示用户在按钮上使用了多少大压力；还有 pressed，这是一个布尔值，表示按钮是否处于按下的状态。

然后，如果一个委托可用，我们调用协议中指定的 buttonEvent(_:velocity:pushedOn:) 函数。

直接在这段代码的下方，在相同的 if 语句中，添加如下的代码以包含 D-pad。这就包括了标准控制器上所能找到的所有控制。现在，我们需要告诉游戏场景，使用这些信息做些什么。

```
pad.dpad.up.valueChangedHandler = { button, value, pressed in
   if self.delegate != nil {
      self.delegate!.buttonEvent("dpad_up", velocity: value, pushedOn:
pressed)
   }
}
pad.dpad.down.valueChangedHandler = { button, value, pressed in
   if self.delegate != nil {
      self.delegate!.buttonEvent("dpad_down", velocity: value, pushedOn:
pressed)
   }
}
pad.dpad.left.valueChangedHandler = { button, value, pressed in
   if self.delegate != nil {
      self.delegate!.buttonEvent("dpad_left", velocity: value, pushedOn:
pressed)
   }
}
pad.dpad.right.valueChangedHandler = { button, value, pressed in
   if self.delegate != nil {
      self.delegate!.buttonEvent("dpad_right", velocity: value, pushedOn:
pressed)
   }
}
```

24.3.3　使用控制器命令

现在该在游戏的场景中实现委托了。打开 GameScene.swift，并且将该类的声明更新如下：

```
class GameScene: SKScene, tileMapDelegate, SKPhysicsContactDelegate,
SKTGameControllerDelegate {
```

注意，我们已经添加了 SKTGameControllerDelegate。现在，需要包含该协议中的两个函数。

在 didMoveToView(_:) 中包含如下的代码，放在该函数的底部：

```
//Game Controllers
SKTGameController.sharedInstance.delegate = self
```

这会将游戏控制器的委托设置为当前场景。在游戏场景类的底部，添加如下的代码：

```
//MARK: SKTGameController Delegate

func buttonEvent(event:String,velocity:Float,pushedOn:Bool) {

}

func stickEvent(event:String,point:CGPoint) {

}
```

第 23 章引入了 tapState 属性，当用户触摸屏幕的时候，它允许我们针对不同的状态使用不同的交互。我们可以使用同一个属性来定义如何处理按钮交互。

给 buttonEvent(_:velocity:pushedOn:)添加如下的代码：

```
switch tapState {
case .startGame:
   if event == "buttonA" {
      stateMachine.enterState(GameSceneActiveState.self)
   }
   break
case .dismissPause:
   if event == "buttonA" {
      stateMachine.enterState(GameSceneActiveState.self)
   }
   break
case .nextLevel:
   if event == "buttonA" {
      if let scene = GameScene(fileNamed:"GameScene") {
         scene.scaleMode = (self.scene?.scaleMode)!
         let transition = SKTransition.fadeWithDuration(0.6)
         view!.presentScene(scene, transition: transition)
      }
   }
   break
case .attack:

   break
default:
   break
}
```

这段代码几乎和 touchesBegan(_:withEvent:)中的代码相同。较大的变化在于，我们把每个事件都包含到了一条 if 语句中，这条 if 语句测试玩家是否按下了按钮 A。

如果你拥有一个标准格式的控制器，可以编译并运行游戏，确保用按钮 A 取消了开始屏幕和任何游戏结束的场景，如图 24-4 所示。

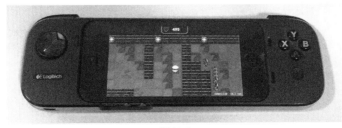

图 24-4

很多标准的格式控制器是用 USB 连接，而不是用蓝牙连接的，如图 24-4 所示。记住，如果你想要使用这种控制器来测试游戏，必须用线缆直接连接到 Mac 上编译并运行，然后，拔掉线缆，并且将手机放到控制器中。

这个工作流程可能会让人感到沮丧，这就是为什么我们推荐你使用带有蓝牙的扩展控制器来进行测试。

24.3.4　移动控制

协作的方式在这里工作的很好，但是，你可能需要游戏根据连接到哪个控制器来做出决策。

首先，将 buttonEvent(_:velocity:pushedOn:) 中的.attack case 更新为如下所示：

```
case .attack:
  if event == "dpad_up" {
    movement.y = CGFloat(velocity)
  }
  if event == "dpad_down" {
    movement.y = CGFloat(velocity) * -1
  }
  if event == "dpad_left" {
    movement.x = CGFloat(velocity) * -1
  }
  if event == "dpad_right" {
    movement.x = CGFloat(velocity)
  }
break
```

速率度量并不仅仅适用于按钮，它也可以用于 D-pad。使用速率，将会使玩家能够进行更好的移动控制，也使得游戏感觉很平滑。

现在，滚动到 update(_:)并且将移动部分更新为如下所示：

```
  //Motion
#if os(iOS)
if (self.motionManager.accelerometerData != nil) {
  //1
  var motion = CGPointZero
  if self.motionManager.accelerometerData!.acceleration.x > 0.02 ||
    self.motionManager.accelerometerData!.acceleration.x < -0.02 {
    motion.y =
      CGFloat(self.motionManager.accelerometerData!.acceleration.x)
  }
  if self.motionManager.accelerometerData!.acceleration.y > 0.02 ||
    self.motionManager.accelerometerData!.acceleration.y < -0.02 {
    motion.x =
      CGFloat((self.motionManager.accelerometerData!.acceleration.y) *
-1)
  }
  //2
  if (SKTGameController.sharedInstance.gameControllerConnected == true) {
    //3
    if (SKTGameController.sharedInstance.gameControllerType ==
      .standard) {
      self.playerAttack = motion
    }
  } else {
    self.movement = motion
```

```
    }
  }
#endif
```

1. 我们分配了一个 motion 变量，而不是直接将 motion 设置为 movement 属性。

2. 如果连接到控制器了，配置该控制器。如果没有找到控制器，将 motion 分配给 movement 属性。

3. 如果控制器类型是标准的，使用 motion 来瞄准武器。如果控制器类型是扩展的，那么，不需要使用动作，相反，使用额外的摇杆就能很好地完成。

每次调用游戏循环的时候检查控制器状态，还有一个额外的好处，即可以在可用的控制类型之间容易地且无缝地切换。

编译并运行，现在可以通过 D-pad 来移动玩家了，移动设备以确定攻击方向，并且使用 A 按钮来提出屏幕按钮。

24.3.5 扩展游戏手柄

扩展的控制器类型有众多的控制可以使用，因此，不需技巧就能得到很好的结果。

回到 SKTGameController.swift，在 controllerAdded() 中，在用于标准控制器类型的 if 语句下方，添加如下的代码：

```
if gameControllerType! == .extended,
  let extendedPad:GCExtendedGamepad = gameController.extendedGamepad {

}
```

对于标准控制器来说，也是一样的，首先检查类型，然后根据其类型来访问游戏控制器的相关属性。

现在，在该 if 语句之中，添加如下的代码：

```
//1
extendedPad.buttonA.valueChangedHandler = { button, value, pressed in
  if self.delegate != nil {
    self.delegate!.buttonEvent("buttonA", velocity: value, pushedOn:
pressed)
  }
}
//2
extendedPad.leftThumbstick.valueChangedHandler = { dpad, xValue, yValue
in
  if self.delegate != nil {
    self.delegate!.stickEvent("leftstick", point:CGPoint(x:
CGFloat(xValue),y: CGFloat(yValue)))
  }
}
extendedPad.rightThumbstick.valueChangedHandler = { dpad, xValue, yValue
in
  if self.delegate != nil {
    self.delegate!.stickEvent("rightstick", point:CGPoint(x:
CGFloat(xValue),y: CGFloat(yValue)))
  }
}
```

1. 按照和标准控制器中所做的相同的方式，实现 A 按钮。

2. 摇杆有点不同。它们传入 x 值和 y 值，你可以用该值来创建 CGPoint 以表示角色移动。每个值的范围在-1.0 到 1.0 之间，0 表示静止。

回到 GameScene.swift，滚动到 stickEvent(_:point:)，并且添加如下的代码：

```
switch tapState {
  case .attack:
    if event == "leftstick" {
```

```
        movement = point
      }
      if event == "rightstick" {
        playerAttack = point
      }
      break
  default:
    break
  }
```

好了！如果有可用的扩展控制器的话，连接一个，编译并运行，以尝试一下。

可以使用左摇杆来移动英雄，用右摇杆在移动它的方向上进行攻击，用 A 按钮来退出屏幕菜单。接下来，继续实现微控制器。但是，由于微控制器只能够在 Apple TV 上工作，我们先要支持它。

24.4　添加 tvOS 目标

从 Xcode 的菜单栏中，选择 File，然后是 New，最后是 Target...，然后添加 tvOS 目标。

在模板选择器中，从左边的菜单中选择 tvOS/Application，然后是 Game，如图 24-5 所示。

图 24-5

点击 Next 按钮。

在选项中，将该目标的 Product Name 指定为 DelveTV，确保 Language 设置为 Swift，并且 Game Technology 是 SpriteKit。点击 Finish 按钮。此时，在 Apple TV 或者 tvOS 模拟器上编译并运行 DelveTV 目标。你将会看见常规的示例工程，如果点击或者在遥控器的触摸板上点击，会出现一个旋转的飞船。可我们是要深入地牢，而不是跑到太空中。找到 DelveTV 文件夹，将其重命名为 TV Controller，并且删除如下的文件，如图 24-6 所示。

现在，找到位于 starter\Resources 的资源文件，并且将名为 Assets.xcassets 的文件夹拖放到同一个组中。

确保当选择目标的时候，只选择了 DelveTV，如图 24-7 所示。

图 24-6

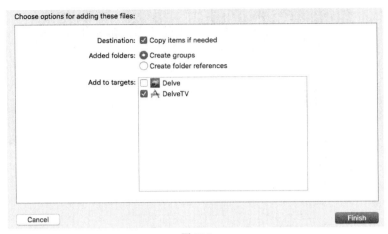

图 24-7

点击 Finish 按钮。

这个资源文件包含了 Delve 的 App 图标、上架图像和启动图像。在 TV Controller 目标文件夹中，访问 Info.plist，并且将 Bundle 名修改为 Delve，以覆盖目标名称。Delve 的每一个组中的每一个文件，现在都必须将其目标关系更新为可用的目标，如图 24-8 所示。

查看每一个文件，并且从 Utilities 面板中，将两个目标都选中，如图 24-9 所示。

图 24-8　　　　　　　　　　　　　　　　　　　　图 24-9

将 iOS Controller\AppDelegate.swift 也添加到 tvOS 目标。

当完成之后，编译并运行游戏，确保它不会崩溃，这就验证了我们已经设置了所有正确的目标。

在启动界面之后，你将会毫无由来地得到一个空白的界面。在搞清楚原因，先看一下 TV Controller 组中的 GameViewController.swift。注意一下，这个场景是如何创建得略有不同的。默认的 GameViewController. swift 是用新的目标生成的，而这个新的目标需要做出一点小小的改变。

将场景的声明更新为如下所示：

```
if let scene = GameScene(fileNamed: "GameScene") {
```

编译并运行，以看看结果。

注　意

想要知道为什么会出现这种未知的错误？显然，场景没有加载，因为背景默认是灰色的。

场景声明是一个 if-let，这意味着，如果这行代码由于任何原因而失败了，它将不会运行并且不会产生一个错误。正因为如此，我们知道这就是导致失败的地方。

现在，场景将会加载，但是，GUI 还是有几个问题需要注意，如图 24-10 所示。

打开 GUI.xcassets 文件夹，从中间靠左的菜单中选择一幅图像，并且看一下 Attributes 检视器中的设备，如图 24-11 所示。

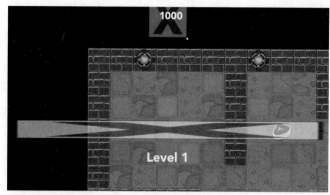

图 24-10

除了 Universal 选项之外，还选中 Apple TV 复选框，因为 Universal 选项并不包含 tvOS。

现在，导航到 projects\starter\Resources\tvOS GUI 文件夹，其中，可以找到每一个 GUI 组件，将每一个组件都拖放到 GUI.xcassets 文件夹下其相应的位置，如图 24-12 所示。

图 24-11   图 24-12

再次编译并运行，一切看上去都挺好，如图 24-13 所示。但是，还没有得到安宁，还需要实现游戏控制器支持。

图 24-13

24.5　在 tvOS 上支持控制器

默认情况下，Apple TV 遥控器可以和标准的 iOS 函数交互，例如 touchesBegan(_:)函数。如果想要将 Apple TV 的遥控器设置为一个定制的微控制器，那么，你不想要这个标准函数干扰到遥控器。

Apple 已经提供了一种简单的方法来控制这些交互。

访问以 tvOS 为目标的 GameViewController.swift，并且更新 import，以包含 GameController 框架：

```
import GameController
```

现在，将该类的声明更新为如下所示：

```
class GameViewController: GCEventViewController {
```

GameController 框架包含了用于特定用途的 GCEventViewController，它允许控制视图控制器响应 Apple TV 遥控器的方式。

在 viewDidLoad() 中，在实例化游戏场景之前，添加如下代码行：

```
controllerUserInteractionEnabled = false
```

这会关闭控制器的标准功能，例如，游戏控制器的 B 按钮现在不会退出游戏了。

当连接到一个游戏控制器时，GCControllers.controllers() 将返回两个控制。在较早的测试版编译中，游戏控制器可能会自动采用索引 0，考虑到遥控器和游戏控制器之间的无缝转换。在最后的测试编译中，你将必须自己检查该索引。

回到 SKTGameController.swift，并且在 #elseif os(tvOS) 语句的顶部添加如下代码行，以更新 controllerStateChanged(_:)。

```
if gameController.vendorName == "Remote" &&
   GCController.controllers().count > 1 {
     gameController = GCController.controllers()[1] as GCController
}
```

如果位于第一个索引的控制器的名称是"Remote"，并且还连接到了多个控制器，那么，将当前控制器修改为索引为 1 的控制器。

24.5.1 连接到控制器

我们前面设置的扩展控制器，也会在 tvOS 上工作，现在，我们已经完成了这一基本设置。

在 Apple TV 上，打开 Settings/Remotes and Devices/Bluetooth 并配对控制器，如图 24-14 所示。不要忘了，先要解除和 iOS 设备的配对，因为一个控制器同时只能够和一个设备配对。

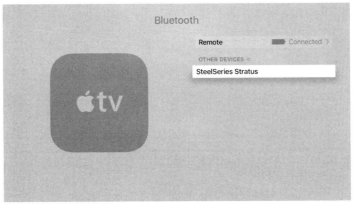

图 24-14

编译并运行。遥控器还是不能像预期的那样工作，因为你还没有设置微控制器。然而，连接的游戏控制器将会像在 iOS 版本中一样地工作了。

24.5.2 微游戏手柄

就像标准的和扩展的游戏手柄一样，我们还需要为微游戏手柄控制设置值处理程序。

要注意，当把 Apple TV 遥控器当做控制器使用的时候，其功能有点不同。播放/暂停按钮将会变成所谓的 X 按钮，而 Menu 按钮变成了暂停按钮，并且屏幕按钮变成了 Home 按钮。

我们将使用切换的方法来处理微控制器相关的控制问题。

当玩家按下 X 按钮的时候，D-pad 将会改变攻击的方向。

在 SKTGameController.swift 中，添加如下这个新的属性：

```
var lastShootPoint = CGPoint.zero
```

然后，在 controllerStateChanged(_:)中，在两个 if os(...)语句块之后，添加如下这段代码：

```
#if os(tvOS)
if gameControllerType! == .micro,
  let microPad:GCMicroGamepad = gameController.microGamepad {

  //1
    microPad.buttonA.valueChangedHandler = { button, value, pressed in
      if self.delegate != nil {
        self.delegate!.buttonEvent("buttonA", velocity: value, pushedOn:
pressed)
      }
    }

    //2
    microPad.allowsRotation = true
    //3
    microPad.reportsAbsoluteDpadValues = true
    //4
    microPad.dpad.valueChangedHandler = { dpad, xValue, yValue in
      if self.delegate != nil && !microPad.buttonX.pressed {
        self.delegate!.stickEvent("leftstick", point:CGPoint(x:
CGFloat(xValue),y: CGFloat(yValue)))
      }
      if self.delegate != nil && microPad.buttonX.pressed {
        // 5
        let curShootPoint = CGPoint(x: CGFloat(xValue),y:
CGFloat(yValue))
        self.lastShootPoint = self.lastShootPoint * 0.9 + curShootPoint *
0.1
        self.delegate!.stickEvent("rightstick",
point:self.lastShootPoint)
        self.delegate!.stickEvent("leftstick", point:CGPoint(x: 0.0,y:
0.0 ))
      }
    }
}
#endif
```

这段代码做了很多事情，让我们分段来看看：

1. 这里处理了标准 A 按钮的功能。

2. 当你以竖向模式按下遥控器的时候，D-pad 像预期的那样工作；如果将遥控器变为横向的，并且期望它改变 D-pad 控制的方向，那么，这个值需要为 true。

3. 绝对值把触摸区域的中心当做是 D-pad 的中心；而非绝对值将触摸的第一个点当做是 D-pad 的中心，并且根据每一次新的触摸来相应地调整。

4. 微控制器根据按钮的不同状态，提供不同的事件。

5. 我们不想使用右摇杆的直接输入，因为用户一开始在触摸板上移动手指，只是想要将角色稍微移动一下，然后再释放播放/暂停按钮。如果使用了直接输入，这将会导致他们朝着移动的方向射击，这会导致糟糕的体验。相反，这里我们将根据之前的射击输入，混合了射击输入，从而更准确地反应出玩家的意图。

按下 Apple TV 遥控器上的 A 按钮和点击 D-pad 的触摸区域，作用是相同的。

　　还有最后一件事情。别忘了，在 tvOS 上，触摸处理程序仍然是调用的，并且我们不想在 tvOS 的攻击状态中做任何的事情。因此，在 touchesBegan(_:withEvent:) 中，使用一个 ifdef，将如下内容包含到 case .attack: 中。

```
case .attack:
  #if (iOS)
  for touch in touches {
     let location = touch.locationInNode(self)
     if let player = worldLayer.childNodeWithName("playerNode") {
       playerAttack = location - player.position
     }
  }
  #endif
  break
```

　　找到 tvOS 设置菜单，并且断开控制器连接（如果之前连接了的话），以便只连接到遥控器。编译并运行。使用 D-pad 移动，并且保持按下播放/暂停按钮，以便朝着你在 D-pad 上按下的方向停下来并开始射击。确保将控制器保持为横向模式。

　　现在，在控制器和遥控器上的控制都感觉有一点点快了。加速度计控制的感觉很好，因此，需要确保在修复其他的控制器的时候，不会影响到加速度计控制的速度。

　　记住，tvOS 遥控器也有一个加速度计。尽管你不会在本章中使用它，但是，对于合适的游戏，遥控器的加速度计能够增强游戏设计，并且弥补 Apple TV 上的控制的局限性。

24.5.3　绑定控制

标准的控制器的 D-pad 和默认的加速度计控制，会让你感觉到它们在以合理的速度移动角色。

　　扩展的控制器和 Apple TV 遥控器，似乎是要表现一种特别的加速，并且移动的感觉不是很自然。这两种控制器类型都使用 GameScene.swift 中的 stickEvent(_:point:)，现在就打开它，将其更新为：

```
//1
func stickEvent(event:String,var point:CGPoint) {
  switch tapState {
  case .attack:
    if event == "leftstick" {
      //2
      movement = point.normalize() * 0.5
    }
    if event == "rightstick" {
      playerAttack = point
    }
    break
  default:
    break
  }
}
```

通过这些代码，我们直接做如下的事情：

1. 更新了函数声明，增加了一个 var，使得 point 的值是可以修改的。
2. 通过删除任何额外的加速，让移动正常化，然后，再次减速，使其最大速度与其他的控制保持一致。

好了！编译并运行游戏。现在我们已经成功地在 iOS 上支持 3 种控制格式了，分别是设备、标准游戏手柄和扩展游戏手柄，并且在 Apple TV 上支持两种控制格式，分别是遥控器和扩展游戏手柄。

此时，我们已经使用 GameplayKit 的奇妙功能创建了贴图地图游戏，并且可以很容易地升级和改进这款游戏。我们介绍了程序式生成的强大方法，可以通过该方法使用较为复杂的算法，来创建真正原创的关卡。我们用来开发令人印象深刻的程序式贴图地图游戏的工具箱更加完备了。

24.6　挑战

本章只有一个较小的挑战，帮助你练习使用控制器。

和往常一样，如果你遇到困难，可以在本章的资源中找到解决方案，但是最好先自己尝试一下。

挑战 1：暂停游戏

Apple 的 *Human Interface Guidelines* 是针对所有控制器实现暂停按钮时所必需遵守的指南。

使用我们所学习的游戏状态和变化处理程序，在 Delve 中实现针对所有控制器布局的暂停按钮。

一旦实现了变化处理程序，你需要调用场景委托来改变场景的状态。

第六部分　额 外 章 节

为了感谢你购买本书，我们特意包含了一些额外章节。

在这些章中，我们将学习一些 Sprite Kit 之外的 API，在开发 iOS 游戏的时候，它们很有用。特别的，我们将学习如何在游戏中添加 Game Center 的排行榜和成就，如何使用新的 iOS 9 的 ReplayKit API，以及如何给游戏添加 iAds。

在这个过程中，我们将把这些 API 整合到一款叫做 Circuit Racer 的、自上向下运行的赛车游戏中，在该游戏中，你将扮演一位杰出的赛车手，驾驶着赛车去创造世界纪录。只要不会在赛道上被撞成碎片，那就没有问题。

第 25 章　Game Center 成就

第 26 章　Game Center 排行榜

第 27 章　ReplayKit

第 28 章　iAd

第 29 章　写给程序员的 2D 美工知识

第 25 章　Game Center 成就

Ali Hafizji 撰写

到目前为止，我们在本书中创建的所有小游戏，都只有单个的玩家。我个人更想要有一个友好的竞争环境。

好在，通过 Apple 的 Game Center app 和 API，很容易做到这一点。

● 在接下来的两章中，我们将了解 Game Center 以及如何将其整合到 Sprite Kit 游戏中。具体来说：

● 在本章中，我们将了解 Game Center 并介绍其功能。在此过程中，我们将学习如何认证本地玩家，打开成就功能，并且在你的游戏中添加对成就的支持。

在下一章中，我们将继续介绍 Game Center，并添加对排行榜的支持。

让我们开始比赛吧。

25.1　开始

在接下来的两章中，我们将在一个叫做 Circuit Racer 的赛车游戏中加入 Game Center。

Circuit Racer 是一款令人激动的游戏，但它也相当简单。玩家必须在固定的时间内，围绕赛道完成跑圈。为了增加一点额外的乐趣，玩家必须选择一种车型，并且选择容易、中等和困难等不同难度级别的赛道，如图 25-1 所示。

图 25-1

在本书中，到目前为止，我们已经学习了有关 Sprite Kit 的足够的知识，能够开发自己的游戏了，因此，为节省时间，我们准备了一个初始工程，其中已经实现了游戏设置。这样，你就可以专注于本章的主题 Game Center 了。

这个初始工程对你在本书中已经学习过的知识是一个很好的回顾。在开始之前，你应该先打开 starter 文件夹中的工程，并浏览一下已有的代码。

一个不错的起点应该是 CircuitRacer 组中的 Main.storyboard。这将会使你很好地理解这款游戏是如何架构的，以及在游戏中展示什么样的视图控制器。由于这款游戏也支持 tvOS，所以，对于 tvOS 目标，也会给出一个类似的故事板。

　　现在，选择 CircuitRacer 目标，编译并运行该游戏，并且跑上几圈。你可以和时间比赛，但是仅此而已。你的工作是打开 Game Center，将其加入到 App 中，并且添加玩家可以解锁的特定成就，例如，完成最难的级别。

　　如果你准备好了学习如何给游戏添加更高层级的交互性，那么请系好安全带，带上赛车手套，并且启动你的编码引擎。现在开始！

25.2　Game Center 简介

　　如果你是一位 iOS 游戏玩家，你肯定已经遇到过 Game Center 了。对于用户来说，Game Center 包含了一个 App，它充当一个中央集线器，你可以浏览自己的朋友、排行榜、成就和挑战，如图 25-2 所示。从开发者的角度来看，Game Center 提供了一组 API，你可以将其整合到自己的游戏之中，以支持成就、排行榜、挑战、基于轮次的游戏、实时的多玩家游戏等。

　　为什么要给游戏添加 Game Center 支持呢？好吧，并不仅仅是因为它能够显著地提升你的游戏的趣味性，它还会增加你的游戏的下载量。如果你的游戏支持 Game Center，你将能够有如下的多种其他的方式获益，因为玩家能够发现你的 App：

- 通过列表获得好处：每一个玩家的游戏列表、排行榜和成就都将会列出你的 App。当某人查看朋友的档案的时候，将会看到你的游戏，如图 25-3 所示。
- 朋友挑战和邀请：玩家能够向他们的朋友发出挑战，以超过其最高分，如图 25-4 所示；或者，如果你的游戏支持多玩家的话，玩家可以邀请朋友一起玩。在这两种情况下，Game Center 都会向新玩家提供下载或购买你的 App 的选项，这提供了病毒式传播的增长机制。

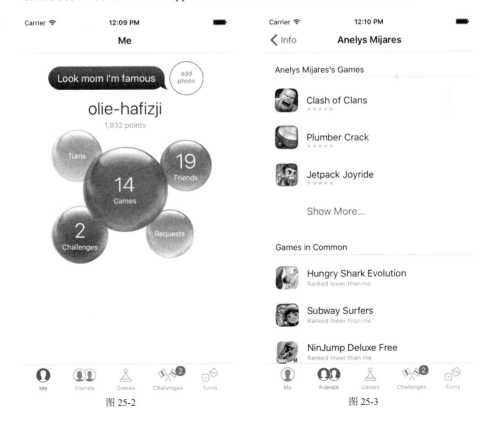

图 25-2　　　　　　　　　　　　　　　图 25-3

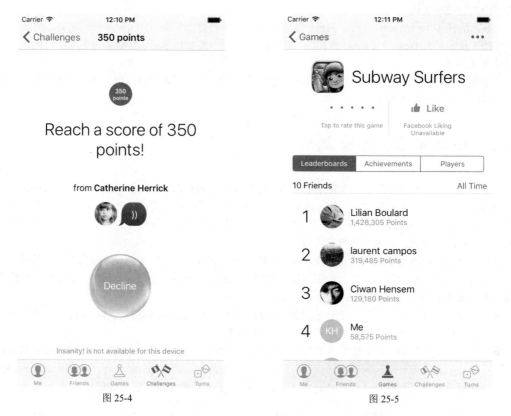

图 25-4   图 25-5

● 更多的评分：Game Center 使得玩家可以很容易地对你的游戏进行评分，或者在 Facebook 上表示喜欢，只要在选择屏幕上提供这些选项就可以了，如图 25-5 所示。鼓励评分的任何方法，对你来说都是有好处的，因为潜在的玩家很可能会去下载那些具有较好和较高评分的游戏。并且，你的游戏将会得到较高的评分，对吗？

既然已经看到了支持 Game Center 的好处，那我们就来学习一下如何曝光其 API，特别是，其最流行的两个功能：成就和排行榜。

25.3 配置 App 以使用 Game Center

要使用 Game Center 做任何的事情，首先，必须将 App 配置为使用它。这包括如下 3 个步骤：

1. 在你的 App 上打开 Game Center 功能。
2. 在 iTunes Connect 上注册你的 App。
3. 打开诸如成就和排行榜等 Game Center 功能。

在本小节中，我们将依次执行这些步骤。

注   意

如果你之前使用过 Game Center，这个过程对你来说就是例行公事。如果是这种情况，请自行完成这些步骤，并且跳转到 25.4 节。

25.3.1 打开 Game Center

在 Xcode 中打开 Circuit Racer 并且选择 CircuitRacer 目标。在 General 标签页中，在 Identity 部分，你将会看到 Bundle Identifier 属性，如图 25-6 所示。

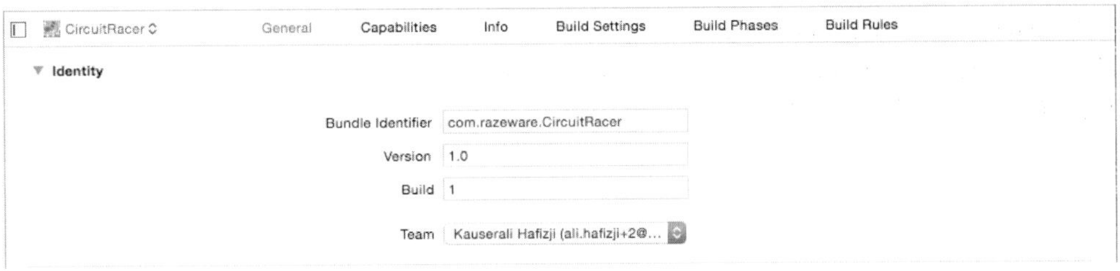

图 25-6

将 Bundle Identifier 属性修改为一个唯一的名称。

> **注　意**
>
> 每个 Bundle Identifier 都必须是全局唯一的。由于 com.razeware.CircuitRacer 和 com.razeware.CircuitRacer-Swift 已经使用了，分别用来选择其他的变体，因此，我们需要考虑另一个唯一的 ID。

然后，将 Team 下拉菜单设置为你的开发者档案。

接下来，选择 Capabilities 标签页。在 Game Center 部分，将选择器切换为 On 状态，如图 25-7 所示。这个功能是 Xcode 5 中引入的，使得你可以很容易地在自己的 App 中打开 Game Center。

图 25-7

就这样，只需要点一下按钮，就可以设置它。这全靠 Xcode。

> **注　意**
>
> 如果你收到一个带有 Fix Issue 按钮的错误，点击该按钮以修正问题。通常，这与给你的 App ID 添加权限有关，或者你需要给出一个唯一的包标识符。

因为 Game Center 还要出现在 tvOS 上，对 CircuitRacer-tvOS 目标也执行相同的操作。然而，为了让这个过程能够正确地工作，你至少应该在 Member Center 中注册一个 Apple TV。如果还没有这么做的话，现在将只能在 iOS 上使用 Game Center。

25.3.2 在 iTune Connect 上注册 App

步骤 2 是在 iTune Connect 上注册 App。

登录到 iTunes Connect。然后，找到 My Apps 并点击左上角的+按钮。选择 New App 以添加一个新的 App。

在第一个界面中，将 iOS 和 tvOS 平台都选中，并且在 App Name 字段中输入一个唯一的值；这就是将要出现在 AppStore 中的名称，因此，它必须是唯一的。我使用的是 "CircuitRacer-Swift"，你需要带上自己的驾驶头盔思考片刻并且提出自己的 App 名字。

由于这是唯一的测试 App，你可以使用诸如[Your Name] Circuit Racer 这样的名称，使用你的真实的名字代替单词"Your Name"。

选择 English 作为 Primary Language。

接下来，输入 100 作为 SKU Number。这可以是任何数字或单词，因此，如果你愿意，可以将其设置为任何内容。最后，选择在上一步中创建的 Bundle ID，如图 25-8 所示。

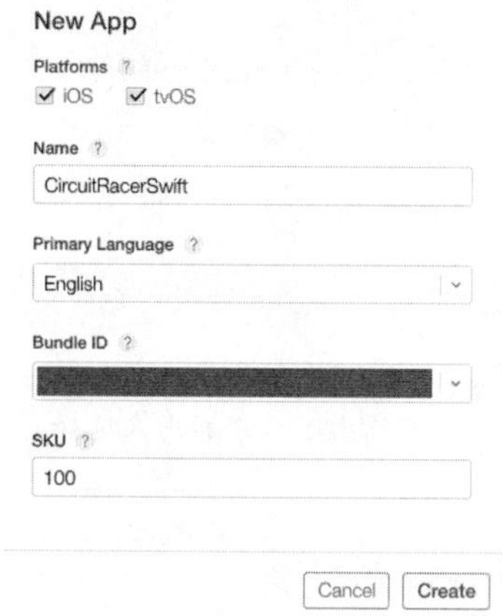

New App

Platforms ?
☑ iOS ☑ tvOS

Name ?

CircuitRacerSwift

Primary Language ?

English

Bundle ID ?

SKU ?

100

Cancel Create

图 25-8

如果 Bundle ID 没有在下拉列表中出现，首先在 Member Center 中验证它是否存在。如果没有，就手动创建它。Xcode 有时候不能够通过 Member Center 创建和注册 Bundle Id。

当输入了所有的值之后，点击 Create 按钮。

在下一个界面中，输入所有必需的细节。由于你只是为了学习本章内容而进行这些步骤，只需要填写必需的值，并且尽可能的简短就可以了。

完成之后，你将会看到如图 25-9 所示的界面。

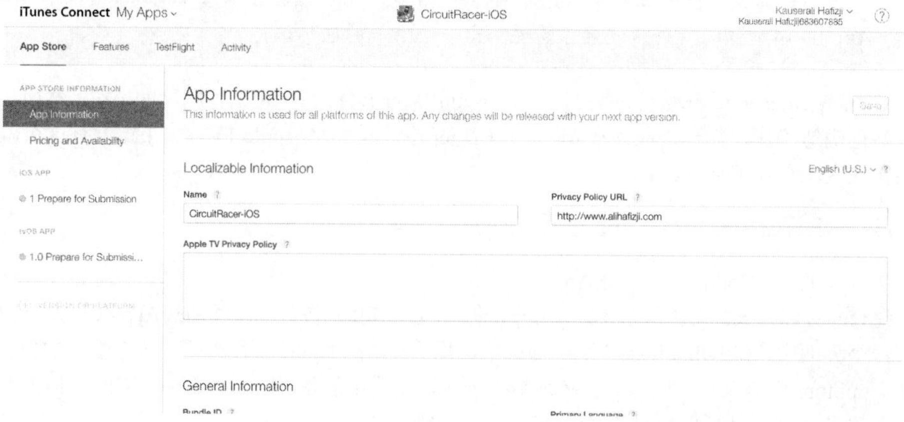

iTunes Connect My Apps ⌄   CircuitRacer-iOS   Kauserali Hafizji ⌄
                                                                          Kauserali Hafizji663607885

App Store   Features   TestFlight   Activity

APP STORE INFORMATION   App Information
App Information   This information is used for all platforms of this app. Any changes will be released with your next app version.   Save
Pricing and Availability

iOS APP   Localizable Information   English (U.S.) ⌄ ?
⊕ 1 Prepare for Submission
                             Name ?   Privacy Policy URL ?
tvOS APP   CircuitRacer-iOS   http://www.alihafizji.com
⊕ 1.0 Prepare for Submissi...
                             Apple TV Privacy Policy ?

VERSIONS OR PLATFORMS

                             General Information

                             Bundle ID ?   Primary Language ?

图 25-9

好了，已经通过 iTunes Connect 注册了 App 了，并且只剩下几个步骤就可以激活 Game Center 了。

25.3.3 配置 Game Center 成就

Circuit Racer 将拥有 4 个成就可供玩家解锁：

1．Destruction Hero（破坏英雄）：当玩家在一次赛车中撞击护栏超过 20 次，他就会获得这一成就。最开始的时候，这个成就是隐藏的，这意味着在得到该成就之前，玩家不会在 Game Center 中看到这个成就。玩家能够多次实现这个成就。

2．Amateur Racer（业余车手）：当玩家完成了容易级别的时候，就会获得这个成就。

3．Intermediate Racer（中级车手）：当玩家完成了中级级别的时候，就会获得这个成就。

4．Professional Racer（专业车手）：当玩家完成了困难级别的时候，就会获得这个成就。

现在该来创建你自己的游戏成就了。在 iTunes Connect 中，选择 Features 按钮，并且从左边的面板中选择 Game Center，如图 25-10 所示。

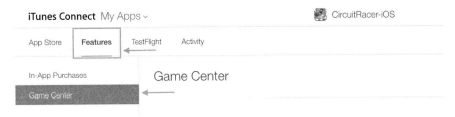

图 25-10

准备好添加第一个成就了吗？

点击 Achievements 部分的+按钮。iTunes Connect 将会给出一个界面，可以在其中输入有关成就的详细信息，如图 25-11 所示。

图 25-11

在 Achievement 子部分，输入如下内容，如图 25-12 所示：

- 在 Achievement Reference Name 处，输入 DestructionHero。这是一个内部名称，可以用来搜索 iTunes Connect 上的成就。
- 在 Achievement ID 处，输入[Your app Bundle ID].destructionhero。这是标识每一个成就的唯一的一个字符串。通常，较好的做法是使用 Bundle ID 作为一个前缀来设置成就 ID，从而保证这个 ID 是全局唯一的。
- 在 Point Value 处输入 100。这指的是赢得成就的点数。每个成就都有一个最大 100 的点数，并且，所有的成就组合起来最多 1000 个点数。

- 在 Hidden 处选择 Yes。这个属性使得成就是隐藏的，直到玩家第一次实现了该成就。
- 在 Achievable More Than Once 处选择 Yes。正如其名称所示，这个属性允许玩家多次赢得该成就。此外，当你将这个属性设置为 Yes 的时候，玩家将能够接受来自其朋友的成就挑战，即便他们已经赢得了该成就。

Achievement

Achievement Reference Name	DestructionHero
Achievement ID	com.razeware.circuitracer_swift.destructionhero
Point Value	100
	900of 1000 Points Remaining
Hidden	Yes ● No ○
Achievable More Than Once	Yes ● No ○

图 25-12

接下来，选择 Add Language in the Achievement Localization 部分，并且添加如图 25-13 所示的详细信息。
- 在 Language 处，选择 English。
- 在 Title 处，输入 Destruction Hero。这是成就的标题，这个标题将会出现在 Game Center 中。
- 在 Pre-earned Description 处，输入 Bang into an obstacle more than 20 times。这个说明会在玩家获得该成就之前显示。
- 在 Earned Description 处，输入 Banged into an obstacle more than 20 times。这个说明会在玩家获得该成就之后显示。
- 从本章的资源中，选择 achievement-destruction.png 作为图像。你需要针对所支持的每一种语言都选择一幅图像，在这里只有一种语言。图像选项位于特定于语言的部分，因为你的图像有可能会包含文本，在这里，并非这种情况，因此，可以针对多种语言重复使用这幅图像。

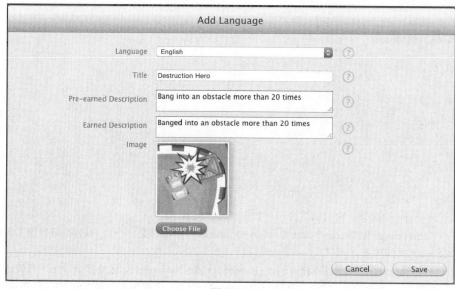

图 25-13

点击 Save 按钮以保存本地化设置。然后，在 Achievements 界面上点击 Save 按钮，这将会把你带回都 Game Center 的主界面。在那里，你将会看在 Achievements 部分看到新的成就，即 Destruction Hero，如图 25-14 所示。

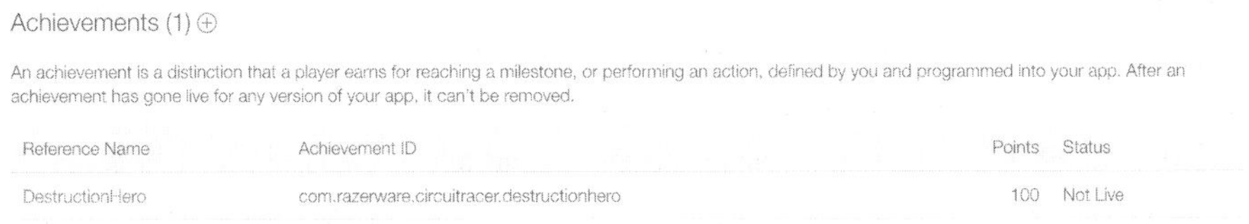

Achievements (1) ⊕

An achievement is a distinction that a player earns for reaching a milestone, or performing an action, defined by you and programmed into your app. After an achievement has gone live for any version of your app, it can't be removed.

Reference Name	Achievement ID	Points	Status
DestructionHero	com.razerware.circuitracer.destructionhero	100	Not Live

图 25-14

现在，既然知道怎么做了，我们按照相同的过程来创建其他 3 个成就。

图 25-15 给出了将来要使用的值，确保用你自己的 Bundle ID 来替代它们。

Achievement reference name	Achievement ID
AmateurRacer	[Your app Bundle ID].amateurracer
IntermediateRacer	[Your app Bundle ID].intermediateracer
ProfessionalRacer	[Your app Bundle ID].professionalracer

图 25-15

对于每个成就，将 Point Value 设置为 100，将 Hidden 设置为 NO，将 Achievable More Than Once 设置为 Yes。

此外，为所有这 3 个成就添加 English 本地化。对于成就的标题和说明，你可以输入任何想要的内容。Resources 文件夹中包含了适用于这 3 个成就的一个图标。

一旦添加了所有的成就，点击右上方的 Save。

好了！现在，已经设置好了一切，该来真正动手来编写一些代码了。

25.4 认证本地玩家

首先，要编写代码来认证本地玩家。没有经过认证的玩家，将无法使用 Game Center 的功能。

在 Xcode 中，在 Shared 组上点击鼠标右键，并选择 New Group。将该组命名为 GameKit。

接下来，在这个新组上点击鼠标右键，并且选择 New File…。选择 iOS\Source \Cocoa Touch Class 模板并点击 Next 按钮。将该类命名为 GameKitHelper，并且让它成为 NSObject 的子类。确保将 Language 设置为 Swift，并点击 Next 按钮。确保将 CircuitRacer 和 CircuitRacer-tvOS 目标都选中。选择 Create 按钮并保存文件。

GameKitHelper 类就是打算放置所有的 Game Center 代码的地方。还有一个附加的好处，就是你能够在自己的游戏中使用同一个类，而不需要重新编写任何内容。现在，这可真是太好了。

打开 GameKitHelper.swift，并且用如下的代码替换其内容：

```swift
import UIKit
import Foundation
import GameKit

class GameKitHelper: NSObject {

  static let sharedInstance = GameKitHelper()

  var authenticationViewController: UIViewController?
  var gameCenterEnabled = false
}
```

GameKit 是一个框架的名称，该框架包含了访问 Game Center 所需的所有类，因此，我们将其和

Foundation 和 UIKit 一起导入。

　　GameKitHelper 类将会充当一个单体，这意味着它是 GameKitHelper 的一个共享的实例，你可以从 App 中的任何地方访问该实例。sharedInstancestatic 变量返回这个实例。

　　在这个类中，我们声明了一个名为 authenticationViewController 的可选属性，下一节将详细介绍它。gameCenterEnabled 属性存储了一个布尔值，正如其名称所示，它告诉你 Game Center 是否打开了。

25.4.1　认证回调

　　由于 Game Center 认证是异步进行的，回调可能在任何时候触发，甚至是当用户在跑圈的时候。为了处理这个问题，我们打算使用 NSNotificationCenter，因此，首先需要做的是为该通知定义一个名称。

　　在 GameKitHelper.swift 的顶部，在 import 语句之后，添加如下的声明：

```
let PresentAuthenticationViewController =
  "PresentAuthenticationViewController"
```

现在，通过添加如下的方法，给这个类添加验证代码：

```
func authenticateLocalPlayer() {

  //1
  let localPlayer = GKLocalPlayer()
  localPlayer.authenticateHandler = {(viewController, error) in

  if viewController != nil {
    //2
    self.authenticationViewController = viewController

  NSNotificationCenter.defaultCenter().postNotificationName(
    PresentAuthenticationViewController, object: self)
    } else if error == nil {
      //3
      self.gameCenterEnabled = true
    }
  }
}
```

这个方法用 Game Center 认证了玩家。下面来一步一步地分析一下代码：

　　1. 首先，设置 GKLocalPlayer 对象的 authenticateHandler。Game Kit 框架可以多次调用这个处理程序。

　　2. 如果玩家没有使用 Game Center App 登录到 Game Center，或者在玩其他的游戏，那么，Game Kit 框架将会传递一个视图控制器给 authenticateHandler 闭包。这是你作为游戏开发者的职责，即在适当的时候把这个视图控制器呈现给用户。理想情况下，你应该尽可能早地这么做。你将把这个视图控制器存储在 authenticationViewController 变量中。这段代码还会发起你的通知。

　　3. 如果玩家已经登录到 Game Center 了，通过将 enableGameCenter 布尔变量设置为 true，以打开所有的 Game Center 功能。

　　现在，使用 Game Center 认证用户的代码已经准备好了，你所需要做得只是调用它。

25.4.2　将认证加入到游戏中

　　暂停片刻，思考一下游戏的架构。Circuit Racer 中的每一个界面，都是一个单独的视图控制器，并且是通过一个导航视图控制器来控制的。因此，我们打算创建 UINavigationViewController 的一个子类来实现认证。

　　在 Shared\ViewControllers 组上点击鼠标右键，选择 New\File…，并且选择 Cocoa Touch Class 模板，将你的类命名为 CircuitRacerNavigationController，并且让其成为 UINavigationController 的一个子类。确保所选择的 Language 为 Swift，并且点击 Next 按钮。像前面一样，把两个目标都添加。

现在，需要将游戏导航控制器的类设置为新的类。打开 CircuitRacer\Main.storyboard，并且选择导航控制器，如图 25-16 所示。

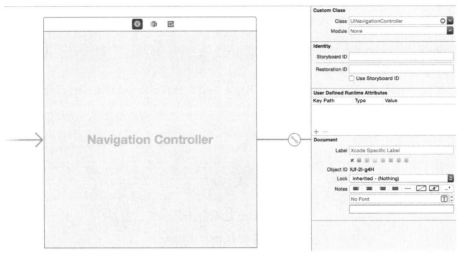

图 25-16

在 Identity 检视器中，在 Custom Class 中，将 Class 属性设置为 CircuitRacerNavigationController，如图 25-17 所示。

通过修改 CircuitRacer-tvOS\Main.storyboard 中的导航控制器的 Class 属性，对 tvOS 目标也执行相同的步骤。打开 CircuitRacerNavigationController.swift 并且覆盖 viewDidLoad()，如下所示：

图 25-17

```swift
override func viewDidLoad() {
  super.viewDidLoad()

  NSNotificationCenter.defaultCenter().addObserver(self,
    selector:
#selector(CircuitRacerNavigationController.showAuthenticationViewControll
er),
    name: PresentAuthenticationViewController, object: nil)
  GameKitHelper.sharedInstance.authenticateLocalPlayer()
}
```

我们直接注册了 PresentAuthenticationViewController 通知，并且调用了 GameKitHelper 类的 authenticateLocalPlayer()。

注　意

作为一般性的规则，只要游戏启动，应该总是认证本地玩家。

接下来，添加如下的两个方法：

```swift
func showAuthenticationViewController() {

  let gameKitHelper = GameKitHelper.sharedInstance

  if let authenticationViewController =
    gameKitHelper.authenticationViewController {
      topViewController?.presentViewController(
        authenticationViewController,
        animated: true, completion: nil)
```

```
    }
  }

deinit {
    NSNotificationCenter.defaultCenter().removeObserver(self)
```

通过这些方法，我们直接在导航栈的顶部视图中呈现认证视图控制器，并且当分配该对象的时候，解除对通知的注册。

编译并运行。如果一切顺利，当游戏启动的时候，系统将会显示出 Game Center 认证视图，输入你的信息并继续，如图 25-18 所示。

图 25-18

你已经知道了，只需要对 Game Center 认证一次。下一次启动游戏的时候，Game Center 将会显示如图 25-19 所示的一个标志。

图 25-19

注　意

在编写本章的时候，还没有办法在 tvOS 上创建一个 Game Center 账户。因此，要认证用户，你首先必须使用 Settings App 并用一个有效的身份登录。打开 Settings App，并导航到 Accounts/Game Center 以登录。

25.5 添加成就

在 25.3.3 小节中，我们在 iTunes Connect 中给游戏添加了 4 个成就，因此，现在，我们可以直接在 Circuit Racer 中编写代码，以便在相应的时候颁发成就。

打开 GameKitHelper.swift 并添加如下的方法。要报告一项成就，首先需要创建一个 GKAchievement 对象，它存储了成就的标识符及其完成的百分比。我们稍后将创建它，但是现在，假设有了这样的一个数组，我们想要将其报告给 Game Center。

```swift
func reportAchievements(achievements: [GKAchievement],
  errorHandler: ((NSError?)->Void)? = nil) {

  guard gameCenterEnabled else {
    return
  }

  GKAchievement.reportAchievements(achievements,
    withCompletionHandler: errorHandler)
}
```

好消息是，一旦有了这个数组，当你想要发送的时候，只需要一行代码就够了，直接从 GKAchievement 调用 reportAchievements(_:errorHandler:)。这个方法会自动为你处理网络错误，并且将数据重新发送到 Game Center，直到数据成功送达。

25.5.1 为成就创建一个辅助类

要处理 Circuit Racer 的成就，我们打算创建一个辅助类。这将会确保与如何创建 CircuitRacer 的成就相关的代码，都会放在一个位置。此外，没有将这些代码放到 GameKitHelper 中，就保证了可以在游戏中使用该类而不会和 Circuit Racer 有任何关联。

在 GameKit 组上点击鼠标右键，选择 New File…，选择 Swift File 模板并且点击 Next 按钮。将该文件命名为 AchievementsHelper.swift 并且点击 Create 按钮。确保这是两个目标的一部分。

打开 AchievementsHelper.swift，并用如下的代码替换其内容：

```swift
import Foundation
import GameKit

class AchievementsHelper {

  static let MaxCollisions = 20
  static let DestructionHeroAchievementId =
    "com.razeware.CircuitRacer.destructionhero"
  static let AmateurAchievementId =
    "com.razeware.CircuitRacer.amateurracer"
  static let IntermediateAchievementId =
    "com.razeware.CircuitRacer.intermediateracer"
  static let ProfessionalHeroAchievementId =
    "com.razeware.CircuitRacer.professionalracer"
}
```

注 意

将成就 ID 修改为和你在 iTunes Connect 中所创建的 ID 一致。记住，要区分大小写。

接下来，添加如下的类方法：

```
class func collisionAchievement(noOfCollisions: Int)
  -> GKAchievement {

  //1
  let percent =
    Double((noOfCollisions/AchievementsHelper.MaxCollisions)
      * 100)

  //2
  let collisionAchievement = GKAchievement(
    identifier: AchievementsHelper.DestructionHeroAchievementId)

  //3
  collisionAchievement.percentComplete = percent
  collisionAchievement.showsCompletionBanner = true
  return collisionAchievement

}
```

这是一个静态的辅助方法，它使得你很容易报告 Destruction Hero 成就的进度。记住，一旦用于在单个的一圈中碰撞围栏达到 20 次，就会授予此成就。

collisionAchievement(_:)接受的一个参数指定了到目前为止发生碰撞的次数。它返回一个 GKAchievement，你可以将其发送给刚才编写的 reportAchievements(_:errorHandler:)方法。

如下是该方法的一个分步介绍：

1．报告成就进度，即便只是部分地完成了该成就。这会根据玩家目前撞击的次数和在静态变量 MaxCollisions 中设置的最大撞击次数（20）的比值，计算出所完成的百分比。

2．使用 Destruction Hero 成就标识符来创建一个 GKAchievement 对象。

3．将 GKAchievement 对象的 percentComplete 属性，设置为在步骤 1 中计算的值。

现在，有了一个辅助方法来创建 Destruction Hero 成就了，我们该对每个难度级别对应的成就做相同的事情了。记住，只有当玩家完成了相应的级别，才会解锁这些成就。

添加如下的方法：

```
class func achivementForLevel(levelType: LevelType) -> GKAchievement {
  var achievementId = AchievementsHelper.AmateurAchievementId

  if levelType == .Medium {
    achievementId = AchievementsHelper.IntermediateAchievementId
  } else if levelType == .Hard {
    achievementId = AchievementsHelper.ProfessionalHeroAchievementId
  }

  let levelAchievement = GKAchievement(identifier: achievementId)

  levelAchievement.percentComplete = 100
  levelAchievement.showsCompletionBanner = true

  return levelAchievement
}
```

这个方法和 collisionAchievement(_:)类似，并且它根据游戏的级别创建了一个成就。

现在，我们已经准备好这些辅助方法了，需要在游戏中使用它们。

25.5.2　将成就整合到游戏中

打开 GameScene.swift，并且导入 GameKit 框架：

```
import GameKit
```

接下来，给该类添加一个变量，以记录汽车和围栏之间碰撞的次数：

```
var noOfCollisions: Int = 0
```

我们还需要为物理分类定义常量，一个常量用于汽车，一个常量用于围栏。我们将使用这些物理分类来确定发生碰撞的物体是否是汽车和围栏。对于围栏和其他的围栏的碰撞，我们不感兴趣。

声明如下的分类：

```
static let CarCategoryMask: UInt32 = 1
static let BoxCategoryMask: UInt32 = 2
```

注　　意

在本书前面的章节中，我们介绍过碰撞分类，因此，现在它们看上去可能有些熟悉。这是一个好现象。

在 didMoveToView(_:) 中，添加如下这行代码，将 contactTestBitMask 设置为和汽车节点对应的掩码：

```
childNodeWithName("car")?.physicsBody?.contactTestBitMask =
    GameScene.BoxCategoryMask
```

接下来，需要告诉场景相关的实体碰撞。创建实现了 SKPhysicsContactDelegate 的一个扩展，然后，在该扩展中，实现 didBeginContact(_:) 以测试汽车和围栏之间的碰撞：

```
extension GameScene: SKPhysicsContactDelegate {
    func didBeginContact(contact: SKPhysicsContact) {
        if contact.bodyA.categoryBitMask != UInt32.max
            && contact.bodyB.categoryBitMask != UInt32.max
            && (contact.bodyA.categoryBitMask + contact.bodyB.categoryBitMask
                == GameScene.CarCategoryMask + GameScene.BoxCategoryMask) {

            noOfCollisions += 1
            runAction(boxSoundAction)
        }
    }
}
```

游戏中每次有两个物理实体碰撞的时候，都会调用 didBeginContact(_:)。如果是汽车和围栏之间的碰撞，我们会将前面所声明的碰撞计数增加 1，为了增加乐趣，还会播放碰撞的声音。

最后，在 didMoveToView(_:) 的末尾添加如下这行代码，将 GameScene 对象设置为物理实体接触委托：

```
physicsWorld.contactDelegate = self
```

好了，现在，剩下的工作就只有报告成就了。添加如下的新方法：

```
func reportAllAchievementsForGameState(hasWon: Bool) {

    var achievements = [GKAchievement]()

    achievements.append(AchievementsHelper.collisionAchievement(
        noOfCollisions))

    if hasWon {
        achievements.append(AchievementsHelper.achivementForLevel(
            levelType))
    }

    GameKitHelper.sharedInstance.reportAchievements(achievements)
}
```

在该方法中，传入一个布尔值，它描述了玩家在游戏中胜出还是失败。如果玩家获胜了，为该级别创建一个成就，并且将其报告给 Game Center。或者用同样的方法，报告碰撞成就。

最后，需要在游戏中调用该方法。切换到 GameActiveState.swift 并且在 updateWithDeltaTime(_:)中，将代码修改为如下所示，以检查"game over"状态。

```
if timeInSeconds < 0 || numberOfLaps == 0 {
  if numberOfLaps == 0 {
    stateMachine?.enterState(GameSuccessState.self)
    gameScene.reportAllAchievementsForGameState(true)
  } else {
    stateMachine?.enterState(GameFailureState.self)
    gameScene.reportAllAchievementsForGameState(false)
  }
}
```

在上面的代码中，我们调用了新的函数 reportAllAchievementsForGameState(_:)，并传入一个布尔值表示获胜/失败状态。

现在该来运行一些测试了。

编译并运行程序，并尝试在每一个赛道上获胜。我知道完成所有的 3 个级别可能有点难度，但是，如果你想得到这些成就的话，最好在时间用尽之前完成这些跑圈。每次你获得一个成就，Game Center 就会显示一个如图 25-20 所示的横幅。

图 25-20

成就解锁了：你已经成功地给游戏添加了成就。

25.6 初始化内建的用户界面

你的游戏中已经有了成就，但是，如果玩家想要看看他目前为止所解锁的成就，该怎么办呢？

此时，他们自己的选择是，在内建的 Game Center App 中查看其成就。但是，当然，这要求玩家离开你的 App，这可不是什么好事。如果有一种方式，让玩家能够在你的 App 中看到他们的进度，那要好很多，好在，真有这种方法。

Game Kit 框架提供了一个叫做 GKGameCenterViewController 的类，它允许玩家从游戏之中查看自己的成就、排行榜以及挑战，并且，我们打算给 Circuit Racer 添加这个类。

为了显示 Game Center 视图控制器，GameKitHelper 类需要遵守 GKGameCenterControllerDelegate 协议。

打开 GameKitHelper.swift，并且创建一个扩展，实现相应的协议并删除 gameCenterViewController：

```
extension GameKitHelper: GKGameCenterControllerDelegate {
  func gameCenterViewControllerDidFinish(
    gameCenterViewController: GKGameCenterViewController) {

    gameCenterViewController.dismissViewControllerAnimated(true,
      completion: nil)
  }
}
```

要显示 Game Center 视图控制器，给该类添加如下的方法：

```
func showGKGameCenterViewController(viewController: UIViewController) {
  guard gameCenterEnabled else {
    return
  }

  //1
  let gameCenterViewController = GKGameCenterViewController()

  //2
  gameCenterViewController.gameCenterDelegate = self

  //3
  viewController.presentViewController(gameCenterViewController,
    animated: true, completion: nil)
}
```

上面的方法负责创建并显示 GKGameCenterViewController。做到这一点的步骤是：

1. 首先，初始化 GKGameCenterViewController 对象。

2. 接下来，设置 GKGameCenterViewController 的委托。
当用户完成和视图控制器的交互的时候，Game Center 通知
委托。

3. 最后，显示视图控制器。

这就是显示 GKGameCenterViewController 所需的所有工
作，现在，我们需要将其加入到 Circuit Racer 中。

将 UI 加入游戏中

打开 CircuitRacer\Main.storyboard，并且导航到主屏幕视
图控制器。

将一个按钮拖放到该视图控制器中。将其 Type 设置为
Custom，删除其标题，并且将图像设置为 btn_gamecenter。

此时，视图控制器如图 25-21 所示。

图 25-21

为了让按钮正确地显示，将其宽度设置为 300，高度设
置为 54，将 x 位置设置为 149，将 y 位置设置为 498，然后，应用如图 25-22 所示的约束条件。

	Ctrl+drag from	Ctrl+drag to	Menu option
Constraint 1	Game Center button	Game Center button	**Aspect Ratio**
Constraint 2	Game Center button	Play button	**Center Horizontally**
Constraint 3	Game Center button	Background image	**Center Vertically**
Constraint 4	Game Center button	Play button	**Equal Widths**

图 25-22

接下来，选择 Play 按钮并且在 Size 检视器中查看约束条件。在 Align Center Y 约束上双击。确保 Button.Center.Y 在上面，并且将 Constant 设置为 0，将 Multiplier 设置为 1.29，如图 25-23 所示。

类似地，选择 Game Center 按钮并且在 Size 检视器中查看按钮的约束条件。在 Align Center Y 约束上双击。确保 Button.Center.Y 是第 1 项，并且将 Constant 设置为 0，将 Multiplier 设置为 1.75。

按钮现在将会居中，并且在所有设备上，都处于一个合适的位置。

最后，需要给 Game Center 按钮添加动作。选择 HomeScreenViewController 并确保辅助编辑器是打开的，而且显示了 HomeScreenViewController.swift。按下 Control 键并拖动 Game Center 按钮到 HomeScreenViewController.swift，并且输入 gameCenter 作为名称。对于 Connection，选择 Action；对于 Type，选择 UIButton，然后点击 Connect 按钮，如图 25-24 所示。

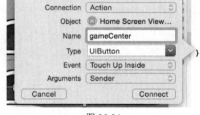

图 25-23　　　　　　　　　　　　　　　　　　　图 25-24

现在，在 HomeScreenViewController.swift 中，像下面这样实现这个新的方法：

```
@IBAction func gameCenter(sender: UIButton) {
  SKTAudio.sharedInstance().playSoundEffect("button_press.wav")
  GameKitHelper.sharedInstance.showGKGameCenterViewController(self)
}
```

通过修改 CircuitRacer-tvOS/Main.storyboard，并且添加 Game Center 按钮，进一步对 tvOS 目标执行相同的步骤。确保将按钮的聚焦状态设置为 btn_gamecenter_focussed，并且将 Custom Class 设置为 Button。此外，将 Touch Up Inside 动作连接到在 HomeScreenViewController 类中定义的 game(_:)方法。

编译并运行程序，并且等待 Game Center 认证玩家。一旦发生这种情况，按下 Game Center 按钮。这将会打开 GKGameCenterViewController，如图 25-25 所示。

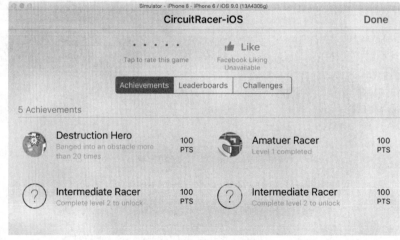

图 25-25

好了，我们已经给 Circuit Racer 添加了 Game Center、成就以及一个 Game Center 视图控制器。记住，每次玩家获得一个成就的时候，在 Game Center App 中，在他的档案中就可以看到这一点。玩家的成就越多，你的游戏就会病毒式地传播得越广。

在第 26 章中，我们将学习最新的 Game Center 排行榜功能的所有知识，但是首先，让我们来快速看看这个挑战。

25.7 挑战

这个挑战将保证你能够理解本章的主要内容。如果你遇到困难，可以从本章的资源中找到解决方案，但是最好你先尝试一下。

挑战 1：Racing addict 和成就

在 iTunes Connect 中创建一个名为 Racing addict（赛车爱好者）的成就。一开始隐藏它，并且如果玩家至少连续玩游戏 10 次的话，就奖励该成就。

如下是一些提示：

- 创建一个变量来记录本地玩家玩游戏的次数。
- 每次游戏结束，检查该变量是否超过了 10。
- 可以使用其他成就已经使用过的图像来创建这个成就。

第 26 章 Game Center 排行榜

Ali Hafizji 撰写

在第 25 章中，我们学习了设置游戏使用 Game Center、认证本地玩家以及通过成就增强玩家的体验的步骤。我们还是实现了 Game Center 内建的用户界面。

在本章中，我们将关注另一个惊人的 Game Center 功能，即排行榜。把排行榜看做是你的游戏的所有玩家的得分的一个数据库，它使得玩家能够看到自己的得分和其他玩家相比是一个什么样的水准。这是让玩家"充当游戏的回头客"的一种好办法，因为他们能够看到自己得分的增长，以及在排行榜上的攀升。

传统来讲，实现排行榜意味着要开发服务器端组件的功能，并且要配置负载平衡和服务器端基础架构。Game Center 为你提供了所有这些，这使得我们很容易给游戏添加排行榜，只需要几行代码，就可以搞定。

现在，我们通过给 Circuit Racer 添加排行榜来尝试一下。

> **注　意**
>
> 本章从第 25 章的挑战所留下的部分开始。如果你没有能够完成该挑战，也不要担心；直接从本章的资源的 starter 文件夹中打开 CircuitRacer，以便从正确的地方开始。不要忘记将 App 的 Bundle Identifier 更新为你自己的，并且相应地更新 AchievementsHelper.swift 中的成就 ID。
>
> 然而，如果你跳过了第 25 章，要继续本章的学习，你需要在 iTunes Connect 中设置 Circuit Racer，并且注册几个成就。要了解如何执行这些步骤，请参阅第 25 章。

26.1　支持排行榜

要在游戏中添加排行榜，一共有 5 个步骤。快速介绍如下：

1．认证本地玩家。记住，要使用任何 Game Center 功能，首先需要认证本地玩家。

2．创建一个策略，以便在游戏中使用排行榜。确定游戏将要有多少个排行榜，以及登上每个排行榜需要多少分。

3．在 iTunes Connect 中配置排行榜。添加每个排行榜，并且设置其名称和格式，例如分数范围。可选的做法是，给每个排行榜添加一幅图像。

4．添加向 Game Center 报告分数的代码。和添加代码向 Game Center 发送 GKAchievement 对象的一个数组的方式相同，我们需要添加代码来发送 GKScore 对象的数组。

5．添加代码，以向玩家显示排行榜。就像对成就所做的事情一样，我们将使用 GKGameCenter ViewController。也可以获取得分数据并且在一个定制的用户界面中显示排行榜（可选的）。

本节剩下的部分将一步一步地介绍这些步骤。

26.1.1　步骤 1：认证本地玩家

在第 25 章中，我们已经在 Circuit Racer 中添加了对玩家认证的支持，因此，可以跳过这个步骤。如果你想要再次回顾这个过程，看一下 GameKitHelper 类中的 authenticateLocalPlayer()。

26.1.2　步骤 2：创建一个排行榜策略

为了支持排行榜，游戏需要一个分数标准，它将允许每次玩家完成一次比赛的时候计算一个固定的得分。Game Center 对于这一分数施加的唯一的限制，就是它必须是一个 64 位的整数。

由于 Circuit Racer 是要按照时间进行比赛的，还有一个单个的得分标准：本地玩家完成每一圈所花费的时间。以最短的时间完成一圈的玩家，将会位于该排行榜的第一位。

在进行下一步之前，我们还需要确定游戏所支持的排行榜的数目。并不一定必须有多个排行榜，但通常来讲，多个排行榜是好主意，因为这使得玩家能够详细地了解他和所有其他的玩家相比所处的水平。

拥有多个排行榜，也给玩家一个机会，使得他们在无法胜过其他的玩家的时候，能够在某一个排行榜上表现很好。

在 Circuit Racer 中，玩家选择一辆汽车，然后选择一个难度级别。我们打算为每一种可能的汽车/难度级别的组合创建一个排行榜，以便玩家能够有机会通过自己喜爱的汽车和赛道而登上排行榜。

考虑到所有可能的汽车/难度级别的组合，我们打算一共创建 9 个排行榜。例如，第一个排行榜将是 Car_1_level_easy_fastest_time。其他的排行榜将会类似地覆盖所有其他的车型和难度级别的组合。在本章稍后，我们将使用这 9 个排行榜来创建排行榜集合。请继续阅读，以了解详细情况。

26.1.3 步骤 3：在 iTunes Connect 中配置排行榜

使用你的身份信息登录到 iTunes Connect，并且选择 My Apps 选项。然后，选择 Circuit Racer App，具体的名称是唯一的，将会是你在第 25 章中所指定的任何名称。选择 Features/ Game Center 选项。

在 Leaderboards 部分下，选择+按钮，如图 26-1 所示。

Leaderboards⊕

Leaderboards allow users to view the top scores of all your app's Game Center players. Leaderboards that are live for any app version can't be removed.   More ⌄

Click + to add a leaderboard.

图 26-1

选择 Single Leaderboard 选项，来创建一个新的排行榜，如图 26-2 所示。

图 26-2

注　意

另一个选项是 Combined Leaderboard，它允许你创建一个新的"虚拟排行榜"，它组合了几个排行榜的结果。

例如，可以为 Circuit Racer 创建一个名为 "Any car level easy fastest time"（任意车型容易级别的最快时间榜）的排行榜，它组合了 "Car 1 level easy fastest time"（车型 1 容易级别的最快时间榜）、"Car 2 level easy fastest time（车型 2 容易级别的最快时间榜）" 和 "Car 3 level easy fastest time"（车型 3 容易级别的最快时间榜）的结果。

我们仍然可以向每一个单独的排行榜报告玩家的得分，这只是提供了一种容易的方式，将玩家在几个具有相同得分类型和排序方式的排行榜中的结果进行汇总。

如果不知道下一个页面中的每个字段的含义，不要失望。输入如下的值，如图 26-3 所示。

● 在 Leaderboard Reference Name 处输入 Car 1 level easy fastest time。这是一个字符串，表示排行榜的内部名称。可以使用这个字符串在 iTunes Connect 中搜索排行榜。

● 在 Leaderboard ID 处，输入[Your app bundle ID].car1_level_easy_fastest_time。这个字符串是该排行榜的唯一的标识符，并且我们将使用它向 Game Center 报告分数。通常，使用你的 App 的 Bundle ID 作为一个前缀是一个好办法。

● 在 Score Format Type 类型处，选择 Elapsed Time–To the Second。这个字段指定了为这个特定的排行榜发送分数的格式，并且它告诉 Game Center 如何解释这些分数。我们游戏的得分标准是基于时间的，因此，选择相应的格式。

● 在 Score Submission Type 处，选择 Best Score。这个字段指定了哪一个得分将会最先显示，即最好的得分或者最新的得分。

● 选择 Low to High 作为 Sort Order。这个字段说明排行榜中的得分如何排列。在 Circuit Racer 的例子中，最少的时间对应最高的得分，因此，在这里选择这一项。

● 在 Score Range 处输入 1 to 60。即便这个字段是可选的，我建议你在这里添加一个值。我们将在后面的小节中详细了解这个字段，因此，这里先直接选定它。现在，输入 1 和 60，这分别是游戏的 LevelDetails.plist 文件中的最低值和最高值。

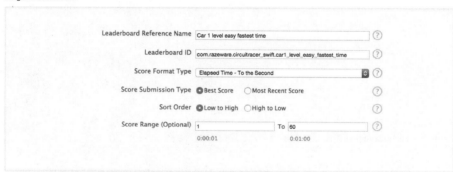

图 26-3

下一步是添加一种语言。从 Leaderboard Localization 部分选择 Add Language 按钮。记住，这个设置将会影响到用户会看到什么，因此，要做出明智的选择。

填写如下的详细信息，如图 26-4 所示。

● 在 Language 处，选择 English。

● 在 Name 处，填写 Yellow Car Easy Level Fastest Time。这是玩家将会看到的排行榜的名称。

● 在 Score Format 处，选择 Elapsed Time (hours, minutes, seconds, ex. 5:01:18)。这是 Game Center 在排行榜上显示得分的格式。

● 在 Score Format Suffix 处，填写 seconds。这是 Game Center 给设备所提交的得分所添加的后缀。Circuit Racer 以秒为单位来衡量玩家的得分。

● Image。你可以可选地为每一种语言上传一张图像。在本章中，我们不会给排行榜添加任何图像，但我们强烈建议你在自己的游戏中使用图像。

注　意

可以为每一个排行榜添加多种语言，并且 Game Center 将会根据手机的本地设置，选择正确的语言。

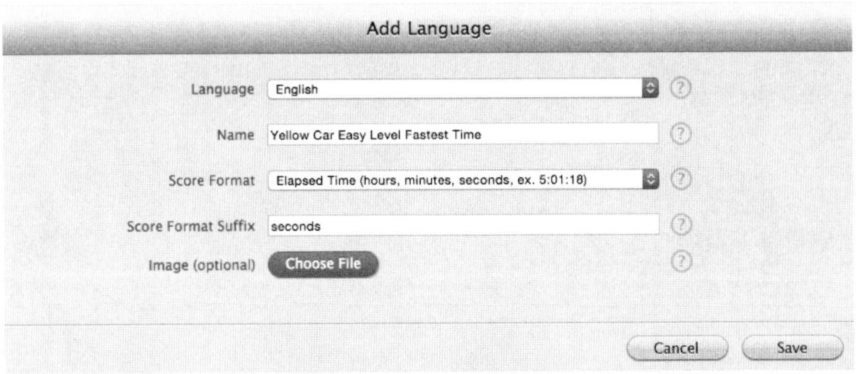

图 26-4

当完成了这些细节的输入之后，点击 Save 按钮。这将会创建一个新的排行榜，如图 26-5 所示。

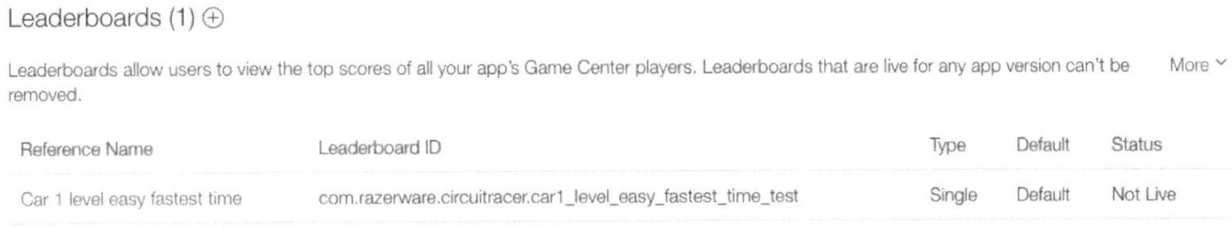

Leaderboards (1) ⊕

Leaderboards allow users to view the top scores of all your app's Game Center players. Leaderboards that are live for any app version can't be removed.　　　　　　　　　　　　　　　　　　　　　　　　　　　　　　　　　　　More ⌄

Reference Name	Leaderboard ID	Type	Default	Status
Car 1 level easy fastest time	com.razerware.circuitracer.car1_level_easy_fastest_time_test	Single	Default	Not Live

图 26-5

现在，你需要为游戏创建另外 8 个排行榜。既然我们已经知道了如何创建一个排行榜，剩下的工作也很容易了。确保按照图 26-6 所示输入每个排行榜所需的数据。

Reference Name	Leaderboard ID	Score range
Car 1 level medium fastest time	[Your Bundle ID].car1_level_medium_fastest_time	1 – 50
Car 1 level hard fastest time	[Your Bundle ID].car1_level_hard_fastest_time	1 – 35
Car 2 level easy fastest time	[Your Bundle ID].car2_level_easy_fastest_time	1 – 60
Car 2 level medium fastest time	[Your Bundle ID].car2_level_medium_fastest_time	1 – 50
Car 2 level hard fastest time	[Your Bundle ID].car2_level_hard_fastest_time	1 – 35
Car 3 level easy fastest time	[Your Bundle ID].car3_level_easy_fastest_time	1 – 60
Car 3 level medium fastest time	[Your Bundle ID].car3_level_medium_fastest_time	1 – 50
Car 3 level hard fastest time	[Your Bundle ID].car3_level_hard_fastest_time	1 – 35

图 26-6

是的，这可能是有点重复性的工作，但是不妨这样考虑一下：当你完成的时候，你将会是在 iTunes Connect 中设置排行榜的专业老手了。对于每一个排行榜，根据前面的例子，输入你想要的英语本地化内容。

在输入了而所有这些细节之后，iTunes Connect 中的排行榜表格如图 26-7 所示。

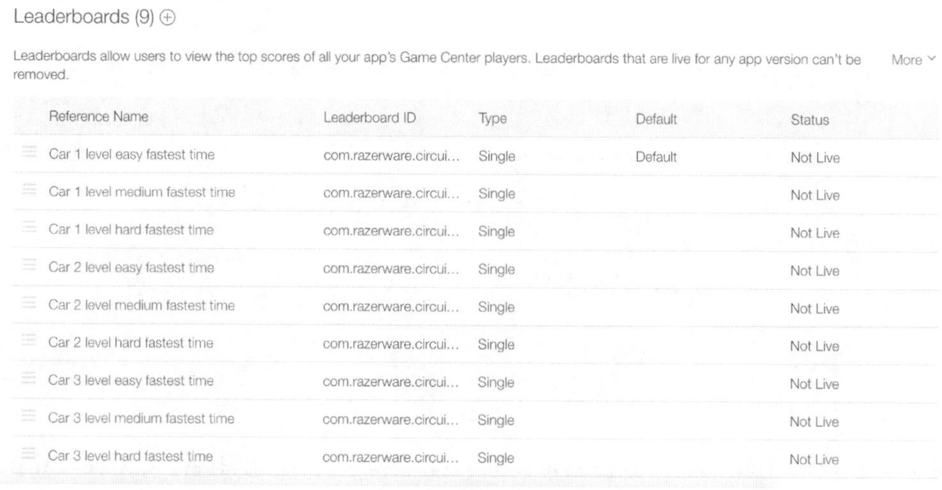

Leaderboards (9) ⊕

Leaderboards allow users to view the top scores of all your app's Game Center players. Leaderboards that are live for any app version can't be removed.　　More ⌄

	Reference Name	Leaderboard ID	Type	Default	Status
☰	Car 1 level easy fastest time	com.razerware.circui...	Single	Default	Not Live
☰	Car 1 level medium fastest time	com.razerware.circui...	Single		Not Live
☰	Car 1 level hard fastest time	com.razerware.circui...	Single		Not Live
☰	Car 2 level easy fastest time	com.razerware.circui...	Single		Not Live
☰	Car 2 level medium fastest time	com.razerware.circui...	Single		Not Live
☰	Car 2 level hard fastest time	com.razerware.circui...	Single		Not Live
☰	Car 3 level easy fastest time	com.razerware.circui...	Single		Not Live
☰	Car 3 level medium fastest time	com.razerware.circui...	Single		Not Live
☰	Car 3 level hard fastest time	com.razerware.circui...	Single		Not Live

图 26-7

26.1.4　步骤 4：向 Game Center 报告得分

在 iTunes Connect 中设置了排行榜之后，就该编写一些代码。为了尽量简单，我们打算给 GameKitHelper 类添加一个方法，它将向其排行榜 ID 所标识的排行榜报告一个得分。

确保在 Xcode 中打开 Circuit Racer，然后，打开 GameKitHelper.swift 并添加如下的方法：

```
func reportScore(score: Int64, forLeaderBoardId leaderBoardId: String,
errorHandler: ((NSError?)->Void)? = nil) {
  guard gameCenterEnabled else {
    return
  }

  //1
  let gkScore = GKScore(leaderboardIdentifier: leaderBoardId)
  gkScore.value = score

  //2
  GKScore.reportScores([gkScore], withCompletionHandler: errorHandler)
}
```

刚才所编写的代码负责创建得分，并向 Game Center 发送得分。如下是分步骤的介绍：

1. 首先，该方法创建了 GKScore 类型的一个对象，它保存了有关玩家得分的信息。Game Center 期望你使用这个对象来发送得分。当你访问得分的时候，Game Center 会返回 GKScore 类型的一个对象。正如你所看到的，一个 GKScore 直接存储一个值，即发送给排行榜的数字，在这个例子中，也就是秒数。

2. 接下来，该方法使用 GKScore 的 reportScores(_:forLeaderBoardId:errorHandler:)来报告得分。当 Game Center 处理完得分的时候，这段代码调用完成的处理程序，该方法负责在网络失效的时候自动重新发送得分。

干的不错！现在，向 Game Center 发送得分的所有代码都已经准备好了。打开 GameScene.swift 并添加如下的属性：

```
let leaderBoardIdMap =
  ["\(CarType.Yellow.rawValue)_\(LevelType.Easy.rawValue)" :
"com.razeware.circuitracer.car1_level_easy_fastest_time",
  "\(CarType.Yellow.rawValue)_\(LevelType.Medium.rawValue)" :
"com.razeware.circuitracer.car1_level_medium_fastest_time",
```

```
  "\(CarType.Yellow.rawValue)_\(LevelType.Hard.rawValue)" :
"com.razeware.circuitracer.car1_level_hard_fastest_time",
  "\(CarType.Blue.rawValue)_\(LevelType.Easy.rawValue)" :
"com.razeware.circuitracer.car2_level_easy_fastest_time",
  "\(CarType.Blue.rawValue)_\(LevelType.Medium.rawValue)" :
"com.razeware.circuitracer.car2_level_medium_fastest_time",
  "\(CarType.Blue.rawValue)_\(LevelType.Hard.rawValue)" :
"com.razeware.circuitracer.car2_level_hard_fastest_time",
  "\(CarType.Red.rawValue)_\(LevelType.Easy.rawValue)" :
"com.razeware.circuitracer.car3_level_easy_fastest_time",
  "\(CarType.Red.rawValue)_\(LevelType.Medium.rawValue)" :
"com.razeware.circuitracer.car3_level_medium_fastest_time",
  "\(CarType.Red.rawValue)_\(LevelType.Hard.rawValue)" :
"com.razeware.circuitracer.car3_level_hard_fastest_time"]
```

这个属性是一个字典，其中的键是格式为 CarType_LevelType 的一个字符串，而值是其对应的排行榜 ID。例如，键 1_1 对应的一个排行榜 ID 为 com.razeware.circuitracer.car1_level_easy_fastest_time。

确保将排行榜的 ID 修改为与你在 iTunes Connect 中输入的完全一致，并且记住，要区分大小写。

切换到 GameActiveState.swift，并且添加如下的变量：

```
private var maxTime = 0
```

这存储了玩家完成当前级别所用的总的时间。我们将使用它来计算玩家完成当前路线所用的时间量。

接下来，在 loadLevel()的底部添加如下的代码行：

```
maxTime = timeInSeconds
```

这会存储当前级别的最大时间。现在，打开 GameScene.swift 并且添加如下的方法：

```
func reportScoreToGameCenter(score: Int64) {
  GameKitHelper.sharedInstance.reportScore(score, forLeaderBoardId:
    leaderBoardIdMap["\(carType.rawValue)_\(levelType.rawValue)"]!)
}
```

这会通过调用给 GameKitHelper 添加的方法，来报告一个新的分数。

回到 GameActiveState.swift 中，在 updateWithDeltaTime(_:)中，将检测游戏结束条件的代码块修改为如下所示：

```
if timeInSeconds < 0 || numberOfLaps == 0 {
  if numberOfLaps == 0 {
    stateMachine?.enterState(GameSuccessState.self)
    gameScene.reportAllAchievementsForGameState(true)
  } else {
    stateMachine?.enterState(GameFailureState.self)
    gameScene.reportAllAchievementsForGameState(false)
  }
  //New code
  gameScene.reportScoreToGameCenter(Int64(maxTime - timeInSeconds))
}
```

这里，我们直接在更新循环中添加了进行调用的一行代码。最后，该进行测试了。编译并运行该工程。在成功地完成跑圈之后，游戏会自动地把你的分数报告给 Game Center。如果出现了任何错误，可以在控制台查看调试信息。如果没有看到任何错误日志，可以确信 Game Center 已经接收到了你的分数。

注　意

可以使用第 25 章中添加的 Game Center 按钮来访问排行榜。然而，默认的视图不是排行榜视图。猜猜现在打算做什么？

26.1.5　步骤 5：向玩家显示排行榜

要做的最后一步，是显示这些排行磅。

通常，Game Center 提供了辅助函数，使用 GKLeaderboard 对象来访问每一个排行榜中的得分。一旦有了得分，可以在任何视图中向玩家显示排行榜。

然而，如果你不想创建自己的定制用户界面的话，还有一种更为简单的方法来显示排行榜，这就是 GKGameCenterViewController。在第 25 章中，我们添加了对这个视图控制器的支持，因此，实际上，排行榜现在对你的 App 玩家来说已经可用了，如图 26-8 所示。

图 26-8

这就好了，要启动 GKGameCenterViewController，要做的只是在主屏幕上选择 Game Center 按钮。编译并运行该 App 并尝试一下，如图 26-9 所示。

恭喜，你的 App 已经有排行榜了。

如果你只是想要学习如何给 App 添加基本的排行榜，现在就可以停止阅读并跳转到第 27 章。但是，如果你想要学习一些有关排行榜的高级内容，请继续阅读。

图 26-9

26.2 排行榜集合

现在，你经熟悉了排行榜，我想要介绍排行榜集合。iOS 7 的 Game Center 中引入了这一功能。

排行榜集合使得玩家能够将几个排行榜组合成单个的一组。可以把排行榜集合当做是带标签的一个架子。每个排行榜都属于一个或几个组/集合。这使得你能够将排行榜组织成一个结构化的层级，而不是像现在这样的 9 个排行榜的一个列表，列表可能让玩家有点应接不暇。

要在 Circuit Racer 中添加排行榜集合的支持，需要一个组织策略。我们打算根据汽车类型来分组排行榜。因此，黄色汽车的所有排行榜都属于"Yellow car"组，依次类推。

为了方便展示，来看一下图 26-10。注意，也可以根据难度级别来组织排行榜。由于排行榜集合提供了多次标记排行榜的功能，两种方式都是很容易做到的。

Yellow car	Blue car	Red car
car1_level_easy_fastest_time	car2_level_easy_fastest_time	car3_level_easy_fastest_time
car1_level_medium_fastest_time	car2_level_medium_fastest_time	car3_level_medium_fastest_time
car1_level_hard_fastest_time	car2_level_hard_fastest_time	car3_level_hard_fastest_time

图 26-10

登录到 iTunes Connect，并且打开 Circuit Racer 的 Features/Game Center 页面，就像前面所做的一样。

在 leaderboards 部分之下，将会看到一个 More 按钮。点击该按钮，并且选择 Move All Leaderboards into Leaderboard Sets 选项，以创建自己的排行榜集合，如图 26-11 所示。

图 26-11

在下一个界面中，在 Leaderboard Set Reference Name 处输入 Yellow Car，在 Leaderboard Set ID 处，输入[Your app Bundle ID].yellowcar，如图 26-12 所示。

图 26-12

当完成数据的输入之后，点击 Continue 按钮。

现在，需要将排行榜添加到这个集合中。在下一个界面中，在 Leaderboards in This Set 部分下，选择 Add to Leaderboard Set 按钮，如图 26-13 所示。由于这是 Yellow Car 组，与第一辆车有关的所有排行榜都应该是这个组的一部分。

如图 26-14 所示，首先选中想要添加到集合中的排行榜。接下来，输入排行榜在集合中显示的名称。由于这个集合的名称是"Yellow Car"，将 car1_level_easy_fastest_time 排行榜命名为 Easy level 就可以表示其含义了。做完这些之后，点击 Save 按钮。

按照相同的方法，将另外两个和黄色汽车相关的排行榜添加到这个集合中，将它们分别命名为 Medium level 和 Hard level。

现在，需要给排行榜集合起一个名字。在 Leaderboard Set Localization 部分的下面，选择 Add language 按钮。选择 English 作为语言，并且输入 Yellow car 作为 Display Name。选择 leaderboard-yellow.png 作为排

行榜图像，并且点击 Save 按钮，如图 26-14 所示。

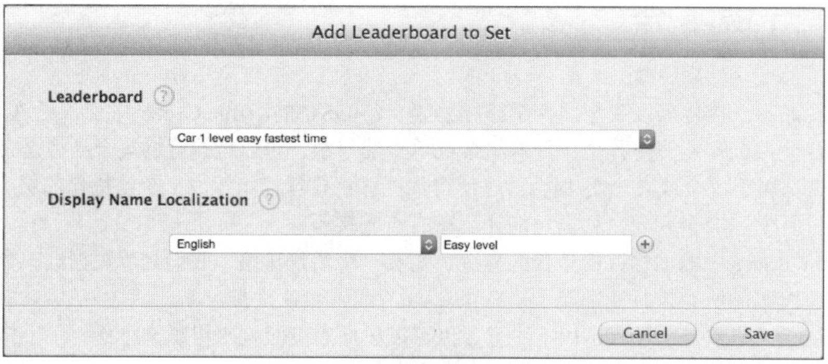

图 26-13

图 26-14

使用页面的第一部分中的 Add Leaderboard Set 按钮，分别针对蓝色汽车和红色汽车，重复上述的过程。确保给它们的 ID 值为[Your app bundle ID].bluecar 和[Your app bundle ID].redcar，以便和黄色排行榜集合保持一致，注意，用你自己的 bundle ID 来代替[Your app bundle ID]。

注　意

如果你决定要支持排行榜集合，请需要确保每个排行榜都至少是一个组的一部分。

最后，一旦将所有的排行榜都组织到它们各自的集合中，选择右下方的 Save 按钮。现在，你将会在 Leaderboard Sets 部分之下，看到显示出了 3 个集合，如图 26-15 所示。

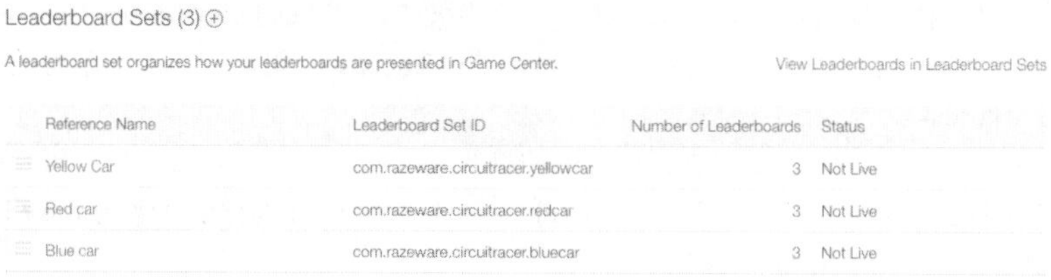

图 26-15

注意 View Leaderboards in Leaderboard Sets 链接。这对于将排行榜集合可视化非常有用，点击它，你将会看到如图 26-16 所示的内容。

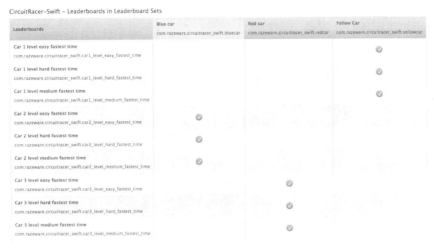

图 26-16

好了，iTunes Connect 中的一切都准备好了。下一步就是将排行榜集合显示给用户/本地玩家。同样，做到这一点的最容易的方式是使用 GKGameCenterViewController。

但是，你不需要添加任何代码！直接编译并运行。

当你在主屏幕上点击 Game Center 按钮的时候，GKGameCenterViewController 打开并显示了你在 iTunes Connect 中创建的排行榜集合，如图 26-17 所示。注意，你的排行榜要显示到 App 中，可能需要几分钟的时间，因此，如果它们没有立即出现的话，请等待几分钟。

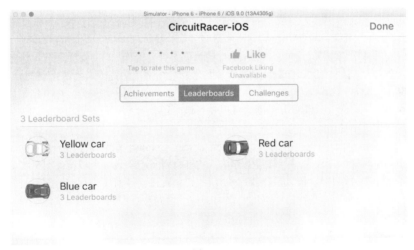

图 26-17

特别简单！现在，不再是 9 个排行榜了，我们只看到了 3 个排行榜，并且由于层级式的组织，我们可以很容易在它们之间导航。

26.3　Game Center 的安全性

现在应该已经熟悉 Game Center 的功能了，我们来快速看一下 Game Center 提供安全性的不同方式。理解这一点很重要，因为我们不想要让玩家作弊或者提交虚假的得分。

26.3.1　提交如何工作

首先，我们考虑一下系统如何处理提交。

当游戏向 Game Center 发送得分的时候，它不会直接发送给 Game Center 服务器。相反，它将分数发送给游戏守护进程，后者负责将其发送给服务器，如图 26-18 所示。

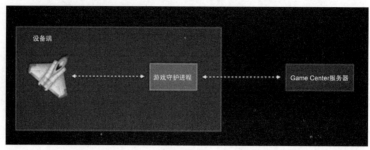

图 26-18

为什么系统用这种方式来管理通信呢？为了回答这个问题，请想象一下，设备发送得分的时候出现网络连接性的问题。在这种情况下，游戏守护进程会存储得分，并且将会在网络连接恢复的时候将其发送给 Game Center 服务器。

这意味着，当连接出现问题的时候，你也不用担心。Game Center 为你负责所有繁重的工作。

26.3.2　限制作弊

不管你是否相信，总是会有人尝试作弊，提供一些并非辛苦挣来的分数，甚至这些分数不是人类玩家可能得到的。Game Center 提供了 3 种方法来防止游戏中的作弊。

1．带签名的提交：这个功能完全免费，游戏要使用它的话，不需要做任何的修改。当你的游戏向游戏守护进程提交得分/成就的时候，它会自动给提交添加一个加密的签名。Game Center 拒绝任何没有这个签名的提交。

2．得分范围：限制作弊的另一种方法是在排行榜上使用得分范围属性。这个得分范围指定了你认为玩家针对一个特定的排行榜能够得到的最小分数和最大分数。在指定的范围之外的任何得分，Game Center 也会接受，但都不会将其显示给另一个玩家。由于 Game Center 保存了该得分，如果你稍后发现是可能得到这样的分数的，那么，只要修改得分范围就可以使得这个得分可见。当我们在前面创建自己的排行榜的时候，已经设置了得分范围。

3．得分/玩家管理：要查看这个控制台，登录到 iTunes Connect 并选择任何的排行榜。你将会看到该排行榜中的前 100 个玩家的列表。这能够帮助你这样的开发者来查看玩家所提交的得分。你可以选择从一个排行榜中删除一个得分，甚至可以选择删除一个玩家，由此阻止该玩家再次向该排行榜发布得分。这是特别强大的工具，并且正如常言所说，"强大的权力带有重大的责任"。确保你正确地使用这一权力，并且只有在需要的时候才使用。

好了，对于排行榜的介绍到此为止，还有一个挑战等待你完成。

26.4　挑战

本章只有一个挑战，设计用来练习排行榜集合。

挑战 1：排行榜集合

制作 3 个新的排行榜集合，根据难度来组织你在本章中创建的 9 个排行榜。记住，只需要在 iTunes Connect 中做出修改，并且 GKGameCenterViewController 将会自动在排行榜部分显示它们。

要完成这个挑战，不需要对工程做任何的修改，因此，本章没有给出解决方案。

第 27 章　ReplayKit

Ali Hafizji 撰写

在前面的两章中，我们通过添加对 Game Center 的基本支持，增加了 Circuit Racer 的魅力。在本章中，我们使用 iOS 9 中新引入的 API 来添加对 ReplayKit 的支持。

想象一下在游戏中击败你的朋友，而你们两人已经好几个月呈现胶着状态。像这样的一个时刻应该载入历史，永远地载入！ReplayKit 允许你记录这些惊人的游戏时刻，而画龙点睛之处就是，你还可以与其他人分享这些时刻。

ReplayKit 记录了运行 App 的音频和视频。除了这些，它还记录了设备的麦克风的音频。这些记录的输出是全高清视频，在 TV、手机和 Web 上观看，其效果惊人。ReplayKit 来允许用户裁剪、预览视频，以及在任何社交网站上分享视频。

你的朋友再也没办法不承认你战胜他的事实。

> **注　意**
>
> 本章从第 26 章留下的挑战开始。如果你没能够完成该挑战，或者跳过了第 26 章，也不要担心，直接打开本章资源的初始工程并从正确的地方开始就可以了。不要忘了，将 App 的 bundle identifier 更新为你自己的，并且相应地更新 AchievementsHelper.swift 中的成就 ID。

27.1　ReplayKit 架构

ReplayKit 可以很容易地整合到你的 App 中。作为开发者，你只需要使用两个 API:RPScreenRecorder 和 RPPreviewViewController，如图 27-1 所示。

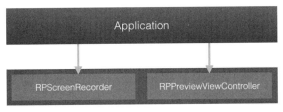

图 27-1

正如其名称所示，RPScreenRecorder 用于开始和停止记录。它是一个单体，并且访问它的每一个 App 都分享该类的一个实例。

从 RPPreviewViewController 的名称可以看出，这是一个视图控制器，当记录完成的时候，它会显示一次。这个视图控制器允许用户裁剪、预览和分享他们的记录。

尽管你只是使用两个简单的 API，但在其幕后，架构还是较为复杂的，如图 27-2 所示。

RPScreenRecorder 和 Replay 守护程序通信，后者反过来和较低层级的视频和音频服务通信。在这么做的过程中，它会实时地编码数据，并将其写入到位于安全位置的一个视频文件中。

只有 ReplayKit 的内部服务能够访问这个文件。你可能会感到奇怪，怎么可能能够访问安全文件呢？好在，这个 API 是以这样一种方式设计的，当你停止记录的时候，RPScreenRecorder 将创建的 RPPreviewViewController 一个实例。这个实例已经知道了安全文件的位置。从此时起，你需要做的只是在记录完成的时候显示 RPPreviewViewController。很简单吧？

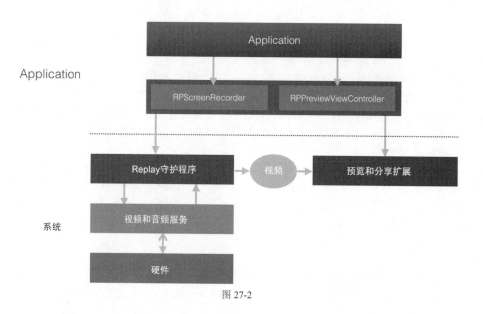

图 27-2

27.2　整合 ReplayKit

要添加对 ReplayKit 的支持，需要执行如下这些步骤：

1. 创建一个策略开始并停止记录。确定游戏何时开始和停止记录。

2. 修改用户界面。添加可视化的元素，让用户知道记录在进行之中，还要有一个界面让用户能够停止和预览记录。

3. 检查可用性。由于 ReplayKit 只是在基于 A7 和 A8 微芯片的设备上可用，当它得不到支持的时候，我们需要隐藏 ReplayKit 的用户界面元素。这看上去如下所示。

```
RPScreenRecorder.sharedRecorder().available
```

4. 开始并停止记录。这个步骤看上去如下所示：

```
// Start recording
let sharedRecorder = RPScreenRecorder.sharedRecorder()
sharedRecorder.delegate = self
sharedRecorder.startRecordingWithMicrophoneEnabled(true) { error in
    // deal with error
}

// Stop recording
sharedRecorder.stopRecordingWithHandler { (previewViewController,
error) in
    // Display preview view controller
}
```

5. 预览和分享记录。这个过程看上去如下所示：

```
rootViewController.presentViewController(previewViewController,
    animated: true, completion:nil)
```

本章剩下的内容将带你一步一步地经历这些步骤。正如你所看到的，实际的 API 很容易并且很直接，你的大多数时间都用来将其很好地整合到游戏中。

注　意

在编写本章的时候，ReplayKit 并没有出现在 tvOS 上，因此，我们所做出的修改，只能作为 iOS 目标的一部分。

27.2.1　步骤 1：创建一个策略来开始和停止记录

在添加 ReplayKit 之前，最好先为记录策略创建一个计划。我们来看一下 Circuit Racer 的场景流程，如图 27-3 所示。

这个场景流程在大多数游戏中非常普通。几乎每一款游戏在游戏场景之后都有一个菜单，它可以最终转换到结束场景。从那里，你可以重玩关卡或者结束游戏。

由于 Circuit Racer 的游戏逻辑部分很短，我们将选择自动记录策略。这意味着，我们打算一旦关卡开始就告诉 ReplayKit 开始记录，并且当关卡结束的时候停止记录。

我们还想让用户预览记录并分享它；然而，不是在关卡结束的时候立即显示预览控制器，我们打算在所有的动作已经结束并且要显示关卡的"结束场景"的时候，再显示预览控制器。

在加入了 ReplayKit 之后，场景流程如图 27-4 所示。

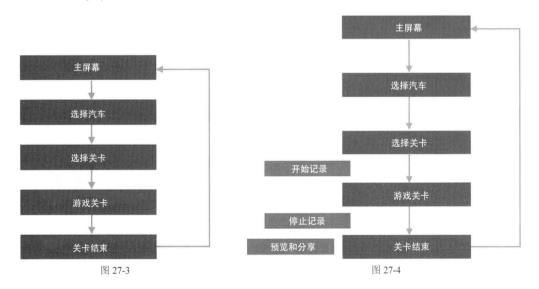

图 27-3　　　　　　　　　　　　　　图 27-4

注　意

每个游戏是不同的，并且上面的策略也不会适用于所有的游戏。你应该总是选择对你的游戏来说最好的策略。例如，一个 RPG 游戏的会话很长，因此，记录整个游戏会话的意义不大。在这种情况下，你可能想要让用户选择开始或停止记录，而不是自动进行处理。

27.2.2 步骤 2：修改用户界面

记住了策略，在 Xcode 中打开初始工程。将本章的 Resources 文件夹中的所有资源，都拖放到该工程的 CircuitRacer/Resources 目录下。确保在对话框中选择了 Copy items if needed，并且只选中了 CircuitRacer 目标。一定更要确保没有选择 CircuitRacer-tvOS 目标。

打开 CircuitRacer/Main.storyboard 并且导航到 HomeScreenViewController。将一个 UIButton 拖放到视图控制器上，将其 Type 设置为 Custom，删除其 Title，并且将图像设置为 btn_autorecord_off.png。

在添加所需的限制之前，将 State Config 中列出的 Highlighted 和 Selected 图像都设置为 btn_autorecord_on.png。此时，视图控制器如图 27-5 所示。

要让按钮正确地显示，将其 x 位置设置为 460，将其 y 位置设置为 30。此外，将其宽度设置为 120，高度设置为 36。最后，设置如图 27-6 的约束。

图 27-5

	Ctrl+drag from	Ctrl+drag to	Menu option
Constraint 1	Auto record button	Root view	Trailing space to container margin
Constraint 2	Auto record button	Auto record button	Aspect ratio
Constraint 3	Auto record button	Top Layout Guide	Vertical spacing
Constraint 4	Auto record button	Background image	Equal Widths

图 27-6

现在，选择自动记录按钮并且在 Size 检视器中查看这些约束。在 Trailing Space 约束上点击并将 Constant 设置为 0。类似地，将 Top Space 的 Constant 设置为 0。

接下来，双击 Equal Widths 约束，并且将 Multiplier 设置为 0.2，如图 27-7 所示。

现在，自动记录按钮应该出现在所有设备上的合适的位置了，如图 27-8 所示。

图 27-7

图 27-8

由于你的策略是自动记录玩游戏的过程，这个按钮允许玩家打开或关闭这一功能。

编译并运行程序。你将会看到自动记录按钮出现在主屏幕上，如图 27-9 所示。

图 27-9

接下来，我们将修改 SuccessScene.sks 和 FailureScene.sks 文件。由于当用户完成游戏的时候会显示它们，我们打算添加一个新的精灵，来让用户预览记录的视频。

打开 CircuitRacer/Scenes/SucessScene/SuccessScene.sks。选择 CircuitRacer、Replay 和 Quit 精灵，并且将它们的 x 位置设置为-220。这将会在右边留出一些空间，如图 27-10 所示。

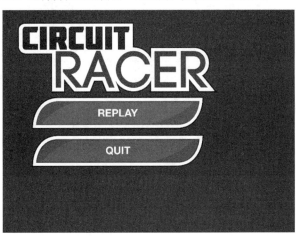

图 27-10

接下来，打开 Media Library，并且将 btn_autorecord_small_off、level_1_preview_frame 和 play_icon 精灵拖放到画布上。针对所添加的每一个精灵，设置如图 27-11 所示的属性，将 play_icon 的 z 位置设置为 1。所有的精灵现在都在恰当的位置上，并且最终的画布看上去如图 27-12 所示。

	Name	Parent	X position	Y position
auto_record_small_off	screen_recording_toggle	Overlay	800	640
level_1_preview_frame	view_recorded_content	Overlay	800	306
play_icon		view_recorded_content	0	0

图 27-11

在进入到下一节之前，确保对 CircuitRacer/Scenes/FailureScene/FailureScene.sks 也做相同的修改。
编译并运行。你应该能够在失败和成功的场景上看到这些精灵，如图 27-13 所示。

图 27-12

图 27-13

刚才添加的精灵还不能发挥按钮的功能，至少现在还没有。我们现在来进行这部分工作。
打开 Shared\InputSources\ButtonNode.swift，并且用如下的代码来替代 ButtonIdentifier 枚举类型：

```
enum ButtonIdentifier: String {
    case Resume = "resume"
    case Cancel = "cancel"
    case Replay = "replay"
    case Pause = "pause"
    // New code
    case ScreenRecordingToggle = "screen_recording_toggle"
    case ViewRecordedContent = "view_recorded_content"

    static let allIdentifiers: [ButtonIdentifier] =
      [.Resume, .Cancel, .Replay, .Pause,
      .ScreenRecordingToggle, .ViewRecordedContent]

    var selectedTextureName: String? {
      switch self {
        // New code
        case .ScreenRecordingToggle:
          return "btn_autorecord_small_on"
        default:
          return nil
      }
    }

    var focusedTextureName: String? {
      switch self {
        case .Replay:
          return "button_green_focussed"
        case .Cancel:
          return "button_red_focussed"
        default:
          return nil
      }
    }
}
```

这里，我们将给该枚举类型添加两个 case，分别是 ScreenRecordingToggle 和 ViewRecordedContent。第一个 case 表示自动记录精灵，第二个 case 表示预览视频精灵。

现在，打开 GameScene+Buttons.swift 并且给 buttonPressed(_:)添加如下的 case：

```
case .ScreenRecordingToggle:
    print("Screen recording toggle pressed")
case .ViewRecordedContent:
    print("View recorded content button pressed")
```

编译并运行程序。

注意，当你点击 Auto record 和 Level preview 按钮的时候，根据你按下的是哪一个按钮，将会在控制台看到如下的日志：

```
Screen recording toggle pressed
View recorded content button pressed
```

现在，我们几乎已经完成了整合 ReplayKit 所需的 UI 更改。还需要添加最后一项，这是一个小小的记录标志，表明记录正在进行中；我们将把它添加到游戏场景中。

打开 GameScene.sks，并且从 Media Library 中将 indicator_rec.png 添加到画布。将其名称设置为 record_indicator，将其 x 位置设置为 1657，将其 y 位置设置为 1275，它看上去如图 27-14 所示。

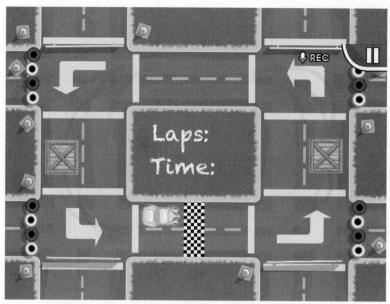

图 27-14

看上去很接近了。当游戏在记录的时候，我们将只显示这个场景。

27.2.3　步骤 3：检查可用性

正如前面所提到的，屏幕记录可能由于不支持硬件而无法使用（只有带有 A7 和 A8 芯片的设备才支持），或者说，由于设备通过 Airplay 或 TVOut 显示视频，或者由于另一个 App 正在使用记录，也会导致屏幕记录功能不可用。

如果由于这些原因中的某一个，导致记录不可用，我们将隐藏在前面的步骤中所添加的所有 UI 元素。

用鼠标右键点击 CircuitRacer 组，并且选择 New File....。选择 Swift File 模板，并且点击 Next 按钮。将该文件命名为 AutoRecordProtocol.swift，并且点击 Create 按钮。确保只是将文件添加到了 CircuitRacer 目标。

用如下的代码，替换该文件的内容：

```
import Foundation
import ReplayKit

protocol ScreenRecordingAvailable: class {
    var screenRecordingAvailable: Bool { get }
}

extension ScreenRecordingAvailable {

    var screenRecordingAvailable: Bool {
      return RPScreenRecorder.sharedRecorder().available
    }
}
```

ScreenRecordingAvailable 协议定义了一个计算后的布尔属性，它告诉你屏幕记录是否可用。使用协议扩展的功能，我们已经定义了 getter 方法来返回 RPScreenRecorder.sharedRecorder().available 值。正如其名称所示，这个值将告诉你记录是否可用。

协议实现完成之后，该切换到主屏幕了。尽管已经显示了自动记录按钮，点击它还不会做任何事情。我们现在来实现它。

在 CircuitRacer 组下，创建一个新的组，将其命名为 ViewControllers。在这个新的组中，添加一个 Swift 文件，并将其命名为 AutoRecord +UIViewController.swift。然后，为其添加如下的代码。

```
import Foundation
import UIKit

extension UIViewController {

    @IBAction func toggleScreenRecording(button: UIButton) {
        button.selected = !button.selected
    }
}
```

上面的代码在 IBAction 激活的时候，直接修改按钮的 selected 属性。我们将使用一个扩展，因为这使你能够将自动记录按钮移动到任何其他的视图控制器中，并且仍然重用这段代码。不错吧？

打开 CircuitRacer/Main.storyboard，并且导航到 HomeScreenViewController。使用 Connection 检视器将自动记录按钮的 Touch Up Inside 事件连接到 toggleScreenRecording 方法，如图 27-15 所示。

编译并运行程序。现在，当你点击自动记录按钮的时候，它仍然处于其选中的状态，如图 27-16 所示。

图 27-15   图 27-16

接下来，打开 Shared\ViewControllers\HomeScreenViewController.swift，并且为自动记录按钮添加一个 IBOutlet：

```
@IBOutlet weak var autoRecordButton: UIButton!
```

不要忘了，切换到 Main.storyboard 并且将按钮连接到出口。

在 CircuitRacer 下创建一个新的组，将其命名为 ScreenRecording。在其中，创建一个新的 Swift 文件，并且将其命名为 HomeScreenViewController +ScreenRecording.swift。确保只将其添加到 CircuitRacer 目标。

用如下的代码替代新的文件的内容。当屏幕记录不可用的时候，上面的代码直接隐藏了 autoRecordButton。当然，在此之前，你仍然需要将 autoRecordButton 连接到故事板中的新的 IBOutlet。

```
extension HomeScreenViewController: ScreenRecordingAvailable {

    override func viewDidLoad() {
        super.viewDidLoad()
        autoRecordButton.hidden = !screenRecordingAvailable
    }
}
```

再次编译并运行程序。

现在，看看这是如何工作的，你需要在一个较旧的设备上运行该程序，任何比 iPhone 5s 还旧的设备都可以，因为这些设备是不支持 ReplayKit 的。当你这么做的时候，将会注意到自动记录按钮现在隐藏了，如图 27-17 所示。

图 27-17

现在，我们还要给 GameScene 添加类似的修改。

在 Screen Recording 组下，创建一个名为 GameScene+ScreenRecording.swift 的新的 Swift 文件。用如下的代码来替代该文件的内容：

```
import Foundation
import UIKit
import ReplayKit

extension GameScene: ScreenRecordingAvailable {

}
```

现在所做的事情，只是确保 GameScene 遵从 ScreenRecordingAvailable 协议。我们马上要来添加更多的方法。

接下来，打开 Shared\Scenes\GameScene\GameScene.swift，并且给 didMoveToView(_:)添加如下的代码。

```
#if os(iOS)
    let recordIndicator = childNodeWithName("record_indicator") as!
SKSpriteNode
    recordIndicator.hidden = !screenRecordingAvailable
    if !recordIndicator.hidden {
      recordIndicator.position = CGPoint(x: pauseButton.position.x -
pauseButton.size.width/2, y: pauseButton.position.y +
pauseButton.size.height/2)
    }
#else
    (childNodeWithName("record_indicator") as!
SKSpriteNode).removeFromParent()
#endif
```

在设备运行 iOS 的情况下，这段代码首先根据名称找到 recordIndicator 精灵，然后，根据设备的当前屏幕记录是否可用，来设置其 hidden 属性。最后，它找到 recordIndicator（如果该精灵没有隐藏的话）。如果设备在运行 tvOS，记录标志会被删除，因为它并不支持 ReplayKit。

最后，需要修改 FailureScene 和 SuccessScene。由于 GameFailureState 和 GameSuccessState 都扩展了 GameOverlayState，我们将在那里做出修改。

打开 Shared\Scenes\GameStates\GameOverlayState.swift，并且添加如下的辅助方法：

```
func buttonWithIdentifier(identifier: ButtonIdentifier) -> ButtonNode? {
    return overlay.contentNode.childNodeWithName("//\
(identifier.rawValue)") as? ButtonNode
}
```

上面的方法查找带有所提供的标识符的一个 ButtonNode 并返回它。接下来，给 didEnterWithPreviousState(_:) 添加如下的代码：

```
#if os(iOS)
    buttonWithIdentifier(.ScreenRecordingToggle)?.hidden = !
gameScene.screenRecordingAvailable
    buttonWithIdentifier(.ViewRecordedContent)?.hidden = !
gameScene.screenRecordingAvailable
#endif
```

这会根据屏幕记录是否可用，打开或关闭按钮的可见性。

编译并运行程序。

就像前面一样，为了看到其工作，必须在一款较旧的设备上运行程序。当你这么做的时候，不会看到在前面的步骤中所创建的 UI 元素，这是好事情。

27.2.4 步骤 4：开始和停止记录

由于我们遵从自动记录的策略，需要存储一个布尔值，以便知道用户何时关闭或启动了自动记录。可以使用 NSUserDefaults 来做到这一点。打开 AutoRecordProtocol.swift，并且在其末尾添加如下的代码：

```
// 1
let screenRecorderEnabledKey = "screenRecorderEnabledKey"

// 2
protocol AutoRecordProtocol: class {
    func toggleAutoRecord()
    var screenRecordingToggleEnabled: Bool { get }
}

// 3
extension AutoRecordProtocol {

    var screenRecordingToggleEnabled: Bool {
        return
NSUserDefaults.standardUserDefaults().boolForKey(screenRecorderEnabledKey
)
    }

    func toggleAutoRecord() {
        let autoRecord =
NSUserDefaults.standardUserDefaults().boolForKey(screenRecorderEnabledKey
)
        NSUserDefaults.standardUserDefaults().setBool(!autoRecord, forKey:
screenRecorderEnabledKey)
    }
}
```

上面的代码做这样几件事情：

1. 首先，定义了一个 String 变量，以用做访问 NSUserDefaults 中的属性的一个键。

2. AutoRecordProtocol 定义了一个方法来开关自动记录，还有一个计算的属性，它告诉我们记录是否打开了。

3. 创建了一个协议扩展，来定义该计算的属性和 toggleAutoRecord()。

打开 AutoRecord+UIViewController.swift 并实现 AutoRecordProtocol：

```
extension UIViewController: AutoRecordProtocol
```

现在，当用户选择自动记录按钮的时候，我们将调用 toggleAutoRecord()。为了做到这一点，在 toggleScreenRecording(_:)的末尾，添加如下的代码行：

```
toggleAutoRecord()
```

默认情况下，自动记录应该会打开，因此，你将需要在 NSUserDefaults 中设置默认值。

打开 AppDelegate.swift，并且给 application(_:didFinishLaunchingWithOptions:)添加如下的代码行，就放在 return 语句之前：

```
#if os(iOS)

NSUserDefaults.standardUserDefaults().registerDefaults([screenRecorderEna
bledKey : true])
#endif
```

在编译并运行程序之前，需要将默认的选择状态设置为自动记录按钮。

打开 HomeScreenViewController+ScreenRecording.swift，并且给 viewDidLoad()添加如下的代码行：

```
autoRecordButton.selected = screenRecordingToggleEnabled
```

编译并运行程序。注意自动记录按钮是如何默认选中的。此外，如果你关闭了自动记录，然后关掉 App 并再次启动它，自动记录按钮将会是保持关闭的，因此，记住了其选择状态，如图 27-18 所示。

图 27-18

然后，打开 GameScene+ScreenRecording.swift，并且实现 AutoRecordProtocol：

```
extension GameScene: AutoRecordProtocol, ScreenRecordingAvailable {
```

现在，给该扩展添加如下的方法：

```
func startScreenRecording() {

    // 1
    guard screenRecordingToggleEnabled && screenRecordingAvailable else
{ return }

    // 2
```

```
let sharedRecorder = RPScreenRecorder.sharedRecorder()

sharedRecorder.delegate = self

// 3
sharedRecorder.startRecordingWithMicrophoneEnabled(true) { error in
  if let error = error {
    self.showScreenRecordingAlert(error.localizedDescription)
  }
}
```

 注　意

刚刚添加的代码将会产生一个 Xcode 编译错误。不要担心，我们接下来将会修复它。

正如其名称所示，新的方法将开始记录过程。如下是对该方法的简要说明：

1. 这个方法首先查看屏幕记录是否可用且可打开。

2. 接下来，它访问 RPScreenRecorder 单体，并且设置委托。

3. 最后，该方法调用 RPScreenRecorder 的 startRecordingWithMicrophoneEnabled()方法。该方法将会要求用户允许记录游戏。如果用户没有给出所需的许可，或者如果有一个记录问题，它将调用错误处理语句块。

好了，现在该来修正 Xcode 错误了。

给该类添加如下的辅助方法：

```
func showScreenRecordingAlert(message: String) {
  paused = true

  let alertController = UIAlertController(title: nil,
    message: message, preferredStyle: .Alert)

  let alertAction = UIAlertAction(title: "OK", style: .Default) { _ in
    self.paused = false
  }
  alertController.addAction(alertAction)

  dispatch_async(dispatch_get_main_queue(), {
    self.view?.window?.rootViewController?.presentViewController(
      alertController, animated: false, completion: nil)
  })
}
```

新的辅助方法直接暂停了游戏，并且使用一个 UIAlertController 显示消息。

接下来，需要实现 RPScreenRecorderDelegate。为了做到这一点，给相同的文件添加如下的扩展：

```
extension GameScene: RPScreenRecorderDelegate {
  func screenRecorder(screenRecorder: RPScreenRecorder,
didStopRecordingWithError error: NSError, previewViewController:
RPPreviewViewController?) {
    if previewViewController != nil {
      self.previewViewController = previewViewController
    }
  }
}
```

当记录停止的时候，就会调用 screenRecorder(_:didStopRecordingWithError:previewViewController:)。注意，它有一个可选的、类型为 RPPreviewViewController 的参数。这会显示一个视图控制器，它具有预览、裁剪和分享记录的功能。我们打算将这个视图控制器的实例存储到一个变量中。

好了，还有一件事情要做。

打开 GameScene.swift，并且给 GameScene 类添加如下的变量：

```
var previewViewController: RPPreviewViewController?
```

此时，编译工程但是不要运行。不会有任何的编译错误。

由于有了一个开始记录的方法，还要添加一个停止记录的方法。打开 GameScene+ScreenRecording.swift 并为其添加如下的方法。

```
func stopScreenRecordingWithHandler(handler: (Void -> Void)) {
    // 1
    let sharedRecorder = RPScreenRecorder.sharedRecorder()

    // 2
    sharedRecorder.stopRecordingWithHandler { (previewViewController,
error) in
        if let error = error {
            // 3
            self.showScreenRecordingAlert(error.localizedDescription)
            return
        }

        if let previewViewController = previewViewController {
            // 4
            previewViewController.previewControllerDelegate = self

            self.previewViewController = previewViewController
        }
        // 5
        handler()
    }
}
```

注　意

和前面一样，将会有一个编译错误，但是我们稍后会修复它。

该方法的分步介绍如下：

1. 首先，得到 RPScreenRecoder 单体的一个句柄。
2. 然后，调用 RPScreenRecoder 的 stopRecordingWithHandler 方法。
3. 在遇到一个错误的时候，该方法使用 showScreenRecordingAlert 辅助方法将错误显示于屏幕之上。
4. 如果显示了 RPPreviewViewController 的一个有效的实例，该方法将存储它以备后面使用。
5. 最后，调用完成的处理程序。

接下来，需要实现 RPPreviewViewControllerDelegate。为了做到这一点，给相同的文件添加如下的扩展：

```
extension GameScene: RPPreviewViewControllerDelegate {
    func previewControllerDidFinish(previewController:
    RPPreviewViewController) {

        previewViewController?.dismissViewControllerAnimated(
            true, completion: nil)
    }
}
```

当用户在预览控制器上选择 Cancel 按钮的时候，我们将调用 previewViewControllerDidFinish。这里所做的事情，就是取消视图控制器，并且修复编译器错误。

接下来，在 stopScreenRecordingWithHandler 的后面，添加如下的两个辅助方法：

```
func discardRecording() {
    RPScreenRecorder.sharedRecorder().discardRecordingWithHandler {
        self.previewViewController = nil
    }
}

func displayRecordedContent() {
    guard let previewViewController = previewViewController else
{ fatalError("The user requested playback, but a valid preview controller
does not exist.") }
    guard let rootViewController = view?.window?.rootViewController else
{ fatalError("The scene must be contained in a window with a root view
controller.") }

    previewViewController.modalPresentationStyle = .FullScreen

    SKTAudio.sharedInstance().pauseBackgroundMusic()
    rootViewController.presentViewController(previewViewController,
        animated: true, completion:nil)
}
```

discardRecording()负责删除记录的视频。一旦用户完成了和预览控制器的交互，就应该调用该方法。另一方面，displayRecordedContent()显示了 RPPreviewViewController 实例。

哦，已经有很多的代码了。不要担心，我们已经完成了设置记录所需的大部分的代码。现在所需要做的就是在适当的地方调用这些方法。

打开 GameScene.swift，并且在 didMoveToView(_:)的末尾添加如下的代码行：

```
#if os(iOS)
    startScreenRecording()
#endif
```

当游戏开始的时候，这将会开始记录。此外，在同一个方法中，把修改 recordIndicator 的 hidden 属性的代码，改为如下所示：

```
recordIndicator.hidden = !(screenRecordingToggleEnabled &&
screenRecordingAvailable)
```

现在，recordIndicator 将会是隐藏的，甚至当自动记录关闭的时候，也是如此。

接下来，打开 GameOverlayState.swift，并且用如下的代码替换 didEnterWithPreviousState(_:)。

```
override func didEnterWithPreviousState(previousState: GKState?) {
    super.didEnterWithPreviousState(previousState)
    gameScene.paused = true
    gameScene.overlay = overlay

    #if os(iOS)
    // 1
    buttonWithIdentifier(.ScreenRecordingToggle)?.isSelected =
gameScene.screenRecordingToggleEnabled
    buttonWithIdentifier(.ScreenRecordingToggle)?.hidden = !
gameScene.screenRecordingAvailable

    // 2
    if self is GameSuccessState || self is GameFailureState {
        if let viewRecordedContentButton =
buttonWithIdentifier(.ViewRecordedContent) {
            // 3
            viewRecordedContentButton.hidden = true

            // 4
```

```
gameScene.stopScreenRecordingWithHandler {
    let recordingEnabledAndPreviewAvailable =
self.gameScene.screenRecordingToggleEnabled &&
self.gameScene.previewViewController != nil

    // 5
    if self.gameScene.levelType == .Easy {
        viewRecordedContentButton.texture = SKTexture(imageNamed:
"level_1_preview_frame")
    } else if self.gameScene.levelType == .Medium {
        viewRecordedContentButton.texture = SKTexture(imageNamed:
"level_2_preview_frame")
    } else {
        viewRecordedContentButton.texture = SKTexture(imageNamed:
"level_3_preview_frame")
    }
    // 6
    viewRecordedContentButton.hidden = !
recordingEnabledAndPreviewAvailable
    }
  }
}
#endif
}
```

了解这段代码的最佳方式，就是将其分段解读：

1．首先，为自动记录按钮设置选择和隐藏状态。

2．然后，检查覆盖层是否是 GameSuccessState 或 GameFailureState 类型。

3．接下来，将 viewRecordedContentButton 的 hidden 属性设置为 true。

4．然后，调用 GameScene 的 stopRecordingWithHandler 方法。

5．这个步骤根据所玩的关卡，更新 viewRecordedContentButton 的材质。

6．最后，根据是否允许记录预览，设置 viewRecordedContentButton 的 hidden 属性。

在一个物理设备上编译并运行程序。现在，当游戏开始和结束的时候，将会开始或停止记录。

当然，还不能够预览记录，因为没有编写代码来做到这些。我们接下来将这么做。

注　意

在编写本书的时候，ReplayKit 并不支持模拟器，必须在一个实际的设备上运行所有的测试。

27.2.5　步骤 5：预览和分享记录

已经准备好了预览记录的一切工作了，因此，本节将会很简单。

打开 GameScene+Buttons.swift，并且给 ViewRecordedContentswitch case 添加如下的代码行：

```
#if os(iOS)
  displayRecordedContent()
#endif
```

当用户选择预览记录按钮的时候，这行代码显示了 **RPPreviewViewController**。

给 ScreenRecordingToggleswitch case 添加如下代码：

```
#if os(iOS)
  toggleAutoRecord()
  button.isSelected = screenRecordingToggleEnabled
#endif
```

编译并运行程序。

当结束玩游戏的时候，点击预览记录按钮。这将会弹出 RPPreviewViewController，如图 27-19 所示。

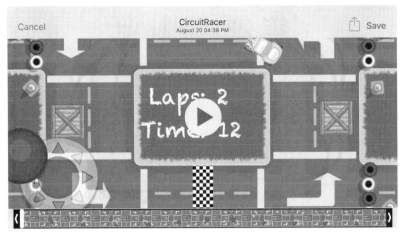

图 27-19

可以使用底部的滑块按钮来裁剪记录，并且可以使用右上角的分享按钮来和朋友分享视频，如图 27-20 所示。

图 27-20

这就是本章的所有内容。

正如你所学习到的，添加 ReplayKit 很容易，只需要使用两个类，RPScreenRecorder 和 RPPreviewViewController。概括起来，要加入 ReplayKit，需要按照以下步骤操作。

1．创建开始和停止记录的策略。

2．修改游戏的用户界面以符合记录策略。

3．使用 ReplayKit API 开始和停止记录。

4．预览和分享记录。

有了所有这些知识，我们就可以给自己的游戏添加 ReplayKit 了。

第 28 章　iAd

Ali Hafizji 撰写

现在，App 开发者要在 App Store 中谋生变得越来越难了。无数的资金涌向独立开发者的日子已经一去不复返了！当发生这些变化的时候，像你这样聪明的开发者，一定在寻找一种替代的方法来用 App 赚钱。

一种方法是在 App 中显示广告。并且打广告的最好的方法是使用 Apple 自己的广告网络 iAd。

和 App Store 类似，通过这个网络挣到的 70%的收入将归 App 的开发者所有。反过来，iAd 则提供了来自具有丰富的媒体和交互能力的领先品牌的广告。这是一种双赢。

28.1　iAd 简介

iAd 是 Apple 的数字广告平台。如果你使用一个 iOS 设备的话，你可能已经遇到过显示广告的 App 了，有大量的 App 使用 iAd。实际上，iTunes Radio 广告通过 iAd 变得很强大。

使用 iAd 的好处之一是，你可以提供较高产品价值的广告。这些广告具有丰富的媒体形式，令人沉浸其中，有的还独具魅力。甚至有一些广告，当用户点击游戏的时候，它会在整个游戏运行期间出现。所有这些都为你将 iAd 整合到你的高质量的 App 中创建了一个完美的环境。

除了提供高质量的广告，iAd 框架还考虑到你的隐私。这意味着你不需要担心，在广告需要访问本地数据的时候，将要得到用户的许可；或者用户可能不允许广告访问个人信息。所有这些都由 Apple 替你搞定。

你应该知道，iAd 已经在 14 个国家使用了。这意味着，广告将会展示给你在这 14 个国家的用户。这个列表还在扩展，并且随着新的国家不断加入，更多的人将会开始浏览广告，为你带来更多的收入。

28.2　iAd 是如何工作的

图 28-1 展示了 iAd 的高级架构。

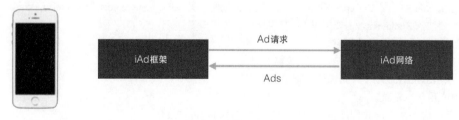

图 28-1

首先，开发者将 iAd 框架加入到 App 中。当 App 想要显示一个广告的时候，iAd 框架会向 iAd 网络发送一个请求，这会带回来要显示的广告。

这个请求有时候不会带回广告，这完全取决于请求广告的 App 以及用户当前的环境。例如，如果用户所在的国家并不支持 iAd，那么，App 是不会显示广告的。

要注意，收入最终是源自于好的 App 的，这一点很重要。如果你的 App 并不吸引人，你可能也不会有太多的用户，因此，App 将会显示较少的广告，并且你由此挣到的实际收入也很少。用户的参与度和忠诚度越高，iAd 网络将会给你更多的广告。这也是一种病毒式传播的循环，如图 28-2 所示。

图 28-2 的说明如下：

1．iAd 网络产生的广告导致深刻印象，当广告通过网络成功接入并显示给用户的时候，就会发生这种情况。

2．深刻印象导致点击量，正如其名称所示，点击量是度量广告被点击的次数的。

3．点击量的次数越高，响应率就越高。响应率是 iAd 网络提供广告服务的数目除以发送请求的次数的一个比率。

4．较高的响应率，最终导致更多的广告。并且较多的广告会带来更多的收入。

因此，最终都归根于创建一个好的 App。iAd 只是 App 挣钱的一种方式，如果你的 App 不吸引人，那么随着时间流逝，iAd 所提供的广告数目也将减少。

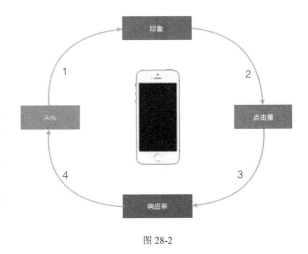

图 28-2

28.3 广告格式

在开始加入 iAd 之前，我们来了解一下 iAd 框架所提供的不同广告的类型（如图 28-3 所示），这是很重要的。通过这种方式，我们将能够根据 App 和单独的用户环境而选择正确的广告格式。

Banner（横幅广告）　　Interstitial（间隙广告）　　Medium Reet（媒介配置广告）　　Pre-Roll（滚动广告）

图 28-3

28.3.1 横幅广告

横幅广告有一个细长的、与设备相同宽度的视图。它通常放在 App 内容的底部，并且它不断地加载广告，如图 28-4 所示。

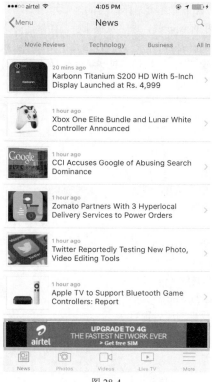

图 28-4

当用户点击横幅广告的时候，这个广告将启动一个全屏的体验。

28.3.2　间隙广告

当你显示一个间隙广告的时候，它会立即占领整个屏幕。用户可以与广告交互，然后取消它，如图 28-5 所示。

图 28-5

由于这种广告占据了整个屏幕，如果你决定使用这种格式的话，要告诉 iAd 框架预加载该广告，这一点很重要。

28.3.3 媒介反馈广告

你一定在 Web 上遇到过这种广告类型。媒介反馈广告嵌入到了内容之中。这种广告的大小通常是 250 像素×300 像素，如图 28-6 所示。

和横幅广告类似，这种广告不断地循环播放广告。当用户和一个广告交互的时候，它将会显示全屏广告体验。

28.3.4 预滚动广告

这种广告是一个简短的视频，在你自己的视频开始播放之前，它就开始播放广告。它和 MPMoviePlayerController 和 AVPlayerViewController 无缝地工作，因此，加入这种广告非常容易。

图 28-6

28.4 整合 iAd

要将 iAd 整合到 Circuit Racer 中，我们需要按照如下的步骤进行：

1. 加入 iAd 网络；
2. 加入 iAd 框架；
3. 显示横幅广告；
4. 显示间隙广告。

对于 Circuit Racer 来说，我们打算只使用横幅广告和间隙广告，因为其他的广告格式并不适合这款游戏。

28.5 加入 iAd 网络

加入 iAd 网络实际上意味着要在 iTunes Connect 上浏览并同意条款。

登录到 iTunes Connect 网站，并且选择 Agreements, Tax, and Banking 模块，如图 28-7 所示。

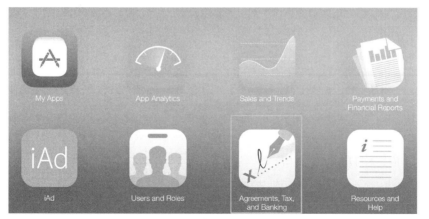

图 28-7

在 Request Contracts 部分之下，点击 Request 按钮，请求 iAd App Network 合同类型，如图 28-8 所示。

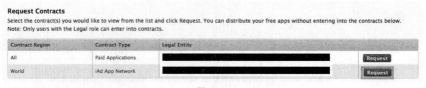

图 28-8

iTunes Connect 将会要求你接受 iAd 协议。接受它，如图 28-9 所示。

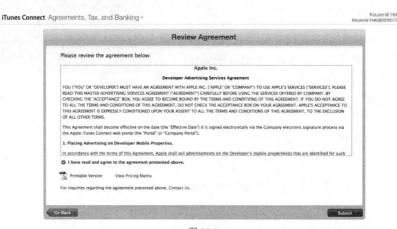

图 28-9

　　点击 Submit 按钮。根据你的账户类型，iTune 可能会也可能不会要求你填写银行信息和纳税信息。在填写了这些详细信息之后，合同将会显示在 Contracts in process 部分的下方，如图 28-10 所示。

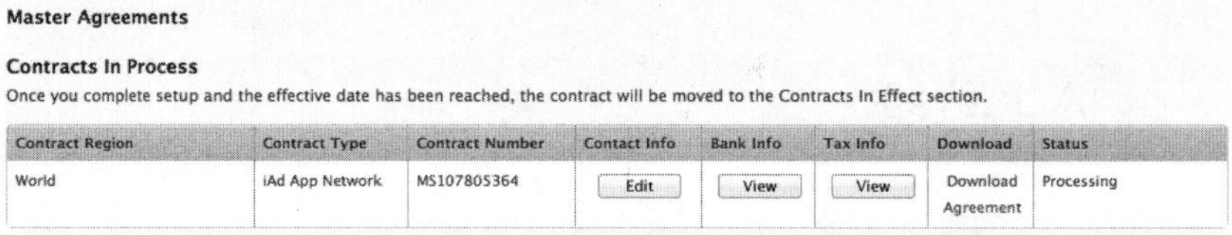

Master Agreements

Contracts In Process
Once you complete setup and the effective date has been reached, the contract will be moved to the Contracts In Effect section.

Contract Region	Contract Type	Contract Number	Contact Info	Bank Info	Tax Info	Download	Status
World	iAd App Network	MS107805364	Edit	View	View	Download Agreement	Processing

图 28-10

　　一旦合同完成了，将会进入 Contracts in Effect 部分，如图 28-11 所示。这通常需要 15 到 20 分钟的时间。

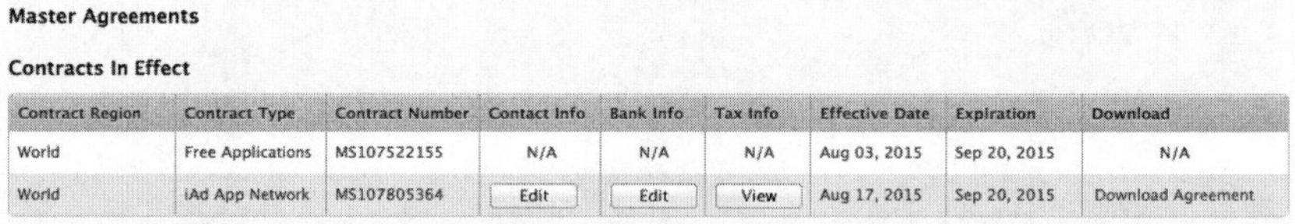

Master Agreements

Contracts In Effect

Contract Region	Contract Type	Contract Number	Contact Info	Bank Info	Tax Info	Effective Date	Expiration	Download
World	Free Applications	MS107522155	N/A	N/A	N/A	Aug 03, 2015	Sep 20, 2015	N/A
World	iAd App Network	MS107805364	Edit	Edit	View	Aug 17, 2015	Sep 20, 2015	Download Agreement

图 28-11

通过这个合同处理过程，你就开始了将 iAd 加入到游戏中。是不是很简单？

28.6　加入 iAd 框架

在 Xcode 中打开 CircuitRacer。选择工程文件，并且打开 Build Phase 标签页，如图 28-12 所示。

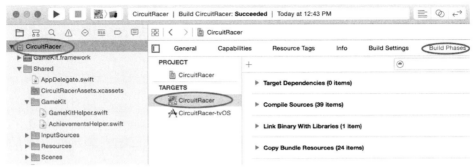

图 28-12

打开 Link Binary With Libraries 折叠项，并且选择+按钮，如图 28-13 所示。在弹出的窗口中，选择 iAd.framework 库并点击 Add 按钮，如图 28-14 所示。

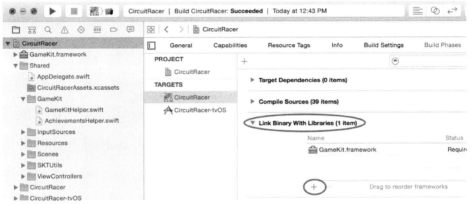

图 28-13

图 28-14

我们已经将该框架添加到了工程中，因此，可以开始在自己的游戏中使用 iAd API 了。

由于 tvOS 并不支持 iAd 框架，我们并没有将该框架添加到 tvOS 目标。

28.7　显示横幅广告

你应该只在有意义的位置显示广告。只是为了留下印象而显示广告，这并不是好主意。这会导致糟糕的用户体验，并且降低用户的忠诚度。还记得病毒式传播吗？你需要确保用户能够回来并且频繁地使用你的 App，从而能增加广告收入。

在 Circuit Racer 中，我们打算在主屏幕、关卡选择屏幕和汽车选择屏幕的底部显示横幅广告。

鼠标右键点击 Circuit Racer 组，并且选择 New Group。将这个组命名为 iAd。

接下来，鼠标右键点击该新组，并且选择 New File.....。从选项中，选择 Swift 文件并且点击 Next 按钮。将该文件命名为 iAd+UIViewController.swift 并点击 Create 按钮。确保只是选择了 CircuitRacer 目标。

iAd 框架使得显示任何类型的广告都极为容易。例如，要显示横幅广告，所需要做得只是导入 iAd 框架并且将 canDisplayBannerAds 属性设置为 true。

iAd 广告将 canDisplayBannerAds 添加到了 UIViewController 类。如果设置了这个属性，该框架将会把视图控制器的根视图包含到一个容器视图中，并且在底部添加横幅视图。为了访问内容视图，必须使用 originalContentView 属性。

将如下的代码添加到 iAd+UIViewController.swift 中：

```
import UIKit
import iAd

// 1
protocol iAdBannerProtocol: class {
  func enableBannerAds()
}

// 2
extension iAdBannerProtocol where Self : UIViewController {

  func enableBannerAds() {
    canDisplayBannerAds = true
  }
}
```

iAdBannerProtocol 协议定义了一个名为 enableBannerAds 的方法。这个协议扩展定义了该方法，并且将 canDisplayBannerAds 属性设置为 true。注意协议扩展中的 where 子句。这确保了该定义只是对于 UIViewControlle 类型的对象可见。

接下来，在 iAd 组上点击鼠标右键并且选择 New File.....。选择 Swift 文件模板，并且点击 Next 按钮。将该文件命名为 iAd+SelectCarViewController.swift，点击 Next 按钮并保存该新文件。

把如下代码添加到这个新文件中：

```
import UIKit

extension SelectCarViewController: iAdBannerProtocol {

  override func viewDidLoad() {
    super.viewDidLoad()
    enableBannerAds()
  }
}
```

上面的代码针对 SelectCarViewController，从 viewDidLoad() 中调用 enableBannerAds()。这将会在汽车选择界面上显示横幅广告。

类似的，在 iAd 组下为关卡选择屏幕创建一个新的文件，将其命名为 iAd+SelectLevelViewController.swift，并为它添加如下的扩展：

```
import Foundation

extension SelectLevelViewController: iAdBannerProtocol {

    override func viewDidLoad() {
        super.viewDidLoad()
        enableBannerAds()
    }
}
```

上面的代码直接在关卡选择屏幕上显示横幅广告。

剩下的最后一个屏幕就是主屏幕了。由于我们已经在第 27 章中为 HomeScreenViewController 定义了一个扩展，直接重用它就行了。打开组 ScreenRecordin 下的 HomeScreenViewController+ScreenRecording.swift 文件。将该扩展的定义修改为实现 iAdBannerProtocol：

```
extension HomeScreenViewController: ScreenRecordingAvailable,
iAdBannerProtocol
```

接下来，在 viewDidLoad() 的末尾，添加如下这行代码。

```
enableBannerAds()
```

与关卡和汽车选择屏幕的广告实现类似，上面的代码在主屏幕上显示横幅广告，如图 28-15 所示。点击该横幅广告会打开全屏的广告体验，如图 28-16 所示。

图 28-15

图 28-16

好吧，你距离自己的第一个"小目标"更近了一步。

28.8　显示间隙广告

对于 Circuit Racer 来说，当用户完成一个关卡的时候，我们打算显示间隙广告。我们不想要在游戏开始的时候立即显示广告，因为用户期望玩游戏，并且可能很渴望玩游戏。记住，用户体验胜于一切。

间隙广告需要预先加载。最好是在 App 启动的时候就加载，这样，可以确保有一个广告能够及时展示给用户。

打开 AppDelegate.swift，并且给 application(_:didFinishLaunchingWithOptions:)添加如下的代码行：

```
#if os(iOS)
  UIViewController.prepareInterstitialAds()
#endif
```

当显示一个间隙广告的时候，调用所显示的视图控制器的 viewDidDisappear(_:)方法；当广告消失的时候，调用 viewWillAppear(_:)。

打开 GameViewController.swift，并且在类的顶部定义 adPresented 变量，如下所示：

```
private var adPresented: Bool = false
```

现在，将 didSelectCancelButton(_:)修改为如下所示：

```
func didSelectCancelButton(gameScene: GameScene) {
  #if os(iOS)
    // 1
    interstitialPresentationPolicy = .Manual
    // 2
    adPresented = requestInterstitialAdPresentation()

    if !adPresented {
      navigationController?.popToRootViewControllerAnimated(false)
    }
  #else
    navigationController?.popToRootViewControllerAnimated(false)
  #endif
}
```

当用户从关卡结束界面上点击 Quit 按钮的时候，我们调用上述的方法。

对上面的方法做出一些说明：

1. 将 interstitialPresentationPolicy 设置为.Manual。这个变量决定了广告显示的计时是由框架管理还是由 App 管理的。由于已经设置为.Manual 了，将由你负责显示的时间。

2. 调用 requestInterstitialAdPresentation()。这个方法是由 iAd 框架定义的，并且调用它来显示一个间隙广告。如果显示该广告的话，它返回一个布尔值。如果没有广告准备要进行显示，它导航回主屏幕。

编译并运行游戏。当从关卡结束界面上选择 Quit 按钮的时候，将会看到一个全屏广告，如图 28-17 所示。

图 28-17

唯一的问题是，当你取消广告的时候，游戏不会返回到主屏幕。我们可以很容易地修复这个问题。打开 GameViewController.swift 并覆盖 viewWillAppear(_:)，如下所示：

```
override func viewWillAppear(animated: Bool) {
  super.viewWillAppear(animated)
  if adPresented {
    navigationController?.popToRootViewControllerAnimated(false)
  }
}
```

编译并运行。取消间隙广告，这个 App 将会导航回主屏幕。

28.9　iAd 最佳实践

在完成本章的挑战之前，有一些事情在这里列出来，以提醒你从 iAd 获得其最佳表现。

1．App 使用时间：如果你试图通过广告来获得收入，需要保证你的 App 有足够的使用时间。例如，如果用户平均只在你的 App 上花几分钟的时间，那就没有足够的时间来显示广告并进行交互了。

2．仔细考虑广告位置：广告位置对于保证好的用户体验来说很关键。例如，如果游戏涉及很多的手势/交互点，可能横幅广告并不是最合适的选择。如果用户偶然地选中广告，然后立即关闭它，广告的位置就无关紧要。但实际上，这可能弊大于利，因为这会导致 Apple 降低你的响应率。

3．不要被响应率乱了阵脚：响应率是发送的广告的数目除以显示的广告的数目。这里重要的一点是显示广告。如果只是发送广告请求而没有显示广告，那就别指望留下印象了。

28.10　挑战

这是和 Circuit Racer 游戏相关的最后一个挑战了。我们已经有了一款有趣的游戏，并且在连续的 4 章（第 25 章到第 28 章）中，为其添加了对 Game Center 成就、排行榜、ReplayKit 和 iAd 的支持。

同样，如果你在完成挑战的时候遇到困难，可以从本章的资源中找到解决方案。

挑战 1：自动显示

你的挑战是，在游戏开始之前，显示一个间隙广告。理想情况下，你是不会在现实世界的场景中这么做的（也不应该对玩家和他喜欢的游戏这么做），但是为了学习，这里就这么做一次吧。

如下是一些提示：

- 在 SelectLevelViewController.swift 文件中，在 gameViewController 上，将 interstitialPresentationPolicy 设置为.Automatic，然后将其压入导航栈。
- 覆盖 viewDidDisappear(_:)，并且暂停游戏场景。
- 覆盖 viewWillAppear(_:)，并且继续游戏场景。

第 29 章　写给程序员的 2D 美工知识

Mike Berg 撰写

在本书中，我们创建了一些很好的小游戏，但是，它们都使用了提前准备好的美工图片。你可能会问，如何在你自己的游戏中得到这样的美工图片呢，而这正是本章要讨论的主题。

如今，要在 App Store 中获得成功，游戏不仅需要有趣有新意，而且需要有吸引人的外观。这对很多雄心勃勃的开发者来说是一个问题，因为尽管你可能善于游戏编程和游戏设计，但是对于把游戏装扮成像梦想中的样子，你可能并不在行。这正是很多游戏的美工效果很糟糕的一个原因。

好消息是，作为游戏开发者，你有两个不错的选项。要么雇佣一位美术师来帮助解决问题，要么自己做美工。毕竟，制作美工也是一项能够练习并提高的技能，就像任何其他的技能一样。

在本章中，我们首先帮助你决定是需要雇用一位游戏美术师，还是自己制作美工。当你选择自己动手之后，我还将提供了一些技巧，帮助你继续发展自己作为游戏美术师的技能。在本章的末尾，你将能够有一个不错的起点，并且有一个学习路线图，能够让你的游戏玩起来的时候看上去不错。

29.1　选择路径:雇人还是 DIY

当决定如何为游戏获取美术图片的时候，有两个基本的选择：可以雇佣一位美术师，或者自己来做美工。

29.1.1　雇佣一名美术师

雇佣一名美术师有如下一些好处：

- 和专业人士一起工作。如果你雇佣了一名美术师，可以找那些技艺已经很不错的人，并且他们可能已经有多年的实践经验了。他能够专注于他所擅长的事情，让你自由地专注于你的专业，而你在行的很可能是编程。
- 选择你自己的风格。不同的美术师有不同的风格，并且，你的游戏可能会从某一种风格中获益。通过雇佣一名美工，你可以随处看看并找到工作风格完全适合你的游戏的人。
- 快速开发。如果你既想要制作游戏美工，又想要编写游戏程序，那么，你的游戏开发时间可能需要加倍。显然，把工作分配开则可以节省很多的时间，这会使得你的游戏制作更快。
- 协作。有时候，和美术师一起工作可以帮助你改进游戏，同时能够分享思路，并且从其他的每一个人的精力和热情中得到回报。考虑一下你所见过的最好的游戏，我敢说，大多数这些游戏都是至少两个人组成的一个团队开发出来的。

考虑一下这个选择？如果是这样的话，请跳到 29.2 节阅读。但是首先，你可能会考虑另一个选项。

29.1.2　自己做美工

自己做美工也有一些优点：

- 省钱。令人伤心的是，大多数的美术师不会出于内心的仁慈或者是为了未来的金钱许诺而为你的游戏制作美工，相反，他们想要的是实实在在的现金。并且通常，现金正是独立的游戏开发者所缺少的。如果你要时刻注意省钱，那么，自己做美工可能是你唯一的选择。

- 积累技能。很多的独立游戏开发者发现开发一款游戏的整个过程是充满乐趣且令人激动的，并且他们想要学习每一个步骤所涉及的技能。如果这听上去正是你的情况的话，那么你自己做美工的目的，可能只是想要积累游戏开发的经验和技能。
- 没有依赖性。和美术师一起工作，可能会导致进度拖延。如果你立刻就需要一个美工图片，可能还需要等美术师有时间来动手解决它。如果你自己做美工，或者至少了解了制作一些占位符所需的知识，那么，你往往可以快速地推进游戏的开发进度。
- 成就感和荣誉感。自己做美工的最后的一项好处，纯粹是你所能获得的最好的权利。"看看这款游戏？是的，我自己编写的程序，并且自己制作了所有的美工。牛吧！" 只是要有心理准备，开发周期可能会比较长。

考虑自己做？那么，你可以直接跳到29.1.2节阅读。

29.2　如何找到并雇佣一位美术师

很多游戏开发者都在努力找到一位美术师。如下是让你尽可能快地找到合适的美术师的一些技巧。

29.2.1　会议和聚会

和找工作一样，找到一位美术师的最好的方法之一，是通过人际网络。你可以在自己所在地的一次活动中和某个人见面，或者是有朋友或同事推荐给你一个人选，那么怎么通过人际网络找到美术师呢？总而言之，自己出去参加会议，参与本地聚会或用户组。

我可以推荐一些会议：

- Game Developers Conference (GDC): http://www.gdconf.com/
- Apple's Worldwide Developers Conference (WWDC): https:// developer.apple.com/wwdc/
- Unite: http://unity3d.com/unite
- IndieCade: http://www.indiecade.com/
- RWDevCon: http://rwdevcon.com/

关于聚会组织，请搜索你本地的 meetup.com。最好是针对游戏开发者、美术师或 iOS 爱好者的聚会。也可以查看诸如 http://forums.tigsource.com/或 http://www.gamedev.net/这样的开发者论坛，看看在你所在的地区是否有任何的本地聚会或者游戏大会。

29.2.2　Twitter

很多游戏开发者都挂在 Twitter 上。尽管你不一定需要在 Twitter 上认识某个人，可这是扩展你在全球的开发者联系人列表的一种好办法，而你有可能最终会在一次会议或活动中见到这些人。

做一名活跃的 Twitter 用户，并且尝试了解你关注的人和那些关注你的人所做的工作。你的开发者的人际网络越大，在适当的时候，就越容易找到具备所需的技能的那些人。

29.2.3　搜索简历

在 Web 上搜索你需要的那种简历，例如 "pixel art portfolio" 或者 "fantasy cartoon art portfolio"。只要你知道要找的是什么，就会很快看到可用的人才的范围。即便你并没有得到一个个人推荐，这也可以帮助你做出选择。

如下是搜索简历的一些额外的在线资源：

- 很多美术师将自己的作品发布在 Deviant Art 上，这通常是找到潜在的美术师的好地方：http://www.deviantart.com/。
- 如果你要找的是一位像素画美工，就在 Pixel Joint 找，这是 Pixel 美术师的一个社区，他们会定期在那里贴出自己的作品和简历：http://www.pixeljoint.com/。

- 3D Total 有个不错的图库，它按照分类来组织，如 Character、SciFi、Fantasy 和 Cartoon 等。这个站点还有一个很活跃的论坛：http://www. 3dtotal.com/index_gallery.php。
- Polycount 论坛也有一些专注于游戏美工的简历：http:// www.polycount.com/forum/。

29.2.4 招募申请者

将你的项目贴到 Web 站点上或者招聘板块中。如下是你可以张贴招聘启事的一些站点和留言板：

- Concept Art 有一个招聘板块，其中有很多的游戏插图师。
- Gamasutra 有一个招聘板块：http://www.gamasutra.com/jobs/。
- 上面提到的 3D Total、Polycount、Pixel Joint、GameDev.net 和 TigSource 也都有自己的招聘和求职板块。

当你收到职位申请的时候，去除掉那些不太好的简历，不要管他们的经验如何。简历应当展示美术师具备实现你想要的风格的能力。

29.2.5 这真的有用吗

是的。举个例子吧，Ray 和我首先是通过 Twitter 互相认识的。他浏览了几次我的在线简历，因此，他熟悉了我的工作。几年之后，我们在一次会议上会面了。又过了几年，我们保持联系，而这使得我们有机会一起写书。

这个故事的核心是：去认识你仰慕的美术师，特别是要见面，并且保持联系，你绝对想不到你们可能一起从事一个项目。

29.3 向美术师付酬

正如本章前面所提到的，大多数的美术师都不愿意无偿地工作。你需要找到某种方式，对他们的时间和工作做出补偿。本小节将介绍他们期望什么，以及我个人给出的一些建议。

29.3.1 收入分成合同

通过一个收入分成合同，你可以向美术师承诺游戏收入的一个百分比，但是刚开始的时候，这笔钱可能很少或者几乎没有。

通常对于独立游戏开发者来说，这种类型的合同很有吸引力，因为只需要花很少的钱，但是，很难找到一个有经验的美术师愿意接受这种交易。很多的美术师一开始的时候被承诺收入分成，但是到最后却什么也没有得到。

如果你和美术师有很紧密的、已有的关系的话，才会看到这种类型的交易。例如，如果你的好朋友或者伴侣是一位美术师，那么，这种商业交易是可能的。此外，美术师可能需要对项目有激情，才能够投入到其中，否则的话，他可能会丧失动力和兴趣。

如果你还没有一位现成的美术师能够那么信任你和你的项目，你可能必须先给美术师支付一些费用。这可能是一件好事，如果你的游戏表现很好的话，你自己也将继续获得利润。

29.3.2 固定报酬合同和分小时报酬

如果你打算提前给美术师支付报酬，也有两个选择，可以支付固定的数目，或者按照小时数支付报酬。

固定报酬合同的主要好处是，你知道要花多少钱。

然而，我个人不建议固定报酬合同。游戏开发项目是特别耗费精力的，在项目开始的时候，不可能知道该项目最终需要多少美工工作。如果由于要做的事情牵涉颇多，美术师投入的时间超过了固定报酬的数目，那么，他对项目的兴趣、动力和热情都很可能会快速下降。

我和我的客户之间有一种凑效的方法。我自己的方法是根据初始的资源需求列表，给出一个预估的工作量。然后，我会根据预估的工作量的百分比（通常是 50%，如果项目较大的话，这个百分比要更小一些）发送一个发票，作为提前支付的报酬。

当我从事项目工作的时候，我会对我的工作时间做出详细的记录，并且为客户提供定期的更新，以显示我是如何使用自己的时间的。每次当总的应付报酬达到某一个商定的量的时候，我就会发送一张临时发票。例如，客户和我可能有一个协议，每当我的工作报酬达到 2000 美元的时候，我就发送一张临时发票。

这种方法使得客户和美术师都有一定的自由度能够对于将要完成的工作做出变更，而在游戏开发的过程中，这种变更总是必要的。如果对成本价值有潜在的不一致，可能会导致在开发前就分手。客户知道他花了钱将会得到什么，美术师能够在此过程中保持激情和专注。

29.3.3 价格预期

人们经常会问我："美术师给游戏制作美工，要收多少钱呢？"如果你要雇佣一名有经验的美术师，可能要预期为他支付 30～90 美元每小时。在编写本书的时候，我自己的收费是 70 美元每小时。

通常，美术师的技能越多，你预期为其支付的费用越多。你可能想要找到一个收费较少的美术师，但是，要知道他的经验和整体的效果可能也和这个价格相当。老话说的好，"一分钱一分货"。

找到一个有经验的美术师（特别是有 iOS 的相关经验）制作游戏美工视频是值得的。美术师有很多种方法，能够让开发者的生活更加容易（或者更加艰难），并且，他们的游戏开发经验的程度也是很大的一个因素。例如，知道物体坐标、锚点、材质图册和重复绘制的美术师，能够提供随时可以在你所选的工具中使用的图形文件，而尽可能减少你这方面所需要进行的额外处理。

拥有游戏的知识并知道它们是如何工作的，这有助于美术师创建出高效和可扩展的资源，以便可以在未来的更新事件中重用或修改。偶尔，对于某一美术资源的修改，可能还需要针对其他几处进行更新，好的游戏美术师知道如何让这种滚雪球效应保持最小化。

这就是我对于雇佣美术师的建议。如果你决定采取这种方法，那么，可以停止阅读本章并去找到你自己满意的美术师。

但是，如果你想要学习自己制作美工，那么请继续阅读。

29.4　开始

本章剩下的内容将会介绍如何创建一个小猫精灵，这和你在本书中的游戏中使用过的小猫精灵风格类似，如图 29-1 所示。

我们将在 Adobe Illustrator 中使用矢量图形来创建这幅美工作品。这将允许你以任何的分辨率和大小来使用它，而不会导致图像质量的下降。

如果你还没有使用过 Adobe Illustrator，那么，请从这里下载一个免费试用版：

https://creative.adobe.com/products/download/illustrator

这将会安装连接到 Adobe Creative Cloud 的一个界面，它会允许你试用很多不同的 Adobe 产品长达 30 天时间。一旦安装了 Illustrator，并且做好了准备，就拿出你的铅笔和纸开始画草图吧！

图 29-1

29.5　开始绘制草图

首先要做的是绘制一个大概的草图，从而对美工图的形状有一个大致的思路，以便我们随后可以在 Illustrator 中记录它。用来绘制这种草图的纸张类型是无关紧要的，使用你手边已有的任何纸张都可以，只要纸张上没有其他的笔迹。在绘制的时候，请使用铅笔。

我们要勾勒的小猫草图是由 4 个主要部分组成的，分别是头部、身体、前腿和尾巴。图 29-2 是这 4 个主要部分的形状的快速概览。

图 29-2

现在，按照如下的绘制小猫的指令，参考着图像来进行勾勒。这里给出的形状只是一个指导，如果你觉得进行一些修改会更好，请用自行修改。整个绘制过程如图 29-3 所示。

1. 首先，绘制一个椭圆形表示头部。

2. 梨形的身体的底部要比头部稍微大一点，上面的身体/颈部是要和头部连接的。

3. 靠近头部的地方和接近身体边缘的地方，绘制两条平滑的线条，稍微盖住一点底部，这表示腿。

4. 在腿的底部，添加一个开口的半圆，表示这是脚。

5. 在脚的底部，添加一个弧形，要比脚的顶部更扁平一些。

6. 确定爪子的形状，从最左边的曲线开始。添加另一条曲线，让它稍微厚点。卡通图形的爪子通常要比实际的爪子厚一点。

7. 既然有了小猫的基本形状，添加一些细节。卡通图案的颧骨往往是尖的，先不要问为什么。

8. 分别看一下耳朵部分的每条曲线。从靠近头部中央的地方开始，稍微向上绘制一条曲线，但是主要是向外弯曲。然后，向下绘制一条稍微向内弯曲的曲线。

9. 把边缘绘制的平滑一点，也就是耳朵和头部链接的地方，并且头部的顶部增加一条稍微高一点的弧线。

10. 把眼睛的形状考虑成鸡蛋的形状，只是稍微向内倾斜一些。而鼻子则是一个扁平的椭圆形。

11. 在鼻子的下方，添加一个简短的、垂直线条，下方有一个宽宽的 "W" 形表示嘴巴。鼻子上有一个较宽的弧线表示小猫的鼻尖。

12. 添加较大的弧线表示眼睑，还有一些直直的稍微朝上一点的胡须，别忘了还要绘制一些睫毛以增强小猫的可爱程度。

13. 移动到腿部，在中间画一条直线，不要像外部的线条那么高，这表示腿。

14. 在脚的底部的中央，切出一个小小的、较宽的三角形，使得它们稍稍指向外面一点。在每一只脚上添加两条小短线，表示脚趾头。

15. 将表示脚的弧线擦除的淡一点。在后腿的上部添加一条线。

16. 一次绘制一条，添加曲线的点以构成尾巴末端的毛。这些曲线在大小上要有些不同，中间的那条曲线最大。

17. 在靠近尾巴末端的地方添加一条曲线，并且在每个爪子的顶部边缘添加一条曲线。这些将确定了带有白毛的地方。

18. 可选的：擦除任何不需要的线条。如果你的绘制非常"潦草"（这没什么问题）并且很难看清楚最终的线条，而最终的线条也就是我们将要在 Illustrator 中处理的线条，只有这时，才需要做这一步。

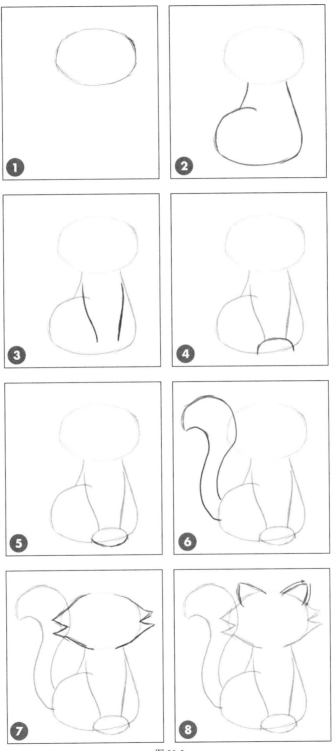

图 29-3

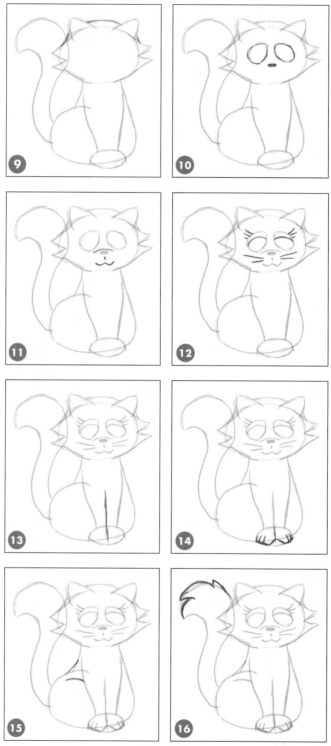

图 29-3（续）

图 29-3（续）

29.6 将草图导入到 Illustrator 中

如果你没有扫描仪，也不必担心，iPhone 或 iPad 上的相机就很好用。将草图在一个光线较好的地方放平，并且将 iPhone 直接置于其上。尝试一下角度，尽可能得到一个正方形图像。将页面的边缘和屏幕的边缘对齐，可以帮助你得到一个正方形图像，如图 29-4 所示。

用电子邮件发送照片，当询问你是否想要调整图像大小的时候，选择使用最大的设置。将图像保存到计算机。

打开 Illustrator 并且选择 File\New…（Command-N）以创建一个名为 cat 的文档。从 Profile 中选择 Devices，从 Size 中选择 iPhone 5S，如图 29-5 所示。这将会使你得到一个 640 像素×1136 像素的图像，其大小就是 iPhone 5 的屏幕的大小。点击 OK 按钮。

图 29-4

注　意

如果你使用的是旧版的 Illustrator，可能不会在 Size 下拉菜单中看到设备选项。直接手动设置像素大小就可以了，得到的结果是一样的。

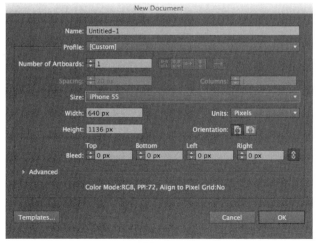

图 29-5

选择 File\Place…，并且选择你通过 Email 发送给自己的草图文件。保持复选框选项为其默认状态，只选中 Link，如图 29-6 所示。点击 Place 按钮，将你的草图添加到 Illustrator 文件中。

图 29-6

你将会看到一个"放置"光标，而且图像上还有一个标志，如图 29-7 所示。

点击并拖放鼠标，以绘制出一个框，填充大部分的画布。这将会设置所要放置的文件的大小和位置，如图 29-8 所示。

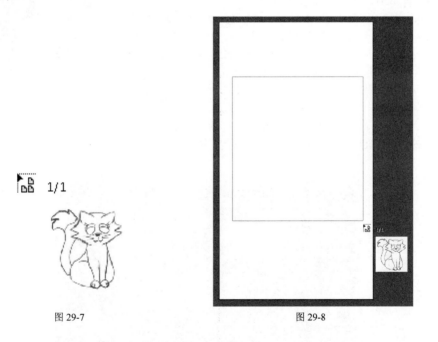

图 29-7　　　　　　　　　　　　　　　　　图 29-8

注　意

再一次，在老版本的 Illustrator 中看上去可能和这里有点不同。

Illustrator 用于组织那些用来修改美工图的众多控件的地方，叫面板。你可以在屏幕的右边找到面板。

确保你经常使用的控件是可见的，这是个好主意。

选择 Window\Workspace\Essentials。如果你看到的都是按钮，点击每个面板的右上角的 Expand Panels 小按钮，如图 29-9 所示。你将会看到面板的布局如图 29-10 所示，如果你所看到的并不完全相同，也不要担心。

图 29-9

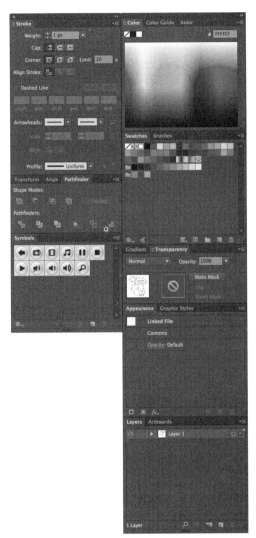

图 29-10

在 Layers 面板中（如果没有看到这个面板的话，选择 Window\Layers），点击小猫图层上的"眼睛"图标旁边的空的正方形。这将会锁定该图层，阻止你选中它或者意外地删除它，如图 29-11 所示。

现在，点击 Create New Layer 按钮以添加一个图层，我们将使用这个新的图层来保存矢量描摹。

29.7 用矢量线条描摹草图

在开始描摹草图之前，应该设置默认的颜色。

图 29-11

在 Tools 面板的底部，有当前填充颜色（实心方块）和画笔颜色（带有较厚的边框的方块）的色板，如图 29-12 所示。Illustrator 将会针对你所创建的对象使用这些填**充色**和画笔色。

按下 D 键，设置默认的画笔颜色和填充颜色，白色填充，黑色画笔。点击填充色的色板，也就是那个白色方块。

图 29-12

按下斜杠键以清除填充色板，并使其变为透明的，色板上将会出现一条红线。现在，Pen 工具将会绘制黑色线条而没有填充色，这是创建轮廓的理想设置。

接下来，选择 Pen 工具（快捷方式是 P 键）。使用 Pen 工具，每次点击都会为曲线创建一个锚点，并且拖动会允许你定义曲线相对于该点的方向和"力度"。你可能会通过编程对贝叶斯曲线的概念很熟悉，而 Pen 就是帮助你创建这种曲线的工具。

点击以绘制带有尖角的直线，点击并拖放以绘制曲线。曲线的点带有一个"手柄"，可以定义曲线的方向和力度。每个手柄都是线条末端所带出来的一个点，如图 29-13 所示。

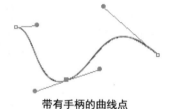

成角度的点　　　　　　　　带有手柄的曲线点

图 29-13

按照下面的说明，使用 Pen 工具来描摹小猫的耳朵，这是由 3 个点构成的一条简单的曲线。第一个点是一个曲线点，通过点击并拖放开始绘制，如图 29-14 所示。是的，在绘制了线条之后可以编辑它，我们很快会更详细地介绍这一点。

1．在线条的起点点击，并且向左上方拖动。

2．点击耳朵尖儿，并且拖动出一个短小的手柄，大致和第一组手柄垂直。

3．在线条的末端点击并拖动出一个手柄，直到线条看上去合适了。

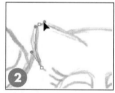
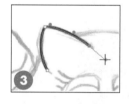

图 29-14

按下 Command 键，并在画布上任何其他的地方点击，以完成线条的创建。使用选取工具（快捷方式是 V 键），如图 29-15 所示，在刚才创建的线条上点击：

在屏幕的顶部，增加画笔的宽度，以达到一个更大的值，如 4px，如图 29-16 所示。

图 29-15

图 29-16

继续创建头部顶部和另一个耳朵的路径。Pen 工具会记住你最近所选取的线条的设置，因此，新的线条仍然具有相同的粗细，如图 29-17 所示。

干的不错。可能要花一点时间熟悉 Pen 工具，但是稍加练习，你就可以毫无问题地绘制线条。

图 29-17

29.7.1 编辑路径

你的线条恐怕不会总是一开始就是你想要的样子，但是也没什么问题。要调整线条的形状，很容易做到。

在创建了线条之后要修改它，使用 Direct Selection 工具（快捷方式是 A 键），如图 29-18 所示，在线条上进行点击。

图 29-18

这将会突出显示该点。在单个的点上点击，会显示它的手柄。拖动该点并移动它，或者拖动手柄，可以调整曲线的角度和力度。

注　意

Illustrator 还有一种叫做 Smart Guides 的功能。如果打开它的话，将会尝试自动地抓取点、路径甚至 90 度的角。关闭了 Smart Guides 的话，编辑线条通常会更加容易一些。选择 View\Smart Guides（Command-U）来切换这一功能。

29.7.2 创建复杂的线条

组合了曲线和尖角的线条（就像小猫尖尖的脸颊那样），在创建的过程中还需要额外的一个步骤。我们可以在绘制路径的时候创建这些尖角，而不是先创建曲线线条然后再编辑每一个尖角。关键在于，在创建线条之后，立即按下 Option 键并拖动一个手柄。按照如下的指令自行尝试，如图 29-19 所示。

1. 点击第一个点的手柄并将其向下拖动。
2. 点击并拖动以创建第二个点。
3. 保持 Pen 工具仍然是激活的，按下 Option 键并拖动手柄，以便其大概指向靠近尖角的地方。

图 29-19

这种方法允许你通过一系列单独的鼠标动作而不必改变工具，就可以创建几乎任何的形状。记住，一旦创建了一个线条，总是可以使用 Direct Selection 工具来细化其形状，如图 29-20 所示。

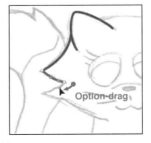

图 29-20

使用这个方法来创建线条的其他的尖角，如图 29-21 所示。

图 29-21

29.7.3　将线条的末端圆角化

现在，你可能已经注意到了，每一个线条的末端都是方形的。这会延伸出去，并且看上去很糟糕，就好像线条没有连接到一起一样。将末端圆角化则有助于让线条看上去更好一些。

按下 Command-A 选择所有线条。在 Stroke 面板中（如果没有看到这个面板的话，选择 Window\Stroke），将 Cap 和 Corner 按钮设置为 Round。如果没有看到 Cap 和 Corner 按钮，点击右上角的面板菜单按钮，并选择 Show Options，如图 29-22 所示。

图 29-22

29.7.4　完成轮廓

使用我们目前为止所学的技能，创建小猫的轮廓的剩下的部分，直到所有的线条都是矢量路径，如图 29-23 所示。

图 29-23

注　意

按下 Command-S 保存。如果想要看一下现在为止已经创建的线条，找到 Resources 文件夹并打开 cat-01-outlines.ai。

29.8　定制画笔宽度

现在，既然已经完成了所有的线条，绘制结果看上去整齐多了。你已经准备好了创建漂亮的、供游戏使用的美工图了。可是，它看上去确实有些呆板，因为所有的线条都是完全相同的宽度。我们可以使用 Width 工具（快捷方式是 Shift-W 键），如图 29-24 所示，给美工图添加一点更像是手工绘制的感觉。

注　意

Width 工具只有在 Illustrator CS5 及其以上的版本中可见。

1．使用 Width 工具，将光标悬停在耳朵尖儿上。这个工具显示了一个小小的、白色的圆圈，表示它将会在这里添加一个新的宽度的点。

2．点击并拖放，从该点上绘制一条略微宽一点的线条。

3．Illustrator 会使得线条更粗一点，并且平滑地过渡到终点，如图 29-25 所示。

图 29-24

图 29-25

29.8.1　为 Illustrator 创建一个默认的宽度样式

这很容易做到，但是还有一种方式甚至会更快。

使用 Selection 工具（快捷键是 V）在刚才编辑的线条上点击。在屏幕的顶部，将会看到当前路径的一些选项，包括一个弹出窗口，显示了你刚才创建的 Width Profile。

点击这个弹出窗口，并且点击 Add to Profiles，如图 29-26 所示。

将其命名为 Thick in the middle。这会创建一个可以重用的宽度样式，你可以将其应用于任何的路径。按下 Command-A 以选择你的绘制中的所有路径，然后，从 Width Profiles 弹出窗口中选择新的样式。

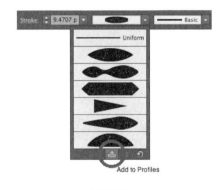

图 29-26

图 29-27

效果很细微，如果你没有看出来的话，再仔细看一下，如图 29-27 所示。现在，这些线条看上去真的像是手工绘制的一样。其实它们一开始就是手工绘制的。

注意图 29-27，左边耳朵上的路径（先绘制的线条）要比其他的路径粗一些。如果对你来说也是这种情况，使用 Selection 工具（V）选择较粗的路径，并且在屏幕顶部的边栏中，将画笔宽度改回到 4px，如图 29-28 所示。

图 29-28

29.8.2　针对不同的线条形状，使用其他的宽度样式

在某些地方，画笔的宽度看上去可能还不是你想要的那样。按下 Shift 键，并用 Selection 工具选取它们，以选择所有的睫毛。点击 Width Profile 弹出窗口，并且选择三角形样式，如图 29-29 所示。

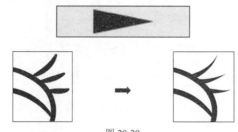

图 29-29

体验一下用 Width 工具来定制化线条。继续进行，直到你对线条的外观感到满意。Width 工具很强大，有一些功能这里并没有介绍到。要了解更加详细的内容，请观看这个视频：http://tv.adobe.com/watch/learn-illustrator-cs5/ using-variablewidth-strokes/。

注　意

按下 Command-S 以保存你的文件。我的这个阶段的文件保存在 Resources 目录下，文件名是 cat-02-width-tool.ai。

29.9　给美工图上色

在完成了线条宽度的调整之后，来添加一些颜色。首先，使用 Selection 工具（快捷键 V）来选中头部的轮廓，如图 29-30 所示。

选择 Edit\Copy（Command-C），然后选择 Edit\Paste in Back（Command-B），以便在相同的位置、当前路径背后的图层中，创建该路径的一个副本。这将会是创建彩色的形状的开始，而这个彩色形状在已有的线条的背后与其精确地重合。

按下 Shift-X 将填充颜色和画笔颜色调换。之前，填充颜色是透明的，现在，画笔颜色是透明的，而填充颜色是黑色的。这看上去有点奇怪，如图 29-31 所示，但是，我们稍后将会修正它。

图 29-30

图 29-31

需要编辑这些点，但是，由于它们在后面并且被轮廓路径完全覆盖住了，不可能确保所编辑的就是填充图形，而不是画笔的路径。

为了解决这个问题，选择 Object\Group（Command-G）将新的一组路径组合起来，并且双击这个组以进入 Isolation Mode（隔离模式），这使得你能够操作组的内容，而不会有任何对象阻碍。

在 Isolation Mode 中，Illustrator 将会把美工图剩下的部分淡出一点，以向你显示出它们没有被选中，如图 29-32 所示。

　　需要将所有这些单独的路径连接到一起，以形成一个闭合形状，以便可以填色。使用 Direct Selection 工具来绘制包含底部的两个点的一个方框，以选中这两个点，如图 29-33 所示。

图 29-32

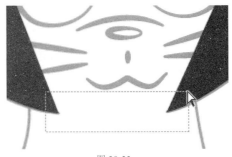

图 29-33

　　选择 Object\Path\Join（Command-J）将这两个点连接起来。这会把左边的路径和右边的路径连接起来，创建一个填充的路径，其大小几乎就是小猫的头部的大小，但是其顶部仍然是敞开的，如图 29-34 所示。

　　使用 Direct Selection 工具（A）来选择路径的左上方的点。按下 Shift 键并点击曲线左边构成小猫的头部的点，如图 29-35 所示。

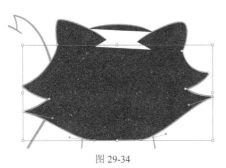

图 29-34

图 29-35

　　按下 Command-J 键来连接这些点。小猫的头部现在应该是完全填充的了。在右上方、在小猫耳朵之下，路径仍然是敞开的，如图 29-36 所示，但是没有问题。我们接下来打算用耳朵的形状来合并它。

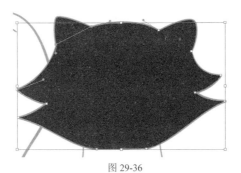

图 29-36

29.9.1 使用路径寻找器来组合形状

路径寻找器（Pathfinder）是非常强大的一组工具，允许你按照感兴趣的方式来组合多个形状。我们将从使用最简单的功能——合并开始，它将组合所有 3 种颜色，以填充到一个单个的形状中。

切换到 Selection tool (V)，按下 Shift 键并点击每一个耳朵，将其添加到当前的选取中。在 Pathfinder 面板中（如果没有看到它的话，选择 Window\Pathfinder），点击 Unite 按钮。这将会把所有 3 条路径都组合到一个单个的形状中，如图 29-37 所示。

在填充了图形之后，现在在来给它一个更好的颜色了。在 Swatches 面板中（如果没有看到它的话，选择 Window\Swatches），为小猫选择一种颜色，如图 29-38 所示。

图 29-37

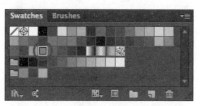

图 29-38

在图形之外双击以退出 Isolation Mode。这就完成了填充，如图 29-39 所示。

为什么单独给头部填色呢？最好为每一个基本的形状创建一个单独的填充，这样，当你进入到阴影阶段的时候，可以将阴影对象放在对象的图层之后。

例如，我们将身体的阴影的图层放到腿部图形之后。如果将身体和腿部作为相同的对象填充颜色，而不对阴影区域做一些额外的修正的话，就不可能放置好它们的图层。稍后，这一点会变得很明显。

使用相同的方法来为腿部、身体和尾巴填充形状。按照如下的一些基本步骤进行，如图 29-40 所示。

图 29-39

1．使用 Selection 工具（快捷键 V）来选取路径，该路径创建了将要填充的区域的轮廓。

2．选择 Edit\Copy（Command-C），然后是 Edit\Paste in Back（Command-B），在完全相同的位置创建该路径的一个副本。

3．按下 Shift-X 键来将填充和画笔颜色调换。

4．选择 Object\Group（Command-G）将新的一组路径组合起来。

5．双击该组以进入 Isolation Mode。

6．必要的时候，用 Direct Selection 工具（A）和 Command-J 来组合路径，或者通过 Pathfinder 的 Unite 按钮来做到这一点。

一旦完成了，使用 Selection 工具（快捷键 V）来选择尾巴的线条和填充，并且按下 Command-Shift-[键来将它们向后发送一层，如图 29-41 所示。

图 29-40 图 29-41

29.9.2 给眼睛上色

接下来，给眼睛填充颜色。

使用 Selection 工具（快捷键是 V）来选择两只眼睛的外围的、鸡蛋形状的椭圆形。复制路径（Command-C）并粘贴到后面（Command-B）。交换画笔颜色和填充颜色（Shift-X），以创建一个没有画笔的填充路径。

点击 Swatches 面板上的白色色板，将填充颜色改为白色，如图 29-42 所示。

图 29-42

1. 使用 Selection 工具（快捷键是 V），点击眼睑的弧形。按下 Command-C 来复制它，然后使用 Command-B 将其粘贴到后面。

2. 按下 Shift-X 交换画笔颜色和填充颜色。

3. 双击新的黑色形状以进入 Isolation Mode。

4. 这个形状对于眼睑来说还不够大。为了让形状更合适，使用 Pen 工具（快捷键是 P），并且点击路径的终点。

5. 然后，依次点击这里出现的每一个点，用新的形状覆盖眼睛较低的部分。双击外围的形状，以离开 Isolation Mode。

6. 我们需要白色眼睛形状的一个副本，以进行 Pathfinder 操作。使用 Selection 工具（快捷键是 V）点击它。使用 Command-C 复制它，并使用 Command-F 将其粘贴到前面。

7. 仍然使用 Selection 工具，按住 Shift 键并且点击刚刚为眼睑创建的形状。

8. 在 Pathfinder 面板中，点击 Intersect 按钮。

9. 形状组合了，只剩下了眼睑的形状。

10. 眼睑的形状仍然是选中的，在 Colors 面板中点击绿色。

11. 点击文件的空白部分以进行反选。点击 Swatches 面板上的黑色色板。然后，使用 Ellipse 工具（快捷键为 L）来绘制一个黑色的圆表示瞳孔。

12. 现在，我们需要眼睑形状的一个副本用于 Pathfinder 操作。使用 Selection 工具（快捷键是 V）选择它。使用 Command-C 键复制它，并使用 Command-F 键创建该副本。以上操作如图 29-43 所示。

13. 按下 Shift 键并点击瞳孔以选中两个形状。在 Pathfinder 面板中，点击 Intersect 按钮。

14. 现在眼睑和瞳孔看上去都很不错了。

15. 使用 Ellipse 工具（快捷键为 L）绘制一个白色的圆形，表示眼睛中突出显示的部分。对于另外一只眼睛，重复上述的整个过程。

16. 选择眼睑顶部的曲线，并将它们改为暗绿色。

以上操作如图 29-44 所示。

注 意

按下 Command-S 键以保存。参考资源文件夹中的 cat-04-eyes.ai，了解这里的进度。

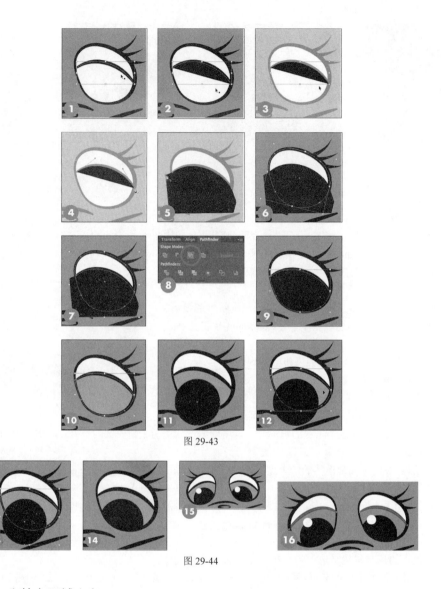

图 29-43

图 29-44

29.9.3　为某个区域上色

我们将给小猫添加其他的颜色，将它的尾巴的末端和两个前爪填充为白色。

我们需要一个白色而没有画笔的形状。按下 D 键来设置默认的填充（白色）和画笔（黑色），如图 29-45 所示。

按下 X 键来切换它们，将画笔颜色带到前面来。按下斜杠键（/）来删除掉画笔，如图 29-46 所示。

图 29-45

图 29-46

1. 使用 Pen 工具，在靠近尾巴顶部的地方，绘制穿过尾巴的一条曲线。这条曲线应该延伸出去，经过尾巴的边缘，如图 29-47 所示。我们稍后再修整它。

2．通过把路径上的每个点点击一次，完成围绕着尾巴末端的路径。确保完全覆盖住尾巴的末端。这个形状并不需要是闭合的，Pathfinder 工具对于开放的路径工作的很好。

3．使用 Selection 工具（快捷键 V）来选择尾巴，按下 Command-C 复制它，然后按下 Command-F 将其粘贴到前面。现在，对这个尾巴的形状使用 Pathfinder，以使得白色的路径和尾巴的形状一致。

4．按下 Shift 键并且点击白色的路径，从而也选取它。为了让 Pathfinder 工作，重要的一点是，尾巴形状和刚才创建的白色形状都要选取，并且只选取了这两个形状，而且它们是重叠的。

5．在 Pathfinder 面板中，点击 Intersect 按钮。

6．Illustrator 将每个形状的部分都修整为没有重叠的形式。这会留下一个单独的形状，表示尾巴的白色末端，如图 29-47 所示。

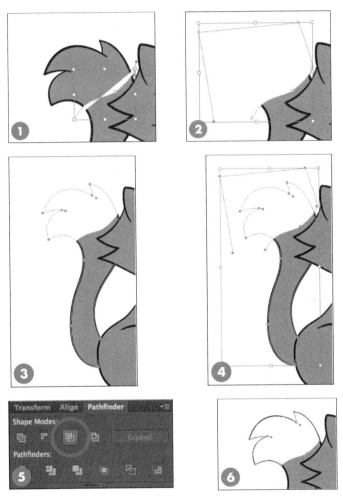

图 29-47

29.9.4　关于图层的一点说明

我已经介绍过一些关于图层和对象的分层的知识。这里来看一下图层是如何工作的。

查看一下 Layers 面板。当前有两个图层，一个用于草图，名为 Layer1，另一个用于矢量美工图，名为 Layer2。点击 Layer2 旁边的小三角形，如图 29-48 所示。

这会显示该图层中的所有对象，如图 29-49 所示。

一个对象是一个单个的路径或形状。一个层可以包含任意多个对象。正如你所看到的，我们已经在 Layer

2 中创建了很多的对象。Layers 面板按照这些对象的分层顺序来显示它们。在屏幕上，列表上面的对象，会显示于列表下面的对象之前。

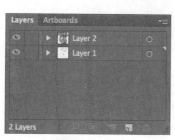

图 29-48

图 29-49

29.9.5　调整对象层的顺序

可以在 Layers 面板中，将一个对象的名称上下拖动，从而改变对象的分层；或者可以使用 Object\Arrange\Send Backward（Command-[）或 Object\Arrange\Send Forward（Command-]）来做到这一点。现在，当我们说对象层的时候，指的是 Layer 2 中的对象的分层。我们不需要创建一个新的主要层，或者改变已有的两个主要的层的顺序。

回到小猫的尾巴，尾巴末尾的白色形状当前位于尾巴轮廓的前面了。可以按下 Command-[，直到其位于轮廓的后面，但是，当文档中有很多的对象的时候，这么做可能会变得很繁琐。

相反，使用 Selection 工具选择尾巴末端的白色形状，按下 Command-X 剪切它，然后选择你想要让它出现在哪个对象的前面（在这个例子中，就是要放在整个尾巴的颜色填充形状的前面），并且按下 Command-F 键将其粘贴到前面。这是一种最快的方法，可以让对象在图层栈中位于你想要的确切位置。

使用这种方法，将尾巴的白色部分粘贴到尾巴填充的部分的前面。现在，它应该只是出现在画笔的后面了，如图 29-50 所示。

图 29-50

按照相同的步骤，来创建前爪的白色填充区。提醒一下，基本的步骤如下：

1．使用 Pen 工具来绘制一个形状，其颜色就是你想要填充的爪子区域的颜色，覆盖在爪子区域的外围。

2．使用 Selection 工具选择爪子，按下 Command-C 键复制它，然后，按下 Command-F 将其粘贴到前面。

3．按下 Shift 键并且点击白色的路径，以选中它。

4．在 Pathfinder 面板中，点击 Intersect 按钮。

5．或者使用 Object\Arrange\Send Backward（Command-[），直到白色形状正确地位于黑色画笔的后面，如图 29-51 所示。

最后要添加的部分，是小猫的嘴巴和鼻子外围的椭圆，如图 29-52 所示。使用 Ellipse 工具来创建一个。

为了让该椭圆在图层栈中处于正确的位置，使用"粘贴到前面"的技术来剪切这个白色的椭圆，并且将其粘贴到头部的颜色填充区的前面。这将会把它放到面部的所有画笔的后面。

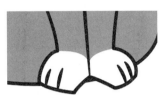

图 29-51   图 29-52

好了，按下 Command-S 键保存。如果你愿意的话，可以通过 Resources 文件夹下的 cat-05-tail-and-toes.ai 文件来了解目前的进度。

29.10　关于阴影和光线

通常，游戏中的光线来自于右上方。这是因为，很多游戏一般都有一个从左到右的进度，因此，当英雄前进的时候，右上方的光线刚好照射到其脸上，如图 29-53 所示。

当光线来自右上方的时候，阴影将会落到任何给定的对象的左下方的区域。要在 Illustrator 中创建这样的阴影，所使用的技术，和为小猫尾巴和爪子创建白色区域时用到的 Pathfinder 技术几乎相同。

首先使用 Selection 工具选择身体的填充区。然后，按照如下的步骤进行，如图 29-54 所示：

1. 还记得吧，要进行 Pathfinder 操作需要两个形状。按下 Command-C 以复制身体的填充区。然后按下 Command-F 两次。

2. 将当前选中的形状（最上面的一个）向右上方拖动一点，这里以黑色显示出来，以便于看清楚。我还把右下方的调整大小手柄，向上和向右拖动了一点，以使得这个形状稍微小一点儿。

3. 按下 Shift 键并点击身体形状的第一个副本，以便两个身体形状都选中。

图 29-53

4. 在 Pathfinder 面板中，点击 Subtract 按钮。Illustrator 将会从后面的形状中减去前面的形状。

5. 剩下的部分就可以很好地充当身体的阴影了。如果你还没有将颜色改为黑色，那现在就这么做，点击左边的工具栏中的 Fill 框，然后点击 Swatches 面板上的黑色色板。

6. 在 Transparency 面板中（如果没有看到该面板的话，选择 Window\Transparency），将透明度修改为 30%。

7. 记住，重新排列图层。剪切掉阴影图形，选择身体填充形状，然后，粘贴到前面（Command-F），就像前面所描述的那样操作。

按照这些步骤，给腿部、头部和尾巴创建阴影，效果如图 29-55 所示。这里提示一下所需的操作步骤。

1. 用 Selection 工具选择想要添加阴影的区域。

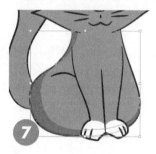
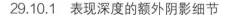

图 29-54

2．创建该形状的两个副本。按下 Command-C 键复制它，然后按下 Command-F 键两次。

3．将一个副本向右上方移动一点，可选的操作是调整其大小。

4．按下 Shift 键并选择最初的形状，使用 Pathfinder\Subtract 创建一个新的阴影区域。

5．将阴影区域的颜色设置为黑色，透明度设置为 30%。

记住，复制基本的形状，粘贴两次，将上面的形状向右上方拖动一点，并且使用 Pathfinder 将其从第一个副本中减去。然后，修改透明度，并且确保其图层位置正确。

图 29-55

29.10.1　表现深度的额外阴影细节

额外的阴影细节能够帮助确定美工图中的一些形状，即便在没有轮廓的地方，也能够提供一种深度的感觉。例如，在图 29-56 中，可以看到，鲨鱼翅的形状用来表示耳朵前面竖起来的毛发，而阴影的区域则构成了耳朵自身内部的部分。

用 Pen 工具绘制一个黑色的路径，然后将其透明度设置为 30%，就可以创建这种效果。简要的步骤如下，如图 29-57 所示。

1．点击并拖放。

2．点击并拖放。

3. 按下 Option 并拖放手柄。

4. 点击并拖放。

5. 按下 Option 并拖放手柄。

6. 点击并拖放。

7. 按下 Option 并拖放手柄。

8. 点击一次，形成没有手柄的尖角。

9. 点击并拖放。

10. 按下 Option 并拖放手柄。

11. 在第一个点上点击以结束形状。

图 29-56

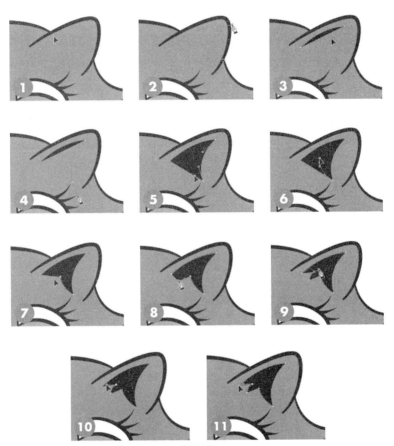

图 29-57

现在将形状设置为 30% 的透明度。

按照相同的方式，给尾巴末端的毛增加深度。假设想要将内部的线条朝着尾巴下方扩展，那么，曲线应该朝着尾巴尖向上返回，由此可以得到尾巴的阴影，如图 29-58 所示。

保存！按下 Command-S 键保存进度。通过 Resources 文件夹下的 cat-06-shaded.ai 文件，可以看到我们目前的进展。

29.10.2 给轮廓上色

最后一步是给轮廓上色。一些游戏美工图使用黑色轮廓就很好看了，

图 29-58

但是，给轮廓上色往往能够突出对象的颜色并且增加深度。

首先，使用 Selection 工具选择任何一个黑色轮廓。在菜单栏中，选择 Select\Same\Stroke Color。这将会选取文档中的所有黑色线条，如图 29-59 所示。

看一下色板，并且确保画笔色板在填充色板之上，如图 29-60 所示。

图 29-59

图 29-60

如果不是这样的话，在画笔色板上点击，将其带到前面来，或者按下 X 键来交换它们。在 Swatches 面板中，选择一个比填充颜色稍微暗一点的版本，作为画笔颜色。

有些画笔可以保持为黑色（例如，鼻子）或者暗灰色（胡须和嘴巴）。使用 Selection 工具选择想要修改的画笔，然后，在 Swatches 面板上点击想要使用的颜色。这很大程度上只是个人的喜好，因此，尝试一下不同的轮廓颜色，直到它们看上去是你想要的样子。

这就完成了小猫的绘制，如图 29-61 所示。别忘了，按下 Command-S 键保存。

注　意
完成后的 Illustrator 文件的版本，位于 Resources 目录下，文件名为 cat-07-finished.ai。

图 29-61

29.11　导出 PNG 文件

在 Illustrator 中，Artboard 是指你想要操作的文档的大小。在本章的开始处，我们将 Artboard 设置为 640×1136，以便和 iPhone 5 的屏幕保持一致。如果你现在想要导出小猫的一个 PNG 文件，小猫图像的周围会有很多不必要的透明空间。

在导出小猫图像之前，需要将 Artboard 缩小，以便和小猫自身的大小一致。

按下 Command-A 选择画布上的所有图像。选择 Object\Artboards\Fit to Selected Art，使得 Artboard 和图像的大小一致，如图 29-62 所示。

这很容易做到。选择 File\Save for Web…。在右上方，选择 PNG-24 并且点击 Save 按钮，如图 29-63 所示。PNG-24 将会保存透明的、高质量的 PNG 文件，并且这是所有 iOS App 首选的图像格式。

 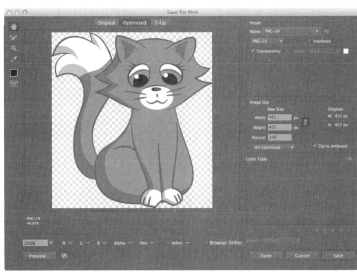

图 29-62   图 29-63

iOS 游戏要求你的图像有 3 个版本：1× (non-Retina)、2× (Retina)和 3× (iPhone 6 and 6 Plus)。我们以 2× (Retina)的分辨率，为 iPhone (1136×640)创建 Illustrator 文档，因此第一次将要导出图像的 2×版本。在文件名的末尾添加一个@2×，例如 cat@2×.png，点击 Save 按钮。

接下来，创建图像的一个 1× (non-Retina)版本，它会缩小 50%。再次选择 File\Save for Web…。在 Image Size 面板上，将 Percent 设置为 50，并且点击 Save 按钮来创建该图像的 non-Retina 版本，如图 29-64 所示。确保使用和前面的步骤相同的文件名，只是这一次没有@2×，文件名是 cat.png。

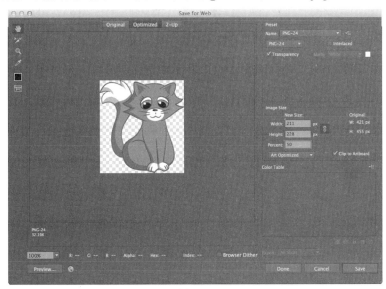

图 29-64

最后，创建图像的 3×版本，这会放大到 150%。再次选择 File\Save for Web…。在 Image Size 面板上，将 Percent 设置为 150，并且点击 Save 按钮来创建该图像的 non-Retina 版本，如图 29-62 所示。确保使用和前面的步骤相同的文件名，只这一次使用@3×，文件名是 cat@3×.png。

恭喜你！你已经将一张白纸变成了具备不同分辨率的游戏美工图，并且准备好在下一个项目中使用它们了。

29.12　挑战

想要进一步打磨自己的美工技能？这里有两个角色，你可以使用它们来练习在本章中学到的技能。和往常一样，如果遇到困难，可以从本章的资源中找到解决方案，但是，最好先自己尝试一下。

挑战 1：老鼠

第一个挑战是绘制一个尽可能简单的角色，这是一只老鼠，如图 29-65 所示。这个形状很形象，也很简单，因此，你可以通过在本章中所学的步骤快速练习。

图 29-65

图 29-66

挑战 2：小狗

作为第 2 个更大一点的挑战，画一只小狗怎么样？这涉及较为复杂的形状，并且要搭配更多的阴影，如图 29-66 所示。

如果你绘制了这些角色，那么恭喜你，现在，你已经掌握了一些好用的工具，可以制作精彩的 2D 游戏美工了。

确保继续体验，并且最重要的是，享受乐趣。培养自己作为美术师的技能的关键，和当程序员是一样的，就是练习、练习、再练习。

如果你想要分享在学完本章之后所创建的任何美工图，我们都乐见其成。请将其发布到本书的论坛。

欢迎来到异步社区！

异步社区的来历

异步社区（www.epubit.com.cn）是人民邮电出版社旗下IT专业图书旗舰社区，于 2015 年 8 月上线运营。

异步社区依托于人民邮电出版社 20 余年的 IT 专业优质出版资源和编辑策划团队，打造传统出版与电子出版和自出版结合、纸质书与电子书结合、传统印刷与POD 按需印刷结合的出版平台，提供最新技术资讯，为作者和读者打造交流互动的平台。

社区里都有什么？

购买图书

我们出版的图书涵盖主流 IT 技术，在编程语言、Web 技术、数据科学等领域有众多经典畅销图书。社区现已上线图书 1000 余种，电子书 400 多种，部分新书实现纸书、电子书同步出版。我们还会定期发布新书书讯。

下载资源

社区内提供随书附赠的资源，如书中的案例或程序源代码。

另外，社区还提供了大量的免费电子书，只要注册成为社区用户就可以免费下载。

与作译者互动

很多图书的作译者已经入驻社区，您可以关注他们，咨询技术问题；可以阅读不断更新的技术文章，听作译者和编辑畅聊好书背后有趣的故事；还可以参与社区的作者访谈栏目，向您关注的作者提出采访题目。

灵活优惠的购书

您可以方便地下单购买纸质图书或电子图书，纸质图书直接从人民邮电出版社书库发货，电子书提供多种阅读格式。

对于重磅新书，社区提供预售和新书首发服务，用户可以第一时间买到心仪的新书。

用户帐户中的积分可以用于购书优惠。100 积分 =1 元，购买图书时，在 使用积分 里填入可使用的积分数值，即可扣减相应金额。

特 别 优 惠

购买本书的读者专享异步社区购书优惠券。

使用方法：注册成为社区用户，在下单购书时输入 S4XC5 使用优惠码 ，然后点击"使用优惠码"，即可在原折扣基础上享受全单9折优惠。（订单满39元即可使用，本优惠券只可使用一次）

纸电图书组合购买

社区独家提供纸质图书和电子书组合购买方式，价格优惠，一次购买，多种阅读选择。

社区里还可以做什么？

提交勘误

您可以在图书页面下方提交勘误，每条勘误被确认后可以获得 100 积分。热心勘误的读者还有机会参与书稿的审校和翻译工作。

写作

社区提供基于 Markdown 的写作环境，喜欢写作的您可以在此一试身手，在社区里分享您的技术心得和读书体会，更可以体验自出版的乐趣，轻松实现出版的梦想。

如果成为社区认证作译者，还可以享受异步社区提供的作者专享特色服务。

会议活动早知道

您可以掌握 IT 圈的技术会议资讯，更有机会免费获赠大会门票。

加入异步

扫描任意二维码都能找到我们：

| 异步社区 | 微信服务号 | 微信订阅号 | 官方微博 | QQ 群：368449889 |

社区网址：www.epubit.com.cn

投稿 & 咨询：contact@epubit.com.cn